空気力学の歴史

A History of Aerodynamics and Its Impact on Flying Machines

ジョン・D・アンダーソン Jr. 著
織田 剛 訳

京都大学学術出版会

A History of Aerodynamics and Its Impact on Flying Machines
by John D. Anderson, Jr.
Copyright © Cambridge University Press 1997

つい100年ほど前まで，誰も空を飛ぶために必要な空気力学の原理を知りませんでしたし，理解していませんでした．空気力学原理の歴史は古く，古代ギリシャ科学の流体力学にそのルーツを見つけることができるのですが，20世紀初頭に科学が飛躍的な進歩を遂げるまで飛行可能な航空機の設計は不可能でした．

　本書は技術の発展と共に開発されてきた航空機に再び注目しながら，航空機と密接な関係にある空気力学の歴史を紹介していきます．アリストテレスとアルキメデスの科学理論と実験から始まり，1900年代前半の応用空気力学と理論空気力学の発展へと続き，そして現代の極超音速と計算流体力学で締めくくります．読者の方々は20世紀の科学技術の発展における成功と失敗，人々の競争，空気力学の役割といった話題にきっと夢中になることでしょう．

　著者であるジョン・D・アンダーソン，Jr. は，メリーランド大学で航空宇宙工学教授，科学に関する歴史哲学委員会委員，歴史系客員教授，さらにスミソニアン協会国立航空宇宙博物館で空気力学特別教員を務めながら，流体力学の分野における様々な話題に関して幅広く執筆を続けています．

はしがき

　ジョン・アンダーソンの著書『空気力学の歴史と空気力学が飛行機の開発に与えた影響』は航空文献における画期的な出来事である．専門家と一般読者の両者が熱心な航空ファンとして初めて一緒になって，権威ある空気力学理論の歴史に関する知識を共有できるようになったからである．本書の資料は信頼性があり，読んでいて非常に面白く，そして飛行機の発展で実際に起こった（かつ，なじみ深い）物語を紹介している．有名な飛行士，歴史に名を残した航空機，航空輸送，現代の戦争での空軍力の影響などを扱った本は数えきれないほどあるが，空気力学理論の基本になる理論的研究が現代の飛行機を可能にしてきた歴史について，ほとんどの本では取り上げられてこなかった．航空宇宙工学の教授ジョン・アンダーソンはこの複雑な話を生き生きと描き出していく．

　確かに空を飛ぶことは古代からの夢であった．神話，芸術，最古の文明の記録にもそのことははっきりと表れている．ジョン・アンダーソンは，アリストテレスとアルキメデスを皮切りに，1500年頃のレオナルド・ダ・ビンチの独創性あふれる作品を通してこの夢が科学の入口にたどり着いた状況をたどっていく．そして，ジョージ・ケイリー，オットー・リリエンタール，サミュエル・ラングレー，ライト兄弟といったレオナルド・ダ・ビンチの後継者達がその夢を継いで，それぞれ重要な指標を空気力学の理論に確立していく．ライト兄弟が1903年12月17日にキティホークの空を舞った時には，有人動力飛行の実用的手段が実現できたことが示され，そして現代の航空時代への扉が開かれた．ライト兄弟の後には，航空での設計には急速な進歩がはっきりと見られるようになった．実際，この技術発展は技術史の中でも最も興味深い一節になっている．さらに現代空気力学での冒険物語が，本書で初めて総合的に語られている．ジョン・アンダーソンは飛行機の開発の歴史と空気力学理論の発展を関連づけるようにしている．本書では主要な理論家を取り上げ，彼らの貢献と，そして最も重要なことには，彼らが努力して空気力学という科学を発展させたその歴史的背景についても触れながら説明している．

　アンダーソン博士が行う歴史の再構築には興味を惹かれる．そして現代の航空文献という見方からは，この再構築は人類が空を飛ぶ歴史の理解を容易にしてく

れる重要かつ新しい手段といえる．飛行機が「より速く，より遠く，そしてより高く」飛ぶためにどのように設計され，そして改良が重ねられたのか，議論があるかもしれないが，20世紀の技術発展における重要な一節である．飛行機はこの数十年の間に木と羽布で作られた，壊れやすくて非力な航空機から，今日の流線型をしたジェット推進航空機へと発展してきた．こうした変貌の周辺には動力装置設計，航空機の構造と材料，航空機の安定性と制御といった関連技術の飛躍的な進歩があった．歴史分析を通して過去と現在において空気力学が飛行機の発展にどのように寄与してきたのかを私達が観劇できるように，ジョン・アンダーソンは今ここで舞台の幕を上げてくれている．

　ジョン・アンダーソンは長年にわたって空気力学特別教員としてスミソニアンの国立航空宇宙博物館に勤務してきた．その間に，研究，展示，社会的活動といった事業を充実させてきた．彼は歴史家の役割を担う空気力学者でもある．こうした彼の多彩な才能のおかげで，私達は空を飛ぶための基礎理論に関する理解を広げることができるようになった．私は彼の創造的な活動に拍手喝采を送って，この重要な研究を暖かく支持したい．

フォン・ハーデスティ
スミソニアン協会

筆者のはしがき

　メリーランド大学での私の部屋は，カレッジパーク空港を離発着する航空路の下にある．通常，ここを飛ぶ飛行機は単発または双発のエンジンを搭載した一般民間航空機だが，これらの飛行機が頭上を飛行する姿を見ると，それぞれの飛行機が実践している空気力学法則の象徴であることと，人類がこれらの法則を利用して実際に飛行機の設計に活用してきたことを思い起こさせてくれる．しかしこれらの法則はほんの1世紀余りの昔にはほとんど知られていなかったか，あるいは誤解されていたために誰も飛行機を作り上げることができなかったことにまで思いを巡らせることはほとんどないだろう．

　少なくとも空を飛べる機械を設計できるだけの空気力学の基本法則を，人類は最終的にいかにして理解したのであろうか．これを理解しようとした人々の物語は，古代ギリシャ科学，およびアリストテレスとアルキメデスによる理論と研究にまで遠く遡る．これは大変興味深い探索であり，この本の目的はこの探索物語を伝えること，つまり空気力学の歴史を紹介することである．

　本書は以下の点で他とは異なっている．

(1) 空気力学の歴史を専門に扱った初めての本である．
(2) 空気力学を実際に活用している空気力学者の目を通して見た歴史解釈が書かれており，科学技術の分野で従来の歴史専門家が行ってきた研究成果をさらに補完している．
(3) 航空学の歴史家から提起されてきた長年の疑問に対する答えでもある，未発表の調査結果が新たに示されている．この本の準備のために行った調査の結果，ジョージ・ケイリー，ホレイショー・フィリップス，オットー・リリエンタール，サミュエル・ラングレー，ライト兄弟といった先駆者達による空気力学の応用において，これまでよく分かっていなかった彼らの行動における疑問点が明らかになってきた．また，新たな考察と組み合わせて適切な空気力学分析を行うことにより，いくつかの技術的な食い違いや歴史的資料との矛盾点も解明されてきた．この意味から，本書には技術史における新たな学術的貢献に相当する部分もある．

(4)空気力学自体の検証として歴史上の様々な時代での空気力学の最先端技術を評価しているが，それに加えて本書ではある重要な質問に答えることを心がけている．その質問とは，ある時代の空気力学の最先端技術が，実際にその時代の飛行機の設計にどの程度取り入れられていたのかということである．すなわち，飛行機の最新設計では空気力学の知識はどの程度影響していたのだろうか．

本書は古代ギリシャ科学を起点として，20世紀初めの10年間に成し遂げられたクッタとジューコフスキーによる揚力の循環理論やプラントルの境界層理論といった画期的な大発見を経てさらに話を進め，最終的に空気力学の理論と応用の両面での発展を全て網羅している．空気力学の歴史は爆発的な成長を遂げる以前の時代を範囲とする初期の歴史と，多様な発展を遂げた1910年以降の歴史とに明確に境界が引かれる．本書は，初期の歴史と同様に，現代を含む20世紀の空気力学も網羅している．

本書の原稿を準備している間，スミソニアン協会国立航空宇宙博物館での私の同僚，特に航空部門のピーター・ヤカブ，トム・クラウチ，フォン・ハーデスティから非常に貴重な助力をいただいたことに対して，ここに感謝の意を表する．彼らの専門的助言と励ましがあるのとないのとでは，私にとって非常に大きな違いであった．彼らが期待するレベルに本書が達していることを願う次第である．また，国立航空宇宙博物館の公文書保管室に保管されていた資料と加工品は，新しい情報と真実を求める上で貴重な情報源になった．特に注目すべきは，博物館の希少本室であるラムジー室に整理されていたサミュエル・ラングレーの実験室ノートを入手できたことであった．私の妻サラ＝アレンからの非常に貴重な支援にも感謝したい．妻は絶えず歴史研究には慎重さが大切であることを私に気づかせてくれた．私の長年の友人であり，メリーランド大学の同僚でもあるスーザン・カニンガムがこの原稿の大部分をタイプしてくれた．本書での私の「言葉細工」が，彼女が持つ「文章作成」能力のせめて半分でも持ち合わせていることを願っている．

最後に，この空気力学の歴史の旅を通して私の心は澄みわたっており，純粋にこの旅を楽しむことができた．本書を通して，読者の皆様も同じ楽しい旅をされることを心から願っている．

ジョン・D・アンダーソン，Jr.

■目　次

はしがき　iii
筆者のはしがき　v

第1部　培養期間

第1章　空気力学
──空気力学とは何か　3

空気力学：技術上の予備知識　6
空気力学の方程式　13
まとめと対照年表　14

第2章　空気力学の初期の歴史
──古代からダ・ビンチまで　19

アリストテレスと空気力学への道の始まり　21
アルキメデス：流体静力学の創始者　23
数世紀を超えてダ・ビンチまでの飛躍　26
ダ・ビンチの空気力学　29
古代から1500年までの航空の発展　36

第3章　空気力学的思考の夜明け
──ジョージ・ケイリーと現代的な構成を持つ飛行機の概念まで　37

ガリレオと合理科学の始まり　39
流速二乗則：空気力学での最初の躍進　43

ニュートンと合理科学の開花　46
迎え角効果とニュートンの正弦二乗法則　50
空気力学へのニュートンの貢献　52
流体力学の日の出：ダニエル・ベルヌーイと圧力速度概念　53
ジャン・ル・ロン・ダランベールと彼の背理　56
18世紀流体力学の全盛期：レオンハルト・オイラーと流体運動の支配方程式　60
最後の仕上げ：ラグランジュとラプラス　64
実験空気力学の高揚　68
中間総括：ジョージ・ケイリーが受け継いだ空気力学の最先端技術　80
ジョージ・ケイリーの空気力学　83
ケイリーの1804年グライダーに反映された最先端技術　102
1600年から1804年までの航空の発展　103
対照年表についての考察　106

第2部　幼年期と成長に伴う痛み

第4章　空気力学の幼年期　111

摩擦を考慮した理論空気力学：ナビエとストークスの功績　113
中間総括：1850年における理論空気力学の状況　119
渦度と渦糸の概念：ヘルムホルツによる理論的進歩　120
不連続面：抗力の予測における袋小路　128
レイリー卿に関する記録と空気力学への彼の貢献　135
オズボーン・レイノルズと乱流の研究　138
19世紀の応用空気力学：霧は深く　146
英国航空協会：希望の光明　147
フランシス・ウェナムと風洞の開発　153
ウェナム：航空学の父か　160

ホレイショー・フィリップス：キャンバー翼型と2番目の風洞　162

フィリップスの風洞データ：解釈の不備　167

中間総括：空気力学の幼年期　177

応用空気力学における飛躍的前進：オットー・リリエンタールの業績　178

空中への飛躍：グライダーマンのオットー・リリエンタール　198

サミュエル・ラングレーの空気力学実験　210

予備考察　214

空気力の直接計測　216

平板落下実験　219

滑空実験と圧力成分記録計　222

プロペラ実験　228

圧力中心計測　229

ラングレーの法則　230

ラングレーのエアロドローム　233

ハフェイカーとラングレーのキャンバー翼型実験　243

リリエンタールのグライダーとラングレーのエアロドロームに反映された
　最先端技術　247

1804年から1896年の航空の発展：シャヌートによる飛行機の進歩　248

第3部　成年期

第5章　応用空気力学の成年期　257

1896年までのライト兄弟　258

既存の最先端技術（1896〜1901年）：ライト兄弟の過ち　262

風洞実験（1901〜02年）：ライト兄弟が「真の空気力学」を発見する　278

リリエンタールの表とそれに対するライト兄弟の見方　296

ラングレーとライト兄弟：交差した道　303

ライト兄弟の飛行機　304

1903年のラングレーとライト兄弟：失敗と成功　310
　　　ライトフライヤーに反映された最先端技術　314

第6章　理論空気力学の成年期　317

　　　揚力に関する新しい思考：フレデリック・ランチェスター　317
　　　揚力循環理論の定量的展開：クッタとジューコフスキー　321
　　　抗力に関する新しい思考：ルートヴィヒ・プラントルと彼の境界層理論　327
　　　境界層理論における初期の進展　333
　　　ルートヴィヒ・プラントル　335
　　　学術としての科学が飛行機と出会う　339
　　　新しい空気力学理論：飛行機への影響　340

第4部　20世紀の空気力学

第7章　支柱とワイヤを持つ複葉機の時代の空気力学　349

　　　ギュスターヴ・エッフェル：鉄と空気の人　350
　　　翼と翼型の理論：プラントル，ベッツ，そしてムンク　368
　　　空気力学における1920〜26年の異文化ショック：理論対経験主義　382
　　　アメリカの空気力学が再び目を覚ます：NACAの創設　386
　　　風洞の発展：ライトフライヤー後の20年　389
　　　翼形設計の進化：ライトフライヤー後の25年間　396
　　　空気力学係数：現代用語体系の進化　406
　　　第一次世界大戦の航空機に反映された最先端技術　409

第8章　高度なプロペラ推進飛行機の時代の空気力学　413

摩擦抗力、形状抗力、および誘導抗力　414
流線型化：時代が求めた発想　416
成熟期を迎えた風洞　425
流線型化での成功：NACA カウリング　428
翼型空気力学：系統的な進歩　442
抗力クリーンアップ　455
一つの時代の終わり　457
飛行機への影響　460

第9章　ジェット推進飛行機の時代の空気力学　477

音速　479
高速空気力学の初期　482
圧縮性問題：最初の兆候（1918〜1923年）　493
圧縮性剥離泡：将来に大きな影響を与えた NACA の研究（1924〜29年）　498
最初の圧縮性補正理論：プラントル−グロワートの法則　500
圧縮性効果に対する初期のイギリスでの実験的研究　502
ジョン・スタックと1930年代の NACA での圧縮性流れ研究　507
1935年ボルタ会議：現代高速空気力学の出発点と後退翼の概念　515
高速研究飛行機　519
ベル X-1：対立する目的　526
音の壁を突破する　528
遷音速空気力学：神秘を探る　530
エリアルールとスーパークリティカル翼型　532
超音速空気力学理論：その初期段階　538
後退翼：高速飛行における空気力学の飛躍的進歩　546
後退翼：飛行機への影響　553
エンジニアリング科学と航空機設計：ジェット時代の技術移転　558
超音速風洞：初期の発展　561

空気力学における現代の発展：極超音速と計算流体力学　565

結びの言葉　575

巻末添付資料

A　オイラー方程式　579

B　ナビエ・ストークス方程式　581

C　大半径アームの利点を示す回転アーム計算　583

D　迎え角ゼロでのラングレーの平板の抗力計算　584

E　ラングレーの平板モデルに対する所要動力曲線の計算　586

F　凧のように飛ぶグライダーの揚力と抗力の計算　589

G　ライトの1900年グライダーにおけるアスペクト比効果　590

H　クッタによる揚力係数　591

I　コールドウェルとファルスがデータ整理で誤った圧縮性の取り扱い（1920年）　593

訳者による巻末添付資料

　ナビエ・ストークス方程式の無次元化　595

参考文献　599

索引　611

第1部
培養期間

第1章

空気力学
——空気力学とは何か

> 空気力学… 空気や他の気体の運動，およびそのような流体と相対運動にある物体に作用する力を扱う力学の部門
> 『ウェブスター新国際辞書』第3版

　本書を読んでいる間も，世界中では何千もの飛行機が地球の空を飛び交っており，私達はそのことを当たり前のように思っている．それだけ飛行機が私達の日常生活に定着しているからであろう．ここでちょっと一休みして，安全かつ効率的な飛行機を造り出すために多くの自然の基本法則が有益に適用され，かつ組み合わされてきた現代工学の奇跡が，こうした航空機なのだと考えてみるのも悪くはない．これら基本法則の中には，空気力学という科学を含むものもある．空気力学がなくては，現在見られる飛行は不可能であっただろう．確かに頭上を飛ぶ飛行機は空気力学の法則を実践している代表例である．しかし，これらの法則はほんの2世紀前にはほとんど知られていなかったか，または誤解されていた．そのために地上を離れて上昇する機械を製作することは誰にも不可能であったし，ましてや長距離を飛行することなどあり得なかった．ところが，こういったことにまで思いを巡らすことはほとんどない．

　空気力学の法則がなぜこれほどまで不可解に考えられ，そして応用科学へと発展させることがこれほどまで難しかったのであろうか．また，最終的に空気力学という学問領域に姿を変えてきた数々の科学分野では，数世紀以上にわたって何が起こったのか．そして，空を飛ぶ機械という発想に人間の思考力の焦点を合わせた原動力は何だったのか．本書は空気力学の発展に関するこのような疑問はもちろん，他にも多くの疑問を扱っている．空気力学は美しいほど知的な学問である．最終的には19世紀に融合した多くの思考に由来する一つ一つの要素がこの学問に組み込まれて，私達が今日見る動力飛行の指数関数的な成長が達成されている．

空気力学の話はそれ自体がダイナミックであり，素晴らしい成功，惨めな失敗，厳しい競争といったドラマに満ちており，それらは社会的，経済的，政治的に多大な影響を与えてきた．人並み外れた人もいれば，普通の人もいる．称賛に値する人もいれば，そうではない人もいる．そんな人間の物語である．とりわけ，より速く，より高く，より効率的に飛行する航空機を継続的に開発することを可能にしてきた自然法則を理解しようとする知的探索の物語である．本書の目的はそのような物語を読者に提供することである．説明の方法はいささか学術的になってしまうが，興味深い物語になっている．本書は世界中の読者を対象にしている．自分の職業に関することで，過去から受け継がれてきたことについて更に知りたいと思っている空気力学者，もっと広い科学と技術の世界で活躍しながら空気力学の役割について理解したいと考えている技術者と科学者，科学と技術の歴史において空気力学の役割をよく考えたいと思っている歴史家，そして飛行の起源と飛行機が開発された経緯について純粋に興味を持っている一般の人々，そんな方々を対象にしている．

本書は空気力学での段階的な発展や，時には革命的な発展に関する歴史を扱った報告である．古代の流体力学理論に見られる空気力学の起源から始まり，現代の極超音速と計算空気力学へ歩みを進めていく．しかし，単なる歴史の報告ではない．本書は実際に空気力学を扱っている空気力学者の目から見た，空気力学の歴史に関する厳しい批評と解釈でもある．

さて，このような話題を扱う本はどのように構成されるべきだろうか．可能な選択肢はいろいろあった．例えば主題ごとに分ける手法を取ることができる．空気抗力の理解，理論空気力学の発展，実験空気力学の発展などの局面について，順番に独立して話題を取り上げていく方法である．あるいは厳密に年代順の手法を取ることもできる．空気力学の世紀ごとの発展（20世紀は10年間ごとの発展）を詳しく述べていく方法である．本書ではその両者を混ぜて用いている．目次にさっと目を通しただけで，年代順の構成を採用していることがすぐに分かるだろう．しかし歴史的発展を理解することに焦点を合わせ，ある出来事に対して何らかの解釈を加えるためには，その構成の中で取り上げるべき主題がある．そのことを考慮に入れて，以下の構成を用いている．

(1) 各章は，空気力学の歴史におけるある年代を網羅している．各年代では実験空気力学，理論空気力学，および両者の（もし関係があったならば必ず）関連性といった様々な観点から空気力学の最先端技術の発展について論じる．

(2)各年代では，ある特定の代表的飛行機を取り上げて論じる．そして，次の質問に答えていく．「その時代の空気力学に関する最新の知識が（もしあれば）どの程度その飛行機の開発に適用されたのか．」年代順構成での前後関係をさらに詳細かつ明確にすることを目的として，空気力学という科学と技術の歴史的発展の物語に焦点を当てるためにこの質問を用いている．また，この質問自体も重要である．空を飛ぶことができる機械を設計して作り上げたいという欲求は，空気力学が発展する過程では根本的な要因と駆動力になってきた．しかし，歴史上の多くの年代で既存の最先端技術が飛行機の設計に直接反映されなかったことも明らかである．なぜだろうか．

この疑問は昔から重要であったことが，1914年7月にロンドンで開催された王立航空協会でイギリス人飛行士B・C・ハンクスが行った講演によく表れている．「私は今日の飛行の水準は機械類の改良よりも操縦技術の向上によるところの方がはるかに大きいと考えている．」これは中世から20世紀まで常に存在し，しかも多くの飛行先駆者達が感じていた欲求不満を表現していた．つまり，当時の最新の飛行機（実物にせよ想像にせよ）は彼らが望んでいたほど優秀ではなく，当時の技術の実状を考慮しても到達可能なレベルにも達していないという事実があった．それゆえ，私は各年代での空気力学の発展とその時代の年代記とを単純に関連づけることよりも，前述の主題を基に本書を構成することにより空気力学の歴史的発展に厳しい批評を加えることに努めている．

さらに話を前に進める前に，「最先端技術 (state of the art)」と「空気力学 (aerodynamics)」という用語を使用することについて吟味しておく必要があるだろう．「最先端技術」という用語の起源は20世紀のようである．19世紀およびそれ以前の文献には現れていない．しかも，1986年になって初めてウェブスター新国際辞書第3版に現れた．しかし「最先端技術」が最近になって登場した用語であるという理由から，どの時代であろうと，ある学問領域の歴史において存在していた情報や実績を説明するためにこの用語を使用できないということはない．たしかに18世紀の文筆家はこの用語を使用していなかったが，当時も最先端技術として認められていた科学および工学での知識と専門的技術の蓄積があったことは確かである．次に空気力学という応用科学は20世紀の産物であると考えられている．厳密な解釈を空気力学に当てはめるならば，確かに事実である．つまり，空気力学は飛行機や現代のミサイルに直接適用できる知識の集合だといえる．しかし本章を始めるに当たって，空気力学のこれまでの引用について考えてみよう．

空気力学は，大気と（飛行機やミサイルのみではない）動く物体の間の相互作用に関係していると定義されている．大気中での物体の運動への関心は，少なくともアリストテレスの時代にまで遡る．したがって当時は「空気力学」とは呼ばれていなかったが，少なくとも紀元前350年にまで空気力学をたどることができる．確かに「空気力学」は19世紀に作られた言葉である．1888年にオックスフォードのクラレンドン・プレスにてジェームズ・A・H・マレーが編集した *A New English Dictionary on Historical Principles* では，「空気力学は動いている空気や他の気体，およびそれらの機械的な作用を扱う空気圧工学」と定義されている．また，マレーの辞典には *Popular Encyclopedia*（1837年）の記述を引用することにより，「空気力学」という言葉を用いた歴史上初めての引例が次のように示されている．「空気力学，すなわち弾性流体の力と運動を扱う，大気物理学もしくは高度な力学の一部門．」

以上の検討に加えて，空気力学は流体力学というより広範囲な科目の一部門という事実がある．流体力学は一般に空気だけでなく，液体と気体の流れも含んでいる．空気力学は現代の科学として考えられることがあるが，あらゆる点で流体力学という古くからの科学と切り離すことはできない．したがって，広い解釈では空気力学の歴史は流体力学の歴史に根づいており，本書でもその解釈を採用している．その結果，空気力学の初期の歴史は流体力学の歴史と同一になり，古代まで遡ると考えることができる．それゆえに，例えば「空気力学」という言葉はレオナルド・ダ・ビンチの時代には使用されていなかったが，彼が行った空気力学への貢献についても話題に取り上げるべきだろう．

空気力学：技術上の予備知識

本書を読み進める上で必要になる知識を準備することが，本章の目的である．そして空気力学の技術的な本質に関する基本を理解することが，この段階では不可欠になる．これを理解できれば，空気力学の初期の研究者や先駆者が情報の細切れの状態にあったこの学問領域の基本要素を繋ぎ合わせることに奮闘していた時にたどった思考過程を，より深く理解できるようになる．それに加えて，数世紀以上にわたってなされてきた様々な貢献の歴史的重要性もより正しく評価できるだろう．

空気力学．それは何であろうか．本章を始めるに当たって辞書の定義を示しておく．詳しく述べると，空気力学は気体の運動（時にはもっと具体的に空気の運動）

と，流れの中にある様々な物体や表面に作用する気体の運動による効果を扱う科学である．私達の興味の対象であるそうした効果には，飛行機での揚力と抗力の発生，風車に作用する風の力，煙突からの煙の分散，スペースシャトルの空力加熱など，様々な現象がある．空気力学の歴史を知るため，飛翔体に作用する揚力と抗力の生成について理解することから始めよう．飛行機の開発が現代空気力学の開花を後押しした原動力であったので，このことに注目するのは妥当だろう．(もっともこれから私達が見ていくように，20世紀以前には理論流体力学に従事していた科学者達と，空へ飛び立とうと懸命になっていた発明者達の間には大きな哲学的隔たりが存在していた．) 飛行機の初期の発明者達は空気力を予測することの重要性をよく認識していたし，同様にそれらの力の生成に関する理解が欠けていることも認識していた．例えば，1868年の英国航空協会第3回年次報告には，以下の記述が見られる．

> 機械による飛行という難解な問題に関して，我々は機械の設計に必要な基礎と法則の基になる初歩的原則を理解できていないと言われるかも知れない．主要法則を正しく実験的に定義し，鳥が飛翔に費やしている力の量を求めることにまだ誰も挑戦していない．他方，そのどちらにも人間の機械による飛行が不可能であることを示す明白な証拠は何一つない……．我々は様々な大きさ，形状，傾斜角の表面に作用する風の力に対してもことごとく無知である．一般にこれらは力の分解に関する数学法則に基づいて仮定され，弾性のない錘や物体の剛体衝突による弾みとして考えられ，錘，紐，滑車からなる系と組み合わせた線図を用いて示されている．しかし，これは現在直面している問題の条件から甚だかけ離れた見解だけを導くことになる．なぜなら，ここでは空気が持つ弾性力と柔軟に形を変える性質が，流れが当たる表面の幅，形状，角度，速度に従って風の力が変化するような予期しない結果の原因だからである．

事実，協会は2年後の1870年の年次報告で次のように断定的に述べて，空気力を理解する重要性をさらに強調している．「協会の最初の重要な目的は，平板の表面に作用する圧力と空気の速度を様々な傾きで関係づけることである．」明らかに，空気力の予測が空気力学における第一の関心事であった．

飛行体に作用する空気力の実験による計測は主に風洞の中で行われる．風洞はそれ自体が空気力学装置であり，正確に規定された平坦な分布を持つ気体（通常は空気）の一様な流れを発生させるように設計されており，揚力，抗力，その他

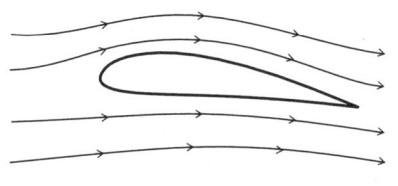

図1.1 流れの中に置かれた物体周りの流線

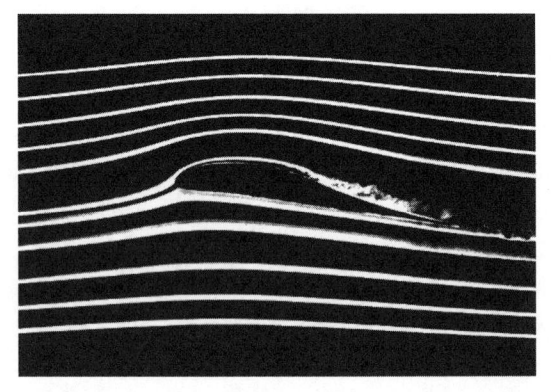

図1.2 ノートルダム大学の煙風洞で撮影された翼型周り低速流れの煙による可視化写真（T・J・ミューラー博士からの提供）

のパラメーターを計測するために内部に飛行物体の模型が置かれる．長年にわたって，場合によっては今もなお，多くの研究者達にとって風洞自体の空気力学が主要な関心事であった．したがって，本書でも適切な箇所で風洞の歴史的発展について特に説明しておきたい．また，これから私達が見ていく過程では，空気力を計算しようとすると飛行物体周りの流れ場に関する詳細な知識が必要になることがよくある．この歴史の紹介では，主な技術的関心の対象として空気力に焦点を合わせるつもりだが，流れ場の内部で起こっている現象を詳細に理解することの重要性を無視するつもりはない．

　空気力学での技術の紹介を始めるにあたって，まず図1.1に示されている物体周りの空気の流れを考えてみよう．物体（ここでは翼型，つまり飛行機の翼の断面）周りの空気の流れが翼型の上下に描かれた4本の流線によって示されている．これらの流線は小さな空気の塊（流体要素と呼ばれる）が流れ場の中を移動する時の軌跡を描いている．図1.2には，翼型前方の気流の中に少量の煙を噴出することにより可視化した，翼型周りの流線の写真が示されている．図1.1と図1.2に示され

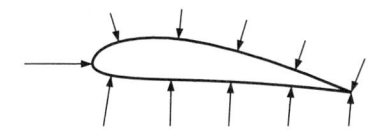

図1.3　物体の表面に作用する圧力

図1.4　物体の表面に作用するせん断応力

ている流線は（例えば，風洞内のように）静止している物体の周りを空気が流れている場合に観察される流線，または（例えば，静止している大気の中を飛行機が飛ぶように）静止している空気の中を観察者が物体と共に移動している場合に観察される流線だと考えられる．これら2つの視点は，15世紀後半にレオナルド・ダ・ビンチが初めて認めたように完全に同等であり，このことから大気中の飛行を模擬するために風洞を使用することの根拠が示されている．

図1.1と図1.2に示されている翼型周りの流れは物体に空気力を及ぼす．それは，以下の2つの自然現象を源にする空気力である．

(1) 表面を覆うように分布した圧力が物体に作用する（図1.3）．この圧力は表面上の場所によって異なり，場所ごと（訳者注：これを局所という）に表面に対して垂直に作用する．一般に表面周りに作用する圧力には正味の不釣り合いがあり，これが物体に作用する力になる．例えば図1.3に示された翼型では，下面に作用する圧力は上面に作用する圧力よりも大きくなり，これが物体に作用する上向きの揚力を発生させることになる．
(2) 移動している空気と物体表面の間に生じる摩擦のために，図1.4に描かれているようにせん断応力が表面を覆うように分布して作用する．それらのせん断応力は表面上で場所によって異なり，表面に対して接線方向に作用する．この図から直感的に分かるように，せん断応力は抗力の主な要因になっている．

この本を左手の手のひらの上に載せて右手で本を押して手のひらの上を滑らせると，本に力を加えることになる．つまり，本は手との接触を通してその力を経験

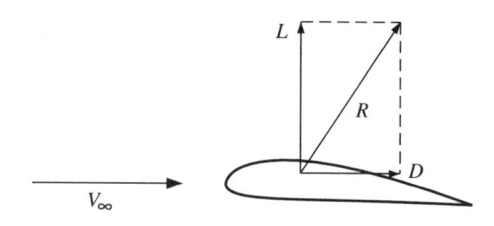

図1.5 空気力の合力と揚力と抗力への分解

することになる．同様に翼型の表面に分布する圧力とせん断応力は，流れの中に置かれた物体をしっかりと掴む自然の2本の手だといえる．そして空気力と呼ばれている．この空気力の合力 R は図1.5に示すように作用している．この図には，翼型の上流側遠方における流速 V_∞ も示されている．この流速は自由流流速と呼ばれており，以下の空気力学における揚力と抗力の定義に関連してくる．

(1) 揚力は R の自由流流速に垂直な成分である（図1.5では揚力は L で示されている）
(2) 抗力は R の自由流流速に平行な成分である（図1.5では抗力は D で示されている）

図1.3から図1.5までを念頭に置いておけば，空気力学的な揚力と抗力を予測する方法を容易に考え出すことができる．まず初めに，物体表面における圧力分布を詳細に予測する理論を構築する．次に，物体表面におけるせん断応力分布を詳細に予測する別の理論を構築する．最後に，物体表面周りの圧力とせん断応力の分布を詳細に合計（数学用語では積分）していく．このようにして合力 R が得られ，それから L と D の成分が得られる．この方法の起源は17世紀にまで遡る．当時アイザック・ニュートンは，流動中の流体の中に置かれた表面周りの圧力とせん断応力の分布を予測するために理論的なモデルを考案していた．この方法は複雑ではなかったが，実際の圧力とせん断応力の分布計算は簡単ではない．今日でも実際の3次元分布を計算により求めることは，手間のかかる作業である．初期の空気力学者にとっては，めったに達成できない課題であった．

　この思考過程をさらに一歩前へ進めてみよう．物体表面だけでなく，流れ全体の全ての場所での圧力や流速など，詳細な流れ場の分布を完全に予測できる理論があると仮定する．すなわち，図1.1に描かれているような流れを完全に予測できると仮定する．そして空間の任意の点での流動状態を計算できるなら，表面での状態を計算するために同じ理論を適用できる．そうすることで，最終的に揚力と抗力が得られる．実際，これは普通に行われている．物体に働く揚力と抗力を

予測するためには，空気力学者は初めに流れの全点での圧力と流速を予測できる一般的な空気力学解析手法を構築する．そして，その理論を表面の圧力とせん断応力を求めるために適用する．最終的に，表面の圧力とせん断応力を物体全表面にわたって積分することで，物体に作用する空気力が得られる．これから後，空気力学の歴史的発展における重要な進展の一部として，流れ場の全域，または少なくとも物体表面からある距離まで離れた領域での解を求めることを指向した革新的理論を見ていく．

　ここで空気力学の原理的な特徴を解説する必要がある．ほとんどの空気力学流れはかなり複雑だといえる．自然がそのような複雑な現象を作り出す際には何の苦労もしないが，人々は何世紀にもわたってその複雑さを理解し，解読することに多くの苦労を重ねてきた．空気力学的な思考を助け，空気力学問題の理論的分析を支援するために，様々な流れの分類が提案されてきた．（空気力学を15〜20の流れの様式に関する研究にまで簡略化できると述べた空気力学者が何人かいたが，残念ながらそれは簡略化のしすぎである．）私達の目的にとっては，空気力学を図1.6に図解しているような流れの一般型に分類することが役に立つ．空気力学には流れの密度によって決まる連続体流れと希薄流れという2つの一般的な分類がある．連続体流れを感じるのは容易である．周囲の空気中で手を振ればよい．そうすれば媒体が連続しているような感覚になる．空気が連続した物質であると仮定することによって，実質的に空気力学での全問題の99％を解析できると言っても良いくらいだろう．連続した物質であることが連続体流れの定義である．しかし高度が上昇するにしたがって，地球の大気では密度が減少する．非常に高い高度では空気が極めて薄くなり，連続体の仮定は破綻し始める．例えば，高度120kmで周囲の空気中で手を振るなら，連続した物質を感じるよりも，むしろ広く分散した個々の分子の衝突を感じるだろう．（スペースシャトルなどの）飛行体が非常に高い高度（例えば，高度90km）を飛んでいる時，いくつかの空気力学問題は連続体流れを仮定しては解析できず，希薄流れの関係を用いて扱わなければならない．空気力学の全領域を見渡すとそのような希薄流れは全応用例の1％未満しかなく，特殊な事例といえる．

　連続体流れの範囲では，空気力学の問題は必然的に粘性流れと非粘性流れという2つの形式に分類される（図1.6）．「非粘性流れ」は摩擦と熱伝導の影響を無視している理想状態である．非粘性流れの仮定に基づく理論に関する文献は数多くある．非粘性流れは解析しやすいことがその主な理由になっているが，揚力と圧力抗力しか予測できない．非粘性解析では摩擦が初めから除外されているので，

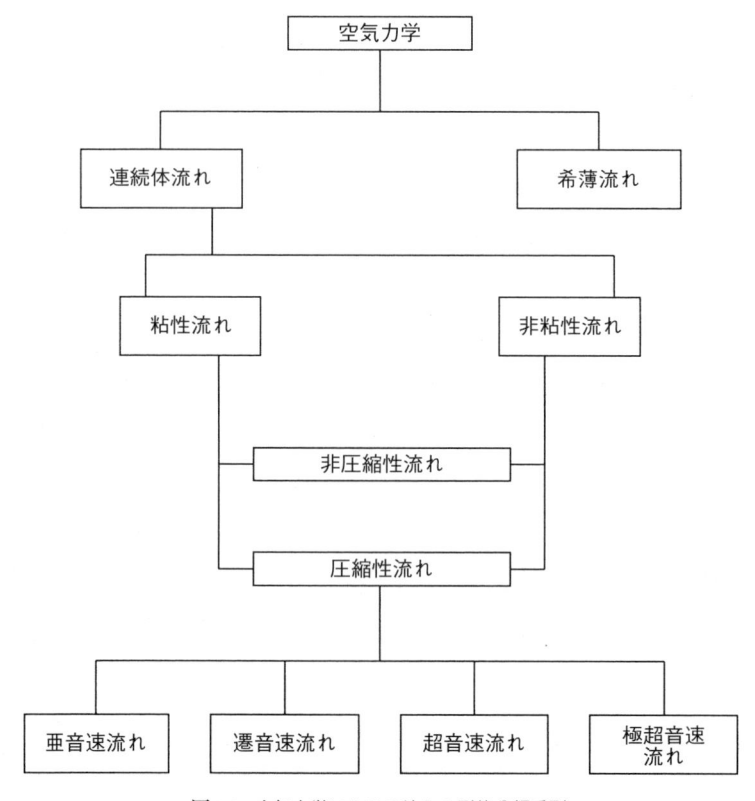

```
                    ┌──────────┐
                    │ 空気力学 │
                    └────┬─────┘
              ┌──────────┴──────────┐
        ┌─────┴──────┐        ┌─────┴─────┐
        │ 連続体流れ │        │ 希薄流れ  │
        └─────┬──────┘        └───────────┘
        ┌─────┴──────┐
  ┌─────┴────┐  ┌────┴──────┐
  │ 粘性流れ │  │ 非粘性流れ│
  └─────┬────┘  └────┬──────┘
        │   ┌────────┴──────┐  │
        └───┤ 非圧縮性流れ  ├──┘
            └───────┬───────┘
            ┌───────┴───────┐
            │  圧縮性流れ   │
            └───────┬───────┘
   ┌──────┬────────┼────────┬──────────┐
┌──┴───┐┌─┴────┐┌──┴───┐┌───┴────┐
│亜音速││遷音速││超音速││極超音速│
│流れ  ││流れ  ││流れ  ││流れ    │
└──────┘└──────┘└──────┘└────────┘
```

図1.6 空気力学における流れの形態分類系列

表面摩擦抗力の予測は不可能である．対照的に，粘性流れの解析では摩擦の影響を考慮に入れなければならない．しかし，明らかに実際の状況に即している．粘性流れの解析ははるかに困難なので，この現実重視主義のためには多大な犠牲が必要になる．

　粘性流れと非粘性流れの両方が，共に非圧縮性と圧縮性のどちらにも成り得る．「非圧縮性流れ」は非粘性流れとは別の理想化であり，流れの密度が一定であることを仮定している．非圧縮性流れの仮定は液体（例えば水の流れ）ではうまく成り立つが，空気では非現実的な結果を招く．空気でも例外的に低速（例えば500km/h以下の速度）の流れでは密度がほとんど変化しないので，流れが非圧縮であると仮定できる．第二次世界大戦の初めの頃までほぼ全ての航空機がこの速度域であったし，今日でもほとんどの一般的な軽量航空機はこの速度域に入ってい

る．20世紀初めの40年間まで，ほとんど全ての空気力学研究が非圧縮性流れの空気力学を対象にしていた．高速では空気の密度は流れ場の重要な変数になる．そして圧縮性流れの解析が必要になる．密度の変化を考慮に入れると，どのような流れ場の解析もかなり複雑になってしまう．

圧縮性流れを分類すると4つの様式がある．亜音速，遷音速，超音速，極超音速である．これはマッハ数に基づいて区別されている．マッハ数は流れの速度を音速で割った値として定義されている．亜音速流れでは，マッハ数は流れ場のいたる所で1未満である．遷音速流れは，局所的に亜音速流れと超音速流れの領域が混在している様式（すなわち，物体周りに亜音速流れの領域とそれ以外の超音速流れ領域がある流れの様式）になっている．自由流マッハ数0.9で巡航するF-15イーグル戦闘機はその一例といえる．流れのある部分は音速以下（マッハ数0.9～1.0）だが，翼表面上の膨張域で見られる加速された流れはわずかに超音速（1.0をやや上回るマッハ数）になっている．マッハ数がいたる所で1よりも大きくなっている流れ場は，超音速流れと呼ばれている．ほぼ必ずと言ってよいほど衝撃波を伴っている．最後に，飛行速度領域の高速側の究極に極超音速流れがある．この領域ではマッハ数が非常に大きくなっている．目安として，マッハ数5以上の流れが極超音速流れである．

本節では，理論空気力学と実験空気力学の学習に必要な前提と構成について説明してきた．ここで示した空気力学の概念を表すモデルと枠組みは，これから空気力学の歴史に関する話題を進める上での土台になる．

空気力学の方程式

空気力学は高度に定量的な科学分野である[1]．今日の私達はもう理解しているように，理論空気力学の基礎支配方程式はシステムの偏微分方程式を構成している．粘性流れではナビエ・ストークス方程式と呼ばれている．非粘性流れではオイラー方程式と呼ばれる，より簡単な式になる．18世紀にオイラー方程式が，そして19世紀にはナビエ・ストークス方程式が提示されたことは，理論空気力学の発展では歴史的な重大事件である（巻末添付資料AとBでこれらの方程式についてより詳しく取り上げる）．

ここで，初期の空気力学に関する考察において最大の関心事であった次の疑問に注目してみる．移動している流体の中に置かれた物体に働く揚力と抗力は，流れの流速と密度にどのように依存するのだろうか．率直な疑問だが，数世紀にお

よぶ知的努力の結果，以下の2つの簡単な方程式が答えとして得られている．

$$L = \frac{1}{2}\rho V^2 S C_L$$

および

$$D = \frac{1}{2}\rho V^2 S C_D$$

ここで ρ は自由流の密度，V は自由流の流速，S は代表面積（例えば，飛行機では翼面積）であり，C_L と C_D はそれぞれ揚力係数と抗力係数である．音速よりもはるかに遅い低速飛行では，同じ飛行機が同じ迎え角で飛行する限り基本的に揚力係数と抗力係数は一定である．その結果，前述の方程式は次のことを表現している．揚力と抗力は，

(1)密度に比例して変化し，
(2)流速の2乗に比例して変化する．

揚力係数 C_L と抗力係数 C_D によって揚力と抗力を求めるこの方程式は，拍子抜けするくらい簡単に見えてしまう．しかし騙されてはいけない．飛行機に働く揚力と抗力は，飛行機の表面に作用する圧力分布とせん断応力分布を積分した結果だと既に述べた（図1.3～1.5）．そしてこれらの圧力とせん断応力の分布を予測することは容易ではない．この複雑さは，L と D を求める前述の方程式では C_L と C_D を予測する問題の中に埋もれてしまい，はっきりと分からなくなっている．方程式は簡単に見えるが，L と D の値を求める問題は，たった今，C_L と C_D の値を求める問題に変わっただけである．したがって，表面の圧力とせん断応力の分布に関して詳細に知ることから C_L と C_D の値が得られる．つまり C_L と C_D の値が既知であれば，この方程式は L と D を求めるための簡単な関係式なのだが，理論や実験から C_L と C_D の値は容易に得られない．

● まとめと対照年表

技術の歴史を理解するには，その技術自体を理解することが役立つ．歴史という曲がりくねった道をたどって旅を始める前に，本節では技術に関する理解を得ることを意図している．

ここからの本書は年代順に話を進める．ただし単に空気力学の年代記ではな

く，むしろ空気力学の発展に関わる主要テーマの批判的かつ解釈的な調査になっている．この後に続く各章では，空気力学の歴史に関する対照年表（表1.1）を参考にすると役立つ．また，空気力学に関する人類の知識の発展と，その知識の飛行機への応用との間に深い関係を見いだすこともできるだろう．飛行機自体の進化も考える必要がある．飛行機の発展は，大きく次の4つの年代に分類される．
(1)20世紀初めのライトフライヤー（図1.7）が良い実例である古代からライト兄弟の業績までの年代，(2)ブリティッシュS.E. 5（図1.8）が良い実例である支柱とワイヤを持つ複葉機の時代，(3)ダグラスDC-3（図1.9）によって象徴される高度なプロペラ推進飛行機の時代，(4)ボーイング707（図1.10）によって代表されるジェット推進飛行機の時代である．

　さあ，それでは歴史物語を始めよう．

表1.1　空気力学の歴史のための対照年表

時代	発展
BC350	アリストテレスが連続体モデルについて述べ，連続体中を通って動く物体には抵抗が働くことを示す
BC250	アルキメデスが，流体に作用する圧力差の存在によって流体の運動が始まることを示す
1490	レオナルド・ダ・ビンチの貢献 1．連続の法則：　$AV=$一定 2．実験空気力学への最初の定性的な貢献となる，様々な流れの形態の観測とスケッチ 3．「風洞原則」に関する記述 4．空気抵抗が物体の面積に正比例していることの記述．すなわち，$R \propto A$ 5．抗力を減少させるために物体を流線型にする概念が発表される
1600	ガリレオが，空気抗力が流体の密度に比例して変わることを初めて発見する．すなわち，$R \propto \rho$
1673	パリでは，エドム・マリオットが空気抗力は流速の2乗に比例して変わることを述べる．すなわち，$R \propto V^2$
1687	アイザック・ニュートンが理論的な力学解析の始まりであるニュートン力学を導入し，空気力に関するニュートンの正弦二乗法則を導く．$R \propto V^2$ の理論的検証
1690	パリではクリスチャン・ホイヘンスがさらに $R \propto V^2$ を実証する実験データを発表する
1732	フランスのアンリ・ピトーによるピトー管の発明
1738	ダニエル・ベルヌーイの『ハイドロダイナミカ』が出版される．圧力－流速の関係に関する最初の記述．
1742	イギリスではベンジャミン・ロビンスによって弾道振り子試験装置と回転アーム試験装置が開発される
1744	ダランベールの背理に関する記述
1752	レオンハルト・オイラーが，非粘性流れに関する最初の適切な数式

	化であるオイラー方程式を発表する．オイラーが「ベルヌーイの式」を導く．
1759	ジョン・スミートンが気流に垂直な平板に作用する力を研究して，空気力の計算のためにスミートン係数を導入する
1763	フランスではジャン＝シャルル・ボルダが，近接二物体間の空気力学的干渉の効果を初めて観測する
1788	ジョゼフ・ラグランジュが，理論空気力学における 2 つの基本概念である速度ポテンシャルと流れ関数を導入する
1789	非圧縮性，非粘性，渦なし流れのための基礎方程式であるラプラスの方程式が初めて登場．また，ラプラスは空気中の音速を初めて正確に計算
1799	イギリスではジョージ・ケイリーが銀盤上のエッチングによって，現代的な構成を持つ飛行機の概念を紹介する
1809-10	ケイリーが 3 部からなる論文を発表．応用空気力学の実質的な始まり
1840	摩擦を伴う流れのための流体力学の方程式であるナビエ・ストークス方程式が発表される．その結果，実在流体の流れを記述するのに必要な方程式が全て整備される
1903	ライト兄弟による最初の動力飛行
1904	ルートヴィヒ・プラントルによる境界層の概念
1906	揚力の循環理論が構築される
1908	プラントルの超音速衝撃波と膨張波の理論
1915	プラントルの揚力線理論
1922	マックス・ムンクによる薄翼理論
1925	線形超音速空気力学理論の発展
1928	プラントル－グロワートの圧縮性補正
1940	超音速流れ理論の初期の応用
1950	エリアルール
1955	極超音速空気力学の重要性が高まる
1960	スーパークリティカル翼型
1962	計算流体力学の始まり

図1.7 ライトフライヤー，1903年（アンジェルッチ[175]の許可のもと掲載）

図1.8 ブリティッシュ S.E.5，1917年（アンジェルッチ[175]の許可のもと掲載）

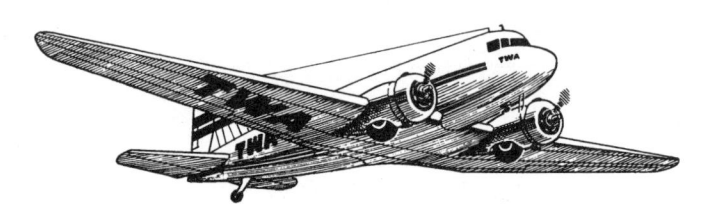

図1.9 ダグラス DC-3，1935年（アンジェルッチ[175]の許可のもと掲載）

図1.10 ボーイング707，1958年（アンジェルッチ[175]の許可のもと掲載）

第2章
空気力学の初期の歴史
── 古代からダ・ビンチまで

こうもりを解剖し，慎重に研究し，これを模範にして機械を組み立てる．
レオナルド・ダ・ビンチ，鳥の飛翔に関する手稿（1505年）

　図2.1に示す飛行機のスケッチは，レオナルド・ダ・ビンチ（1452〜1519年）のノートに残っている飛行に関する500以上のスケッチの1つである．1486〜90年の年代にまで遡るこの図には，揚力と推力を同時に発生させるように上下前後に羽ばたく翼を備えて，それを人間が動かすように設計された装置が示されている．このような機械は羽ばたき機と呼ばれている．

　ダ・ビンチは，（図2.1のように）うつ伏せの姿勢か，または現代のハンググライ

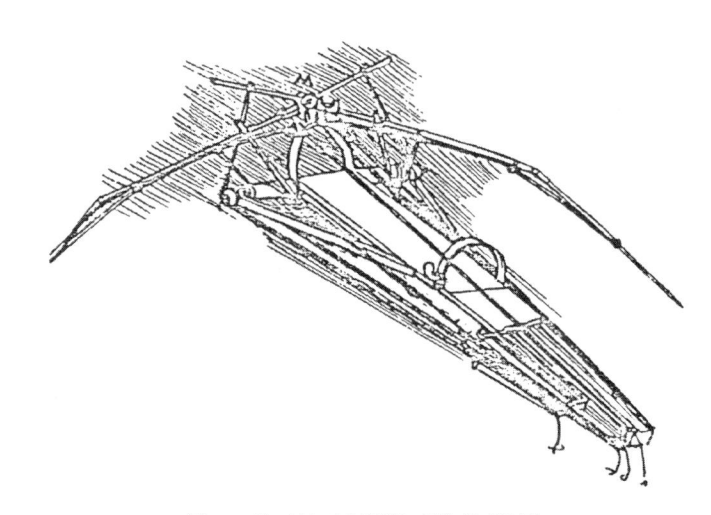

図2.1　ダ・ビンチの羽ばたき機（1490年）

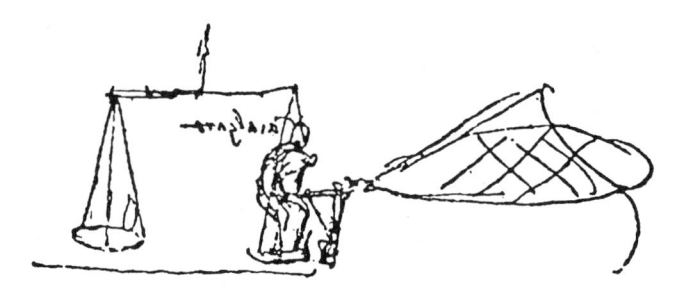

図2.2 ダ・ビンチの考案による翼試験の釣り合い機構

ダーのように機械の下に垂直にぶら下がってパイロットが乗り込む様々な飛行機の設計を行っている．どの場合でも，そのパイロットが腕，脚，胴体の運動から機械的に翼の羽ばたき運動へと変換される原動力を供給したことだろう．一見したところでは，図2.1の羽ばたき機は動力不足を埋め合わせできるような空気力学特性を持っていないように見える．つまり，飛行機に対して現代の私達が持っているイメージに大きく反している．他方，これは初めて飛行機として真面目に設計された図であり，本章での歴史の話題へ焦点を絞っていくための皮切りとして，この独創性に富んだ成果を選んだ．

ダ・ビンチの飛行機（図2.1）をよく見ると，パイロットがうつ伏せに横たわって，さまざまなレバーを押し引きすることによって翼を操作する羽ばたき機であることが分かる．基本的には翼自体が木製の桁になっている．揚力面の面積を増やすために，多少なりとも翼に羽布を張ることを意図したのではないかと推測される．彼がネットのような羽布で覆われた翼の絵を描いたことも分かっている．図2.2には羽ばたき機の翼を試験するために，ダ・ビンチが独自に考案した独創的な装置が示されている．ここでは天秤の片方の皿の上に人間と翼が乗り，もう片方の皿の上には2つの皿が釣り合うまで錘が置かれている．そして重力とレバーを押している人間の力とが合わさって，翼は下向きに動く．翼のこの運動によって揚力が発生し，その結果として生じる2枚のお皿の不均衡によって揚力が表示されるのだろう．飛行機に対してダ・ビンチが真剣に関心を持っていたことは，引き込み脚の構想と，翼が上向きに運動する間に流れが自由に通り抜けるように翼表面が開くフラップ弁の利用に強く反映されている．これまでにそうした機械を一つでも組み立てたり，飛ばそうとした証拠は全くないが，レオナルドが飛行への強い関心に駆り立てられていたことは確かである．さらにダ・ビンチと他の科学者達は，ルネッサンス期の技術的な発想を数多く共有し調査していた

が，飛行機の構想は彼のものが唯一であった．現代の観点からは，飛行の本質に関するダ・ビンチの構想の多くは誤ったものであった．しかし，彼の羽ばたき機には飛行機に関する考案が初めて真剣に具体化されていた．そこで，この機械を取り上げて次の質問を投げかけてみよう．

(1) 1490年の空気力学における最先端技術はどのようなものか．
(2) その最先端技術のどの程度が図2.1の飛行機に反映されたのか．

最初の質問に従って，古代から1490年までの空気力学の発展を調べてみよう．

アリストテレスと空気力学への道の始まり

現代の科学を大きなタペストリーに例えると，空気力学の系譜の中には紀元前5世紀のギリシャ科学にまで起源を遡ることができるものもある．事実，空気力学の歴史はギリシャで始まった．特に，ギリシャの文明と芸術が最盛期を迎えた紀元前約350年の黄金時代が起源になっている．そしてその時代の最も重要なギリシャ人科学者がアリストテレス（紀元前384〜322年）であった．

アリストテレス（図2.3）はエーゲ海北西岸のスタゲイラのロニアン居留地（訳者注：ギリシャ第二の都市テッサロニキから東へ55km行ったオリンピアダの近く）で生まれた．彼の父親ニコマコスはマケドニアの王アミュンタス2世のおかかえ医師をしていた．アリストテレスは17歳の時，（今でいうとマサチューセッツ工科大学と一緒になったハーバード大学のような）プラトンのアカデミーで学ぶため，アテネに送られている．最初は学生として，後に教師としてその地に20年間留まることになった．間違いなく彼はそのアカデミーが輩出した最も重要な人物である．後にアナトリアにあるヘルミアスの宮廷で教師兼哲学者として仕えるためにアテネを離れたが，その後マケドニアに移り，当時まだ10代であったアレクサンダー大王の家庭教師を務めた．紀元前335年頃にアテネに戻り，ライシーアムに彼自身の学校を設立し，学生と研究者達に

図2.3 アリストテレス

囲まれて本と地図の収集を始めた．そして紀元前322年の彼の死後にはギリシャ哲学の逍遙学派として知られるようになった．

アリストテレスはギリシャの歴史の中でも知的な面で最も刺激的な時代を生きた．最高の学校に通い，最も影響力のある人々と親交を持っていた．彼はその後の20世紀間にわたって世界に影響を及ぼした哲学，科学，倫理，法則の全集を作り上げた．アリストテレス派の科学は観察に基づき，物理の世界における「なぜ」にはあまり関心を持たず，むしろ様々な現象の結果や因果関係に関心を持っていた．それはプラトンの哲学とは正反対であった．プラトン哲学では自然科学の数理モデルを構築しようとしており，その推論の結果が観測された現象と異なっていても構わなかった．ラウスとインス[2]は2人の興味深い比較を示している．その比較によると，プラトンの知への愛は純理論的な数学者の称号を彼にもたらしたが，アリストテレスの事実への愛は主観を交えずに冷静に見る自然科学者として彼を特徴づけることになった．

後にアリストテレス派の科学は，科学が更に発展する時代に多くの袋小路を招くことになった．中世の時代，カトリック教会がアリストテレスの記述を絶対真理として採用したことが発端となり，変化のない状況が生じてしまった．活力のある変化が後年のアリストテレスの哲学になっていたように，彼が生きていたなら強く反対していただろう．

その一つに，全ての物質は4つの元素から作られているとするアリストテレスの概念に由来する袋小路があった．4つの元素とは上へ向かって動く状態の順に地球，水，空気，火であった．火は空気の上を上昇し，空気は水の上を上昇し，水は地球の上を上昇する．これはアリストテレス独自の考えではなく，それ以前のギリシャ哲学から起こって，プラトンのアカデミーでは厳密に教えられていた．アリストテレスは単にその概念を補強していただけだった．

もう一つの袋小路はアリストテレスの運動の概念である．彼は空気中を運動する物体が運動を続けるためには，絶えず力の作用を受けなければならないと推論していた．空気中を運動する飛翔体の場合には，空気自体（媒質）が飛翔体の前面で分離して，飛翔体背後の領域で急速に充満することによって運動を維持しており，その結果として絶えず飛翔体の後部には力が加わっていると推論していた．その推論は運動の媒質説として知られるようになり，約20世紀後のガリレオの時代まで広く支持された．（今日の私達は，物体の運動を変えるには力が必要であり，一定で変わらない運動を行っている物体に働く正味の力はゼロであることをニュートン力学より理解している．これがニュートンの第一法則と第二法則の本質である．）

他方で，アリストテレスの科学思想は空気力学の発展に関わる2つの概念を作り出した．その1つが連続体の概念である．彼は次のように書いている．「連続なものとはいかなる方法でも分割可能な物体として分割することができ，分割された部分自体がさらに無限に分割できるものとして定義することができる．1方向に分割可能な大きさが線であり，3方向では物体である．そして，このように分割可能な大きさが連続である．（アリストテレス，『天体論』）」ここで図1.6に戻ろう．そこには空気力学的流れの様々な分類が記載されている．連続体流れは空気力学を応用する全問題の約99%を占めている．今日，空気力学の学生は連続体流れの概念を直観的に受け入れている．この基本的な考えが空気力学という科学に対するアリストテレスの重要な貢献の1つであったことは，あまり広く知られていない．（希薄流れの概念もまた，ギリシャの科学へ遡るというのも興味深い．連続ではない識別できる個々の原子や分子として気体や流体を仮定することは，ギリシャの哲学者デモクリトスに始まる．デモクリトスは紀元前465年頃に生まれ，哲学の原子学派を創設している．）

空気力学へのアリストテレスの第二の貢献は，空気や他の流体を通過する移動物体は何らかの空気力学的な「抵抗」に遭遇するという考えであった．彼は次のように書いている．「真空中でずっと運動状態にあった物体が静止すべき理由などあげることはできない．実際，他の場所で静止しなかった物体が，なぜある場所では静止すべき理由があるというのだろうか．結論を言えば，物体は必然的に静止し続けるか，または動いているものであれば何らかの障害物が衝突してこない限り永久に動き続けるであろう．（『天体論』）」この推論から導かれる結論は，最終的に物体は流体中で停止するので，物体に作用する抵抗がなくてはならないということである．今日，この抵抗は抗力と呼ばれている．

アルキメデス：流体静力学の創始者

流体静力学は静止した流体の特性を扱い，空気力学は動的な運動状態にある流体（気体または液体）を扱っている．では，流体静力学がどのように空気力学に関係し，同様に流体静力学の創始者アルキメデス（紀元前287〜212年）はどのように空気力学の歴史と関係しているのだろうか．実はあまり関係していない．しかし，アルキメデスは空気力学に関係する3つの一般力学原理的な解釈を発展させている．

アルキメデス（図2.4）はシシリー島のシラクサで生まれた．彼はアリストテレスよりも約1世紀後に生きていたので，エジプトの比較的新しい都市であったア

図2.4 アルキメデス

レクサンドリアに集められていた学術施設を利用できた．そこで大図書館に集められた写本を読み，ユークリッドの弟子の下で研究を行っていた．その間，数学に対して多大な関心を抱き，残りの後半生は数学の分野で大きな貢献を果たすべきだと考えていたようである．しかし，アルキメデスがその名を知られているのは，実用的な工学発明の方である．例えば，高所へ水を揚げるためのアルキメデスの水車や機械式梃子の開発などである．生まれ故郷のシラクサへ戻った後は，シラクサの王ヒエロン2世に雇われて生活していた．この王の下で，ローマの支配からシラクサを守るために使われた兵器を含む，あらゆる類の機械発明を行った．アルキメデスに関する最も有名な話は，間違いなくヒエロンの王冠に関する話だろう．王は純金であるとされた自分の王冠が，実際には銀を添加することにより質が落とされているのではないかと心配していた．そこでこの件を調査するようにアルキメデスに依頼した．伝説によると，アルキメデスは公衆浴場に入っている時にこの問題を解く方法を思いついたらしい．そしてあまりにも興奮して，服を着るのも忘れて「ユーレカ！ユーレカ！」（「わかったぞ．わかったぞ．」）と叫びながら自宅へ向かって走っていった．彼の答えは水の中に王冠を浸し，次に王冠と同じ重さの金と銀をそれぞれ浸し，これら全3条件での置換された水を測定することであった．それらの相対的な置換量から，実際に王冠に含まれる金と銀の量を計算できた．しかし多くの実用的な業績にもかかわらず，アルキメデスは純粋な数学の威厳の下位に工学があると感じていた．そして故意に自分の工学的な業績に関する記録を残さなかった．しかもアルキメデスという数学者は最後まで偉大であった．紀元前212年，ついにマルケルス指揮下のローマ兵士によってシラクサは略奪され，アルキメデスは砂の上に幾何学の問題を描いて研究を行っていた際にローマ兵士の剣によって命を奪われてしまった．（アルキメデスの殺害は兵士の過失であった．マルケルスはアルキメデスと彼の家族を保護するように前もって命令を下していた．それほどこの偉大な思想家に対するローマの賞賛は絶大であった．後に

マルケルスは名誉をもってアルキメデスを埋葬し，生存していた彼の親類の世話をした．)

空気力学の歴史において，以下の3つの概念はアルキメデスに由来する．

(1) アルキメデスは，流体（気体や液体）が連続した物質であり，連続体として数学的に扱うことができると明確に述べている．その意味で，100年前に初めてアリストテレスが述べた連続体の概念を補強し，実際にその概念を使用していた．

(2) アルキメデスは圧力に関する何らかの概念を持っていた．そして流体に浸された物体表面のあらゆる点には，流体による何らかの力が働いていることを理解していた．流体中では「各部分は，その垂直上方にある流体柱の全重量によって常に押しつけられている」と述べている．現代の用語を用いるならば，静止流体中のある点における圧力はその上方にある流体の重さに起因しており，それゆえに流体の深さに比例するという原則を初めて述べている．アルキメデスの圧力の概念が18世紀の中頃までずっと支持されてきたことは興味深い．ダニエル・ベルヌーイでさえ同意していた．最終的に圧力の正確な概念を表現するのは，レオンハルト・オイラーの手に委ねられることになる．1752年，オイラーは流体中のある点に中心を持つ微小面積をdA，流体によりその微小面積に作用する微小力をdFとして，その点における状態量としての圧力pを次式で定義した．

$$p = \lim_{dA \to 0}(dF/dA)$$

(3) 私達は淀み状態にある流体を運動状態に変えるためには，流体に圧力差を与えなければならないことを知っている．単位長さ当たりの圧力差を圧力勾配と呼ぶ．アルキメデスは「流体部分が連続であり，一様に分布しているなら，最も圧縮されていない流体部分がより圧縮されている流体部分により駆動される」と書いているが，圧力差が流体の運動を変えることに関しておぼろげながら理解していたのだろう．

好意的に解釈すると，これは淀み状態にある流体に圧力勾配を与えた場合に流体は圧力の低い方向に向かって動き始めることを意味している．アルキメデスによるこの記述は，明らかに基礎空気力学へのギリシャ科学の貢献である．

数世紀を超えてダ・ビンチまでの飛躍

アルキメデスの死からダ・ビンチの時代までの年代には，ローマ帝国の絶頂期と崩壊，暗黒時代における西ヨーロッパでの知的活動の欠如，ルネッサンスを特徴付ける新しい思考の高まりが含まれる．空気力学という科学では，アルキメデスからダ・ビンチまでの17世紀間には何も価値ある貢献がもたらされなかった．ローマ人は民間，軍事，政治において高度に組織化された機関を創設し，建築や貯水池から都市までの水道橋による配水などで大きな工学的偉業を達成した点では優れていたが，科学的理論には実質的に何も貢献していなかった．

したがって1490年にダ・ビンチが引き継いだ空気力学の最先端技術は断片的であり，全く未熟であった．さらにダ・ビンチがどの程度ギリシャ科学について知っていたのか疑問である．ラテン語によってアリストテレスとアルキメデスの研究を知ることができたが，ダ・ビンチは学校教育を全く受けていなかったので，ラテン語を読むことができなかった．したがって，彼はその当時利用可能であったわずかなイタリア語翻訳に頼らざるを得なかった．ダ・ビンチのノートから，彼がアルキメデスの6つの論文に詳しかったことが分かる．しかしアルキメデスの『浮体について』と題された唯一の空気力学に関係する論文についてのダ・ビンチのノートは，いつもの左から右へ書く彼の書き方では書かれていないことをクラゲット[3]が注意深く観察している．つまり，その特定のノートは誰か他の人の手によって書かれていたことを意味している．

ルネッサンス期の最も影響力のある知識人であり，最も創造的な天才でもあるレオナルド・ダ・ビンチ（図2.5）(1452～1519年) は，1452年4月15日にフィレンツェの近くにあるトスカナの小さな村ビンチで，若い公証人セル・ピエロ・ダ・ビンチと小作農家の娘の間に私生児として生まれた．母親が1457年に結婚するまで母親と一緒に暮らし，母親の結婚の後はセル・ピエロの家族に引き取られて，優しい義母によって育てられた．レオナルドは16歳の時にフィレンツェに移り，画家および彫刻家としての見習いを始めた．30歳の時にミラノに移り，絵画，彫刻，建築に参加することに加

図2.5 レオナルド・ダ・ビンチ
(1452～1519年)

えて，軍事機器や兵器の設計でミラノの有力家であるルドビコ・スフォルツァに仕えた．そして最も充実した創造的期間とも考えられるこの20年間をスフォルツァの宮廷で過ごすことになった．1497年にあの有名なフレスコ画の最後の晩餐を完成させたのも，おびただしいノートに記述が見られるように機械による飛行の構想を練ったのも，このスフォルツァの宮廷であった．中世には往々にして見られたことだが，当時の政治権力は非常に脆く，1500年にフランス国王ルイ12世がミラノの実権を握ると，レオナルドはフィレンツェに戻っている．1502～03年には，中央イタリアでの軍事行動の期間中に軍事技術者としてチェーザレ・ボルジアに仕えた．それ以降，レオナルドは比較的頻繁に居住地を変えている．1506年にはミラノに戻り，そして1513年にはローマへ行き，そこでローマ教皇レオ10世の兄弟であるジュリアーノ・ディ・メディチの支援の下でバチカンのために芸術作品の創作を行っている．最後はフランスのクルーに住み，1519年5月2日に亡くなった．

　ダ・ビンチはスフォルツァ，ボルジア，メディチといったイタリアで最も有力な家に仕えていたが，何ら具体的な専門職地位に就くことはなかった．実際のところ，彼は「立身出世主義者」としては落伍者であり，日々の生活はあまり成功しているとは言えない状態だった．次から次へと多くのことに興味を持ち，一度始めたことを完成させる時間が十分にないことも頻繁だったので，彼の業績には妥協が含まれるように感じられる．他方で，生前から彼の作品には確かな評価が得られていた．主に画家および彫刻家としての評価であった．今日，芸術作品やノートに記録されている思考とスケッチが証明しているように，私達は彼を天才と見なしている．彼の思考は絵画，彫刻，基礎科学，数学，機械設計，軍事工学，飛行機，解剖学，医学といった多岐に及ぶ分野を跨いで広がっていた．

　ダ・ビンチの空気力学的な概念は驚くほど進歩しており，もし広く知れわたっていたならば，空気力学の最先端技術における飛躍的な進歩になっていたことだろう．しかし，そうはならなかった．なぜなら全く計画性なく，ただ単に構想をノートに記録していたからである．さらに悪いことに，彼の死後にノートの所有者は何度も変わり，何世紀もの間にわたって使用されることなくノートは散り散りになってしまった．その状況をハートは次のように説明している．「かなりの長期間にわたって行方不明になり，そして最終的には見つかったレオナルドのノートは膨大なスクラップ集だと言える．ノートを調べることで，様々な問題に関して，彼が生きていた時代をはるかに先行する独創的思考を生み出した発明の才と潜在能力が明らかになってくる．世界の最も偉大な知性へと彼を押し上げた

のは，現代に伝わるわずかな絵画，多数の漫画絵やスケッチ，そして他ならぬこれらのノートであった．(p.18)[4]」

　ダ・ビンチ死後のノートの行方は，人間の献身，無知，無関心，貪欲さを見ることができる興味深い調査対象といえる．ダ・ビンチが南フランスで亡くなった後は，親友であり同士であったフランチェスコ・メルツィがダ・ビンチの遺産管理人としての役目を果たした．その遺産にはダ・ビンチのノートも全て含まれていた．メルツィは1570年に死去するまでの50年間，忠実にノートを管理していた．そして，メルツィの死と共にノートの管理が破綻することになった．フランチェスコの息子であるオラジオがノートを引き継いだが，彼はその価値を理解していなかった．オラジオは家族の家庭教師であるレリオ・ガバルディ・ディ・アソラにノート13冊をピサへ持っていくことを許し，レリオはピサでピサ大学法学部学生のアンブロジオ・マッツェンタにそのノートを預けた．他方，後にオラジオは残っていたダ・ビンチの遺産を多くの人々に「戦利品」のように自由に持っていかせた．1590年，マッツェンタはバルナバ修道会の命により修道士となり，所有していたノートを彼の兄弟であるグイドに渡した．その後，7冊は価値を理解できないオラジオに戻されたが，そのオラジオはすぐさま彫刻家でありスペイン国王フィリップ2世の友人でもあったポンペオ・レオーニに売却している．（これらのノートを売却したという事実は，その価値がいくらか増していたことを意味している．特に，購入者側であるレオーニはその価値を認めていた．）その当時，ポンペオ・レオーニがノートの整理に取り組んだことに対して，私達は彼に感謝しなければならない．彼は数年かかってもう4冊を取得し，後々便利なようにある順に再整理を開始した．そしてダ・ビンチの全文書から多くの部分を切り取り，意味の不明確な図と共に402ページと1,700の図からなる一冊の本にまとめた．この本は『アトランティコ手稿』と呼ばれており，現代の学者にとっては現存しているダ・ビンチの文献の中で最も役立つ資料になっている．レオーニは1610年に亡くなった．彼の相続人であるポリドーロ・カリヒは1625年にダ・ビンチのノートをガレッツォ・アルコナーティ伯爵に売却し，次に伯爵は1636年にミラノのアンブロジアーナ図書館に寄贈した．しかし，図書館は予想していたような安全な保管庫にはならなかった．ナポレオンが1796年に『アトランティコ手稿』と他にも12冊のダ・ビンチのノートを奪い，パリに移してしまった．『アトランティコ手稿』はフランス国立図書館に置かれ，他の12冊はパリ研究所の図書館に送られた．多くの人にダ・ビンチのノートが知られることになったのがこの時である．いみじくも，イタリア人物理学者ジョバンニ・バッティスタ・ベンチュリの尽力のおか

げである．(ベンチュリは管内流体の流れを研究しており，彼の名をとってベンチュリ管が名付けられた．) ベンチュリはパリ在住の間，パリ研究所で12冊のダ・ビンチのノートを注意深く研究し，それぞれをA手稿，B手稿等々と，現在まで続くアルファベットを記入して分類した．さらにフランスの学会に「レオナルド・ダ・ビンチの物理数学業績論」と題した論文を提出し，それによりダ・ビンチの知性のいかほどかがついに広く公衆の前に明らかになった．アルファベット入りの手稿はパリに残っている．しかし，『アトランティコ手稿』は1815年にミラノのアンブロジアーナ図書館に返還された．近年，ダ・ビンチのノートが他にも見つかっている．例えば，2つの手稿が1965年にマドリードで発見され，『マドリード手稿 I, II』と名付けられた．これらの主要な原稿に加えて，他にもイギリスでは『レスター手稿』と『アランデル手稿』が，トリノでは『鳥の飛翔に関する手稿』が見つかっている (訳者注：1994年にビル・ゲイツ氏が『レスター手稿』を30億円で落札した)．

● ダ・ビンチの空気力学

長きにわたったレオナルドの飛行機への関心は，1488年から1514年までの間に最高潮を迎えた．つまり，「空の征服は彼の夢と妄想であり，空を自由に飛ぶことを見習う手本と思っていた鳥もまた彼の夢と妄想であった．(p.311)[4]」ダ・ビンチは籠の中の鳥を購入し，その鳥を解き放つのを目撃されている．それほど空を飛ぶ自由に対する感情が強かったのだろう．『鳥の飛翔に関する手稿』の中でレオナルドは次のように述べている．「鳥は数学の法則に従って動作する器具であり，平衡の維持に必要な力が不足しているために相当する強さを伴っていないが，人間はその器具の全ての動作を再現できる．ゆえに，人間が作ったそのような器具には鳥の生命以外に何も欠けている物はないと言える．そして，この生命を人間が与えなければならない．」この記述から，ダ・ビンチの羽ばたき機 (図2.1) と，空気力学に関するダ・ビンチの考え方にたどり着くことができる．

ダ・ビンチは基本的な流れの特性に関心を持っていた．例えば，現代における流体力学の基本原理の一つに質量の保存がある．管内を流れる流体を取り上げると，管のどの断面を通過する質量流量 (例えば，毎秒当たりのキログラム数：kg/s) も変わらないことを意味している．非圧縮性流れ (液体の流れ，または気体の低速流れ) では，この原則から基本的な関係式

$$AV = 一定$$

が導かれる．ここで A は任意の位置での管内断面積，V はその同じ位置での流体

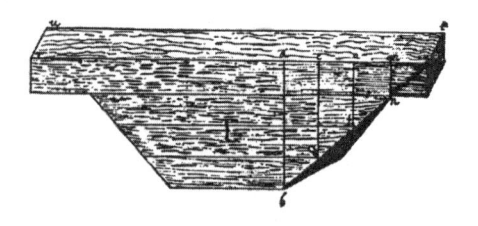

図2.6 川における水の流れの断面図を示している
ダ・ビンチのスケッチ

図2.7 流れの中に置かれた物体周りに生じる複雑な流
れ場を示しているダ・ビンチのスケッチ

の速度である．この関係式は連続の式と呼ばれており，ある位置から断面積がより小さな別の位置へ流れている流体は A と V の積が同じになるように適切な量だけ速度が変化することを表現している．ダ・ビンチは川が縮小している位置では水の速度が増加しているのを観測して，川における水の流れに関してその影響をノートに書き留めている．そこでは観測結果を定量的に数値で表現して，付随のスケッチ（図2.6）と共に次のように述べている．「等しい水面幅を流れるどの水の運動も水深が浅いほど敏速であり，……この運動はこの特性を満足している．すなわち，mn 間では ab 間よりも水は速く運動している．その倍率は ab 間に mn 間が入る回数と同じだと言える．ここでは4回入る．ゆえに mn 間の運動は ab 間の4倍になっている[2]．」ここに，低速流で成り立つ特殊な形の連続の

式に関する定量的記述が歴史上初めて登場した．この定量的な貢献に加えて，ダ・ビンチは優れた自然観察者であり，様々な流れ場のスケッチを数多く残している．特に図2.7には『アトランティコ手稿』から引用したスケッチの一例が示されており，ここでは平板周りの流れでの渦の構造を見ることができる．上図では板は流れに垂直に置かれ，ダ・ビンチは板の背後にある循環剥離流れを下流に向かって尾を引く広範囲な後流と共に正確に描いている．下図では板は流れの向きに合わせて置かれ，板表面からある角度で広がる船首波と共に，板表面と水面が接する部分で発生している渦も見える．ダ・ビンチによるこれらのスケッチは，現代のどの流体力学実験室でも撮影可能な流れの写真とほとんど同一であり，ダ・ビンチが観察した様々な流れのパターンをそのまま詳細に示している．

飛行機に関連した応用空気力学での彼の思考が偉大であったため，基本流体力学へのダ・ビンチの貢献は補足のようになってしまった．彼の空気力学に関する思考の大部分は鳥の飛翔の研究に影響されていた．また，ダ・ビンチは古代のユークリッドの記述を研究し始め，1496年以降は幾何学の研究に深く関わるようになった．非常に深く数学に没頭することになった状況が，彼の次の言葉に反映されている．「数学に基づいているわけでなく，数学的な科学に基づく他の知識に基づいているわけでもないなら，どんな知識も確かであるはずがない．機器または機械の科学は最も崇高であり，他の全てに増して有益である．」他の箇所では，さらに語調を強めていた．「数学者でないどんな輩にも私の研究業績を少しも読ませはしない．」

『鳥の飛翔に関する手稿』には，数学を空気力学と鳥の飛翔に関係させようとした記述が見られる．「鳥は数学の法則に従って動作する器具であり，人間はその器具の全ての動作を再現できる．」ここに，鳥の物理的構造を単純に複製する以上のことを目指した，飛行機の設計に対するレオナルドの手法を見ることができる．実際，彼は飛行機の設計に同じ支配法則を用いることを目的に，鳥の飛翔の基本になっている支配法則を探し求めていた．

空気力学でのレオナルドの思考を更に詳細に調べると，3つの見方を中心に議論は展開する．その3つとは，揚力，抗力，一般流動特性である．彼のノートにはいくぶん広範囲に及んでいるが，3項目の全てに関連する見出しがある．

揚力の生成に関しては，ダ・ビンチ以前にこの主題に関する科学的考察が行われた形跡は全くない．ローマ大学の有名な力学の歴史家であるR・ジャコメリは，ダ・ビンチは先駆者であったために，揚力に関するいかなる先行概念にも惑わされずに済んだと述べている．「レオナルド以前には誰も揚力に関心を払って

はいなかったので，考慮しておくべき思想や説は何もなく，精神的に自由にその問題に取り組むことができた．(p.1018)[5]」このように明らかに優位な立場にいたにもかかわらず，揚力に関するダ・ビンチの説明には不備があった．彼は面が空気を打つと（例えば，鳥の翼の下向き運動），空気は面の下で圧縮されてその面を支えるようになると主張していた．『トリブルッイオ手稿』に，次の記述が見られる．「抵抗を与えている空気が逃げる速度よりも速い速度を力が作り出す時，眠っている人によって圧迫されて押しつぶされているベッドの羽毛と同じように，空気は圧縮される．空気を圧縮した物体は抵抗を受け，壁に衝突したボールと同じように跳ね返る．」

　現代の用語を用いると，ダ・ビンチは揚力面の下に高圧高密度の領域が形成され，その面に上向きの力として作用すると言っている．今日では，揚力は主に翼の上面に生成する低い圧力（負圧）から得られており，翼の下面の圧力は上面より高くなっているのは確かだが，自由流の静圧よりもそれほど高くなっていないことが分かっている．さらにダ・ビンチは，下面に作用する空気力を根拠なく流速に比例していると述べて定量化しようとしていたが，これもまた間違いであった．空気力は流速の2乗に比例している（第1章を参照）．具体的には『アトランティコ手稿』の中に次の記述がある．「かなりの流速で物体に衝突する空気は，その流速に比例して自らをある量だけ圧縮する．」

　レオナルドの時代には論理的な物理学が完全に欠如していたことを考慮すると，彼の揚力の発生に関する概念は自然な仮定であった．1490年のダ・ビンチの立場に立って考えてみよう．例えば段ボールのような面で空気を叩くと，確かにいくらかの抵抗を感じるだろう．そしてその抵抗とは，段ボール下面に生じた高い圧力であるように思うだろう．さらに速度と共に力が増すことを経験から知っており，直感から力はたぶん速度に比例して変わるだろうと考えたくなる．当然，物理学における直感はこの場合のように往々にして間違うことがある．

　レオナルドは，浮上している物体周り（この場合は鳥の周り）の流れ場に関する観測結果を記録していたが，晩年の頃になると定性的には実際の揚力の発生源をほぼ特定できていた．1513年頃に書かれた『E手稿』の中に次の記述を見ることができる．

　　空気のどのような性質が飛んでいる鳥を取り巻いているのか．鳥を取り巻いている空気は他の空気の普通の薄さよりも上側の空気は薄くなっている．同様に下側は濃くなっている．地面に向かって翼を羽ばたく運動と比較して，前方へ進む運動中に

は上側よりも後方の方が速度に比例して薄くなっている．同様に，前述の上側と後方の空気の薄さに比例して，鳥の下側よりも前方の方が空気は濃い．

　比較のために図1.3に戻ろう．そこには揚力を受けている翼周りの圧力分布に関して，定性的な概略図が示されている．圧力は上面では低く，下面では高くなり，そして最も圧力が高くなっているのは前縁の部分である（淀み点圧力）．そこで，上記の『E手稿』の記述をもう一度考えてみる．「薄い」は「低い圧力」を，「濃い」は「高い圧力」を意味していると考えて，「圧力」という言葉で置き換える．その結果，翼周りの圧力分布そのものがはっきりと説明されていることが分かる．つまり16世紀前半の技術用語で表現されているが，1513年のレオナルド・ダ・ビンチが空気力学物体に作用する圧力抗力（形状抗力）に加えて揚力の発生源についても事実と一致する説明を語り始めている．彼の次に実際の揚力の発生源を正しく評価したのは1809年のジョージ・ケイリーであるから，レオナルドは時代に3世紀先んじていた．

　ダ・ビンチの揚力に関する考察には，重要な帰結が2つある．1つは，今日「風洞原則」と呼ばれる記述である．つまり，（大気中を自由飛行する場合のように）物体がある速度で媒体の中を通過して移動しても，（風洞内流れの中に固定された模型の場合のように）静止している物体の周りを同一速度で媒体が流れても，空気力学的な結果は同一になるという原則である．ダ・ビンチは『アトランティコ手稿』の中で次のように述べている．「動かない空気に対して物体を動かすのと同じように，動かない物体に対して空気を動かす．」「空気に対する物体によって作り出される力と同じ力が，物体に対する空気によって作り出される．」風洞で実施した計測結果を大気中での飛行に適用できるというこの基本原則を，ダ・ビンチが最初に考え出した．ジャコメリはこれを「空気力学相互関係の原則」と呼んでいる[5]．

　ダ・ビンチの揚力に関する考察での第二の帰結は，（彼のノートによく見られる，羽ばたき機の翼で空気を叩くという概念とは反対に）空気に対して移動する固定翼での揚力の生成に関することであった．レオナルドが鳥の飛翔の力学を最初に理解した人物であったことは明らかである．彼は飛行中の鳥を何度も慎重に観測した結果に基づいて，鳥の翼を上下に動かす羽ばたきは揚力にほとんど寄与せず，むしろ羽根の先端によって前方への推進力を作り出すための方法だと推測した．揚力は，鳥が前方へ向かって移動することによって空気と翼が交差して流れる時に作り出される．このように，晩年の頃には飛行機には別の推進機構を備えた固定翼

を用いることができるという結論に到達していた．1505年，ダ・ビンチは『アトランティコ手稿』に次のように書いている．「それゆえに動きのない翼に対して空気が移動すると，同じ空気が空中を飛ぶ鳥の重さを支える．」このことからダ・ビンチは，1505年には羽ばたき翼を持つ羽ばたき機の概念から離れ，固定翼機について考え始めていたことが分かる．繰り返しになるが，これは1799年にジョージ・ケイリーが考えた固定翼機での揚力と推力の分離に先立つこと3世紀前であった．

　独自になされた揚力の理論が歴史的な進歩であったことに比べると，ダ・ビンチの抗力の概念は，初めは古代におけるアリストテレスの「媒質説」を模倣したものであった．この概念では，空気は物体の後ろの空間に充填して，いかなる空気抵抗にも打ち勝つ推力を物体に与えることによって運動を助け，もしそうでなければ物体はいかなる運動も維持できないと説明されていた．媒質説に反対する説は6世紀にヨハネス・フィロポナス（グラマリアン＝ジョン）によって唱えられた．アレクサンドリアに住むクリスチャンのフィロポナスは「運動力説」を提案していた．この説では，物体は元の原動力源から運動力を受け取り（岩石は投石する人の腕から運動力を受け取る），その物体は全運動力がなくなるまで動き続けると主張されていた．つまりこの説では，空気が及ぼす作用は単なる抵抗（抗力）であった．当初，レオナルドは媒質説と運動力説の両方を信じることで満足していた．つまり，初めに物体は与えられた運動力で動き，続いて媒質がその運動を補助すると信じていた．しかし，後年には完全に媒質説を放棄した．1505年から1508年の間に書かれた『レスター手稿』には，空気が物体を後ろから押すことはなく，唯一の効果は運動に対する抵抗のみであることの証明を試みた長い論説が述べられている．後に揚力に関する考えと同様に，抵抗は速度に比例するという誤った仮定を置いている．しかし，空気による抵抗は物体の表面積に比例するという第二の仮定は正確であった．

　新しい抗力の概念から導かれる当然の帰結として，レオナルドは流線型により抗力が減少する利点を指摘した．『G手稿』には，魚とそれに類似する船の船体形状を示すスケッチが掲載されている（図2.8）．レオナルドは，水が魚の後部胴体を包み込んで，表面から流れが剥離した場合のように間隙を作り出すことなく後部胴体周りを滑らかに流れるので，魚の運動に対する抵抗が小さいと主張していた．今日，物体を流線型にすることには，大きな圧力抗力を伴う流れの剥離を防ぐ効果があることが知られている．レオナルドはこれらの用語では考えていなかったが，確実に正しい方向に進んでいた．彼は流線型の概念を大砲の砲弾にも

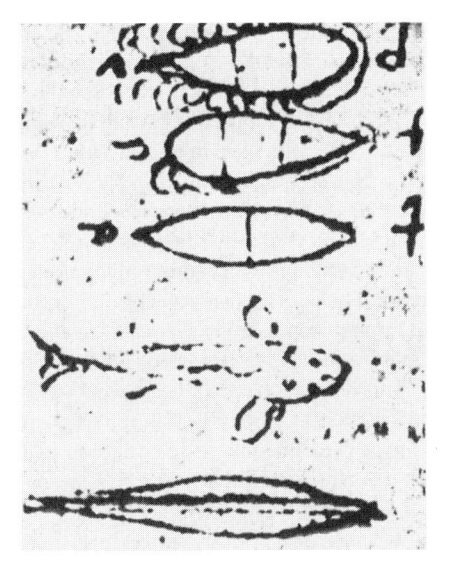

図2.8 ダ・ビンチが描いた流線型形状のスケッチ 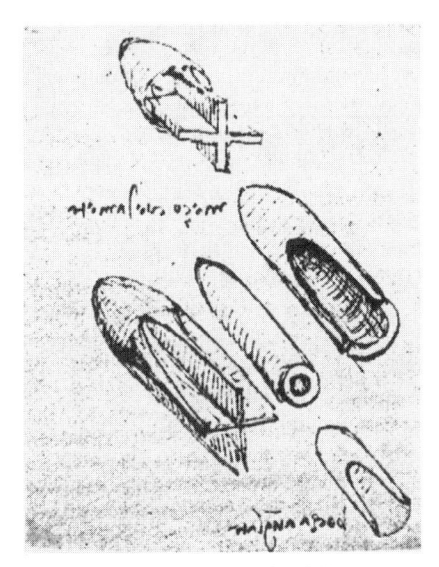　　図2.9 ダ・ビンチが描いた流線型砲弾のスケッチ

適用した（図2.9）．『アランデル手稿』から抜粋したこのスケッチは，安定性のためにフィンを備え，空気力学的に相当高度な形を示している．

　レオナルド以前の時代には科学的知識が欠如していたことを考えると，彼が空気力学の最先端技術に多大な貢献をしたことは明らかなように見える．しかし，はたして本当に貢献したのだろうか．最先端技術とは他の人々も利用できる技術を意味するべきだが，それ以外にも未来の発展と躍進を確実にするような功績を意味するべきである．ダ・ビンチの業績はこの基準のどちらも満たしていなかった．空気力学での彼の業績は，基本的にノートの中に封じ込められていた．生前および死後も長期間にわたって他の人は見ることができず，さらに「鏡像のように」反転させた手書き文字で隠されていた．実際，空気力学でのレオナルドの業績は19世紀と20世紀になってからようやく注目を浴びるようになった．しかし，その頃には最先端技術は彼の思考をはるかに超えていた．したがって彼の思考は歴史的な興味の対象でしかない．

　その最先端技術はダ・ビンチの羽ばたき機にどの程度反映されたのだろうか．羽ばたき機は鳥の飛翔に関する広範囲な観測，および鳥の骨格と筋肉構造に関する詳細な知識を基に，レオナルドが鳥の基本的な仕組みを真似ようとした結果の産物であった．ノートの中に羽ばたき機のスケッチに関連するいかなる定量的な

計算も行われた形跡はない．

古代から1500年までの航空の発展

　歴史を通して，人々は空気力学の知識や基本設計原理が分からないからと言って，飛行機を組み立てようとするのを止めたり，空を飛ぶことに空想をめぐらせたりするのを止めたりはしなかった．実際，空気力学が進化する途上のどの時代でも，より広義な航空の世界では重要な出来事が起こり，成果が得られてきた．そこで空気力学の歴史的発展に関するさらなる理解と評価のために，航空に関係する重大な出来事をまとめることにしよう．1600年までの航空における重要な発展は事実上乏しかったことを示唆するように，本章での航空の歴史的発展に関する話題は簡単に済んでしまうだろう．注目に値する事象のみを以下に抜粋する．

(1) 凧は紀元前1000年頃に最初に中国で発明された．ヨーロッパでは，それからかなり時代を経た頃（西暦1300年頃）に吹流しの形でたくさん現れた．もっと一般的な平面ダイヤモンド形の凧として知られている最初の図は1618年にまで遡る．レオナルドは凧のことをよく知っていただろう．もしかすると，彼のパラシュート（図2.10）の発明にいくらかのインスピレーションを与えたかも知れない．

(2) 西暦800年から1500年にかけて，木材，羽毛，布を用いて翼を作り，屋根や木などの高所から飛び降りて甲斐なき羽ばたきを死に物狂いで行った話が数多く残っている．歴史家のギブズ・スミス[25]が「タワージャンパー」と呼んだそのような人々は，全員が完全な失敗に終わっている．

(3) 水平な軸と地面に対して垂直な平面内を回転する翼を持つ風車は，西暦1290年頃のヨーロッパに起源をたどることができる．風のエネルギーを利用して実用的な仕事を生み出す機械の初期の例であった．

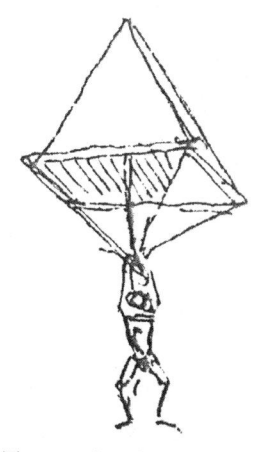

図2.10　ダ・ビンチのパラシュートの概念を示すスケッチ

　レオナルドが空気力学を理解しようと努めた時に直面した技術的欠如と同じような欠如が，航空の発展にも明らかに存在していた．

第3章

空気力学的思考の夜明け
—— ジョージ・ケイリーと現代的な構成を持つ飛行機の概念まで

これまでに打ち建てられてきた抵抗の理論は甚だ欠陥だらけのものであり，この重要なテーマが仮にも完全に解き明かされ得るとすれば，ここに列挙されたものと類似の諸実験によるしかない
ベンジャミン・ロビンス，哲学紀要に掲載された論文より（1746年）

　図3.1に全長約1mの手で飛ばすグライダーのスケッチが示されている．1804年にジョージ・ケイリー卿が設計したグライダーである．このグライダーの実物大模型がロンドンのサウス・ケンジントンにある科学博物館に展示されている．今日では，このようなグライダーはほとんど子供のおもちゃのようで，つまらなく見えるかもしれない．しかし，1804年には大きな技術的躍進であった[6]．つまり，現代的な構成を持つ初めての飛行機であった．よく見ると，固定翼，胴体，水平尾翼と垂直尾翼からなる尾翼構造を備えた，空気よりも重い飛行機であることが分かる．それは羽ばたき機の概念に焦点を絞っていた当時の思潮とは完全に違っていた．晩年のダ・ビンチは，（羽ばたき翼よりも）固定翼を備えた飛行機なら設計可能だという結論に到達していたが，一般大衆がその考えを知ることはできなかった．したがって航空学の実質的な進歩という観点からは，3世紀後のジョージ・ケイリーが現代的な構成を備える航空機の概念を生み出したと言える．彼は揚力を発生させるための固定翼，空中を移動する機械に作用する抵抗

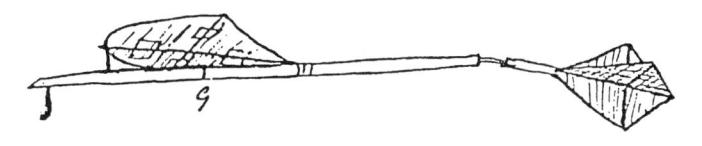

図3.1　ジョージ・ケイリーの1804年グライダー

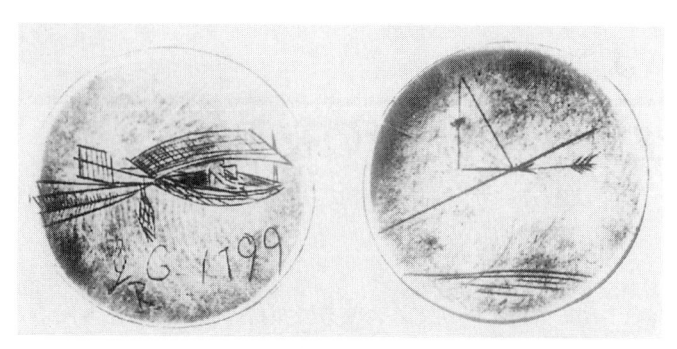

図3.2 銀盤にエッチングされたジョージ・ケイリーの近代的飛行機の概念

(抗力)に打ち勝つための別の推進手段，針路安定性と機体縦方向の静的安定性のための垂直安定板と水平安定板の両方を提案した．

ケイリーはこの概念を最初に非常に変わった方法で図解した．すなわち，1799年に固定翼機の輪郭を銀盤（図3.2）に刻んで表した．この銀盤の片面には固定翼，（人間が一人乗り込む）胴体，胴体の後端には水平尾翼と垂直尾翼からなる尾翼構造，推進のための1組の羽ばたき翼を備えた航空機のスケッチが描かれている．羽ばたき機の翼では一つの動作により揚力と推力を同時に得ることを意図しているのとは対照的に，固定翼機では揚力（固定翼）と推進力（羽ばたき）を得る手段は明らかに別であった．ケイリーの概念はその銀盤の裏面でさらに強調されている．そこには揚力面での揚力－抗力線図が初めて示されている．矢印が右から左への流れを表し，太い対角線が流れに対してかなり大きな迎え角をとっている状態の翼断面を表している．翼の上の直角三角形を見ると，斜辺が空気力の合力を表しており，水平な辺と垂直な辺がそれぞれ抗力と揚力を表していることが分かる．現代翼型の空気力線図を示している図1.5を見てほしい．明らかに銀盤に描かれたケイリーの線図には図1.5と全く同じ情報が含まれている．アメリカの25セント硬貨の大きさ（訳者注：直径24mm）にも満たないその銀盤は，今日ではサウス・ケンジントンの科学博物館に展示されている．

1804年のケイリーのグライダーは固定翼の概念を試すために設計された．人の手で飛ばしたところ，そのグライダーが見事に飛んだことに刺激を受けて，ケイリーは航空機の空気力学的特性に関する実験をさらに進めることになった．

ガリレオと合理科学の始まり

1804年における空気力学の最先端技術を理解するためには，ダ・ビンチの死（1519年）からケイリーの初期のグライダー（1804年）までの時代における空気力学の発展を調べる必要がある．空気力学の基礎は17世紀に作られた．17世紀初めにガリレオ・ガリレイ（1564～1642年）が古典力学の原理を詳細に調べ，17世紀末にかけてアイザック・ニュートン（1642～1727年）が力学の確固たる数学的基盤を築き上げた．ガリレオとニュートンは科学史における巨人である．しかし，彼らの全功績について述べることは本書の目的をはるかに超える．ここでは空気力学の発展に直接関係した業績のみを取り上げる．

天文学や基礎力学でのガリレオの業績と比較すると，空気力学への彼の貢献は小さい．しかし彼の研究の中には第1章で構築した空気力学モデルに直接関連し，ここでの説明に値する成果がいくつかある．

ガリレオ・ガリレイ（図3.3）は1564年2月15日に7人の兄弟姉妹の一番年上としてイタリアのピサに生まれた．音楽家であり，音楽の理論家でもあった彼の父親ビンチェンツィオ・ガリレイは，音楽での調和の解析に数学の整数論を初めて適用していた（大変興味深いことに，ビンチェンツィオは実用的なツールとしての数学に幻滅を感じるようになり，後にガリレオが大学水準の数学を研究しようとした際には，これを思いとどまらせようとした）．ガリレオはピサでの幼年期に家庭教師から教育を受け，その後はフィレンツェ近郊のヴァンブローザにあるサンタマリア修道院の権威ある学校に通った．1581年には医学生としてピサ大学に進学している．しかしピサでの研究の間，彼は数学に惹き付けられた．そして父親の反対にもかかわらず，ガリレオは独自にユークリッドとアルキメデスの業績を研究するために，学位を取ることなく大学を離れてしまった．1589年にその独学が認められ，ピサ大学で数学の教授に就任した．しかし，定着していたアリストテレス学派物理学の考え方が誤りであると主張したことと，大学執行部を軽視した態度を取ったことから，すぐに同僚達からの評判

図3.3 ガリレオ・ガリレイ

を損ねてしまった．このことに報酬が不十分であったことが重なって，ピサ大学を去ってもっと収入の良いパドヴァ大学の数学教授職に就くことになった（ガリレオの父親は1591年に亡くなっている．このことから家族の経済的責任をガリレオが負うことになっていた）．パドヴァ大学はイタリアで最高の学者と学生を集めており，ガリレオは物理の研究を存分に行えるだけの比較的自由で寛大な雰囲気を享受できた．パドヴァ在住の間にベニス生まれのマリナ・ガンバを愛人として，2人の娘と1人の息子が誕生している．1600年に生まれた長女のヴィルジニアは，晩年のガリレオにとって生きがいのような存在であった．ガリレオは1608年にオランダの無名レンズ研磨工ハンス・リッペルスハイが発明した望遠鏡のことを知り，それを30倍の倍率に改良した．ガリレオの第一の名声はここから来ており，月面の山々を発見し，天の川が個々の恒星から構成されていることを知り，木星に4つの衛星を発見した．1年後，数学者および哲学者としてフィレンツェのトスカーナ大公に仕えるためパドヴァを去った．1611年にはローマを旅し，そこで天体観測の功により教会から賞賛を受けている．しかし，その後は教会との関係が悪化していく．1616年，定着していた天動説ではなく，コペルニクスの地動説（すなわち，地球が太陽の周りを回る）を説いたことで教会から批判を受けることになった．天動説はアリストテレスやプトレマイオスの時代から続いており，地球が宇宙の中心にあって，全ての天体が地球の周りを回っていると考えている．1632年3月，ガリレオの2つの主要な著書の一つである『天文対話』が発表された．そこでは地動説を支持して，自らの天体観測に裏付けされた明確な論理的議論を行っている．教会はすぐさま行動に出た．数ヶ月のうちに彼は異端者裁判で裁かれ，無期懲役の判決が下された．著書は発行禁止にされ，禁書目録（キリスト教徒が読んではならない本のリスト）に載せられた．しかしガリレオを支持していた影響力のある教会関係者達のおかげで，判決は監視付の終身自宅軟禁へ減刑されることになった．そして初めはシエナへ移り住むことを許され，その後の1634年にはフィレンツェを見下ろす丘にあるアルチェトリへ移り住んだ．彼が2冊目の有名な著書である『新科学対話』を書いたのがこのアルチェトリであった．『新科学対話』は材料強度の基本原理と運動学の数学的解釈を扱っている．この本は1638年に発行されたが，その時にはガリレオは完全に視力を失っていた．その4年後にガリレオは亡くなり，フィレンツェのサンタ・クローチェ教会に埋葬された．

教会との軋轢にもかかわらず，ダ・ビンチと同じようにガリレオもイタリアで最高のサークルに出入りしていた．また，ダ・ビンチのようにガリレオも観察から学んでいた．『新科学対話』の大部分は，移動物体の速度，加速度，軌道に関

して彼自身が行った物理実験から導かれている．

　ガリレオの力学への貢献により，空気力学という機械科学も進歩した．例えば，彼は慣性と運動量の概念を導入した．以前のアリストテレス学派の教義では，単に運動を維持するために力が必要とされていたが，彼は観察によって力の効果は運動を変えることであると気づいていた．その意味で，ガリレオの原理は一度も定量化されなかったが，約50年後に確立するニュートンの運動の第一法則と第二法則に先立つ原理であった．ガリレオは，斜面を転がり落ちる物体は重力の影響により絶えず速度を増加させているが，水平面に転がり出てきたところでその速度は変わらなくなることを観察した．さらに物体がテーブルの端から転がり落ちた時には，速度の水平成分は同一のままで，地面へ向かう垂直成分は増加することにも気づいていた．そのことからガリレオは，空中での物体の軌道は放物線であることを数学的に証明することができた．この点でガリレオは，落下物体の空気力学に関係していた．「しかし，空気の抵抗は物体の経路に影響を及ぼす」と，彼は述べている．このように，ガリレオ以前のアリストテレスとダ・ビンチに同調して，空中を移動する物体には運動を減衰させる空気力，つまり抵抗または抗力が作用すると理論づけていた．しかし先駆者達と同様に，ガリレオもその抵抗を定量化できなかった．おそらく定量化できなかったために，別の機会では「空気抵抗は無視できるくらい小さい」と述べたのだろう．（今日でさえも）多くの科学者や技術者が，理解や定量化のできない現象を無視するような選択をしてしまいがちだが，おそらくガリレオもこの普遍的な傾向に屈してしまったのだろう．

　ガリレオは空気力学抵抗を定量化できなかったが，部分的には貢献したと言える．落下物体と振り子の運動の観察実験から，空気力学抵抗は空気密度に比例していると推論した．ここに，第1章で示した揚力と抗力の方程式における第二の変動要因が歴史上初めて姿を現すことになった．すなわち，LとDは密度ρに比例している．LとDは適切な代表面積Sに比例するという第一の変数に関する記述は，ダ・ビンチによって確立されたことを思い出してほしい．つまり，1638年にガリレオが『新科学対話』を出版する頃には，

　　$D = K\rho S f(V)$

が知られていた．ここでKは比例定数であり，$f(V)$は流速の何らかの関数である．正確に流速のどのような関数になっているかという問題については，ここでは取り上げない．ダ・ビンチは抵抗が流速に正比例していると信じていたことを既に見てきた．ガリレオも全く別の（しかも誤った）調査により，空気力は流速

に比例していると結論づけていた（すなわち，上式において$f(V) = V$）．

ガリレオが実験科学に貢献してからニュートンが理論科学に貢献するまでの時代は，17世紀中頃であった．この時代，空気力学に関係する小さな進歩がいくつかなされている．そして，大きな発展も一つなされた．まず，小さな進歩から見てみよう．1628年，ガリレオの弟子であり，後に信頼のおける同僚となったベネデット・カステリ（1577～1644年）が『流水測定論』を出版した．その本の中で，非圧縮性流体の連続の法則について述べている．つまり，$AV =$ 一定．ここでAは流れの断面積，Vは流速である．ダ・ビンチはこの法則を理解していたことを既に見てきたが，彼の業績の大部分と同様に，ダ・ビンチが存命中に発表されることはなかった．カステリがこの法則を最初に印刷物にしたので，カステリの法則としてイタリアでは知られるようになった．

エヴァンジェリスタ・トリチェリ（1608～47年）はカステリと同時代の人物である．トリチェリもまたガリレオの業績に影響されて，ガリレオが亡くなる最後の3ヶ月間を親しくして過ごしていた．トリチェリは満水にした容器の底に開けられた穴から流れる液体の流速に関して数多くの実験を行った．そして流速は容器内にある液体の高さの平方根に正比例することを最初に示した．トリチェリの定理 $V = \sqrt{2gh}$ は，現代の全ての物理学入門書に出てくる．彼はまた，1644年頃に気圧計を発明している．1893年にエルンスト・マッハ[7]はトリチェリを水力学理論の創始者と呼んだ．しかし，これは科学分野の多くの現代史研究家に一般的に受け入れられていない．例えばトカティ[8]は，そのような肩書きに相応しい業績がトリチェリにあったとする十分な証拠はないと信じている．

また，フランスのブレーズ・パスカル（1623～62年）も同年代に積極的に活躍していた．パスカルは（アルキメデスと共に始まった）流体静力学という学問領域を十分に発展した科学へと進化させた．彼は大気には流体の液面に押しつけられた錘としての作用があることを理解していた．さらに流体中の任意の点における圧力は，その点を貫くあらゆる方向に同一であり，流体の深さのみに依存するという理論を初めて唱えた．（第1章に示した空気力学の基本事項を思い出してほしい．流れ場での圧力は各点で異なる場所の依存量である．実際，理論空気力学における最も重要な課題の一つは，流れ場における全点での圧力変化を予測することである．）パスカルの時代には，圧力が場所に依存しているという事実は完全に理解されていなかった．せいぜい流体静力学の世界で，ある深さでの流体の水平な層の中で圧力は一定になっているぐらいにしか考えられていなかった．ベルヌーイが活躍した18世紀でさえ，圧力は「流体の高さ」と同等であると考えられていた．これから見ていくことになる

が，レオンハルト・オイラーが1754年に初めて移動している流体の圧力は厳密に場所の依存量であることを認識した．

流速二乗則：空気力学での最初の躍進

17世紀も終わろうとする頃，空気力学に大きな進展があった．17世紀の中頃まで一般的であった説では，力は流速に正比例しているという不正確な概念が信じられていた．しかし，17世紀後半の17年間でこの状況は大きく変化することになる．1673年から1690年の間に2人の個人がそれぞれ独自に実験を行った．イギリスのアイザック・ニュートン（1642～1727年）が発表した理論的な原理に従って，フランスのエドム・マリオット（1620～84年）とオランダのクリスチャン・ホイヘンス（1629～95年）が，物体に作用する力は流速の2乗に比例して変化することを明確に確立した（すなわち，流速が2倍になると力は4倍になる）．何世紀もの間のたどたどしい，しかもわずかでしかなかった進歩の後，突如として現れた空気力を求める流速二乗則は，空気力学の発展における最初の大きな科学的躍進の象徴である．

流速二乗則の功績はエドム・マリオット（図3.4）にある．彼は1673年に初めてこれを発表した．マリオットの人生における最初の40年間はよく分かっておらず，1666年までの彼の私生活，教育，業績に関して何の情報もない．そしてその年に突然，新しく創設されたパリ科学アカデミーの創立会員になった．おそらく独学で科学を学んだものと思われる．そして，動物の体中を血液が循環しているのと類似した様式で植物の樹液が草木の中を循環しているという先駆的な説により，パリ・アカデミーから注目されるようになった．当時，彼の説は議論を巻き起こしたが，4年もしないうちに多数の実験的検証によって裏づけられた．マリオットはすぐにアカデミーの活動に積極的に参加し，貢献するようになった．彼の興味は実験物理学，水理学，光学，植物生理学，気象学，測量法，一般の

図3.4 パリ科学アカデミーのメンバー（左から2番目がマリオット）

科学的かつ数学的手法というように，多岐にまたがっていた．マリオットは実験科学をフランスにもたらしたことで称賛されている．ダ・ビンチやガリレオが行ったような実験はルネッサンス期にイタリアで栄えたが，マリオットはフランスにも同じようにこうした実験への関心を呼び起こした．実際，彼は既存の理論と，当時としては新しい研究手法であった実験との間の因果関係を調べるために，多くの苦労と実験を重ねた実験主義者であった．彼の後半生を一言で述べるなら，パリ・アカデミーのために尽くした後半生と言えるだろう．1684年5月12日に亡くなるまでパリにとどまっていた．

マリオットは，様々な物体が他の物体や表面に衝突する時に作り出す力に特に興味を持っていた．それらの「物体」の一つが流体であり，平面に衝突する流体が作り出す力の研究と計測を行った．この実験に使用した装置が図3.5に示されている．ここには横方向に渡してある梁の片端に水の流れが衝突すると，その梁に力が作用してもう片側の端にある錘と釣り合うことによってその力を計測する検力計が示されている．水を満たした垂直な管の底から水が噴き出す．噴流の速度はトリチェリの定理から管内の水位の関数として求められる．マリオットはこの実験装置を用いて梁に衝突する水の力が流速の二乗に比例して変化することを証明した．そして，1673年にパリ科学アカデミーに寄せた講演論文「衝撃または物体衝突の理論」でこの発見を紹介した．

マリオットが同僚達から尊敬されていたことは，J・B・デュ・ハメルの次の言葉から分かる．「この人の心は全てを学ぶことができるほど才能にあふれ，彼の著書は最高の学識を証明している．1667年にはすばらしい学説によりアカデミーに選出された．本論文の過程で参照されている業績が証明するように，彼の発明の才は産業と上手く調和して絶えず前へ向かって輝き，最後まで一貫していた．実験装置設計での彼の聡明さはほとんど信じられないほどであった．そして，最

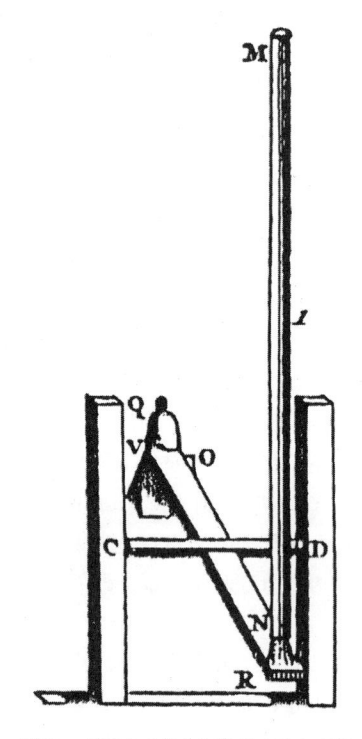

図3.5 流体内の物体に作用する力を計測するためのマリオットの装置

小の費用で実験を実行できた．(p.120)[9]」

マリオットのことをそれほど称賛していない人物が，少なくとも1人存在していた．流速二乗則の功績に関する別の面での歴史的論争の当事者であるクリスチャン・ホイヘンス（1629～95年）である．ジャコメリとピストレシ[10]は，流速二乗則の最初の功績はホイヘンスにあるとして称賛している．

クリスチャン・ホイヘンス（図3.6）は，1629年4月14日にオランダのハーグに住むオランダ社交界でも有力な家に生まれた[11]．その家系の中にはオラニエ家（訳者注：オランダ総督を世襲した家系で，現オランダ王室）治世の間に外交官として仕

図3.6 クリスチャン・ホイヘンス

えていた人物もいる．クリスチャンは十分な教育を受けていた．16歳まで父親から教育を受け，その後はライデン大学で法律と数学を学んだ．そして物理学と数学に専念して，既存の科学的手法の改良，光学での新技術開発，振り子時計の発明などに多大な貢献をした．マリオットと同様にホイヘンスも1666年のパリ科学アカデミー創立会員であった．そしてアカデミーの活動に密接に関わるためにパリに移り，1681年まで住んでいた．その間，マリオットとホイヘンスは同僚としてアカデミーで一緒に仕事をして，会話も論争もしていた．

1681年，ホイヘンスはハーグに戻り，その地で1695年7月8日に亡くなった．生前からヨーロッパで最も偉大な数学者として認められていた．しかし，彼は何かと孤独であり，若い学生を弟子として引きつける魅力に欠けていた．しかも研究を発表することを渋っていた．極めて高い基準を自分に課していたことが主な理由である．こうした理由からホイヘンスは次世紀の科学者達にあまり影響を与えなかった．事実，18世紀には彼の研究はあまり知られていなかった．

1668年，ホイヘンスは抵抗媒体内での飛翔体の落下を研究し始めた．ダ・ビンチとガリレオに続いて，彼も抵抗（抗力）が流速に比例することを信じて研究を開始していた．しかし，1年もしないうちに実験データの解析から抵抗が流速の二乗に比例していると確信するに至った．マリオットが1673年に同じ調査結果を発表する4年前であったが，ホイヘンスは1690年までその資料と結論を発表しな

図3.7　サー・アイザック・ニュートン

かった．そのために流速二乗則の功績問題が複雑になっている．ホイヘンスがマリオット人は自分の発見を盗んだと責めていたことで，ホイヘンス自身が事実関係をさらに曖昧にしている．

マリオットとホイヘンスは同僚であり，彼らは議論を共にして，考えを共有していたとホイヘンスがはっきりと述べている．このような状況では新しいアイデアの功績が誰に帰属するのか時々不明確になる．グループや個人間での議論の結果としてアイデアが展開することはよくある．明確なのは，マリオットは1673年にアカデミーに提出した論文の中で流速二乗則を発表したことである．そして，ホイヘンスが同じ結論を発表したのはその17年後であった．

　功績の帰属を判断する方法として発表された科学文献を採用すると，マリオットがこの新しい法則の最初の功績者に値すると言わねばならない．しかし，ホイヘンスもマリオットが発表する以前に実施した実験で流速二乗則を証明していたことは明らかである．このように別々に行われた2つの調査から空気力が流速の2乗に比例して変化することが，17世紀末までに実験的に証明されていた．さらに重要なことに，1687年に発表されたニュートンの『プリンキピア』において，ニュートンが発展させた合理的かつ数学的な力学法則に基づいて流速二乗則は理論的に導かれている．

● ニュートンと合理科学の開花

　17世紀の初めは，ガリレオの研究からある程度の刺激を受けて，実験物理学において立て続けに躍進が見られた時代であった．17世紀末には，そうした実験的研究がアイザック・ニュートン（1642～1727年）（図3.7）による合理的数学理論の整備という形で自然に実ったことも納得できる．ニュートンの物理学と数学への貢

献は極めて重要である．1687年に発表された『プリンキピア』には，力学現象を調べるための完全かつ合理的な理論手法が初めて説明されていた．しかし，ニュートンは知識上の真空地帯を歩んだわけではなかった．これまでニュートンの法則に関係する先駆者達について紹介してきたように，彼は先人達の研究を利用することができた．その先人達とは，主にガリレオ，デカルト，ホイヘンスであった．ニュートンは，「もし私がさらに遠くまで見えていたとしたら，それは巨人の肩の上に立っていたからだ」と書いている．科学へのニュートンの貢献を深く解説することは，本書が意図する範囲を超えてしまう．そこで，彼の研究の中で空気力学に影響を与えた部分だけを考えることにする．

　アイザック・ニュートンは1642年12月25日にイギリスの小さな町ウールスソープの近くで生まれた．生まれる5ヶ月前に父親が亡くなったため，母親によって育てられた．子供の頃には機械の図に関心を示し，ウールスソープの家の壁や窓の縁に引っ掻き傷をいれて，その図を描いたらしい．母親は息子に農家になる道を歩ませようと考えていたが，幼い頃のニュートンはぼんやりとした活気のない子供だった．その代わり，叔父の勧めから大学への進学を望んでいた．彼は1661年にケンブリッジ大学のトリニティー・カレッジに入学し，1665年に学士号を取った．その後の2年間，ヨーロッパで疫病が流行していたために大学は閉鎖され，ニュートンも疫病を避けるためにリンカンシャーの田舎に疎開した．後に発表されることになる数学，光学，力学に関する多くの発想を得たのが，この2年間であった．ニュートンはこの2年間のことを次のように述べている．「この時期，私は次々と発想が沸き上がる最高潮にあった．これほど数学と哲学に夢中になった時期はそれ以降にはなかった．」

　1667年にケンブリッジに戻り，トリニティー・カレッジの下級教官になった．1668年に修士号を取り，1669年にはルーカス教授職に任命されている．その後の27年間，ケンブリッジを離れることはなかった．ルーカス教授職である者は，1年を通して毎週1回の講義を持たねばならなかった．ニュートンはルーカス教授職に在職中の1669年から1687年にかけて，1687年に初めて出版されることになる有名な著書『自然哲学の数学的諸原理（プリンキピア）』へ発展する長編講義を行っている．ケンブリッジでの年月は，講義に割いた時間を除いてかなりの時間を自分の部屋ですごしていた．彼の講義にはほとんど出席者はおらず，彼が何を言っているのか理解する人もほとんどいなかった．聴講者がいないことも頻繁だった．ニュートンは小食で，時には食べることを完全に忘れるほどであったし，少しだらしのない格好をしていた．しかし，そんなことは彼が1672年に王立協会の

会員になり，そして1689年には下院議員になることへの障害にはならなかった．王立協会は彼のプリンキピアを出版しようとしたが十分な資金が無く，ニュートンの友人であり，著名な天文学者でもあったエドモンド・ハレーがプリンキピアの出版費用を都合してくれた．そのプリンキピアが，今日の私達が古典力学と呼んでいる学問の出発点になっている．亡くなる10年前になってニュートンは教授の職とケンブリッジを全般的につまらなく感じ始めた．1696年，彼は造幣局長官に任命され，科学の知識と実験技術を貨幣の質の検査に応用している．晩年になると王立協会の主要メンバーとして活躍していたが，必ずしも科学の向上に貢献したわけではなかった．ニュートンは若い科学者の研究に対して批判的な態度をとることがよくあった．その態度のために，18世紀初頭のイギリスでの科学の進歩が停滞してしまう傾向があったほどであった．彼はどちらが最初に微積分の原理を考案して発展させたかをめぐって，ドイツ人科学者であり数学者であるゴットフリート・ライプニッツとの間に長期間に及ぶ論争も繰り広げていた．イギリスの科学者と大陸系ヨーロッパの科学者もその論争に巻き込まれたほどであった．ニュートンは1727年3月20日に痛風と肺炎の合併症で亡くなった．そして，ロンドンのウェストミンスター大寺院に埋葬された．間違いなく最も重要なイギリス人科学者である．

　ニュートンの空気力学への貢献は，「(抵抗媒質内での)物体の運動」と副題を付されたプリンキピアの第2巻に書かれている．その第2巻は流体力学と流体静力学のみを扱っている[12]．17世紀の後半，流体力学における実用的な関心事は造船工学に関する問題，特に船体に作用する抗力の理解と予測であった．これは強力かつ優秀な海軍力によって世界の大半を統治していた国にとって重要な関心事であった．ニュートンの流体力学への関心は，一部はそのような実用上の問題から生じたのかもしれないが，彼には流体の中を移動する物体の抵抗を計算しなければならないもっと重要な動機があった．惑星間の空間には惑星の周りを渦のような動きをして移動している物質が充満しているという，ルネ・デカルトが唱えた説が広く信じられていた[13]．しかし，例えばヨハネス・ケプラーが1627年にルドルフ表の中で発表した決定的な報告のように，天体観測によると宇宙を移動する天体の運動が散逸することはなく，むしろ規則正しく同じ運動を繰り返し行っていた．もしデカルトが唱えたように連続媒質で満たされた宇宙を物体が移動しているならば，それぞれの物体に働く空気力学的抗力がゼロであると説明する以外にはない．ニュートンの流体力学研究の主要目的は，連続媒質を通って移動する(天体を含む)物体に働く有限の抗力が存在することを証明することであった．も

し証明できれば，デカルトの説が誤りであることが証明される．実際にプリンキピアの命題23では，流体の中を移動する物体に働く有限の抵抗を計算しており，そのような抵抗は「流速が2乗された比率，直径が2乗された比率，系の当該部分密度の単純比率から合成される比率」であることが示されている．つまりニュートンは流速二乗則を導いていた．また，同時に抵抗は物体の断面積（直径が2乗された比率）と密度（密度の単純比率）に比例して変化することを示している．こうして，ニュートンは以下に示す抗力方程式を初めて理論的に導き出した．

$$D \propto \rho S V^2$$

しかし彼の心の中では，自分の貢献はデカルトの理論を単に間違っていると証明しただけとしか考えていなかった．このことは，連続媒質の中を移動する球体の抵抗を計測する実験を扱った命題40の付随注釈の中で述べられている．そのような球体には流体の中を移動する間に有限の抵抗が加わることが理論的かつ実験的に示されたので，「完全に自由に，かつ認識できるわずかな運動の減少もなく惑星と彗星の球体があらゆる方向に向かって絶えず通り過ぎている宇宙は，極めて希薄な蒸気や光線以外にいかなる物質からなる流体もない完全真空に違いない．」ニュートンにとって，これは流体力学の研究から得られた最大の成果であった．現代の空気力学者にとって，第1章で構築した空気力学モデルとの関連から重要になる成果は，空気力が(1)流体密度の1乗に比例して，(2)物体の代表面積の1乗に比例して，(3)流速の2乗に比例して，変化することが理論的に証明されたことである．もちろんニュートンの時代までには実験で得られた証拠から空気力がそうした変化をすることは既に確立していたので，単に理論の上での証明であった．

　プリンキピア第2巻でニュートンは第二の基本的発見を示して，空気力学に貢献した．すなわち，流体中の任意の点での速度勾配を用いて同じ点でのせん断応力を表現した．流体の中に浸した表面に作用するせん断応力τは，その表面に垂直な方向の速度勾配に正比例している．

$$\tau = \mu \ (dV/dn)$$

ここで比例定数μは粘性係数である．物体の表面全体にわたってせん断応力を積分することにより，その物体に作用する表面摩擦抗力が得られる．細長い流線型の物体の場合，表面摩擦は物体に働く全抗力に対してかなり大きな比率を占める．したがってせん断応力を表すニュートンの関係式は，空気力学にとって非常に重要である．前述の方程式はプリンキピアには明確に示されていない．それどころか，ニュートンは第2巻の9節において次のような仮説として提唱しただけ

だった．「流体のその部分における潤滑性の不足から生じている抵抗は，他が同一であるとして，流体のその部分が互いに切り離される流速に比例している．」現代の用語では，「潤滑性の不足」は流体における摩擦の作用，つまりせん断応力 τ である．「流体のその部分が互いに切り離される流速」は流れの中の流体要素が受ける歪み速度であり，こちらは数学的に速度勾配（dV/dn）で表すことができる．ニュートンの仮説の数学的記述は単純に

$$\tau \propto dV/dn$$

で表される．粘性係数 μ として定義される比例定数を用いると，先に述べたように

$$\tau = \mu\,(dV/dn)$$

になる．この方程式はニュートンのせん断応力法則（訳者注：日本ではニュートンの粘性法則と呼ぶことの方が多い）と呼ばれており，この法則に従う全ての液体と気体はニュートン流体と呼ばれている．空気を含むほとんど全ての気体がニュートン流体である．それゆえに，プリンキピアで初めて仮説として発表されたニュートンのせん断応力法則は，17世紀末の空気力学の最先端技術に対する大きな貢献であった．

● 迎え角効果とニュートンの正弦二乗法則

もう一度，揚力と抗力の方程式を考えてみよう．

$$L = \frac{1}{2}\rho V^2 S C_L$$

$$D = \frac{1}{2}\rho V^2 S C_D$$

17世紀末には，これらの方程式の本質（空気力は流体の密度と代表面積に比例し，流速の2乗に比例する）は実験的にも理論的にも正しいことが証明されていた．

しかし，空気力に対する入射角（現代では迎え角と呼んでいる）の影響はよく分かっていなかった．揚力と抗力の方程式では，揚力係数 C_L と抗力係数 C_D はある物体が自由流に対してとる迎え角の関数になっている．ところがニュートン以前には，空気力が流れの中で物体の向きに対してどのように変化するのか全く真剣に議論されていなかった．

間接的だが，アイザック・ニュートンは初めて空気力に対する入射角効果の解析に技術的に取り組んだ．プリンキピア第2巻の命題34には，流体の中を移動す

る球の抵抗は，移動方向に軸を向けた等しい半径を持つ円柱の抵抗の半分であることが記されている．流体自体は直接物体の表面に衝突する個々の粒子の集合として仮定され，衝突後には物体表面に垂直な運動量成分はなくなり，そして物体の表面に沿って接線方向に下流側へ向かって移動する．この流体モデルはニュートンの単なる仮説であった．ニュートンがためらいなく認めていたように，このモデルは実際の流体の動きを正確に表現していない．しかし曲面のある部分に流体が作用する衝突力が $\sin^2 \theta$ に比例するという結果が，この数理モデルと矛盾することなく，命題34の証明過程の奥に埋もれている．ここで θ は表面の接線と自由流の方向がなす角度である．自由流に対して迎え角 α をとった平面（例えば，平板）に適用した場合（図3.8），平板に作用する空気力の合力が以下のように得られる．

$$R = \rho V^2 S \sin^2 \alpha$$

この方程式はニュートンの正弦二乗法則と呼ばれている．命題34でのニュートンによる導出から直接導かれるが，プリンキピアの中では明確にこの式の姿で表れていない．迎え角をとった平板にニュートンの正弦二乗法則を歴史的に初めて適用した事例もよく分かっていない．命題34に書かれている内容から容易に導かれるので，プリンキピアが出版されて間もなく適用されたと考えるのが妥当である．

正弦二乗法則から導かれる空気力学的結論は注目に値する．図3.8に戻って，L，R，D の関係から，

$$L = R \cos \alpha = \rho V^2 S \sin^2 \alpha \cos \alpha$$

および

$$D = R \sin \alpha = \rho V^2 S \sin^3 \alpha$$

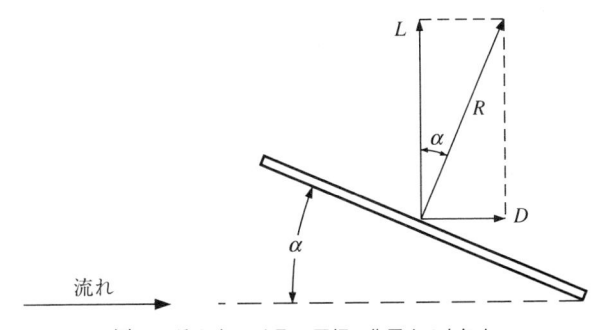

図3.8 迎え角 α を取る平板に作用する空気力

と書くことができる．したがって，次式が得られる．

$$L/D = \cos\alpha / \sin\alpha = \cot\alpha$$

これらの関係式において，角度 α はラジアンで表される．1ラジアンは57.3°であることを思い出してほしい．今度は，図3.8に示されているような平板の揚力面を考える．わずかな迎え角，例えば3°になるように平板が設置されていると仮定する．3°は0.052ラジアンという非常に小さな値である．$\sin(0.052)$ はさらに小さく，1よりもはるかに小さな数になる．同様に $\sin(0.052)$ の2乗はさらに小さな値になってしまう．このように上記の揚力方程式を調べてみると，ある翼面積を持ってある速度で空を飛ぶ機械にとって，揚力の変化が sin 関数の2乗に比例するということは，小さな迎え角では微小な揚力しか期待できないこと意味している．しかし安定した水平飛行のためには，揚力は重さと等しくなる必要がある．もしニュートンの正弦二乗法則が正しいとするなら（まもなく見て行くように，正しくはなかった），$\sin^2\alpha$ の小さな値に対抗して飛行機の重さと等しくなるように揚力を増加させるためには，次の2つの選択肢しかない．

(1) 翼面積 S を増加させる．翼面積は膨大になってしまうかもしれない．そうなると，飛行機は非実用的になるだろう．
(2) 迎え角 α を増加させる．残念ながらそれは揚力の増加よりも大きな抗力の増加を招くだろう．実際，α が増加すると揚力よりも抗力がすばやく増加する．したがって，α の増加に伴って揚抗比（揚力の抗力に対する比）が減少することになる．（上記の $L/D = \cot\alpha$ という式から，α が増加すると常に L/D が減少することに注目してほしい．）L/D は空気力学的な効率の指標であるから，控えめに言っても大きな迎え角をとって飛行することは好ましくない．

こうした理由から，ニュートンの正弦二乗法則を使用した計算は飛行機の空気力学特性に関して非常に悲観的な予測につながっていた．そのために，19世紀には正弦二乗法則は空気より重い飛行機の実現性に対する反対論に使用されていた．

● 空気力学へのニュートンの貢献

ニュートンの正弦二乗法則が現代の空気力学で再び甦ったことは皮肉である．すなわち，正弦二乗法則は極超音速飛行体表面での圧力分布の予測に用いられて

いる．弧状衝撃波（バウショック）が飛行体のすぐ近くに発生する極超音速流れの物理的特性を，直線運動をしている粒子の流れが表面に衝突して表面上を接線方向に移動するというニュートンが用いた流体モデルを用いてうまく近似できる．その結果，正弦二乗法則によって鈍頭形状を持つ極超音速飛行体の圧力分布を合理的に予測することが可能になり，ニュートンも予想できなかったところで応用されている．

おそらく空気力学に対するニュートンの最も重要な貢献は，運動に関する有名な法則として表れている．全ての古典力学の土台となった3つの法則である．ニュートンの第二法則は空気力学にとって最も重要だと言える．第二法則（すなわち，$F = ma$）は，移動物体の運動量が時間的に変化する割合と力を関係づけている．この第二法則が流体に適用されて，全ての理論空気力学が基本に置いている基礎方程式の一つになっている．つまり，オイラー方程式とナビエ・ストークス方程式の両式を得るために3つの基本的な物理の支配法則が用いられているが，そのうちの一つの支配方程式になっている（巻末添付資料AとBを参照）．

流体力学の日の出：ダニエル・ベルヌーイと圧力速度概念

18世紀における空気力学の基本的な進歩はダニエル・ベルヌーイ（1700〜82年）（図3.9）の活躍と共に幕を開けた．ニュートン力学は現代流体力学への扉の鍵を開けたが，実際に扉を開くことはしなかった．まさに切れ目ほどであったが，ベルヌーイが最初にその扉を開けた．そしてレオンハルト・オイラーとその後継者達が，その扉を大きく開けることになる．

ダニエル・ベルヌーイは18世紀初期にヨーロッパの数学と物理学を支配した名門家の一員であった．彼は1700年2月8日にオランダのフローニンゲンで生まれ，1716年にバーゼル大学で哲学と論理学の修士号を取っている．続いて，バーゼル，ハイデルベルク，ストラスブールでは医学を研究して，1721年に解剖学と植物学の博士号を取った．それらの研究を行っている間も数学への関心は変わらず，1724年には短期間ベニスへ赴き，その地で数学論と題した重

図3.9 ダニエル・ベルヌーイ

要な論文を発表している．この論文によって注目を集めるようになり，彼は生涯にパリ科学アカデミーからの賞を10回受賞しているが，その最初となる賞をこの時に受賞した．1725年，ベルヌーイはロシアのサンクトペテルブルク・アカデミーに参加した．当時，サンクトペテルブルク・アカデミーの学術的評価と知的活動の成果には素晴らしいものがあった．それからの8年間はベルヌーイにとって最も創造的な年代であったと言える．サンクトペテルブルクに在住する間，有名な『ハイドロダイナミカ』(Hydrodynamica) を著した．この本は1734年に完成したが，出版されたのは1738年であった．1733年にはバーゼルに戻って解剖学と植物学の教授に就任した．そして1750年に，彼のために特に創設された物理学の教授に移動した．1782年3月17日にバーゼルで亡くなるまで，論文の発表，高い人気を博した物理学の授業，数学と物理学への貢献を継続していた．

ダニエル・ベルヌーイの名は生前から知れわたっていた．重要な全学会とアカデミー（例えば，ボローニャ，サンクトペテルブルク，ベルリン，パリ，ロンドン，ベルン，トリノ，チューリッヒ，マンハイム）の会員にもなっていた．著書の『ハイドロダイナミカ (1738年)』によって，ベルヌーイは流体力学での重要人物になった．その著書では「流体力学」という用語が作り出され，ジェット推進，液柱圧力計，管内流れ といった話題が扱われている．しかし当然ながら最も重要な功績は，流体における速度の変化と圧力の変化の関係を見つけ出そうとしたことであった．彼は1695年にライプニッツが導入した活力 (vis viva) の概念に沿って，ニュートン力学を用いた．活力はライプニッツによって質量と流速の2乗の積 mV^2 として定義されていたので，実際にはエネルギーと同じ概念であった．今日では，質量 m の移動物体が持つ運動エネルギーの2倍に相当する量として理解されている．また，この2000年前にアルキメデスが行ったように，ベルヌーイも容器内に入っている流体の高さを用いて圧力を扱っていた．圧力が流れの中で場所によって変化する特性を持つという概念は，ベルヌーイの研究では見られない．

批判的になって空気力学へのベルヌーイの貢献を調べてみよう．現代の空気力学には「ベルヌーイの法則」がある．流体の中では流速が増加するに従って圧力は減少する．これは飛行機の翼に生じる揚力の発生を説明する際に頻繁に使われる絶対的な事実である．流体が翼の上面を流れる際に，流速が増加するにつれてその位置での圧力が減少する．その低い圧力のために翼の上面で吸引効果が働くことになり，揚力が発生する．ベルヌーイの式ではこのベルヌーイの法則が定量的に記述されている．すなわち，流体における異なる2点を点1および点2とすると，次式が成り立つ．

$$p_1 + \frac{1}{2}\rho V_1^2 = p_2 + \frac{1}{2}\rho V_2^2$$

おそらくベルヌーイの式は，流体力学では最も有名な方程式であろう．明らかに，V_2 が V_1 より大きいならば，p_2 は p_1 より小さくなる．すなわち，V が増加するにしたがって p は減少する．ここで疑問が生じる．そもそもベルヌーイはどの程度この式について述べていたのだろうか．実は，ほとんど述べていない．ベルヌーイの貢献について調べようとする人なら誰もが最初に利用

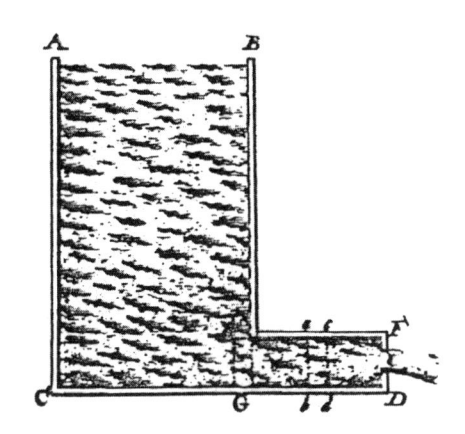

図3.10 ベルヌーイの『ハイドロダイナミカ』に記載されている，水槽から流出する水が描かれたスケッチ

する資料が彼の著書の『ハイドロダイナミカ』である．彼はその著書において圧力と流速の関係を導き出そうとしている．そこで活力の概念を用いて，図3.10に描かれている装置にエネルギー保存の法則を適用した．図3.10には水平方向の管 EFDG が取り付けられている大きな水槽 ABGC が示されており，その水槽の内部は水で満たされている．管の端では，水が通過する小さな穴（オリフィス）以外の部分が閉じられている．管内の流体の位置エネルギーと運動エネルギーの和が一定であると述べて（流体の流れでは運動エネルギーと位置エネルギーの存在に加えて圧力によってなされる仕事も存在するため，これは不正確な記述である．そのような「流れの仕事」はベルヌーイには理解できていなかった），微小区間 dx における速度変化 dV を求める次の微分方程式を得た．

$$\frac{VdV}{dx} = \frac{a - V^2}{2c}$$

ここで a はタンク内の水の高さであり，c は水平管の長さである．この方程式は今日の私達が使用している次のベルヌーイの式

$$p_1 + \frac{1}{2}\rho V_1^2 = p_2 + \frac{1}{2}\rho V_2^2$$

とは大きく異なっている．しかしベルヌーイは，$V(dV/dx)$ の項が圧力であるとずっと解釈していた．その結果，『ハイドロダイナミカ』に書かれている関係式を次のように解釈できる．

$$p = \frac{a - V^2}{2c}$$

a と c は定数なので，この関係式は流速が増加するに従って圧力が減少することを定性的に表現している．したがって，以下の結論が導かれる．

(1) 多少曖昧だが，確かにベルヌーイの本には速度の増加に伴って圧力が低下する法則が現れている．したがって今日の私達が実際に呼んでいるように，ベルヌーイの法則と呼ぶことは妥当である．しかし，彼の著書のどこにもこの法則の重要性を強調しているような記述は見られない．これはこの法則の重要性に対する認識がベルヌーイにはなかったことを示している．
(2) ベルヌーイの式は彼の著書や研究のどこにも現れていない．明らかに，その式を導くことも，使用することも，全く行っていない．

とは言え，空気力学へのベルヌーイの貢献を中傷しているわけではない．彼の功績は18世紀の他の研究に出発点を提供したことである．そして，18世紀の新しい科学法則を用いて流れにおける圧力と流速の関係を最初に調べていた．私が知る限りにおいて，先に『ハイドロダイナミカ』に示されている微分方程式のところで説明したように，ベルヌーイが最初に微積分学の原理を用いて流体解析を実施していた．彼の研究成果はオイラー，ダランベール，ラグランジュら他の研究者を刺激した．『ハイドロダイナミカ』の英語訳（*Hydrodynamics*）も広く用いられている[14]．

● ジャン・ル・ロン・ダランベールと彼の背理

ベルヌーイの業績は偉業と呼ぶほどではなかったが，18世紀の他の研究者にとって触媒のような役目を果たした．特にジャン・ル・ロン・ダランベール（1717～83年）はベルヌーイの研究成果から刺激を受けて，次節で述べるようにベルヌーイの物理的概念とオイラーの洗練された数式化の間の橋渡しを行った．

ダランベール（図3.11）は，後に有名なサロンホステスになるクロディーヌ・ド・タンサンと騎兵隊将校のシュバリエ・デトゥーシュとの間に1717年11月17日にパリで生まれたが，すぐに母親に捨てられてしまった（母親は嫌々ながら17年間いた修道院から逃げ出したため，強制的に修道院へ連れ戻されることを危惧していた）．しかし父親が，ルソーという名の下流階級の家庭でその子が生活していけるように準備

をしてくれたおかげで，それからの47年間はこの家族と共に生活を送ることができた．実父からの支援を受けて，ダランベールはマザラン大学で教育を受けている．法律と医学について学び，後に数学を学ぶようになった．それ以降，ダランベールは自分が数学者であると考えるようになる．ニュートンとベルヌーイ家の数学者達の研究を独学で学んだ．初期の数学での貢献からパリ科学アカデミーの注目を集めるようになり，1741年にはアカデミーの会員になっている．頻繁に，時にはライバルに負けないように性急に発表を行っていた．それでも彼が生きた時代の科学に対して多大な貢献をしていた．例えば，(1)古典物理学における波動方程式を初めて定式化し，(2)

図3.11　ジャン・ル・ロン・ダランベール

偏微分方程式の概念を初めて示し，(3)偏微分方程式を（変数分離の方法を用いて）初めて解き，(4)流体力学の分野での微分方程式を初めて示した．

　彼は生涯にわたって振動，波動，天体力学など多くの科学や数学の題材に関心を持っていた．1750年代には名誉あるディドロ百科全書の科学編集員に就任している．ディドロ百科全書は当時の全知識を大全集にまとめようとした，18世紀のフランスにおける知的大事業であった．また，齢を重ねてからは科学以外の分野の題材についても論文を書いている．主に音楽構造，法律，宗教に関する論文であった．

　1765年，ダランベールは病気のため重体になったが，ジュリー・ド・レスピナス嬢の看病のおかげで回復することができた．この女性はダランベールの生涯を通じて唯一の恋人であった．ダランベールは一度も結婚しなかったが，ジュリー・ド・レスピナスが1776年に亡くなるまで一緒に暮らしていた．彼はいつも魅力的な紳士であった．彼の知性，陽気，豊富な話題は有名であった．しかしジュリー・ドゥ・レスピナス嬢が亡くなってからは，絶望の生活から苛立つことや不機嫌になることが多くなってしまった．そのような状態のまま，彼は1783年10月29日にパリで亡くなった．

　18世紀の偉大な数学者であり，物理学者でもあったダランベールは，ベルヌー

イとオイラーの双方と手紙の交換や問答を継続的に行っており，現代流体力学を創設した人物としてこれらの2人と並んで賞されている．空気力学の最先端技術に対する貢献という観点では，ダランベールの貢献は，それまでのダ・ビンチよりもはるかに高度な流れのモデルと質量保存則を表す方程式を導入したことであった．彼は流体をモデル化するために決まった質量の流体要素が移動する概念を導入した．このモデルでは，流れが圧縮性の場合には流体要素の体積が変化することになり，非圧縮性の場合には体積は一定である．そして，「動力学論応用のための流体の平衡と運動に関する概論」と題した1744年の論文の中で微分方程式の形で発表した．この時に初めて，流れ場の局所に適用された連続の式が微分方程式の形で表現された．この移動流体要素モデルでは，流れの中で場所によって変化することができる局所の速度成分と加速度が導入されていた．これは空気力学の近代的観念へ近づいた重大な前進であった．

　今日，ダランベールの名前がこれまで述べてきたような空気力学への貢献と関連づけられることは，ほとんど見られない．むしろダランベールの背理と関連する形で知られている．アリストテレスの時代から流体の中を移動する物体には抗力（空気力学抵抗）が作用することが知られていた．事実，ニュートンの業績から研究対象を広げていった18世紀の流体力学者にとって，その抵抗を計算することが主要な研究課題であった．したがって1744年の論文の中で，閉じた形状を持つ2次元物体周りの非圧縮性非粘性流れの抗力がゼロになる結果を得た時の彼の落胆ぶりは，容易に想像される．現実の観察結果とはつじつまが合わないのだが，この結果は（摩擦のない）非粘性の低速流れを仮定した条件の下では理論的に正しい結果だと言える．図3.12にダランベールの背理の本質が示されている．ここには，円筒周りの流れが示されている．図3.12（a）では，非粘性流れが仮定されている．非粘性流れでは流線は物体に関して対称になる．実際，物体の前方での流線のパターンと同じパターンを描いて物体の後方で流線が閉じることになる．同様に，物体の後方表面での圧力分布は前方表面と同じになる．その結果，全体としてみると物体にはいかなる圧力による抗力も作用しない．さらに流れには摩擦がないので，表面摩擦抗力も存在しない．したがって結論は，物体に作用する正味の抗力はゼロということになる．これが様々な2次元形状物体周りの流れ場を計算した結果に基づいて，1744年にダランベールが到達した結論であった．彼は1752年にもう一度解析を行い，「流体抵抗新理論の試み」と題した論文に記載した．その結果も変わることなく，抗力はゼロであった．最終的に1768年の数学小論文集第5巻で発表した第3の論文の中でも再び同じ結果を報告している．そ

の研究では，次のようなことを述べるほどダランベールは落胆していた．「こうなったら認めよう．どうやったら納得のいくように流体抵抗を理論で説明することができるのか，私にはわからない．それどころか逆に，注意深く扱って検討したにもかかわらず，この理論ではどうしても抵抗がゼロにしかならないようだ．この背理は幾何学者に説明を任せるしかないのか．」こうしてあの有名な「ダランベールの背理」が誕生した．今日でも全ての現代空気力学の教科書で扱われている．

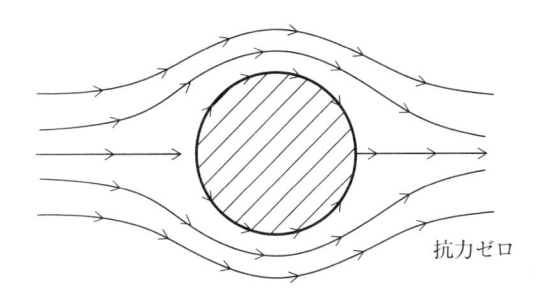

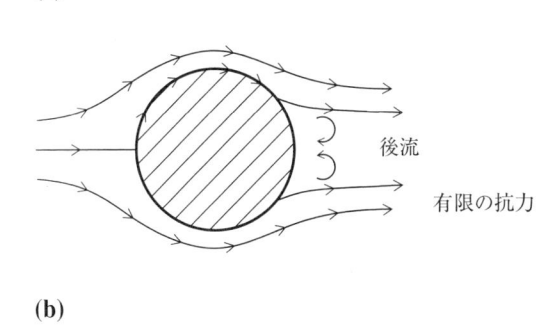

図3.12 円筒周りの流れ：(a) 理論的な非粘性低速流れ場；(b) 後方に流れの剥離と下流へ続く後流がある実際の粘性流れ

もちろんダランベールの背理は全く背理ではない．なぜなら，この一見したところ背理的な発見は，単に摩擦を無視した場合に当然として導かれる正しい結論であった．ダランベールが知っていたように，流れの中を移動するどんな物体にも有限の抗力が作用する．今日の私達は，ダランベールが抗力を計算できなかったのは摩擦を無視したことが原因だと分かっている．例えば，円筒周りの実際の流れが図3.12（b）に示されている．ここでは摩擦のために物体の背面から剥離して，物体の下流へ続いていく比較的大きな後流が形成されている．背面に隣接する剥離した再循環流れはエネルギーの低い流れであり，ほとんど「死水」領域である．次に，物体の後方では流れが（非粘性の場合のように）滑らかに閉じないので，背後面の圧力は前面の圧力よりも低くなり，そのために圧力による抗力が物体に加わる．このようにダランベールの研究は非粘性流れとしては理論的に妥当な結果であった．そして，元々の非粘性流れの仮定が妥当ではなかったために背理のような結果になっていた．

ダランベールの業績には理論だけでなく，空気力学への実験的な貢献もあっ

た．実験的貢献では，ニュートンの正弦二乗法則の妥当性に関する未決着の議論にいくらかの影響を及ぼした．1777年にダランベールは，フランス政府の後援により，運河を通行する船の船体に作用する抗力を測定する一連の実験に参加している．この仕事の一環として，流れに対してある角度で傾けられた平板に作用する抗力を求める基本的な問題を調査した．その研究の成果をまとめて出版した「流体抵抗に関する実験報告」では，実験と比較して傾斜角50°から90°の範囲では正弦二乗法則によりかなり正確な結果が得られるが，それ以下の小さな傾斜角では不正確になることをダランベールは述べている．このように，正弦二乗法則の妥当性を疑った重要な実験データを提示している．（最初に疑問を提示したわけではない．1763年にボルダが初めて回転アーム試験器を使用して平板の空気力を測定することにより，正弦二乗法則に反証している．）しかし，他の研究者達はさらにもう1世紀の間，この正弦二乗法則を使い続けていた．

● 18世紀流体力学の全盛期：レオンハルト・オイラーと流体運動の支配方程式

今日，多くの空気力学者が非粘性流れ（摩擦なし流れ）の流体運動支配方程式を解くことに日夜大忙しになっている．抗力を考慮せずに済むならば，空気力学での多くの実際的な諸問題に対処できる妥当な手法だと言える．閉じた理論式を用いてこの方程式を解析的に解くことができるかもしれないし，今日もっと盛んに行われているのは高速コンピューターを用いた直接数値解法である．そのような「ハイテク」手法を用いて解いている支配方程式はオイラー方程式（巻末添付資料Aを参照）と呼ばれており，誕生から200年以上が経っている．オイラー方程式は，これまで話題に取り上げてきた空気力学に対するどの貢献よりもはるかに重要な貢献である．全ての実用目的にとって，オイラー方程式は理論空気力学の真の始まりを意味している．そうした理由から空気力学に従事している人達は，流体力学の創始者としてレオンハルト・オイラー（1707～83年）の名をよく挙げている．しかし，おそらくそれは過大評価であろう．物理科学ではよくあることだが，オイラーはそれ以前の研究，特にダランベールの研究から恩恵を受けていた．他方，オイラーは本当に空気力学の歴史における巨人であった．そして彼の貢献はどちらかというと発展というよりも，むしろ革命であった．

レオンハルト・オイラー（図3.13）は1707年4月15日にスイスのバーゼルで生まれた．父親は気晴らしに数学を楽しむプロテスタントの牧師であり，レオンハルトは知的な活動を奨励する家庭の雰囲気の中で成長した．そして13歳の時にバー

ゼル大学に入学した．当時，バーゼル大学には約100人の学生と19人の教授がいたが，その教授の一人がヨハン・ベルヌーイであり，オイラーの数学家庭教師もしていた．オイラーは3年後に哲学の修士号を取得した．このように，理論流体力学の初期の発展において最も大きな影響を与えた人物のうち3人（ヨハン・ベルヌーイ，ダニエル・ベルヌーイ，オイラー）がバーゼルに住み，バーゼル大学に関係し，そして同時代に生きていた．実際，オイラーと2人のベルヌーイは親友であった．ダニエル・ベルヌーイは1725年にロシアのサンクトペテルブルク・アカデミーに参加した時，オイラーも同様に

図3.13　レオンハルト・オイラー

加えるようにアカデミーの権威者を説得していた．オイラーは亡くなるまでスイスの市民権を保有していたが，スイスに戻ることは一度もなかった．

　サンクトペテルブルクでの数年間，流体力学を発展させたダニエル・ベルヌーイとの協力は有意義であった．オイラーが流体の中で圧力は場所によって異なる状態量であることに気づき，圧力と速度を関係づける微分方程式を導いたのはサンクトペテルブルクでのことであった．そしてこの微分方程式を積分して，いわゆる私達がベルヌーイの式と呼んでいる式を初めて導出した．したがってベルヌーイの式の功績をオイラーにも認めるべきである．ダニエル・ベルヌーイが1733年にバーゼルへ戻ると，オイラーはサンクトペテルブルクで後任の物理学教授に就任した．オイラーは活動的で多作な科学者であった．1741年までに90編の発表論文を作成し，上下2巻からなる著書『力学』を書いていた．このような業績もサンクトペテルブルクの雰囲気の賜物であった．1749年にオイラーは次のように述べている．「幸運にもロシア帝国アカデミーと共にしばらくの間活動できた私も含めた全員が，我々自身や我々が有するもの全てはロシアで享受できた好意的な条件のおかげであると認めずにはいられない．」

　しかし1741年にはサンクトペテルブルクの政治的動揺のために，その頃フリードリヒ大王によって設立されたベルリン科学アカデミーへ移動することになった．それからの25年間はベルリンに住み，その学会を主要アカデミーへと育て

た．ベルリンでもあの活動的な行動スタイルを継続して，少なくとも380編の発表論文を作成している．また，ダランベールとの競争から数理物理学のための基礎を定式化した．

1766年，アカデミーの財政面に関してフリードリヒ大王と大きく意見が分かれたことから，サンクトペテルブルクへ戻ることになった．そしてロシアでの二度目の滞在中に，身体的な苦痛に苦しむことになってしまった．その同じ年，ちょっとした病気の後に片方の目が失明した．1771年には手術により視力が回復したが，それもわずか数日間だけであった．さらに手術の後に適切な措置を取らずにいたために，数日して両目とも失明してしまった．それでも秘書の助けを借りながら仕事を続けていた．彼の頭脳は相変わらず明瞭であり，精神は衰えていなかった．彼の論文の約半分は1765年以降に書かれているように，書いた論文の数はむしろ増えている．1783年9月18日，オイラーはいつも通り仕事をしていた．数学の授業を行い，気球の動きを計算し，その頃発見された天王星について友人と議論を交わした．そして午後5時頃，脳内出血により倒れてしまった．意識を失う直前の唯一の言葉は「私はもう死ぬ」であった．午後11時には歴史上最も偉大な頭脳が消滅した．

理論空気力学へのオイラーの貢献は多大であった．ベルヌーイとダランベールは物理的な理解と原理の定式化に貢献したのに対して，オイラーの功績はそれらの原理を適切に数学で定式化したことにあった．この結果，後に空気力学諸問題の定量解析に繋がる扉を開けることになった．オイラーは3編の論文の中で非圧縮性または圧縮性の非粘性流れの支配方程式を明らかにしている．その論文とは，「流体運動の原理」(1752年)，「流体平衡状態の一般原理」(1753年)，「流体運動の一般原理」(1755年) であった．この方程式を導くことができたのも，それ以前に活躍した研究者から極めて重要な2つの概念を全て，もしくは部分的に拝借できたからである．その2つの概念とは以下のようなことであった．

(1) 流れと共に移動する極小流体要素の連続集合を用いた流体のモデル化の概念．このモデルでは各流体要素が流れと共に移動しながら形と大きさを連続的に変えることができるが，同時に全体として見ると全流体要素が連続体として流れの全体像を構成している．ニュートンの衝突理論モデルにおける個々の個別粒子とは少し対照的であった．有限の大きさを持つ小さな流体要素を用いた流れのモデル化は，ダ・ビンチ[8]によって提案されていた．しかし，ダ・ビンチが生きていた時代の科学と数学は十分に発達していなかった

ので，ダ・ビンチがこのモデルを活用することはできなかった．その後，流れに対して垂直方向に並べた薄い板の列として流れをモデル化できることをベルヌーイが提案している[14]．このモデルは例えば図3.10に示されている下部水平管のようなダクト内流れに対しては不合理ではない．しかし，薄い板によるモデル化には小さな流体要素の特徴でもある，3次元の流線に沿って移動できる移動の自由度はなかった．流れのモデル化での大きな前進は，1744年に発表されたダランベールの移動流体要素と共にやって来た．彼は質量保存の法則をこのモデルに適用した．そういった発想の全てを基にして，オイラーは極めて小さな流体要素を考えることにより流体要素モデルを改良した．そして，微分法を利用した式で表したニュートンの第二法則をその流体要素モデルに直接適用した．そしてこのことが，第二の概念につながることになった．

(2) 次式のように，力が質量と加速度の積に等しいことを表現した微分方程式の形でニュートンの第二法則を適用する概念．

$$F = M\frac{d^2x}{dt^2}$$

この微分方程式において，F は力，M は質量，そして d^2x/dt^2 は加速度（すなわち，距離 x の二次導関数）である．今日，この式はニュートンの第二法則として最も親しまれている形になっている．初めてこの式の形で表現したのはオイラーの論文「力学新原理の発見」(1750年) であった．

以上の2つの概念を用いて，オイラーは今日に彼の名前を伝え，数多く実施されている現代空気力学解析の基礎になっている方程式を導いた．巻末添付資料Aにオイラー方程式として知られている偏微分方程式が示されている．最初の2本の方程式（連続の式と運動量方程式）は，オイラーの最も優れた業績として考えられている1753年の論文の中でこの形の式で導かれた．しかし，エネルギー方程式（巻末添付資料A）はここでは扱われていない．エネルギー方程式は後の19世紀になってから熱力学の発展と共に登場した．しかし，非圧縮性非粘性流れの解析では連続の式と運動量方程式だけで十分であり，エネルギー方程式は必要ない．もちろん20世紀の中頃に高速で飛行する航空機が発達するまで，空気力学における全ての問題は基本的に非圧縮性流体として扱われていた．

最後の仕上げ:ラグランジュとラプラス

　オイラーは理論空気力学を扱うための数学による道具を作り出したが,その道具を使用することは全く別の問題であった.数学の視点から見ると,オイラー方程式(巻末添付資料 A)は今日まで誰一人として一般解析解を見つけることができていない連成したシステムの非線形偏微分方程式である.他方,もしオイラー方程式が積分可能であると証明されれば(すなわち,流れ場にわたって場所と時間の関数としての速度,圧力,密度を含む代数式へその偏微分方程式を解くことができるなら),「全ての状況」で流体の動きを求めることができると,1788年にジョゼフ=ルイ・ラグランジュ(1736~1813年)は認識していた.オイラーは非粘性流体のための運動の支配方程式を導いたが,実際に意味のある問題に対して何一つその方程式を解いていない.しかしオイラーの死の直後,互いにわずかに異なる手法を携えて2人の数学者が登場した.解析的に解くことができる近似方程式を得るため,オイラー方程式を簡略化する方法を取った.そのうちの1人がラグランジュであった.

　ジョゼフ・ラグランジュは1736年1月25日にイタリアのトリノで生まれた.独学で数学を学び,19歳の時にはオイラーと手紙のやりとりを始めている.30歳の時に,フリードリヒ大王が設立したベルリン・アカデミーでオイラーが去った後に空席になった要職に就いた.オイラーの没後は,ラグランジュが世界中の数学者の中でも第一人者だと考えられるようになった.1787年にパリに移り,余生をそこで過ごした.周囲は彼に対して敬意を持っていたので,フランス革命の政治的混乱でもほとんど影響を受けることはなかった.

　ラグランジュは流体の理論に対して2つの貢献を行った.両方とも彼の著書である『解析力学』(1788年)の中で紹介されている.

(1)流体のための新たなモデル.ラグランジュは移動する流体要素に注目して,流体要素が空間を移動する時に時間の関数としてその要素の圧力と速度を計算するような方法で支配方程式を記述した.対象にしている流体要素に対して時間的な圧力と速度の変化という形で答えが現れる(すなわち,それぞれの要素には「番号」が付けられ,空間におけるある瞬間の要素位置が計算される).この手法は,流体力学ではラグランジュ法と呼ばれている.物理法則を流体要素に適用しているものの,圧力と速度を $x-y-z$ 空間と時間の関数として直接計算できる形の式を用いるオイラー法とは対照的である.現代の空気力学

では，ほとんどと言って良いくらいオイラー法がよく用いられる．しかし，核爆発からの波動伝搬特性を計算している物理学者にとって，ラグランジュ法はいくらか使用されることが多くなっている．

(2) 速度ポテンシャルϕと流れ関数ψの導入．ϕとψは，両方共に微分法を用いて微分することにより速度が得られるように定義された特殊な関数である．ϕまたはψを導入して，それらが計算で解を求める変数になるようにオイラー方程式と組み合わせて変形すると，(全てではないが) ある種の流れに対してはいくらか簡略化が可能になる．ϕとψは両方共に現代の理論空気力学では頻繁に使用されており，ラグランジュによる導入は理論空気力学への大きな貢献であった．ϕとψを導入することで，(ϕまたはψを距離で微分することにより) 最終的に速度を計算できる．そして，低速流れではベルヌーイの式から圧力を求めることができる．

ラグランジュの貢献はオイラーほどではなかったが，オイラーの功績に「磨きをかけた」，つまりオイラー方程式の解がより簡単に得られるように新しい概念を提供したというところに大きな意味があったと言える．

ピエール＝シモン・ラプラス (1749～1827年) の功績も同じように考えられる．空気力学の最先端技術へのラプラスの貢献はかなり間接的になってしまうが，それでも重要である．科学全体の発展においてラプラスの功績が果たした重要性は，「ラプラスは歴史上で最も影響力のある科学者に列せられる」と述べたギリスピーによってまとめられている[16]．ラプラスは天体力学，彗星の運動，熱伝導理論，潮汐の解析で重要な科学的貢献を行った．彼の最も重要な功績は数学，特に偏微分方程式の解法にある．彼の業績の多くは，今日でも微積分学を扱う上級コースで教えられている．

ラプラスは1749年3月23日にフランスのノルマンディーで生まれた．父親はリンゴ酒の商売でかなりの収入を得ていたので，彼が育った家庭はある程度の財産を持っていた．1766年にカーン大学に入学したが，卒業に要した期間はわずか2年であった．大学では数学に強い関心を示すようになり，やがてはその分野で自身が天才であることを証明することになる．大学卒業後，パリでダランベールに紹介された．ダランベールから1週間以内に難しい数学の問題を解くようにとの挑戦を受けたが，ラプラスは次の日に答えを持って現れた．当然ながら感心したダランベールのおかげで，パリ王立士官学校で数学教授の地位に就くことになった (当時のラプラスは19歳だった)．5年後には科学アカデミーに選出されている．

数学と物理学の重要諸問題を相手に数多くの活躍を見せた結果，彼の名声は確実なものになった．ラグランジュのように彼も非常に尊敬されていたため，フランス革命でもほとんど手出しされることはなかった．1788年には20歳年下のマリー＝シャーロット・ド・クルリー・ド・ロマンジェと結婚して，2人の子供に恵まれた．長男はフランス軍隊の司令官になり，長女は侯爵と結婚したが，出産時に死亡してしまった．ナポレオンはラプラスの名声に注目して，ラプラスを内務大臣に任命している．しかし，わずかに6週間続いただけだった．ラプラスの行政能力に関してナポレオンは次のように書いている．「ラプラスはどの問題においても真の重要性を認識して捉えることが全くできなかった．すなわち，彼は至るところで細かな違いを探し求め，その見解にはことごとく問題があり，要するに非常に小さな気質を行政に持ち込んでいた[16]．」明らかに不適任だった．科学者や数学の天才が自分の環境外に連れ出された時にじたばたする例は数多くある．実務よりも一般市民との関係にラプラスを利用するため，ナポレオンは彼を貴族院に指名して，1803年には貴族院議長に任命した．晩年には物理学での多くのラプラスの理論が同時代の人達からその妥当性を疑われるようになり，彼の評判は苦境に立つことになった．1827年3月5日にパリで死去する頃には，弟子との輪はかつての姿を偲ぶべくもないほど縮小していた．

　空気力学へのラプラスの貢献は2つに絞られる．一つは一般的な貢献だが，もう一つは特殊な事象を対象にした貢献である．

(1)偏微分方程式の解を求める理論の開発により，オイラー方程式の解法に近づくことができた．しかし，ラプラスが直接オイラー方程式に取り組むことはなかった．その代わり，彼は数理物理学において最も重要な方程式に数えられる式を生み出している．

$$\frac{\partial^2 G}{\partial x^2} + \frac{\partial^2 G}{\partial y^2} + \frac{\partial^2 G}{\partial z^2} = 0$$

この方程式は1789年にパリ科学アカデミーに提出した論文の中で初めて登場した．ラプラスは，この論文の中で土星の輪を重力の下で平衡状態にある無限に薄い流体の層としてモデル化した土星の輪の研究を報告しており，G は後に重力ポテンシャルとして認識されることになった．ところが非粘性（摩擦なし）の非圧縮性流体の場合には，ラグランジュによって定義された流れ関数 ψ がこのラプラス方程式を満たしていた．つまり，

$$\frac{\partial^2 \psi}{\partial x^2} + \frac{\partial^2 \psi}{\partial y^2} = 0$$

さらに，渦なし流れならば（すなわち，流動している流体要素は移動の間に回転することなく，ただ空間を平行移動する場合には），ラグランジュによって定義された速度ポテンシャル ϕ もまたラプラス方程式を満たしていた．

$$\frac{\partial^2 \phi}{\partial x^2} + \frac{\partial^2 \phi}{\partial y^2} + \frac{\partial^2 \phi}{\partial z^2} = 0$$

思いがけず，ラプラス方程式は非粘性非圧縮性流れの支配方程式になった．数学的には線形方程式であったので，完全なシステムの非線形方程式であるオイラー方程式よりもはるかに解きやすい特徴を持っている．しかし，それでもなお障害はあった．実用的な空力形状（翼型や翼など）を対象としたラプラス方程式の解を得ることはまだ困難であった．そのうえ，円筒などの単純形状でさえも引き続き物体に作用する抗力はゼロであると予測していた．まさにダランベールの背理が存在しているかのようであった．

(2) ラプラスは気体中を伝わる音速を初めて正確に計算することで，空気力学に重要な貢献をした．音速は気体の高速流れ（圧縮性流れ）の計算では重要なパラメーターである．超音速流れを扱う今日の空気力学では，全ての計算が音速に関する正しい知識を基に築かれている．アイザック・ニュートンが生きている時代には空気の音速が計測されていた．大砲が発射されてから遠く離れた地点でその音が聞こえるまでに要した時間を計測し，それから観察者と大砲の間の距離が分かれば音速を計算することができた．ニュートンは音波が通過しても空気の温度が一定（等温変化）であると仮定して音速を計算した．しかしそれは正しい仮定ではなかったので，結果としてその計算結果は間違っていた．この状況がほぼ1世紀続いた後に，全体のエネルギーは等しいまま（断熱変化）で音波がガス温度を変化させるという正しい仮定をラプラスが導いた．そうすることで実験データと一致する音速の値を計算することが可能になった．音速（a で表記する）を求める方程式に興味を持っている読者のためにもう少し説明しよう．ニュートンは以下のように考えた．

$$a^2 = \frac{dp}{d\rho}$$

ここで，$dp/d\rho$ は音波における単位密度変化当たりの圧力の変化である．ニュートンが仮定した等温変化の場合には，上式は不正確な式

$$a = \sqrt{\frac{p}{\rho}}$$

になる．音波の中を断熱変化としたラプラスの仮定を用いることによって，

$$a = \sqrt{\gamma \frac{p}{\rho}}$$

が得られる．ここで，γ は定容比熱 c_v に対する定圧比熱 c_p の比率

$$\gamma = \frac{c_p}{c_v}$$

である．以上が音速を決める正しい定式である．1822年にJ・L・ゲイ・リュサックとJ・J・ウェルターが実験から $\gamma = 1.3748$ を求めたが，これは今日用いられている $\gamma = 1.4$ に非常に近い値であった．

実験空気力学の高揚

　空気力学での定量的な実験は17世紀後半になって始まった．ダ・ビンチが観測して記録した流れのパターン（例えば，図2.7）は空気力学での実験による定性的な貢献であった．しかし，空気力が流速の2乗に比例することが最初に証明された1673年のマリオットによる重要な力の計測まで，ダ・ビンチ以降の数世紀間に進歩は全くなかった．そして実験空気力学での進歩は1732年11月12日に再び始まることになる．場所はパリ科学アカデミーであった．この日，アンリ・ピトーが流体中のある点での局所流速を直接計測できる新しい発明を発表した．それ以降，ピトー管と呼ばれるようになったこの装置は，近代空気力学の実験室で最も一般的な装置になった．ピトー管の概略を図3.14に示す．ピトー管は流れに対して開口部を垂直に向けた中空の管からなっている．開口部の背後は直角に曲げられているので，流れを抜け出てから圧力計に接続されている．したがって，ほとんどのピトー管はL字形をしている．ピトー管が流れの中に置かれると，流速 V が持つ慣性の効果のために最初の数 ms の間は中空管内に流体が流れ込む．しかし管の他端が圧力計によって塞がれているので，流れ込んだ流体はすぐに行き場を失う．やがて淀んで管の中にぎっしりと詰まった状態になる．さらに管の開口から入ろうとする流体にとって，この管の中にぎっしりと詰まった流体が障害になる．したがって管の外部を流れる流体は開口部に近づくにつれて減速しなければならず，まさに管が堅い棒であるかのように速度は開口部の直前でゼロまで低下する．流体が管の開口端に接近して減速するに従って，圧力は増加する．流速

圧力計は淀み点圧力 p_0 を計測する

$$V = \sqrt{\frac{2(p_0 - p)}{\rho}}$$

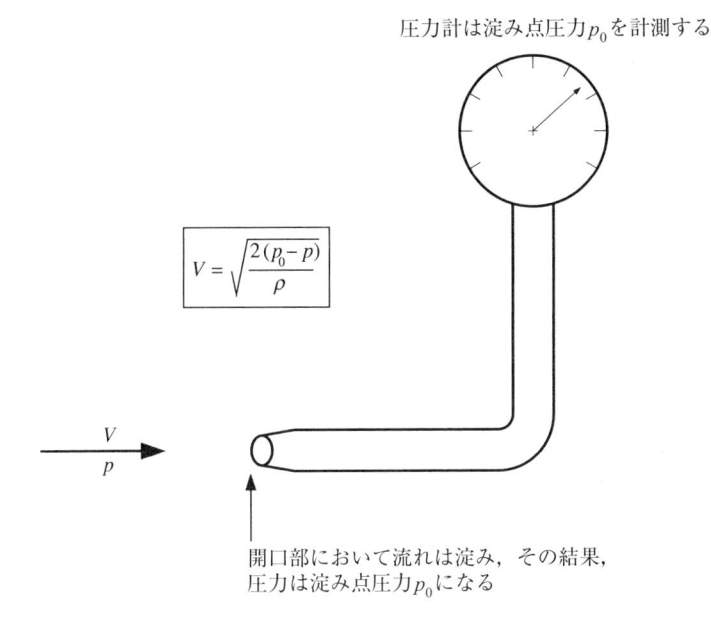

V
p

開口部において流れは淀み，その結果，
圧力は淀み点圧力 p_0 になる

図3.14 ピトー管の概略図

が管の開口部でゼロになる時，圧力は最大に達する．その圧力は淀み点圧力（または全圧）と呼ばれている．淀み点圧力は管の中の流体を伝わって圧力計まで伝えられる．したがってピトー管の上に取り付けられた圧力計は，流体の淀み点圧力を表示する．流体中の2点間におけるベルヌーイの式を思い出してほしい．

$$p_1 + \frac{1}{2}\rho V_1^2 = p_2 + \frac{1}{2}\rho V_2^2$$

点1が管上流での流体の状態量を，点2が管の正面での流体が淀んだ後の状態量をそれぞれ表す場合に，$V_2 = 0$ かつ $p_2 = p_0$ になる．ここで，p_0 は淀み点圧力を表す．ベルヌーイの式を V_1 について解くと，次式が得られる．

$$V_1 = \sqrt{\frac{2(p_0 - p_1)}{\rho}}$$

何らかの方法で p_1 と ρ の値が分かっていれば，ピトー管によって測定した淀み点圧力 p_0 から流速 V_1 を計算することができる．このように，ピトー管は流速の計測方法として非常に実用的である．

1732年にはベルヌーイの式はまだ存在していなかったので，アンリ・ピトーがベルヌーイの式を利用することはできなかった．ベルヌーイの式はその20年後に

図3.15 アンリ・ピトー

なってオイラーによって導かれている．ピトー管を利用するうえでの彼の根拠は，全く直感的なものであった．実験的な方法により，流速とそれに対応する淀み点圧力 p_0 と静圧 p_1 間の圧力差を関連づけることができた．淀み点圧力 p_0 はピトー管によって計測でき，静圧 p_1 は直管を流れに対して垂直に差し込んで，開口面を流れに平行にすることによって計測できる（ピトー管の場合のように開口面を流れに垂直に向けるわけではない）．『飛行への序章[17]』の 4.21 節で述べているように，ピトー管で計測した淀み点圧力から速度を求めるためにベルヌーイの式を用いることの妥当性は，1913 年になって初めて示された．この年にジョン・エアレイ[18]がピトー管の動作とその使用における合理的な理論をベルヌーイの式に基づいて余すところなく調査し，その結果を発表している．18 世紀の初期に発明されたピトー管は，2 世紀にわたって実験計測手段として適切に空気力学の世界に取り入れられることはなかった．

それでもピトー管の発明は，かなり多くの発明をしてきたアンリ・ピトー（1695～1771 年）（図3.15）の人生の中では，一つの出来事に過ぎなかった．アンリ・ピトーは 1695 年 5 月 3 日にフランスのアラモンで生まれたが，若い頃は平凡な少年であった．彼は学校の勉強が非常に嫌いだった．短期間だが軍隊に勤めていた時に書店で購入した幾何学の教科書に関心を持つようになり，それ以後の 3 年間を自宅で数学と天文学の勉強をすることに費やすようになった．1718 年にパリに移り，そして 1723 年にはパリ科学アカデミーの化学研究室で助手になっている．流速を計測する新しい装置「ピトー管」について発表したのはそのアカデミーでのことであった．水面に浮かんでいる物体が進むのを観察して流速を求めていた既存の計測技術に対する不満が，この発明の要因になっていた．そこで，2 本の管からなるこの装置を発明した．1 本は片側が開放端になっている単に真っ直ぐな管で，（静圧 p を計測するために）水の中に垂直に差し込む．もう 1 本は片側が直角に折れ曲がって，（全圧 p_0 を計測するために）開放端が流れに対して正面を向いている．彼はパリのセーヌ川に架かっている橋の上から川の水深の異なる位置での

流速を計測するためにこの装置を用いた．その年の後半に彼がアカデミーで行った講演には，ピトー管自体の重要性よりももっと重要なことがあった．イタリア人技術者達の経験に基づく当時の説では，川の中のある水深での流速は，それよりも上部にある水の質量に比例すると考えられていた．すなわち，流速は水深と共に増加すると考えられていた．そこへ，実際には水深が深くなると流速が減少するという驚くべき（かつ正確な）発見をピトーが報告した．このようにして才能あるピトーの発明が紹介されることになった．老いてからは出生地アラモンに退いた．そして1771年12月27日に亡くなった．

18世紀の実験空気力学は，4人の主要人物の活躍によって発展したと言える．フランスのアンリ・ピトーとジャン＝シャルル・ボルダ，そしてイギリスのベンジャミン・ロビンスとジョン・スミートンである．ピトーの業績は既に述べたので，ここからは，ほぼ年代順に他の人達の功績を見ていくことにする．

1746年，飛行中の物体に作用する空気力に関する現状の理解について，イギリスの軍事技師ベンジャミン・ロビンス（1707～51年）が王立協会に提出した論文に（プリッチャードからの引用[20]によると）以下のようにまとめている．「これまでに打ち建てられてきた抵抗の理論は甚だ欠陥だらけのものであり，この重要なテーマが仮にも完全に解き明かされ得るとすれば，ここに列挙されたものと類似の諸実験によるしかない.」

ロビンスは，理論空気力学の進歩が空気力の実用計算に満足のいく精度ですぐに応えることができていない状況に対して，不満を感じていた．重要な理論的手段は開発されていたが，誰も適切に使用する方法を知らなかった．基本的にニュートンの正弦二乗法則が物体表面周りの圧力分布を計算できる唯一の手段であったが，妥当性が疑われていた．本格的な実験による前進がその空白を埋める時が来ていた．そして，ベンジャミン・ロビンスがその先駆けになった．

経験豊かな空気力学者でもロビンスについて知っていることはほとんどない．ロビンスは1707年にイギリスのバースでクエーカー教徒の両親の元に生まれたが，クエーカー平和主義を信奉することは全くなかった．また，一度も結婚することはなかった．最初は教師になることを目指して勉強していたが，すぐに軍事技師として科学の分野での仕事に従事するために教師になることをあきらめている．彼は数学に強い興味を持っていた．そして1727年には，王立協会の機関誌『哲学紀要』(*Philosophical Transactions*)に求積法に関するニュートンの論文の命題11を証明する論文を発表した．それはニュートンが死去した年のことであった．ロビンスは，ニュートンがライプニッツに先んじて微積分を作り上げたとする主張

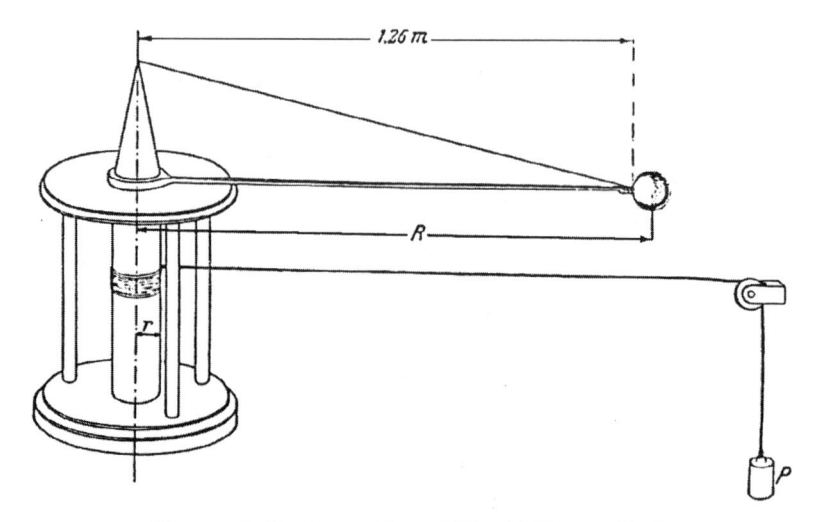

図3.16 ベンジャミン・ロビンスが設計した回転アーム試験器

を強力に支持するようになった．微積分の論争ではライプニッツと，ニュートンの敵と思われていたベルヌーイ家の人々を書簡で攻撃していた．数学への関心に加えて，ロビンスは実験主義者でもあった．そして永遠の業績を残したのも，実験的研究であった．短命であったロビンスは，晩年になって軍事的な信号伝達を目的としたロケットの使用に興味を持つようになった．そしてイギリス東インド会社の要塞を修復するためにインドに赴いた時，1751年7月29日にインドのセント・デイビットにて帰らぬ人となった．

　実験空気力学へのロビンスの貢献は，彼が発明した2つの実験装置が中心になる．(1)低速での空気力を計測するための回転アーム試験器と，(2)高速で運動する物体の空気力学特性を調べるための弾道振り子試験器である．図3.16には，長いアームの先に空気力学物体（球）が取り付けられた装置が示されている．アームの他端は軸に取り付けられており，ケーブル滑車機構を介して軸に取り付けられた錘が落下することによって，アームが回転する．アームが回転すると空気力学物体は空気中をある相対速度で移動して，空気抵抗を受ける．この空気抵抗を計測することができる．しかし，回転アーム試験器には明らかな欠点があった．しばらく動かしていると，回転アーム試験器近傍の空気がアームと同じ方向に回転し始めることになるが，回転する物体と移動する空気の間の相対速度を求めることは困難である．そのため，相対速度の関数としての力を計測する精度が低下す

る．回転アーム試験器はもはや空気力学では使用されておらず，その役割は19世紀後半に開発された風洞に引き継がれている．とは言っても，18世紀の時点ではロビンスの回転アーム試験器が空気力を直接計測する唯一の装置であった．彼が発明した弾道振り子試験器も同様に斬新な発明であった．飛翔体を大きな振り子に撃ち込み，その振り子の振れ角を計測することにより，飛翔体の運動量が（したがって速度も）分かる．

ロビンスはこれら2種類の装置を使用して，最先端技術に貢献する以下に示すような広範囲な空気力学の実験を行った．

(1) 物体と空気の流れの相対速度（ただし音速より遅い）の2乗に比例して空気力が変化するという17世紀のマリオットの発見を確認した．
(2) 同じ前面面積でありながら形状が異なる2つの物体の抗力が異なることを最初に示した．ロビンスの時代，抗力は主に物体の前面面積によって決まり，全体形状はあまり重要ではないとする直感的な思考が広まっていた．今日の理解はもっと進んでいる．流れが表面から剥離するかどうかを決定するうえで，全体形状は重要な意味を持っている．そして，物体に作用する抗力の支配的要因が剥離である．（流れの剥離の影響については，18世紀後半のボルダの業績まで待たねばならない．）特にロビンスはピラミッド形状を試験していた．最初は頂点を前方にして流れに向け，次に底面を前方にした．そして底面を前方にした方が抗力は大きいことを発見することになった．さらに45°の迎え角をとって長方形平板を試験している．最初は長辺を前縁にして，次に短辺を前縁にした．そして，抗力の値が全く異なっていることを発見した．短辺を前縁にした方が抗力は大きかった．（翼のアスペクト比が空気力学的に翼に及ぼす影響は，19世紀後半のウェナムの研究と共に正しく認識されるようになった．）
(3) 飛行中に回転している飛翔体が横方向の力を受けて直線軌道から逸れることを観察した．今日ではマグナス効果として知られており，野球のボールに回転を与えるとカーブするのはこのためである．
(4) 音速に近い速度では抗力が著しく増加することを最初に報告した．今日では遷音速抗力増大と呼ばれている．ロビンスは弾道振り子試験器を用いて計測を行っている時に，飛翔体が音速に近い速度で移動すると，空気力が速度の3乗で変化し始めることに気づいた．低速の場合のように速度の2乗ではなかった．18世紀初頭に遷音速抗力増大が観察されていたことは，本当に驚くべきことである．その発見だけでもロビンスは空気力学の歴史において称賛

に値する．

　ロビンスは，例えばダニエル・ベルヌーイ，オイラー，ダランベールと友好的な関係を築いていたように，18世紀の多くの研究者と礼儀正しく交流していたことから，科学界の中では非常に穏和な親交を持っていたことが分かる．このような穏やかな姿勢は常に彼にとって良い方向ばかりに作用したわけではなかったが，彼の人生に影響を与えたことは確かである．ロビンスの空気力学実験が発表されたのは2つの出版物のみであった．『火薬力の決定および高速運動と低速運動に対する空気抵抗力差の検討を網羅した砲術の新原則』(1742年)と王立協会の哲学紀要に掲載された「空気の抵抗および空気抵抗に関する実験」(1746年)である．これらの著作は広く読まれた．実際，オイラーはロビンスの著書にとても興奮して，いくつかコメントを加えながら1745年に個人的にドイツ語に翻訳している．ロビンスが亡くなった1751年にはフランス語にも翻訳された．ロビンスの研究に対するオイラーの関心は妨害と支援の両方に働いたと言える．ロビンスが空中を回転しながら移動する飛翔体に作用する横方向の力を観測したことに対して，オイラーは異論を唱えた．オイラーは飛翔体の製造時に生じた形状の不揃いのために生じた偽りの発見であると考えていた．オイラーは18世紀を代表する流体力学者と認められていたのでロビンスの言葉は色あせることになり，そのために約1世紀後にグスタフ・マグナス (1802〜70年) が実際に空気力学的な効果が発生していることを確かめるまで，ロビンスの発見が真剣に取り上げられることはなかった．他方，ロビンスが遷音速抗力増大を発見した時には，オイラーはこれを褒め称えた．オイラーの計算結果はロビンスのデータと完全に一致していたからであった．オイラーとロビンスの両者が，前面面積を小さくすることによって，この抗力増加を減らすことができると提案している．今日の私達は遷音速領域では先の尖った細い形状を採用することで，この抗力の発生が遅れる傾向や低減される傾向があることを知っている．2人はこのことを前もって示していた．

　ロビンスの死から8年を経て，もう1人のイギリス人が20世紀まで影響を与え続けた重要な，しかし物議をかもすことになった空気力学への貢献を行った．ジョン・スミートン (1724〜92年) である．彼は土木技師を職業にしていた．工学が尊敬に値する挑戦としてイギリス社会に受け入れられるようになったのは彼の功績であった．スミートンの実験空気力学への貢献は一つしかないが，重要な成果であった．ジョン・スミートンは1724年6月8日にイギリスのオーソープに住むスコットランドの家系に生まれた．父親は弁護士で，彼も法律の勉強を始め

た．しかし，すぐに自分の才能が機械的なものに向いていると考え，家族の了解をもらって科学機器の製造で成功を収めるようになった．時にイギリスでは産業革命が始まっており，大規模な土木工事プロジェクトの需要が生み出されていた．スミートンはこの新たな機会を利用した．まず，イギリスで港の設計と建設を行い，構造技術者としての評価を確立した．この分野における彼の傑出した業績は，エディストーン灯台の再建に関連して，先に受注していた2人の契約者が失敗した後に彼が成功させたことであった．この件でイギリス一般大衆からの名声を手に入れた．そして王立協会の会員および初の工業系専門学会である土木学会の創立会員になった．彼の死後，この土木学会はスミートニアン協会として知られるようになる．晩年には科学（当時の表現では自然哲学）的な問題に興味を持つようになった．物体の質量と速度の2乗の積（18世紀には活力と呼ばれ，今日使われている運動エネルギーの2倍に相当する）に対して，質量と速度の積（現代の言葉では運動量）の重要性について研究していた．

1759年，王立協会からコプリー・メダルがスミートンに贈られた．12年前にはロビンスにも贈られていた賞である．スミートンはこのコプリー・メダルの受賞理由になった功績により，空気力学の歴史に名を残すことになった．当時，イギリスには多くの水車に混ざって1万機以上の風車があった．そしてスミートンは風車や水車の羽根に作用する空気や水の力について実験を行った．スミートンはそれらの実験のために，ロビンスの発明である回転アーム試験器を改造した（図3.17）．アームの先端に取り付けられた風車の羽根はアームの運動によって空間を移動するだけでなく，回転することも可能であった．その結果，風車の実際の運転を模擬することができた．回転アーム試験器の先端の風車羽根は，錘が落下することで動き出すケーブル滑車機構によって回転していた．スミートンはこの実験から得られた発見を王立協会の哲学紀要（1759年）に発表した．航空学のイギリス人歴史家J・L・プリチャード[20]は，キャンバー効果を最初に観察したのは，言い換えると同じ迎え角をとった時に平板周りの流れよりも曲面周りの流れの方が揚力は大きくなることを最初に観察したのは，スミートンかもしれないと言っている．スミートンの1759年の論文には，「風が凹面に衝突すると，全体として大きな力が得られる利点がある．」と記されていた．しかし，この観察結果は同時代の人達から忘れ去られてしまったようだ．先行して行われたスミートンの研究を参照することなく，1809年に同じ現象がジョージ・ケイリーによってより詳細に報告されている．

1759年の論文にはキャンバー効果の観察以外にも，流れに垂直に置かれた平板

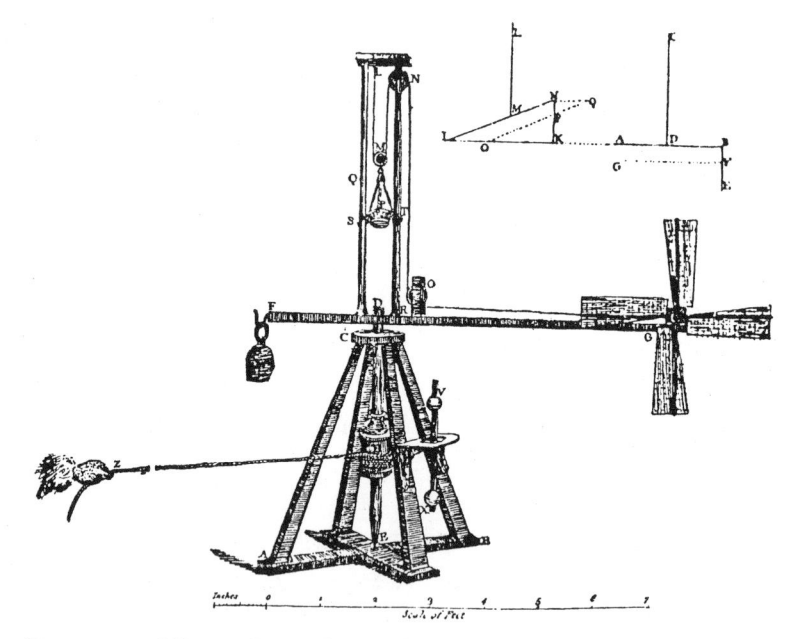

図3.17 アーム先端に取り付けて風車羽根の試験を行ったスミートンの回転アーム試験器

に作用する空気力の測定結果が風速に対して整理された表になって示されていた．そしてスミートンは，これらの計測結果の相関式を

$$F = kSV^2$$

として示した．ここでFは垂直平板に作用するポンドで表された力，Sは平方フィートで表された表面積，Vはマイル毎時で表された風速，そしてkは比例定数である．スミートンによって報告された値は$k = 0.005$であった．この定数kはスミートン係数として知られるようになり，0.005という値は19世紀末まで多くの研究者によって使用された．しかし，1809年にはもうジョージ・ケイリーがその値の正確さを疑っていた．実際，スミートン係数の不正確さのために，ライト兄弟の初期の活動は重大な悪影響を被っていた．

現代の観点からスミートン係数を調べてみよう．図3.18は流れに対して垂直に置かれた平板の概略図である．この図には2つの状況が示されている．図3.18aでは理想的な仮定を置いて，自由流れが平板表面の全域にわたって淀むとしている．したがって，平板の前面での圧力は淀み点圧力になる．流れは平板の縁を回って移動するが，平板の裏側にはエネルギーの低い，循環流れの大きな剥離領

域がある．その結果，平板の裏面に作用する圧力は前面に作用する淀み点圧力よりもはるかに低い圧力になるだろう．実際，背面の圧力は元の自由流れの圧力（p_∞）とほぼ同じ程度になってしまう．したがって平板前面の高い圧力（p_0）と平板背面の低い圧力（p_∞）が，平板に作用する抗力の原因になっていることが分かる．平板の表面積をSとするなら，平板に作用する力Fは

$$F = (p_0 - p_\infty)S$$

になる．他方，スミートンの論文では以下のように定義されている．

$$F = kSV_\infty^2$$

2つの方程式を連立させると，

$$(p_0 - p_\infty)S = kSV_\infty^2$$

または，

$$k = (p_0 - p_\infty)/V_\infty^2$$

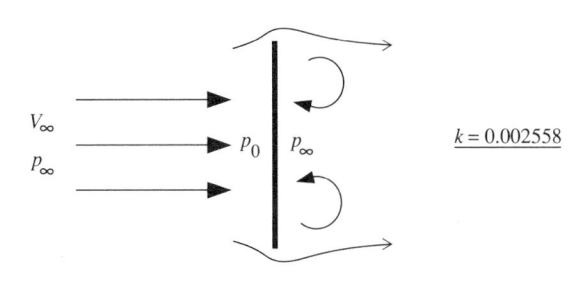

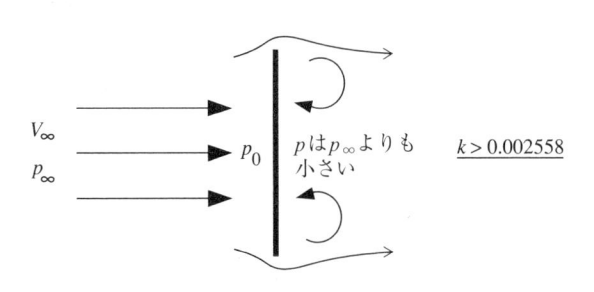

図3.18 流れに垂直に置かれた平板周りの流れ (a) 背面の圧力は自由流れの圧力と同じ (b) 背面の圧力は自由流れの圧力よりも低い

が得られる．さて，ベルヌーイの式に戻ろう．ベルヌーイの式は，スミートンの研究のほとんどを占めていた低速非圧縮性流れの条件に適用可能である．ベルヌーイの式から，淀み点圧力は次式によって与えられる．

$$p_0 = p_\infty + \frac{1}{2}\rho V_\infty^2$$

または

$$p_0 - p_\infty = \frac{1}{2}\rho V_\infty^2$$

k を求める前述の式にこの式を代入して，次式を得る．

$$k = \frac{p_0 - p_\infty}{V_\infty^2} = \frac{\frac{1}{2}\rho_\infty V_\infty^2}{V_\infty^2} = \frac{1}{2}\rho_\infty$$

言い換えれば，k は単に自由流れの密度の半分である．ベルヌーイの式では，一貫した単位系を使用しなければならない．すなわち，イギリスの工学単位系では V はフィート毎秒（スミートンが用いていたマイル毎時ではない），密度はスラグ毎立方フィートでなければならない（訳者注：1スラグは1ポンド重の力によって1フィート毎秒毎秒の加速度が生じる質量であり，14.5939kg に等しい）．それらの単位を用いると，標準海水面における ρ_∞ の値は0.002377スラグ毎立方フィートになる．したがって，この単位系では $k = 0.001189$ になる．しかし，（スミートンが使用していたように）V がマイル毎時である場合には，k を変換する必要がある．大まかな目安では60mph が88ft/s である．したがって，マイル毎時に対応させて k を変換すると，

$$k = 0.001189 \left(\frac{88}{60}\right)^2 = 0.002558$$

になる．ここで2乗の項は，スミートンが導いた元の式の中に含まれる速度の2乗の項に由来している．この k の値は元々スミートンが公表した値のおよそ半分である．しかし，ここまでが全てではない．図3.18a に戻って，背面の圧力は自由流れの圧力 p_∞ であると仮定したことを思い出してほしい．低速流れでの現代空気力学実験によると，剥離した領域の圧力は p_∞ よりもわずかに低くなることが分かっている（図3.18b）．実際の背面圧力はレイノルズ数（後で紹介する）の関数である．レイノルズ数は $\rho_\infty V_\infty h/\mu_\infty$ で定義される．ここで h は平板の高さ，μ_∞ は粘性係数である．実験条件が異なるとレイノルズ数が異なることになり，その結果として平板の裏面に作用する圧力の値も異なる．圧力が異なるとスミートン係数にも異なる値が計測されることになり，過去2世紀の間には多数のスミートン係数が報告されてきた．20世紀中頃に王立航空協会の会長を務めたプリチャード[20]は，現代の実験データに基づいて王立航空協会が正式に承認したスミートン係数の値を次のように報告している．

$$k = 0.00289$$

現代の空気力学では，もはやスミートン係数を用いて問題が定式化されることはないので，正確な値をめぐるこの議論には実質的な意味がない．しかし，19世紀のケイリー，リリエンタール，ラングレー，20世紀初頭のライト兄弟などの発明や研究ではスミートン係数が日常的に使用されており，その値は重大な関心事で

あった.

ところが，スミートンの1759年の論文にある空気力と流速の表はスミートンによってまとめられたわけではなかった．正確には友人のラウス氏が，以前に自ら回転アーム試験器を用いて実験していた結果をスミートンに送ったものだった．スミートンはラウス氏から提供されたデータである旨の謝意を明示していたが，この表を使用する者は常にスミートンの表と呼んでいた．

ジャン＝シャルル・ボルダ（1733～99年）も回転アーム試験器を用いて空気力学の試験を実施していた．現代の空気力学者にはボルダの名前はほとんど知られていないが，応用空気力学と基礎空気力学の理解に対して彼は基礎的な進展をもたらした．ボルダは1733年5月4日にフランスのダクスで16人の子供を持つ高貴な家庭に10番目の子供として生まれた．彼はダクスのバルナビート学校，続いてフレッシュのイエズス会学校で学び，1758年にはメジェール工兵学校に入学して，2年の課程を1年で修了した．数学を教え込まれ，宗教を軽蔑し，一度も結婚することはなかった[21]．フランス海軍での軍務と，創造性に富んだ技術的かつ科学的な活動とを両立させていた．1756年にはパリ科学アカデミーの会員に選ばれた．彼はアメリカ独立戦争に参加しており，1782年にアンティル諸島で小艦隊を指揮した際にイギリス人によって捕虜にされた．フランス革命の後は単位系のメートル法を生み出す際に主導的役割を果たし，彼が「メートル」という言葉を作り出した．変分法に貢献し，さらには微積分学と実験を巧みに融合させていると認められた．そして，1799年2月19日にパリで亡くなった．

ボルダの実験空気力学への貢献は，1763年にパリ科学アカデミーへ提出した論文で報告されているように，主として回転アーム試験器を使った実験に由来している．

(1) 彼はここでもう一度，空気力が流速の2乗に比例して変化することを確かめた．その結果，17世紀のマリオットの業績から積み重ねられてきた一連の証拠がさらに増すことになった．

(2) 迎え角をとった場合の空気力の変化に関して，平板を用いたボルダの実験では迎え角の正弦（sin）に比例して変化することが示されている（ニュートンの計算によって示されているような正弦の2乗ではなかった）．すなわち，ボルダは実験的に

$$R \propto V^2 \sin\alpha$$

であることを示した．ここで R は空気力，α は迎え角である．揚力面に適用

したニュートンの正弦二乗法則が誤りであることを証明した最初の実験結果であった．それから15年のうちにフランス政府が後援となってダランベールが指揮した追加実験が行われ，ボルダの発見がより強固になった．つまり，空気力学実験により正弦二乗法則の妥当性にははっきりと疑いが示されていた．

(3) ボルダは空力干渉の効果を最初に示していた．それまでは互いに接近させて置いた2つの物体に作用する全体の抗力は，個々の抗力の合計になるであろうと直感的に信じられていた．ボルダは回転アームに2つの球を接近させて置いて，全体の抗力が2つの球を別々に試験した場合の抗力の合計と異なっていることを発見した．これはボルダ効果[8]として知られるようになる．

(4) ボルダは様々な形をしたダクト内流れを調べた．ダ・ビンチが最初に確立した連続の式

$$AV = 一定$$

の妥当性を調べるつもりであった．しかし，特に流路が急に拡大する部分での流れでは，時として連続の式が速度の変化を正確に表していないことを発見した．そして，流れは活力（すなわち，運動エネルギー）をいくらか失っているものの，連続の式から予測される程度にはなっていないことに言及している．今日，流路が急に拡大する領域では流れがダクト壁から剥離しており，その結果として有効な流管面積は形状ほど大きくならないことが分かっている．現代での空気力学の応用例を見ると，剥離した流れは時として支配的な（通常は弊害をもたらす）役割を果たしている．ボルダはこの流れの剥離の影響を最初に述べており，そのことから彼の発見はボルダの定理として知られるようになった（剥離の存在は，図2.7のダ・ビンチによるスケッチに示しているように，昔から知られていた）．

● 中間総括：ジョージ・ケイリーが受け継いだ空気力学の最先端技術

本章にふさわしい象徴的な航空機として，手で飛ばすジョージ・ケイリーの1804年グライダー（図3.1）を紹介した．今の私達は，ケイリーが研究の主要部分を開始した時点で受け継いでいた最先端技術を評価できる立場にいる．理論空気力学に関して，ケイリーは以下の方程式と概念を利用できた．

(1) ケイリーの時代には連続の式と非粘性流れのための運動量の式，つまりオイ

ラー方程式があった．しかし，当時は誰もオイラー方程式を解くことができなかった．この方程式は，現代空気力学で私達が使用しているのと全く同じ偏微分方程式の形をしていた．この方程式により低速流れの解析が可能になる．（高速流れにはエネルギー式が必要になる．エネルギー式は19世紀後半に構築された．）オイラー方程式は摩擦の影響を考慮していないが，物体周りの圧力分布を正確に求めることができるので，正確な揚力の計算が可能である．残念ながら1804年にはオイラー方程式を解くことができなかったので，ケイリーはその利点を活かすことができなかった．理論上の武器はあったが，誰もその使い方を知らなかった．

(2) ケイリーはニュートンの正弦二乗法則のことをよく知っていた．この法則を用いることで物体周りの圧力分布を簡単に計算することができた．それゆえ，ケイリーにとって揚力と圧力抗力を予測するには都合の良い方法であった．しかし，ニュートンでさえ正弦二乗法則の妥当性についていくらか疑問を持っていたし，その疑いは1763年のボルダによる回転アーム試験器を用いた実験と，1777年のダランベールによる船の船体に作用する抵抗の計測によってさらに強くなっていた．

(3) 表面摩擦抗力（流線形物体では抗力の支配的要因）の計算に関しては，いかなる理論上の武器もなく，完全な空白状態であった．このことがケイリーにとって，さらには19世紀の研究者達にとっても苛立ちの原因になっていた．

理論世界の状況があまり芳しくなかったからと言って，実験空気力学の状況の方がはるかに有望であったわけでもなかった．しかし，ケイリーはある程度の基本的な実験事実を利用することが可能であった．

(1) 1804年には空気力が空気密度と物体の断面積に比例し，流速には2乗に比例して変化することは既成事実になっていた．これら複数の影響因子からなる関係においてそれぞれの寄与が確立するのは，古くはダ・ビンチの時代に彼が力は面積と共に変化すると述べたことにまで遡り，力は空気密度と共に変化するというガリレオの実験的発見に続いて，力は流速の2乗に比例して変化することを示したマリオットの先駆的な研究の時に最高潮を迎えた．

(2) 当時の理論研究家と実験研究家の両者が共に関心を示していたのは，揚力よりもむしろ抗力の方であった．人々は（空中を飛ぶ砲弾や水を切って進む船体など）移動している物体に作用する抵抗を理解し，予測できるようになりたい

と思っていた．流れに対して小さな角度で傾けられた平板に作用する全空気力に興味を持って調べていた人達はごくわずかであった．空気力の合力 R に及ぼす迎え角の影響に関しては，ニュートンの正弦二乗法則の妥当性を検証することに焦点を合わせて，実験データが採取されていた．この合力 R から抗力と揚力の両方が容易に得られる．1763年，ボルダは自らの実験データから小さな迎え角に対しては正弦（sin）の2乗ではなく，正弦の1乗に比例して変化するという（正しい）結論を下した．そして14年後にはダランベールが実験的に確認した．したがってケイリーが飛行の基礎実験に没頭する1804年までには，揚力に及ぼす迎え角の影響予測に利用できる実験データが存在していた．ただし，多くの疑念が広まっていた．

(3) 実験空気力学での発展は，流速を計測するためのピトー管の発明，空気力を計測するためのロビンスによる回転アーム試験器と弾道振り子試験器の発明，ロビンスが発見した遷音速抗力増大，ボルダが発見した2物体間の空力干渉のように，18世紀になってさらに複雑になってきた．しかし，18世紀にはそのような高度な知識が飛行機の設計に直接活かされることはなかった．

ジョージ・ケイリーが1799年に現代的な構成を持つ飛行機の概念（図3.2）を考え，そして活動を開始したのは，空気力学の夜明けとも呼ぶべき知的雰囲気の中でのことだった．しかしそうした雰囲気は依然として非常に希薄であったために，ケイリーがそこから利便性のよい実用的な設計手段を手にすることはなかった．したがって，1804年のグライダー（図3.1）の設計に関連する数多くのアイデアは，彼が独自に考え出したものであった．ケイリーの伝記はいくつか出版されており[22]，プリチャード[23]による最も信頼のおける伝記は，航空学の歴史を真剣に学ぶ学生にとって必読書になっている．

　ジョージ・ケイリーは1773年12月27日にイギリスのスカーバラで生まれた．母親のイサベラ・シートン・ケイリーはロバート・ブルース（訳者注：スコットランドの英雄）の子孫で，スコットランドの有名な家系の出身であった．父親のトーマス・ケイリー卿は1066年にイギリスに侵入したノルマン一族の子孫であった．父親の慢性的な病のために，両親は多くの時間を海外で過ごしていた．ケイリーの方は幼年期をヘルムズリーにあった一族の家で過ごしており，そのため自由な生活を謳歌できた．そこで初めて機械的装置に興味を持つようになり，この村の時計製作会社に頻繁に出入りしていた．祖父（初代ジョージ・ケイリー卿）の死後，ジョージの父がブロンプトンにある膨大な遺産を継いだが，そのわずか18ヶ月後

に亡くなったため，若いジョージが継ぐことになった．ジョージ・ケイリー卿は19歳になった1792年にはブロンプトンホールの第6代准男爵になった．そして，ヨークシャーでほどほどに裕福な大地主としての人生を送るはずだった．

　18世紀によくあったことだが，ケイリーは正規の教育をほとんど受けていない．彼が短期間だけヨークの学校へ通ったという記録はあるが，主な教育はジョージに大きな影響を与えた2人の家庭教師から受けていた．すなわち，(1)高名な数学者であり，王立協会の会員であり，しかも知性に溢れていたジョージ・ウォーカー，および(2)ユニテリアン教会の牧師であり，科学者であり，電気に関する講師でもあったジョージ・モーガンである．両方の家庭教師が共に自由な思想家であり，ケイリーが25歳になるまでの期間に幅広い教育と心の広さを身につけられたのも，彼らの大きな影響があったからである．ケイリーが知識と発明に対する熱意を失うことは全くなかった．1800年代の前半には，科学，技術，社会倫理の問題において，イギリスを代表する学者であると考えられるようになった．ケイリーは最初の家庭教師の娘であるサラ・ウォーカーの美しさと知性に魅了されて，深い恋に落ちた．1795年に2人は結婚して，1857年にケイリーが亡くなるまで62年間に及ぶ結婚生活が始まった．

ジョージ・ケイリーの空気力学

　ケイリーの航空学への貢献も彼の人生の初期に始まっている．19歳の時に木と羽毛でできたヘリコプターのような模型を設計し，弓と弦からなる機構を動力に用いて試験していた．これがその後18年以上続くことになる飛行への思案，研究，発明の始まりであった．1799年にケイリーは現代的な飛行機の概念を他に先駆けて提案した．後世へ伝えるために銀の円盤にエッチングされたその飛行機には，固定翼，胴体，水平尾翼と垂直尾翼からなる尾翼構造が備わっている．実際に飛ばすことを考えて，1804年には図3.1に示した手で飛ばすグライダーを設計し，試験を成功させた．これが現代的な構成を持つ最初の飛行可能な飛行機模型である．空気力学にとってさらに重要なことは，ケイリーが大規模な飛行実験を実施していたことであった．その多くは回転アーム試験器を使用したものであった．19世紀最初の10年に行われたその実験は，航空機空気力学に関する最初の真の研究であった．ケイリーは，*Nicholson's Journal of Natural Philosophy, Chemistry, and the Arts* の3刊（1809年11月号，1810年2月号，1810年3月号）に「航空について（"on Aerial Navigation"）」と題して掲載された合計3部からなる論文の中で，この実

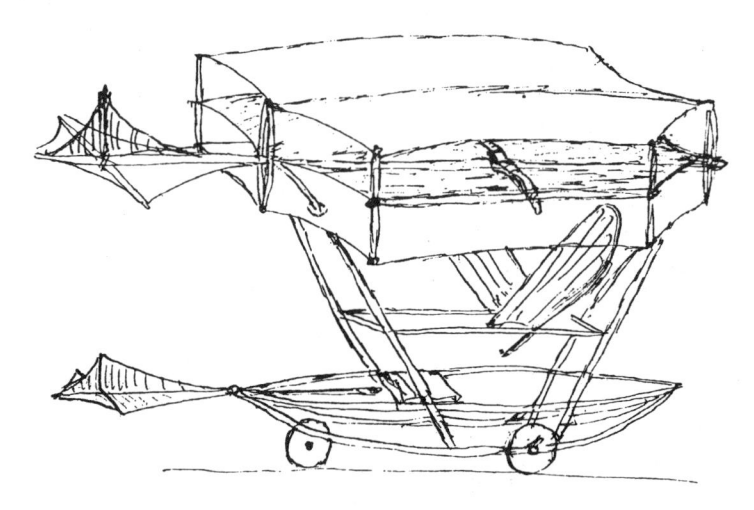

図3.19 ケイリーの三葉機（1849年頃）

験から得られた知見を発表している．ケイリーが書いたこの3部からなる論文は19世紀初めの空気力学の歴史における最も輝かしい成果であった．

　飛行への興味に呼応して内燃機関の設計に関しても多くの研究を行っていた．巨大な外部ボイラーを必要とする既存の蒸気機関は出力に対して重量が重過ぎることから飛行には利用できないという認識を持っていた．この状況を克服するために1799年に熱空気エンジンを発明して，その当時活躍していた多くの機械設計士と共にその構想を完成させるべくその後の58年を費やした．しかし1800年代中頃にフランスでガスエンジンが開発されたことで，ケイリーの熱空気エンジンの開発もついに終了している．

　理由は良く分からないが，1810年から1843年までの期間は空気よりも軽い気球と飛行船の方向に飛行への熱意を傾けた．そして気球や飛行船に関する理解を深めることと，操縦可能な飛行船の設計に関する発明を行うことに貢献していた．その後の1843年から亡くなる1857年までは飛行機に戻り，実物大の航空機をいくつか設計して，その試験を行った．その一つが3枚の翼（三葉機）と人の力で動かす羽ばたき推進翼を持つ機械（図3.19）であった．1849年にその機械は10歳の少年を乗せて，ブロンプトンの丘から数メートルの間だけ地面から離れて短時間の滑空を行った．もう一つは単一の翼を持つ（単葉）グライダーであった（図3.20）．1853年にケイリーの馬車の運転手がパイロットとして乗り込んで，（500メートルもない）小さな谷を飛び越えた．その飛行が終わると運転手は次のように言ったと

図3.20　ケイリーの単葉機（1853年頃）

伝えられている．「お願いがあります，ジョージ卿様．お知らせしたいことがあるのです．私は馬車を運転するために雇われたのであって，飛ぶためではありません．」

歴史におけるケイリーの評価は飛行への貢献に基づいている．しかし，幅広い教養を身につけ，自由主義的な思想を持っていたこの人物は，84年の生涯においてそれ以上の業績を成し遂げている．特に注目すべきは，20世紀のキャタピラートラクタと戦車の先駆けになった地上牽引車を1825年に発明したことである．1847年には義手を発明した．それまで何世紀にもわたって使われてきた単純なかぎ状義手に取って代わったのだから，画期的なことであった．ケイリーの興味は純粋な人道主義から来ていた．発明に対して金銭的な報酬を期待したり，受け取ったりすることは全くなかった．

飛行以外では議会の改革にも関心を持っていた．1818年には議会改革に関する出版を行い，1820年にはヨーク地方で勢力を誇っていたホイッグ党系の地方団体会長選に出馬していた．そして1832年からはスカーバラ選出の英国議会の議員として活躍し，1839年には科学技術の展示と教育のためにロンドンのリージェントストリートに科学技術専門学校を設立し（現在はリージェントストリート工芸学校として継続教育にあたっている），さらに鉄道の安全を促進するための発明を行っていた．ヨーク地方の失業労働者救済のために彼が1842年に取った行動を見ると，彼

図3.21　ジョージ・ケイリー卿

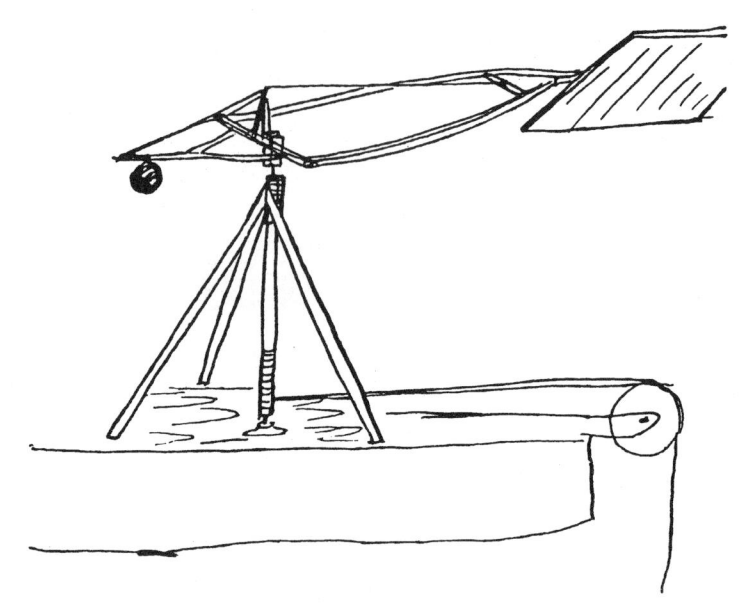

図3.22 ケイリーが用いた回転アーム試験器

が高い社会的良心を持つ人物であったことがはっきりと分かる．彼はその地域の社会的かつ経済的な苦境を救うために支援を求める嘆願を新聞に掲載し，多額の私財を（もっとも彼は裕福ではなかったが）寄付していた．

　ケイリー（図3.21）は友人達からは親切で，思慮深く，ユーモラスな田舎の紳士であるとして，科学技術分野の仲間達からは当時のイギリスで最も革新的で，見識があり，読書家の人物であるとして，とても好かれ，尊敬されていた．

　空気力学の最先端技術へのケイリーの貢献に関しては，彼は基本的に実験主義者としての役割を担った．今日だったらアイデアマンと呼ばれていたかもしれない．彼は飛行試験と実験室実験の両方を用いることによって，この時代の誰よりも基本空気力学への理解を高めていた．飛行試験では空気中を滑空する模型と実物大の機体の両方が使用されていた．（いくつかの機体には，きちんとした構想が練られないまま，全く効果のない羽ばたき式推進機構が備えられていた．事実上，それらの「動力付き」機体は本質的にグライダーであった．）実験室で使用された試験装置には，ロビンスの発明に基づく回転アーム試験器（図3.22）がいくつも含まれていた．彼のノートの中にはそうしたスケッチが数多く描かれている．いくつかのノートは王立航空協会の文書保管庫に収められているが，それ以外はまだ相続者の手元にあ

る．ケイリーは1857年に亡くなる2年前まで積極的に飛行の研究を行っていたが，空気力学への知的貢献の主要部分は彼がまだ若い頃に実施され，1809～10年の3部からなる論文で発表されている．彼は当時の技術文献を多数読んでいたことから，空気力学の最先端技術をよく知っていた．彼の論文ではニュートンの正弦二乗法則，およびロビンスとスミートンの研究が参照されている．しかし，オイラー，ダランベール，ラグランジュ，ラプラスが発展させた流体力学の数学体系に手を出そうとはしなかった．理由はもっともである．ケイリーが活躍していた時代，この数学体系はまだ実用的ではなかった．空気力学の基本と応用に対するケイリーの主要な貢献は，彼の3部からなる論文の第1部と第3部（1809年11月号と1810年3月号）に表れている．ここには，今日の現代空気力学では基本的な特徴とされている現象が，初めて科学的に記述されている．

　ケイリーにとって特に重要であった問題は，迎え角が変化した時に揚力面に作用する空気力がどのように変化するかということであった．特に揚力成分の変化に重点が置かれていた．初期の研究者達は流体中を移動する様々な物体に作用する抗力にばかりとらわれていたので，揚力の問題にはあまり興味を持っていなかった．しかし推進手段が完全に揚力の発生手段と切り離されて，単純に飛行中に翼面を流れる空気によって支えられる固定翼機がケイリーの先駆的な概念であったことから，ケイリーは特に迎え角と揚力の関係に注目しながら流れに対して傾斜した面の空気力学特性に注意を払う必要があった．残念ながら迎え角に応じて変化する揚力を予測するために利用できる唯一の理論的実用手段が，ニュートンの正弦二乗法則であった．そしてケイリーはその欠陥をよく認識していた．事実，ケイリーは論文第1部の初めの方で次のように述べている．「同じ流れに対して異なる角度で向けられた面の抵抗が入射角の正弦の2乗に比例して変化するという理論は役に立たない．フランスのアカデミーでの実験から分かるように，鋭角の場合には抵抗は入射角の正弦の2乗よりも1乗に正比例して変化していると見た方がはるかに一致している．」このようにケイリーはニュートンの正弦二乗法則には欠陥があることを知っており，30年前にダランベールが委員長を務めていた「学術委員会」が報告した実験的知見をよく認識していた．そして迎え角に対する揚力の変化に関して，理論的または実験的な決定的データが欠如していることに失望していた．例えば鳥の飛翔について議論している中で，揚力は迎え角に対して「複雑な比率（現時点で詳細に踏み込む必要はないだろう）」で変化する事実が間接的に触れられており，揚力の変化はかなり複雑で悩ましく，当時はまだ議論に値するほど十分に理解されていないという彼の思いが表れている．多

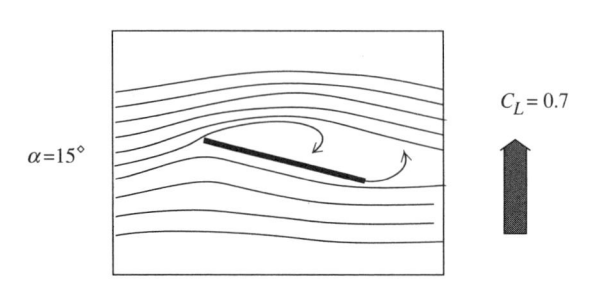

図3.23 15°の迎え角をとった平板周りの流れの流線と揚力の相対値を表す矢印（右側）

少穏やかな表現であったのは，そのデータがないことからケイリーにとって最初の回転アーム試験器（1804年）を自分で設計・製作し，それを動かして揚力面に関する初めての有意義な空気力学実験を実施していたからであった．枠いっぱいに紙をしっかりと引き伸ばして貼って作った平面をアームの先端に取り付けて，迎え角を$-3°$（水平面から$3°$下向き）から$18°$の範囲で様々に変化させながら，その「平板」揚力面の試験を行っていた．データを減らす目的から平板の面積は正確に1平方フィート（0.0929m^2）であった．ノートの1804年12月1日付のページには，様々な迎え角での試験結果が一覧表になって記載されている．記載内容から典型的な条件を見ると，$3°$の迎え角をとって空中を21.8 ft/s（6.64m/s）の速度で移動する場合の揚力の計測結果は1オンス重（28.3gf）であった．現代の空気力学の見地からケイリーが計測した結果を考察してみるのも有意義である．そのための準備として，平板周りの低速空気力学が今日どのように理解されているのかを調べてみよう．

　低速流れの中にいくらかの迎え角をとって置かれた薄い平板は，揚力面として決して最適ではない．なぜなら極めて小さな迎え角であったとしても，流れが平板の上面から剥離する傾向があるためである．図3.23には15°の迎え角をとった平板周りの流線パターンが示されている．この概略図は煙を使った流れの可視化写真から読みとって描かれた．どんなに小さな迎え角でも前縁部では平板上面で流れの剥離が生じ，迎え角が増加すると剥離域も大きくなる．翼下面の高い圧力と上面の低い圧力の圧力差によって翼の揚力が生み出されていることを思い出してほしい．流れが表面に沿って流れている場合と比較して，流れが剥離すると上面の圧力は高くなり，そのために下面と上面間の正味の圧力差は減少することになって揚力も減少する．このように多くの空気力学の応用問題では，流れの剥離は性能の低下を意味する．もっと正確に言うと，図3.24に迎え角に対する揚力係数の変化が示されているが，ここでは平板が2種類の現代翼型と比較されている．明らかに平板は揚力面として劣っている．流れの剥離には揚力を損なう影響

があるが，ケイリーの時代にはその概念は理解されていなかった．もしレオナルド・ダ・ビンチのノートが18世紀や19世紀の研究者達にとって容易に利用できる状態であったならば，空気力学はもっと発展していただろう．事実，剥離の概念はそうした例と言える．流れの剥離とその結果として生じる渦の生成を描いたレオナルドのスケッチ（図2.7）は，ケイリーや19世紀の研究者達の研究を大幅に加速させることができただろう．しかし，事実は異なっていた．こうした人々が，ダ・ビンチのノートを利用することはできなかった．技術の発展を遅らせることもある典型的な「断絶」の例だと言える．

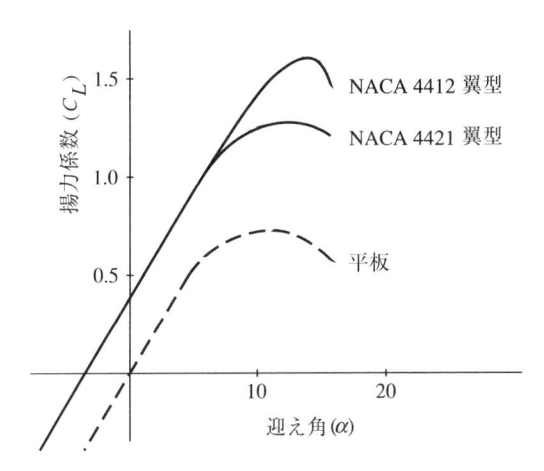

図3.24 平板と2種類のNACA翼型での迎え角と揚力係数の関係

他にも現代空気力学では使用されているが，ケイリーの時代には知られていなかった重要な無次元数がある．レイノルズ数（Re）

$$\mathrm{Re} = \frac{\rho V x}{\mu}$$

である．ここでρは自由流れの密度，Vは自由流の流速，xは流れに沿った長さ，μは粘性係数，つまり流れにおける摩擦の影響度を表す指標である．レイノルズ数は全ての粘性流れにとって現象を支配するパラメーターであり，その値は流れの剥離に影響を及ぼす．異なる運転条件の下で得られた2種類以上の空気力学データ群を比較する場合，全データ群に同じレイノルズ数が含まれていることが望ましい．距離xに飛行機翼型の翼弦全長をとった時に，大気中を飛行する実際の飛行機のレイノルズ数は数百万を十分に上回る．対照的に，風洞実験では実際の飛行よりも低い速度がよく用いられるが，それに加えてはるかに小さな模型を用いると，実験室での試験におけるレイノルズ数は実際の飛行よりも極めて小さくなる．このように実験室での結果には，何らかの妥協が見られる．特にレイノルズ数によってある程度決まってしまう流れの剥離に関しては，妥協することがある．回転アーム試験器を使用したケイリーの実験でのレイノルズ数を見積

もって，具体的に見てみよう．図3.22では，基本的に正方形である揚力面がアームの先端に取り付けられている．揚力面の面積が 1 ft² (0.0929m²) であるから，翼弦長に 1 ft (0.3048m) をとる．ケイリーが用いた21.8ft/s (6.64m/s) の流速では，翼弦長の 1 ft (0.3048m)

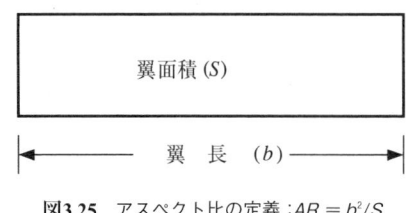

図3.25 アスペクト比の定義：$AR = b^2/S$

を代表長さとすると，レイノルズ数は139,000になる．実物大の飛行でのレイノルズ数よりもはるかに小さな値になってしまう．このようにケイリーの空気力学計測は極めて小さなレイノルズ数であることに妥協していた．もちろんレイノルズ数の効果が明らかになったのは20世紀になってからなので，ケイリーにとって自分が置かれた状況を正しく理解できる術は何もなかった．こうしてケイリーが計測した結果では，揚力係数が小さな値になってしまった．例えば，先に述べた流速21.8ft/s (6.64m/s) の流れの中に迎え角 3°で置かれた平面に作用する揚力が 1 オンス重 (28.3gf) であったケイリーの回転アーム試験器データに基づくと，揚力係数は

$$C_L = \frac{L}{\frac{1}{2}\rho V_\infty^2 S} = 0.11$$

のように求められる．はるかに高いレイノルズ数での現代実験データに基づいた図3.24では，迎え角 3°の平板での C_L は（ケイリーの計測結果よりも 3 倍大きい）約0.33になっている．

ケイリーの計測に大きな影響を及ぼした空気力学的な影響がもう一つある．翼長の 2 乗を翼面積で割った幾何学的パラメーター，つまりアスペクト比である（図3.25）．ケイリーの正方形揚力面ではアスペクト比は 1 であった．今日では迎え角を一定にして翼のアスペクト比を低下させると，揚力係数が低下することが分かっている．短くて太い翼はアスペクト比が小さく，したがって揚力係数も小さくなる．図3.24に示されている空気力学データは，比較的大きなアスペクト比を持つ平板翼を用いて計測されている．プラントルが報告した現代の文献[1]に基づくと，図3.24に示されている迎え角 3°での揚力係数0.33は，ケイリーの実験でのアスペクト比 1 の翼へと補正すると0.44倍する必要がある．その結果，現代の文献に基づくと揚力係数は0.15になり，依然としてケイリーの計測結果よりも1.4倍大きな値になっている．しかし，先に述べたレイノルズ数の影響を考慮する必

要がある．ケイリーの実験のように100,000程度の低いレイノルズ数では，はるかにレイノルズ数が高い場合よりも揚力係数は小さくなる．実験データ[1]によると，このような低レイノルズ数での揚力係数は，高レイノルズ数の場合の約68%になることが示されている．この換算係数を用いると，アスペクト比が1，迎え角が3°である先に述べた平板の揚力係数0.15は

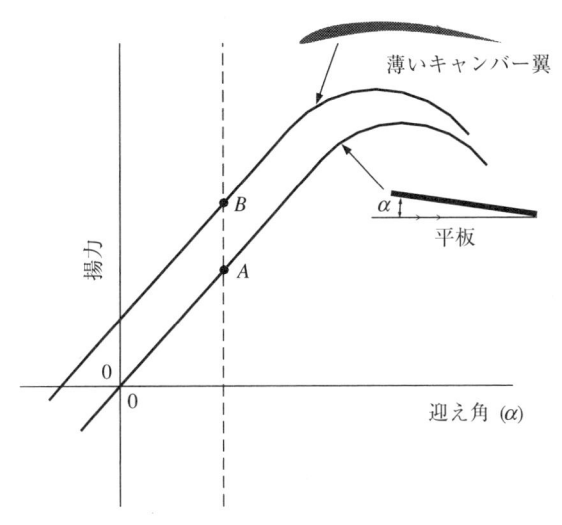

図3.26 薄いキャンバー翼型と平板での揚力の比較

0.15×0.68 = 0.10にまで減少する．ケイリーが計測した0.11に極めて近い値である．つまり，ケイリーが独自に行った計測は現代の値から10%以内の差になっている．試験装置として回転アーム試験器を使用しなければならなかったことと，精巧な計測機器がなかったことを考慮すると，驚くべき精度である．しかし，平板の試験を行っていたことに留意してほしい．現在では揚力面として性能が良くないことが分かっている．

　ケイリーが行った第二の主要貢献は，湾曲した（上に反ったキャンバー）翼型形状が同じ迎え角でも平板より大きな揚力を生み出すことに気づいた点であった（図3.26）．迎え角がゼロでは平板の揚力がゼロになるのに対して，キャンバー翼では迎え角がゼロでも正の揚力を持っている．実際，キャンバー翼の揚力曲線は平板の揚力曲線を単純に左へ移動させたかのように見える．その結果，ある迎え角が決まる（垂直な破線に沿って見る）とキャンバー翼の揚力（点B）は平板の揚力（点A）よりも大きくなる．ケイリーが初めてこの事実に気づいて，論文の第1部に記されている次の記述の中で湾曲した面の揚力特性を実験計測に基づいて定量化している．「おそらく飛行に使用されることになるそのような湾曲した面は，移動経路に対して6°の角度をなして約34～35ft/s（約10～11m/s）の速度で空中を移動する時に，1フィート（0.3048m）あたり1ポンド重（0.4536kgf）の抵抗を面に垂直な方向へ受けると，断言できる．」ケイリーは全空気力を表すために「抵抗」という言葉を使用しているが，これは18世紀初頭から19世紀の文献の至る所

で見られた慣習であった．6°のような小さな入射角では，「抵抗」は基本的に揚力になっている．ケイリーの計測はかなり正確であった．比較すると，同一条件において現代 NACA2412 キャンバー翼に作用する揚力は約 1.17 ポンド重（0.5307kgf）になる．

　なぜキャンバー翼は迎え角がゼロでも揚力を生み出すのだろうか．19 世紀の空気力学の研究者はこの疑問に悩んでいた．これを説明できる数学に基づいた理論はなかった．定性的にはそのような湾曲した面の上では流れは速くなり，それゆえに上面の圧力は低下することが，今日では分かっている．圧力が低下すると下面と上面の間に圧力差が生じる．その結果，迎え角がゼロでも揚力が発生する．対照的に，流れと同じ方向に並べられた平板では上面と下面の流速は等しくなるので下面と上面の間に圧力差はなく，そのため揚力は発生しない．もちろんケイリーの時代には，現代空気力学から導かれるこの単純な事実も分かっていなかった．それでもキャンバー翼周りの空気力学的な流れと迎え角がゼロでも揚力が発生する理由について，彼なりにたどたどしい説明を試みていた．論文の第 1 部では次のように理論づけている（括弧内に現代用語での説明を付しておく）．

　　流れの細長い糸状体（流れの流線）は常に面の先端の下（前縁の下）で受け取られて，表面の凸状に沿って登らざるを得ない表面上の糸状体（表面に対して常に接線方向に流れざるを得ない表面近傍の流線）によって上側の空洞へと向きを変えられる．同時に分岐点の後方では低真空が瞬時に形成される（最初の流線は翼型下の凹形空間へと吸引される）．このように空洞部に蓄積された流体は面の後端から逃げ出す必要があり，この時かなり下向きに方向を変えられる．それゆえに，この流体はその下を瞬時に全速で直接通過する流れを圧倒して動きを変えねばならない（後縁からの下向きの流れは前縁より下流の全領域における流れを自由流に対して下向きに変えている）．したがってこの作用が必要とするいかなる弾性も，先端の一部分を除いて面のくぼみ全体で機能する．これが真実の理論かどうか分からない．しかし，私には鳥の飛翔が証明しているその現象の最も確からしい説明に思える．

　この記述の最後の部分では，後縁での空気の下向きの運動が自由流の流れを押して，その押す力が「この作用が必要とするいかなる弾性」を用いてでも翼の下面に伝わっているとケイリーは言っているように思える．揚力の発生に関する現代の理解と比較すると，ケイリーが説明した一般的概念には素晴らしい点がある．しかし流れが他の部分の流れを押すことによって揚力が作り出されているとほの

めかしている点には，大きな不備がある．(これはケイリーの記述に関する私の解釈である．ケイリーは「押す」という言葉を明確に使用していない．) ケイリーは本質的な点を見逃していた．彼は，迎え角がゼロでも下面における空気の働きによってキャンバー翼には揚力が発生すると言っているが，実際には支配的な「働き」は上面で起こっていた．今日では，翼での揚力発生の主な要因は上面を流れる空気の広がりであり，この結果として上面では圧力が低くなって上側（揚力）の方向に翼を持ち上げる吸引効果が生み出されることが分かっている．他方，ケイリーの記述にはより全体的な観点から揚力の生成を新たに説明している素晴らしい洞察も見られる．第1章での議論から，物体に作用する空気力は表面上の圧力分布とせん断応力分布の積分であることを思い出してほしい．実際，表面の圧力とせん断応力の分布とは，あたかも流れの中で物体をしっかりと掴まえて，これに力を加えている自然の手である．現代空気力学では，これが物体に作用する空気力の生成に関する概念を表現する最も基本的な方法になっている．しかし，次のような別の説明の仕方もある[17]．ある迎え角において翼周りを流れる空気はその翼に上向きの力を加える．逆にニュートンの第三法則（全ての作用には大きさが等しく向きが反対の反作用がある）より，翼は空気に下向きの力を加える．その結果，揚力を受ける物体（揚力体）の下流を流れる気流の全体的な方向はわずかに下向きに傾く．ケイリーは「このように空間内に蓄積された流体は面の後端から逃げ出す必要があり，この時かなり下向きに方向を変えられる」と述べていることから，明らかにこの現象を観察していた．翼の後方での空気の下向きの運動と揚力の発生を結びつけたケイリーの考えは全く間違っていないし，このような説明が示されたのもこれが初めてであった．

　このように小さな迎え角での揚力に注目して，空気力学面に作用する揚力の生成について科学的な調査結果を提示したのは，明らかにケイリーが最初である．彼の実験結果は極めて正確であった．しかし揚力の発生に関して，とりわけキャンバー翼について物理的な説明を試みた努力は不完全に終わっている．ただし，ケイリーの時代にはそのような問題に対する理解が全くなかったことを考えると，彼の思考は独創性に富んだものであったと考えなくてはならない．彼は正しい軌道の上に応用空気力学を走らせ始めていた．

　ケイリーは飛行機の抗力にも関心を持っていた．実際に飛行のための設計を行う技術者にとって当然の関心事である．抗力の問題では，いくつかの重要な洞察がケイリーの3部からなる論文に示されている．しかしその洞察について述べる前に，飛行機の抗力に関する現代の理解をもう一度見ておこう．抗力は基本的に

飛行機の全表面にわたる圧力分布とせん断応力分布の積分に由来しており，積分の結果として得られる空気力の自由流方向（抗力方向）成分が抗力である．亜音速飛行機に適用される空気力学では，抗力は通常2種類に分類される．

(1) 有害抗力

飛行機の全表面での表面摩擦による抗力と，表面からの流れの剥離による抗力である．流れの剥離による抗力は圧力として表れる．揚力を受けない物体周りの亜音速流れでは，もし表面のどこにも流れの剥離がなければ，物体の前半部分での圧力分布による抗力方向の力は反対方向に働く物体の後半部分での圧力分布による抗力方向の力と打ち消し合う．したがって圧力分布による抗力は生じない．この効果はダランベールの背理として1744年に初めて紹介されているので，ケイリーの時代にはよく知られていた．しかし流れの剥離が起こると，抗力方向に実質的な力が発生するように圧力分布が変化する．これは形状抗力と呼ばれている．したがって，有害抗力は表面摩擦抗力と形状抗力（流れの剥離による抗力）の合計になる．

(2) 誘導抗力

飛行機の翼端から発生し，翼の下流へと続く渦による抗力である．これもまた圧力になって表れる．翼端渦（基本的には翼の端部における小さな竜巻）が存在することにより，抗力方向の力が増すように翼面の圧力分布が変化する．揚力を発生する翼の下面の圧力が高く，上面の圧力が低くなっていることから，この翼端渦が発生する．つまり，翼端の近くの気流は下面から上面へ向かって翼端の周囲を回転するようになり，やがて後流渦になる循環運動を生み出す．したがって翼端渦は揚力の発生と密接に関連している．揚力が大きければ（つまり，上下の翼面間の圧力差が大きければ），渦も強くなる．同様にもし揚力がゼロならば，渦の強度は基本的にゼロになり，誘導抗力もゼロになる．このように誘導抗力は揚力を発生させたことによる代償とみなすことができる．「揚力が原因の抗力」と呼ばれることがよくある．

まとめると，亜音速飛行機に関して，

全抗力 ＝ 有害抗力 ＋ 誘導抗力

のように書くことができる．ここで，有害抗力は次のように表される．

有害抗力 ＝ 表面摩擦抗力 ＋ 剥離による抗力（形状抗力）

さて，様々な抗力に関するここまでの解説を踏まえながら，ケイリーの功績の話に戻ろう．まず，基本的なことから話を始めると，ケイリーは流れの剥離に関するイメージを持っていなかった．しかし，確かに剥離の影響を認識していた．3部からなる論文の第3部の最後には，抗力の小さい飛翔体形状に関する議論に関連して，次のように述べられている．「抵抗を減らすにはスピンドル（円柱形の両端がとがった形）の前方の形状と同じように，後方の形状も重要であることが実験から明らかになっている．これは障害物の後方で作り出される部分的な真空に起因している．この空間を満たす固体が存在しない場合，その部分に静水圧の欠乏が生じ，それがスピンドルへ伝わる．」この理解は正しい．鈍角の大きな底面を後部に持つ飛翔体には，底面の背後に大きな流れの剥離領域が生じる．剥離領域の圧力は付着して流れている領域の圧力よりも小さくなる（これがケイリーの言う「部分的な真空」である）．底面に存在するその低い圧力が大きな抗力（先の解説に出てきた用語では大きな形状抵抗）をもたらす．他方，飛翔体の後部が滑らかに細くなっていれば（ケイリーの言葉では「空間を満たす固体」），形状抵抗はより小さくなる．ケイリーは明らかにその特性を認識していた（ケイリーは知らなかったが，ダ・ビンチも同じことを観察していた）．ケイリーは同じ段落の中で次のように続けて述べている．「しかしこのテーマ全体が持つ暗中模索的な性質のために，推論よりも実験が有効な検討手段になることを私は危惧する．そして推論にせよ，実験にせよ，決定的な根拠がない中で，その根拠を示す唯一の方法は自然を模倣することだ．それゆえ，私は魚や鳥のスピンドルを例に挙げる．」かなり予言的である．今日でさえ，流れの剥離は理論的な予測または数値解析による予測が困難な現象であり，空気力学の分野では依然として最先端の研究課題である．今日まで実験が流れの剥離に関する信頼できるデータを得る主な手段であり続けている．

ケイリーは物体に作用する正味の空気力を2つの成分に分解する利点に初めて気づいた．それが彼の銀盤に示されている(1)揚力，つまり自由流の方向に垂直な成分と，(2)抗力，つまり自由流の方向に平行な成分である（図3.2）．10年後には3部からなる論文の第1部で，滑空する鳥の話題に関連して同じような揚力と抗力の図を示している（図3.27）．そして，その図に関連して応用空気力学への基本的な貢献となる記述がなされている．

翼の面に対して垂直に de を描き，……そして直線 de 上に適宜仮定した点 e から df

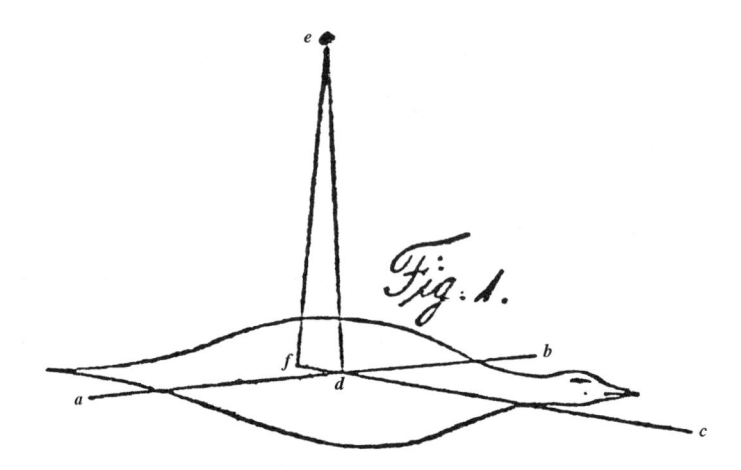

図3.27 ケイリーの3部からなる論文（1809年）より「鳥に作用する空気力の分解」

に対して垂直に ef を下ろせ．すると de は翼に働く全ての空気力を表し，ef と fd に分解することができる．前者は鳥の自重を支持する力を表し，後者は流れ cd を生み出す運動の速度を連続的に減速させる減衰力を表す．

　ケイリーは，空気力の合力は翼弦（前縁と後縁を結ぶ線）に垂直だと仮定していた．今日では正確にはその仮定は正しくないことが分かっている．空気力の合力は垂線よりもわずかに後方へ傾いている．しかしケイリーの基本的な貢献は揚力（「鳥の体重を支える力」）と抗力（「減衰力」）に力を分解したことだった．彼は続けて述べている．「このように（翼が）受ける減衰力に加えて直接抵抗がある．鳥の胴体が流れから受ける抵抗である．」これは，今日の私達が有害抗力と呼んでいる抗力の成分に関する最初の記述であった．彼はこの考察を次のように結んでいる．「抗力は現在人々が考えている原理とは分けて理解されるべき問題である．つまり，現在のところ抗力は正確に値が等しい反対向きの力を仮定することによって完全に無視されている．」ここでは，ケイリーがダランベールの背理を直接意識していたことが分かる．ダランベールの背理によると，鳥の胴体に作用する正味の力は基本的にゼロに（すなわち，有害抗力は無視できることに）なる．

　ケイリーの論文には，空気力学抗力の理解に対する多大な貢献を象徴する記述がさらに3ヶ所もある．特に注目すべきは第2部の終わりにある短い記述である．「これまで迎え角が極めて小さい場合には，同じ流速の下で迎え角が変化しても抵抗の大きさはほとんど変化しないことを示してきた．正当な理由から，こ

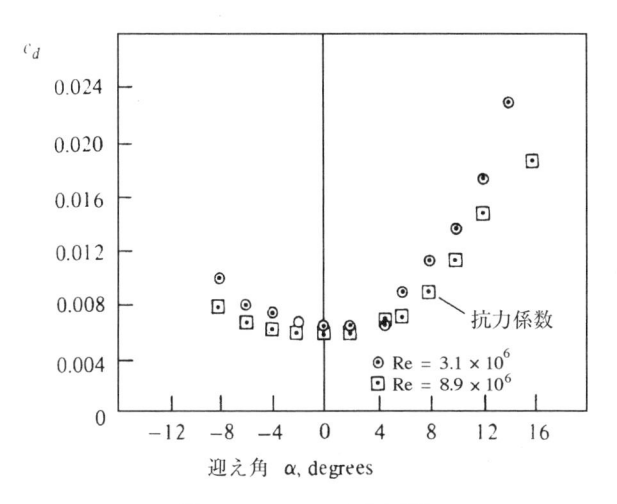

のことを確信できる.」
この記述では，揚力面の迎え角が小さい場合には，迎え角の変化ほど抗力は大きく変わらないことを述べている．現代空気力学の世界へ飛躍しよう．図3.28にはNACA2412翼の迎え角に対する抗力係数の変化が示されている．迎え角がわずか（ゼロ付近）である限り，迎え角の変化に伴

図3.28　NACA2412の抗力係数

う抗力係数の変化はごくわずかでしかないことに注目してほしい．ケイリーの観察は極めて妥当なものであった．

　ケイリーが行った抗力の研究には，成果がもう一つある．3部からなる論文の第1部中程に書かれているが，流れに対して垂直に固定した平板に関するジョン・スミートンの実験を繰り返していた．

　1平方フィート（0.093m^2）の表面が面に垂直な方向へ秒速21フィート（6.4m/s）で空中を移動すると，1ポンド重（0.4536kgf）の抵抗を受けるというのがスミートン氏の実験と観察の結果であった．この点を確かめるためにもっと大きなスケールでの実験を数多く試みた．装置はロビンス氏が使用したものと同様だが，長さ5フィート（1.52m）のアームの上で動き回る面は正確に1平方フィート（0.093m^2）であり，滑車を介して取り付けた錘によって回転させた．ストップウォッチを用いて時間を計測し，各実験での移動距離は600フィート（183m）とした．ここでは注意深く繰り返し行った実験の結果のみを示す．それによると，秒速11.538フィート（3.5159m/s）の速度では4オンス重（0.1134kgf）の抵抗が，秒速17.16フィート（5.229m/s）の速度では8オンス重（0.2268kgf）の抵抗がそれぞれ生じていた．1平方フィート（0.093m^2）あたり1ポンド重（0.4536kgf）の圧力を発生させる速度を試していたらならば，必要な錘はさらに増加して，この精密な装置にもっと張力を加える必要があっただろう．ただし抵抗が流速の2乗に比例して変化するとすれ

ば，そのためには前者の場合からは毎秒23.1フィート（7.04m/s）の速度が必要となり，後者の場合からは毎秒24.28フィート（7.40m/s）の速度が必要になるであろう．よって真の値にいくらか近い値として毎秒23.6フィート（7.19m/s）をとることにする．

ケイリーのデータを用いてスミートン係数を計算してみよう．流れに対して垂直な平板に作用する力を求めるスミートンの式は

$$F = kSV^2$$

であった．ここでkはスミートン係数，Sは平方フィートで表した面積，Vはマイル毎時で表した流速である．17.16 ft/s（= 11.70 mph = 5.229 m/s）の速度で移動する面に8オンス重（0.2268 kgf）の力が作用したケイリーのデータを用いると，

$$k = 0.0037$$

になる．スミートンの値は$k = 0.005$であった．このようにケイリーのデータによってスミートンが計測した値よりも小さな値へと修正されるが，依然として現代の値である0.00289よりも大きな値になっている．しかし，ケイリーはスミートンの値が間違っていることを他に先駆けて認定していたことは確実である．ケイリーが発見していたにもかかわらず，19世紀全般にわたって多くの研究者達がスミートン係数に0.005を用いており，スミートン係数に関する論争は20世紀前半まで続いていた．例えばライト兄弟の初期の空気力学についての検討では，後に0.005のスミートン係数が間違いであると独自に気づくまで，そのまま0.005を用いていたために失敗を招いた．

　抗力に関係して，ケイリーによるもう一つ別の観察結果に注目しよう．この観察は飛行機の全揚抗比に対する抗力の影響に関係している．まず，いくつかの背景を補足する．ニュートンの理論に基づいた平板の揚抗比の式は

$$\frac{L}{D} = \cot \alpha$$

で表される．ここでαは迎え角である．この式は迎え角が減少するに従ってL/Dが増加することを数学的に示している．実際，この式は迎え角をゼロにするとL/Dは無限大になる．これはあり得ない．この変化が図3.29に実線で示されている．しかし，ニュートンの理論は摩擦抗力を考慮していない．摩擦抗力の影響によりL/Dはある小さな迎え角で最大（最大揚抗比）になり，迎え角ゼロでL/Dもゼロになるまで減少する．この状況は図3.29に破線で示されている．ケイリーはこうした傾向を理解していた．例えば，持続した飛行に必要な力に関する以下の

記述を考えてみよう．

> 平面と流れの間の角度が鋭さを増すに従って（つまり，迎え角が減少するに従って），所要推進動力は少なくなる．原理は傾斜した面と同様である．すなわち，全てを支えるために 1 ポンドを作り出せばよいのだが，理論的にこれが無限量になる．なぜならこの場合，面が無限に大きくなると流れに対する角度は減少し，その結果として推進力も同じ比率で減少するからである．

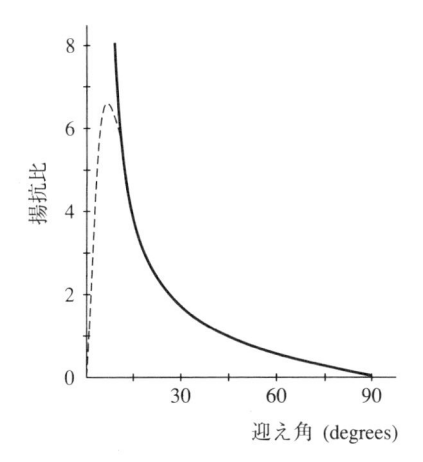

図3.29　迎え角に対する平板揚抗比の変化

ケイリーはより大きな翼面積で揚力を発生させれば，1 ポンドの重さを支えるための迎え角を減らすことができると言っている．そしてニュートンの理論から，揚抗比 L/D は迎え角ゼロでは理論的に無限大になることを認識していた．それゆえに，1 ポンドの重さを支える場合に迎え角が小さくなるにつれて抗力も小さくなり，その結果として抗力に打ち勝つために必要な推進力も減少することを述べている．飛行の基本原理を完璧に駆使して，当時の空気力学理論に基づいた素晴らしい理由づけを行っていたことが分かる．ケイリーはさらに続けている．

> 実際，車室や他の機械部品に加わる余分な抵抗はかなりの割合の動力を消費しており，飛行の真の基本であるこの原理を適用できる限界はその抵抗によって決まっている．そして翼を羽ばたくことなく水平飛行の状態で長い時間簡単に浮いていられる鳥を考えると，わずかな動力で十分だと思えてくる．

このように，ケイリーは有害抗力が及ぼす影響を認識していた．すなわち，有限の有害抗力があることで L/D 比は無限大にならず，実際には有害抗力がある小さな迎え角で最大 L/D を決定していることを知っていた．彼は，有害抗力を小さな値に抑えておく必要があり，それができて「わずかな動力で十分」だと言っている．可能な限り有害抗力を小さくする．それは現代の飛行機の設計者にとっても重要な目標であり続けている．

揚抗比に関する解説を行ったことで，必然的に次の疑問が生じる．ケイリーの

飛行機は空気力学的にどの程度の効率だったのだろうか．L/D は航空機の空気力学的な効率を直接示す指針なので，ケイリーの飛行機での L/D の値を知りたいところである．彼の3部からなる論文の第1部にある記述から，その値を見積もることができる．彼が作ったあるグライダーに関する記述の中で，丘の上から地平線に対して約18°の角度で降下しながら，「堂々と」帆走したと述べている．この滑空角に基づいて計算すると，そのグライダーの L/D は3.08であった．大した値ではない．現代の飛行機の典型的な L/D の値は15〜20であるし，現代のグライダーの場合には40を超えている．ケイリーの飛行機は効率が良くなかったが，彼はアスペクト比の影響について何も知らなかったことを考慮しなくてはならない．今日，ケイリーが用いたような低アスペクト比（アスペクト比は約1）の翼は大きな誘導抵抗を伴い，そのために効率が悪くなることが分かっている．

さて，空気力学の最先端技術へのケイリーの主要な貢献をまとめよう．

(1) ケイリーは飛行機にふさわしい微小角の範囲に集中して，迎え角に対する揚力の変化を初めて本格的に計測した．彼の計測は当時としては驚くほど正確であり，現代技術に基づいた評価値から10％しか外れていない．それ以前には抗力のみに重点が置かれた研究であったのに対して，ケイリーの研究は初めて空気力による揚力の重要性を示していた．

(2) 推力機構から完全に切り離された揚力機構（固定翼）というケイリーの基本概念は（揚力は機体の自重を支え，推力は機体に作用する抗力に打ち勝つことがそれぞれの唯一の目的であるという関連概念と共に），航空学の技術進歩における目覚ましい飛躍であった．ダ・ビンチは晩年になると羽ばたき機の羽ばたき翼とはうって変わって，固定翼機の構想を採用していた．しかし，彼はその構想を技術的に試すことも発展させることも一度もなかった．そしてケイリーの時代には，ダ・ビンチのノートを入手できなかった．したがって固定翼機の概念の功績は，ケイリーのものでなくてはならない．なぜならそれ以降の航空機形状は，ダ・ビンチの考えではなく，全てケイリーの研究に由来しているからである．

(3) ケイリーは翼の揚力特性に及ぼすキャンバーの効果に関して，将来的に航空の世界においてキャンバー翼の使用がもたらす結果について初めて正しく認識した．1759年にスミートンは，風車の羽根が湾曲していた場合にその羽根が受ける風の影響が強められることを記していた．しかし，スミートンは詳細に調べることをしなかったし，その時にはキャンバーの効果を理解しよう

とする努力もしなかった．スミートンの観察結果は後世の研究者の記憶から完全に失われて，誰も知る人がいなくなったか，知る人がいたとしても無視されていた．したがって空気力学の最先端技術には何の影響も与えなかった．対照的にケイリーの研究には多大な影響力があった．キャンバー翼の重要性と固定翼による飛行でのキャンバー翼の役割を認めたのはケイリーの功績である．

(4) 飛行体の各種構成部品に作用する抗力（翼に作用する抗力や胴体に作用する抗力）に関するケイリーの考えは，現代の有害抗力および誘導抗力の概念とある程度一致していた．

(a) 彼は物体の後部形状が抗力に対して大きな影響を与えていることを示して，それ以前のダ・ビンチとロビンスによる研究を補強した．流線型という言葉はまだ技術用語になっていなかったが，ケイリーは物体を流線型にする構想について述べていた．ロビンスとケイリーにとって流れが剝離するメカニズムは全く分からないことであったが，流れが剝離した結果は，つまり抗力の増加は明らかに観察されていた．

(b) ケイリーは迎え角が小さな角度である限り，迎え角に対する揚力面の抗力変化は小さいことを示した．

(c) 流れに対して垂直に向けられた平板の抗力に関するケイリーの計測結果によると，一般に認められていたスミートン係数 ($k = 0.005$) は正しくないことが示された．ケイリーのデータによると $k = 0.0037$ であった．しかし3部からなる論文の記述は非常に紳士的である．スミートンの調査結果は間違いかもしれないとは表だって述べられていない．むしろ，「今のところは慎重に繰り返した数多くの実験結果を示すのみにとどめるべきだ」と述べて，結論を下すことを読者に任せている．ある意味では，ケイリーがより強い姿勢を取らなかったことは残念でならない．19世紀の研究者達が引き続き誤った値を使用し続けていたからである．

(d) ケイリーは有害抗力が飛行機の空気力学的な効率を制限する方向に働いていることを認識して，所要動力がわずかで済むように有害抗力を小さく抑える必要があることを強調していた．

まとめると，実験空気力学の分野へのケイリーの貢献は，その時代までの全ての研究者が行ってきた成果と比較しても極めて重要なものであった．しかしケイリーは理論空気力学への貢献を全く行わなかった．その理由は簡単である．19世

紀の初め，ケイリーが使用できた実験器具は現代の標準から見ると粗雑であったが，当時利用できた理論的手法よりもはるかに役に立っていた．ケイリーは単に最も成果の上がる方法を選んだだけである．

ケイリーの1804年グライダーに反映された最先端技術

1804年にケイリーが利用できた空気力学の断片的な知識について見てきた．3部からなる論文は1809年から1810年に発表されたが，そこで報告された成果のほとんどは1804年までに実施された内容，すなわち回転アーム試験器での実験データと空気より重い飛行機の原理について考察した基本概念的なのことであった．ここで，彼の3部からなる論文で明らかにされている空気力学への理解が，1804年のグライダー（図3.1）の設計に反映されていたのかどうかという質問について考える．

まず初めに，理論空気力学は全く設計に反映されていなかったことを記しておく．摩擦がない（非粘性の）流れを表す基本的な偏微分方程式（オイラー方程式）はケイリーの時代に知られていたが，それほど無理のない空気力学の応用問題であったとしてもその方程式の解き方は誰にも分からなかった．したがって1804年のグライダー設計にとって，オイラー方程式は役に立たなかった．ケイリーは数学者ではないし，18世紀の偉大な数学者（ダランベール，オイラー，ラプラス，ラグランジュ）がその方程式を解くことに失敗していたことも知っていた．ケイリーがオイラー方程式を解こうと試みた証拠もない．ニュートンの正弦二乗法則に注目していたが，フランスの実験結果に基づいて，その法則では小さな迎え角で不正確なデータしか得られないという彼の意見を記録する程度であった．ケイリーは正弦二乗法則を用いた計算を後世に残していないし，間違いなくその法則に基づいて設計思想を組み立てることはしなかった．つまり理論空気力学は，1804年のグライダーの設計には全く役に立っていなかった．

対照的に実験空気力学における一連の既存知識は，特にケイリー自身が実験空気力学の大部分を担っていたので，ある程度役に立っていた．回転アーム試験器を用いた微小迎え角での平板の揚力に関する測定結果は驚くほど正確であった．そして1804年のグライダー（図3.1）には胴体に対して同じような小さな角度で傾いた翼面が取り付けられていた．さらにグライダーの翼と回転アーム試験器の端に取り付けられた実験用平板のアスペクト比は基本的に同一であり，翼の大きさと空中を移動する速度もその2条件で十分に近い値になっていた．したがって回

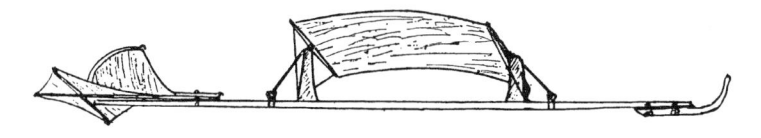

図3.30　ケイリーのグライダー（1853年頃）

転アーム試験器のデータから，1804年グライダーの揚力特性について直接的かつ合理的に正確な値を見積もることが可能だった．また，そのグライダーの翼は交差させた支柱によって固定された平板であったことに注目してほしい．この時はキャンバー翼を試していなかった．しかし49年後に行った同様のグライダー設計（図3.30）では，羽布で作られたキャンバー翼を用いている．ケイリーはそれを「帆」と呼んでいた．そのキャンバー（反り）は飛行中に帆に作用した空気力の圧力によって形作られていたのかもしれない．このように1853年にはキャンバーの効果に関する知識を応用できたが，1804年には応用できなかった．

ケイリーは利用できる知識とデータを用いてベストを尽くしていた．しかし1804年のグライダーでは，空気力学に関する一連の既存知識の取り込みが不十分であった．有意義な応用へと踏み出すには空気力学の分野がまだ未成熟であり，断片化されていたことが主な理由である．いくつかの基本的なツールはあったが，誰もそれを適切に使用する方法を知らなかった．

1600年から1804年までの航空の発展

空気力学の発展と歩みを同じくする航空の世界での有意義な進歩に関しては，17世紀と18世紀にはほとんど話題がない．航空の分野には引き続いて空想的なアイデアばかりが集まり，それ以外はほとんど何もなかった．

(1)タワージャンパーはぞくぞくと登場した．しかしその全てが滑稽な結果になって失敗している．1742年のパリでは，腕と足に翼を固定してセーヌ川を飛び越えようとしたド・バックビル侯爵の有名な挑戦があった（図3.31）．侯爵は川の土手に落下して足を2本とも骨折してしまった．数学者のギオバーニ・アルフォンソ・ボレリが1680年に『動物運動論』を出版し，その中で人類の筋肉には飛行を可能にするほどの強さが備わっていないことを示していたにもかかわらずの行為であった．この飛行への挑戦がなされたのは，ベル

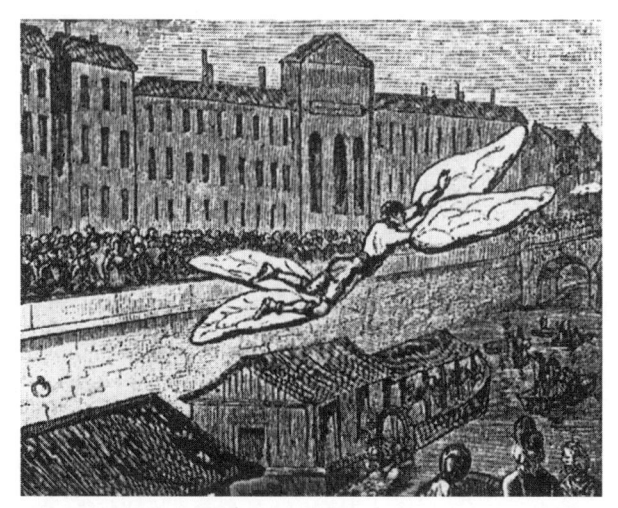

図3.31 パリのセーヌ川を飛び越えようとしたド・バックビル侯爵の挑戦を描いた絵（1742年）

ヌーイが流体の圧力 – 速度関係式を求めようとしていた時とほぼ同じく，オイラーが非粘性流体の流れを表す有名な方程式を発表する約10年前のことであった．明らかにこの当時の航空分野は，空気力学という科学よりも未成熟であった．

(2) その間も空想的な機械のアイデアが提案されていた．特に注目すべきは，イエズス会の司祭であるフランチェスコ・ド・ラナ・ド・テルジ神父が1670年に発表した，4つの銅球によって支えられた「空中船」の構想である．おそらく銅球内部の空気は排出されているのだろう（図3.32）．今日では，球体内外の空気圧力差によってその球体が押しつぶされていたのではないかと考えてしまう．それからかなり後の1781年にカルル・フリードリヒ・メールヴァインが羽ばたき翼グライダーを提案している（図3.33）．

バーデン（訳者注：現在のドイツ南西部にあるバーデン・ヴュルテンベルク州に存在した大公国）の王子に仕えていた建築家メールヴァインは，そのグラ

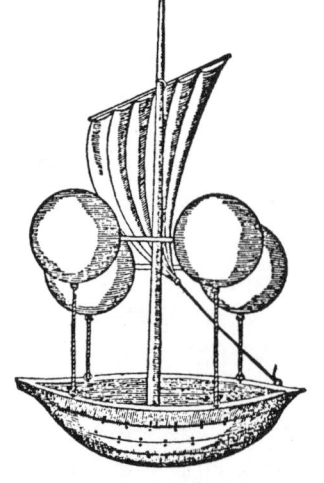

図3.32 フランチェスコ・ド・ラナによる4つの排気銅球に支持された空中船の構想

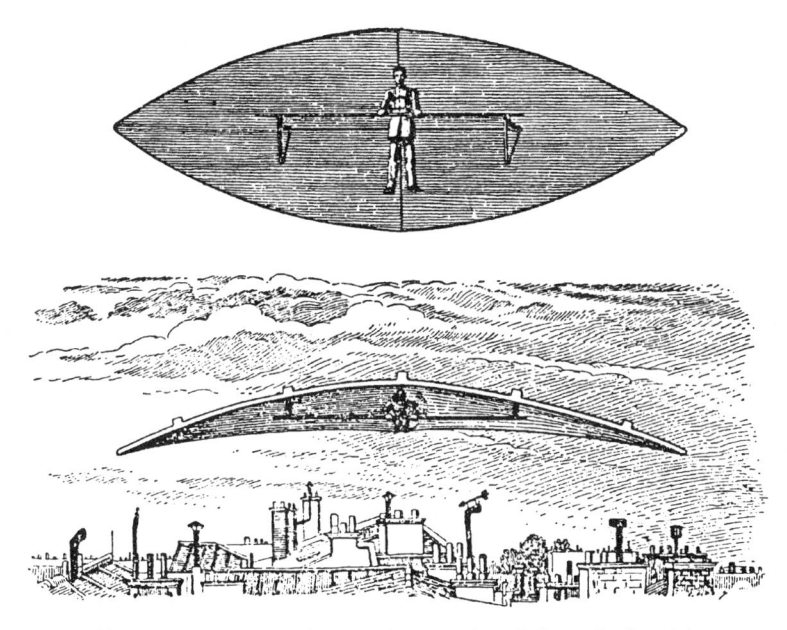

図3.33 カルル・メールヴァインが考えた羽ばたき翼グライダー（1781年）

イダーには11.7m²の翼表面が必要だと計算により求めた．1m²あたり4.9kgfの揚力が期待できるという後年のケイリーの発見を基に計算すると，メールヴァインのグライダーには固定翼機として必要な揚力を生み出すだけの十分な大きさがなかったと考えられる．つまり，機体とパイロットの重さの合計は揚力よりも大きくなっていただろう．おそらくメールヴァインは，翼の羽ばたき運動から補助的な揚力が得られると期待していたのだろう．短い滑空を一度か二度行ったが，何の結果もなく終わったと報告されている．ピトー，ベルヌーイ，オイラー，ダランベール，ラプラス，その他の研究者達による18世紀の理論的および実験的な大躍進の後にメールヴァインのグライダーの着想が生まれた．事実，メールヴァインが挑戦した時点ではニュートン物理学は誕生から約1世紀を経ていた．明らかに実験空気力学および理論空気力学と，それと時を同じくして実施されていた飛ぶための試行との間には実質的に何のつながりもなかった．

(3) 空気力学の発展に従事している科学者と飛行に挑戦している個人との間にも何のつながりもなかった．それぞれ全く異なる社会であった．本章で取り上げた数学者と科学者は，ただ一人（ジョージ・ケイリー）を例外として誰も飛

行に対してわずかな関心さえも示していない．ロバート・フック（ニュートンの同僚）は人間の力は弱いので筋肉の力だけで飛ぶことはできないと確信していた．フックがばねを動力に用いた羽ばたき機の模型を製作し，さらには一人の人間が乗り込むのに十分な大きさの機械を設計していたと思われる証拠がある．したがって，たとえ間接的でもニュートンが飛行の構想に親しんでいた可能性はある．

ジョージ・ケイリーの研究と共に全てが変わった．彼は空気力学研究への興味が飛行機の設計にまで発展した歴史上 2 人目の人物であった（しかし，それ以前に行われたダ・ビンチの業績は失われていた）．彼の飛行機には航空での目覚ましい飛躍が具体化されていた（図3.1，3.2，3.19，3.20，3.30）．それらの機械は固定翼，胴体，尾翼部といった特徴を持ち，推進のために別の装置を備えた初めての本格的な飛行機であった．19世紀の初めになって，ようやく航空は進むべき道にたどり着いた．

● 対照年表についての考察

表1.1の初めの部分に書かれている紀元前350年から紀元1809〜10年の範囲には，第 2 章と第 3 章の中で解説してきた有名な出来事が挙げられている．この表を元に考察を加えてみよう．

(1) 空気力学という科学の発展を煉瓦造りの壁の建設に例えるなら，ギリシャとローマの時代には数個の煉瓦だけが秩序もなく置かれた状態であったことが対照年表から分かる．そして中世も同じような状態であった．しかし，置かれていた煉瓦には重要なものがわずかに含まれており，そのわずかな煉瓦によって壁全体の建築設計が確立し始めていた．特に重要なのはダ・ビンチの業績である．ただし，彼のノートは何世紀も入手不可能になっていたので，彼の貢献は煉瓦の幻影のように考えるべきである．

(2) 17世紀の終わりになってマリオットとホイヘンスの実験的研究，およびニュートンの理論的貢献が現れて，煉瓦を積み上げるペースが非常に早くなった．実際，18世紀は重要な煉瓦を戦略的に壁の中に配置しながら，煉瓦の壁が大きく広がった時代であった．

(3) 1800年代前半のケイリーの業績をもって，空気力学という煉瓦造りの壁のた

めの基本的な枠組み工事は完成した．確かにかなりの数の煉瓦が不足し，非常に大きな穴もところどころに見られた．しかし煉瓦の壁の最重要点は準備万端に整った．その穴を埋めて構造を完成させることが，19世紀と20世紀の発展に向けて残されていた．

対照年表にある紀元前350年から紀元1809〜10年までの全年代は，空気力学の歴史において一括りに扱うことが可能な第一段階，つまり培養段階と呼ばれる段階を表している．それは，物理の世界を観察する様々な基礎的かつ基本的な方法が試され，そしてある方法は否定された時代であった．この年代の間にいくつかの考え方が確立した．自然の現象について説明しようとする基本的な知的モデルは花を咲かせ始めた．そしてそれらのモデルを表すために用いられる用語の定義が発展した．1810年以降，空気力学の分野は急速な発展を遂げた19世紀という青春時代に突入する．そして，その後には高度な知識が指数関数的に増加して成熟の域に到達した20世紀が待っている．

第2部
幼年期と成長に伴う痛み

第4章

空気力学の幼年期
――リリエンタールとラングレーまで

この協会の最初の重要なる目的は，様々な傾きで平板表面での圧力と空気の流速とを関係づけることである．慎重に一連の実験を進める以外にこの関係が得られる見込みはないだろう．しかし数学的理論からいくらか予測することができる．流体運動の一般的な微分方程式がダランベールによってこの世に示されてから140年が経過した．しかし多くの偉大な数学者達が実用的価値を持つ結果を提示しようと試みたにもかかわらず，数学者達の努力に結果が報いたとは言いがたい．空気のような弾性流体を対象とする場合よりもはるかに解析が単純な水の場合でも，ほんのわずかな進歩しか見られない．そして航空に対して最も直接的に関係している抵抗理論は流体力学の一部であるが，おそらく最も理解が遅れている主題でもある．

英国航空協会年次報告（1876年）

　1891年，世界で初めて空気より重い有人飛行機がドイツの空を舞った．オットー・リリエンタールのハンググライダー（図4.1）である．1804年のケイリーのグライダー（図3.1）と比べると，この2機の飛行機に基本的な違いはほとんど見られない．両機とも固定翼と水平および垂直尾翼からなる尾部構造を備えている．2人の設計者は共に知識が豊富で，重心は空気力学的に生じる機体の空力中心よりも前方に置くべきだと認識していたように，各自の機械の静的安定性に注意を払っていた．（ケイリーのグライダーの機首からつり下げられているバラスト錘とリリエンタールの体の位置に注目してほしい．）両機とも飛行制御のための機械的手段はなく，動力もないグライダーであった．しかし一つだけ基本的な違いがあった．リリエンタールのグライダーの翼はしっかりと曲げられた（キャンバー）翼型であったが，ケイリーの1804年グライダーの翼は単なる平面であった．関心の薄い見物

図4.1 自作のグライダーで飛行するオットー・リリエンタール（1894年）

客にとっては小さな差に思えたかもしれないが，空気力学者にとっては大きな変化を意味していた．つまり，リリエンタールがキャンバー翼型を採用したことは，19世紀には空気力学の理解が深まったことを反映していた．

　1896年の8月10日，オットー・リリエンタールは前日にグライダーが墜落したことで負傷して亡くなった．彼の死は，空気より重い機体による動力飛行が成功するうえで不可欠なヨーロッパでの研究に，一時的な停滞をもたらした．リリエンタールは事故死の時点で最終的にグライダーと組み合わせる原動機（エンジン）の様式に関して研究を行っているところだった．同様の災難はアメリカの航空分野での研究では起こっていない．それとは全く反対に，ワシントンDCにあるスミソニアン協会の会長サミュエル・ラングレーが蒸気機関を搭載した比較的小型の空気よりも重い飛行機を設計製作して，実際に1896年の夏にポトマック川の上でその機械の飛行試験を行った．図4.2にはその機械（ラングレーはエアロドロームと命名）が1896年5月6日に川の上を飛んでいる姿が写っている．その機械は小さくて人間が乗ることはできなかったが，5月6日の飛行は空気より重い動力付き機械による初めての持続飛行であった．

　リリエンタールのグライダーとラングレーの1896年エアロドロームは本章を代表する飛行機である．19世紀における空気力学の最先端技術と，その最先端技術がどの程度それらの機械の設計に反映されていたのかを，再び見ていこう．

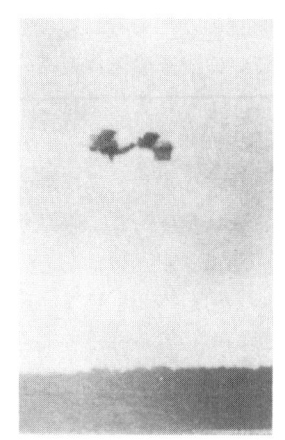

図4.2 ラングレーの蒸気機関エアロドローム（1896年）

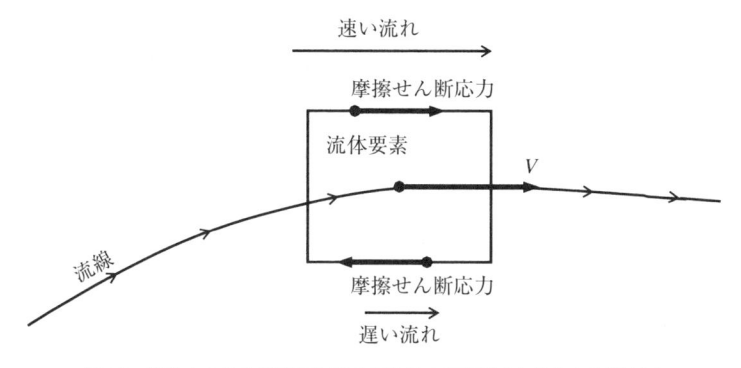

図4.3 移動する流体要素に作用する作用する摩擦せん断応力の概念図

摩擦を考慮した理論空気力学：ナビエとストークスの功績

19世紀の初めにはオイラーが導いた流体運動の方程式はよく知られていた．しかし，その方程式は重要な物理現象を考慮していなかった．18世紀と19世紀の科学者によって認識されていながら，どのように理論解析で考慮したらよいのか十分に理解できていなかった現象，つまり摩擦である．摩擦は2つの支配的な役割を果たしている．

(1) 流れ場における任意の局所点での摩擦の影響を考慮するためには，オイラー方程式に特別な項を加えなくてはならない．特別な項が必要になる物理的理

由は，流線に沿って移動する小さな流体要素を見ることで容易に理解できる（図4.3）．ここでは流体要素が速度 V で移動している．その流体要素の外側にある流体（つまり要素の周囲を囲んでいる流体）に注目しよう．周囲の流体の速度が流体要素の速度と同じであるなら，摩擦の影響は全くない（すなわち，流体要素の境界には周囲の流体による摩擦力が作用しない）．しかし流体要素の上の流体が速度 V よりも速く動いていたらどうなるだろうか．より速く動いている流体は要素の上面を「こする」だろう．その結果，上面には右方向への摩擦力が作用する．さらに流体要素の下の流体は速度 V よりも遅い速度で動いていると想像してほしい．より遅い速度で動いている流体は左側へ「引っ張る」力を要素の下面に作用させるだろう．それらの影響を考慮するには，摩擦を考慮したさらなる項を加えてオイラー方程式を修正する必要がある．

(2)流体と固体表面（例えば飛行機の翼表面）の間の摩擦の影響により，まさに翼表面では流速が（表面に対する相対速度で）ゼロになる．これは現代の用語で滑りなし条件と呼ばれており，空気力学理論では流れの支配方程式と組み合わせて考慮しなくてはならない境界条件である．現代の流体力学では滑りなし条件に疑問の余地はないが，19世紀の科学者にとっては決して明白なことではなかった．固体表面と表面のすぐ近くの流れの間には有限の相対速度があるのか，ないのか．この議論は20世紀に入ってからも20年間続いていた．

摩擦を考慮した項を含んで流体の流れを表現している方程式はナビエ・ストークス方程式と呼ばれており，19世紀にフランスのルイ・ナビエとイギリスのジョージ・ストークスによって別々に導き出された．そして今日まで，粘性流体の流れ解析で用いられる基礎方程式であり続けている．さらにこの方程式は，計算流体力学の分野で多くの問題に適用され，数多くの基礎研究の対象でもあり続けている．現代空気力学におけるナビエ・ストークス方程式の重要性をどれほど強調しても，誇張にはならない．

1822年にナビエがパリ科学アカデミーで発表した論文[26]の中で，初めて摩擦の効果が流体の一般偏微分方程式の中に正確に記述された．ナビエの方程式は正しい形になっていたが，その理論的根拠に関する彼の推論は欠陥だらけだった．それでも正しい項へたどり着いたのは，ほとんど偶然であった．さらに自分が導いた式の物理的な意味を完全に理解していたわけでもなかった．

クロード＝ルイ・マリー・アンリ・ナビエ（1785～1836年）（図4.4）は1785年2月10日にフランスのディジョンで生まれた．父親がフランス革命の間にパリで国民

議会の法律学者をしていたので，幼児期をパリで過ごしている．1793年に父親が亡くなると，ナビエは母親の叔父であるエミランド・ゴーシーの保護の下に置かれた（1806年にゴーシーが亡くなった時には，ゴーシーはフランスの土木技師の中では第一人者として認められていた）．大叔父の影響力のおかげで，ナビエは1802年に入学基準をほとんど満たさないままエコール・ポリテクニーク（理工科大学）に入学したが，1年もすると彼の才能は開花した．1804年に国立土木学校に入学し，1806年にはクラスのトップに近い成績で卒業した．国立土木学校では，有名なフランス人数学者であり解析学教授でもあったジャン・バティスト・フーリエと共に研究を行っている．ナビエはすぐにフーリエから影響を受けた．その影響はナビエがフーリエの弟子となり，さらには生涯の友人となったことで長く続いた．ナビエはその後の13年間でエンジニアリング科学の学者として認められるようになった．彼は大叔父の業績をまとめたが，そこには土木工学での様々な問題に適用された伝統的実験手法について記されている．その編集の過程で，理論力学での彼自身の研究に基づいてゴーシーの業績にいくらか解析で補足した．ナビエが実務技術者のために書いた教科書と合わせて，それまで実験以外にほとんどあり得なかった分野にエンジニアリング科学の基本原理を紹介している．機械の解析での機械仕事の概念定義はまさにナビエの功績である（「仕事」は単に力と力によって移動した距離の積で表され，今日の機械システム解析では基本概念になっている．ナビエはその積を「作用量」と呼んでいた）．1819年にナビエは国立土木学校で教職に就いた．そして工学の授業方法を，現在まで続く物理と解析に重点を置いた方法へ変えていった．1831年にはエコール・ポリテクニークで有名な数学者オーギュスタン＝ルイ・コーシーの後任に就任した．そして亡くなるまで大学で教鞭を執り，本を執筆し，時には土木工学の職（特に橋の設計）を実践していた．しかし皮肉にも最も彼の名を有名にした橋の設計では，橋の建設が未完成に終わっている．セーヌ川に架けるその吊橋の建設も終盤に差し掛かった頃，橋脚近くの下水管が破裂したために周囲は洪水にな

図4.4 クロード＝ルイ・マリー・アンリ・ナビエ

り，橋脚の土台部が弱くなって橋は沈下してしまった．その被害は簡単に修復できただろう．しかし様々な政治的理由と経済的理由から，最初からナビエの橋の建設に反対していたパリ市議会はこの機会を利用して事業を中止させてしまった．その橋は取り壊されることになり，ナビエはひどく落胆することになった．技術的能力が運命や政治にはかなわない例は歴史上に数多くあるが，これもその一例と言える．

　橋の建設の他にも，摩擦を伴って流れる流体を表す方程式を最初に導いたのがナビエであると認められている．しかし，皮肉にもナビエには流れのせん断応力（つまり，図4.3において流体要素の上下面に作用している摩擦せん断応力）の概念すらなかった．それどころか彼はオイラー方程式を改良して，流体の分子間に作用する力を考慮しようとしていた．ナビエは，分子間力は分子間の距離が接近すると斥力になり，離れると引力になると仮定した．したがって静止した流体では，分子間の距離は斥力と引力が釣り合うことによって決まると考えた．このモデルを用いて複雑な式の変形を行うことにより，分子間力を考慮した項が加わっていること以外は，オイラー方程式と同じシステムの方程式を作り出した．その項には定数が乗じられた流速の二階微分が含まれており，この定数は分子間距離の関数であった．ところが巻末添付資料Bのナビエ・ストークス方程式に見られるように，それは摩擦せん断応力を含む項のまさに正しい形，すなわち粘性係数と呼ばれる定数を乗じた流速の二階微分になっていた．皮肉だったのは，ナビエはせん断応力に関する概念を全く持たず，また摩擦を含む運動を表現する方程式を求めるつもりでもなかったのに，正しい式に到達してしまったことだった．

　ただし，このナビエの研究成果は完全な偶然ではなかったことに注意してほしい．粘性係数の物理的な意味に関する私達の理解は，気体分子運動論の研究に基づいている．そして，粘性係数は分子の平均自由行程に正比例していることが示されている．分子の平均自由行程とは分子が他の分子と衝突してから次に衝突するまでに進む平均距離である．したがって分子の平均自由行程と分子の平均間隔は別物だが，分子間の引力と斥力のバランスによる分子間の間隔を考慮したナビエの手法は完全に的を外しているわけではない．結婚式に参列するために教会までたどり着いたものの，新郎側の席と新婦側の席を間違えたようなところである．

　ナビエはこの方程式が持つ，流体にとっての物理的な重要性を理解していなかったが，同時代に生きた1人の人物が理解していた．その人がジャン＝クロード・バーレ・ド・サン・ブナン（1797〜1886年）である．サン・ブナンはエコー

ル・ポリテクニークで教育を受け，ナビエの12年後に卒業した．市の土木技師として約27年勤めた後に退職して教育と研究の生活を送るようになり，有意義な長い生涯を92歳で閉じている．サン・ブナンはナビエよりも一世代若く，職業的な名声においても一段階低く見なされている．ナビエはパリ科学アカデミー会員に1824年に選出された．それに対してサン・ブナンが会員になったのは1868年である．サン・ブナンは著書の『ナビエの応用力学――サン・ブナンによる注釈』（1858年）に反映されているように，ナビエの業績にかなり精通していた．ナビエの死の7年後，サン・ブナンは内部の粘性応力（図4.3）を考慮して，さらにナビエの分子モデルを全く用いずに，粘性流れを表すナビエの方程式を再び導いた[27]．1843年の論文では，流れにおける粘性係数と，速度勾配の倍率として働くその役割が初めて正しく特定されている．さらに粘性係数と速度勾配の積が摩擦によって流体内部に作用する粘性応力であると特定されている．サン・ブナンは正しい理解に到達し，それを記録に残した．彼の名前がこの方程式に加えられなかった理由はなぞである．明らかに技術開発の功績が誰にあるのかの判断を誤っている．

図4.5　ジョージ・ガブリエル・ストークス

　ジョージ・ガブリエル・ストークス卿（1819～1903年）（図4.5）はナビエとサン・ブナンからイギリス海峡を隔ててわずか数百 km しか離れていなかったが，1840年代の前半には2人の研究に全く気づいていなかった．ストークスは1819年8月13日にアイルランドのスクリーンで生まれた．彼の家族に共通した特徴は宗教的職業であった．彼の父親はスクリーン教区の教区牧師を務め，母親は教区牧師の娘であり，彼の兄弟3人は全員が最終的に教会の牧師になっている．ストークスも強い宗教心を持っており，晩年になるほど科学と宗教の関係に関心を持つようになった．そして，科学に重点を置きながらキリスト教と同時代の思潮との関係の調査を行っていたロンドンビクトリア協会の会長であった．ストークスの教育は父親の家庭教師から始まった．そして父親の教育の甲斐あって，イングランドのブリストル・カレッジへ入学することになった．そこで大学への準備を行い，

18歳でケンブリッジのペンブルック・カレッジに入学した．卒業と同時にペンブルック・カレッジでの特別研究員に選ばれた．8年後にはその約2世紀前にニュートンが就いていたケンブリッジのルーカス教授職に就任している．ルーカス教授職からの収入が少額であったために1850年代にはさらに他の教職にも就いて，ロンドン鉱山学校で教えていた．1903年2月1日（1903年12月17日のライト兄弟による初飛行のわずか10ヶ月前）に亡くなるまで，ケンブリッジのルーカス教授職を勤めていた．

ストークスは一般3次元非定常粘性流れの基礎式であるナビエ・ストークス方程式を導いて，実際にこれを応用することにより流体力学への原理的な貢献を行った．この結果，現代の理論流体力学と計算流体力学の基礎が築かれた．しかしおそらくストークスからしてみると，重要な貢献を果たした光学分野の物理学者として記憶されることが最も喜ばしく，数学者として記憶されることも少しは好んでいたことだろう．1845年頃から光の伝搬，および光と「エーテル」の相互作用を研究していた．当時の有力な説によると，地球はエーテルと呼ばれる連続物質によって囲まれていた．

ストークスは自分が導いた流体力学の運動方程式を用いて類推することでこの仮説上の存在であるエーテルの特性を解析した．そして地球が静止したエーテルを通過して移動するならば，エーテルは非常に希薄であるに違いないという結論を下した．矛盾した結論だが，光が伝搬するためにはエーテルが弾性体としての特徴を強く持つ固体のようでなければならないとも結論づけている．このように，ナビエ・ストークス方程式による最初の理論検討結果は，（今日使用されているような）当然のように信頼できる流れ場の計算ではなく，むしろ反対に結論の出しようがないエーテルの特性に関する研究であった．もっと紛らわしいことに，ストークスはエーテルが存在するか否かに関係なく，反射と屈折の法則が適用できることを1846年に示している．蛍光に関するストークスの研究は，光の物理を理解するうえでとりわけ重要であった．蛍光は物質がある波長の電磁波を吸収して，別の波長の電磁波を放出する現象である．特に硫酸キニーネ溶液が目に見えない紫外線によって照射された時に，通常は透明で無色である溶液表面から青色光が放射される観察結果を報告した．この現象を説明できたことで，1852年にランフォード・メダルがストークスに授与された．ストークスはこの説明の中で「fluorescence（蛍光）」という言葉を作り出した．その後，分子の特性を調べるために蛍光を利用することを提案しており，分光分析の原理を開発したのは彼の功績である．したがって，今日では彼の名前が流体力学の分野において頻繁に聞

かれるにもかかわらず，他の科学や工学の分野ではそれほど聞かれないという事実は皮肉である．

　流体力学でのストークスの貢献に話を戻そう．ストークスは摩擦を伴った流体の運動方程式を導く過程において，当初はフランスのナビエとサン・ブナンの研究に気づいていなかった．全く独自に流体の内部せん断応力の概念（図4.3）を生み出すところから開始して，今日の導出とほとんど同じように粘性流体（内部摩擦を伴う流体）の支配方程式を導いている．その過程で巻末添付資料Bのナビエ・ストークス方程式に表現されているように，動粘性係数を適切に特定した．ストークスの成果は1845年に発表された．サン・ブナンが同様に同じ式を導いた2年後である．19世紀に流体力学を研究していた大半の科学者と同じように，ストークスも非圧縮性流れを扱っていた．非圧縮性流れでは，（巻末添付資料Bに示されているような）エネルギー式は必ずしも必要ではない．この点を除くと，ストークスが説明した状態は今日まで変わっていない．このように流体力学では，特に計算流体力学の最先端ではナビエ・ストークス方程式がほぼ毎日のように扱われており，長い年月の検証を乗り越えて誕生から150年以上経ったこの方程式を，最先端のスーパーコンピューターを使用して解いている．

中間総括：1850年における理論空気力学の状況

　これまで見てきた歴史（19世紀中頃まで）の中で，ナビエ・ストークス方程式は最も強力かつ有効な理論的手段である．それ以前には18世紀中頃に導かれたオイラー方程式が同様の扱いを受けていた．非粘性流れにのみ有効なオイラー方程式と，より一般的な粘性流れにも有効なナビエ・ストークス方程式は，基本的に非圧縮性流れの圧力と速度を直接的に求めることができる偏微分方程式である（最近では，圧縮性流れの密度と温度を求めるためにも用いられている）．しかし，オイラー方程式は非常に複雑であるために実用性がある解析解は全く得られなかった．そこへナビエ・ストークス方程式が登場した訳だが，オイラー方程式よりも理論的にさらに複雑になっていた．このように，19世紀中頃には理論空気力学解析に必要な道具はあったが，誰もその使い方を知らなかった．

　この窮地に，その後の150年間にわたって理論空気力学に影響を及ぼす重要な発展が登場した．オイラー方程式にもナビエ・ストークス方程式にも一般解が得られなかったので，1850年以降の研究努力は近似解を得る方向へ向けられ始めた．発想は単純で，特殊な流れの形態や，特殊な用途を考えることから始まっ

た．ところでそうした特殊な流れの形態には，ナビエ・ストークス方程式に現れているいくつかの項を落として式を簡略化してもよい確かな物理的状況が見られたのだろうか．そのような項は他の項と比較して寄与が小さいので無視できるということが物理学的な論拠になる．場合によっては，適用した問題の物理的現象や幾何学的な性質からまさにゼロになる項があるかもしれない．もう一つ，それらの項を無視さえすれば，その結果として得られるナビエ・ストークス方程式の近似式は（本来はナビエ・ストークス方程式と見なされなくなるが），解析解が求まるほど簡略化されたのだろうか．以上の両質問に対する答えがイエスであったなら，いくらかの前進が期待できた．近似解を追い求める思想が，空気力学を今日まで広く浸透させてきた．私達は何度もこの思想に出会うことになる．空気力学では，この思想が果たす知的役割を正しく評価することが重要である．最後に現代技術である今日の計算流体力学であれば，完全なナビエ・ストークス方程式の解が得られることを付け加えておく．こうして得られた解は解析的というよりもむしろ完全な数値解である．現代の高速デジタルコンピューター（通常は大型のスーパーコンピューター）を使用することで，このような数値解を求めることができる（訳者注：この記述は少し古く，問題の大きさにもよるが，多くの場合には家庭にあるパソコンでも計算可能になっている）．

渦度と渦糸の概念：ヘルムホルツによる理論的進歩

流体力学を適用しようとするほとんどの実用問題に対して，ナビエ・ストークス方程式もしくはオイラー方程式のいずれを用いても解析解を求めることは極めて困難であり，そのために行き詰まりが生じていた．しかもこの状況は克服できないように思われていた．ところが19世紀中頃に１つの答えが発見された．一見したところ克服困難に見える問題に対する「回避戦術」の代表的な例であった．この方法では，新しい定義と新しい概念を周到に用意して，流れ場の特性を記述する新しい手法を導入する必要があった．ドイツ人科学者のヘルマン・フォン・ヘルムホルツが適用した流れの概念，つまり渦度と渦糸の概念がその新しい手法の骨格である．

図4.3に示されている移動流体要素の概念図では，要素は速度 V で空間を移動している．しかし要素の上面には右方向への摩擦によるせん断応力があり，下面には左へ向かう同様のせん断応力があるので，その結果として流体要素はその要素中心にいくつかの旋回軸が発生して回転する傾向がある．実際に存在するいか

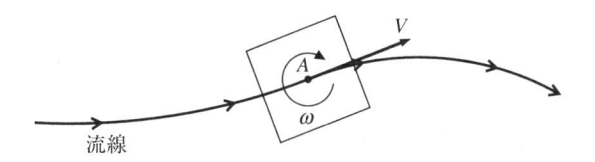

(a)

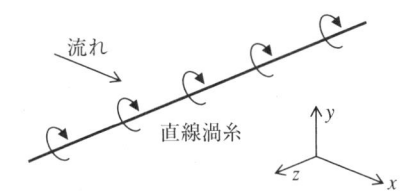

(b)

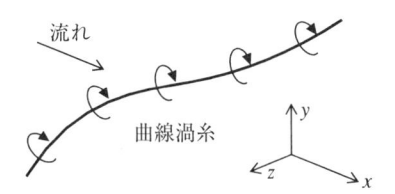

流れ
直線渦糸

(c)

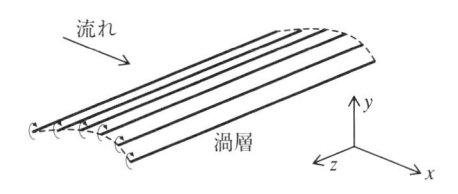

流れ
曲線渦糸

(d)

流れ
渦層

図4.6 渦糸と渦層の概念説明図

なる流れにおいても，このような全ての流体要素で，運動の回転成分として解釈される連続した方向の変化が並進運動に重ね合わされている．図4.6a にはこのような回転成分が描かれており，流体要素の角速度が ω で記されている．流体要素が有限の角速度を持っている流れは，渦あり流れと呼ばれている．実質的にほぼ全ての粘性流れが，単に摩擦によるせん断応力が流体中に存在するために渦あり流れになっている．理想的な意味では，摩擦がない流れ（非粘性流れ）は渦あり流れにも渦なし流れにもなる．物体の遠方における単純な均一自由流から始まる非粘性流れは渦なし流れであり，物体周りを流れる時も何らかの外部メカニズムが流れに作用して回転が持ち込まれない限り，渦なしの状態を持続するだろう．この回転を生成する外部メカニズムの例が超音速流れにおける湾曲した衝撃波である．湾曲した衝撃波を通過する流体要素には，運動に回転成分を持ち込む一種の「キック」が作用する．先に述べたように，流体要素を回転させる効果を含む流れは渦あり流れと呼ばれている．対照的に，流体要素が回転運動の成分を全く持っていない流れは渦なし流れと呼ばれている．そして，ここまでの説明に関係する概念が渦度である．渦度は流体要素の角速度の2倍として定義されている．図4.6a では渦度は 2ω になる．角速度と同じように，渦度も場所に依存する流れの状態量である．流れ場の中で位置が変わると，その大きさも変わることになる．

　渦なし流れ（渦度のない流れ）では，特殊な理論上の量を定義できる．通常は記号 ϕ で表される速度ポテンシャルである．先に説明したように，ジョゼフ・ラグランジュはその著書『解析力学』（1787年）の中で速度ポテンシャルの概念を紹介した．速度ポテンシャルの大きな利点は，オイラー方程式にこれを導入すると方程式が非常にうまく簡略化されて，場合によっては簡単に解が求まるようになることである．いったん ϕ が得られると，（微積分の原理から）ϕ を微分することによって流速が求まる．実際に ϕ は，微分することで速度成分が得られるスカラー量として定義されている．

　いったん渦度の概念が流体力学の世界に入ると，急速に2つの関連する概念へ広がった．それが渦糸と渦層である．図4.6a には流体要素が点 A の周りに回転しながら同時に速度 V で移動する様子が示されている．紙面に対して垂直に点 A を通過する直線を想像しよう．その直線は同様に回転している他の流体要素を結合するような直線になる．そのような線を直線渦糸と呼ぶ（図4.6b）．x 方向に流れがあり，隣接する流体要素を結合する渦糸は z 方向に沿って示されている．渦糸は直線である必要はない．曲線でもかまわない（図4.6c）．図4.6d のように多く

第 4 章 空気力学の幼年期　123

高速噴流

低速噴流

混合領域（せん断層）

(a)

(b)

混合領域の拡大図

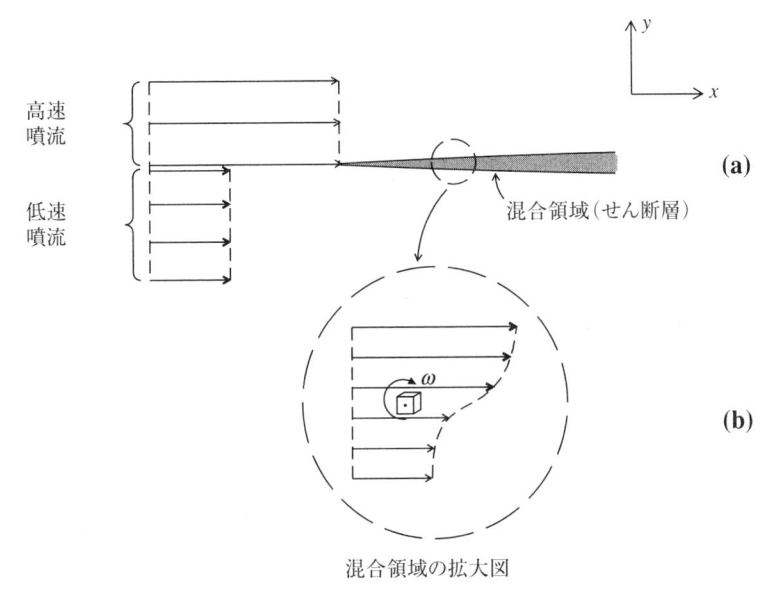

図4.7 異なる速度で移動する 2 流体間の混合領域

の直線渦糸が横に並んで存在している場合には，渦層と呼ばれている．
　渦度，渦糸，渦層の概念は抽象的で難解に思われるだろう．もっともである．しかしこの概念的な手法を用いることで，基本的にはオイラー方程式やナビエ・ストークス方程式を回避することになるが，ある種の形態の流れであれば数学的解析が可能になる．物理的な問題を解くために作られたほとんどの数理モデルはその物理現象との関連性を持っているが，渦糸と渦層の概念も同様に物理的な関連性を持っている．例えば異なる速度で平行に噴射される噴流を考えよう（図4.7a）．噴流の下流には大きな粘性（摩擦）せん断応力が支配的になっている薄い噴流の混合領域があり，図4.7bに示すようにこの混合領域の内部では流体要素の回転運動が際立っている．この混合領域はせん断層とも呼ばれている．このせん断層は渦層の数理モデルと物理的に対応している．もう一つの例が，流れの中に置かれた物体の表面に沿って形成される薄い境界層である．図4.8aに描かれている翼を考えてみよう．表面には薄い粘性境界層が形成されている．境界層の定義は，表面の近傍で強い粘性せん断応力が作用することにより，流速が大きく変化する領域である（図4.8aの挿入図）．後の章でさらに詳しく境界層の性質を調べることにする．ここでは境界層内部の流体要素が持つ回転運動に表されているよう

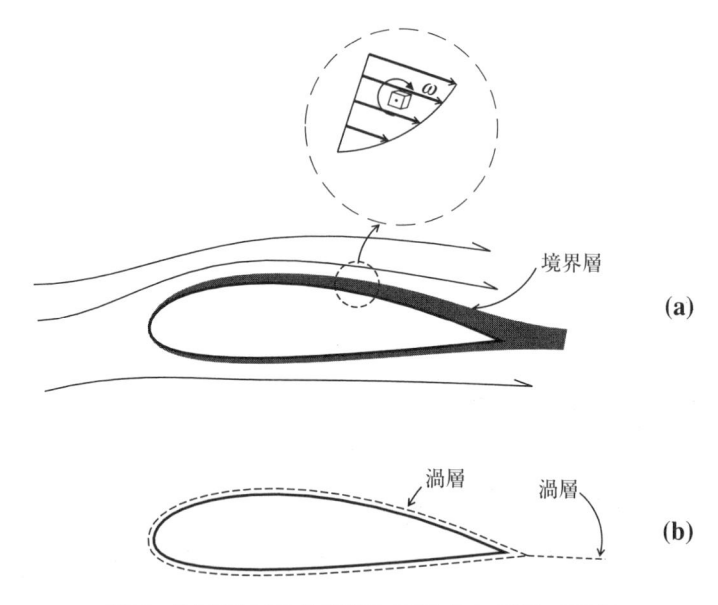

図4.8 物体に接する粘性境界層と表面に接する渦層の類似性

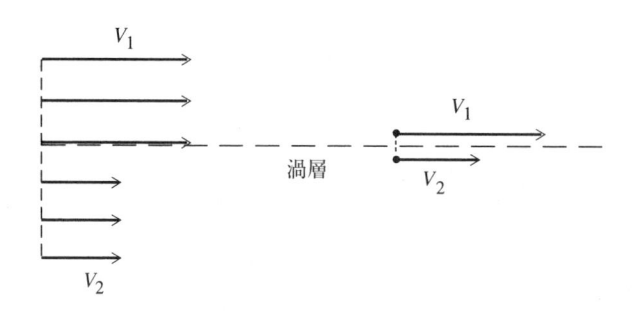

図4.9 渦層を境にして不連続に変化する流速

に（図4.8aの挿入図），薄い境界層は粘性せん断応力の影響を強く受けて渦度が大きくなっている領域であるとだけ述べておく．以上のことから境界層とは，現実の世界でこの概念的な渦層に対応している一種のせん断層であると言える．実際，翼型の表面には渦層が巻き付くようにして存在していると考えられる（図4.8b）．つまり，渦糸と渦層の数理モデルは現実の世界に正当性を有している．

渦層の概念はある重要な性質を具体的に表している．図4.7のせん断層を渦層に置き換えたと考えてみよう（図4.9）．この渦層を境に流速が不連続に変化する

(すなわち，渦層を境に V_1 から V_2 へ不連続に変化する）ことに注目する必要がある．渦層を境に流速が不連続に変化することは渦層が持つ重要な概念上の性質である．そして19世紀中頃の流体力学研究者が利用しようとしたのが，この性質であった．

最後に，渦糸と渦層の概念的モデルが非粘性流れに適用されていることに注意してほしい．そもそもこれらのモデルは非粘性流れにおける数学的な不連続と特異性を表している．他方，現実の流れでは摩擦のメカニズムがせん断層と境界層を生成しているが，もしこのせん断層と境界層が十分に薄いならば，理論から生まれた渦層という虚飾を身にまとっていてもかまわな

図4.10 ヘルマン・ルートヴィヒ・フェルディナント・フォン・ヘルムホルツ

い．以上のことから，元来本質的に粘性を持っている流れの特徴を模擬する方法として，19世紀中頃の研究者が渦層を使用し始めたことは容易に納得できる．これもナビエ・ストークス方程式を解くことができない状況の「回避戦術」であった．渦糸と渦層の理論の発展に最も貢献した人物がヘルマン・フォン・ヘルムホルツであった．

ヘルマン・フォン・ヘルムホルツ（1821〜94年）（図4.10）は1821年8月31日にベルリンの郊外にあるポツダムで生まれた．大学へ通って物理を学ぶことが彼の希望だったが，家族の経済状態のために医学を学ぶべきとする父の意見に従った．というのも，軍医としての義務である8年間の勤務に対する報酬として，政府から年金を受け取ることができたからであった．17歳でフリードリヒ・ウィルヘルム大学ベルリン校の医学部に入学して，4年後の1842年11月に医学博士号を取得した．医学を学んでいる間も物理学への興味を抑えることができず，ラプラス，ビオ・サバール，ダニエル・ベルヌーイの業績を個人的に研究していた．外科医としてポツダム連隊に配属されたが，物理学への興味は色あせることなく，1847年にエネルギー保存の数学的原理に関する論文を発表していた．彼はベルリンの科学者が集まる社交界との関係を持ち続け，その結果1849年には早期兵役免除を得て，ケーニヒスベルク大学の生理学教授に任命されている．それ以降は研究に熱中する生活に明け暮れることになった．最初の段階の研究では，物理に対する自分の興味と生理学の教育を組み合わせて，人間が音を感じる仕組みと目が光を

処理する方法についての研究を行っていた．1855年にはボン大学で解剖学と生理学の教授に就任したが，医師としての役割と物理学への個人的な興味との相違がさらに深刻になってきた．そこへ彼の父親が更に拍車を掛けていた．医学の活動に力を入れて，物理学は忘れるようにと主張し続けていたからである．しかしヘルムホルツは，第一級の物理学者として急速にドイツで名声を高めていた．彼の父親は1858年に亡くなり，その後はますます物理学へ向かって舵を切って行くことになる．解剖学を教えていても決して満足できることはなく，1858年にはボンを離れて，当時は科学分野での研究の中心として有名であったハイデルベルクの教授に就任した．彼の職歴においてハイデルベルクでの13年間は最も実りの多い期間になった．その結果，1871年にはベルリン大学の教授に任命されて，大規模な新設の科学研究所を指揮することになる．1885年にはドイツで最も尊敬される科学者として認められるようになり，国家の最高科学顧問として仕えた．ハイデルベルクのある教授の娘と結婚したことで，彼の社会的地位はますます上がることになった．その女性は美しく，上品で，ヘルムホルツよりもずっと若く，そしてこの女性のおかげで本来は控え目で内気なこの物理学者に社会との新しい接点が広がることになった．その後は亡くなるまでベルリンにとどまっている．1885年からは健康を害するようになった．長年彼を苦しめてきた偏頭痛が悪化したために長期間にわたって仕事ができなくなり，さらに老年になってからは鬱病の発作に苦しむことになった．1894年9月8日，脳梗塞に続く合併症で亡くなり，世界は19世紀を代表する著名な古典物理学者を失った．

　ヘルムホルツの研究は理論空気力学の発展における一つの転機であった．彼は初めて渦度の役割を示して，非粘性流れ場の解析で渦糸と渦層の概念を用いた．後にクッタとジューコフスキー，そして特に重要なプラントルが20世紀の初めに非常に重要かつ強力な揚力の循環理論を構築して計算を行うことになるが，その際には渦糸と渦層の概念が必要不可欠な手法になった．空気力学の発展に関連するヘルムホルツの最も重要なアイデアを以下にまとめる．

(1) コーシー[29]は流れ場を移動する流体要素には並進運動に重ね合わせて回転運動を持たせることができるとする概念を導入し，ストークス[28]が粘性流体の流れに関する議論の中で流体要素が回転運動を持つ考えを具体化した．そして，ヘルムホルツが初めて非粘性（摩擦なし）流れにその概念を適用した．ヘルムホルツは渦度という用語を作りだし，何年も前にラグランジュが発表した速度ポテンシャルという便利な概念は渦あり流れには有効でないことを

示した．言い換えれば，速度ポテンシャルは渦なし流れを前提にしている．このことは速度ポテンシャルの概念を用いるうえで重要な制約条件であり，これを示したことはヘルムホルツによる重大な貢献であった．彼は次のように述べている．「速度のポテンシャルが存在しない運動の形態に関する研究は，私には非常に興味深く思える．この研究によって導かれた結果によると，速度のポテンシャルが存在する場合には，どんなに小さな流体の粒子も回転運動を持つことができないのに対して，そのようなポテンシャルが存在しない場合には，少なくともこれらの粒子の一部には回転運動が見られる．[30]」

　流体力学において速度ポテンシャルを定義する利点は何であり，そして実際の結果はどのようなものだったのだろうか．オイラー方程式（巻末添付資料A）には，多くの未知変数（密度，流速など）を含むいくつかの偏微分方程式がある．速度ポテンシャルによって流れを記述すると，オイラー方程式は一つの未知変数 ϕ を含むたった一つの方程式にまで減る．ラグランジュはそのことを知って使っていたが，渦なし流れのみに限定されるべきであることを全く理解していなかった．ヘルムホルツはその重要な違いを明らかにして，ϕ を「速度ポテンシャル」と名付けた．

(2) ヘルムホルツは渦なし流れと渦あり流れの違いを明らかにした後に，それらの流れの結果について研究を続けた．特に渦あり流れについて研究を行って，図4.6に図示した渦層の研究と定式化を行った．現代流体力学においてヘルムホルツの渦定理として知られている渦モデルの基本的な数学的性質のいくつかは，彼が1858年の論文の中で導いた内容である[30]．これらの渦モデルの特徴は，渦糸や渦層から離れていればどの位置での流れも渦なし流れ（つまり，渦度はゼロ）でありながら，渦糸と渦層自体は渦度が無限大になっている特異線または特異面であることと言える．

(3) ヘルムホルツはそれらの渦糸と渦層が数学的に特異であるという性質から，実際の流れにおける不連続面を思いついた．彼は1868年に発表された論文で，貯水池に流れ込む水の噴流には，明確な境界があるという観測結果を報告している．瞬時に周囲の水の中に全方向にわたって拡散するという状況は起こらなかった[31]．そして，空気の噴流が周囲に排気される時にも同じ現象が見られると記述している．煙を加えて可視化した時に，はっきりとした噴流の境界が現れていた．図4.11にこの様子が描かれており，ここでは噴流の境界が破線で示されている．図4.9と4.11を比較すると，直感的に論理を飛躍

させて，図4.9に示されている渦層を用いて図4.11に示されている物理的な噴流境界を数学的にモデル化できると考えられる．この場合，渦層の片側には有限の噴流速度があり，そしてもう片側では流速はゼロ（噴流の外側では静止した大気）になっている．1868年の論文の中でヘルムホルツはそのような

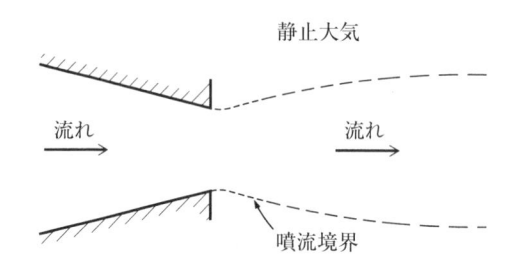

図4.11 周囲に向けて排気される空気の噴流のモデル

直感的飛躍を行って，非粘性流れにおける不連続面（渦層）の概念を紹介した．ただし，この面をまたいで不連続になっているのは，渦層に対する接線方向の速度成分である．

これまでの説明内容から判断すると，ヘルムホルツの研究がすぐさま空気力学の実践において何らかの大躍進につながったと主張することはできない．実際にはそれとはほど遠い姿であった．ヘルムホルツは動力飛行の問題にほとんど関心を示さなかったし，同時代の人も誰一人として彼の難解な数学的発想を実践空気力学理論に応用しようとは考えなかった．しかしこのアイデアは，20世紀前半にクッタ，ジューコフスキー，そして極めつけはプラントルが行った研究の中で開花するまでの40年間，眠った種子の状態だった．ヘルムホルツの先駆的な概念がなければ，理論空気力学はより困難な道のりをゆっくりと歩んでいたことだろう．

不連続面：抗力の予測における袋小路

図2.7には，最初はダ・ビンチが流れに対して垂直に置かれている平板周りの水の流れを描いたスケッチが，その次には流れに平行に置かれている平板周りの水の流れを描いたスケッチがそれぞれ示されている．剥離した流れの領域の境界では急激な変化が起こるためにはっきりと区別できる面のようなものが現れて，その領域を容易に認識できる．遠くから見るとその面は「不連続面」のように見える．このような現象は私達の身の回りでは至るところで観察される．さらに，このような不連続面はよく制御された実験室での実験（例えばヘルムホルツが行った貯水池に流入する水の噴流や，周囲に排気する空気の噴流を煙で可視化した観察）でも見ら

れる．図4.12にはフランス人の生理学者エティエンヌ＝ジュール・マレーが1899年に撮影した煙による流れの可視化写真が示されている．上の写真には底面が流れに正対している楔の周りの流れが示されており，下の写真には大きな迎え角をとっている細い翼型形状周りの流れが示されている．マレーは初めて煙風洞を製作した．多数の糸状煙を噴射して，その煙が模型の周りを流れる時に流線の形を観察できるようにすることで，空気の流れを可視化する装置である．この2枚の写真には，剥離した流れの領域と不連続面のように見える境界が

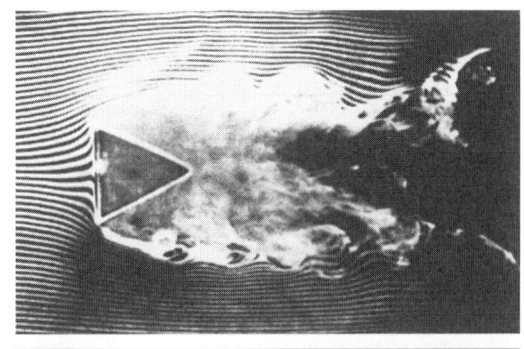

図4.12 形状が異なる物体周りの流線を示している流れの煙可視化写真

はっきりと示されている．マレーの写真はヘルムホルツが不連続面の理論的概念を発表した31年後に撮影されたので，明らかにヘルムホルツの発想のきっかけになっていない．しかしかなり早い時期に，この2枚の写真はそうした不連続面が現実に起こっていることの証明として使われていた．

ヘルムホルツが1868年の論文を発表してすぐに，物体に作用する空気抗力を予測する手段として不連続面の概念を用いる試みがなされていたが，これも何ら驚きではない．その1世紀前にダランベールは2次元物体周りの非粘性流れの解が常に抗力ゼロの結果をもたらすことを示していた．これがダランベールの背理である．ヘルムホルツが不連続面の概念を導入したことで，にわかにダランベールの背理を解決できる見通しが開けた．それを考えるための定性的な物理的根拠が図4.13に示されている．この図には流れに対してある迎え角をとって置かれた平板が示されている．ダランベールによると，この平板の空気抗力はゼロになる．しかし，もし平板の前縁と後縁をそれぞれの起点として下流側へ延びる2つの不連続面がある場合には，理論的に低エネルギーで低速度になっている流れの領域

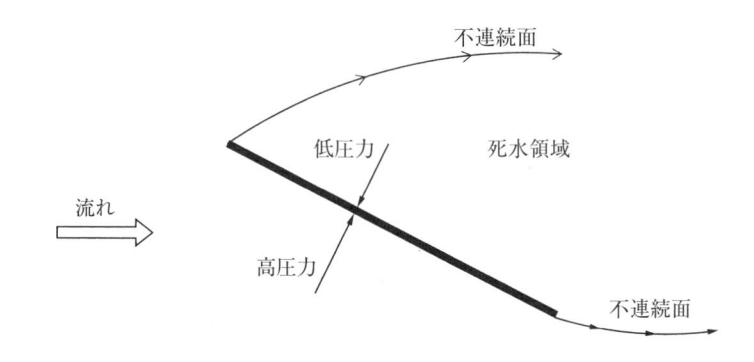

図4.13 鋭利な平板の前縁で生成された不連続面の仮想概念

図4.14 グスターブ・ロバート・キルヒホフ

図4.15 ジョン・ウィリアム・ストラット（レイリー卿）

がこの2つの不連続面の間に存在することになる．この流れの領域は本質的に死水領域になっている．低エネルギーの死水領域では静圧も低くなる．したがって平板の上面に作用する圧力は，下面に作用する圧力と比較して低い値になる．流れをこのようにモデル化した結果，平板には圧力抗力がはっきりと現れて，事実上ダランベールの背理が存在しなくなる．空気抗力を予測できる可能性を秘めたこの定性的な流れの描写は，ヘルムホルツと同じ時代に生きた2人の人物にとって特に魅力的であった．一人はドイツ人科学者のグスターブ・ロバート・キルヒホフ（1824～87年）（図4.14）である．もう一人は有名なイギリス人科学者のジョン・ウィリアム・ストラットであるが，一般にはレイリー卿（1842～1919年）（図

4.15) として知られている．彼らはお互いに他方の研究の進展を知らずに，独自にこの問題に取り組んだ．ヘルムホルツが不連続面の発想を発表したわずか1年後の1869年に，キルヒホフは不連続面のモデルを用いて流れに垂直な平板（薄板）と流れに対して傾斜した平板（薄板）の両方に作用する力について考察した論文を発表した[34]．理由はよく分かっていないが，キルヒホフは傾斜した平板の場合にはその力を定量的に評価していなかった．1876年，レイリーは同じ問題に関する論文を発表して，流れに対して傾斜した平板の平均圧力と圧力中心の両方を求めるための式を導いた．レイリーはこの式を参照して，脚注の中で次のように述べている．「式(3)と(4)を発表したのは学術協会のグラスゴー会議であった．当時，私はキルヒホフの数理物理学講義のことだけは知っていたが，斜めに流れている場合について彼が考察している（Crelle, Bd. LXX, 1869）ことは知らなかった．しかし，キルヒホフは力を計算していないので，この式には新規性がある．」レイリーはキルヒホフの業績に気づいていなかったが，それでも論文に表した式(3)と式(4)は最先端技術への新たな貢献になることを記していた．

レイリーは1876年の論文で，様々な迎え角で置かれた平板に作用する垂直力を求める公式を導くために，図4.13に表した流れのモデルと組み合わせてポテンシャル流れの解（非粘性非圧縮流体のためのラプラス方程式の解）を用いた．平板に垂直な空気力というのが垂直力の定義である（図4.16）．第1章に示した揚力と抗力の式と同様に考えて，垂直力は次のように表すことができる．

$$N = \frac{1}{2} \rho V^2 S C_N$$

ここで C_N は垂直力係数であり，S は平板の面積である．この式では，C_N は迎え角 α の関数になっている．レイリーが垂直力を求める際に得た式は，

$$N = \frac{\pi \sin\alpha}{4 + \pi \sin\alpha} \rho V^2 S$$

である．したがって，

$$C_N = \frac{2\pi \sin\alpha}{4 + \pi \sin\alpha} \quad (\text{レイリーの論文より})$$

になる．ニュートンが導いた式と比較するのもおもしろいだろう．ニュートンによると

$$N = (\sin^2\alpha) \rho V^2 S$$

で表される．したがって，

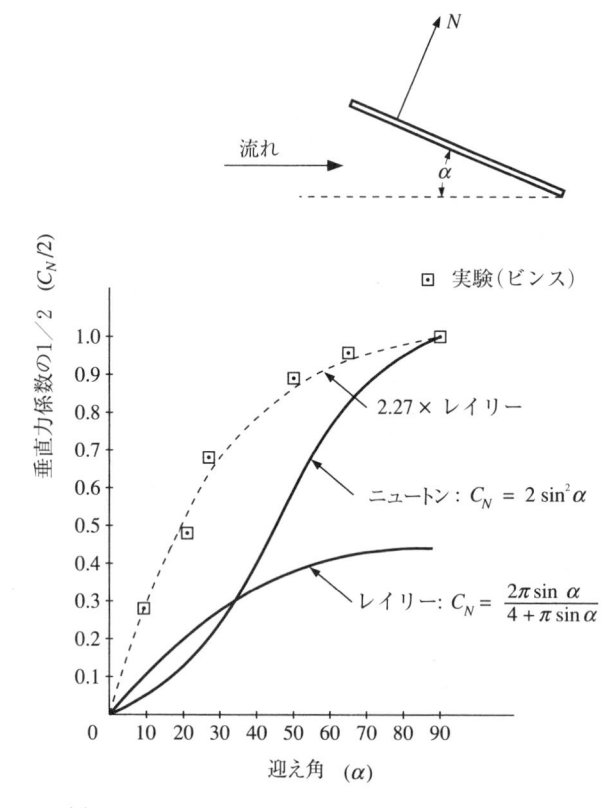

図4.16 傾斜平板の垂直力係数における理論と実験結果の比較

表4.1 垂直力係数として得られた様々な値

α (°)	$C_N/2 = \sin^2\alpha$ (ニュートン)	$C_N/2 = \dfrac{\pi\sin\alpha}{4+\pi\sin\alpha}$ (レイリー)	$C_N/2$ (実験) (ビレス)	$(2.27)\dfrac{\pi\sin\alpha}{4+\pi\sin\alpha}$ (レイリー,修正後)
90	1.000	0.440	1.000	1.000
70	0.883	0.425	0.974	0.965
50	0.587	0.376	0.873	0.854
30	0.250	0.282	0.663	0.640
20	0.117	0.212	0.458	0.481
10	0.030	0.120	0.278	0.272

$$C_N = 2\sin^2\alpha \quad (ニュートン理論より)$$

になる．表4.1にレイリーの理論とニュートンの理論から得られた値が示されている．ここには1798年にビンスが実験により求めて，レイリーが引用していた結果も示されている．

　表の第1列は平板の迎え角である．それ以外の列には垂直力係数を2で割った値が表形式で記されている．第3章で取り上げたように，ニュートンの理論は傾斜した物体に対する予測精度が非常に悪くなる．それは第2列と第4列を比較することではっきりと分かる．第4列はビンスが1798年に『哲学紀要』(*Philosophical Transactions*) に発表した実験データである．ビンスは回転アーム試験装置を使用して，水中での平板の計測を行っていた．明らかにニュートンの値は実験データとの一致には程遠いが，第3列に表記されたレイリーの値も同様に一致していない．流れに直角な（迎え角90°の）平板でさえ，レイリーの値は実験データと比較して1/2以下の小さな値になっている．しかし，レイリーは悩んだりしなかった．そして迎え角90°において実験と一致するように，単純に自分の計算結果を修正した．そのためには，計算結果を2.27倍にする必要があった．そしてそれ以外の全ての迎え角での値にも，同じ倍率を掛けた．レイリーの修正結果は第5列に示されている．意外なことに，この調整を行うと全ての迎え角にわたって素晴らしい一致が得られた．最も大きな差異でも5％以下になっている．レイリーはこのような調整を行ったことについて言い訳をせず，単に「ビンスの実験結果は理論と非常によく一致する」と述べているだけである．理論から導いた値を2.27倍にして修正する必要があった事実に関しては，全く説明がなかった．

　皆の尊敬を集めていた物理学者のレイリーは，技術者のように行動していた．ウォルター・ビンセンティ[36]は基本的な学習と思考の過程での技術者と物理学者の違いについてはっきりと指摘している．ビンセンティは，物理学的な思考での最終製品は「知識の漸増」であるのに対して，工学的思考での最終製品はさらなる知識の習得を二の次にして，工学的設計や何らかの運用システムのような「製品」であると指摘している．実用面だけでなく，精度にも注意して科学と数学を用いることで，技術者は物理モデルを構築している．しかし問題に含まれる物理現象を単に全体的に単純化した近似を用いて表す方法により，実用性のある工学的解決が得られる状況が多々ある．実際，極端なケースでは不正確なモデルを基にした工学的解析であることが分かっているのに，それでも何らかの理由で真の状況に十分近い有用な結果が得られることがある．「そのような解析の仮定が誤りであったことに気づくことはよくある．そして現実的な理由とこれまでの経験

から，その仮定が保守的な結果や保守的ではなくても許容できる結果を導くことから，その先もさらに使い続けることがある．その仮定がなければ，膨大な日々の設計が片づいていないだろう．(p.215)[36]」この種の考え方は工学では許容される．そしてレイリーが，補正因子（2.27倍）が大きな値であった事実に対して何の言い訳もせずに，理論上の計算結果を修正した時に取った方法がまさにこの考え方であった．

　さらに容易に結果の比較を行うために，図4.16には迎え角の関数として表した垂直力係数（の1/2）のグラフが示されている．小さな正方形はビンスによって得られた実験データを表している．ニュートンと記された曲線は第3章で議論したニュートンの正弦二乗法則による結果を示している．明らかにニュートンの理論は実験と一致していないが，レイリーの理論による計算結果はさらに悪くなっている．レイリーと記された曲線は実験データに接近することもない．しかしレイリーの理論による計算結果を2.27倍にすると破線が得られ，この破線は実験データと非常によく一致する．このことからレイリーは，「ビンスの実験の結果は理論と極めてよく一致する」と主張することになった．

　レイリーの理論における問題は何だったのか．そして彼の計算結果はなぜ実験値からそれほど隔たっていたのか．現代空気力学の視点から見ると，答えは簡単である．図4.13に戻ろう．図4.13には任意の迎え角での平板が，その平板の背面を覆う剥離流れ領域との境界を形成している2つの不連続面と共に示されている．レイリーは剥離した領域を死水領域として扱い，その領域の圧力は（ゆえに平板の上面に作用する圧力も）平板のはるか前方での自由流の圧力と同一であると仮定していた．つまりレイリーは，傾斜平板の遠方における流れの圧力が1気圧の場合には，死水領域の圧力と必然的に平板の上面に作用する圧力も1気圧であると思いこんでいた．確かに平板の上面には剥離領域が生じることが分かっているが，今日ではその領域の圧力は自由流の圧力よりも低くなっていることも分かっている．レイリーは上面の圧力を高く見積もっていた．そしてその圧力は下向きに作用して下面の高い圧力を打ち消す働きをするので，彼が予測した垂直力は1/2.27にまで小さくなっていた．流れに対して90°の角度で対向させた平板の背面に作用する圧力に関する現代の計測資料が *Fluid-Dynamic Lift* [37]に掲載されている．揚力に関する空気力学データとしては第一級の資料であり，これに先だって出版された抗力に関するホーマーの本[38]と対になっている．90°の迎え角をとった平板の背面に作用する圧力は

$$p = p_\infty - (1.1)\frac{1}{2}\rho V_\infty^2$$

によって与えられる．ここでp_∞は自由流の圧力，ρは流体の密度，V_∞は自由流の流速である．（この方程式は背面における圧力係数が-1.1であることも意味している．）この方程式から，明らかに平板の背面に作用する圧力は自由流の圧力p_∞よりも小さくなっていることが分かる．さらに重要なことは，実際の値により近いこの背面圧力を用いると，レイリーが最初に求めた迎え角90°での理論値$C_N/2 = 0.44$に，$1/2(1.1) = 0.55$を加えることで修正できる．このようにして現代のデータに基づいて平板背面に作用する圧力を正しい値へと適切に修正すると，レイリーの理論は迎え角90°では$C_N/2 = 0.44 + 0.55 = 0.99$になり，基本的に計測結果の1.0と一致する．さらに，小さな迎え角では失速する迎え角をちょうど上回った翼に作用する剥離流れの圧力係数は，例えば約20°の迎え角で約-0.6になることが経験から分かっている．迎え角20°でのレイリーの理論値である$C_N/2 = 0.212$を取り上げて上面に作用する実際の圧力へ修正すると，$C_N/2 = 0.212 + 1/2(0.6) = 0.512$が得られる．これは計測値の0.458に近い値である．

ある迎え角をとった平板周りの流れに関するレイリーのモデルは，図4.13に示したように前縁と後縁から延びる不連続面を用いており，素晴らしいアイデアであった．しかも実際の現象として現実に起こっている流れの剥離を反映していた．レイリーはその剥離域での自由流の圧力を仮定する際に誤ってしまった．今日では，剥離域における圧力は自由流の圧力よりも低いことが分かっている．この誤りのために，レイリーの理論は空気抗力を予測する最先端技術を直接的に発展させることにはならず，それ以降も飛行機の設計者によって用いられることも全くなかった．この観点から，不連続面を使用した流れのモデルは抗力を予測する方法として行き詰まってしまった．他方で，平板の下面に作用する平均圧力を求めたレイリーの理論値はかなり正確であった．その平均圧力を求めた彼の方程式

$$\text{平均圧力} = \frac{\pi \sin\alpha}{4 + \pi \sin\alpha}\rho V_\infty^2$$

は現代の文献[37,38]で今もなお用いられている．

● レイリー卿に関する記録と空気力学への彼の貢献

不連続面のモデルを用いたレイリーの理論解析による抗力の予測が，どのよう

に行き詰まったのかを見てきた．しかし，このことで彼の名誉が損なわれたわけではない．事実，ヘルムホルツが最初に行った不連続面の研究を革新的な手法で使用しており，かなりの洞察力と独創性が伺える．現代空気力学では様々な迎え角で平板上面での剥離領域の圧力を調査しているが，この成果をもし彼が入手することができていたなら，間違いなく正しい抗力を予測できていただろう．その意味から，レイリーが研究を行っていた時代を考慮すると，彼の解析手法は本当に称賛に値する．そのうえ，平板に作用する力の予測は，彼が行った幅広い空気力学への貢献のほんの一部にしか過ぎなかった．

　1842年11月12日，レイリー卿はジョン・ウィリアム・ストラットとしてイギリスのエセックスで産声を上げた．そしてケンブリッジ大学で教育を受けている．ケンブリッジ大学では数学者であるE・J・ラウスの弟子になり，またジョージ・ストークス卿の授業を熱心に聴講していた．1866年にはケンブリッジのトリニティー・カレッジの研究員になり，そこから彼の科学界における輝かしい経歴が始まることになった．卒業の後にはアメリカ合衆国を訪れている．アメリカが南北戦争からちょうど復興し始めたばかりであったことを考えると，当時のヨーロッパ人にとってアメリカ訪問は普通の旅ではなかった．1868年にイギリスに戻り，その後の彼の人生において中心になる実験室と有名な科学設備をターリング・プレイスにあった一家の別邸に設けている．1871年，有名な学者であり政治家でもあるアーサー・ジェームズ・バルフォアの姉イヴリン・バルフォアと結婚した．この頃にはストラットは2巻からなる有名な論文『音の理論』に関わる研究に取りかかっていた．そしてこの論文は今でも音響分野の研究者にとっては聖書のような存在になっている．1873年，世襲の貴族称号を継承してレイリー卿になった．

　1870年代の10年間はレイリーにとって大きな成果を遂げた年代であった．彼は熱放射，音響学，光学，流体力学の分野での研究に従事し，平板に作用する空気力の理論的研究も実施していた．また微粒子による光の散乱が入射光の波長の4乗に反比例することを示し，自身が導いたその光の散乱に関する法則に基づいて空が青く見える理由を科学的に説明した．すなわち，最も波長の短い可視光線は光のスペクトルの青い部分に存在しており，この波長の短い光が全可視光の中でも最も強く散乱することになる．その結果，太陽の光線が地球の大気に入射すると，空が青くなる．

　1879年，ジェームズ・クラーク・マクスウェルの死によって空席になったケンブリッジのキャベンディッシュ教授職を引き継いだ．そして大学教育での研究所

の役割を周囲からも評価される重要な地位にまで高めて，イギリスとアメリカでの科学教育に後世に引き継がれる多大な影響を残した．事実，彼は実験的研究の重要性と物理計測における規準を確立することの重要性を強調していたが，少なからず彼の影響があったおかげで，こうした努力が1900年にミドルセックスのテディントン国立物理学研究所設立につながった．レイリーの名声と影響力は引き続き高まっていく．英国科学振興協会の会長を務めながら，ロンドンの英国王立研究所では非常勤教授にもなっている．他にも多くの学術委員会や政府委員会のアドバイザーに就任していた．1873年には王立協会に選出されて，11年間会長を務めた．

1892年から1895年の間，レイリーはターリング・プレイスにあった自分の研究室で一連の実験を行い，アルゴンの発見と分離に成功した．この成果により1904年にノーベル物理学賞を受賞している．

1905年，レイリーは超音速流れの衝撃波に関する決定的な論文を発表した（後の章で詳しく取り上げる）．平板に作用する抗力の予測について報告した1876年の論文[35]では，高速圧縮性流体の淀み点圧力を計算する式について簡潔に説明している．今日でも圧縮性流れの授業で用いられている式である．しかし，レイリーは補足的に圧縮性の効果について簡単に述べているだけで，平板に作用する力の予測では全くこの式を用いていない．高速物体上に大きな淀み点圧力を生成する圧縮過程は，同時に大きな温度上昇をもたらすことも同論文で示している．特に地球の大気圏に突入する流星の流れ場に関する特性について触れて，「秒速20マイルに匹敵する速度で移動する流星への抵抗は極めて大きいに違いない．空気の圧縮による温度上昇もまた同様である．実際のところ，流星が地球の大気圏に突入する際に発生する光と熱の現象を説明するために，摩擦を持ち出す必要は全くないだろう[35]」と述べている．秒速20マイルは32,000m/sに相当する．地球の大気における音速は約300m/s（大気の温度によって変化する）であるから，レイリーはマッハ数100以上の流れについて述べていた（有人飛行で達成した最高速度は，月から帰還したアポロ司令船の突入速度11,000m/sであり，マッハ数では36である）．このマッハ数領域は今日の専門用語では極超音速と呼ばれている．初めて科学文献に極超音速の空力加熱を意味する表現が表れたのは，先に引用したレイリーの記述であったと考えられている．

18世紀と19世紀の有名な科学者と数学者の大多数が，空気より重い有人飛行機に全く関心を持っていなかったのに対して，レイリーは違っていた．例えば1900年1月19日には英国王立研究所の自然哲学教授としての立場から，「飛行」と題

した話題を王立航空協会に送っている．しかし後に航空ジャーナル（*Aeronautical Journal*）に掲載されたこの話題の詳しい解説では，理論流体力学を飛行に応用することに関して一切言及していない．これは先にも強調した当時の状況をよく物語っている．理論流体力学の基礎は進歩していたが，19世紀の末になっても依然として飛行機の設計へと続く道を見つけられないでいた．そうした状況が続いていたことには，主に2つの理由があった．(1)流体力学の基礎方程式を解析に用いても正確な解にたどり着くことができないために，飛行での実際の問題に適用することは困難であった．(2)動力飛行を探求することは依然として何かしら合理性のない恥ずかしいこととして受け取られることが多く，そのためにほとんどの科学界では人気のある研究動機ではなかった．そんな中でレイリーはいささか例外的だった．王立航空協会と交流を持っていたことや，英国航空諮問委員会の議長に選任されたことを考えてほしい．（英国の航空諮問委員会は，後の1915年にアメリカで国家航空諮問委員会 NACA が創設される際にはその模範になった．）歴史家の中には，レイリーのことを最後の偉大な「博識家」であり，ルネサンス的教養人と言える最後の科学者と呼んでいる人もいる．おそらくは動力飛行への関心がそのような評価につながっているのだろう．いずれにせよ動力飛行の思想を受け入れた最初の偉大な科学者として，迷うことなくレイリーの名を初めに挙げることができる．反対に，レイリー卿と同じように高名であった同僚のケルビン卿は，「気球による飛行を除いて，航空というものを信じるこれぽっちの分子も私には存在していない」と言ったとされる．ケルビンは航空に関する当時の主流意見を述べていた．

　レイリーは1919年6月30日にターリング・プレイスで息を引き取った．しかし，亡くなる前に動力飛行の幕開けを目撃していた．そして死を迎えた頃には，ゲッティンゲン大学のプラントルの研究グループが翼型と翼の揚力と抗力を実用的に予測するために，応用数学という手法を用いて流れの支配方程式の秘密を解き明かしている様子を目にしていた．レイリーがその舞台に立つことはできなかったが，流体力学において彼が業績を残し，飛行の研究に彼の名声が一役買ったことで，空気力学の進歩には勢いが増していた．

● オズボーン・レイノルズと乱流の研究

　粘性流れには2つの様式がある．流体要素が規則正しく整って移動し，あたかも流れの媒質が整然と並べられたいくつもの薄層からなっているかのように，隣

接する流線同士が滑らかに変化する層流と，流体要素が秩序なく移動し，流線は曲がりくねって複雑かつ不規則なパターンになっている乱流である．物体に作用する表面摩擦抗力の原因になっている粘性せん断応力は層流よりも乱流において大きくなる．したがって，流れが層流か乱流かを知ることは極めて重要なことである．実際には物体周りの粘性流れは前縁を起点としてまず層流になり，そして前縁より下流のどこかの位置で乱流に遷移する．表面摩擦抗力の正確な予測には，物体表面上でこの遷移が発生する位置（遷移点）に関する知識を持って

図4.17　オズボーン・レイノルズ

おくことが極めて重要になる．乱流特性を十分に予測できる程度まで乱流の基本的性質について理解することは，今日でも依然として古典物理学における未解決の問題であり，遷移点の正確な予測は現代空気力学における最も困難な問題の一つである．層流から乱流への遷移の研究における重要な第一歩は，19世紀後半にオズボーン・レイノルズによってなされた．

　オズボーン・レイノルズ（1842～1912年）（図4.17）は1842年10月23日にアイルランドのベルファストで生まれ，教養豊かな家庭の雰囲気の中で育てられた．父親はケンブリッジのクィーンズ・カレッジで特別研究員になり，ついでベルファスト・カレッジエイト学校の校長，エセックスのデダム・グラマー学校の校長，そして最後はデバクの牧師を勤めていた．オズボーンは10代にして既に力学に対して強い興味を示し，生まれながらの素質を持っているようであった．19歳の時に機械工学の実習船で働き，1年後にケンブリッジ大学に入学している．彼は非常に優秀な学生であり，数学では最高の名誉を得て卒業した．1867年，クィーンズ・カレッジの特別研究員に選ばれた．レイリーがトリニティー・カレッジの特別研究員に選ばれたわずか1年後のことであった（レイノルズとレイリーはケンブリッジでクラスメイトだった）．レイノルズは引き続き実践的な土木技師として一年をロンドンで過ごした．

　1868年にオーエンス大学（後のマンチェスター大学）が工学部の講座を設立した．イギリスの大学で工学部を設立したのはこれが2番目であった（1865年にロンドンのユニバーシティー・カレッジに設立された土木工学の講座が最初である）．レイノルズはオーエンス大学の教授職に応募している．応募書類には次のように書かれてい

た.「私は物心がついて以来,力学と科学としての力学の基本になっている物理法則に対して抑えがたい興味を抱いてきた.私の父も力学を愛し,かなりの数学の知識を持ち,力学と数学を物理に適用することにかなりの才覚を持っていた人物であったが,私は少年時代にその父からいつも指導を受けていた」(ホラス・ラムによる故人略伝, Proceedings of the Royal Society, ser. A, vol. 88, February 24, 1913).この時のレイノルズはまだ若く,しかも経験が他と比較して不足していたにもかかわらず,マンチェスター大学の教授に任命されている (1905年に引退するまで勤めていた).

レイノルズはマンチェスターでの37年間で古典力学の分野を代表する専門家として認められるようになった.彼は電気,磁気,および太陽と彗星の電磁気特性に係わる問題の研究に取り組んだ.1873年以降は流体力学に集中し,この分野で最も重要な貢献を成し遂げることになる.

レイノルズは高い基準を持つ学者肌の人であった.当時,イギリスの大学では工学教育が始まったばかりであったが,レイノルズは適切な教育方法について明確な考えを持っていた.彼は専門分野が何であれ,工学を専攻する全ての学生は数学,物理,そして特に古典力学の基礎といった共通の基盤知識を持つべきであると信じていた.そして土木工学と機械工学の基礎を網羅する系統的な工学カリキュラムをマンチェスターで編成した.教育に対して強い関心を持っていたが,教える方では偉大ではなかった.彼の授業内容は理解するのが難しかった.さらにほとんど関係がなかったり,または全く関係がないテーマの間を行ったり来たりしていた.授業の最中に新しいアイデアを偶然見つけて,学生のことを忘れて残りの時間を黒板に向かってそのアイデアを練っていたことでも知られている.学生にかみ砕いて教えることをしなかったので,多くの学生が彼の授業の単位を取ることができなかったが,J・J・トムソンのような優秀な学生達は彼の授業に興味を持ち,刺激に富んだ授業だと感じていた (トムソンは1906年に電子の存在を示したことでノーベル物理学賞を受賞している).

レイノルズが研究の手法というものを重要視していたことについて,彼の学生であり同僚でもあったA・H・ギブソン教授は1946年に英国文化振興会に寄せたレイノルズの伝記の中で次のように語っている.「レイノルズが問題に取り組む方法は基本的に自己完結主義であった.彼は決して他の人がその問題に対してどのように考えているかについて読むことから始めたりはせず,最初は自分で考え抜いていた.いくつかの問題では,彼が取った手法の新しさのために難解な論文になっているが,(しかし彼の)詳しく解説されている物理の論文は人を魅了する.しかも一般聴衆を前に話しかける時には,彼の話しぶりは明瞭な解説とは何たる

かの手本であった.」

　19世紀から20世紀へ変わる頃からレイノルズは健康を害することが多くなった. 身体的にも精神的にもかなり能力が減退し, 彼のような優れた学者にとっては特に哀れな状態になってしまった. そして1912年にイギリスのサマーセットで亡くなった. 流体力学における著名な研究者であり, レイノルズの長年の同僚でもあったホラス・ラム卿は次のように追悼している.

　　レイノルズの性格は彼の論文に似て極めて個性的であった. 彼は自分の研究の価値に気づいていたが, 科学界が成熟した時にその価値が判断されればそれで良いと満足していた. 宣伝には趣味がなく, 他の人が甚だしくうぬぼれた態度をとっても寛大に笑みを浮かべるだけであった. 学生達の進路に価値ある研究機会を授けて協力を惜しまなかったように, 学生にとって寛大な人物であった. 深刻な状況や個人的な問題では控え目であり, 議論では闘争的で粘り強いこともあったが, 日常の生活では仲間達の中で最も明るくて思いやりのある人物だった.［ホラス・ラムによる故人略伝, *Proceedings of the Royal Society*, ser. A, vol. 88, February 24, 1913］

　レイノルズには3つの流体力学への貢献がある. どれも極めて重要であり, 独創性に富んでいる. 第一の貢献は管内での層流から乱流への遷移の研究であった. その貢献について正しい事実関係を説明するためには, さらに20年の時間を遡り, ドイツ人水理技術者であるゴットヒルフ・ハインリヒ・ラドウィグ・ハーゲン (1797~1884年) の業績を調べる必要がある. 管内の流れには2つの異なる形態が存在すると最初に報告したのはハーゲンであった. 彼は1839年に発表した論文の結言の中で, この流れの形態についてそれとなく述べている. つまり管内の水の流れに関して, ある流量条件で水が示した「強い運動」について言及していた. さらに落胆した様子も述べられている.「それゆえに, 詳細に調べると今回の結果はますますもって難解であることが分かってくる. 少なくとも私は実験の結果として立証された風変わりな特性をまだ十分に解明できていない.[39]」ハーゲンが観察した強い運動は, 今日の私達が乱流と呼んでいる現象と関係している. ハーゲンは1855年に発表された論文[40]ではわかりやすく図を用いて説明している. この管は, 流れの性質を観測できるようにガラスで作られていた.

　　私は目の前にいつも同じ流出噴流が現れるようにしていたが, その様子はいつも違っていることに気づいた. 低い温度では水は堅いガラス棒であるかのように静穏

な状態であった．他方，水を強く加熱するとすぐに短い周期の顕著な変動がはっきりと現れて，さらに加熱すると変動は減少するものの，それでもやはり最高温度になっても変動は完全に消えることはなかった……．実験を繰り返しても同じ現象が現れた．そして最終的にグラフにまとめた時，最も強い変動は温度を上げながら速度を減らした条件でのグラフの部分で常に発生していることに気づいた……．

　私がガラス管で行った特殊な観察では，両方の形態の運動がはっきりと現れた．水を通しておが屑を流した時には，低い圧力ではおが屑は軸方向にだけ移動していたが，高い圧力ではおが屑は片側から反対側へと加速させられて，しばしば旋回運動の状態になっていた．[p.159][2]

現代空気力学の観点から，ハーゲンの実験で何が起こっていたのか分かっている．層流の流れは熱を加えられることによって不安定になっていた．ハーゲンの実験において，低温では小さなガラス管を流れる水流は安定した層流であった．熱が加えられ，その結果として流れの温度が上昇したために層流は安定した状態から不安定な状態へ移行してしまった．そのためにわずかな外乱でも加わると，ちょうどハーゲンが説明したように熱せられて不安定な層流は容易に乱流へと遷移することになった．

　ハーゲンは層流から乱流への遷移が起こる条件に関して，定量的な基準を計測しなかった．この点でレイノルズの貢献が非常に重要になっている．1883年にレイノルズは，層流から乱流への遷移が起こる位置の解析において永遠の足跡を残すことになる一連の基礎実験を行い，その結果を報告した[4]．ハーゲンの研究と同じように，レイノルズの研究でも層流と乱流という2つの異なる形態の粘性流れがあり得ることが示されたが，レイノルズの実験はハーゲンの実験よりも定量性を目的として良く制御されており，かつ良く計画されていた．図4.18にレイノルズの実験装置が示されている（このような実験装置の見事なスケッチは，現代写真技術が開発される以前の技術論文では時々見られていた）．レイノルズは貯水槽を満水にして，そこから大きなベルマウス状の入口を経てガラス管に水を供給した．そして水が管内を流れる際に，ベルマウス状の入口部から流れに染料を加えた．図4.19（同じくレイノルズの論文より）には，管内を流れる間の細い糸状染料の様子が示されている．流れは右から左へ流れている．流速が低い場合には細い糸状染料と水の境界は明確であり，滑らかにきちんと整った状態で下流側へ流れている（図4.19a）．流速がある値を超えると糸状染料は突然不安定になって，管内全体に色が移ることになる（図4.19b）．レイノルズは，糸状染料が滑らかな状態にあるのは

第 4 章　空気力学の幼年期　143

図4.18　遷移の研究に用いたレイノルズの実験装置（1883年）

(a)

(b)

(c)

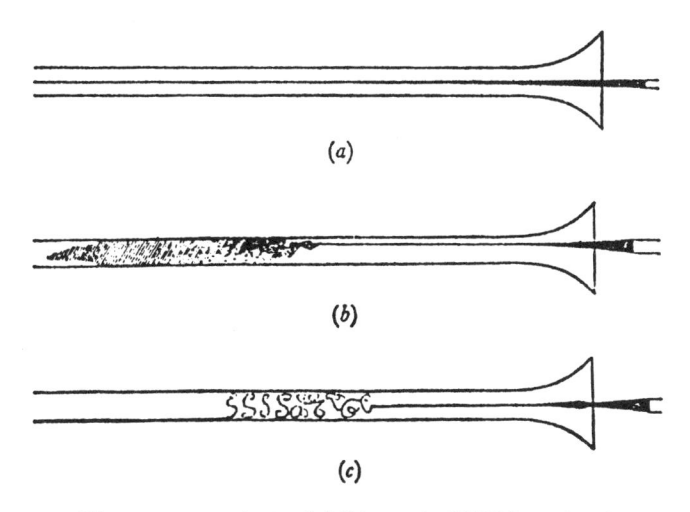

図4.19　レイノルズによる管内流れにおける遷移現象のスケッチ

管内が層流の状態にあることに相当し，他方で掻き混ぜられて糸状染料が完全に拡散したのは管内の乱流が原因であると明確に指摘した．さらに今日の私達がストロボを使用するように，一瞬だけ発光する電気火花を用いて管内の流れを照らして視覚的に観察することにより，乱流を詳細に観察した．こうして乱流が多くの個別の渦から構成されていることを発見している．層流から乱流への遷移は，$\rho VD/\mu$ によって定義されるパラメーターがある値を超える時に起こっていることも発見している．ここで ρ は水の密度，V は平均流速，μ は粘性係数，D は管の直径である．レイノルズによって最初に導入されたこの無次元数はレイノルズ数として知られるようになる．レイノルズは，それを超えると流れが乱流になるこのパラメーターの臨界値が2,300であることを突き止めた．実に基礎的な研究成果である．遷移現象は単に速度のみに依存するわけでも，密度のみに依存するわけでも，流れの大きさのみに依存するわけでもなく，正確にはレイノルズ数と呼ばれる先に定義した変数の特定の**組み合わせ**に依存することを示していた．流れの速度，密度，粘性がどうであれ，そして流体が流れている管の大きさがどうであれ，レイノルズの計算によると $\rho VD/\mu$ の値が2,300になると遷移が生じる．これは驚くべき発見であった．翼の表面において層流から乱流への遷移が生じる位置を正確に求めることはおそらく現代空気力学では最も重要なことであり，そのためにレイノルズ数を用いることは今日でも用いられている方法である．

　レイノルズによる第二の主要貢献は，乱流場における流速，密度，温度の分布を詳細に計算する乱流解析の理論モデル概念を考案して，それを実行したことである．粘性流れでの流れ場の変数を表す支配方程式はナビエ・ストークス方程式 (巻末添付資料B) と呼ばれており，圧力 p，密度 ρ，x と y 方向の各速度成分 (それぞれを u と v で表す)，温度 T を用いて表された偏微分方程式である．この方程式を解くことにより，原則として時間の関数として x-y 空間全体でのそれら物理量の変化が求まる．簡単にするために，定常流れを考えてみよう．定常流れでは全ての場所で流れ場の変数は時間に依存しない．つまり，定常流れであれば流れの中のある一点に注目すると，p, ρ, u, v, T は同じ値を維持して変化しないことを意味している．これが時間に依存しない状態である．ここでは定常の層流流れを仮定する．このような流れではどの場所でも変動は全くない．しかし乱流ではこの状況は全く異なってくる．レイノルズの実験 (とそれ以前のハーゲンの実験) では，流れに時間的な変動を生じさせている (大小様々な) 乱流渦がどの場所でも連続的に繰り返し発生している状態を乱流の特徴として示している．レイノルズは激しく乱れて変動している流れを図4.19cに描いている．どんなに乱流渦が小さ

くても，乱流は全ての場所で局所的に非定常な流れである．乱流ではある任意の点に注目すると，局所の p, ρ, u, v, T は時間の関数であって，絶えず変化している．しかし乱流での流れの各状態量に対して適度な時間平均をとると，その時間平均値は定常になるとレイノルズは理論づけた．そして気体分子運動論で用いられている方法からヒントを得て，乱流における各変数は，例えば $\bar{u}$ で表した時間平均値とその時間変動成分 u' から局所的に構成されて，どの瞬間の実際の局所値も $u = \bar{u} + u'$ で表されると具体的に仮定した．さらにナビエ・ストークス方程式に現れる従属変数 $(p, \rho, u, v, T,$ その他$)$ を時間平均値として考えても，その方程式は成り立つと仮定した．しかし数学的にその方程式の時間平均化を行うと，「乱流粘性」μ_T および「乱流熱伝導率」k_T として理解されている，これまでにはなかった新しい項が方程式の中に現れることになる．つまりレイノルズによると，ナビエ・ストークス方程式を用いて乱流を調べる際には流れの状態量を時間平均値として考えて，粘性係数 μ と熱伝導率 k をそれぞれ乱流粘性および乱流熱伝導率との和をとった $(\mu + \mu_T)$ と $(k + k_T)$ で置き換えることができる．ここで μ_T と k_T が加わったことは，変動している乱流渦によって粘性係数と熱伝導率が明らかに増加していることを意味している．この数学的な論証形式を用いることによって，ナビエ・ストークス方程式は乱流を扱うレイノルズ平均ナビエ・ストークス方程式になる．今日，乱流の工学的解析を目的とした理論解析手法では，この方程式は圧倒的に広く活用されている．乱流を場所ごとに時間平均値と変動成分の和として扱う方法は，レイノルズによる流体力学への貢献の中では最も重要かつ中核であり，空気力学への影響も歴史に残る程に大きなものであった．空気力学形状に作用する表面摩擦を理論的に予測する手法の多くは，どのような形であれレイノルズの時間平均モデルを用いてきた．

レイノルズの理論モデルは重要であるが，乱流の問題を「解決したわけではない」．レイノルズ平均ナビエ・ストークス方程式には乱流粘性 μ_T と乱流熱伝導率 k_T が導入されている．どのような乱流解析においても μ_T と k_T に適切な値が必要になり，これらの値は流れの性質に依存するので難しい問題になる．他方，μ と k（分子粘性係数と分子熱伝導率）の値は周知の流体物性値であり，標準的な参考資料で調べることができる．ある乱流流れでの μ_T と k_T に適切な値を探し出すことは，乱流のモデル化と呼ばれている．レイノルズは1894年に時間平均方程式を発表[42]したが，今日，つまり100年後でも μ_T と k_T を計算するための最良かつ最適な乱流モデルを探し出す研究は，空気力学での最優先の課題の一つになっている．

レイノルズによる空気力学への第三の主要貢献は，先に解説した2つの貢献よ

りも重要性では劣る．この貢献では表面摩擦と熱伝達の関係を求めている．今日，「レイノルズアナロジー」を用いて局所の表面摩擦係数 C_F と熱伝達係数 C_H の関係を

$$\frac{C_F}{C_H} = f(\mathrm{Pr})$$

で表現した近似関係式が技術者によって用いられている．ここで $f(\mathrm{Pr})$ はプラントル数の関数を表している（プラントル数 $\mathrm{Pr} = \mu C_p/k$，ここで C_p は定圧比熱）．レイノルズは1874年に初めてレイノルズアナロジーを発表[43]しているが，航空技術者が超音速もしくは極超音速での飛行に関連して空力加熱の問題に対処する必要性が生じた20世紀の中頃以降になって，その真価が発揮されている．

物理学での多くの業績には，年月を経るうちに重要性が低下する半減期というものがある．しかし現代空気力学の応用という観点から見ると，レイノルズの業績はますます重要性を増している．現代の乱流モデル全分野のみならず，乱流と遷移の本質に関する基本的な考え方までもが，レイノルズの発想から導かれている．

19世紀の応用空気力学：霧は深く

19世紀末には，古典流体力学の基礎となる基本原理は確立していた．層流から乱流への遷移を含む流体の基本的な現象に関する定量的な実験データベースの構築が始まり，粘性流体の詳細な運動方程式（ナビエ・ストークス方程式）の定式化と理解が完全に揃っていた．基本的に19世紀末の流体力学は，他の古典物理学と同じ足並みで進行していた．そして当時にして既に十分に理解され，ほとんど成熟し，これ以上学ぶべきことがあまりない科学であると考えられていた．しかし，解析から実際に直面している問題の答えを求めるという観点から考えると，ナビエ・ストークス方程式は扱いが難しく，乱流の解析などは一種の黒魔術のような状態であった（現在もなお，その状態が続いている）．それでも，そのような考え方が広まっていた．

他方で，流体力学の高度な最先端技術から動力飛行の研究へ技術が伝わることは事実上なかった．伝統ある科学界は，その時点でもなお動力飛行の考えを架空のものと考えていた．つまり，真剣な知的研究には相応しくないと考えていた．動力飛行に興味を示した19世紀の偉大な科学者レイリー卿でさえ，具体的な空気力学への応用は何一つなかった．この状況は，1870年の英国航空協会第5回年次

報告にこれ以上の表現がないほどに強調されて述べられている．

> 我々がはまり込んで身動きがとれなくなっていると私が述べてきたぬかるみの本質について考えてみよう．簡潔に言うと，我々が行き詰まっている原因は次のようであろう．人々は「航空」のテーマを真の科学として考えず，粗雑かつ非現実的で機械的でも数学的でもない手法を押し進めている．このために我々は協会の時間を浪費し，さらに懐疑的な大衆にとっての物笑いの種になっている．

明らかに流体力学という科学と動力飛行への応用に挑戦している人々との間には，技術の伝達がないという問題が存在していた．19世紀に実現性のない応用空気力学を追い求めた夢想家は，やむなく自分で道を切り開くことになっていた．本章のこれからの節では，彼らがたどった道とその道を選んだ理由にスポットライトを当てよう．多くの場合，彼らの道は誤解と誤った発想という霧に包まれていた．

英国航空協会：希望の光明

どのような科学分野の発展においても技術的な信頼性は不可欠である．今日，そうした信頼性は同じ専門分野の研究者が互いに評価を行う同僚評価という手の込んだ仕組み，技術雑誌と技術図書の広範囲な出版，そして科学者と技術者が（世界中で開催されている多くの技術会議，電話，映像によって）直接的に双方向の交流を持つことによって確立されている．このような機構は，ロンドン王立協会が国王の許可の下で組織されて科学分野での最初の正式な学会になった1662年に形成された．つまり王立協会が組織された目的は，科学論文の査読と出版，科学者間のアイデアの交換，科学功績の認定（例えば，コプリー・メダルの授与）であった．

動力飛行への関心が増すなかで，ついに公式に航空に関するアイデアを出し合い，論文を出版することを目的とした技術協会の設立に行き着いたことは驚きではない．最初にそのような協会が誕生したのは，1852年にパリに設立された飛行船と気象に関するフランス協会であった．そしてはるかに重要な役割を果たした協会がその次に誕生した．1866年にロンドンに設立された英国航空協会である．その委員会の初会議が，1866年1月12日にアーガイル公爵の邸宅で行われた．初代名誉幹事が協会の目的について次のように述べている．「この会議の目的は論文の紹介を奨励し，そして議論を行うことであるが，その論文紹介へと進む前

に，当委員会を代表して各位にそれぞれの著者の観点から完全に独立した観点を持つことをお願いせねばならない．当委員会は組織として独自の理論がないと言われ続けるわけにはいかない……．英国航空協会はその会員の支持によって機能が強化されるのに比例して，奨励，観察，記録，支援を実行することを目的に設立された．」こうして航空学での技術的信頼性を確立するための正式な機構がついに整った．これは航空学での実用的応用が，人々からその努力が受け入れられる領域にまで融合し始めていたことの証でもあった．しかし一般に航空学，特に空気力学と呼ばれる分野での研究に関連して技術的な威信獲得が望まれていたが，それはなかなか実現しなかった．

　協会から発表された初期の論文の中に最も興味深い論文として，フランシス・H・ウェナムによる「空中移動および空気中を推進する物体を支持する原理について」があった．1866年6月27日に発表されて，最初の年次報告に掲載された．ウェナムの論文は支持力（つまり，空中を移動する物体に作用する主に揚力などの空気力）に重点を置いていた．この論文の以下の記述を読むと，空気力の基本的な発生源に関する当時の混乱状況がよく分かる．「形が容易に変わる媒質中を素早く移動している物体のある面積の表面に作用する抵抗を，2つの相反する力に分けて考えることができる．一つは分離した粒子の粘着から，他の一つは重さと慣性から生じている．」今日，どのような物体に作用する空気力も，表面に作用する圧力とせん断摩擦応力を合わせた正味の結果であることが分かっている．ウェナムが述べた「分離した粒子の粘着」はせん断摩擦応力について言及していると寛大に解釈する人もいるだろう．現代の運動論から分かっているように，粘性係数という定量値によって表される粘性の働きは，一部は分子間力と呼ばれる分子間の力場の強度に依存している．近接状態にある2つの分子にとって分子間力は大きな斥力だが，遠隔状態でははるかに弱い引力に変わる．これはウェナムが言及した「分離した粒子の粘着」のことだろうか．いや，違うだろう．もしそうだったとしたら，1866年には存在していなかった分子運動論とその粘性との関係に関する高度な知識が必要であった．ウェナムは次のように続けている．「可塑性物質の中では最初の条件，つまり粘着の条件は非常に大きな抵抗になるだろう．水中では粘着の条件によって減速する効果は少ないながらも存在する．しかし，空中ではその大きな流動性から粘着力は極めて小さく，全ての抵抗はその重さのみによって生じる．」この記述は摩擦せん断応力についての無理解を示している．水中や空中での摩擦せん断応力は「極めて小さく」ない．気体中および液体中の細長い流線型物体では，抗力の主要要因は摩擦せん断応力である．

ウェナムが述べている空気力のもう一つの要因，すなわち粒子の「重さと慣性」は表面に作用している圧力について言及していると考える人もいるだろう．現代の分子運動論によると，表面に作用する圧力は表面に衝突してそこで反射し，その結果として運動量が変化する全くランダムな運動状態の分子や原子が原因になっている．それらの粒子が表面に衝突した際に生じる粒子の運動量の「時間変化率」(運動量の時間に対する変化率)を全粒子について累積した結果が表面に作用する力になり，単位面積当たりの力をとると圧力になる．現代の機械技術用語では，この運動量の時間変化率は慣性力と呼ばれている．もちろん各粒子の運動量は，それぞれの質量に(厳密さを問わないならば，重さに)比例している．しかし，表面に作用する空気力の第二の要因は流体の粒子が持つ「重さと慣性」であるとするウェナムの記述は，科学に裏づけられた見解というよりも，直感的な表現に思える．圧力は流体粒子の慣性と関連しているので(したがって質量とも関連している)，ウェナムの記述は本質的には真理から外れていなかったが，その記述から実際のメカニズムに関する理解が不完全であったことは明らかである．実際のところ，ウェナムが述べた物体に作用する空気力の2つの要因は正しくない(当時の他の研究者にしても同様で，間違った認識を持っていた)．もっと真実に近いケイリーの考えがその60年前に発表されていたが，たぶん見落とされていたのだろう．

　肯定的な面では，ウェナムの論文には応用空気力学における重要な原則が初めて記述されていた．鳥の飛翔に関する幅広い研究に基づいて，「最も早く飛ぶ鳥は非常に長くて細い翼を持ち，遅くて重い鳥は短くて広い翼を持っている(原文では強調されている)」と述べられていた．さらに続けて，飛行機の翼は細長くあるべきだと提案している．これは高アスペクト比翼の有利性を初めて認めた記述である．アスペクト比は翼長の2乗を平面面積(すなわち，平面図での面積)で割って得られる幾何学量である．矩形翼では単に翼長を翼弦長で割って得られる．高アスペクト比翼は細長く，低アスペクト比翼は短くて太い翼である．今日では，高アスペクト比翼の亜音速飛行での空気力学的有利性について科学的に説明することができる．1866年のウェナムは，他の人と同じように全く手がかりもない状態であった．高アスペクト比翼の利点は，1918年に初めて説明された概念である誘導抗力に関係している．いずれにせよウェナムは，適度な迎え角をとった翼では，大部分の揚力は翼の前方部分で発生していると正確に理論づけた．そして多くの細長い翼を垂直方向に並べることが最も効率の良い翼の構成であると続けた．「多葉翼」の概念である．(1908年にホレイショー・フィリップスは多数のベネシャンブラインド型翼を縦に4列並べた多葉翼の設計を採用した．その飛行は空中を約150m飛行して

成功した．しかしその時にはライト兄弟が新聞の見出しを占有するようになっており，フィリップスの飛行機は歴史の本では脚注にしかならなかった．）ウェナムの論文は，当時の空気力学が技術的に洗練されていないことの表れであった．この論文には式が全くなかった．定量的な科学としての空気力学には，まだまだ長い道のりが必要であった．

　英国航空協会は論文の公開と議論以外のことも行っていた．設立からちょうど2年が経った1868年に，協会はロンドンのクリスタル・パレスで飛行機と気球の展示を行って，初の航空展示会を開催している．ジョン・ストリングフェローの蒸気動力模型を除くと，その展示会は失敗作の工芸品を集めた奇妙なコレクションそのものであった．しかしその展示会は，飛行機の開発をめざした研究が尊敬に値するようになってきたことを示している．協会からの出版物に反映されているように，それからの30年間，応用空気力学は途切れ途切れに歩みを進めた．時々わずかに離陸するものの，持続した飛行はできなかった．

　高度な工学研究の役割に関する興味深いコメントが，1868年に出版された協会の第3回年次報告に掲載されている．飛行推進方式について議論している中でアーガイル公爵は，蒸気機関は当時利用可能な最大の動力であるが，その重量は重く，しかも大量の水と燃料を供給する必要があるために扱いにくく，飛行機の動力として使える可能性はないと言及している．そして続けて次のように述べている．「それでも必要な動力をまかなえる軽量な動力源がないことを理由に，応用の基盤になる原理原則の研究を止めてはならない．」たとえ実現可能なエンジンがまだ存在していなくても，飛行原理に関する研究の継続を要求したこの議論は，工学研究（すなわち，応用はまだ先でも物理原則に関する基本的な情報を提供すること）の価値を早期に認識していたことを意味している．

　時々完全な思い違いが有益な結果につながることがある．1868年6月25日，クリスタル・パレスでの展示会の期間中に行われた協会主催の会議に，ヤング氏とだけ記録が残っている講演者から鳥の翼が回転運動を行っている図が示された．彼は，空気が翼の後方から押すようなことは決して起こらず，勢いよく流れ込む空気が湾曲した翼の下面で支持力として作用すると主張していた．そして湾曲した翼を用いることが空を飛ぶ最良手段であると結論を下した．翼を流れる空気の動きに関する物理的描写は完全に誤りであったが，翼を湾曲させるべきだとする彼の結論は正しかった．もちろん，その60年前により正確な概念に基づいてジョージ・ケイリーが同じ結論に到達していた．

　もう一つ，かなり予言的な興味深い記述が1869年に出版された第3回年次報告

に登場している．「大きい機械は模型よりも成功の確率が高いだろう．」これは，「ある面で現れた効果が，面が異なると現れなくなる」ことを示したデータに基づいていた．今日の空気力学においてスケール効果と呼ばれている現象を予見している．スケール効果はレイノルズ数と関連している．翼弦長さ c を用いて

$$\mathrm{Re} = \frac{\rho V c}{\mu}$$

のようにレイノルズ数を定義すると，第1章より

$$C_f = \frac{\tau}{\frac{1}{2}\rho V^2}$$

で定義される表面摩擦による抗力係数は，レイノルズ数が大きくなると小さくなることが分かっている．したがってボーイング747のような大型飛行機ではレイノルズ数が非常に大きく，表面摩擦係数は比較的小さくなる．その結果，飛行機の揚抗比が大きくなり，空気力学的な効率は好ましい方向へ改善される．

またウェナムとストリングフェローの両者が，実際の経験から全く実証されていなかったにもかかわらず，プロペラは「空気中を推進する最良の方法」であろうと第3回年次報告で述べている．協会が出版する記事は最良の推進機構に関する議論で盛り上がることになった．プロペラか羽ばたき翼か．プロペラを回すエンジンに関しては，「蒸気は確かに最も経済的だが，現状ではガスの方が好ましいだろう」と述べられている．ここでのガスはガソリンではなく，例えば炭酸から得られるような何らかの高温ガスによって動くエンジンを意味していた．ケイリーも同様の考えを追究していた．

協会の会員が直面していた技術的限界が第3回年次報告にまとめられており，そこには1868年における先端技術が確実に反映されている．

> 機械による飛行という難解な問題に関して，我々は機械の設計に必要な基礎と法則の基になる初歩的原則を理解できていない……．主要法則を正しく実験的に定義し，鳥が飛翔に費やしている力の量を求めることにまだ誰も挑戦していない．他方，そのどちらにも人間の機械による飛行が不可能であることを示す明白な証拠は何一つない……．我々は様々な大きさ，形状，傾斜角の表面に作用する風の力に対してもことごとく無知である．一般にこれらは力の分解に関する数学法則に基づいて仮定され，……．しかし，これは現在直面している問題の条件から甚だかけ離れた見解だけを導くことになる．なぜなら，ここでは空気がもつ弾性力と柔軟に形を

変える性質が，……予期しない結果の原因だからである.」

空気力学の神秘さは増し，そしてフラストレーションは高まっていた．しかし楽観主義が全くなかったわけではない．1869年の第4回年次報告には，M・ド・ルーシーがパリで発表した内容を協会が翻訳・印刷した論文の中に以下の記述が見られる．「科学は成熟し，産業の準備も整い，皆が期待している．空中移動の時代はすぐに来るだろう．」

1870年の第5回年次報告には，それまで以上に空気力学的な記述での誤解が見られる．「水の速度と圧力の関係は実際によく知られているが，空気のような弾性力のある媒体での速度と圧力の関連について我々は全く分かっていない．」明らかに水に適用したベルヌーイの効果について語っており，おそらくは空気力学の文献に書かれたベルヌーイの効果としては最初の記述だろう．この記述の最後の部分には，空気力学の文献全てにおいて当時一般的であった懸念が反映されていた．空気の弾力性に関する懸念であり，弾力性のない水を用いた実験で得られたいかなる知見も空気には適用できないだろうという想定であった．根拠のない懸念であった．今日，マッハ数0.3以下の気流は基本的に水と同じように密度が一定の流体として振る舞うことが分かっている．空気の「弾性」による悪影響は何もない．そのような効果は音速に近い，または音速以上の高速においてのみ重要になる．

1876年の第11回年次報告にD・S・ブラウンが発表した論文には，人々の解釈が混乱していたことが典型的に示されている．ブラウンは「抵抗がない」(つまり，流れの中に空気力学物体がない)流れでは空気の密度が一定であることについて述べた後に，次のように述べていた．「しかし流れの中に翼面が存在すると，この密度の均一性はすぐに崩れる．空気は風上を向いている面に衝突して，その勢いの力でそれ自体を圧縮し，その結果として抵抗の緩衝材を形成する．圧縮の間，圧縮される空気の重さにより原動力が消費され，この衝突力が，前述のように翼に対して移動している空気に由来するにせよ，静止している空気を叩く翼に由来するにせよ，翼の受ける支持力を決定する．」ここでも揚力の生成メカニズムに関する理解が全く欠如していることが分かる．翼上面の低圧力と翼下面の高圧力から揚力が発生していることに全く気づいていなかった．さらに翼によって空気が圧縮されるという考え方が当時広まっていたことも分かる．空気の「弾性」に関していらぬ心配をしていた結果であった．

まとめると，19世紀後半の応用空気力学の分野は基盤になっている流体力学の

分野とはかなり異なった過程を経て発展していた．その当時は流体力学の基礎方程式であるナビエ・ストークス方程式は知られていた．ヘルムホルツの業績も知られており，キルヒホフとレイリーは研究を行っている最中であった．レイノルズのような流体力学実験が，流れにおける最も基礎的な問題を解明していた．しかし応用空気力学の分野への技術の伝達が全くなかった．実際，空気力学の文献に初めてベルヌーイの式が用いられたのは1904年10月の航空ジャーナル（*Aeronautical Journal*）に掲載されたアルバート・ザーム（訳者注：ワシントンDCにあるアメリカ・カトリック大学機械工学科の教授であり，本書の第7章に再び登場する）の

図4.20　フランシス・ウェナム

論文のようである．英国航空協会の活躍のおかげで航空学も一般に認められる水準になってきたが，技術伝達を促進する面では協会はほとんど何もしていなかった．

フランシス・ウェナムと風洞の開発

　航空ジャーナルの1908年10月号にはウェナムへの追悼記事が掲載されている．「英国航空協会会員の皆様に，F・H・ウェナム氏が死去されたことをここに謹んでご報告致します．氏は自国で航空学の「父」と呼ばれても良いような，協会設立当時からの主要メンバーでした．彼の論文「航空」（"Aerial Navigation"）（1866年）はこれまで発表された航空科学における論文の中では最も重要な論文に数えられます．」特に興味を引くのは，「自国で航空学の「父」と呼ばれても良いような」という言いまわしである．これは正確な表現だろうか．そしてこの記事を書いた人は何を思って「ような」という表現を用いたのだろうか．それではウェナムのことを詳しく見ていこう．

　フランシス・ウェナム（1824〜1908年）（図4.20）は，19世紀の科学技術者を分類すると，あるグループを代表していた．必ずしも大学教育を受けたわけではなく，広範囲な工学応用に興味を持って力学の基本原理を独学で学んだ人々のグループである（ジョージ・ケイリーもこのグループに当てはまる）．ウェナムは1824年にケンジントンで生まれた．当時のケンジントンはロンドン郊外の農業地域であっ

た．軍医の息子であったフランシスは子供の頃に機械システムに興味を持ち，探索と分析が好きな性格であった．彼の職歴はブリストルにある海洋エンジニアリング会社で見習いを始めた17歳の時に始まった．蒸気船のスクリュー推進方式を専門にしており，その後は生涯にわたって自分のことを造船技師と考えることになる．最初の大きな技術設計は小さな蒸気機関に用いる高圧煙管蒸気ボイラであった．彼はその蒸気機関も設計した．ウェナムの蒸気機関はイギリスで試験が行われた後に，エジプトのアレクサンドリアに輸送された．この地では彼もいっしょにナイル川を航行している．ウェナムの最初の特許は蒸気船とは関係なく，スポーツ銃が誤って発砲することを防ぐために設計された装置であった．

ウェナムの関心が多岐に及んでいたことは，顕微鏡の研究に取り組んでいたことからも明らかである．「航空の歴史におけるウェナムの存在は大きく，世界的な存在であったが，顕微鏡の歴史における彼の存在はそれ以上である[44]．」彼は26歳で顕微鏡協会の特別会員に選出された．そして金属製放物面反射鏡を開発している．その1つが今でも過去の装置類を納めている顕微鏡協会のキャビネットに展示されている．彼は両目で顕微鏡を見る双眼顕微鏡の改良を進め，顕微鏡の照明理論に関する論文を発表した．特に対物レンズの絞り値測定を意欲的に行っていた．さらに顕微鏡の下で研究される対象にも関心を向けて，海藻を含む植物標本の構造に関する論文を多数発表していた．

彼が活動した分野には他にも写真，ガス灯，楽器が挙げられる．ガス灯の明かりの強度を改善する方法の特許を多数取得し，屋内外の両照明設計に彼の考案は広く組み込まれていた．そして「機械的に演奏するピアノおよび打奏によって音符を奏でる他の楽器のために改良した機械装置」という特許を取得していた．バイオリンの音色を良くする方法に関する構想も発表していた．このようにウェナムは幅広い分野にわたって多様な関心を持っていた．これは19世紀の多くの技術者に共通した特徴であった．今日の科学技術の状況とは著しく対照的である．今日では高度化した技術が極めて複雑であるために，先端技術に貢献しようとすると，ある狭い限られた対象分野に対して高度に専門化することが必要になっている．

ウェナムの性格が災いして，彼の評価には賛否両論があった．同僚とのやりとりの中で時々攻撃的になる傾向や，彼の研究をあえて批判してきた高名な科学者に対して激しい非難を浴びせる傾向が見られた．例えば絞り値の計測を行っている時にその計測理論を開発したが，すぐにそれは誤りであることが判明した．にもかかわらず他の研究者が計測した結果について論評した時には，極めて傲慢な

論調で「これまで発表された開口数のリストは完全に当てにならないと考える」と書いている．この記述を実証するウェナムの論文は王立顕微鏡協会から拒絶された．すると彼は即座に協会を辞職してしまった．特別会員になって44年後のことであった．

　ウェナムは数学が苦手であった．このことが彼の多くの研究において常に支障をきたしていた．同僚のエドワード・ネルソンは，1908年の王立顕微鏡協会報告書に次のように書いている．「このような初等数学への不慣れが，多くの重要な点で彼の視界を曇らせていた．その視界さえ晴れていたら，彼は何たる発明者だったことか！」このことが，ウェナムが英国航空協会へ提出した1866年の論文に数式が全く含まれていない理由の1つになっている．ウェナムは顕微鏡を扱った1854年の論文で実験的研究を強調している．「私は実用的効果に関係しない理論に偏愛など持たない．それゆえに私が進める研究では，実験で裏づけるように可能な限りの努力をするつもりである．」これは後に最初の風洞を作り上げる人物が持っていた哲学の証であった．

　空気力学と，より一般的には航空学と呼ばれる分野へのウェナムの貢献は，英国航空協会と共に始まった．彼は協会の創立会員であり，協会設立当初の7人からなる委員会の委員であった．ウェナムが航空学に関心を持っていたことは，彼が造船技師を一生涯の職業として船のスクリュー推進に特別な関心を持っていたことを考えると，特に驚くべきことではない．スクリュー推進は，当時の飛行機に必要であると考えられていた推進技術に類似している．設立当初の委員会に在籍したウェナムと他の3人の会員が顕微鏡協会の特別会員か役員であった．他の1人は機械学会の会長であり，さらにもう1人は大西洋電信ケーブル敷設の成功に一役買っていた．つまり，英国航空協会の創設者は既に他分野で実績を持つ人達であった．ウェナムはその知能と精力的な活動によって，すぐに委員会と初期のほとんどの協会主催会議で中心的な存在になった．1866年のウェナムの論文は初めて高アスペクト比翼の空気力学的な利点を指摘している．1903年にもアメリカの雑誌『航空ワールド』(*Aeronautical World*)で，その点を次のように強調している．「ほとんど全ての揚力が前縁の狭い部分に限定されているので，単に広い支持面での飛行は不可能である．」翼を細く長くする発想と一致している．翼を細く，なぜならほとんどの揚力は前縁付近で発生するので，揚力に関する限り（翼幅と比較して）長い翼弦は単純に余計な負担になってしまう．この高アスペクト比翼が持つ空気力学的な利点は，（ワシントンのスミソニアン学術協会のサミュエル・ラングレーを除いて）後の19世紀の発明家から忘れ去られたようだ．ライト兄弟でさ

え，初期の1900年グライダーと1901年グライダーの設計ではその効果を理解していなかった．その結果，両年のグライダーのアスペクト比はかなり小さな3になっていた．1901年から1902年の風洞試験の後になって，やっとアスペクト比を6まで大きくしている．それが，1902年グライダーが空気力学的に成功した主な理由であった．

ウェナムは協会では他人の研究に対して頻繁に論評と批判を加え，協会外の講演では自らの1866年の論文を繰り返していた．1867年4月17日，協会での講演で空気力学の最先端技術を評価している．「機械的手段による空中の航行に関する限り，我々が持つ空気力学の知識はわずかであり，記録にある情報は矛盾している．……弾性力を持つ空気の作用力と相互作用力に関する明確な法則がないために，我々は航空での発見では出発点にも到着しておらず，機械による飛行を手にする試みも結局は成功がおぼつかないだろう．（p.580)[44]」

ウェナムは研究を取り囲む周囲の状況に対して明らかに欲求不満を感じていた．しかし，彼は行動を計画していた．

> 設計・製作に必要なデータを提供するための一連の実験が大いに必要になっている．わずかに傾斜させて高速で移動する面を用いることで重量物を支えることが可能になる大気層の能力に関する法則を確立できれば，足がかりとなるある真実を手にすることができるだろう．そして見方を変えると，交通手段としての空には，丘，曲がり角，機械類に損傷や障害を与える凸凹など何もない既存のハイウェイと同じ無類の利点があるという思いに至るであろう．その結果，速度の限界は安全面からではなく，適用可能な推進力の大きさにのみによって決まる．[p.580][44]

ウェナムは実験により技術的課題を解決していく生来の性向に従っていた．「私は強さが分かっている空気の人工的な流れを用いた一連の実験を試みて，協会がその成果を所有することを近々提案する．」この記述は最初の風洞開発をほのめかしている．1870年5月に行われた委員会の会議では，この風洞の開発が大いに奨励されることになった．この会議では，「反作用と揚力」に関するデータを取得する実験はそれほど困難ではないという意見の他に，このようなデータが欠如している点を指摘する意見も出ていた．英国航空協会は実験データを取得するためにウェナムを含む4人の一流技術者からなる委員会を6月までに設置して，計画を実行するための資金を募った．実験装置の設計はウェナムが行った．一辺が0.46mの正方形断面を持つ長さ3mの長方形ダクトから構成されている．蒸気機

関で駆動したファンによってダクト内を空気が通過するようになっていた．この装置を製作したのは，協会の会員であるジョン・ブラウニングという眼鏡技師であった（驚くほどのことではない）．そして風洞はグリニッジのペン海洋工学工場に設置された．かくして最初の風洞実験は有名なグリニッジ天文台のすぐ近くで行われることになった．後にその現代版が20世紀の航空の発展において重要な役割を果たすことになることを考えると，なんとふさわしい場所であったことか．

　現代の標準から見ると，ウェナムの風洞は原始的であった．最高速度は64km/hにすぎなかった．気流が不安定なために，正確で再現性のある計測は事実上不可能であった．空気を誘導するための案内羽根が全くなかったために，平均した気流の方向さえはっきりしなかった．ノズルに似た縮流部を持たず，長方形の断面積が常に等しい直管ダクトであった．そして粗雑な天秤が設計されていた．上端に穴が開いている鋼製の垂直棒，その穴の中に挿入して上下と前後に移動できるように直交ピン回転軸によって支持された鋼製の水平棒，この水平棒の片側端に取り付けられた供試体模型（流れに対してある迎え角をとった2次元揚力面），模型の重さと釣り合うように水平棒の他端をスライドするカウンターウェイトから構成されていた．そして揚力と抗力はそれぞれ垂直バネと水平バネによって計測されていた．垂直バネは水平棒に取り付けられ，水平バネは垂直バネから延びているレバーに取り付けられていた．バネの指示値を読みとるために2人の作業員が必要であったが，揚力と抗力を同時に計測していた．風洞の「測定部」は，実際にはダクト出口から0.6m下流の開放空間部であった．今日，この形式の風洞は開放噴流式風洞と呼ばれている．供試体模型である揚力面のみが気流の中にあり，それ以外の錘は木製の覆いで気流から遮断されていた．揚力面には平板が用いられ，最も大きいもので翼幅0.46m（風洞の全幅）に及んでいた．平板揚力面の迎え角は15～60°の範囲で変えられていた．15°以下の迎え角でのデータを得る必要があったが，小さな迎え角での空気力があまりにも小さいために，このかなり粗雑な天秤では正確に計測することは不可能であった．

　こうした問題があったにもかかわらず，その風洞試験データはその類では初めてのデータであったことから，協会の会員から歓迎された．小さな迎え角でも有意義な揚力が発生していることが示されていた．つまり，随伴する抗力よりもかなり大きな揚力が得られていた．これによって，ウェナムは1を十分に上回る揚抗比が達成できることを立証した．それは航空に関係する人々にとって大ニュースであった．（今日，近代的な翼型では最大揚抗比は約100程度になり，飛行機全体では16～20になる．）彼は前縁の近くに圧力中心があることも発見し，この発見と矛盾なく

高アスペクト比翼の利点を示すことができた．その後の1872年4月18日，初の公開実験のためにウェナムはロンドンに風洞を設置して，風洞と天秤の操作について詳細に説明した．そしてかなり粗雑であった計測に関連する潜在的な不正確さを，率直にはっきりと示していた．

ウェナムの発表の後，ジェームズ・グレシャーからその日の最も洞察に満ちた発言があった．グレシャーはグリニッジで行われたいくつかの実験計測に参加しており，流体の中に置かれた物体に作用する空気力に関して，初歩的だが正確な理解をしていた．

> 流れの進路に置かれた平面に対して，弾性体であれ非圧縮性であれ，流れや勢いよく流れ込む流体によって作り出される圧力の性質について注意深く考えないと，平行な力の系は単に圧力中心に作用するたった1つの合力と等価であって，通常の平行四辺形法則に従って力の分解が可能であると考えるであろう．しかし，もちろんそのようなことにはならない．なぜなら平面と接触した流体粒子は，（平面を通過できないので）その表面に沿って滑るように流れることで，ともかくはその進路から逸れることを余儀なくされる．そしてこのことが表面近傍において理論的に予測できないような類の複雑な現象を作り出している．しかし1つだけは極めて明確である．それは平面に作用している全ての微小な力の方向は，明らかに平行ではなく，それゆえに我々には実験が必要なのである．［1872年英国航空協会年次報告］

この内容から1872年における基本的な空気力学の理解度が分かる．この記述には正しい部分も誤りの部分もある．第1章より，自然には空気力が作用するメカニズムが次の2つしかないことを思い出してほしい．(1)一つは表面に作用する局所圧力であり，各々の局所圧力はその位置での表面に対して垂直に作用する．(2)もう一つは表面上を流れる気流の摩擦による局所せん断応力であり，各々の局所せん断応力はその位置での表面に対して接線方向に作用する（図1.3と1.4）．正味の空気力は表面に作用する局所の圧力とせん断応力の分布の積分になる．この観点からグレシャーの発言を解釈すると，以下のような結論に至る．

(1) 平面に作用する正味の空気力は，その面の微小区間に作用する局所での現象の総和によって決まるとして現象を説明した点において，グレシャーは正しい．

(2) もしグレシャーが圧力の効果のみを考えていたとしたら，「平面に作用して

いる全ての微小な力の方向は明らかに平行ではなく」と言った彼の発言は，(この風洞で試験した唯一の幾何形状である)平板というこの特定の状況では間違いである．圧力は表面に対して垂直に作用し，そしてその表面が平板であることから，その平板の微小区間に作用する圧力による力の方向は互いに平行であり，単に和をとることで圧力による正味の力が得られた．さらにこの正味の力は，圧力中心の定義より圧力中心点に作用する．

(3) 他方，グレシャーは流体粒子について「(平面を通過できないので) その表面に沿って滑るように流れることで，……そしてこのことが表面近傍において理論的に予測できないような類の複雑な現象を作り出している」と説明しているが，彼が気づいていたにせよ，いなかったにせよ，この時には表面近傍での摩擦の効果を扱い始めていた．摩擦は表面に対して平行に作用する表面でのせん断応力を生み出す．もし表面のある局所領域での圧力とせん断応力による力がベクトル的に足し合わされると，その合力は表面に対して垂直でも接線でもない，ある角度をとることになる．さらに圧力とせん断応力の両方が共に表面では場所によって大きさが変化するため，表面の局所領域に作用する局所合力の方向は実際には他の局所合力の方向と平行にならないだろう．これが，グレシャーが発言の末尾で言っていたことであった．しかし摩擦によるせん断応力が圧力と共に表面の各点に作用していることから，この発言は事実に反していないというだけであった．グレシャーもウェナムも明確には摩擦の影響に関する考察を何も述べていない．(19世紀にはほとんどの空気力学の技術研究者が，摩擦の影響は無視できるほど小さいと考える傾向があった．) グレシャーは圧力の物理的メカニズムのみを考えていたのではないかと強く疑ってしまう．そう考えると，発言の末尾の部分には誤りがある．

ここでも，空気力学的な現象を理解することに非常な情熱を傾けていた人々の概念が混乱していたことを理解できる．この混乱を解決する点では，ウェナムの風洞実験はあまり役に立たなかった．

　しかしその他の点では，迎え角が小さい時に揚抗比が大きくなることを示し，高アスペクト比翼の利点を示したことで，ウェナムの風洞実験はとても重要である．迎え角の減少に伴って圧力中心が移動することに関して，ウェナムは次のように述べている．「我々は正確に確認することができなかった……．迎え角が鋭角になるに従って，圧力中心が先端に近づいて来ることを発見した．」(これは実際に正しい．平板の迎え角が減少するのにしたがって，圧力中心は平板の中心から前縁に近い

位置，つまり前縁より約25%翼弦長さ（1/4翼弦点）の位置へ移動する．）

ウェナムにせよ，他の誰かにせよ，ウェナムの風洞を引き続いて使用して，追加データを収集したという記録はない．

ウェナムはそれからさらに10年間，協会で精力的に活動を続けていた．他人の研究に対しては効果的に批判を加え，協会の会議では広い範囲で技術レベルを大きく向上させていた．そして1882年7月，彼は突然辞職した．フレッド・ブレアリー（1866年の協会創設以来からの名誉幹事）との長年にわたる確執の結果であった．ブレアリーの技術知識の欠如と彼の横柄な態度が，協会内で問題を引き起こしていた．ウェナムが辞職した後，協会の凋落が始まった．ブレアリーは1896年に亡くなり，その1年後に協会はキャプテンB・F・S・バーデン＝パウエルによって完全に活力を取り戻した．航空ジュールナルの第1巻は1897年7月に創刊され，そして今日もなお王立航空協会の主要出版物であり続けている．1899年9月，バーデン＝パウエルはウェナムに手紙を送り，協会の委員会がウェナムに対して名誉会員の称号を送ることを申し出ていると伝えた．その頃には仕事から引退していたウェナムであったが，知性の面では引退しておらず，名誉会員を受けている．

ウェナムは1908年8月11日に亡くなった．彼は最後まで飛行機に夢中で，意欲的に活動していた．飛行機の部品に関する様々な組み立て技術を扱った最後の論文は，彼が亡くなるほんの数日前に完成した．そして航空ジャーナルの1908年10月号に掲載された．本節の冒頭で引用した彼の死を伝える記事と同じ号であった．

さて，本節の冒頭で提示した質問へと巡りめぐって戻って来た．「自国で航空学の「父」と呼ばれても良いような」という表現は妥当なのだろうか．そして，この記事を書いた人は何を意図して「ような」という表現を用いたのだろうか．この質問に答えるためには，半世紀前のケイリーによる業績の観点からウェナムの成果を解釈する必要がある．

● ウェナム：航空学の父か

ウェナムの業績を見ると，英国航空協会が彼に敬意を払って丁重に扱っていた理由は理解に難くない．しかし，亡くなったばかりの人への追悼の辞は過度になりがちである．航空学の分野において，ウェナムはジョージ・ケイリーに続いで重要な人物であったという点については，疑問の余地はない．しかしケイリーの先駆的な貢献と比べると，ウェナムの業績は全く比較にならない．（おそらく協会

はその違いを認識していたので,「ような」という表現を用いたのだろう.)

　ニュートンの正弦二乗法則による計算では,流れに対して小さな迎え角を持つように傾けられた面の揚力を全般的に過小評価することを見てきた.もしこの法則が妥当であったならば,飛行機の自重と釣り合うだけの揚力を作り出すには,以下の方法のいずれか,または両方が必要になるだろう.(1)はるかに大きな迎え角を使用しなければならない.(2)翼の表面積を大きくする必要がある.どちらにせよ,抗力ははるかに大きくなるだろう.したがって揚抗比も小さくなる.18世紀と19世紀には,計算するとあまりにも揚抗比が小さいために,動力飛行の実現性が疑問視されていた.そのために,ウェナムの風洞データが小さな迎え角でも大きな揚抗比が発生していることを示した時には,航空協会の会員の間には興奮が高まった.しかしケイリーや他の人達が,小さな迎え角では正弦二乗法則は妥当でないことを既に示していた.当時の実験技術を考えると,ケイリーが回転アーム試験装置で行った傾斜平板に作用する空気力の計測はそれなりに正確であった.正弦二乗法則を用いて得られる偽りの結論から生じたいかなる疑いも,ケイリーのデータによってきっぱりと払拭されているべきであった.彼のデータには,小さな迎え角で揚力面から相応の揚力が得られることがはっきりと示されていたのだから.ケイリーは得られた結果の考察に際して揚抗比を強調していなかったが,データにははっきりと示されていた.1809年に発表されたケイリーの研究成果は,ウェナムの研究成果よりも約60年先行していた.ウェナムと他の協会会員がケイリーのデータを知らなかったとは考えにくいが,ケイリーの3部からなる論文(1809～10年)の研究成果は,あたかも指数関数的に減衰するかのように急速に忘れ去られてしまったらしいということも分かっている.19世紀後半の多くの発明者と技術者には,ケイリーの実験に関する詳細な知識がほとんどなかったと思われる.協会からウェナムへの追悼の辞に「これまで発表された航空科学における論文の中では最も重要な論文」として引用された1866年のウェナムの論文では,ケイリーの実験データを一度たりとも参照せず,ケイリーという名前を記すことも,ケイリーに関係する何らかの貢献を間接的に言及することも全くなかった.また,ウェナムが高アスペクト比翼を主張していたことから,飛行機にとって固定翼の概念が有利であることを彼が認識していたとも考えられるが,この概念は3世紀前にダ・ビンチが言及し,既にケイリーが支持していた概念であった.したがって正当に評価すると,ウェナムが気づいていたか,いなかったかにかかわらず,彼の貢献はケイリーの研究の自然な延長であった.明らかにウェナムはイギリス航空学の父ではない.そのような意味のことを表現した

協会は，1人の傑出した会員に対して少し過剰であった．

ただし，一般に航空学，特に空気力学と呼ばれる分野の発展でのウェナムの役割を低く評価しているわけではない．初めて風洞を設計製作して，それを使用したことでも，十分にウェナムの名前は航空工学の歴史に永久に刻まれる．さらに高アスペクト比翼が必要になる時代にかなり先んじてその優位性を主張したことは，この翼が有利になる空気力学的な理由（誘導抗力の減少）に対する手がかりを持っていなかったが，独創的な洞察力を持っていたことを物語っている．そして最後に，彼が長年にわたって航空学の技術面に対して熱意を示し，英国航空協会に対する彼の熱意が協会の創立間もない頃に伝染病の如く波及したことは，全般的に定量的な計測を無視する雰囲気を持っていた航空界の発展に対する貢献であった．ウェナムは航空学の父ではなかったかもしれないが，明らかにその集団の中では影響力のあるメンバーであった．

● ホレイショー・フィリップス：キャンバー翼型と2番目の風洞

ウェナムが協会に風洞実験を報告した報告会に出席していた人々の中に，ホレイショー・フィリップスという名前の青年がいた．彼は27歳という感じやすい年頃だったはずなのに，感銘を受けていなかった．というのは，風洞の気流の品質と，ウェナムが平板の揚力面のみを扱っていたことに対して彼は批判的だった．6年後，航空協会の委員会はトーマス・モイとR・C・ジェイという2人の会員に，半径4.3mの大型回転アーム試験装置を用いてウェナムのデータを拡張するように委託した．その回転アーム試験装置の実験から得られたデータは，迎え角の減少に伴って平面の圧力中心が前縁の近くに移動することを確認したが，それ以外ではほとんど最先端技術に貢献しなかった．フィリップスは再び感銘を受けることもなく，そして自分の手でその問題に取り組む決意を固めた．

ホレイショー・F・フィリップス（1845〜1924年）は鉄砲鍛冶の息子であった．彼がどのようにして飛行機に関心を持つようになったのかは，はっきりと分かっていない．しかし，プリチャードは「早いうちから多額の自費を投じて航空学の実験と研究を実施していた[20]」と報告している．1880年代の初頭にフィリップスはウェナムの風洞実験と，モイとジェイの回転アーム試験装置による実験のデータ品質に不満を感じて，2番目の風洞（図4.21）を設計してこれを運転した．フィリップスはウェナムの風洞での流れの欠点を非常に気にしていた．流れの変動を避けるため，風洞の入り口から空気を吸い込む手段として蒸気噴射装置を選ん

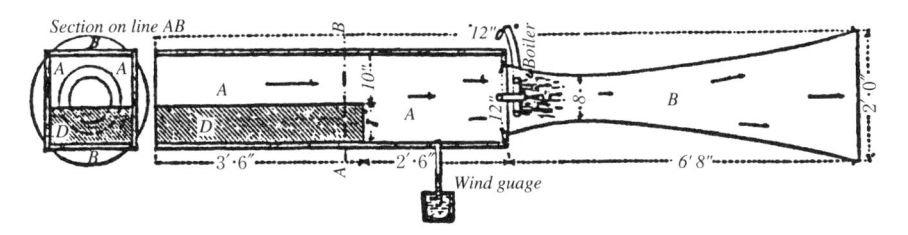

図4.21 正面（左）と側面（右）から見た断面を示したフィリップスによる風洞の概略図

だ．噴射装置は正確に風洞の中心に配置されており，図4.21では左から右の方向に流れるようになっている．そして，噴射装置の左側には一辺が432mmの正方形断面を持つ長さ1.8mの長方形の箱が設置されていた．長方形箱の内側には流路面積を減らすための木製のブロック（図4.21のD）が取り付けられていた．したがってブロックDの上部領域が，流速が最大になる「スロート部」であった．最大で18m/s（66km/h）の風速まで運転することが可能であった．試験対象の空気力学模型はこのスロート部に取り付けられていた．蒸気噴射装置は下流方向に面して（図4.21では右側に向かって）多数の穴を開けた環状の鉄製管であり，大型のランカシャーボイラー（水を満たした長さ9.8m，直径2.1mの鋼鉄製缶に燃焼室である炉筒が2本挿入されているタイプの丸ボイラ）から得られた圧力0.48MPaの蒸気が高速で環状噴射装置の穴から膨張することにより，周囲の空気を引っ張って風洞の中心部に圧力が低い局所領域を作り出し，この低圧領域が左側にある風洞入り口から空気を吸い込んでいた．そして空気と膨張した蒸気の両方が右側の円形ダクト（図4.21のB）を通って排気されていた．完全ではなかったが，この蒸気噴射装置（訳者注：日本ではこの種の装置は蒸気エゼクタ［ejector］と呼ばれている）によりウェナムの風洞での気流の品質を上回る良い品質の気流を測定部で実現できた．

　フィリップスは，ウェナムが平板の揚力面のみを用いていたことに不満を感じていたことから，キャンバー（湾曲）翼型を用いて実験を行った．鳥の翼の形を手がかりにして，上面の曲率が下面よりも大きな一連のキャンバー翼型を設計した．いわゆる二重曲率翼型（図4.22）である．フィリップスは風洞でそれらの翼型の空気力学特性を計測して，同じ風洞で試験した平板の特性と比較した．計測には揚力抗力天秤（図4.23）が用いられた．ここでは，翼型模型（図4.23のA）がワイヤによって旋回軸Bに取り付けられている．錘Wは翼型の1/3翼弦の位置にワイヤで吊り下げられるようにして取り付けられていた．つまりフィリップスは，翼型の圧力中心は1/3翼弦の位置にあると仮定していた．こうして風洞を起動

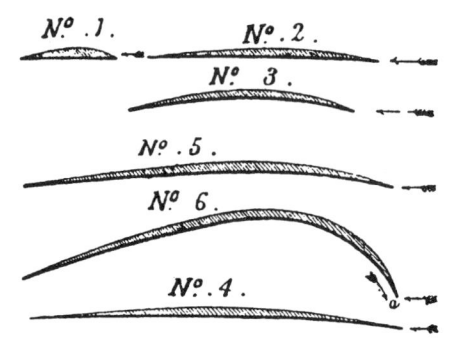

図4.22　1884年に特許を取ったフィリップスのキャンバー翼型

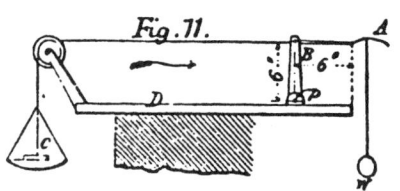

図4.23　フィリップスの揚力天秤概略図

した状態では，翼型が「飛ぶ」流速（すなわち，揚力が錘 W と等しくなる流速）を計測できた．その意味では，フィリップスの装置は本当の揚力天秤ではなかった．風洞の条件（例えば，流速や翼型の迎え角）を変更することも，それと同時にその条件変更に対応する揚力の変化を計測することもできなかった．模型の下に決まった錘 W を吊り下げ，翼型がその特定の錘を支持する状態での流速を計測できるだけであった．滑車を介して翼型の前縁に取り付けたワイヤの他端に秤皿 C を結びつけ，この秤皿を使用して抗力を測定していた．翼型が「飛ぶ」（揚力が錘 W と等しい）状態になれば，秤皿に各種分銅を加えるか，秤皿から取り除くことによって，これに対応する抗力を測定できた．天秤一式はブロック D 上の風洞の中に置かれていた．秤皿は風洞入口のすぐ外に掛けてあり，錘 W はブロック D を切り欠いた主流部外の溝の中に吊り下げられていた．

　この天秤の設計と操作方法によって，フィリップスが研究成果を発表した表（表4.2）の形式が決まってしまい，そのままロンドンで出版された『エンジニアリング』誌1885年8月14日号に掲載されている．表4.2のデータを調べてみると，データ点の選択と実験計画でのフィリップスの理論的根拠には，次節で解説するように大きな欠陥があったことが分かる．しかし欠陥はあったが，フィリップスのデータから読み取れる基本的な主張は，キャンバー翼型は平板よりもかなり大きな揚力を生み出すことであった．それ以前にはジョージ・ケイリーが推測による記録をわずかに残していたが，これは初めて定量的に事実を実証したことになる．フィリップスは明らかに自分の研究の重要性を認識していた．なぜなら，1884年に図4.22に示した翼型形状の特許を取っていた．彼が研究成果を『エンジニアリング』誌に発表して，誰もがそれを見ることができるようになる1年前のことであった．7年後には，別のキャンバー翼型（図4.24）の特許を取った．彼が設計した翼型は真に近代的な最初の翼型であった．そしてこの基本設計思想の背

表4.2　フィリップスの風洞実験データの解析結果

翼型	フィリップスの計測データ (1885)				シャヌートが加えたデータ (1893) Foot-pounds per pound	本書においてアンダーソンが加えたデータ (1993)			
	対気速度 (ft/s)	寸法 (in)	揚力 (ounces)	推力 (抗力) (ounses)		L/D	C_L	C_D	レイノルズ数
平板	39	16×5	9	2	8.67	4.5	0.56	0.124	1.03×10^5
キャンバー翼 #1	60	16×1.25	9	0.87	5.80	10.3	0.947	0.092	0.4×10^5
キャンバー翼 #2	48	16×3	9	0.87	4.64	10.3	0.616	0.060	0.76×10^5
キャンバー翼 #3	44	16×3	9	0.87	4.25	10.3	0.733	0.071	0.70×10^5
キャンバー翼 #4	44	16×5	9	0.87	4.25	10.3	0.440	0.043	1.17×10^5
キャンバー翼 #5	39	16×5	9	0.87	3.77	10.3	0.560	0.054	1.03×10^5
キャンバー翼 #6	27	16×5	9	2.25	6.75	4	1.169	0.292	0.72×10^5
カラスの翼	39	0.5ft²	8	1.00	4.87	8	0.553	0.070	—

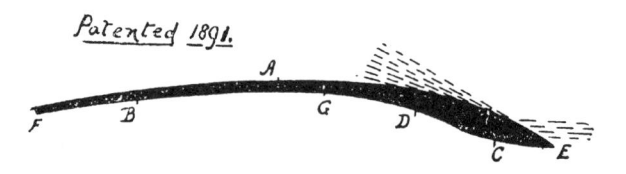

図4.24 1891年に特許を取得したフィリップスのキャンバー翼概略図

図4.25 フィリップスの飛行機 (1893年)

景にあった彼の理論的根拠は正しかった．つまり，湾曲した翼型の上面を流体が流れる時に圧力が減少するので，このことから翼型が持ち上がる作用は上面に作用する低い圧力と下面に作用する高い圧力が合わさった効果であることをフィリップスは認識していた．ケイリーはその事実について暗示していたが，19世紀の大半にわたって，空中を移動する傾斜板が持ち上がる作用は下面に働く空気の「衝突」に起因しているという直観が広く信じられていた．ニュートンの流体モデルによって誤って信じられるようになった誤解であった．フィリップスは下面よりも上面の曲率を大きくした二重曲率翼型を設計することにより，上面でさらに低い圧力を達成して，より効率的な翼型を定性的に得ようとしていた．彼の研究成果は広く普及して，その後に飛行機を真面目に開発する者は，全員がキャンバー翼型を用いることになった．

フィリップスの業績としては2番目に風洞を開発したことと，キャンバー翼型を設計して試験を行ったことが最も有名であるが，後に彼自身の飛行機を作り始めた．1893年，翼幅5.8m，翼弦長38mmの翼を50枚持つ大型装置を組み立てた．翼のアスペクト比は驚くほど大きい152であった（フィリップスは明らかにウェナムの

翼設計思想を取り入れた）．それらの翼は長い葉巻形胴体の上に垂直に並べられており（図4.25），巨大なベネシャンブラインドに似ていた．この無人飛行機は6馬力の蒸気機関を動力として単発の推進型プロペラを回しながら64km/hの速度で全175kgの重量を持ち上げ，ロープに繋がれた状態で一周が191mの円周軌道飛行を行った．しかしフィリップスは，このロープに繋がれた飛行実験によりキャンバー翼型の有効性を確立できたと感じて，世紀が変わるまで試験を中断してしまった．1907年，彼は飛行への最後の挑戦を行った．その結果，1893年のベネシャンブラインド型飛行機をもっと大型に改良した機体で約150m空中を飛行した．その機体には4個のベネシャンブラインドが機体軸方向に並べて設置されており，22馬力のエンジンを動力として牽引型プロペラを回していた．しかしその4年前のライト兄弟の成功に比べると，実にあっけない扱いであった．その後，フィリップスは航空の舞台から姿を消してしまった．彼は1924年に亡くなった．第一次世界大戦中の航空の爆発的な成長を見届けた後のことであった．

ギブズ・スミスはホレイショー・フィリップスのことを「飛行の歴史における偉人」と呼んでいた[25]．19世紀における応用空気力学の窮迫した状態から見ると，フィリップスが平板に対するキャンバー翼の優位性を誰もが理解できるようにはっきりと示したことは翼型設計の画期的な進展であった．もちろん彼の研究成果は完全に実証的であり，そのような翼型性能の理論計算は当時の誰の能力をも超えていた．しかし人間が作り出す飛行機には，キャンバー翼型を用いるべきだということははっきりした．そもそも自然が作り出したほとんどの飛行機には常に備わっている．そうだ．湾曲した鳥の翼の形と同じである．

フィリップスの風洞データ：データ解釈の不備

翼型に関する現代の知識から見ると，全体的なフィリップスの最終結論は正しかったが，彼のデータ解釈には本質的に不備があった．その不備のあるデータ解釈が彼の業績に関する様々な歴史資料を通じて今日まで伝えられてきた．フィリップスのデータを再検討して，解釈の不備がどこで起こったのかを見ていくことにしよう．

表4.2にはフィリップスが調査した平板，6種類のキャンバー翼型（図4.22に示した形状の番号に対応），カラスに似たヨーロッパの鳥ミヤマガラスの翼からなる合計8形状の結果が示されている．9オンス（0.255kg）（ミヤマガラスの翼には8オンス（0.227kg））の錘Wが，それらの風洞翼型模型に取り付けられていた．風洞内で翼

型がうまく「飛行」した時に，その翼型が生成した揚力が重さと等しくなる．つまり9オンス（0.255kg）と翼型の自重を合わせた重さである．しかしフィリップスは，一貫して翼型の重さを表から無視していた．そのために表4.2の「揚力」と記された列には，No. 7の形状まで全て9オンス（0.255kg）が記入されている．この風洞では，噴射装置からの蒸気の質量流量を調整することによって流速を変えることができた．速度があるしきい値を超えれば，翼型は「飛ぶ」（すなわち，揚力が9オンス（0.255kg）の錘と翼型の自重を支える）．フィリップスはそのしきい値を超えて速度が増加しても，（翼型自体の重さを無視して）揚力と翼型の下に吊されている錘の重さが等しくなることを，天秤（図4.23）の機械機構が常に保証していると考えた．重さ W が9オンス（0.255kg）であるなら，流速がいくらであっても翼型が「飛んでいる」限り揚力は9オンス（0.255kg）だと考えていた．錘を翼型に結合しているワイヤが翼型の圧力中心にあったならば，その通りであった．フィリップスは圧力中心が1/3翼弦の位置にあることを仮定して，それに従って吊りワイヤを取り付けた．しかし圧力中心は翼型の迎角によって変化するだろうし，また翼型形状にも依存するだろう．したがってフィリップスの実験では，錘 W は正確に翼型の圧力中心に吊り下げられていなかった．そのためにフィリップスが示した揚力の値では，正確さが損なわれていた．例えば表4.2で「揚力」と記された列には9オンス（0.255kg）が記録されているが，この値は実際の揚力と完全に一致していなかった．事実，報告されている全ての試験条件で実際の揚力値は異なっており，ちょうど9オンス（0.255kg）になっている条件はなかっただろう．1894年にオクターブ・シャヌートはフィリップスのデータに含まれるこの誤りに気づいていた．『飛行機の進歩』(p.167) の中でシャヌートは次のように述べている．「圧力中心の位置が変わることなく前縁から1/3の距離だけ後方にあると仮定してその位置に荷重をかけたことで，おそらく得られた全結果の価値はいくらか下がることになった．この圧力中心は入射角と共に変化することを既に示した……，圧力中心の変化に応じて荷重を吊り下げる位置を変えるべきであった．[45]」

しかしフィリップスのデータ解釈における誤りの方が，実験でのこの不正確さよりも深刻であった．なぜなら，試験翼型の中から最適な翼型を選ぶ結果に影響しかねない誤りだったからである．その誤りを理解するために，現代の翼理論に関する知識を少し見てみよう．様々なデータ群の間で意味のある比較を行うためには，通常は次元解析と呼ばれる手法によって特定される適切な無次元数を取り上げて比較することが必要になる．次元解析では以下に示す揚力係数 C_L と抗力

係数 C_D が，それぞれ揚力および抗力の値自体よりも基本になる値である．

$$C_L = \frac{L}{\frac{1}{2}\rho_\infty V_\infty^2 S}$$

$$C_D = \frac{D}{\frac{1}{2}\rho_\infty V_\infty^2 S}$$

これらの定義は第1章で解説した．さらに低速の亜音速流れでは，ある形状を持つ物体の揚力係数と抗力係数は単に迎え角 α とレイノルズ数（Re）の関数になっている．つまり，

$C_L = f_1(\alpha, \text{Re})$

$C_D = f_2(\alpha, \text{Re})$

である．フィリップスの風洞実験では，様々なデータ点でのレイノルズ数の値は大きく変わらない．表4.2の最終列に見られるように，大部分の条件において Re $= 10^5$ であった．したがって，フィリップスの実験条件では間違いなく次のように表現することができる．

$C_L = f_1(\alpha)$

$C_D = f_2(\alpha)$

α に対する C_L と C_D の定性的な変化の典型例が図4.26に概略図で示されている．ここには揚力と抗力から決まる揚抗比（L/D）の迎え角に対する変化も示されている．これらの概略図はキャンバー翼型に対するものであり，キャンバー翼型では迎え角ゼロでもプラ

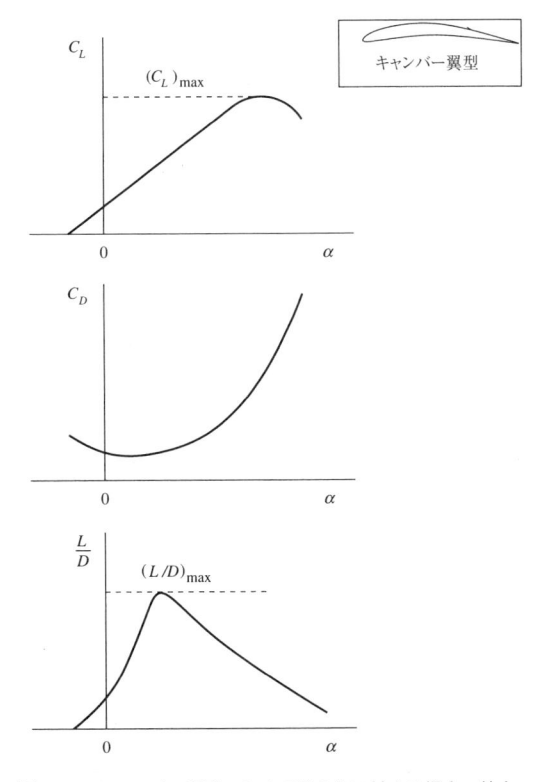

図4.26 キャンバー翼型における迎え角に対する揚力，抗力，揚抗比の曲線

スの揚力が発生する．翼の効率を決定する最も重要な2つの量が図4.26に示されている．すなわち，

(1) 揚力係数の最大値を $(C_L)_{max}$ で表す．$(C_L)_{max}$ になる迎え角よりわずかでも大きな迎え角をとると，揚力は急速に減少する（すなわち，翼型の失速）．$(C_L)_{max}$ の値により航空機が飛ぶことができる最低速度（すなわち，失速速度）が決まる．$(C_L)_{max}$ の値が高いほど，失速速度は低くなる．
(2) 揚抗比の最大値を $(L/D)_{max}$ で表す．$(L/D)_{max}$ は翼型の空気力学的効率を表す直接的な指標になる．$(L/D)_{max}$ の値が高いほど，飛行機の航続距離が長くなる．

揚力の発生に関するもう一つの重要な見方が図4.27に示されている．ここでは迎え角に対する揚力係数の変化が，ある一定の重さの揚力体に対して流速が増加する場合と迎え角が減少する場合にたどる方向と一緒に示されている．次の方程式

$$L = W = \frac{1}{2}\rho_\infty V_\infty^2 S C_L$$

は揚力と揚力係数の関係を示している．もし揚力が（ゆえに，重さも）一定に維持されるなら，流速が増加するのに伴って明らかに揚力係数は（ゆえに，迎え角も）減少することになる．

以上の現代の知識が得られたところで，フィ

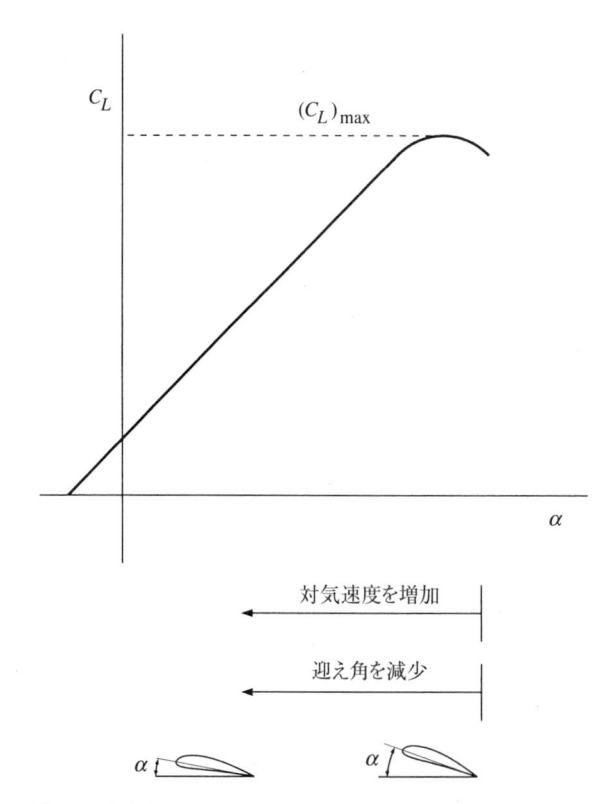

図4.27 定常水平飛行では揚力と重さが等しく維持されるように，対気速度の増加に伴って迎え角が小さくなることを示す揚力曲線

リップスの翼型データを検証する準備が整った．揚力と抗力を揚力係数と抗力係数に置き換えて表現する利点を，フィリップスおよび彼の同時代の人々はまだ利用することができなかった．それができないために，彼が取り上げたデータ点はほとんどが論理の展開に関係しないデータ点ばかりになってしまった．そして，そのために彼は誤った解釈をしてしまった．フィリップスはこの問題に気づいていなかった．一見したところ彼には直観的に論理的であるように見えたのだが，実際には異なる翼型間の比較を不適切にしてしまう計測になっていた．

　表4.2のデータを見ると，フィリップスが取った実験手順が分かる．まず最初に彼は平板の性能を調べた．平板の下に9オンス（0.255kg）の錘を吊して，平板模型が「飛ぶ」（すなわち，平板が空気力学的に発生させた揚力が9オンス（0.255kg）の重さと等しくなる）まで十分に風洞の流速を上げた．平板に関する表4.2の「揚力」の列には9オンス（0.255kg）と記入されていることに注目しよう．図4.27を見ると，発生した揚力が重さと等しくなる最低流速は最大揚力係数 $(C_L)_{max}$ で飛行している状態に相当する．この流速では，平板は翼型の失速間際に相当する迎え角をとっていることになる．さらに，翼型の抗力は失速迎え角に相当する抗力になる．そして図4.26を見ると，その抗力は大きな値になっていることが分かる．次にフィリップスは風洞の流速を上げた．錘を交換しにくい荷重天秤設計であったために，様々な流速に対して同じ9オンス（0.255kg）の錘が使用されていた．したがって，揚力は変わらなかった．つまり，同じ9オンス（0.255kg）のままであった．それゆえに流速が増加すると，図4.27に示した変化の方向に従って，揚力係数と迎え角は減少していった．実際，図4.23に示されているように，天秤の回転軸周りに自由に回転できるようになっていた風洞模型は，流速が増加するに従って揚力が9オンス（0.255kg）に維持される小さな迎え角を自然に探し出していた．流速が増加するに従って抗力も変化していった．図4.23に示したように，秤皿 C に錘を置いて翼の抗力が2オンス（0.057kg）と等しくなるまで流速を調整した．そして，その特定の流速の値が39ft/s（12m/s）であると書き留めた．表4.2にはフィリップスが記入した39ft/s（12m/s）の文字が示されている．翼幅16インチ（0.41m），翼弦5インチ（0.13m）の平板はこの速度で9オンス（0.255kg）の揚力と2オンス（0.057kg）の抗力を発生させていた．フィリップスはほとんど注記程度にその条件での平板の迎え角は約15°であったと記していた．

　それ以降は同じ実験手順を用いて一連のキャンバー翼型（図4.22と表4.2に番号が付されているように，No.1～6の6種類）を試験した．すなわち揚力を9オンス（0.255kg）で一定に維持して，抗力が0.87オンス（0.025kg）になるまで風洞の流速

を調整した．その流速は表4.2の「対気速度」の列に記録されている．しかし，6種類の異なる翼型模型の表面積 S は同一ではなく，翼弦長が1.25インチ (31.8mm)，3インチ (76.2mm)，5インチ (127mm) の3種類あった．このように表面積が異なる場合には，表4.2にある対気速度の値を「最良」の翼型形状を突き止めるための性能指針として用いようとすると，直ちに問題が生じる．例えば翼型 No. 1，2，3と比較して翼型 No. 4，5，6に対して記載されている対気速度が低いのは，模型の表面積が大きいことに起因している部分がある程度は含まれている．このように対気速度は必ずしも翼型形状に固有の性能に起因しているわけではない．

フィリップスが翼型 No. 1〜5に対して一定に保持した実験パラメーターは揚抗比であり，これを $L/D = 10.3$ としていた．さらに翼型 No. 2と No. 3では表面積は同じであった．翼型 No. 4〜6についても表面積は同一であったが，翼型 No. 2と No. 3よりも大きくなっていた．模型表面積と揚抗比を一定に保持した条件下で，各翼型に対してそれぞれ関連づけられた対気速度を比較する趣旨は何であろうか．どうしたらフィリップスのデータから「最良」の翼型を選ぶことができるのか．以下の仮定を置くことでその答えを導くことができる．同じ厚みを持ちながら，湾曲が異なる2つの翼型を考える．図4.28にこれらの翼型に関する揚力係数の変化と L/D の曲線が略図で示されている．翼型 A は翼型 B よりも湾曲している．

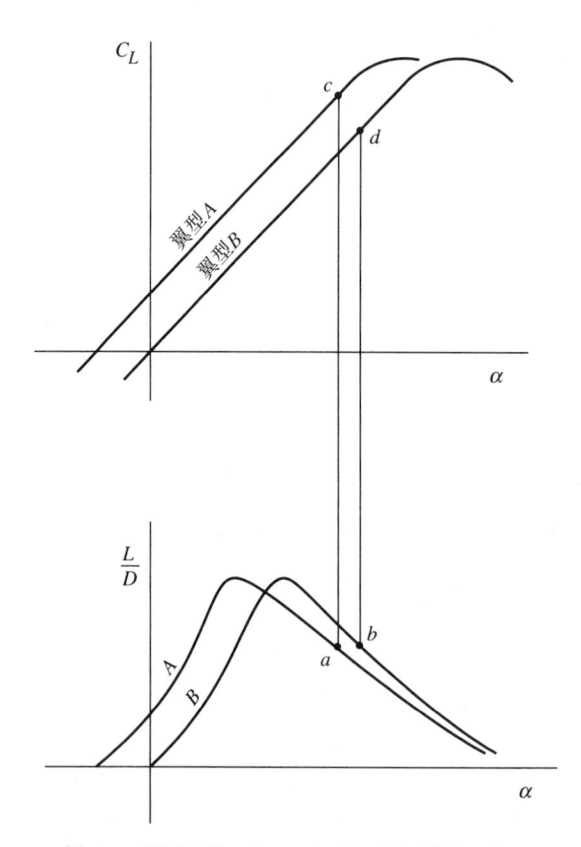

図4.28 対称性を持つキャンバー翼の空気力学的な比較

したがって，A の揚力係数曲線は B と比較して相対的に左へ移動している．さらに $(C_L)_{max}$ は多少翼型厚さに依存するが，翼型 A と B において $(C_L)_{max}$ の値は基本的に同一であると仮定する．A と B の $(L/D)_{max}$ の値も基本的に同一であると仮定しよう．したがって $(C_L)_{max}$ と $(L/D)_{max}$ が同じなので，どちらも他方に対して優っていない．なぜなら $(C_L)_{max}$ と $(L/D)_{max}$ が翼型形状の善し悪しを決める最も重要な判断基準になるからである．翼型 A と B は同等である．もしフィリップスが彼の実験手法を用いて翼型 A と B を試験していたとしたら，何を結論づけていただろうか．両翼とも同じ L/D になる点（図4.28の点 a と点 b）があったはずだ．しかし，翼型 A の揚力係数（点 c）は翼型 B（点 d）よりも大きくなっていたはずである．錘が（ゆえに，揚力も）同一であるために，フィリップスは翼型 A に対してその揚力係数が大きいことから低い対気速度を記録したことだろう．よって翼型 A が翼型 B よりも優れているという結論を下しただろう．しかし現代の知識に基づくと，どちらも等しく「優れている」ことを既に示した．フィリップスが表4.2において最も低い対気速度をもって（しかし，揚抗比は同じ $L/D = 10.3$ であったが）最良の翼型とした翼型選定は，完全に解釈を誤っていた．この評価方法は本質的に彼の実験手順に基づいており，先に述べた問題，つまり1/3翼弦の位置に錘 W を吊したことによって生じた実験誤差とは完全に問題の種類が異なっている．

もしフィリップスが行ったように，最良のキャンバー翼を決める判断基準として表に掲載されている最も低い対気速度を用いるとしたら，対気速度が39ft/s（12m/s）であった翼型 No.5 が明らかに最良になるだろう．（翼型 No.6 にはさらに低い27ft/s（8.2m/s）の対気速度が記されているが，このデータ点では抗力が0.87オンス（0.025kg）よりもはるかに大きくなっている．明らかにフィリップスは，翼型 No.6 に対して抗力が0.87オンス（0.025kg）まで小さくなる速度を見つけることができなかったのだろう．その代わり，抗力が2.25オンス（0.0638kg）であったデータ点を記録している．その時の揚抗比は4になる．このように，翼型 No.6 が他の翼型ほど良好でないことは初めから明らかであった．）フィリップスのデータ解釈方法における誤りを既に示したことから，試験を行った翼型の中で翼型 No.5 が実際に最良の形状であったとは言えないことが分かる．

フィリップスのデータ解釈にまつわる混乱は現代まで伝えられてきた．プリチャードは次のように述べている．「その表から，翼型 No.1〜5 の揚力と抗力（推力）が同じであったという間違った印象を持つかもしれない．全実験条件で同じ迎え角15°での揚抗比 L/D が最大になる速度を比較するために，錘はこれらの実験において同じ9オンス（0.255kg）と0.87オンス（0.025kg）であった．[20]」残念

ながらフィリップスは表4.2のデータ点に対応する迎え角を記録していなかった．しかし，間違いなく各条件で迎え角は異なっていたはずだ．なぜなら各データ点は L/D が一定の10.3になる点に該当しており，翼型が異なると，L/D が一定になる迎え角も異なる．(図4.28には，翼型が異なる場合には，L/D が同一になる迎え角も異なることがはっきりと示されている．点 a と点 b を見てほしい．)

　フィリップスがキャンバー翼型の迎え角を記録していなかったことは，直ちにシャヌートによって指摘されている[45]．シャヌートは，条件が異なると迎え角も異なることを知っており，次のように述べている．「飛行状態の迎え角が記載されていたなら，より満足できる比較が可能になっていただろう．」フィリップスが記した唯一の迎え角は，平板に対する15°のみであった（プリチャードが1957年に全ての条件で迎え角が15°であったと仮定したのはこのためであろう）．平板の抗揚比 D/L が迎え角の正接（タンジェント）に等しいとするニュートンの式に基づいて，シャヌートは表4.2の平板の条件について計算により迎え角が12.5°になる結果を得て，フィリップスが計測した15°は「計算とかなりよく一致する」と述べている．しかし，シャヌートの計算にも不備があった．なぜならケイリーや19世紀の先人達が認識していたように，そのような飛行条件にはニュートンの正弦二乗法則が適用できないからである．現代の空気力学でさえ，フィリップスの平板の条件について迎え角を計算することは（可能だが）大変な作業になるだろう．平板が風洞の全幅にわたっていなかったことで，問題はさらに複雑になっている．17インチ（432mm）の測定部に翼幅が16インチ（406mm）しかなかった．風洞壁面と各翼端の間に生じた1/2インチ（12.7mm）の隙間に（壁との相互作用で複雑になった）翼端渦が発生していたことだろう．そして無視できないほどの誘導抗力と，その他にも誘導流れによる影響をもたらしていたと思われる．これらは20世紀の初めまで知られていなかった物理的な効果である．以前の解説に関連して掲載した図3.24には，平板に関する現代の低レイノルズ数データが示されている．揚力係数を（フィリップスの元々の表に付け加えたように）0.56とすると，図3.24から対応する迎え角は約6.5°になるはずである．フィリップスが記録した値の半分以下である．この食い違いにはいくつかの要因がある．翼型模型の重さは揚力係数を計算する過程で無視されていた．その重さを考慮すると，揚力係数は（ゆえに，迎え角も）大きくなっただろう．また，翼端渦，翼端以外の翼の部分，風洞壁面の3者間での相互作用により発生した誘導流れの影響により，図3.24から得られる迎え角よりもフィリップスの平板の場合には幾何学的に大きな迎え角になっていただろう．しかし，それでも2倍以上大きくなるとは考えられない．おそらくフィ

リップスの風洞には測定部に相当な「流れの偏角」があったのではないだろうか（つまり，局所の流れは風洞の軸線方向にそろっていなかったのだろう）．もしフィリップスが迎え角を求めるのに際して流れの偏角を測定せず，それを考慮にも入れていなかったならば，迎え角を15°とした計測はさらに不正確であったことになる．しかし，データを扱う際にこの現象を考慮するようにフィリップスに求めることは，当時知られていた以上に高度な技術的知識を要求することになる．

　キャンバー翼型に関連する流れ場に興味を持ち，その特性をより詳細に調べたことはフィリップスの功績である．例えば彼は表面近傍における局所の流れ方向を観察するために，今日で言うタフト（翼表面に取り付けられた非常に薄いリボン）のようなものを用いた．この手法により，図4.22に矢印 a で示したように翼型No. 6 の前縁のすぐ下に逆流域があることを観察していた．その翼型には過度の湾曲があったので，鋭い前縁のすぐ下で流れが剥離しても驚きではない．これは翼型の局所流れでの剥離を最初に計測した事例であったと思われる．ただし，より一般的な翼型では流れの剥離は通常翼型の上面で発生する．

　現代の観点から見ると，フィリップスが採取した一連のデータ点群（表4.2）は単に無作為に集めたデータであったと見なさねばならない．したがって，これだけから「最良」な翼型を選ぶことはできない．シャヌート[45]はフィリップスが採取したデータの精度について不審に思っていたが，翼型 No. 5 が最良の形状であると解釈した理屈については基本的に受け入れていた．実際，シャヌートはフィリップスのデータからそれぞれの翼型について単位重さを持ち上げるために必要な仕事を計算していた（"Foot-pounds per pound"「1ポンドあたりのフィート・ポンド」と記された列）．シャヌートは次のように述べている．「もちろん最も効率の良い形状は動力消費が最小になるか，または単位重さを浮上状態で維持するために必要な仕事が最小になるものであり，No. 5 の形状が該当すると思われる．No. 5 の翼型ならば1ポンド当たり3.77フィート・ポンドを消費して，または1馬力あたり66.2kgを支持して飛行する．他方，平板は2倍以上の動力を消費する．」もし，$L/D = 10.3$ の点だけではなく広い範囲の揚抗比で各キャンバー翼型を試験していたならば（一定の揚力9オンス（0.255kg）に対応する抗力を計測するために流速を変更し，その流速に応じて秤皿 C に乗せる分銅を変えることで，フィリップスは容易に試験できたはずである）．他の翼型のいずれかがさらに大きな L/D の最大値を出して最良の翼型として判断されていたかもしれないことに，フィリップスと同様，シャヌートも気づいていなかった．単純に「最良」の翼型を判断するための判断基準として，表4.2にある最小の対気速度を用いるフィリップスとシャヌートの手法は誤

りであった．しかし，当時の飛行機熱狂者がそのように考えてしまいがちなことは理解できる．彼らの主な関心事は，単に飛行機を離陸させるのに十分なエンジン出力を手に入れることであった．ある飛行機を飛ばすのに必要な仕事率は速度の3乗に比例するので，初期の発明者は低い速度で離陸できるならどのような設計でも採用しただろう．もしフィリップスが固定していた $L/D = 10.3$ の拘束条件を緩めていたならば，もっと大きな L/D 値での運転が許されるとして，他の翼型では表4.2の速度よりも低い速度になっていることを見つけていたかもしれないということが，ここでのポイントである．

さて，私達は現代の観点からフィリップスの翼型データと彼のデータ解釈について調べてきた．ちょうど試合後の野球解説者のように解説してきた．1894年に存在していた空気力学の非常に限られた知識の下で，フィリップスは最善を尽くしていたということを忘れてはならない．「フィリップス氏が特許を取得した翼型は絶対的に最も効率の良い形状ではない」という1894年のシャヌートの記述を，私達が行ってきた再検証によって単に再確認できたというところが，おそらく私達にできる精一杯の論評である．フィリップスの主要な貢献は，彼が生きた時代の航空技術界の関心を平板よりもキャンバー翼型の方が優れていることに向けて喚起したことであった．この事実を立証する定量的データが彼の表に示されている．おそらくそれが，表4.2が持つ唯一の真の意義である．表4.2には同一の速度と翼面積を特徴とする2つの条件，つまり平板と翼型 No. 5 がある．（揚力のみならず）揚力係数も同じ0.56であった．これが本当に意味のある比較であった．揚力係数が同一でも，平板の抗力係数ははるかに大きい（平板が0.124であるのに対して，キャンバー翼型は0.054）ので，この比較から平板は間違いなく劣っていることが分かる．言葉を変えて同じことを表現すると，同じ揚力係数において平板の揚抗比（4.5）は翼型 No. 5 の揚抗比（10.3）よりもはるかに小さいと言える．平板と翼型 No. 5 のデータ点はそれぞれの翼型について最適条件になるように決められたとは言えないが，少なくとも同じ揚力係数において比較しているので，比較の結果についてより自信を持つことができる．平板と対比させてキャンバー翼型に関する定量データを示し，そしてそのキャンバー翼型の優位性を実証したことで（データは不正確で，そのデータの解釈も間違っていたが，正しい結論であった），ホレイショー・フィリップスは空気力学の最先端技術に対して多大な貢献を行った．ギブズ・スミスがフィリップスを評して「飛行の歴史における偉人」と述べているが，確かにその評価に値する．

中間総括：空気力学の幼年期

　19世紀になってからの75年間で，空気力学は幼年期を苦しみながら切り抜けた．ジョージ・ケイリーが飛行機には固定翼の揚力面が優位であることを力説したことは，応用空気力学における重要な進展であった．しかし，応用空気力学とその母体の学問領域である流体力学は異なる方向へ歩み出していた．これまで理論流体力学と実験流体力学の進展が直接的に現代流体力学の基礎につながってきた状況を見てきた．そのように成熟度を増してきた古典的な例が，ナビエとストークスがそれぞれ独自に導いた粘性流体流れの理論方程式と，層流から乱流への遷移を示したレイノルズによる先駆的な実験であった．こうした流体力学の大幅な進展を担ってきた人は，主に大学で教育を受けて，ある程度の才能と名声を兼ね備えた科学者であった．

　応用空気力学の進展は全く異なる道を歩んでいた．応用空気力学ではほとんど実験的手法のみが用いられていた．原理に関する基本的な無理解から，そうした実験の多くでは互いに関連性のない無作為に採取された断片的情報のみが得られていた．その結果，どれもが後世に残るデータ集を構成することにはならなかった．ウェナムとフィリップスは空気力学での風洞活用という世界を開拓したが，これは確かに重要な貢献ではあったものの，空気力学の定量的な理解にとって彼らのデータの有用性は実質的にゼロであった．フィリップスは平板よりもキャンバー翼型の方が効率の良い揚力面になることを示したが，19世紀の末には多くの研究者から忘れ去られたらしい．なぜなら，世紀が変わる頃になってリリエンタールによってキャンバー形状の優位性が「再発見」されている．そのうえ，空気力学を応用する仕事に取り組んでいる人はたいてい技術者の階層から来た人達であった．つまり独学で知識を身につけ，知力に優れ，機械の扱いに慣れた職業実務者であって，流体力学に従事している大学教育を受けた科学者の階層とは全く異なっていた．初期の工業技術を確固たる専門職業に育て上げたのが，急速に成長してきたその技術者の階層であった．彼らが英国航空協会の下に団結したのは，その職業意識の盛り上がりを表している．

　19世紀最後の25年間には，応用空気力学において非常に重要な進展があった．特に実験データの品質は増し，そのデータが飛行機の設計に直接的に影響を及ぼした．それらの重要な進展に功績のあった以下の人物について，次節から取り上げよう．大学教育を受けたドイツ人機械技術者のオットー・リリエンタール，その当時最も著名なアメリカ人科学者に数えられていたサミュエル・ラングレー，

最も尊敬を集めていたアメリカの土木技術者オクターブ・シャヌートである．彼らの活躍は空気力学の幼年期に終止符を打つことになった．

●応用空気力学における飛躍的前進：オットー・リリエンタールの業績

19世紀の応用空気力学に潜在的な発展性を秘めた前進をもたらした2人の有力人物として，19世紀初めのジョージ・ケイリーと19世紀終わりのオットー・リリエンタールが挙げられる．リリエンタールは貢献の重要性においてケイリーと同等に評価されている．

1866年，オットー・リリエンタールは弟グスタフの助けを借りて形状の異なる様々な揚力面に作用する揚力と抗力について，途中で何度か長い中断があったものの，1889年まで続いた長期間に及ぶ空気力学計測を開始した．彼らの空気力学計測は，回転アーム試験装置を用いた計測と，後になって風の中で行った計測の2つに分類される．リリエンタールの空気力学データは以下の2つの要因から重要であると考えられる．

(1) 応用空気力学としては，基礎流体力学の基本原理を考慮した体系的手法によって採取され，グラフに表示された初めての多数からなるデータ群であった．明らかにリリエンタールはこの基本原理についてある程度の理解をしていた．
(2) このデータベースには「後世に伝わる力」があったことが証明されている．後にラングレーとシャヌートがこのデータを使用しており，ライト兄弟にとっては1900年と1901年のグライダーで用いた翼の設計で特に有益なデータになった．

リリエンタールの研究の初期では，『航空の基礎としての鳥の飛翔[46]』から抜粋した図4.29に示すような回転アーム試験装置を用いて計測を行っていた．同一の揚力面が水平アームの両端に置かれ，一連の滑車を通した紐に繋がれて落下する2つの錘によってこの水平アームが回転させられていた．空中経路の直径が2～7mの範囲で異なる回転アーム試験装置が何台か製作されている．揚力面の速度は1～12m/sの範囲で変えることができた．揚力面に作用する抗力は，「その面の空気圧力中心のための推進錘を減らすことによって」決められた．この推進錘を「減らす」というリリエンタールの表現が何を意味していたのかはっきりし

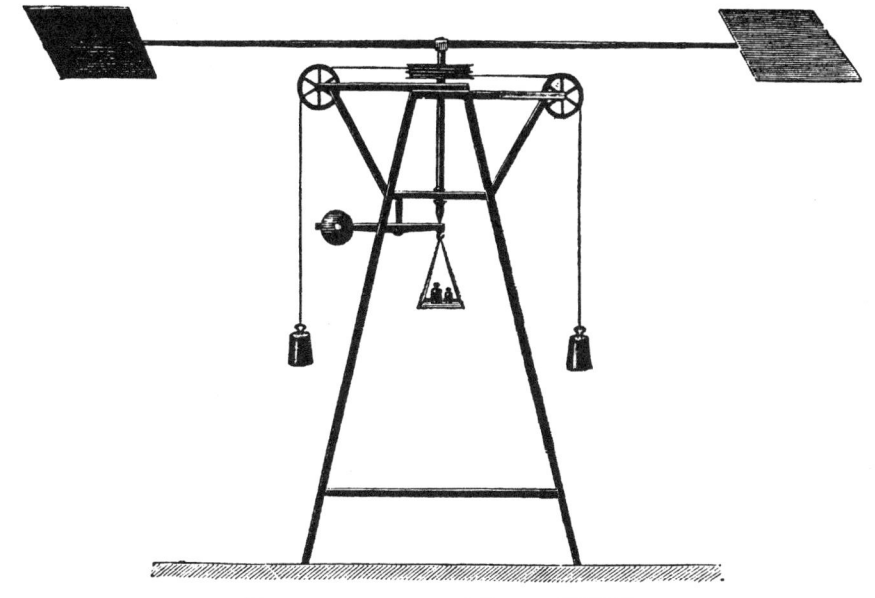

図4.29 リリエンタールの回転アーム試験装置

ない．しかし，回転アームがある安定状態または平衡状態になった速度で回転している状況で，その水平アームの中心に連結している垂直ロッドについて少し考えれば，落下する錘によって生じる回転モーメントはちょうど空気抗力によるモーメントと釣り合うことに気づくであろう．したがって，錘の重さが分かれば抗力を直接計算できた．実験家がよく用いた言葉では，錘の計測値を用いた計算によって抗力データは「減らされた」のだろう．リリエンタールが他の方法で計算を行ったとは想像できない．また，リリエンタールはデータ整理の中で装置に固有の「アームのみによる空気抵抗と摩擦損失」を考慮していた．すばらしい実験家であったことの表れである．揚力は水平天秤の梃子を用いて計測された（図4.29）．この梃子は左端にある球形の釣り合い錘と，右端にある水平アーム，滑車，計量器が取り付けられた垂直軸部の重さによって釣り合うようになっていた．回転アーム試験装置が動作中には，上向きの揚力は梃子の右端に作用していた釣り合い力を減少させることになり，その結果，梃子が釣り合う水平状態を維持するために計量器に錘を置かなければならなかった．この時，揚力は計量器に置かれた錘の重さそのものになる．

揚力と抗力の計測から，リリエンタールは空気力の合力の大きさと方向を計算

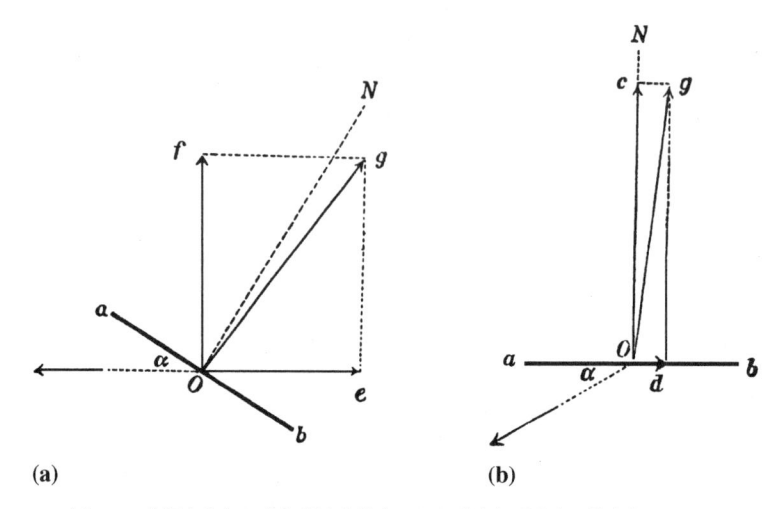

図4.30 空気力合力の (a) 揚力と抗力, および (b) 垂直力と軸方向への分解

した．そして2つの異なった見方からその合力をプロットした．まず，水平または自由流の方向から相対的に合力を見た．図4.30 (a) はこの見方で描かれている．ここでは，自由流の方向が水平な矢印で示され，揚力面 ab（この場合は平板）が迎え角 α をとって傾けられている．揚力 Of と抗力 Oe の合力として得られた空気力の合力は Og で表されている．平板の垂線は ON で示されている．（リリエンタールは，空気力の合力が平板に垂直ではないことを極めて正確に書き留めていた．）彼は $0 \sim 90°$ の範囲で変更した迎え角の関数として合力を計測して，図4.31に示すようにその結果をプロットした．ここでは自由流の方向が水平軸になっており，矢印によって合力の大きさと向きが表されている．各矢印の迎え角は異なっており，その迎え角は矢印の先端に表示されている．外側の目盛りは合力の正確な角度を示すための単なる分度器であって，各合力の方向が読み取りやすいように破線によって外側の目盛りまで延長されている．（鉛直方向からの角度で表された）合力の方向は迎え角と同じではないことに注意してほしい．空気力の合力は平板に対して垂直ではないことが再び図解されている．

図4.31の形式で表された線図は航空工学の歴史では，とりわけ空気力学の歴史では非常に重要である．さらにリリエンタールは計測した合力を表す全ての矢印の先端を実線からなる曲線で結んでいたことにも注目してほしい．今日では図4.32に示すような曲線（すなわち，揚力係数と抗力係数の関係を表す曲線）を抵抗極線 (drag polar) と呼んでいる．現代の航空工学では，抵抗極線から飛行機の性能分析

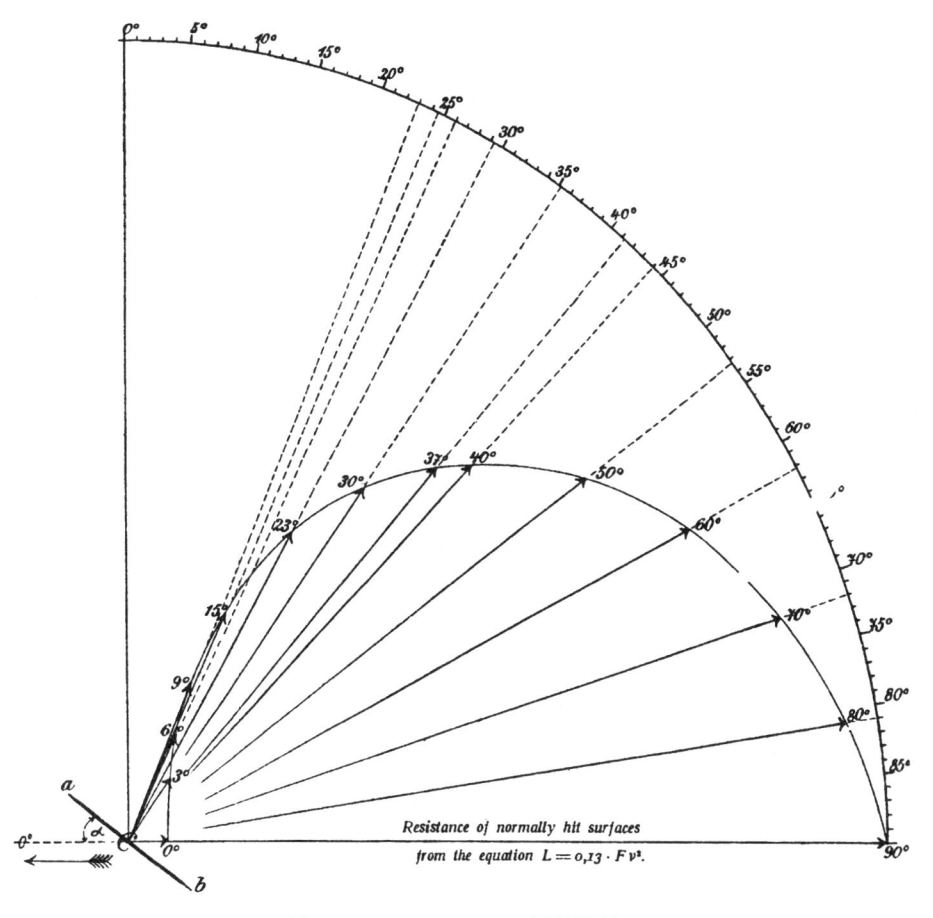

図4.31 リリエンタールの平板抵抗極線図

に必要不可欠な空気力学的情報を読み取ることができる．飛行機の抵抗極線を求める理論計算および実験計測は，空気力学設計および飛行機性能におけるまさに核心部分である．オットー・リリエンタールが初めて抵抗極線を計測して作図した．航空工学での先駆的発展と言える．

図4.31では，90°の迎え角で計測した空気力が90°と記された水平なベクトルによって表されていることに注意してほしい．これは図3.18に描かれているように，流れに対して垂直に向けられた平板に作用する抗力である．以前の解説では，このような平板に作用する空気力は近似的に，

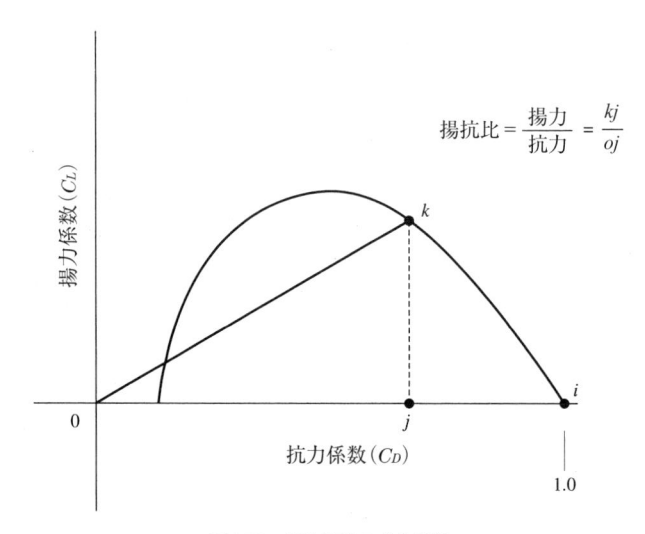

図4.32 抵抗極線の成分分解

$$F = (p_0 - p_\infty)S$$

になることを説明した．ここで，p_0は平板の前面に作用する淀み点圧力，p_∞は背面に作用する圧力（自由流の圧力と等しいと仮定），Sは平板の表面積である．ベルヌーイの式より次のように表すことができる．

$$p_0 - p_\infty = \frac{1}{2}\rho V_\infty^2$$

上記の2式を組み合わせると，垂直平板に作用する力は

$$F = \frac{1}{2}\rho V_\infty^2 S$$

になる．平板は流れに対して垂直に向けられているので，力は抗力のみである．したがって，下記のように表せる．

$$D = \frac{1}{2}\rho V_\infty^2 S$$

抗力係数を用いて抗力を表す通常の方法と比較すると，つまり，

$$D = \frac{1}{2}\rho V_\infty^2 S C_D$$

と比較すると，流れに対して垂直に向けられた平板の抗力係数は，基本的に

$$C_D = 1 \ ^\dagger$$

であることがわかる．図4.31へ戻って，リリエンタールは90°での力の大きさに比例させて，合力を表す全矢印を引いたことに注目してほしい．90°での矢印の長さが $C_D = 1$ に相当する単位長さであると仮定すると，他の全矢印が表す垂直成分と水平成分はそのままその迎え角での揚力係数と抗力係数になる．図4.32ではさらに図解して説明している．Oi の長さを1とする．これは，図4.31におけるリリエンタールの水平ベクトルの長さに相当する．そして図4.32では点 i が抗力係数 $C_D = 1$ に対応している．次に，例えば図4.32における点 k のように90°未満の迎え角をとる場合について考える．この場合，C_L の値は長さ kj に等しく，C_D は長さ Oj に等しくなる．したがって，90°でのリリエンタールのベクトルの長さに対して一貫性をもって描かれていれば，他の全ての迎え角での揚力係数と抗力係数は曲線上の特定の点での垂直軸と水平軸から直接読み取ることができる．リリエンタールの曲線（図4.31）は紛れもない抵抗極線であった．

以上の解説から，リリエンタールのデータ整理においてスミートン係数が果たした役割を明確にするための準備が整った．第3章では，スミートン係数の由来について解説した．スミートン係数は，時代を遡った1759年に流れに対して垂直に向けた平板に作用する力を求めた実験データから得られた単なる相関係数であった．すなわち，

$$F = kSV^2$$

で表される．ここで F はポンドで表された力，S は平方フィートで表された面

---

† 流れに対して垂直に向けられた平板に関する現代の計測結果では，C_D はレイノルズ数と平板のアスペクト比の関数になっている．ホーマー[38]によると，レイノルズ数が1,000以上，アスペクト比が30以下ではその妥当な値は $C_D = 1.17$ になる．しかしリリエンタールが用いた先鋭な翼端を持つ楕円形に近い平面図形では，長方形形状よりも三次元的な流れの影響が強く表れて圧力差が小さくなり，その結果として抗力係数は小さく，つまり1.0に近くなるはずである．したがって，リリエンタールの翼形状に関する現代の空気力学データは存在していないが，$C_D = 1.0$ は満足できる値である．

積，そしてVはマイル毎時で表された風速である．kの相関値は0.005であった．この定数kはスミートン係数として知られるようになり，$k = 0.005$は次の世紀にかけて広まった．しかし，その精度についてはすぐに疑問が投げかけられた．ジョージ・ケイリーは公表されたスミートン係数の値に疑問を持っていた（本書では，ケイリーのデータに基づくと$k = 0.0037$になることを既に計算によって示した）．それにもかかわらず，19世紀には多くの研究者が$k = 0.005$を用いていた．リリエンタールも例外ではなかった．メートル法表記でのスミートン係数は，Fはキログラム重，Sは平方メートル，Vはメートル毎時で表されて，$k = 0.13$になる．リリエンタールの本の至る所に$k = 0.13$の値が現れている．事実，リリエンタールは垂直平板に作用する力を求める式を抵抗極線図（図4.31）に直接書き込んでいるが，スミートン係数には一般的に受け入れられていた値である0.13を用いていた．（図4.31に示されている式に惑わされないように．リリエンタールの記号ではLは抗力，Fは面積である．）後にライト兄弟は，図4.31のようなリリエンタールの空気力学係数データに疑いを持つことになった．しかし初めは完全に否定していたが，後に彼らが自ら実施した風洞試験により，ある部分は正しいことを確認している．長期間にわたって航空歴史家は，リリエンタールのデータにまつわる問題にはスミートン係数が原因になっている部分もあると推測してきた[24]．しかし，私の考えは異なる．リリエンタールがデータを示した図4.31の形式をもう一度見てほしい．彼は明らかに全データを90°の迎え角で得られた力に対する比率で示している．このように表示することで，スミートン係数の影響は全て相殺されている．例えば，迎え角90°での抗力が$C_D = 1$に等しいとして比率を決めると，図4.31から得られるあらゆる迎え角でのC_LとC_Dの値もスミートン係数の誤差の影響を受けなくなる．図4.31に示されているリリエンタールのデータは，彼が用いた回転アーム試験装置や揚力と抗力の計測装置のために，多くの実験的な不確かさに影響されている．しかしスミートン係数の誤差はそのような要因とは異なる．図4.31のようにデータを表示する様式では，スミートン係数がリリエンタールのデータの精度に影響を及ぼすことはなかった．

　図4.31に示されている平板に関する空気力学データは，リリエンタールの研究の駆け出しにしかすぎない．このデータは純粋に参考データにするために採取されていた．リリエンタールの主目的はキャンバー（湾曲）形状の空気力学特性を調べることであった．彼は自著の本に最大キャンバー位置が翼型の中央にある円弧形状の翼型（図4.33）の抵抗極線を掲載している．そこにはキャンバー（h/l）が1/40，1/25，1/12である円弧翼型の回転アーム試験装置による試験結果が示さ

図4.33 円弧翼

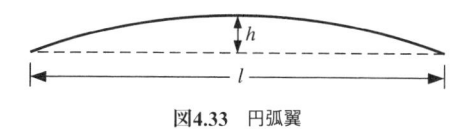

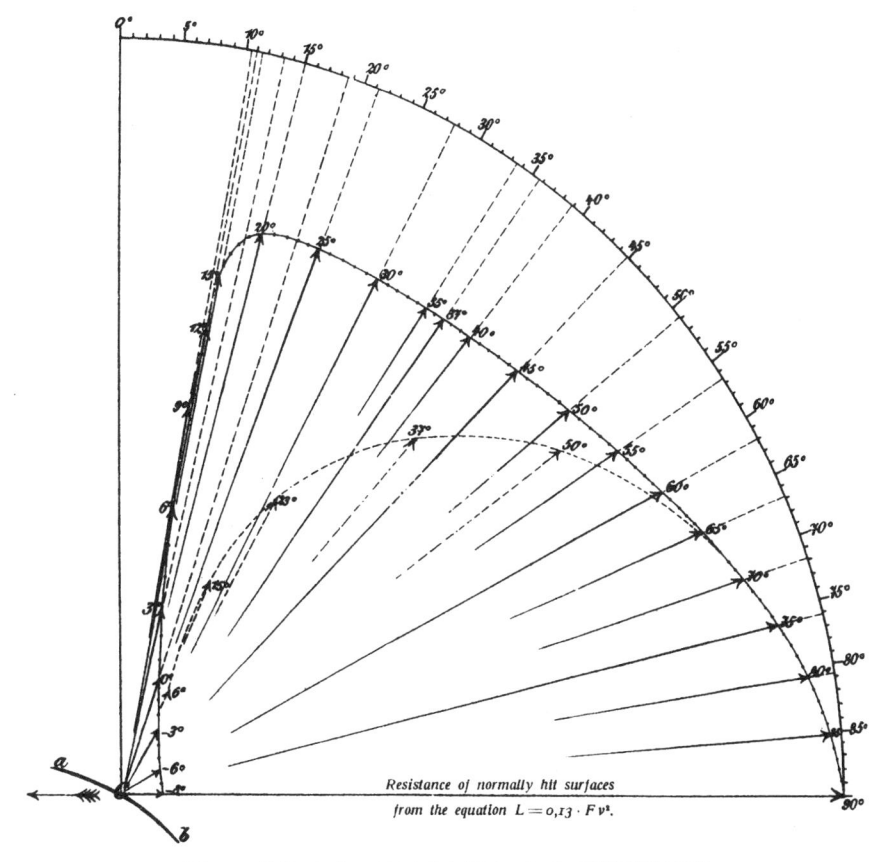

図4.34 リリエンタールによる1/12キャンバー翼型の抵抗極線

れている．ここで h と l は図4.33のように定義される．1/12キャンバー翼の抵抗極線が図4.34に示されている．実線がリリエンタールの抵抗極線データである．破線は単に比較のために図4.31にある平板のデータが繰り返し示されている．明

らかにキャンバー形状はどの迎え角でもより大きな揚力を発生している．このようにグラフに表示されたことで，図4.34にあるキャンバー翼の揚抗比が図4.31の平板よりもはるかに大きいことが分かる．これらのデータを比較して，リリエンタールは次のように述べている．「飛行が目的の場合，湾曲した面が平板に対して明らかに優位なことが示された．」もちろん平板に対してキャンバー翼型が優位で

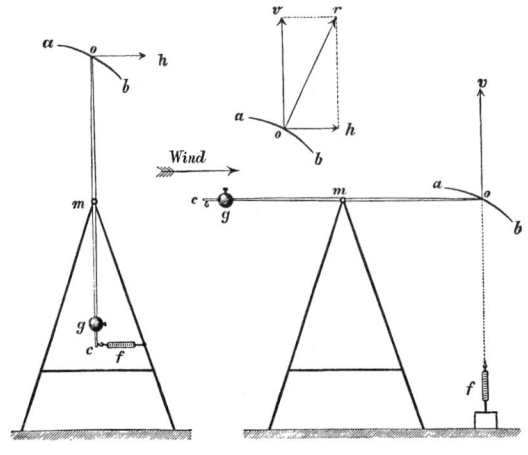

図4.35 自然風の下で揚力と抗力を計測するためのリリエンタールの装置

あることを最初に示した人物はリリエンタールではない．ケイリーが指摘していたし，フィリップスも風洞実験から証明していた．しかしリリエンタールのデータは，それまでのどのデータよりも大規模かつ論理的にキャンバー翼型の優位性を証明している．この後，将来の飛行機にキャンバー翼型が用いられることを疑問に思う者はいなくなった．

　自著の本の中で，「全ての実験において，空気抵抗は流速の2乗に比例して変化するという法則を確認することができた」とリリエンタールは述べている．この事実に関する疑問は全て17世紀のマリエットとホイヘンスの実験計測によって解決しているはずだった．同様にロビンス，ケイリー，フィリップス，さらに他の人も繰り返し確認していた．それでもリリエンタールは，再度言及せざるを得ないと感じていた．おそらく，単に流速二乗則の証明をさらに付け加えようとしたのではなく，自身の発見を既存の知識と関連させてさらに権威づけようとしたのだろう．しかし「確認」という言葉を用いているので，単なる証明を付け加えようとしているようにも思える．

　リリエンタールの空気力学における実験的研究の第二幕は1874年に始まった．この時には，野外の自然風の下で固定した翼に作用する空気力の計測が行われた．場所はベルリンのシャルロッテンブルクパレスの背後にある木々のない平原であった．計測に用いた装置が図4.35に示されている．抗力の計測方法は左側に示されている．風にさらされた翼型 ab には抗力 Oh が作用する．水平バネ f に

よってこの抗力の大きさを計測できた．右側には揚力の計測方法が示されている．ここでは，風にさらされた翼型 ab に作用する揚力が垂直バネ f によって計測された．風向風速は，時には 1 分間に何度も変わるほど，時間と共に常に変化する．したがって風速と空気力の瞬時計測と同時計測が必要であった．彼は図4.36に示す風速計を用いて風速を計測した．この装置では平板 F がロッド ik に取り付けられており，そして螺旋バネを介して点 i に連結されていた．風が平板 F に力を作用させて，平板は平衡状態（この時，抗力とバネの力が釣り合う）になるまでロッドに沿ってスライドする．指針 t は直接流速で較正した目盛りの上を通過する．リリエンタールの言葉では，「平板 F の面積から様々な風速での風圧を簡単に計算することができ，螺旋バネの弾性が分かっているので，精度良く目盛りを較正すること

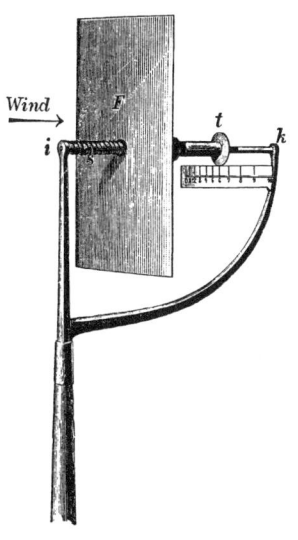

図4.36 気流速度を計測するためにリリエンタールが製作した風速計

が可能である」と述べられている．リリエンタールは気づいていなかったが，彼の較正は決して正確ではなかった．彼が行った計算は，先に解説した垂直平板に作用する抗力を求めるための，よく知られた法則を基にしていた．すなわち，

$$D = kSV^2$$

ここで k はスミートン係数である．その方程式から，以下のように流速が得られる．

$$V = \sqrt{D/kS}$$

しかし，リリエンタールはスミートン係数の値に $k = 0.13$（メートル法表記）を使用していた．既にこの k の値は 2 倍近く大きいことを見てきた．したがって，リリエンタールの流速計測値は $1/\sqrt{2}$ 倍にまで小さくなっていた．

しかし流速計測でのこの誤差は，本質的に揚力係数と抗力係数の計測結果に対して影響を及ぼすことはなかった．なぜなら自然風の下で得られた空気力学データも，先に回転アーム試験装置で得ていたデータと同じ形式でプロットされたからである（つまり，そのデータも迎え角90°の空気力に対する比率で表示されていた）．図4.37には 1/12 キャンバーを持つ円弧翼の抵抗極線が示されている．実線で表された曲線が自然風の下で得られた計測データである．全ての迎え角での計測結果が迎え角90°での計測結果に関連づけられて表示されているので，速度とスミー

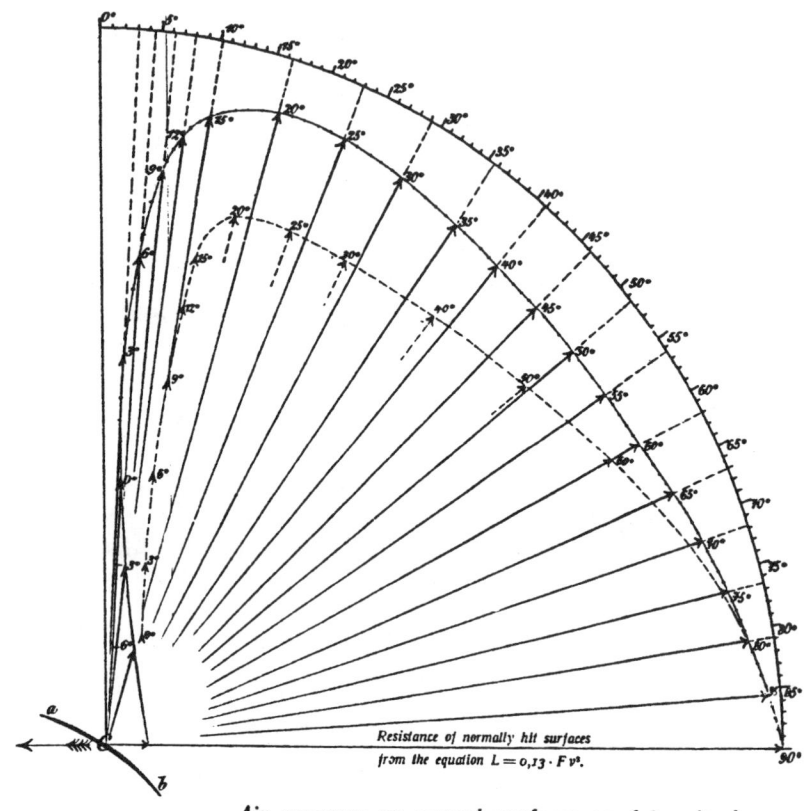

図4.37 リリエンタールの1/12キャンバー翼型抵抗極線：自然風の下で計測

トン係数の影響は両方共に相殺されている．比較のために，図4.34の回転アーム試験装置での計測結果を図4.37に再び破線で示してある．

図4.37において，自然風データと回転アーム試験装置データの間にはっきりと見られる相違についてコメントが必要だろう．明らかに，自然風の下で得られたデータの方が全ての迎え角で揚力係数と揚抗比が大きくなっている．その理由は何か．リリエンタールの風速計測値における誤差が原因ではない．なぜならデータを提示する過程で流速の影響は相殺されているからである．最も可能性の高い理由は，回転アーム試験装置と自然風での計測装置が両方とも必ず固有に持って

いた実験上の不確かさである．両装置とも20世紀になってからの空気力学実験室では居場所がなくなってしまった．リリエンタール自身も実験を遂行するにあたってこれらの装置が不十分であることを理解していた．

　　傾きが異なる湾曲翼に作用する空気圧を求めるには，私達は実験を当てにするしかない．航空や鳥の飛翔の説明に役立つ数値を私達にもたらしてくれるのは，力の実測のみである．
　　静止空気の中で実験翼を移動させても，翼に対して空気を衝突させても良い．
　　前者の場合には翼の運動は回転運動に限られ，（図4.29と）同様な装置を用いなければならない．
　　翼面の直線運動には大きな二次抵抗を伴う機械装置が必ず必要になり，その結果としてさらに大きな誤差の発生要因を作り出すだろう．他方，回転アーム試験装置では直線運動を調べることができない．そして半回転すると，試験に用いられている空気は不安定な領域に入るため，誤差を招く．円形経路の直径が大きくなるに従って，直線運動からの逸脱と空気の不安定領域という両方の不利益が減少する．したがって，その種の装置は可能な限り大型にするべきである．
　　第二の方法，つまり試験面を風にさらす方法では直線運動の効果を調べることはできるが，次の欠点に苦しむことになる．すなわち，ほとんど常に風の強さは変化し，風速計が妥当な値を指示する瞬間を捉えることは極めて困難である．したがって，非常に多くの実験を行って満足できる平均値を決定する必要がある．
　　我々は繰り返しその両方の方法を用いてきた．なぜなら，湾曲面に作用する空気圧について極めて正確に知ることの重要性を認識していたので様々な方法で調べることを望んでいたものの，自分達が得た結果の照合が可能になる同様の実験方法について他に何の知識もなかったからである．[p.63][46]

リリエンタールが自分のデータの精度について正しく認識していたことは明らかである．しかし，自然風の下で得られたデータが真の値に最も近いとも信じていた．特に図4.37に示す自然風データ（実線）と回転アームデータ（破線）間の比較に関して，次のように述べている．「ここでは2種類の実験方法の間に差が認められる．この相違は回転アーム装置によってもたらされた誤差に起因している．」リリエンタールが自然風データを一方的に信じていたことで，そのデータが他の研究者へと広まり，そしてリリエンタールの主要な研究成果と見なされるようになった．リリエンタールは図4.37にある研究結果を表の形式に書き換え，ドイツ

TABLE OF NORMAL AND TANGENTIAL PRESSURES

Deduced by Lilienthal from the diagrams on Plate VI., in his book "Bird-flight as the Basis of the Flying Art."

a Angle.	η Normal.	ϑ Tangential.	a Angle.	η Normal.	ϑ Tangential.
−9°	0.000	+0.070	16°	0.909	−0.075
−8°	0.040	+0.067	17°	0.915	−0.073
−7°	0.080	+0.064	18°	0.919	−0.070
−6°	0.120	+0.060	19°	0.921	−0.065
−5°	0.160	+0.055	20°	0.922	−0.059
−4°	0.200	+0.049	21°	0.923	−0.053
−3°	0.242	+0.043	22°	0.924	−0.047
−2°	0.286	+0.037	23°	0.924	−0.041
−1°	0.332	+0.031	24°	0.923	−0.036
0°	0.381	+0.024	25°	0.922	−0.031
+1°	0.434	+0.016	26°	0.920	−0.026
+2°	0.489	+0.008	27°	0.918	−0.021
+3°	0.546	0.000	28°	0.915	−0.016
+4°	0.600	−0.007	29°	0.912	−0.012
+5°	0.650	−0.014	30°	0.910	−0.008
+6°	0.696	−0.021	32°	0.906	0.000
+7°	0.737	−0.028	35°	0.896	+0.010
+8°	0.771	−0.035	40°	0.890	+0.016
+9°	0.800	−0.042	45°	0.888	+0.020
10°	0.825	−0.050	50°	0.888	+0.023
11°	0.846	−0.058	55°	0.890	+0.026
12°	0.864	−0.064	60°	0.900	+0.028
13°	0.879	−0.070	70°	0.930	+0.030
14°	0.891	−0.074	80°	0.960	+0.015
15°	0.901	−0.076	90°	1.000	0.000

図4.38 空気力学係数を記したリリエンタールの表

飛行船旅行振興協会の特別会員ハーマン・メーデベックが1895年にそれを出版している．それに続いてオクターブ・シャヌートが論文「滑空("Sailing Flight")」にその表を掲載したことで，アメリカ人が利用できるようになった．この論文はジェームズ・ミーンズがボストンで出版した

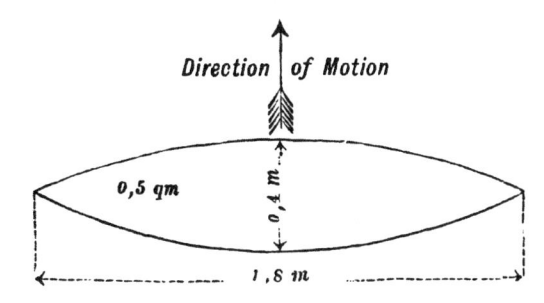

図4.39 リリエンタールが空気力学実験に用いた模型の平面寸法と形状

1897年の『航空年鑑』に掲載されている．図4.38はシャヌートの記事に掲載されたリリエンタールの表そのもののコピーである．ライト兄弟が1900年と1901年のグライダーの設計に使用したのがこの表であった．彼らが膨大な書簡の中で「リリエンタールの表」として引用しているのは回転アームデータではなく，全て自然風の下で得られたリリエンタールのデータ，つまり図4.38の方であった．さらにそのデータは1/12キャンバーの円弧翼型のデータであった．翼の平面図が図4.39に示されている．残念なことに，シャヌートは1897年の論文の中でリリエンタールの翼面と翼型の詳細な形状を記載せずに，単に「面は（断面において）幅の約1/12だけ上向きにアーチ形に曲がっている」とだけ説明していた．その結果，ライト兄弟を含む後の研究者はしばしば全く意図していない形状にもリリエンタールの表にあるデータを適用することになった．後にウィルバー・ライトはシャヌートに対してその手落ちを柔らかに咎めている（1904年11月22日付のウィルバーからシャヌートへの手紙）．「リリエンタールの表では，1/12の湾曲をもつ0.4m×1.8mの形をした面（ここでウィルバーは図4.39に示したような形をスケッチしている）のための表であり，自然風の下で計測された結果であると，その表に関連させてはっきり述べておくべきではなかったでしょうか．どのような表でも，それを適用できる面がはっきりと示されていなければ，大きな誤解につながりやすいものです．世の中に普遍的に適用できる表はありません．」

　もう一つ別の理由から，リリエンタールの表は応用空気力学と航空工学における歴史的な資料であった．この表から空気力学係数の概念が生まれたからである．つまり，1以下の値をとる係数η（項目名"Normal（垂直方向）"）および係数θ（項目名"Tangential（接線方向）"）と迎え角の関係を表にしていた．リリエンタールは以下の関係式によりこれらの係数を定義した．

$$N = \eta \times 0.13 \times F \times V^2$$
$$T = \theta \times 0.13 \times F \times V^2$$

ただし，リリエンタールが使用した記号をそのまま使用している．N は翼弦に対する空気力合力の垂直方向成分をとった「垂直圧力」，T は翼弦に対する空気力合力の接線方向成分をとった「接線圧力」，F は翼の平面積，V は自由流流速，0.13 はメートル法でのスミートン係数である．リリエンタールは係数の η と θ に名前を付けなかった．後に，シャヌートは 1897 年の『航空年鑑』に寄せた記事の中で，単に「リリエンタールの係数」として参照した．現代の航空工学では，垂直力と軸（接線）力は以下のように書かれている．

$$N = C_N \left(\frac{1}{2}\rho\right) FV^2$$

$$T = C_A \left(\frac{1}{2}\rho\right) FV^2$$

ただし，力を表す N と T，面積を表す F には，リリエンタールが使用した記号をそのまま用いている．C_N と C_A はそれぞれ現代の航空工学で一般的に使用されている垂直力係数と軸力係数である．リリエンタールの方程式とこれらの方程式を比較して，スミートン係数を基本的に $\rho/2$ として解釈すると，リリエンタールの係数 η と θ はそれぞれ垂直力係数と軸力係数になる．このような力の係数が空気力学において定義され，使用されたのはこれが最初である．揚力係数と抗力係数は，簡単な三角法の関係 1 から垂直力係数と軸力係数に関係づけられる（以下にリリエンタールの記号を用いて表す）．

$$C_L = \eta \cos \alpha - \theta \sin \alpha$$
$$C_D = \eta \sin \alpha + \theta \cos \alpha$$

リリエンタールの表では，迎え角 90° では $\eta = 1$ および $\theta = 0$ になっている．上記の関係式から，迎え角 90° に対して $C_D = 1$ が得られる．これは以前の解説と一致している．

空気力学係数を定義し，初めてそれを利用したことはリリエンタールの功績である．彼は垂直力係数と軸力係数の形式で表にまとめた．しかし，リリエンタールは空気力が揚力成分と抗力成分に分解できることについても完全に理解していた．それが，彼が考え出した抵抗極線の本質であった．ただし，揚力係数と抗力係数を表の形式にまとめることはしなかった．リリエンタールが空気力を一方では垂直方向成分と軸方向成分へ分解し，他方では揚力成分と抗力成分へ分解して，この 2 つの力の分解を自由に行き来していた事実が，彼が説明に用いた図に

第 4 章　空気力学の幼年期　193

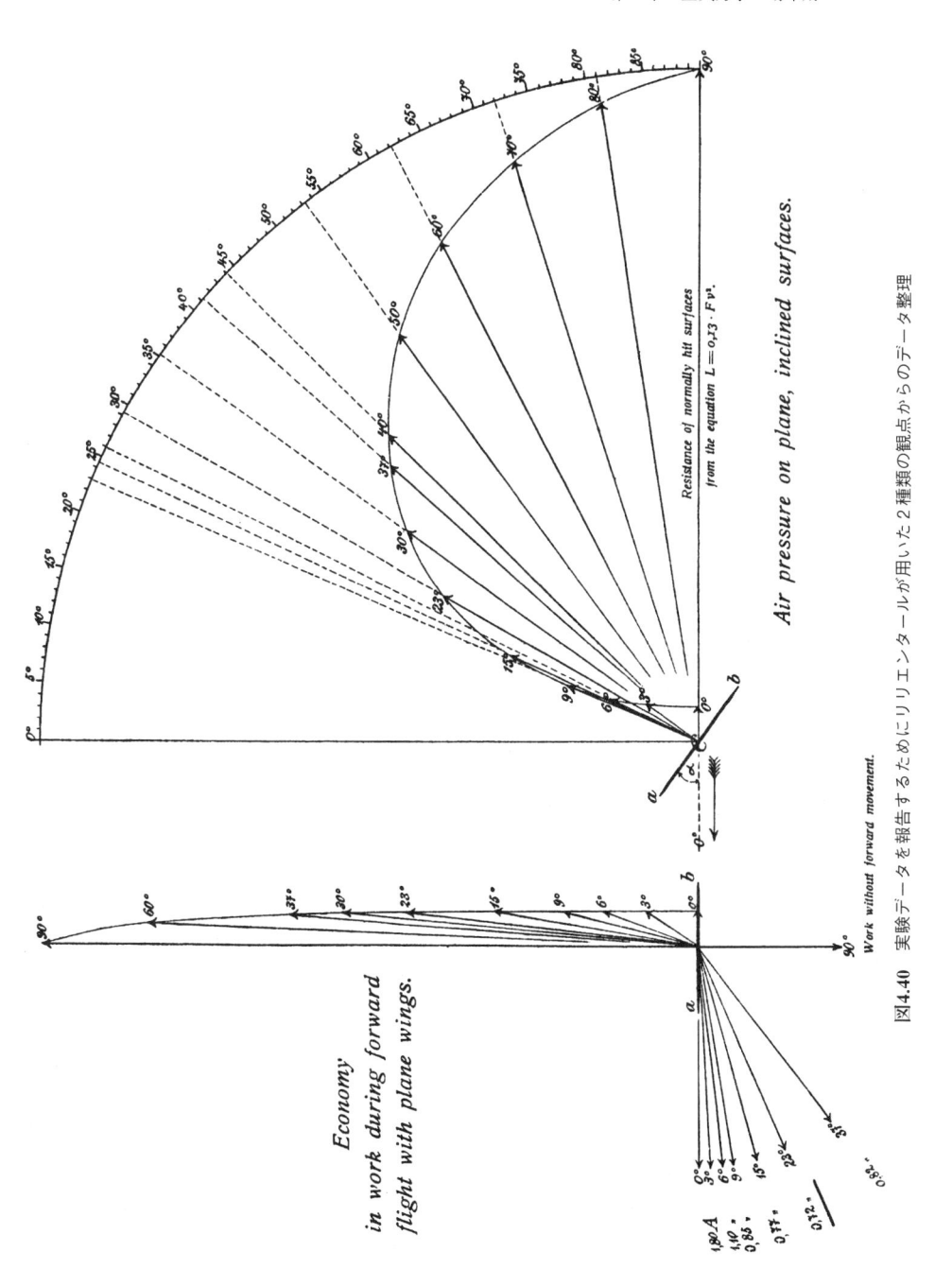

Resistance of normally hit surfaces from the equation $L = 0.13 \cdot F v^2$.

Air pressure on plane, inclined surfaces.

Work without forward movement.

Economy in work during forward flight with plane wings.

図4.40　実験データを報告するためにリリエンタールが用いた2種類の観点からのデータ整理

はっきりと表れている．図4.34と4.37には図に示して説明した彼の独創性の片面のみ，つまり自由流に垂直な力と平行な力への分解を扱っている抵抗極線のみが再現されている．そして図4.30aに示されているように，この垂直な力と平行な力がそれぞれ揚力と抗力である．ここでは自由流れの方向が横軸方向に固定され，翼型は様々な迎え角に変化している．それに伴って，空気力の方向も変化している．リリエンタールは翼型自体の方向との相対関係で表した空気力のグラフも描いている．図4.30bに垂直力と軸力が示されている．この見方では翼弦が横軸方向になるように翼型が固定され，迎え角の変化が相対風の方向の変化として描かれている．リリエンタールは抵抗極線図の左側にこの見方からデータをプロットした．図4.40にはリリエンタールの平板データが2種類併記されている．右側にはもうお馴染みの抵抗極線が相対風の方向を横軸方向に取って示されている．その左側には平板が常に横軸方向に向けられて，その平板との相対角度でプロットされた空気力の合力が示されている．空気力の合力は矢印で示されている．各矢印の先端には数字で角度が記されているが，これはその実験での迎え角を示している．そして90°と記されている矢印が，迎え角90°での平板に作用する空気力であることに注意してほしい．予想したとおり，迎え角90°では空気力は平板に垂直になっている．しかしリリエンタールのデータによると，他の迎え角では合力は平板に対して垂直ではない（図4.40左）．平板に対して垂直な力を予測していたニュートンの衝突理論が17世紀後半に現れて以来，翼型に対する空気力合力の向きに関する疑問は論争の的であった．翼弦に対して垂直か，それとも違うのか．この疑問は，最終的にリリエンタールの実験によって完全に解決した．図4.40の左図では，いかなる迎え角においても矢印の垂直成分は翼型に対する垂直力であり，水平成分は接線方向の力，つまり軸力になっている．さらに全ての矢印の長さは90°における矢印の長さに対する比率で決められている．90°における矢印の長さを1として考えると，これは$C_D = C_N = \eta = 1$に相当する．そして他の迎え角でのηとθ（現代の専門的記号ではC_NとC_A）の値は，それぞれの矢印の垂直成分と水平成分から直接求められる．

以上のことを理解したうえで，リリエンタールの1/12キャンバー円弧翼型（図4.41と4.37）に関するデータを調べてみよう．図4.41にはコメントに値する重要事項が2点ある．まず初めに90°での矢印の長さを単位長さとしてみなす場合には，全ての矢印の鉛直成分と水平成分がそのままηとθの値になる．リリエンタールの表に記載されている数値（図4.38）は，図4.41からこの方法によって直接求められた値である．第二に，空気力の合力が常に平面に対する垂直線の後方に

第 4 章　空気力学の幼年期　195

傾斜している（つまり，常に右側を向いている軸力を伴う）平板の場合（図4.40）とは異なり，リリエンタールのキャンバー翼型データではいくつかの迎え角で空気力の合力は翼弦に対する垂直線の前方に傾いて（つまり，左側を向いている軸力を伴って）いる．リリエンタールはこの左方向の力のことを「押し出し成分」と呼んで，キャンバー翼型が優っていることのさらなる証拠として引用していた（今日では，前方方向の軸力は湾曲物体の特性としてよく知られている）．リリエンタールがこのような現象まで観察していたことから，彼のデータが後世にまで伝わって十分に活用されたこともますます納得できる．リリエンタールはこの現象を観察した最初の人物であり，応用空気力学に対して彼が果たしたもう一つの貢献と言える．

リリエンタールのデータは疑う余地もないほどにキャンバー翼型が平板より優れていることを立証した．しかし，彼はその理由を基本的に理解していたのだろうか．リリエンタールはデータによって示された傾向を単に受け入れるのではなく，平板周りと湾曲した形状周りでの流れ場の基本的な性質を理論的に理解しようとしていた．つまり，空気力学的性能にこの違いを生じさせる流れ場の差が何であるのかを理解しようとしていた．彼は著書の一節を全てこの問題に費やしており，この議論を始めるに当たって次のように前置きをし

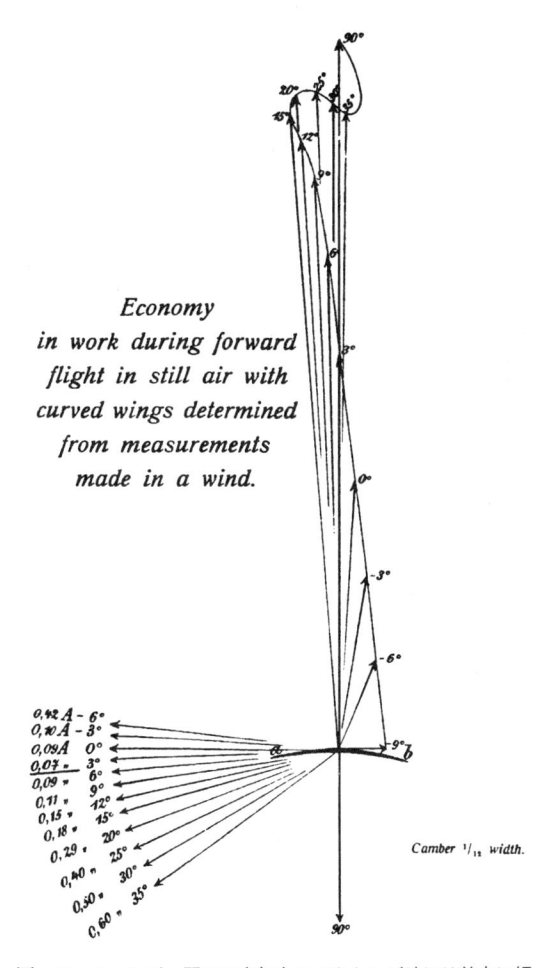

図4.41　キャンバー翼では空気力のベクトルが時には前方に傾いて，正の軸力を発生させることがあることを示すリリエンタールの線図

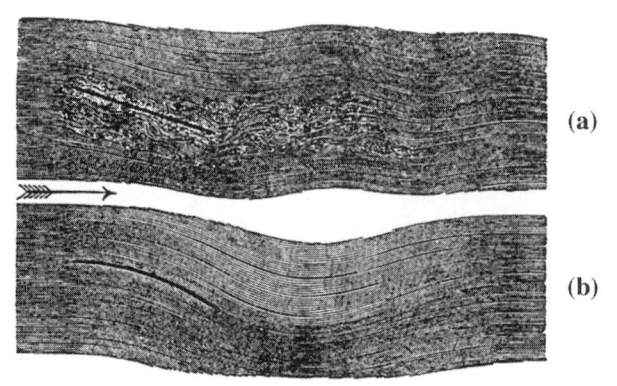

図4.42 平板と湾曲形状周りの流れ場に関するリリエンタールの概念を描いた図

ている.「実験により上方に湾曲した平面の優位性が実際にどの程度であるかを求めることができる.しかしこの問題の重要性から判断すると,この現象の本質に関して完全な概念を得ておく必要がある.[46]」リリエンタールは平板周りと湾曲面周りの流れ場での定性的な性質について見解を打ち出す必要性に迫られたが,流れ場の可視化に関する実験データは全くなかった.そこで自分の判断に基づいて,その2つの形状の周りに流線の模様を描いた（図4.42）.彼が考えた平板の流れ場（図4.42a）には細かい部分で間違いが見られるが,ほぼ正しい判断をしている.まず平板が存在することによって流れが逸れる現象は,平板の前縁で急激に発生するとリリエンタールは考えていた.つまり平板前方の均一で平行な自由流の流れが,平板の前縁で突然下向きに曲げられると考えていた.リリエンタールは推測から次のように述べている.「一般的には平面の前縁で気流は下側へ逸れ,かなり急激な衝撃が起こり,渦が発生する.」リリエンタールが用いた「衝撃」という言葉は,前縁で流れの特性がほぼ不連続的に変化していることを表現していた.図4.42aには前縁の前方に均一で平行な自由流があり,前縁で突然流れの方向が変化する彼の考えが示されている.リリエンタールの言葉では,流れは「平面によって引き裂かれ,押し潰され,あるいは破壊される」ことになる.実際には,この流れのモデルは甚だ不正確であった.実際の傾斜平板周りの低速流れでの流れパターンが図3.23に示されている.この図から,自由流は前縁に達するずっと前から平板が存在することを前もって予告されて,前縁のかなり手前から上へ移動し始めていることが分かる.これは揚力を発生しているどの翼型周りの亜音速流れにも共通した特徴である.亜音速流れでは実際に前縁に衝突するずっと前から前縁に対する準備を始めるが,これはリリエンタールには知る由もない20世紀になってからの知識である.他方,前縁で渦が形成されるという彼の概念は現実に即したものであり,例えばリリエンタールが図4.42aに示しているように,このような流れで

は前縁の上部から容易に流れが剥離し，その結果として平板の上面は循環渦領域の中で渦によって洗われることになる．リリエンタールが上面の渦について示唆したことは定性的に正しかったが，そのような渦や剥離した流れが平板の下面でも発生すると考えたのは完全な間違いであった．基本的に図4.42aでリリエンタールが仮定した流れ場には一縷の正しさ（傾斜平板周りに剥離流れが生じること）はあるものの，そこに示された流れの描写の詳細は大部分が誤りであった．対照的に傾斜したキャンバー翼型（図4.42b）に関しては，前縁は向かってくる自由流に対して接線に近く，しかもはるかに滑らかに流れの向きを下向きに変えるので，「衝撃」も「渦」も発生しないと仮定した．したがって，湾曲した翼周りの流れは平板の場合のように「所期の効果が減損する」こともなく，より効率的な揚力面であった．

　振り返ってみると，リリエンタールが概念図（図4.42）で示した比較は全くの的外れではなかった．今日では平板が揚力面として非効率である理由は分かっている．流れが平板の上面で容易に剥離して，その結果として揚力は減少し，抗力が増加するからである．何年も後に，平板上の剥離流れは「不健全な」流れであるとプラントルはよく言っていた．リリエンタールが図4.42aに描いた平板の概念図では，図4.42bに描かれている湾曲面周りの付着した滑らかな流れと比較すると，確かに「不健全な」流れのように示されている．リリエンタールは大筋では正しく，ただ詳細について間違っていた．そして流れ場について十分に理解しており，次のように述べていた．「いつの日か我々が実際に空を飛ぶためには，渦の発生がないことが原則になる．」「効率的に」という言葉が目的の部分に加わると，現代の航空技術者ですらこの言葉に同意するだろう．

　リリエンタールは渦と空気力学的な特性に及ぼす渦の悪影響について議論している中で，平板周りの流れはキャンバー翼型周りの流れよりも騒音が大きいことについて言及し，極めて正確にその騒音と渦の発生を関連づけていた．「耳でさえ我々の目の前にあるものが純然とした波の移動であるのか，価値のない渦であるのかを語ってくれる．ゆえに，かなりの流速でも騒音を発生させない面の方が同じ条件の下で大きな騒音を発生させる面よりも好ましい．」洞察力があったことを物語っている．今日，滑らかな層流から乱雑な乱流へと遷移する点を求めるために空気力学者が用いている手法に，聴診器を用いて騒音が増加する位置を探す方法がある．渦が騒音を発生させることに最初に気づいて，その事実を診断の目的に最初に用いた人物は，おそらくリリエンタールであった．

🔵 空中への飛躍：グライダーマンのオットー・リリエンタール

応用空気力学への重要な貢献に加えて，リリエンタールにはもう一つの功績があった．初めての実用的グライダーを発明し，組み立てて，操縦したことである．そして1896年までに2,000回以上のグライダー飛行を行った．彼が活躍した時期は，写真と印刷が大きく発展した時期と重なっている．1871年に乾板ネガが発明され，1890年には手ぶれなしで移動物体の写真が撮影できるようになっていた．また，中間色調印刷法も開発されていた．リリエンタールは飛行時の写真（図4.1）を撮影された最初の人物であり，多くの人々が彼の飛行写真を見ることになった．オットー・リリエンタール（1848〜96年）（図4.43）は多才な人物であった．飛行機事業の成功に必要な資質を全て持ち合わせており，飛行のための技術的秘訣を解き明かすことに興味を持った科学者であり，正規の教育を受けて機械の設計に科学的な発見を応用する方法を知っていた技術者であり，飛行機を飛ばせる器用さを持った飛行の献身的熱狂者であった．リリエンタールに関してはシュウィップスが書いた権威ある伝記がある[48]．

オットー・リリエンタールは1848年5月23日にプロイセンのアンクラムで中産階級の両親の下に生まれた．母親はベルリンとドレスデンで教育を受けており，芸術と文化に造詣の深い女性であった．彼女は歌の先生になるためにミュージカル劇団からの誘いを断るほどであった．父親の方は高校を卒業してから布地商人になった．ところが2人の結婚後の1847年に経済的な問題が発生し，事業は失敗してしまった．そしてオットーの父親はアルコールとギャンブルに溺れ，1861年に亡くなった．その時，オットーはわずかに13歳であった．リリエンタール一家には8人の子供がいたが，そのうちオットー，グスタフ，マリーの3人を除く5人が幼年期に亡くなった．リリエンタール夫人は子供たちの人生を強力に後押ししてくれる存在であり，特に知性と芸術の価値を教えていた．後にオットーとグスタフが飛行機の実験を始めた時には，彼女は2人を強く励ましていた．1872年に肺炎で亡くなったが，子供たちの教育が無事に終了したことを見

図4.43 オットー・リリエンタール

届けた後であった．

　オットーはアンクラムの高校を平均以下の成績で卒業した．しかし，1864年の秋にポツダムにある地方職業訓練所に入学すると，成績優秀で，学校の歴史始まって以来の最高の試験成績を得ていた．その翌年は見習いとして機械工場で働いた後に，ベルリン通商学校（現在のベルリン工業大学）に入学して，1870年に機械工学の学位を得て卒業した．ところがその10日前に普仏戦争が勃発して，プロイセン軍の連隊に入隊することになった．1年間の入隊の後，ベルリンにあるC.ホップ機械工場で働くために通商学校からの誘いを断っている．1872年に母親が亡くなる頃には，既に職業的な成功に向けて歩み出していた．

　しかし，オットーは同時に並行して第二の仕事も進めていた．空気より重い飛行機での飛行の原理に関する研究であった．早くも1861年には弟のグスタフが兄の飛行熱に共感を覚えるようになっていた．2人ともまだ10代の時であった．彼らは飛んでいる鳥を研究して，翼を組み立てた．そしてその翼を腕に縛り付けて空を飛ぼうとした（材料は母親がすぐに用意してくれた）．彼らの「飛行実験」は全て失敗に終わったが，学校の友人から馬鹿にされないように夜間密かに実験を行っていた．彼らの飛行研究は学校と普仏戦争のために中断した後に，新たに，しかもはるかに高いレベルで再開された．グスタフはロンドンに滞在している時に英国航空協会に紹介されている．グスタフもオットーも英国航空協会の会員になり，英国における航空の進展についてその全てを素早く学んだ．リリエンタール兄弟は1873年には最初の回転アーム試験装置（図4.29）を組み立てて，順調に実験を進めた．1874年にはキャンバー翼型が平板翼型よりも優れていることを示す決定的なデータを採取した．これは英国でのフィリップスの研究よりも10年先行していたが，フィリップスが研究成果を発表した4年後の1889年まで発表されることはなかった．オットー・リリエンタールは1889年までフィリップスの研究について知らなかった．1889年にキャンバー翼型の特許の可能性を探っていた時に，フィリップスが既にその特許を取得していたことを発見して，気づくことになった．リリエンタール兄弟が1889年まで成果を発表しなかった理由について，オットーは1893年ドイツ飛行船旅行協会誌の記事の中で次のように答えている．

　　飛行での発見の発表が長く遅れたのは，当時の我々の状況による自然な結果以外の
　　何ものでもない．我々は空き時間の全てを飛行の問題に注ぎ込み，堅固に守られた
　　山頂からその答えを解き放つ法則への途上に既にいたが，大多数のドイツ人はそん
　　なお金にならない知識に時間を浪費するとは愚かな人だと考えていた．当時は，政

府から指定された特に学識のある委員会によって人類は空を飛ぶことができないときっぱりと断定されたばかりであった．その結果，飛行の問題に取り組んでいる人々の精神が高揚することもなかった．さらに当時は私達も若くて財産が全くなく，実験を行うために朝食を抜くなどして少しずつお金を節約せざるを得なかった．つまり，立派に成果を発表できるような状況では全くなかった．

政府から指定された委員会とは，ドイツで最も尊敬を集めていた科学者ヘルマン・フォン・ヘルムホルツが代表を務めていた委員会のことであった．その委員会の主な結論は人力飛行の可能性はかなり低いということであったが，一般大衆からは，空気よりも重い機械を用いて人類が空を飛ぶためのいかなる方法をも含んでいると解釈されてしまった．そして飛行機の発明を志す者は誤った方向へと導かれ，時間を浪費してしまった．熟練機械技術者であるオットー・リリエンタールも，自分の研究成果を公表する前にその成果について完全に自信を持てるようになっておきたいと考えるようになった．

オットー・リリエンタールは1878年にアグネス・フィッシャーと結婚した．音楽が2人を結びつけた．アグネスはピアノと歌を学んでいた．オットーの方はフレンチホルンを演奏していたが，すばらしいテナーの歌声の持ち主でもあった．2人はいろいろな町のイベントや地方の宿で一緒に歌っていた．結婚後はベルリンに居を定めた．オットーは引き続きホップ機械工場の技術者と販売代表を務めていたが，独立して収入を得ることを考えるようになった．そして小型で効率が良く，低コストのスパイラル管ボイラーの特許を得て，1881年にそのボイラーを製造する工場を設立した．これが，その後の彼の人生における主な収入源になっていった．ボイラーだけでなく，蒸気機関，蒸気ヒーター，プーリーの鍛造品も製造しており，60人の従業員を雇うほどにまで成長した．リリエンタールには他にも多くの個人的な興味があった．さらに彼は社会運動家であり，進歩的な考えを持っていた．1890年には従業員のためにドイツではおそらく最初になる利潤分配制度を導入した．とは言っても，その工場からの収入は多くなかった．しかも19世紀後半には当時ドイツを襲った景気の波と共に，収入も変動していた．しかし，オットーの家族は1886年に住み心地の良いベルリン郊外のグロース＝リヒタフェルデに移り住むことができた．弟のグスタフが設計して（その時には建築職人兼建築設計士になっていた），部分的にはオットー自身の手で建築も行ったその家はブース通りに面して建ち，近所でも控えめな建物であった．そしてオットーの家族には1887年までに2人の息子と2人の娘が誕生している．

長い中断の後になったが，1888年にリリエンタールは飛行実験を再開した．その2年前にオットーとグスタフの2人はドイツ飛行船旅行振興協会に入会しており，オットーは協会の活動に積極的に参加していくことになる．また，自分の多くの空気力学研究をこの協会で発表している．この協会は操縦可能な気球に興味を持つ少数の人々によって1881年に設立され，『航空協会誌』(*Journal of Aviation*)と題した雑誌を発行していた．1889年にオットーは協会の技術委員会の委員に選任され，1892年以降は航空協会誌編集委員会の委員を務めた．1889年までに約100名の会員が協会に在籍するようになっていた．

オットーとグスタフは1873～74年の計測結果を検証するために，1888年にさらに大型で精度の良い計測機器を用いて空気力学実験を再開した．実験はブース通りに面した自宅の作業場と庭で，基本的に風が弱くなる早朝と夕暮れによく行われていた．直径が7mある新しい回転アーム試験装置が製作されて，様々な翼型形状と迎え角に対して数千回に及ぶ試験が行われた．翼面はかなり大きく，翼幅は2m，最大翼弦長は0.5mであった．そして地上から4.5mの高さでアームが回転していた．ここでの新しい試験結果は1873～74年の回転アーム試験結果と一致していた．さらに広々とした平原で自然風実験を繰り返して，再度前回の計測結果を確認した．リリエンタールの試験は，研究成果を公の場で発表することに対して最終的に自信が持てるようになる1889年まで続いた．その発表には2つの方法がとられた．まず最初にオットーが1888～89年にかけて協会で3回の講演を行った．その講演には協会の会員以外からも聴衆が集まり，新聞報道関係者も含まれていた．次にそれらの講演から題材を選んで本[46]へ発展させた．19世紀の航空では，1809～10年にかけて発表されたケイリーの3部からなる論文に次ぐ重要な発表になった．この本はベルリンのR・ゲルトナー社から出版されたのだが，リリエンタールは印刷費を負担せねばならなかった．1000部が印刷されたが，7年後にオットーが死去した時点でも300部未満しか売れていなかった．1909年の時点でも，書店では初版本が10マルクで売られていた[48]．今日では，初版本には数千マルクの値が付いている（訳者注：ユーロ導入前，1マルクは約70円であった）．

本の出版が終わったことで，リリエンタールにとって飛行機設計という実世界での飛行活動に踏み出す準備がいよいよ整った．最初のうちは拙速を避け，慎重に事を進めた．1889年の夏，全長11m，最大翼弦長1.4mになる大きな翼を組み立てた．翼の平面形状は，（尖った翼端も含めて）鳥の翼を真似ていた．基礎的な空気力学実験の結果を反映させて，翼断面には反りが設けられていた．そして翼の中央にはパイロット1人が乗り込むのに十分な大きさの開口があった．ところがリ

リエンタールは決してその翼で地面から飛び立つことはせずに，揚力の大きさを求める実験のためにその翼を用いていた．1年後になってもまだわずかに変更を施したその翼を用いて試験を行っていた．最終的に1891年3月に行われた協会の講演で，飛行計画の骨子を説明している．その骨子では，飛行と言っても短い斜面からわずかに跳び上がる程度であった．そしてその春が終わる頃にその計画を実行に移した．主翼と尾翼を両方備えたグライダーで少しだけ跳び上がり，その回数も夏までに1000回を超えた．1891年に協会へ報告したこの試験の年間報告では，「このようにして風の穏やかな日に丘の緩やかな傾斜に沿って滑空し，無事にこの足で丘に着地する術を手に入れた」と述べている．1898年，フランス航空分野のパイオニアであるフェルディナンド・ファーバーは，「リリエンタールが最初に空中を切るようにして15m進んだ1891年のあの日が，人類が飛ぶ知識を得た瞬間だと私は考えている」と書いている．

1892年と1893年の間，リリエンタールはグライダー実験の場所をブース通りの自宅から歩いて行くことができるシュテーグリッツのラオ山に移した．彼のグライダーも翼幅，面積，平面形状，その他にも構造的な変更に注目した5回の設計変更を経て性能が向上していた．リリエンタールのグライダーは体重移動による重心点の移動が唯一の操縦方法になっているハンググライダーであったので，体重移動の効果が現れなくなる程に大型化できなかった．1893年の最新グライダーでは，翼幅が7m，翼面積は$14m^2$あり，そのアスペクト比は3.5であった．しかし重さはわずかに20kgであった．これは十分に進化した設計になっており，1893年にリリエンタールが出願した最初の航空機特許（図4.44）の申請理由として使用されている．この特許はイギリスでは1894年に，アメリカでは1895年にそれぞれ認められている．

1893年の夏，ベルリンから約100km北西にあるリノフ丘陵の高台からの飛行を開始した．この地区の地形が滑空にとって理想的だと考えたからであった．より挑戦的になったこの飛行場所にたどり着くためには，1時間の鉄道の旅とさらに荷馬車を乗り継ぐ必要があったが，この旅が苦にならないほど彼の飛行機と飛行技術は成熟していた．1894年には費用を負担してリヒタフェルデに円錐形の丘を建設した．風向に寄らず常に丘の頂上から飛びたてることが大きな利点であった．リリエンタールの丘は高さが15mあり，既にあった瓦礫の山から作られていた．建設費用は3,000マルク程度と見積もられている．その丘の頂上にグライダーを格納するための窓のない小屋を建築した．そして1894年以降は彼の飛行実験の本拠地になった．1932年にはリリエンタールの公式記念碑になっている．今

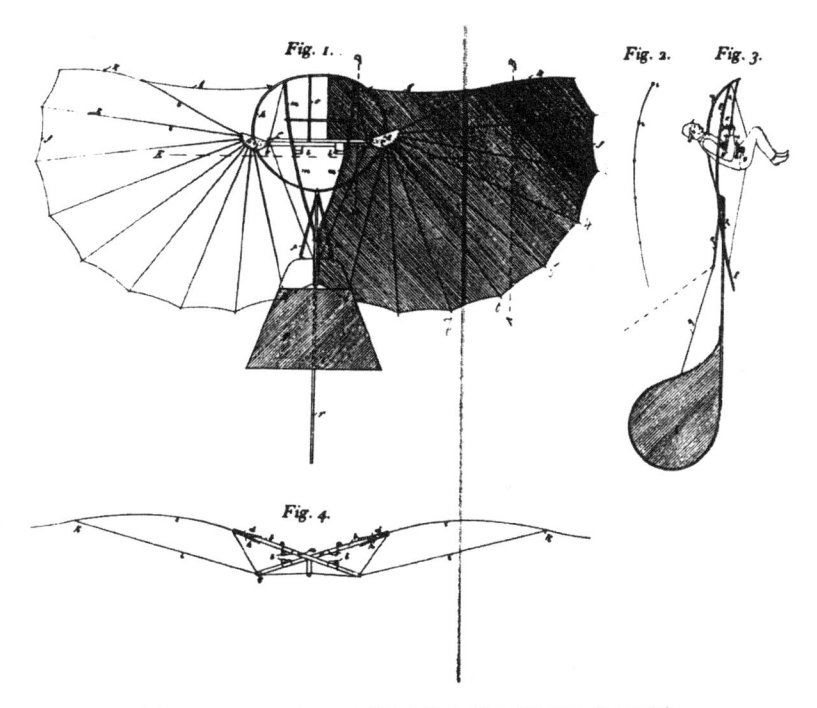

図4.44 リリエンタールのグライダーに関する特許図（1893年）

日，その丘は公園（図4.45）の中央にあり，訪れた人はベルリン郊外のパノラマを楽しむことができる．丘の頂上には小さなパビリオンがあり，玄武岩でできた正方形台座の上に置かれた球形の石を保護している．そして丘の麓にはリリエンタールを支援した人々と実験を手助けした人々を記念する石盤が飾られている．ドイツでは初めての航空分野の先駆者へ贈る記念碑として1932年に除幕式が行われて，現在にまで続いている．

　リリエンタールは1896年に亡くなるまで飛行技術を磨き，グライダーの設計を改良し続けていた．彼のグライダーは大半が単一の翼からなる単葉機（図4.44と4.46）であったが，1895年に数機の複葉機グライダーを設計・製作している．そして両タイプのグライダーで飛行を続けていた．膨大な飛行時間を重ね，単葉機と複葉機の両タイプを合わせて2000回以上の飛行回数を達成した．

　彼の最終目的は動力付き有人飛行機であった．しかし，目的の達成に向けて彼が取った方法は空気力学実験とグライダー開発のために彼が取ってきた革新的でよく練られた計画とは全く対照的に，技術的に首をかしげたくなる方法であっ

図4.45 1894年にリヒタフェルデに建設されてリリエンタールが飛行試験を行った丘（現在はリリエンタール記念碑）

図4.46 標準型グライダーで空を飛ぶリリエンタール

た．リリエンタールは動力飛行への道程とは直接鳥の飛翔を真似ることであり，動力付き飛行機の開発に向けて彼が行うべきことは羽ばたき機の開発に焦点を合わせることだと確信していた．羽ばたき機の設計は彼の1893年特許の一部にも含まれている．彼の構想は，エンジン（彼の特許にある単気筒エンジン）によって外側の翼に上下方向の羽ばたき運動をさせるというものであった．翼の羽ばたき部断面には，（持ち上げ作用を最大にするために）振り下ろし時には閉じ，抵抗を最小にするために振り上げ時にはブラインドのように開く鎧板のような設計を用いるつもりでいた．リリエンタールは1894年にこうした機体を組み立てて，いつも飛行試験を行っている丘でグライダーとしての試験を開始した．しかしエンジンを搭載すると，飛行機の重量は動力なしグライダーの重さの2倍に相当する40kgを超えてしまった．その結果として滑空経路は急勾配になり，同時に着地速度も速くなり，グライダーとしての飛行が困難になってしまった．エンジンを作動させようとしたところ，圧縮炭酸ガスによって駆動する仕組みになっていたので，ピストンが数回往復したところで凍りついてしまった．しかしこれらの失敗をものともせず，1896年には翼面積が$20m^2$以上ある大型の機体に取り付ける予定の新型エンジンを用いて，2機目の羽ばたき機の組み立てを開始した．その矢先，2機目の機体を完成させる前に彼は死亡してしまった．

　聡明な熟練機械技師であるリリエンタールが，完全に人が変わってしまったかのように盲目的に動力付き羽ばたき機の概念を追究するようになったことには，理解に苦しむ．しかし彼はその道を選んでいた．19世紀の他の研究者が，推力と

揚力の発生機構を分離するケイリー独自の概念から広まったプロペラ推進と固定翼を採用した設計に取り組んでいることを知っていたにもかかわらず．事実，ドイツ航空協会誌にもプロペラ推進で固定翼を採用した飛行機の研究に関して多数の報告があった．しかし，リリエンタールは羽ばたき機の利点を仲間に説き続けていた．彼はプロペラを取り付けることによって生じる後流が固定翼グライダーの飛行性能に影響を及ぼすのではないかと心配していた．その時点ではプロペラ推進固定翼機で飛行に成功した例はなかったので，このことからリリエンタールは自分の考えが裏づけられていると感じていた．

　航空でのオットー・リリエンタールの技術的な成功の要因を大局的に判断するためには，彼の人柄について知ることが役立つ．オットーは13歳の時に父を亡くし，5人の兄弟姉妹も同じように大変幼い頃に亡くしていた．そして生き残った兄弟姉妹は全員がずっと近くに住んでいた．特にオットーとグスタフの兄弟は後に異なった職歴を歩むことになるが，ことのほか密接な関係を持ち続けていた．だたし，この2人は性格も考え方もかなり異なっていた．オットーについては次のように書かれている．「常に幸せで，楽観的で，成功した人を絵に描いたような人物であった．彼には楽天的な気質があり，経済的な不安が彼にのし掛かってきた時でも穏やかに陽気でいられた．[48]」絶えず楽観的であったとする周囲の評判から，経済的な制約と家庭という制約に縛られながらも飛行機の開発を途中で投げ出すことなく，多大な技術的困難に立ち向かって追究し続けることができた理由が分かる．対照的に，グスタフは「彼自身の自己評価ではかなり冷静で真面目なタイプであった．彼にとっては，真面目な生活から陽気な実験作業に切り替えることは困難であった……．彼自身が認めていたことだが，プライドが高く，議論好きでさえあり，熱心なあまり失礼な態度を取ることもあった．他の人の感情を傷つけているのではないかと考えることもなく，自分の意見をそのままぶつけることがよくあった．[48]」空気力学データを採取していくうえで，2人は切り離すことのできない組み合わせであったことから，2人の全く違った個性はおそらく相乗効果を生むように釣り合っていたのだろう．通常，2人の研究成果はオットーの名前で提出され，発表もされていた．これには，オットーが学位を受けた機械工学エンジニアであったという事実が反映していたのかもしれない．グスタフは芸術家であり，建築家でもあった．いずれにせよ，彼らの空気力学実験は明らかに共同作業であった．とは言ってもオットーが1891年にグライダーの製作を開始してからは，グスタフは裏方に回り，リノフ丘陵で行った数回の飛行を除いて通常は両足をしっかりと大地に付けていた．

オットーには劇場という，飛行以外にも情熱を注いだ対象があった．彼は劇場のチケットを大衆にも購入可能な料金に設定して，劇場をもっと一般大衆に親しまれる存在にすべきだと考えていた．1892年，ベルリンにあったイースト・エンド劇場の共同オーナーになり，その名前を新しく国民劇場に変えて「市民型劇場」へと転換した．オットーが親しくしていた友人には俳優が多かった．また，彼自身も劇作を行っていた．彼が書いた劇は，ベルリンの悪徳商法と，その商法が罪もない人々に与えた影響とに対する社会的批判に満ちており，9回公演された．折に触れて，ちょっとした役を劇で演じることもあった．

オットーとグスタフはドイツの社会改革を支持していた．2人共が，人類の融和および生活と道徳の調和を目指して政治運動を行っていた改革主義者であり，倫理学者でもあったモリッツ・フォン・エギディの信奉者であった．オットーは飛行の世界にまで倫理の問題を持ち込んでいた．彼は人が空を飛べるようになることで人類の不平等は解消され，その結果として民族間には平和がもたらされることを願って，「継続的に研究と経験を重ねることで，たとえ数秒間であっても人類が初めて翼を手に地上を離れて空へ飛び立つ厳粛な瞬間が我々のもとに近づき，そしてその瞬間が我々の文明社会における新たな時代の幕開けを告げる歴史的瞬間になる[46]」ように努力を重ねていた．エギディへ宛てた1894年1月の手紙には，翼を獲得することによってもたらされる新しい時代の展望が詳しく書かれている．「国境を閉じた状態にはできず，人の移動が加速するに従って言語の違いも無くなるであろう．その結果，国境は重要性を失うであろう．国防は，国家における最良資源の浪費を止めるであろう．……そして，血なまぐさい戦争以外の方法で国家間の意見の相違を解決する必要性が……我々に恒久的平和を保証するであろう．」20世紀における2度の世界大戦のことを考えると，オットーの認識は甘かったと思われるかもしれない．しかしこの展望は彼の楽観的な性格を表しており，良い方にばかり希望を持ってしまったことを取り上げて彼を咎めることはできないだろう．そのうえ，ジェット旅客機のおかげで何百万人もの旅行者が世界中の隅々まで訪問できるほどに世界は小さくなっており，その結果として異なる国の人々の距離が縮まることを願う人もいる．その意味では，オットーの希望は全くの空論ではなかった．

俗世間的には，オットーは飛行機事業でお金を稼ぐことを望んでいた．彼のボイラー工場は財政的に順調ではなかった．そこで飛行を他の人も参加できるスポーツにすることを彼は考えた．そこでまずグライダーの注文を取り始めた．グライダーの価格は当初300マルクに設定されていたが，1895年までに設計の見直

しを行って500マルクになった．販売されたグライダーは多くの飛行で使用されていた単葉機設計の「標準型グライダー」であった．また，国外で飛行機の特許を売却することも考えていた．アメリカで特許が認められた後，オクターブ・シャヌートの強力を得て5,000ドルでその特許を売却しようとした．シャヌートはリリエンタールの代理として何度か照会を行ったが，この努力は無駄に終わった．結局，アメリカ特許を売却できず，標準型グライダーを8機販売しただけであった．1機はモスクワのニコライ・ジューコフスキーが入手した．その後，ジューコフスキーは主に揚力の循環理論への貢献によって最も有名なロシア人空気力学者になっていく．アメリカで売却された1機は新聞社を経営するウィリアム・ランドルフ・ハーストが入手した．この機体は何人かの人手を渡った後，1967年に修復作業が行われて，現在はワシントンDCにあるスミソニアン国立航空宇宙博物館の初期の飛行機ギャラリーに吊り下げられている．

　リリエンタールが数え切れないほどのグライダー飛行を行い，また著書も出版したことで，ある特定のドイツ大衆からの関心と好奇心が彼に集まった．そして後には世界中の航空技術関係者からの尊敬も集めることになった．リリエンタールと手紙のやりとりをした人や，中には彼の自宅まで押しかけてきた人のリストはとても興味深い．アメリカで高揚し始めていた飛行機への関心はオクターブ・シャヌートによる宣伝のおかげだと言えるが，そのシャヌートとリリエンタールは頻繁に手紙を交わしていた．リリエンタールはボストンに住むジェームズ・ミーンズとも手紙を交わしていた．ミーンズは1895～97年にかけて発表された様々な飛行関係の論文を編纂した『航空年鑑』の編集者であり，その手紙は主に『航空年鑑』に掲載されたリリエンタールの論文に関する内容であった．

　特に注目すべきは，当時スミソニアン学術協会の会長であったサミュエル・P・ラングレーとリリエンタールのやりとりである．ラングレーは1891年の『空気力学実験[49]』に報告しているように，1886年に一連の空気力学実験を開始していた．そしてリリエンタールはその本の写しを入手していた．ラングレーは年に一度はヨーロッパを旅しており，彼の助手であるジョージ・カーチスにはヨーロッパでの航空技術の進展を追跡させて，その情報を報告させていた．したがって，ラングレーはリリエンタールの研究をよく知っていた．事実，リリエンタールの論文が1893年のスミソニアン学術協会年次報告に掲載されている．1895年，ラングレーはリリエンタールの工場を訪問し，完成したグライダーと組み立て途中の動力付き羽ばたき機を目にした．2人が共通に話せる言語がなかったので，会話は困難であった．ラングレーはリリエンタールが単葉機と複葉機の両グライダー

で飛行するところを実際に目にした．しかし，ラングレーはそこで見たことからあまり感銘を受けなかった．確かに飛行の実演はラングレーにとっても興味深かったが，そこから学ぶことはあまりないと考えてしまった．しかもラングレーはグライダーの飛行自体よりも飛行用の丘を建設したことの方に感心したと助手に向かって言っていた．このように，ラングレーはリリエンタールとのやりとりにおいて，その後に自らが行う動力飛行への挑戦が失敗に終わることを予見させるような態度を露わにしていた．ラングレーは動力飛行を試みる前に飛行技術を学ぶことの価値を認めていなかった．19世紀における数多くの飛行機発明家が失敗したように，彼もエンジン出力と揚力のことを第一に考えていた．リリエンタールは動力飛行を試みる前に空中飛行を経験しておく必要があると確信していた．それは真の飛行家としての哲学であった．そしてライト兄弟のやり方でもあった．（最終的にライト兄弟が成功を勝ち取った．）

　モスクワで空気力学研究室を整備していたニコライ・ジューコフスキーもリリエンタールを訪問して，彼の飛行を見ている．そして最も感銘を受けていたのはこのジューコフスキーであった．モスクワに戻った後，自然科学学友協会（the Society of Friends of the Natural Sciences）で次のように話をしている．「近年の航空分野における最も重要な発明は，ドイツ人技術者オットー・リリエンタールによる飛行機である．」

　明らかにオットー・リリエンタールは国外の航空関係者から注目を集めていた．しかし，ドイツの大衆からは重要な人物とは見られていなかった．つまり，ドイツ大衆はリリエンタールのことを不可能と思われている空中の動力飛行に挑戦している大勢の中の一人としか見ていなかった．ライト兄弟が空中での動力飛行が可能であることを示し，ウィルバーが1908年にヨーロッパでデモンストレーション飛行を華々しく成功させた後になって，リリエンタールはドイツで死後の賞賛を受けるようになった．ヨーロッパの地平線に戦争の雲がかかってくると，ドイツは飛行分野における国民的パイオニアを探し求め，オットー・リリエンタールを見つけ出した．1914年6月17日，リリエンタールの飛行に対する先駆的な貢献を記念して，翼を持つ像が上部に取り付けられた大きな記念石碑の除幕式がベルリンで行われた．第一次世界大戦が勃発するわずか2ヶ月前に国家的な英雄が登場することになった．そのための資金は主に一般からの寄付によってまかなわれた．（オービル・ライトとウィルバー・ライトにも寄付の勧誘がやってきたが，兄弟には記念石碑に価値があるとは思えず，代わりにその頃には生活が苦しくなっていたオットーの妻に1,000ドルを送っている．）他にもオットーの記念物が現れた．リリエンタールが

死亡したゴレンバーグヒルの事故現場には1930年代になって町の住民達によって石で円く囲んだ目印が付けられた．そして1954年にはそこに記念碑が加わっている．1932年，リヒタフェルデの飛行試験丘はリリエンタールの大規模記念碑に姿を変えた．1940年のナチス政権下では，リリエンタール航空研究協会の資金による設計に従ってリリエンタールの墓が改造された．もう一つ，趣は異なるが彼を記念してナチスが依頼したことがある．『航空の基礎としての鳥の飛翔 第3版』の前書きにルートヴィヒ・プラントルがリリエンタールの航空学への功績に対して熱い感謝の言葉を付け加えた．

　1896年8月9日の日曜日の朝，オットー・リリエンタールはリノフ丘陵を目指してベルリンを後にした．正午になってゴレンバーグヒルの高台にある離陸ポイントからその日の初飛行を行った．これが長時間の飛行になったために，グライダーを引きずって離陸ポイントに戻すのに30分も要してしまった．そして2度目の飛行へと離陸した．その時突然，熱旋風（訳者注：熱上昇流によって生じる小規模な渦巻き状の風）が彼を襲った．グライダーは完全に失速して，機首を下に向けたまま15mの高さから地面に衝突してしまった．リリエンタールはグライダーから運び出されたが，グライダーの方にはほとんど破損がなかったのに，リリエンタールの方は背骨が折れていた．グスタフは電報で連絡を受けて，月曜日の朝にはオットーのところへ駆けつけた．オットーは弟に気づいたが，その直後に意識を失ってしまった．列車に乗せられてベルリンまで運ばれたが，意識を取り戻すことなく，1896年の8月10日に息を引き取った．

　さて，リリエンタールが墜落していなかったら，彼は最初に有人動力飛行を成功させていただろうか．1897年の『航空年鑑』に掲載された記事では，「彼が生きていたなら，おそらく成功が彼を拒むようなことはしなかった」とシャヌートが述べている．リリエンタールは基本的な空気力学の知識と空を飛ぶグライダーを手に入れて，かなり有利なスタート地点にいた．しかし動力付き飛行機に対する彼の構想は，基本的に羽ばたき機に焦点を合わせていた．彼は蒸気圧を最大に上げて，行き先の違うレールを下る蒸気機関車のようであった．もし長生きしていたなら，たぶん羽ばたき機を完成させることに多くの努力と時間を費やしていたはずである．なぜなら彼はかなり楽観的な人物であり，そう易々と羽ばたき機を諦めはしなかっただろう．しかし最終的にはプロペラを備えた固定翼設計へと方針転換せざるを得なかっただろう．そしてその頃には，きっとライト兄弟に対する優位性も失われていただろう．

　オットー・リリエンタールは間違いなく19世紀の応用空気力学における偉大な

人物であり，ケイリーに次いで誰よりも空気より重い機体での有人飛行を発展させた．ウィルバー・ライトは腸チフスを患って早すぎる死を迎える直前の1912年，アメリカ飛行クラブの会報（彼の死後の1912年9月に発行）に最後の記事を寄せているが，その中でリリエンタールについて次のように述べている．

> 19世紀に飛行の問題に挑戦した人物の中で，オットー・リリエンタールは間違いなく最も重要な人物であった．彼の偉大さはこの問題のあらゆる局面に表れていた．彼ほどこの動機に多くの挑戦者を惹きつける力を持つ者は誰もいなかった．彼ほど飛行原理を完全かつ明確に理解できている者は誰もいなかった．彼ほど湾曲した翼面の優位性を世界中に説得することに貢献した者は誰もいなかった．そして彼ほど，本来は世界中が共有すべき人類が空を飛ぶ技術を広めることに貢献した者は誰もいなかった．結局，科学研究者としてリリエンタールに匹敵する者は誰もいなかった．

サミュエル・ラングレーの空気力学実験

　1886年のヨーロッパでは，非常に重要な応用空気力学の研究が行われていた．ウェナムとフィリップスが他に先駆けて風洞の利用を開始していた．フィリップスが平面に対するキャンバー翼型の空気力学的優位性を示し，次いでリリエンタールがそれを再確認した．そしてリリエンタールの独創的な本は出版からまだ3年しか経っていなかった．この時代まで，空気力学に関係する活動はほとんど西ヨーロッパで行われていた．しかし，この年に状況は変わり始めていた．大西洋を越えた反対側では，空気力学に関する活動の新しい中心地へとつながる種子が蒔かれていた．1886年8月，ニューヨーク州バッファローで米国科学振興協会（AAAS）の会議が開かれた．AAASの副会長であるオクターブ・シャヌートの努力により，会議のプログラムに航空学の話題が含まれていた．そして，アマチュアの実験研究家であるイスラエル・ランカスターが鳥の「滑空する像」に関する研究紹介のために招待されていた．ランカスターの発表は予想されたほど目を見張るような内容ではなかったが，その聴衆の中に一人，その講演内容に魅了されて有人飛行について真剣に考えるようになった人物がいた．ピッツバーグにあるアレガニー天文台の館長，サミュエル・ピエールポント・ラングレーがその人である．

ラングレーはバッファローから帰ってきた後，天文台の理事会から空気力学実験のために回転アーム試験装置を製作する許可をもらった．天文台の役割は天体物理学の観点から観測を行うことであり，ラングレーの名声も天文学での彼の貢献，特に太陽と太陽黒点の研究の上に成り立っていたが，空気力学データを得る目的だけのために大型設備を建設して，運転することが許可された．回転アーム試験装置と初期の実験資金は，資産家の友人であったウィリアム・ソーの援助によってまかなわれた．ラングレーの回転アーム試験装置は，1887年9月の完成時点ではそれまでに作られた装置の中で最大であった．そのアームは地上2.4mの高さを直径18mの円を描いて勢いよく回転した（図4.47）．比較のために記すと，リリエンタールが使用した最大の回転アーム試験装置は直径7mであった．アームの端に取り付けられた揚力面周りの気流に作用する遠心力の影響を最小に抑えるために，そしてさらに重要なことにはアームの円運動によって作り出される流れの様々な不均一性を最小にするために，リリエンタールとラングレーの両者が共に直径を大きくすることの重要性を認識していた．1887年，ラングレーは注意深く計画を練ってから一連の空気力学実験を開始した．その実験は4年間以上続き，一冊の本にまとめられた．そしてこの本のおかげで，19世紀後半の空気力学研究者の中にあってラングレーは世界的に認められた地位に駆け上がった．ラングレーの『空気力学実験[49]』はアメリカ発では最初の空気力学への重要な貢献である．この著書と，彼が1887年にスミソニアン学術協会の長官になった後に行った飛行機に関する研究から，空気力学の実験的研究を実質的に独占していた西ヨーロッパへのアメリカの挑戦が始まった．ラングレーの実験には明確な目標があった．彼は空気力学の基本物理法則を探り，それによって次の言葉のように，空気より重い動力付き飛行機による飛行の実現可能性を科学的に示すつもりであった．

　　誤解を避けるために予め申し上げておきたい．私は機械飛行を技術的に説明しようとしているのではなく，適切な方向性の下ならば機械飛行が実現可能であるとする空気力学的な主張を実験的に実証しようとしている．このことを理解していただけるなら，私は自分の考えをはっきりと述べることができる．つまり，これらの研究から非常に速い速度であれば空中に重量物を機械的に保持することが可能であるばかりか，既に我々が手にしている機械的手段で実現できるということが分かってきている．また私が申し上げたように，これらの研究はそのような重量物を飛行へと導く技術の実証を目的としていないが，他方で重量物を支えて推進させる力を現在

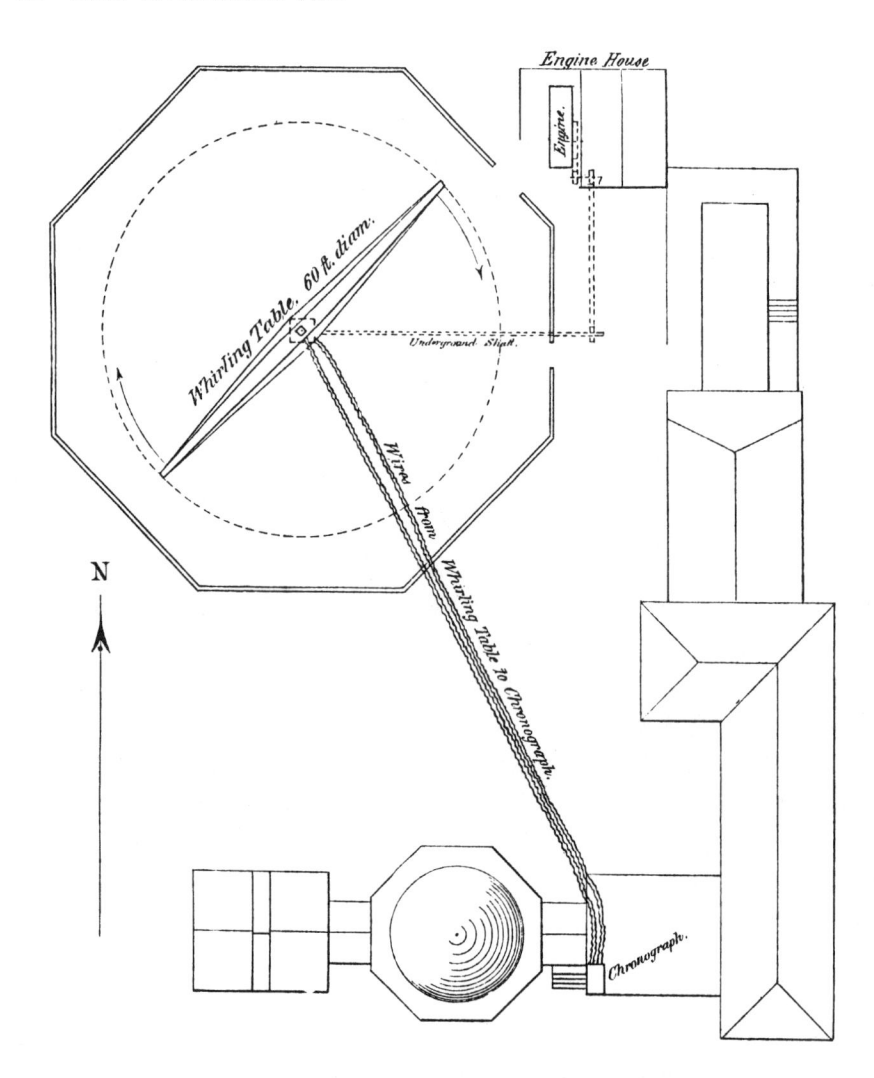

図4.47　アレガニー天文台にあったラングレーの回転アーム試験装置

の我々が持っていることを実証している．[p. 3]⁴⁹

このコメントは科学者としてのラングレーを反映しているが，後に技術者としてのラングレーは回転アーム試験結果から導いた結論を確認するために一連の飛行機を設計することになる．

ラングレーが1887年に回転アーム試験装置を使った実験を始めた時には，ウェナムとフィリップスの研究について既に読んでいたが，リリエンタールの実験に気づいていなかった．リリエンタールはまだ研究成果を発表していなかったからである．いずれにせよ，ラングレーは基本的に技術的虚無の状態にある分野に乗り込んでいって，新天地を開拓していると信じていた．ラングレーはずっと後の1897年になって，彼が初期の実験を開始した時に蔓延していた周囲の状況と態度について次のように述べている．「機械による飛行……に関する話題は全て，科学者が研究するよりもペテン師が悪戯に研究する方がふさわしい分野であると一般的に考えられていた．その結果，この分野に参入するほど大胆な人物は，周囲から認められた立派な科学的研究分野へ引き渡すことが可能な状態にある空気力学の実験データなどほとんど存在しないと考えていた．(p. 2)⁵⁰」

ラングレーは様々な場所でキャンバー翼面に関する未発表の研究内容について述べていたが，彼が発表した回転アーム試験装置による空気力学データは全て平板のデータであった．彼が平板に注目した理由は，一つには18世紀以来平板に作用する垂直方向の力を計算するために用いられていたニュートンの正弦二乗法則の精度を調べるためであった．

ラングレーにとっては，当たり前に成立していることは実質的に何もないと言っても良いくらいであった．自由流の速度の2乗に比例して空気力が変化するという事実でさえ，ニュートンの理論から導かれた理論的発見として扱い，「完全に満足できる仮定が何もない場合に」のみ用いるべきだと考えていた．当時の空気力学が信用されていなかった例と言えよう．迎え角に対する空気力の変化を計算するためにニュートンの正弦二乗法則を用いることには，既にそれまでにもケイリーを含む多くの研究者から疑問が投じられていた．しかし1887年になっても，ラングレーは自分もその合唱団に加わって声を合わせる必要があると感じていた．流速の2乗に比例して空気力が変化することは，その2世紀前にマリオットとホイヘンスによって実験的に立証されており，ケイリーを含む多くの研究者によって確認されていたが，ラングレーはニュートンの理論から得られた理論的な解でしかないと考えていた．このようにラングレーが当然のことは何もないと

考えていたのは，彼が徹底した厳格主義の実験主義者であったということだけではなく，おそらく空気力学を技術的虚無の状態として捉えていた彼の考え方を反映していたのだろう．

ラングレーの空気力学実験は以下の6段階に分けて考えられる．(1)予備考察，(2)空気力の直接計測，(3)「平板落下」実験，(4)「滑空実験」，(5)プロペラ実験，(6)圧力中心計測である．

予備考察

ラングレーは回転アーム試験装置に固有の現象により実験精度が悪くなることを心配していた．アームの端に取り付けられた平板揚力面が円周軌道を回る際に，外側の端は内側の端よりも大きな自由流速度にさらされる．図4.48においてアームは角速度ωで回転している．揚力面の内側と外側の端は回転軸からの半径がそれぞれR_1とR_2であり，空中を移動する揚力面外側の端の速度（V_2）は内側の端の速度（V_1）よりも速くなっている．ある幅（ΔR）を持つ揚力面において，Rの値が大きいほど内側端と外側端の相対速度比は小さくなり，その結果として揚力面の幅方向での流れの不均一性は小さくなる（数学的証明に関しては巻末添付資料Cを参照）．このことが回転アーム試験装置で大きなアーム半径を採用する利点になっている．ラングレーは半径9mの回転アーム端に取り付けた幅762mmの平板に関する計算について報告している．ま

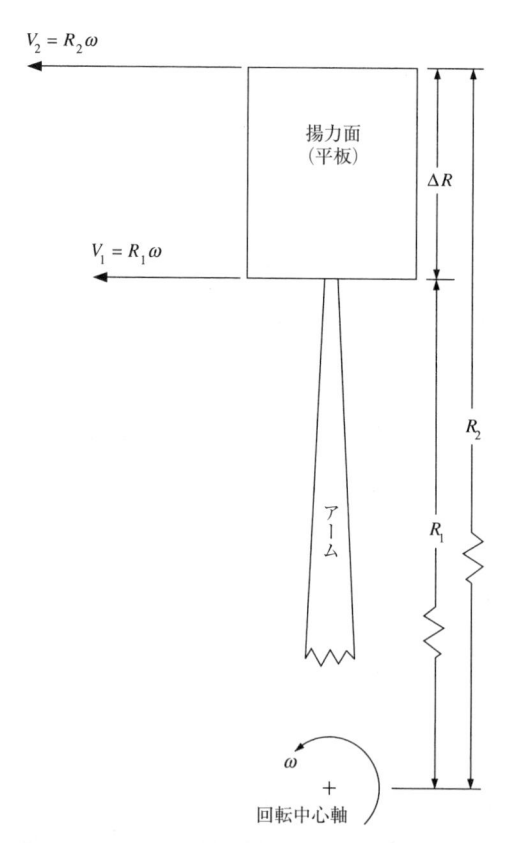

図4.48　回転アームの端に取り付けられた平板の外側と内側の端における速度差を示す概略図

ずニュートンの理論を局所に適用することにより平板の幅方向の圧力分布を計算して，この圧力分布を積分することによって平板に作用する正味の空気力を求めた．次にこの計算結果を，平板中心での圧力が平板の幅方向に等しく一定に分布していると仮定して計算した結果と比較した．その結果，この2種類の方法で計算された力の差は0.2％未満であった．ラングレーは「円運動によって生じるこのような空気圧力擾乱による影響は，我々の目的から考えて無視できる」と述べている．ラングレーはもう一つ別の擾乱による影響についても対処せねばならなかった．それは，もし装置を屋内に設置すると，「回転しているアーム自体がすぐには消失しない渦を作り出すことに加えて，室内の全空気をゆっくりと運動させる」事態が生じることであった．彼は「この実験のために特別に設計された大型建築物を建設することは非常に高額になるので実用的ではない」と信じていた．そこで屋外で回転アーム実験を実施することにして，大気が穏やかな時にのみ実験を行うことに決めた．ところがラングレーは後悔することになった．「こうした穏やかな日はほとんどなかった．実験の最初から最後まで風の流れが存在し続け，このことが再三にわたって計測を誤らせただけでなく，予想以上の遅れの原因になっていた．」これは回転アーム試験装置の運転に固有の問題であった．現在の空気力学ですら，この影響を無視できるレベルにまで抑えることや補正を行うことには大変な苦労を伴う．回転アーム試験装置が20世紀初頭に空気力学の研究から早々と姿を消したことは驚きではない．こうした困難や誤差の要因があったにもかかわらず，回転アーム試験装置を用いていた19世紀の（例えば，ケイリー，リリエンタール，ラングレーといった）研究者達は何とかして当時としては役立つデータを取得していた．

　ラングレーはデータを解釈する際に，明らかに間違った仮定を置いていた．彼は空気力の計測において摩擦の影響を無視していた．19世紀末の時点では，表面摩擦抗力の計算方法には信頼性がなかった．基本的な物理メカニズムでさえ謎であった．表面における滑りなし条件（すなわち，面上において表面と空気の間の相対速度をゼロにする仮定）を適用することに関しては引き続き議論があった．ラングレーは『空気力学実験』の脚注にそのことに対して意見（正しい意見）を述べている．「現在では，固体壁面上を通過する流体には一般的に滑りがないが，表面には空気の膜が付着しており，生じた摩擦が主として流体の内部摩擦つまり粘性であるという認識は十分に合意されていると思われる．」さらに，クラーク・マクスウェルによって提示された摩擦の式を用いて表面摩擦抗力の計算まで行っていた．そして迎え角0°で平板に作用する摩擦抗力と同じ平板に迎え角90°で作用す

る圧力抗力と比較して，摩擦抗力は無視できるほど小さいと結論づけた．もちろんこれはリンゴとミカンを比較しているようなもので，彼らしくない誤った論理に驚愕してしまう．これから見ていくように，ラングレーは小さな迎え角でのデータ解釈を著しく容易にするために，意図的に表面摩擦を無視することを行っている．

ラングレーは迎え角90°（すなわち，流れに対して垂直な状態）を含む広範囲な迎え角での平板に作用する空気力の計測を多数実施した．そして，90°におけるデータからスミートン係数の値をいくつか計算した．「いくつか」というのは，彼が得た数字は実験ごとにある程度異なっていたからである．流れに垂直に向けられた平板に作用する力を表す標準的な式

$$F = kV^2 S$$

を用いると，平板における平均圧力（計測した力を平板の面積で割った値）は

$$p = kV^2$$

で表される．ここで k はスミートン係数である（ラングレーは「垂直圧力係数」と名付けていた）．ラングレーはそれらの平均をとって，p を kgf/m²，V を m/s で表した時に最終的な k の値は

$$k = 0.08$$

になると公表した．従来から言われていた元々の値はスミートンの論文に掲載された表に基づく $k = 0.13$ であり，不思議なことにリリエンタールはこの値を受け入れていた（ただし，この値の精度に関しては疑問を持っていた）．ラングレーの値 $k = 0.08$ を，p にポンド毎平方フィート，V にマイル毎時を用いる英国の工学単位系に変換すると

$$k = 0.003$$

になる．この値は現代になって王立航空協会が確定した値である $k = 0.0029$ に非常に近い値になっている．そして早くから信じられてきたスミートンの表に由来する 0.005 とは大きく異なる．もっともこの値は，2世紀以上の間に何人もの研究者から値が大きすぎることを指摘されてきた．このようにラングレーの計測はかなり正確であった．彼の実験技術が優れていたことの証明である．

● 空気力の直接計測

ラングレーは優れた計測機器の設計者であった．リリエンタールが空気力の計測のために製作した単純な錘，滑車，バネ仕掛けとは対照的に，ラングレーは

様々な力を計測するためにかなり精巧な電気機器を設計した．例えば，彼の合成圧力記録計は平板に作用する空気力合力の方向と大きさを両方計測できた．この装置では記録計と平板が両方共に回転アームの端に取り付けられて，一緒に回転していた．『空気力学実験[49]』には入念に描かれた機械製図と共に，全ての計測機器の詳細な解説が掲載されている．ラングレーは力の計測結果を表の形式と図の形式の両方を用いて報告している．リリエンタールと同じ発想から，ラングレーも力の計測結果を迎え角90°で平板に作用する力と照らし合わせている．したがって，彼が記録した比率は単に

$$C_R = \frac{R}{\frac{1}{2}\rho V^2 S}$$

で定義される合力係数であった．ラングレーは P_a / P_{90} という比を取った値を用いていた．ここで P_a は迎え角 α での力，P_{90} は迎え角90°での力である．リリエンタールのデータを解説する際に用いた論理展開をここでも同様に用いることで次式が得られる．

$$\frac{P_a}{P_{90}} \equiv C_R$$

先の解説では，最初に空気力学係数を使用した功績はリリエンタール（1889）にあると述べたが，ラングレー（1891年）もそれほど遅れていない．2人とも応用空気力学における標準手法として空気力学係数の利用法を確立した．

ラングレーは最初に 1 ft^2（0.0929m^2）の正方形平板を用いて大規模計測を開始した．ここでは5°から90°の迎え角の範囲で，空気力合力の大きさと方向が合成圧力記録計を用いて計測された．平板中心の線速度は試験条件によって4.5〜11.1m/sの範囲で変えられた．空気力学係数の形式で表された計測結果は，ラングレーの表にはっきりと示されているように流速に依存していない．1888年の8月から10月の期間に得られたこれらの正方形平板データが，図4.49に「12×12インチ平板」の凡例を付けた曲線で示されている．この図は基本的には『空気力学実験』に掲載されている図10と同じだが，リリエンタールのデータ点を加えてあり，後の解説でも使用する．ラングレーの観点から考えると，ニュートンの正弦二乗法則が完全に間違っていることを示している点にこれらの計測結果の主な価値があった．例えば5°の迎え角では，彼はニュートンの正弦二乗法則から予測される合力の20倍の実験結果が得られていることを指摘している．その法則の適用が限定されることを最初に指摘したのはラングレーではないが，持続した動力

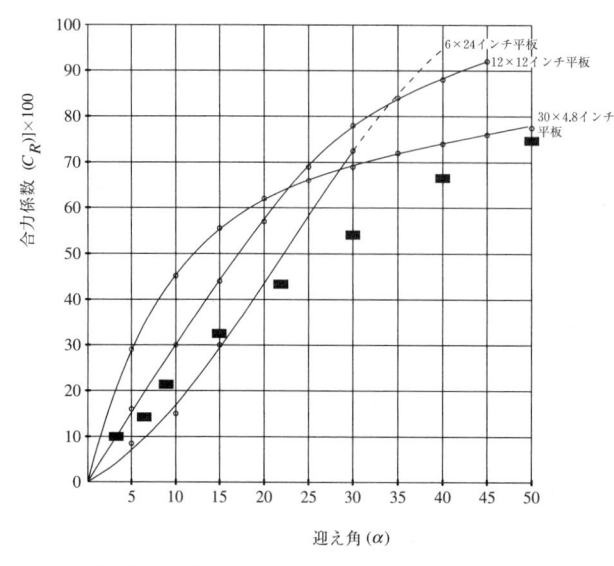

図4.49 迎え角の関数として表された空気力合力におけるラングレーのデータ（丸シンボル）とリリエンタールのデータ（四角シンボル）の比較

飛行の実現可能性がこの結果に依存していることから，この法則の限界をはっきり示すことはラングレーにとってとりわけ重要であった．

図4.49では，正方形平板のデータからラングレーが滑らかに結んだ曲線は迎え角3°において $C_R = 0.1$ の値を予測している．小さな迎え角では，C_R は基本的に揚力係数 C_L と同一である．19世紀の初め，ケイリーが $1\,\mathrm{ft}^2$（12×12 インチ $[0.0929\mathrm{m}^2]$）の平板に作用する力を計測していたが，迎え角3°でのケイリーのデータを揚力係数に変換すると $C_L = 0.11$ になる．遠く時間と実験技術を隔てた2人の計測結果は驚くほど一致していた．

アスペクト比が異なる他の2種類の平板を用いてラングレーが計測した結果も図4.49に示されている．並べてプロットされた3つの曲線から，アスペクト比が空気力の合力に大きく影響していることがわかる．20°以下の迎え角（飛行での実用的な迎え角）では，ラングレーのデータによると最もアスペクト比が大きな平板（30×4.8 インチ $[0.76 \times 0.12\mathrm{m}]$，アスペクト比6.25）の時に C_R は最大になり，最もアスペクト比が小さな平板（6×24 インチ $[0.15 \times 0.61\mathrm{m}]$，アスペクト比0.25）の時に C_R は最小になる．$1\,\mathrm{ft}^2$（12×12 インチ $[0.0929\mathrm{m}^2]$，アスペクト比1）平板のデータはその両者の間に位置している．現代空気力学の知識から見ると，アスペクト比によるラングレーのデータ変化は定性的に正しいと言える．

図4.49には，比較のためにリリエンタールが正方形平板を用いて回転アーム試験装置で計測した結果をラングレーのデータに加えてある．およそ5°以下の小さな迎え角では，リリエンタールの計測結果はラングレーのデータの外挿曲線と一致している．通常の巡航飛行ではこのような小さな迎え角で飛行しているので，この一致は重要である．しかし，大きな迎え角ではこの2種類のデータには

相違が見られる．リリエンタールのデータはラングレーのデータよりも20～25%程度低くなっている．おそらくリリエンタールの回転アーム試験装置構成に特有の欠陥があったのだと思われる．リリエンタール自身もこの欠陥に疑いを持つようになり，自然風の中に固定した装置を用いて空気力を計測する代替手法へ向かうことになった．リリエンタールが行ったキャンバー翼型の自然風試験（図4.37）では，回転アーム試験よりも常に20%程度大きな係数が得られていた．したがって，本質的にはこの差が図4.49に見られる差に相当する．リリエンタールは自然風試験から得た平板データを全く報告していなかった．もし彼が報告していたなら，回転アーム試験装置から得られたデータよりも大きな値になり，図4.49に示されているデータよりもラングレーのデータにより一致する結果になった可能性が十分にある．図4.49に示されている比較から，回転アーム試験が本質的に信頼性に欠けていることが分かる．

平板落下実験

ラングレーが設計した，もう一つの斬新な試験装置が平板落下装置であった．ローラーの上を上下に動くアルミニウム製落下部品を取り付けた鉄製フレームが回転アームの端に鉛直に取り付けられていた．彼は揚力面が地面に対して平行になるように平板の揚力面をその落下部に取り付けた．そして最も高い位置にその揚力面を固定した状態で回転アームを起動して，平板周りの気流速度が目標速度に達したところでその平板が放たれた．すると平板は（鉄製フレームの高さによって決まる）最長1.2mの距離を落下して，ラングレーは平板がその距離を落下するのに要した時間を記録できた．フレーム最高部の所定の位置に平板が固定されて，回転アームが動き出すと，平板周りの相対気流は平板に対して平行（迎え角ゼロ）になり，平板に揚力は発生しない（図4.50a）．平板が

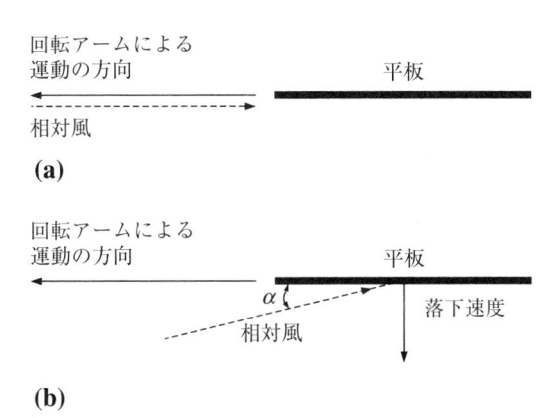

図4.50　平板への相対風の風向 (a) 水平運動（揚力生成なし），(b) 水平運動と鉛直落下運動の組み合わせ（揚力生成あり）

模型重さ：0.465kg

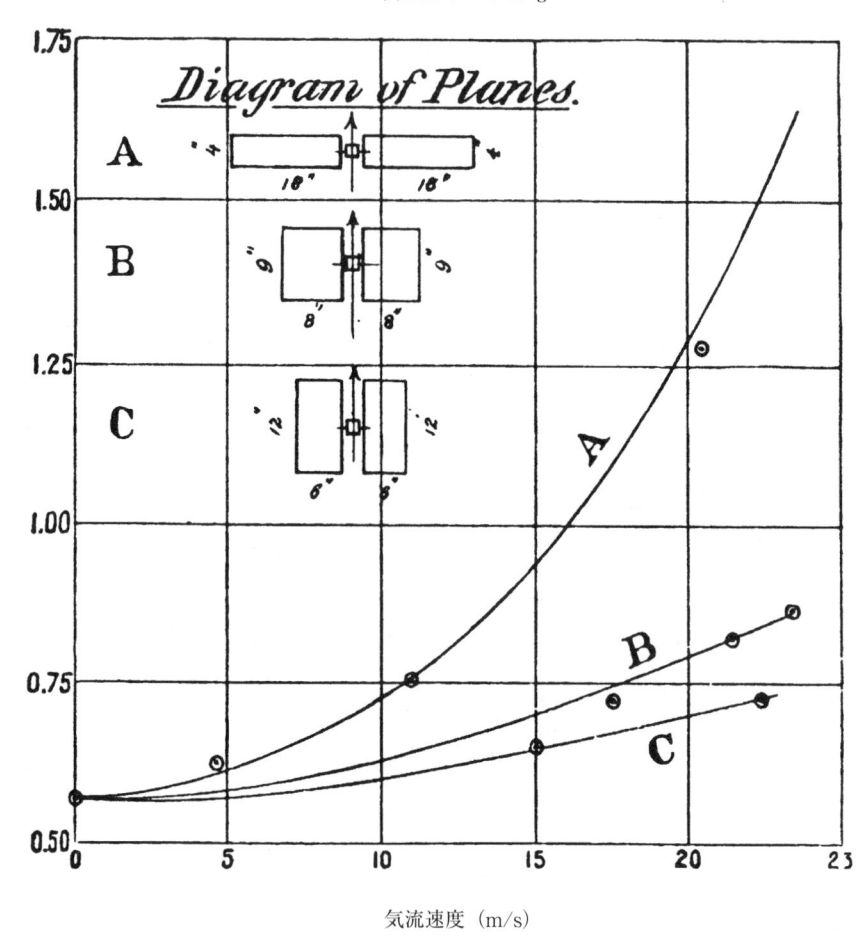

図4.51 アスペクト比の異なる平板に関するラングレーの落下試験データ

放たれて落下し始めると，鉛直方向の気流速度成分が生じ，前方への運動と相まって平板に対してわずかに上向きに傾斜した相対風へ変わる（つまり，合成した気流に対して平板は迎え角を持つことになる）．このようにしていくらかの揚力が発生する（図4.50b）．揚力が生じると落下する平板の重さに対して反対方向に力が作用することになり，1.2m の距離を落下するにはより長い時間を要することになる．揚力が大きいほど，この時間は長くなる．1.2m の距離を落下するのに必要な時

間が平板の揚力性能を示す指針になった．

　ラングレーの平板落下実験から得られた最も重要な発見は，低アスペクト比の翼よりも高アスペクト比の翼の方が大きな揚力を発生することであった．重さと表面積が同一で，アスペクト比が異なる3種類の平板について，水平面内の速度を変えた時にこれらの平板が1.2mを落下するのに要する時間の変化が図4.51に示されている．明らかにどの速度でも，アスペクト比が大きいほど落下時間は長くなっていた．ウェナムは，高アスペクト比翼は空気力学的に効率が良いことを認識した点でラングレーに先行していたが，そのような翼の優位性をはっきりと示す系統だった実験データ群を採取したのはラングレーが最初であった．図4.51では，最もアスペクト比が大きな模型は18×4インチ（457×102mm）の大きさを持つ2枚の板から構成されており，1枚あたりの板のアスペクト比は4.5になっている．当時の最先端技術としてはかなり大きな値であった．後にラングレーはこの発見から比較的大きいアスペクト比5の翼を持つエアロドローム5号を設計して，成功を収めた．

　ラングレーは平板の方向（つまり，どの縁が流れに対して垂直であるか）を説明するために「アスペクト（向き）」という言葉を用いた．例えば300×150mmの平板について考えてみる．もし300mmの辺が進行側縁（前縁）になるように（つまり，300mmの辺が流れに対して垂直になるように）平板を向けると，ラングレーの定義に従うと150mmの辺が進行側縁になるように平板を向けた場合と比較してアスペクトが異なる．今日，私達が用いているアスペクト比はラングレーが定義したわけではない．とは言え，前述の文脈の中でラングレーがアスペクトという言葉を用いたことがアスペクト比という用語の起源だと言えるだろうか．少なくとも，航空分野の文献において「アスペクト（向き）」という言葉はラングレーの著書以前には使われていない．

　ラングレーは平板落下試験の説明の中で揚力が生じる本質ばかりか，揚力面周りの流れの性質についても全く理解できていなかったことを露呈している．落下する平板の下にある空気は，単にその空気の慣性によって衝撃を和らげる効果を及ぼしている位にしか考えていなかった．流速が増加すると揚力も増加する理由について，次のように述べている．「静止状態から落下させた時に空中を勢いよく落下するいかなる重量物も，横方向の平行移動速度を絶えず増加させて，次から次へと（いわば）新鮮な空気の固まりの上を一瞬だけとどまりながら走行させられていると，落下速度はますます減速するであろう．」彼の実験に関する説明のどこにも，図4.50に示されている幾何学的な関係，すなわち落下と同時に空中

を水平方向に移動することによって，平板には合成された気流に対して相対的に迎え角が生じていたことに気づいていた形跡はない．しかしラングレーは理論家ではなく，最高の実験家であった．その当時，揚力面周りの流れ場についてほとんど知られていなかったので，そのような流れの基本的性質を誤解していたことで彼を大きく咎めることはできない．そのうえ，ラングレーは主として揚力面に作用する力に関する実験的事実に関心があった．そのため流れ場の物理に関して詳細に理解することは，彼の目的にとって重要ではなかった．高アスペクト比翼が低アスペクト比翼に優っており，かつその差がおおよそどの程度であるのかを誰もが反駁できないほどにはっきりと示したことで，ラングレーには十分であった．この事実が決定的になったことが，応用空気力学に対するラングレーの主要な貢献であった．

滑空実験と圧力成分記録計

ラングレーの実験を特徴付ける実験手法と計測器がさらにもう一つあった．平板模型の滑空を用いた手法と，彼が特別に圧力の成分を記録できるように設計した記録計である．この記録計は，基本的には刃受で中央を支持した天秤であった．天秤アームは刃受を挟んで垂直方向に上下動が可能であることに加えて，垂直軸周りの水平方向に振れることも可能であった．さらに機械的にある迎え角に固定された平板揚力面が，天秤アームの片側に取り付けられていた．そしてこの装置全体がラングレーの回転アーム端に取り付けられて，空中を回転していた．ある迎え角の下で平板によって生成された揚力が正確に平板の重さと一致するように，空中を移動する平板の速度が調整された．こうしてラングレーの言葉を借りると，平板は「滑空」していた．この状況では，圧力成分記録計の計測アームも正確に水平位置で釣り合っていた（つまり，アームは地面に対して平行であった）．さらに平板に作用する抗力によって天秤アームも記録計垂直軸周りに回転しようとする．水平方向のこの変位を抑えるバネの伸びから抗力（ラングレーの言葉では「水平圧力」）を計測した．そして圧力成分記録計は，平板に作用する揚力と重さが釣り合った時にのみ計測値を記録するように設計されていた．具体的には，その釣り合い状態になると電気接点が繋がって水平力（抗力）が記録されていた．要するに，圧力成分記録計は平板の揚力と重さが正確に一致する飛行状態での抗力を計測するように巧妙に設計された装置であった．平板の迎え角を固定すると，その飛行状態を実現する平板の空中平行移動速度はある一つの値に決まる．

したがって，ある迎え角における圧力成分記録計の値から次の式を用いることで揚力係数と抗力係数の両方を求めることができた．

$$C_L = \frac{L}{\frac{1}{2}\rho V^2 S} = \frac{W}{\frac{1}{2}\rho V^2 S}$$

$$C_D = \frac{D}{\frac{1}{2}\rho V^2 S}$$

ここで W は既知である平板の重さ，D は記録計で計測した抗力，V は平板が「滑空する」(つまり，揚力が重さと一致する) 平行移動速度である．回転アーム試験装置の回転数を変えることによって，この速度を簡単に見つけ出せた．異なる迎え角 α に対してそれぞれにこのような試験を繰り返すことによって，α に対する C_L と C_D の変化をグラフに表すことができた．最後に，揚力，抗力，合力の幾何学的関係 (図1.5) から，揚力と抗力のデータを用いて空気力の合力 R が求まった．以上により，迎え角 α の関数として C_R をグラフ化することができた．

図4.49の全データが，この「滑空」試験法を用いて計測した圧力成分記録計の結果である．ラングレーが正方形平板を用いた合成圧力記録計の結果と圧力成分記録計の結果を比較したところ，両者が2％以内の精度で一致していることが分かった．19世紀末の実験空気力学の状況を考えると，これは驚くべきことである．

2つの全く異なる実験方法で計測した C_R の結果に整合性があることから，ラングレーの実験結果は正しいとつい考えてしまう．つまり，計器設計者および慎重な実験指揮者としてラングレーを褒め称える結果になる．しかし普通に考えると，ラングレーのデータが整合したからといって正当性が保証されたわけではない．なぜなら，この2種類のデータは同じ回転アーム試験装置を用いて取得されており，そのために回転アーム試験装置固有の同じ実験不確かさ特性に影響されていた．そのような不確かさのためにラングレーとリリエンタールのデータ間に相違が見られる (図4.49) ことは，既に示したとおりである．

ラングレーは飛行機が空中を疾走するのに必要な動力 (仕事率) は，抗力と速度の積 DV に等しいことをはっきりと認識していた．飛行機を駆動させるために必要なエンジンの大きさを見積もるため，信頼できる空気抗力の推算値が必要であった．そのために，滑空実験では抗力の計測に一際重点を置いていた．図4.52はラングレーの『空気力学実験』から抜粋したグラフである．ここには，滑空速

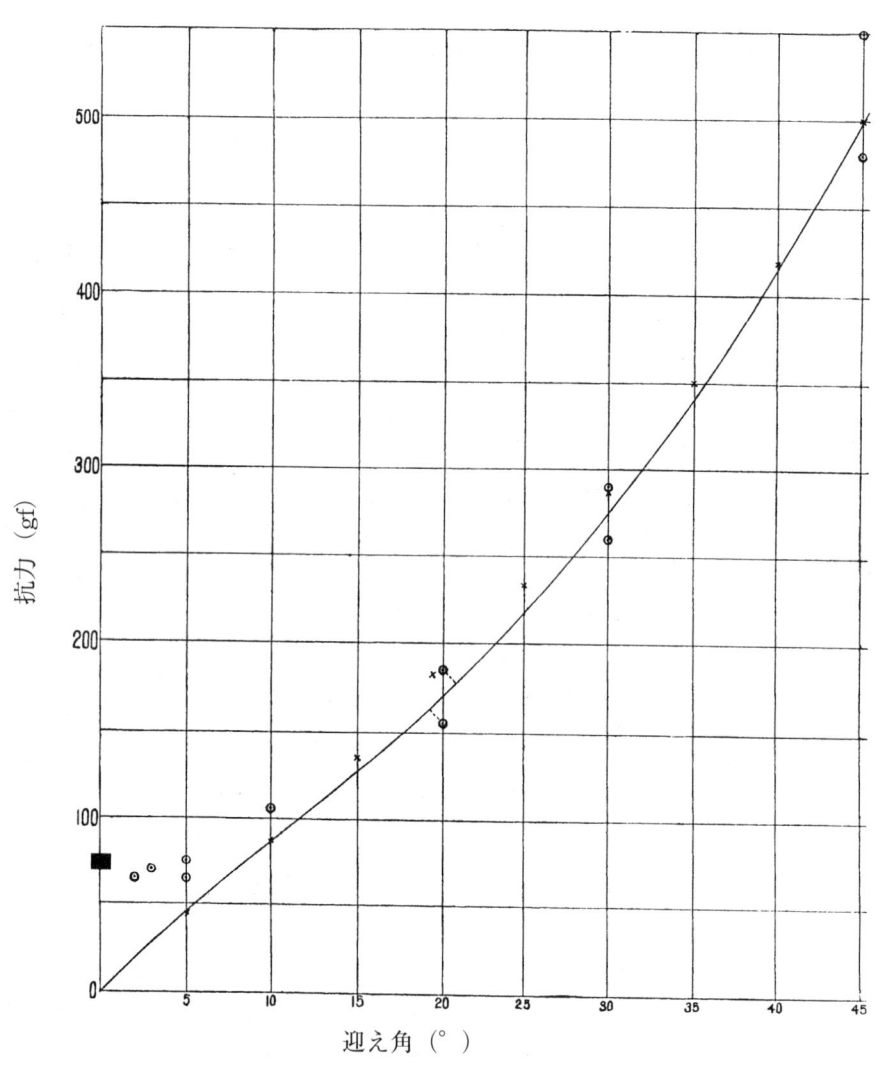

図4.52 迎え角の関数として表した平板の抗力に関するラングレーのデータ．黒四角のシンボルは巻末添付資料Dの計算結果より．

度における平板（30×4.8インチ [0.76×0.12m]）の迎え角に対する抗力変化が示されている．ラングレーは小さな迎え角 α では正確な抗力計測が困難であることを十分認識していた．α が小さな時には抗力の絶対値も小さくなり，この小さな力を計測する際の実験誤差は相対的に大きくなると考えられた．

傾斜平板に作用する水平圧力は迎角を減少させるにつれて減少し，5°以下では100g以下になる．さて，100g以下の圧力，いや（非常に好ましい状況を除けば）200g以下であっても，その観測が影響を受ける様々な誤差は計測中の圧力と比較して大きくなり，その結果として値は広範囲にばらつくことになる．したがってこのような場合には，何度も計測を繰り返して初めて計測した圧力が信頼できると見なされる．[p.63][49]

この問題に対する彼の考え方からも，実験観察を遂行して解釈できる生まれつきの才能を表面的に見て取ることができる．しかし，ラングレーは次のようなある1点でつまずいた．「重さ500gの30×4.8インチ［0.76×0.12m］平板に関しては，滑空速度における水平圧力の計測を15回行った．この計測値とこれを全体的に表現する滑らかな曲線が描かれている（図4.52）．しかし10°以下の角度では，傾斜角度ゼロでの水平圧力の結果がゼロを示すように，計測した圧力点を追う代わりに原点に向かう曲線を描いている．これはもちろん厚みのない平板を用いた場合に限られ，……．」この時，ラングレーは罪を犯してしまった．データが予想と異なる結果を示していても，研究者が正しい答えはこうあるべきだと思うままに曲線を結ぶことは罪であり，この罪は科学の夜明け以来，科学研究者を苦しめてきた．図4.52において，明らかに実験データは迎え角ゼロの時にある有限値の抗力へと向かっているにもかかわらず，ラングレーは迎え角10°以下では自分のデータを無視して原点を通る曲線を結んだ．実際には先に述べた実験不確かさにもかかわらず，小さな迎え角における彼の計測結果はほとんど信じられないほど正確な値へと集まっていたのに．ラングレーの実験条件における迎え角ゼロでの抗力を，現代の手法で計算した結果が巻末添付資料Dに示されている．この計算によると，迎え角ゼロでは76gの全抗力が予測されており，図4.52にはこの値が黒く塗りつぶされた四角のシンボルで示されている．ラングレーの実験計測結果は見事にその計算結果に向かって集まっていることに注目してほしい．迎え角ゼロでの抗力が有限の値を持つことに関係する物理現象は2つある．(1)実験に用いていた平板の厚みは3.2mmであった．そして迎え角がゼロになった時，流れに対して垂直になる先端の鈍頭面によって圧力抗力が発生していた．(2)流れに対して平行な上面と下面に作用する粘性せん断応力によって表面摩擦抗力が発生していた．ラングレーの名誉のために付け加えると，先の引用文の最後が次のように結んであることから，彼は圧力抗力についてしっかりと認識していた．「もちろんこれは厚みのない平板を用いた場合に限られ，いわゆる『滑らか』形状へと

平板先端の角を丸めた厚みのある平板では成立する可能性があり，実用上は成立しているといえるが，角張った厚みのある平板では成立し得ない．(p.65)[49]」さらに，彼の計算によると小さな迎え角では平板の厚みによる圧力抗力が抗力の大部分を占めており，実験データから圧力抗力の計算結果を差し引くと滑らかに結んだ曲線と良く一致すると述べている．ある程度は正しい考察だが，巻末添付資料Dに示した迎え角ゼロでの計算結果によると圧力抗力は61g，摩擦抗力は15gになっている．したがって彼の実験条件では，圧力抗力が全抗力において大きな比率を占めていたことは明らかである．しかし摩擦抗力は微々たるものではなく，無視すべきではなかったということも同様に明らかになっている．この点でラングレーは間違っていた．彼は空気力学研究では最初から最後まで意図的に摩擦抗力を無視していた．『空気力学実験』の最初の方でその理由を述べている．「私が実施してきた数々の実験のほとんどでは移動平板に作用する空気圧力の計測を行っており，全ての実験で得られた圧力の定量値は相対的に空気の摩擦が無視できるほどの大きさである．」繰り返しになるが，この誤った考えを取り上げてラングレーを非難するべきではない．1891年に摩擦抗力を正確に計算するための信頼できる式は何もなかった．その一方で，ラングレーが徹底的に摩擦を無視したことで，人々は正味の空気力において摩擦は何ら重要な役割を果たさないという考え方をより強く抱くことになった．その結果，次世代の空気力学者への負の遺産になってしまった．

ラングレーが摩擦の影響は無視できると信じていたことで，彼の結論には第二の影響が降りかかってきた．平板が迎え角をとった場合には，圧力が平板に力を及ぼす唯一の要因である（そして局所的には圧力は常に面に垂直に作用する）と仮定すると，無限に薄い平板に作用する空気力の合力は平板に対して垂直になる．ニュートンの理論も空気力の合力は平板に垂直であることを予測している．ラングレーはこの議論を検証するための手段として，正味の空気力の方向を計測することに興味を持っていた．実際には彼が実施した実験の圧倒的多数において，合力は平板に垂直であることを疑わせる結果になっていた．もし合力が平板に垂直であるなら，図4.53aに示されている幾何形状から次の関係式が得られる．

$$D = L \tan \alpha$$

ラングレーの滑空実験では揚力と重さが等しいので，この関係式は次のようになる．

$$D = W \tan \alpha$$

ラングレーは重さが既知の500gである平板模型に対して，この簡単な関係式を

(a) **(b)**

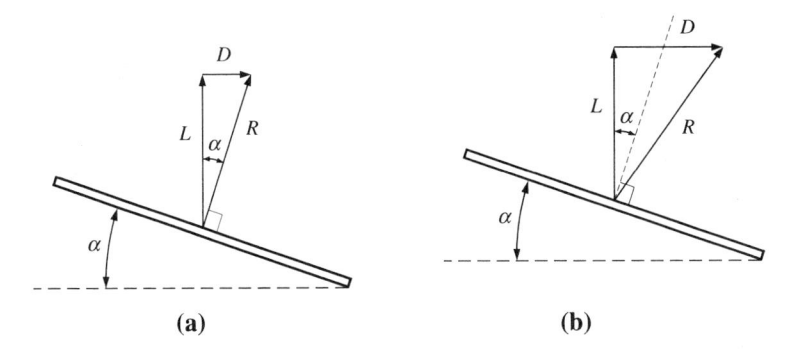

図4.53 平板に作用する合力の説明 (a) 摩擦がない場合，この時には合力は平板に対して垂直になる (b) 摩擦がある場合，この時には合力は平板の局所垂線よりも後方へ傾斜する

用いて D を α の関数として計算した．図4.52にはそれらのデータ点が「×」印で示されており，ラングレーが実験結果を滑らかに繋いだ曲線の近くまで値が小さくなっていた．

> 式 [$D = W \tan \alpha$] から得られた点と計測した圧力から推測した曲線を比較するために，前者の点を曲線の上に十字のシンボルで示す．両者は極めてよく一致しており，本題を客観的に見ると，この式は結果が示しているように力の分解という単純な問題を用いて正確に値を特定できているか，またはこの実験に関する疑問の余地のない力学法則に従うことにより調和のとれた実験精度が確立できていると考えられる．[p.65][49]

基本的には，この式による計算結果が実験結果とうまく一致しているので，この式が正確であることを証明できており，かつこの式では空気力の合力は平板に対して垂直方向を向いていることを仮定しているので，実際でもこの仮定が正しいはずだとラングレーは言っている．迎え角が大きい場合には摩擦抗力よりも全圧力抗力の方がはるかに大きくなるので，空気力の合力は実際に平板に対してほぼ垂直になり，ラングレーの「検証」は妥当であろう．しかし，迎え角が非常に小さい場合には摩擦の寄与が大きくなり，空気力の合力は平板の局所垂線よりも後方へ傾斜する（図4.53b）．（リリエンタールの平板データでも空気力の合力が局所垂線の後方に傾斜していることが，はっきりと示されていたことを思い出してほしい．ただし，ラングレーはリリエンタールの結果について何もコメントしていない．）そのような場合には，図

4.52にも見られるように実際の抗力はこの式によって計算された抗力よりもさらに大きくなる．迎え角10°以下では，ラングレーの実験計測結果はこの式を用いて予測した十字のシンボルよりも常に大きくなっている．（この領域では，ラングレーは明らかに十字シンボルを用いて滑らかな線を結んでいる．）現代空気力学の知識を持ってすれば，ラングレーの低迎角実験データに摩擦の影響を即座に見て取れる．しかし，ラングレーは他に原因があると考えてしまった．

　ラングレーの視点から考えると，彼の空気力学実験は目的を達成していた．実際の飛行に不可欠な，小さな迎え角での空気力学面の揚力と抗力の予測には，ニュートンの正弦二乗法則は有効でないことを再確認した．また，明らかに空気力が流速の2乗に比例して変化することを確認した．平板に関する実験データから傾斜面の揚力作用はニュートンの法則による予測値よりもはるかに大きく，実用化には適切な工業技術が必要になるものの，この結果から機械による飛行の可能性に自信を持つことができた．しかし，動力飛行が可能であることを大衆に納得させるためには，食べた時に初めてプリンの価値が分かるように，飛行を実証する必要があることも理解していた．実際に飛行機を製作し，それを飛ばして初めて意味があった．

プロペラ実験

　ある飛行機を空中に支持できるだけの十分な揚力が発生する速度で推進させるためには動力が必要である．ラングレーはその動力の計算を行う決心をしていた．実際，ラングレーが活躍する頃には動力飛行の達成を追究している人々にとって「必要な動力」が極めて重要な関心事になっていた．ラングレーが計測した平板の抗力は，実際にその動力を計算するためにも用いられた．彼は抗力に打ち勝つために必要な動力が抗力と速度の積（DV）によって決まることを理解しており，著書の『空気力学実験』には抗力の計測に基づいた動力の計算が多数掲載されている．そのための動力供給には，エンジンを用いてプロペラを駆動することが最も現実的な機械的手段であると信じていた．ただし，プロペラの効率が100％にならないことも分かっていた．摩擦などの影響により，エンジンからプロペラに伝達された仕事のいくらかは失われることになる．そこでラングレーは回転アーム試験装置を用いて，一連のプロペラ試験を実施する方向へ向かった．いつもの彼流の徹底したやり方だが，独立した原動機によって駆動されているプロペラからの動力出力を計測するために，動力計クロノグラフという特殊な計測

機器を設計した．そして装置全体が回転アームの端に取り付けられて，空中を平行移動した．しかしラングレーらしくないことだが，試験に用いた様々なプロペラ形状に関する詳細はほとんど報告されていない．彼が蒸気船スクリューの設計を参考にしていたことは，次の記述にあるように明らかである．「このことに関する検討は，船舶のスクリュープロペラ理論およびそれに関連する滑りと前進速度に極めて密接に関係している．」プロペラ性能に関するある基本的な解釈でも混乱していた．「ファン送風機の場合のように最大量の空気を動かすことを目的とするのではなく，最小量の空気を動かすプロペラが最も効率が良くなる．」全く反対である．プロペラというものは，多量の空気を取り入れて，プロペラ全円を通過する前後で極僅かに速度が増加するように推力を働かせた時に効率が良くなる．おそらくそうした誤解のために，10年後のライト兄弟は70％以上の効率を得ていたのに，ラングレーのプロペラ試験での効率はわずか52％であったのだろう．ラングレーのプロペラ設計には何も見るべきものはなく，プロペラ空気力学の理解に対しては実質的に何も貢献していない．

圧力中心計測

　空気力の合力が作用する空気力学面上の点をその面の圧力中心と呼んでいる．圧力中心について知ること（または，同様な情報を得ること）は，飛行機の安定性と制御，釣り合いを理解するうえで不可欠である．ラングレーはそのことを強く意識しており，後に彼がエアロドロームを設計する際には，機体に静的安定性が確保されるように必要なことは何でも実施した．『空気力学実験』では一つの章が迎え角の関数として計測された平板の圧力中心のために割かれている．この計測のためにラングレーは「平衡偏心板」を設計した．それは正方形枠に固定された平板揚力面であり，旋回軸を介して回転アームに取り付けられていた．平板は旋回軸周りに自由に回転することができ，平板の前縁とその回転軸との相対的位置は実験ごとに変更可能であった．その平板が空中を移動すると，圧力中心が回転軸の位置に来て平衡状態になる迎え角に自然と落ち着く．そして平板の下部に固定されていた鉛筆によって，鉛筆に対して垂直に置かれたトレーサー板上に迎え角が記録された．旋回軸の固定位置と平板前縁との相対位置を変えて一連の実験を実施することにより，迎え角に対する圧力中心の位置変化を表にまとめることができた．まず，平板が流れに対して垂直（すなわち，迎え角90°）であれば予想どおり圧力中心は平板の中心になっていることを確認した．次に，迎え角が減少す

ると圧力中心が前方へ移動することが次のように観察された．「角度が微小になると，実験での圧力中心の位置は前縁から平板長さの1/4の位置まで極端に前方へ移動する．」ラングレーは正確な挙動（平板の場合，大きな迎え角では圧力中心は翼弦長の1/2付近にあり，迎え角を減らすことにより前方へ移動する）を計測していた．ルートヴィヒ・プラントルとマックス・ムンクが1915〜22年の間に報告した薄翼理論による計算結果から，ラングレーが実験的に見いだしたように迎え角が小さい時には平板の圧力中心は1/4翼弦長にあることが証明されている．（平板の圧力中心は一般的に1/2翼弦の位置より前方にあるという事実は1808年に大型の凧を用いた実験でケイリーが観測していたが，これに関してケイリーは一貫性のある実験データを採取していなかった．）キャンバー翼型での中心位置の変化は全く異なっており，全ての飛行機が（ラングレーのエアロドロームを含めて）キャンバー揚力面を用いることになったので，彼の平板圧力中心計測値は実用的に全く活用されなかった．後に『機械飛行に関するラングレー回顧録[50]』において，キャンバー翼型では圧力中心の移動が異なることにラングレーは気づいていた事実が明らかになっている．圧力中心位置に関するラングレーの貢献は，迎え角が変わると圧力中心の位置も移動し，平板とキャンバー翼型ではその移動様式が異なることを完全な認識として確立したことであった．

ラングレーの法則

　おそらくラングレーの実験データから導かれた結論の中で最も興味深く，かつ最も議論を巻き起こした結論はラングレーの法則であろう．この法則は空中を飛行するために必要な動力が速度の増加と共に減少することを表していた．彼はそれが自分の最も重要な貢献であると考え，『空気力学実験』の最初のページではこのことについて次のように記述している．

　　これらの新実験から（および，その観点から再調査した結果より導かれる理論からも），もしある一定の大きさと重さの平板がそのような空中運動状態にあり，水平飛行を維持できる角度に傾斜させられ，かつそれを維持できる速度で前進させられている場合には，運動の速度が速くなるほど機体を支持および前進させるために必要な動力は小さくなることが示されている．この記述は非常に矛盾しているように感じられて，読者は記述内容を正しく理解しているのかと自問されるかもしれない．

この表現は彼の本の中でさらに3回，そのうち2回はイタリック体で繰り返されている．たしかに，この結論は直観に反していた．せいぜい良くて誤解を招くおそれのある表現だと考える人が同時代の人達の中にいたかもしれないが，大多数は完全に間違っていると考えた．クラウチ[51]によると，リリエンタールとライト兄弟はこの結論を完全に否定していた．1894年にオックスフォードで開かれた英国科学振興協会の会議で，ラングレーは自分の研究と結論をまとめた短い論文を発表したが，結果はケルビン卿とレイリー卿の2人から批判と非難を浴びただけであった．確かに今日でさえ，ラングレーの動力に関する法則を口に出すと，嘲笑を浴びることになりかねない．

　ラングレーの結論は彼の実験データに基づいており，一貫してその結論を支持するデータが得られていた．『空気力学実験』の付録Bにはこの法則の理論的な「証明」が示されている．ラングレーの結論の正当性を評価する手段として，本書の巻末添付資料Eに滑空飛行状態にあるラングレーの平板に対する所要動力曲線の計算結果が示されている．その結果から，ラングレーの全データは今日では動力曲線の裏側と呼ばれている．定常水平飛行に必要な動力が実際に速度の増加と共に低下する領域で採取されていたことが，はっきりと示されている．図4.54にはアスペクト比が6.25，平面の面積が1 ft²（0.0929m²），重さが500gの平板に対する所要動力の計算結果が示されている．通常の飛行機であれば，全ての飛行機で概ね同じ形の動力曲線になり，その曲線には最小所要動力に相当する極小値がある．図4.54では速度が約22m/sの

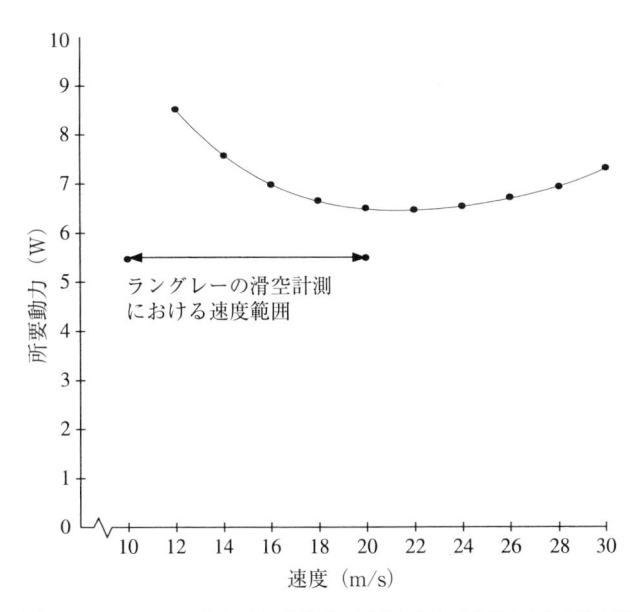

図4.54 ラングレーが用いた平板模型の所要動力を（現代の空気力学を用いて）計算した結果．ラングレーのデータ点は全て動力曲線の裏側にあることが分かる．

点において極小になっている．それ以上の速度でも，またそれ以下の速度でも，必要な動力は増加する．極小点から見て右側領域の高速側曲線では有害抗力が支配的になっており，基本的には速度の2乗に比例して増加する．極小点から見て左側領域の低速側曲線では「揚力に起因する抗力」(すなわち，揚力を生成する圧力差に関連する圧力抗力) が支配的である．揚力に起因する抗力は実際に速度の低下と共に増加する．この傾向は，速度が減少することにより迎え角が急激に増加したことに関連している．速度が減少した際に，揚力を重さに等しく維持するためには迎え角 α を増やす必要がある．図4.54に示されるように，ラングレーが計測したデータは全て20m/s 以下の速度で採取されていた．ラングレーのデータは明らかに動力曲線の裏側で得られており，したがって彼が実験を行った速度の範囲ではラングレーの動力法則を導いた結論は正しかったと言える．ラングレーの回転アーム試験装置で22m/s 以上の速度での試験が可能であったなら，データの傾向が反転するのに気づいて，ラングレーの動力法則が発表されることはなかっただろう．

　ラングレーの研究はアメリカでなされた最初の重要な空気力学研究であった．海外をも含む科学者達の間で彼の評判はすこぶる高かったこともあり，19世紀後半に空気力学研究の中心地であったヨーロッパからわずかに西へ中心地を移動させた功績はラングレーにある．しかし，ラングレーの実験結果は飛行機の設計で実際に用いられることはほとんどなかった．『空気力学実験』は平板に関するデータばかりで，ほとんどが学術的な興味から実験が実施されていたからである．特にラングレーが動力法則を強調したことは逆効果であった．ラングレーの動力法則は，彼のデータからは妥当な結論であったことは既に示したとおりだが，それは動力曲線の裏側のみで有効なデータであり，実際の飛行ではできる限り避けられている．いずれにせよラングレーの動力法則は直感に反しており，そのことに起因するラングレーへの批判から，多くの人達の間で彼の研究成果への信頼性が損なわれる傾向があった．

　クラウチはラングレーの空気力学実験について次のように語っている．「その研究は非常に有用であった．偉大なラングレーが飛行機の可能性を信じていたことは，大多数の俗人をして空気力学がもはや愚か者の道楽ではないことを知らしめるのに十分であった．」ラングレーはよく考え抜いて慎重に実験を指揮できる人物であった．そして彼の実験データは，ある実験方法と別の実験方法との間で全てが首尾一貫していた．彼が発明したユニークな計測器が他の人に使用されることなく，しかも回転アーム試験装置は空気力学試験装置としては急速に姿を

消したが，『空気力学実験』に報告されているラングレーの実験から実験空気力学者達はインスピレーションを得ることができた．

ラングレーのエアロドローム

サミュエル・ピエールポント・ラングレー（1834～1906年）（図4.55）は1834年8月22日にマサチューセッツ州ロックスベリーの裕福な有力家庭に生まれた．父は農産物の卸業を営んでいた．名門のボストンラテン学校に通い，ボストン高校を卒業したが，大学を辞退してアメリカ中西部へ移り，そこで土木技師および建築士として12年間働いていた．その後は生涯ずっと独学で学ぶことを続けた．南北戦争の間，ラングレーはボストンへ戻り，天文学に目を向けるようになった．独学の一環としてヨーロッパを旅し，ヨーロッパの多くの天文台を訪問している．1865年にボストンへ戻り，ハーバード天文台長官からの誘いを受けて助手になった．1年後，その同じ長官からの支援を受けて合衆国海軍学校の数学助教授に就任した．高校教育までしか受けておらず，数学や教職の経験もない人物に数学の教職を提供したことについて，その能力の説明に海軍学校は窮したに違いないと，ビドル[52]は述べている．さらにラングレーは，1年もしないうちにペンシルベニア・ウェスタン大学（現在のピッツバーグ大学）の物理学教授とアレガニー天文台長官に就任している．

ラングレーが着任した時にはアレガニー天文台は創設からまだ数年しか経っていなかったが，既に荒廃した状態になっていた．アレガニー天文台は高価なドイツ製望遠鏡を購入したピッツバーグの一般市民グループによって創設されたのだが，その望遠鏡のための保守装置を購入していなかった．彼らはすぐに自分達の能力を超えたことをしていることに気づいて，教授職と引き替えのわずかな寄付と共に地元のその大学に譲渡していた．ラングレーはすぐさま裕福な鉄道会社役員であるウィリアム・ソーを探し出して，天文台に必要な装置を適切に備え

図4.55 サミュエル・ピエールポント・ラングレー

るための資金を提供してもらった．ソーは，いかなる授業からもラングレーが解放されるという契約条項と共に10万ドルの助成金も大学に進呈した．これでラングレーには天文台での研究に打ち込める自由な時間ができた．ソーはラングレーが研究を進めるうえで一生の恩人であり続けた．『空気力学実験』の序文ではソーに対して次のように敬意を表している．「もしこれらの研究に少しでも恒久的な価値があると思われたならば，寛大にもこれらの研究に必要な主要手段を提供して下さった故ウィリアム・ソーの御名と共に記憶していただくことを願う次第である．」

　その後の20年間でラングレーは，天文台指導者および天体観測者として抜群の名声を博することになった．ラングレーは数学を専門的に学んだことがなかったので，理論天文学よりも実験天文学を志向しており，同様に実験を重要視するこの姿勢が後には彼の空気力学研究を導くことになる．実務的な面では，正確な時刻を鉄道会社に提供することと，天体観測を行って顧客にその結果を1日2回電報で報告することによって，天文台が収入を得る商売を始めた．科学的な面では，ラングレーは太陽の研究，特に太陽黒点と太陽によって作り出されるエネルギーを専門的に研究した．1870年代の後半にはボロメーターを開発した．地球へ降り注ぐ太陽エネルギーのスペクトル変化を計測する装置である．1884年，大気が熱を吸収する特性の調査を目的に，カリフォルニア東部のシエラネバダ山脈にあるホイットニー山への調査隊を組織した（資金はソーから提供された）．そしてラングレーが採取したデータから太陽定数（地球の大気へ到達するエネルギー量の割合）を求めることができた．その業績により同僚達から惜しみない称賛を集め，国際的な評価を確固たるものにした．（1914年，科学界ではラングレーが計測した太陽定数の値は50％過大であることが判明している．）ラングレーの科学的名声は1886年に最高潮に達した．この年，ロンドン王立協会と米国芸術科学アカデミーの両方からランフォード・メダルが贈られ，全米科学アカデミーからはヘンリー・ドレーパー・メダルが贈られた．

　ラングレーがスミソニアン協会の長官に就任したのは，まさにその絶頂期のことであった．そして1886年の米国科学振興協会の会議でランカスターの論文から刺激を受けて，全く新しい科学面での経歴，つまり機械による飛行の研究へと踏み出して行ったのも，この同じ時期であった．ピッツバーグの天文台に空気力学実験設備を建設することをラングレーが許可されたのも，科学者としてのラングレーの威光と理事会に及ぼすソーの影響力が絶大であったことの証である．「大学と天文台の理事会が，天文学からあれほどまで離れた研究に資金を出すとはほ

とんど予想できなかった．事実，大失敗の場合に想定されるいかなる難題からも協会と自分自身を守るため，ラングレーは理事会への通信と年次報告では常に『空気圧工学の研究』の名で説明していた．(p.47)[51]」ラングレーは1887年にスミソニアンの長官になった後はワシントンに移り，回転アーム試験装置を使用する空気力学研究は彼の指揮によってアレガニー天文台で継続された．彼は郵便と電報を用いて密接に監督を続けた．回転アーム平板試験が完了する1890年には，合衆国では匹敵するもののない，そしてヨーロッパに対してはそのデータの量と多様性において何にでも対抗できるだけの空気力学データを集めた．ラングレーはその大量のデータから機械による飛行が可能であることを確信するに至った．

　ラングレーの飛行研究は以下の4段階に分けられる．(1)回転アーム試験装置を用いた空気力学実験（既に解説済み），(2)小型ゴム動力模型を用いた実験，(3)蒸気動力縮小エアロドームを用いた実験，(4)実物大エアロドームを用いた実験である．年代的に重なっている段階もある．

　回転アーム試験でのラングレーの最初の目標は，動力機械飛行の実現性を示すことができる程度に飛行に係わる物理現象を理解し，明らかにすることであった．『空気力学実験』の末尾に回転アーム実験データの影響力について以下のようにまとめている．「本実験から得られた最も重要な一般的影響を総括すると，機械飛行によって重量物を空中に支えるためだけの動力に関する限り，**そのような機械による飛行は私達が現在所有している原動機により可能である**（太字体はラングレーによる）．」1894年にオックスフォードで開かれた英国科学振興協会の会議では，ラングレーの空気力学データの正当性についてレイリー卿は次のようにコメントしている．「もし，彼が……そうすること（飛行）に成功したなら，正しい（と立証される）であろう．」レイリーのコメントは，ラングレーが既に実行していた空気よりも重い機体の設計，製作，そして飛行という活動に対する支持の表明であった．

　ラングレーは飛行という目的に向かって既に小型ゴム動力模型飛行機での経験を活用していた．その研究はアレガニー天文台にいた1887年に始まり，その後はほとんどワシントンで4年間続けられた．初期の模型は松で作られていた．後に軽量金属管も試したが，これは重すぎることが判明して，ずっと後になってからシェラック塗装紙でできた管の比強度が最も高いことを見つけ出した．翼は支持枠の上に張り伸ばされた紙でできていた．そうして作られた飛行模型の試験では，約100通りに近い形状が試験された．そのいくつかが図4.56に示されている．このような模型飛行機を用いた実験は努力の割にあまり有意義ではなかった．

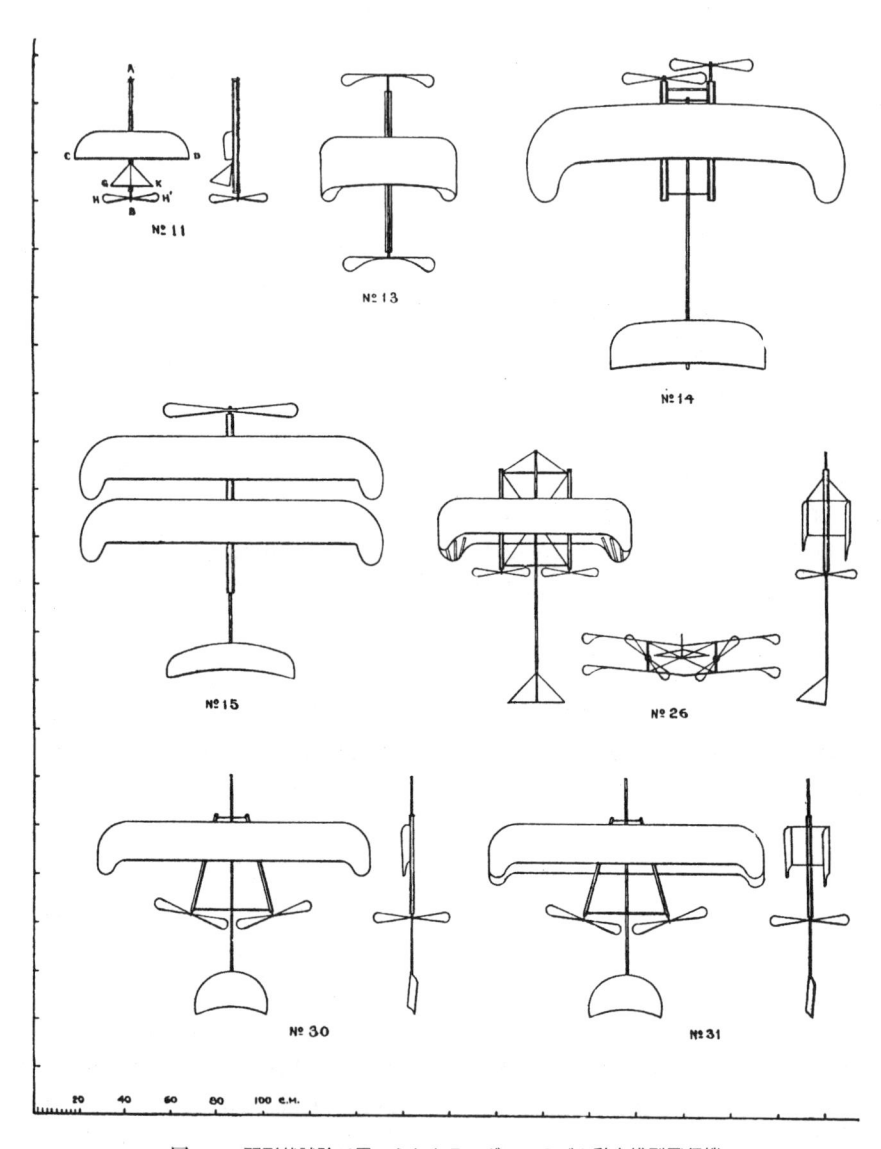

図4.56 翼形状試験で用いられたラングレーのゴム動力模型飛行機

「その模型を飛行が可能なくらい軽量に，かつ飛行中に加わるひずみに耐えることができるくらいに強度を持たせて製作することはほとんど不可能であった[50]」という困難が分かったことぐらいであった．模型は落下と共に容易に破損し，同じ観察条件を再現することは不可能であった．最終的にラングレーはゴム動力模型に見切りをつけた．「最終結論は……そういった苦労や費用に見合うだけの情報が得られるようなものではなかったということであり，より大きな縮尺で蒸気駆動のエアロドローム実験を開始することを決意した．[51]」

ラングレーの飛行研究における次の段階，すなわち蒸気動力付き小型飛行機の開発ははるかに大きな成功を収めることになった．ラングレーはゴム動力付き模型を「エアロドローム」と呼んでいたが，後々まで引き続いて自分の飛行機にはその名を用いていた．彼は古典学者に相談してその名を選んだ．ギリシャ語の"aerodromoi"（「エアー・ランナー」）からの借用語である．厳密に翻訳すると，そのギリシャ語は前述のような飛行機自体ではなく，飛行機が飛び立つ場所を意味している．

ラングレーは動力源として蒸気が最良の選択であると信じており，それからの4年間に0〜6号機まで連続して番号を付けた7機の蒸気動力エアロドロームを製作した．0〜3号機は重量が重く，パワー不足でもあったので，途中ですぐに放棄されたが，ここから学んだことがより良い次の設計へと繋がった．エアロドローム5号機が最も成功した機種であった．エアロドローム5号機（図4.57）には一般的な空気力学設計が施され，ラングレーの全エアロドロームの中では代表格になっている．タンデム翼を採用し，ゴム動力模型に由来する特徴もあった．そのタンデム翼は2枚とも形と大きさが同一であった．平面形状は長方形であり，アスペクト比は比較的大きな5になっていた．（ラングレーは回転アーム実験から得られた重要な結果をここに適用していた．）両方の翼は共に翼幅が4m，全支持翼面積は$6.4m^2$であった．エアロドロームの全飛行重量は12kgなので，翼面荷重（重さを翼面積で割った値）は$1.8kg/m^2$になる．翼型は大きく反った形状であった（キャンバー比1:12）．反りが最大になる最大キャンバー位置は（1/4翼弦の位置に非常に近い）23.8％翼弦の位置にあった．

回転アーム実験から得られた詳細な空気力学データは全て平板を用いていたのに，ラングレーが蒸気動力エアロドロームにキャンバー翼型を選んだのはどうしてだろうか．全く不思議だ．彼のデータは平板を扱っていたが，『ラングレー回顧録[50]』では曲面のための技術資料が存在することについて言及している．その『ラングレー回顧録』では，続編を発表することを次のように約束していた．

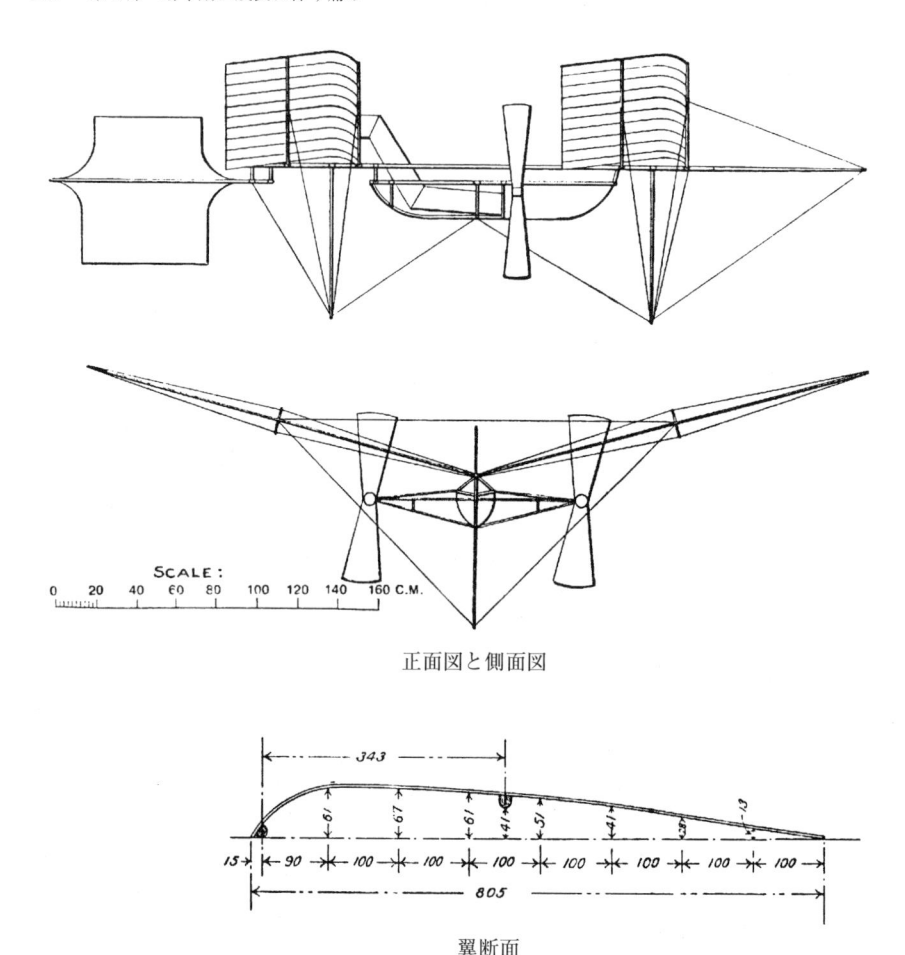

238　第2部　幼年期と成長に伴う痛み

正面図と側面図

翼断面

図4.57　ラングレー蒸気動力エアロドローム（正面図，側面図，および翼断面）

「様々な形式の曲面，プロペラ，他の装置の働きに関して別途実施した試験より得られた広範囲な技術資料から主に構成されている，本回顧録の第3部を後に出版する予定である．」その第3部はついに出版されなかった．しかしラングレーは，ゴム動力模型を試験している際にキャンバー翼の経験を積んでいた．例えば1891年11月20日の実験では，キャンバー翼での圧力中心の挙動は平板の挙動とは全く異なるとノートに記している．ラングレーが最初にキャンバー翼を用いた試験について述べた時期が，リリエンタールがキャンバー翼の空気力学性能は平板

よりも優れていることをはっきりと示す画期的な研究成果[46]を発表した2年後であったことに注目しよう．ラングレーはリリエンタールの研究を意識していた．ラングレーの手書きのメモには，リリエンタールのキャンバー翼データと自身の平板データを直接比較した箇所が見られる．彼の第11号日誌234ページ（スミソニアン国立航空宇宙博物館のラムジー希少本室に保管）には，ドイツの雑誌「飛行船旅行（*Zeitschrift für Luftschiffahrt*）」1893年10月号を受け取ったことが書かれている．「1893年10月号を入手．曲面の抵抗に関するG・ウェルナーの詳細な論文が掲載されている．風の中および列車上で取得したオリジナルデータも全て記載されている．リリエンタールの研究を強力に裏付けている．」しかしリリエンタールのデータと，それを裏付けるウェルナーなど他の人のデータがあるにもかかわらず，ラングレーはなぜかキャンバー翼型に対して依然懐疑的であった．「私は回転テーブルの上で様々な形状の曲面を多数実験し，そうした支持面も多数製作してきた．いくつかの支持面は実際に飛行試験も行っている……．私は曲面がいくらか効率的であることに疑問を投じているわけではない．リリエンタールとウェルナーが主張していると思われる平板に対する曲面の極めて大きな効率増加は，一見したところ利点があるように見えるだけの条件について述べた不完全な報告か，または我々が実際に飛行で実現するのが不可能に近い条件のどちらかに関係していると思われる．」

　信じられないことに，ラングレーはリリエンタールの研究を退けようとしていた．そのうえ，エアロドロームの性能計算を行う際には，リリエンタールとウェルナーの翼も「極めて平板に近い」形状であったと主張して平板のデータを使用し続けていた．実際には彼らの翼は平板からほど遠い形状であった．今日の基準から見ても1/12キャンバー翼型は上に大きく反っており，平板の空気力学性能とは全く異なっている．ラングレーは曖昧な態度を取り続けた．キャンバー翼型の明確な優位性を認めることに抵抗を感じていたが，蒸気動力エアロドロームでは（後には，1903年の実物大有人エアロドロームでも）ためらいなくキャンバー翼型を用いた．そのうえ，リリエンタールのデータを疑って多少反駁する努力を試みた後，リリエンタールが最適値として特定したキャンバー値と全く同一の1/12キャンバーをエアロドロームに採用していた．ただし，ラングレーは1/4翼弦付近に最大キャンバー位置が来るようにしていたが，リリエンタールの翼型は1/2翼弦の位置に最大キャンバーがあった．科学者としてのラングレーには似つかわしくないが，その選択をした技術論的な根拠が一編たりとも発表されていない．この問題に関してラングレーの心中で何が起こっていたのかと，ただ不思議に思

うばかりである．おそらく彼はキャンバー翼面を用いて自分で計測したデータの妥当性について満足しておらず，それゆえ発表することをためらっていたのだろう．

　キャンバー問題におけるラングレーのあいまいな言葉について考えていると，彼の性格の問題についても考えさせられる．彼は自信家であり，自己中心的で，尊大で，いつも威張っていたと言われている．モーニングコートと縞のズボンを着てスミソニアンの施設を定期的に点検して回っていた堅苦しい人物であった．いつも厳しい課題を与え，時には一緒に働く人に理不尽な圧力をかけることもあった．クラウチはラングレーの性格の厳格な面を簡潔に言い表している．「友人ならば『特定の研究に没頭するあまりに，時には妥協を許さないほどの熱心さ』として捉えるところを，長官の部下達は否定的に捉えていた．良く言っても，仕えて働く相手としては気難しい人物であった．彼は妥協を許さず，絶対服従を強要する自分本位の完璧主義者だった．(p.147)[51]」ラングレーはスミソニアンを独裁的に支配していた．さらに悪いことに，他人の仕事の成果を横取りしてしまうことで時々非難されていた．部下には常に自分の後ろを歩くように命じていた．しかしラングレーを尊敬している人もいた．最も親しい助手であり，1898年以降は協力者でもあったチャールズ・マンリーはラングレーの死後に彼を称賛して次のように述べている．「彼は報酬を望むことなく自分の時間と最大限の努力を世界に捧げていた．[50]」ラングレーの死から5年経って出版された『ラングレー回顧録』の序文に，「一般大衆のみならず科学分野で最も進歩的な人達でさえ，機械による飛行を嘲りの対象としか考えていなかった時代に，彼はその研究を開始し，それ以前はほとんど空想家だけが考えていたようなことを科学研究の一分野へと転換する助力になった．[50]」と，マンリーは書いている．

　ラングレーはワシントンで最高の知的かつ科学的な集団の仲間入りをした．彼の親友であり，支持者の一人にアレキサンダー・グラハム・ベルがいた．ベルは1907年に航空実験協会を組織することで，航空学に貢献することになる．もう一人の親友に，スミソニアンから数 km 北へ行ったところにあるカソリック大学機械物理学科の学科長アルバート・ザームがいた．アメリカの大学で初めて空気力学実験室を開設したのはザームの功績である．ラングレーは，現在でもワシントンでは最高級クラスの住宅地であるコスモス・クラブの会員であり，そこに住んでいた．このことは何よりも彼の社会的地位をはっきりと表しているだろう．そして，一生独身のままであった．

　そうした特徴が全て良きにつけ悪しきにつけ，1896年にはラングレーを輝かし

い栄光へと結びつけた．蒸気動力エアロドロームの技術開発は極めて詳細に説明されている[50,51]．エアロドロームの離陸には，ポトマック川の中央に浮かべた屋型船の上にカタパルトを取り付けて，そのカタパルトを用いた．その理由について，ラングレーは次のように語っている．「現在の実験段階では，（もしエアロドロームが落下するとしたら）ほとんど損傷を被らずに済み，容易に回収できる水中へ落下する方が，ほぼ確実に多大な損傷を受けることになる陸上の何処よりも好ましい．」ラングレーは，重量，構造強度，動力，機体安定性という4つの要素で問題に直面することになった．強度と重量の問題は比強度という概念で一体化されて扱われた．そして小型エアロドロームではこの問題に対処することができたが，それも容易ではなかった．例えば失敗に終わった1894年のエアロドローム4号と5号の試験では，「翼は元の形状のままには残っておらず，発射の瞬間に空気による上向き圧力を受けて，突然曲げと変形が翼を襲った」．ラングレーは小型エアロドロームではこの問題を解決できたが，再び同じ問題が発生することになる．1903年の実物大エアロドロームではこれが大失敗の原因になった．動力に関しては，最大1馬力（7.3m/sの理論滑空速度に必要な動力は0.35馬力であると事前に計算していた）を生み出すことが可能な小型蒸気エンジンを設計製作できた．ラングレーは飛行中のエアロドロームの固有安定性を最も気にしていた．彼は静的安定性の基本原理を理解しており，横安定性（訳者注：機体軸を中心に回転するロール方向の安定性）を実現するために15°という相当大きな上反角を持つ翼を設計した．縦安定性（訳者注：機体軸が上下に揺れるピッチング方向の安定性）を実現することははるかに困難であった．なぜなら翼の圧力中心がどこにあるか，ラングレーは全く確信を持って予測できなかったからである．ましてやエアロドローム全体での圧力中心の位置など言うまでもない状態だった．この点では平板データは役に立たなかった．彼はキャンバー翼型での圧力中心の移動は全く異なることを知っていた．さらにタンデム翼とプロペラ後流が圧力中心の位置に及ぼす影響との相互作用についてもラングレーは心配していた．

　ラングレーが最終的にエアロドロームを飛ばす準備を整えた時には，様々な構成部品（尾翼や機体カバーなど）の位置を変えることによって重心位置を頻繁に調節しており，さらに翼を機体に取り付ける角度以外にも尾翼の傾斜角度を変えることによって圧力中心の位置を調節できるようになっていた．彼の構造支線方式では，翼端の傾斜角度と翼付け根部分の傾斜角度を異なる角度に設定可能であった．翼付け根と翼端のそれぞれに対する典型的な角度の組み合わせは8°と20°であった．その調節を試行錯誤的に行って，水平飛行のための釣り合いと縦安定性

を達成できる配置を見つけていた．

　3年間にわたってエアロドロームを飛ばそうと挑戦しながら苛立たしい失敗を繰り返した後の1896年5月6日，ようやくラングレーは成功した．ワシントンから南へ約50km離れた所にあるポトマック川には，エアロドロームの飛行試験ができるほどの広々とした水面が広がっていた．ラングレーとアレキサンダー・グラハム・ベルの両者も参加して，昼過ぎには作業員達がエアロドローム6号の発射を試みたが，これはカタパルトに引っ掛かって左翼を破損し，水中へ落下してしまった．そのエアロドロームを回収した後に，今度はエアロドローム5号をカタパルトに取り付けた．午後3時5分，水上6mの高さから5号機は穏やかな風の中へ打ち出された．ゆっくりと1m程度降下した後に上昇を開始して，そして右へと旋回を始め，最終的には川の上を高度20～30mで螺旋状の経路を描いて飛行した．80秒後には蒸気をほとんど消費したためにプロペラの回転速度が低下して，エアロドロームは降下を始めた．ゆっくりと着水するまでの間に1分30秒間空中を飛行して，飛行距離は1kmに及んだ．すぐにエアロドロームは水面から回収されて，午後5時10分には2度目の発射が行われた．2度目の飛行も最初の飛行と同様であった．5号機は90秒間空中を飛行して，飛行距離は700mであった．当然，ラングレーとベルはこの結果に大変喜んだ．その日の午後に起こったことは，それまでの動力飛行の中にあっては最も重要な進歩であり，最も劇的な事件だった．15年後，マンリーは『ラングレー回顧録』においてこの時の状況を次のように述べている．「この2回の飛行がラングレー氏にとってどういう結果であったのかなら簡単に分かる．成功だ！　世界の歴史で初めて人の手によって作り出された装置が実際に空中を飛行し，そして人が誘導して補助することなく平衡状態を持続していた．この装置は1回だけ飛行したのではなく，2回目も打ち出されて再度飛行を行い，最初の飛行試験が単なる偶然から得られた結果ではないことを示していた．[50]」

　ラングレーはすぐさまそのニュースを広めた．5月26日にはパリの科学アカデミーで，空気より重い動力飛行が可能であり，かつ既存技術で達成可能であることを証明している点を強調しながら，自身の成功を報告した．アカデミーに対してさらに強く自身の報告を立証するために，ベルも観察していたその飛行をベルが詳細に説明した書簡を添えていた．ベルはこの書簡を次のように締めくくっている．「この実験を目撃した者は誰もが，機械による飛行の可能性が実証されたと納得したであろう．」このことはずっとラングレーの目標であった．そして，この目標が実現できたことを確認する人物として，ベル以上に名声のある人物が

他にいるだろうか.

ハフェイカーとラングレーのキャンバー翼型実験

　ラングレーは平板に対するキャンバー翼型の相対的優位性に関して際立って曖昧であった.『回顧録』ではリリエンタールのキャンバー翼型研究結果を中傷しているが，その同じページでは，「他の条件が等しい場合，適切に曲げられた面を用いることで平板よりも多少効率を上げることができる[50]」とも認めている.ラングレーはこの発言の基になっているデータを一度も発表しなかったが，私も1890～96年の間に付けられたラングレーの個人日誌の中にそのような資料を発見できなかった. しかし,『回顧録』の脚注には次のような記述がある.「私の指導の下でハフェイカー氏が実施した最近の実験では同様の結果が得られているが，曲面を小さな迎え角で単独使用した場合には平板よりもはるかに不安定になるという，私がかつて実施した粗雑な観察結果を確認することになった.[50]」エドワード・チャーマーズ・ハフェイカーはオクターブ・シャヌートの推薦で1894年12月にラングレーが採用した助手であった. エモリー・ヘンリー大学の数学学士号とバージニア大学の物理学修士号を取得していた. ハフェイカーはスミソニアンで働き始めてから，業務の一部としてキャンバー翼型特性の研究を担当した. 収集したデータのほとんどは，ラングレーが小型エアロドロームの試験に成功してからまる1年が経過した1897年6月23日から10月10日までのハフェイカーの日誌に書かれている. 彼は単に空気力学計測結果を採取しただけではなく，それ以上の成果を上げていた. もしかすると，ラングレー自身よりも翼周りの流れ場での物理的性質を理解することに興味を持っていたかもしれない革新的な思想家であった.

　ラングレーの『空気力学実験』が平板の空気力学に関する最終的な論文になったと思われたかもしれないが，1897年にハフェイカーはキャンバー翼型と共になおも平板の試験を行っていた. ハフェイカーの業績は3つに分類される. 第一には驚くほど正確な平板の揚力係数を求める式を提示した. 自らの平板データに基づいて，日誌の186ページでは正方形平板の揚力を求める式を迎え角の関数として次のように発展させた.

$$P_a = P_{90} \sin 2\alpha$$

ここで P_a は平板の重さ（平板は滑空状態にあったので，重さは揚力に等しい），P_{90} は迎え角90°で平板が受ける力である. q_∞ を動圧，S を平板の面積とした時に近似的

に P_{90} は $q_∞S$ に等しいことを既に示した．したがって現代の表現では，上記の式は次のように書くことができる．

$$L = q_∞ S \sin 2α$$

ここで L は揚力である．揚力係数 C_L は

$$L = q_∞ S C_L$$

により定義されるので，ハフェイカーの式と直接比較することで，次式が得られる．

$$C_L = \sin 2α$$

この式が最も実用的になる小さな迎え角では，正弦関数の「微小角近似」を使用できる．すなわち，（度数法ではなく）ラジアンで表された $α$ を用いて

$$C_L = \sin 2α ≈ 2α$$

以上が基本的に揚力係数を求めるためにハフェイカーが提案した式である．この式はどの程度正確だろうか．その後に発表されたプラントル揚力線理論[1]の結果を用いて，この質問に答えることができる．それによると有限平板の揚力係数は次のように表される．

$$C_L = \frac{2πα}{1 + 2/AR}$$

ここで AR はアスペクト比である．（低アスペクト比ではこの式はあまり正確でないが，$α$ が小さい場合にはほぼ正確だと言える．）正方形平板では $AR = 1$ であるから，

$$C_L = (2/3)πα$$

になる．$π = 3.14$ より上式は

$$C_L ≈ 2α$$

になり，ハフェイカーが導いた式と基本的に同一であることが確認できた．残念ながらアスペクト比が異なると，ハフェイカーの式は設計に役立たない．もちろん，その当時はアスペクト比補正の理論もなかった．しかし，どんなに適用範囲が限られているとはいえ，比較的精度良く揚力係数を求める式が得られたということはハフェイカーの研究の素晴らしさを物語っている．

　ハフェイカーの第二の業績では，わずかに迎え角をとった翼周りの流れの性質に関して概念的な思考がなされている．実際，今日では翼の「ヒステリシス効果」と呼ばれている現象に関して当時としては非常に進化した結論に至っている．ほとんどの翼型が次のようなヒステリシス効果を示す．すなわち，迎え角を大きくすると，失速するまでは揚力も増加する．そして失速すると（時に急激に）揚力は減少する．次に迎え角を大きな値から小さな値へと減少させていくと，迎

え角がかなり小さくなるまでその途中の角度で揚力は失速時とほぼ同じ低い値を維持する．例えば，迎え角を増加させながら翼型の角度を上向きに変えていくと，迎え角15°を通過する時の揚力係数は1.4程度になるだろう．しかしこの同じ翼型の迎え角を減少させて小さな値まで戻す場合には，迎え角15°を通過する時の揚力係数は1.0程度になり得る．これが失速時に発生した剥離流れが持つ安定特性に起因するヒステリシス効果であり，流れのパターンとそのパターンによって決まる揚力係数が失速間近の迎え角では一つに定まらない理由である．ハフェイカーはヒステリシス現象を観察していなかったが，それが発生することを理論づけていた．「空気の流れに曝した矩形板が軸周りに回転している場合，いついかなる迎え角に対しても流れを妨げる断面が減少する時よりも増加する時の方が圧力は大きくなるだろう（日誌，1896年5月5日，p.220）.」この効果は迎え角に寄らず作用するとハフェイカーは言っているが，もちろんこれは事実と異なる．彼は同じページでもっと詳しく説明している．

> 希薄部の背後，板の正面には圧縮領域がある．板の圧力はこの擾乱領域の広がりに依存する．そして迎え角が増加した時，または流れを妨げる断面積が増加した時に，擾乱領域が擾乱の影響を受けていない流れの中に同時に押し出されて，新たな流線を生成しながら既存の流線をいっそう歪めるというのが私の考えである．他方，迎え角 (α) が減少して擾乱領域が収縮する時，新たな流線が生成されることはなく，既存の流線も少しも位置を変えることなく，希薄部を減少させ，かつ板に作用する圧力も減少させながら，前方で圧縮された空気は後方へ広がることが可能である．したがって，一般的にはいついかなる α に対しても α が減少する時よりも増加する時の方が圧力は大きくなる．

この知的財産の部分には下部に「E・C・ハフェイカー」のサインがされている．日誌に書かれている特定の発想に彼が自分の名前をサインした数少ない例の一つである（訳者注：アメリカの特許制度では先に出願した人が優先される先願主義ではなく，先に発明した人が優先される先発明主義が採用されているので，研究者は先に発明したことを証明するために研究日誌に成果や発想を記録し，サインをしている）．彼は自分の仮説を証明するために解析式を展開するところまで行った（ただし，この展開には説得力がない）．それでも，ハフェイカーの思考は確かにヒステリシス効果へと向けられていた．さらに，ハフェイカーの発想は知的推論のみに由来しており，ヒステリシス効果に関するいかなる実験的証拠にも由来してない．その効果を計測するに

は，その当時に利用可能であった計測機器をはるかに超えた装置が必要になっただろう．

ハフェイカーの第三の業績は，キャンバー翼型の空気力学特性計測に関係している．大部分の研究では，図4.57に示したキャンバー翼型と同様な1/12キャンバー翼型に焦点を合わせており，その7年前にラングレーが平板の計測に使用した時と同じ回転アーム試験装置を用いて実験が実施されていた．ハフェイカーのキャンバー翼型実験データは，1897年6月23日から10月10日までの日付の日誌（pp.262～356）に点在している．1897年7月6日に書かれていた以下の表のデータはその代表と言える．それは重さが250gである61×15cmの翼のデータであった．最初の2列には滑空速度対迎え角に関するハフェイカーのデータが示されている．第3列には対応する揚力係数が示されている（ハフェイカーのデータから今回計算した値である）．第4列にはラングレーの初期の平板での研究結果を用いて同じ平面形状（61×15cm）について計算した，対応する迎え角での揚力係数が示されている．

α (°)	滑空速度 (m/s)	揚力係数 (キャンバー翼型)	揚力係数 (平板)
5	7.6	0.74	0.3
8	6.7	0.96	0.44
10	6.4	1.05	0.48
15	6.4	1.05	0.58
20	6.1	1.16	0.66
30	5.5	1.43	0.75

第3列と第4列から，キャンバー翼型の揚力係数は平板よりもはるかに大きいことがはっきりと分かる．両者の値は2倍違っている．それでもキャンバー翼型データに関するハフェイカーの注釈は全体的に控えめであった（1897年7月6日）．「使用した曲面は平板よりもわずかに大きな揚力が得られるように思われる．」ハフェイカーのデータとリリエンタールのデータ（図4.38）を比較してみよう．両方とも1/12キャンバー翼型のデータであるが，リリエンタールの翼型は1/2翼弦で反りが最大になる円弧形状であり，他方ハフェイカーの翼型は1/4翼弦付近で反りが最大になる放物線形状のような形であった．迎え角5°でのリリエンタールの揚力係数は垂直力係数（図4.38）に迎え角の余弦を乗じることで得られる．$\alpha = 5°$に対しては，$C_L = 0.65 \cos 5° = 0.648$になる．先に示したハフェイカー

データの表に戻ると，α = 5°でのリリエンタールの揚力係数は，ハフェイカーのデータに示されている0.74の値よりも小さいことが分かる．この傾向は，表に示されている全ての迎え角で同様になっている．リリエンタールの試験結果は楽観的すぎるとしたそれ以前のラングレーの主張は，この比較から裏付けられていない．むしろ，ハフェイカー－ラングレーのデータの方が楽観的であった．

1897年7月10日付の日誌282ページでは，ハフェイカーはキャンバー翼型と平板翼の抗力の比較だけではなく，滑空速度の比較も報告している．そこから両者の「消費動力」を計算して，滑空速度を実現するためにキャンバー翼型が必要とする動力の方が30％少ないことを求めた．

ハフェイカーの実験が全て飛行科学に貢献したわけではない．ある実験では，「下面にハゲタカの翼の羽毛で裏地を付けた曲面の滑空速度が測定」されていた．それは「下面に羽根の波状模様を付けると揚力が増加するというウェナムの議論が正しいか否かを確かめるために，オクターブ・シャヌートが提案」したことだった．計測により羽毛のありなしで翼の滑空速度は変わらないことが明らかになり，揚力は影響を受けないことが示された．しかし，羽毛があることで抗力の計測値は約30％増加していた．

まとめると，リリエンタールの説得力あるデータだけでなく，ハフェイカーが行った実験もあったことから，キャンバー翼型に対するラングレーの曖昧な態度は不可解である．キャンバー翼型の方が不利であると考えられる唯一の理由は，圧力中心の挙動がもっと複雑になることであった．ラングレーはその複雑な動きがエアロドロームの安定性に及ぼす影響を過剰に気にしていたのかもしれない．

リリエンタールのグライダーとラングレーのエアロドロームに反映された最先端技術

本章を代表する飛行機は，リリエンタールのグライダー（図4.1）とラングレーの蒸気動力エアロドローム（図4.2）である．これまで19世紀における空気力学の最先端技術を評価してきた．当時の既存空気力学知識がこれら2機の飛行機設計にどの程度まで活用されたかについて質問されても，今ならば対応できる．

これら飛行機の設計に，理論空気力学からはほとんど何も使われなかった．粘性流体の運動を表す支配方程式（ナビエ・ストークス方程式）は19世紀の中頃には誕生していたが，飛行機の設計に応用した例は全くなかった．これには2つの理由があった．第一に，大学教育を受けた科学者や大学関係者がその方程式の構築と研究を行っていたが，その大多数が動力飛行に全く無関心であった（実際，動力飛

行は不可能であると固く信じている人もいた）．第二に，その方程式は複雑であり，解法のためのテクニック（通常は，扱いやすい形への単純化）は19世紀末の時点で構築され始めたばかりであった．したがって理論空気力学について分かっていたことは，リリエンタールとラングレーにとって飛行機の設計には事実上役に立たないということであった．

応用空気力学の状況は全く異なっていた．19世紀の終わりには応用空気力学は飛行機の設計に役立っていた．その理由は明白である．応用空気力学の最先端を行く人物と，飛行機を設計する人物は同一人物であった．キャンバー翼型に関するリリエンタールの決定的なデータは，自身のグライダーとラングレーのエアロドロームに用いられた．ラングレーの空気力学実験は高アスペクト比翼が優れた空気力学特性を持つことをはっきりと示していた．そして彼のエアロドロームは構造上の制限から許容される最大限のアスペクト比を採用していた．ラングレーが圧力中心の挙動を計測していたことで，エアロドロームの重心をどこに置くか，そして必要な場合にはどの程度移動させるべきか，ラングレーは正しく決めることができた．リリエンタールとラングレーには，適度な時間内で互いに他方の公表データを入手できる手段があった．空気力学の歴史において，初めて最先端技術が飛行機の設計に反映され始めていた．

1804年から1896年の航空の発展：シャヌートによる飛行機の進歩

19世紀には空気力学は発展途上の科学であったという時代背景に逆らって，空気よりも重い機体での飛行に挑戦した様々な人達が行列をなしていた．最も注目に値するのは，1874年のフランスでのフェリクス・デュ・テンプルと，1884年のロシアでのアレキサンダー・モズハイスキーによる動力「跳び」であった．デュ・テンプルはフランス海軍の士官兼技師であり，1857～58年にかけてぜんまい仕掛けによる動力模型飛行機の実験を行った．1874年，デュ・テンプルが設計したさらに大型の機械がパイロットを乗せて世界初の動力離陸に成功した．その飛行機は前進翼を備え，熱空気機関を動力源にしていた（図4.58）．水夫が操縦したその飛行機は発進してから斜面を下り，一瞬だけ地上から離れたが，持続した飛行にはならなかった．したがって，航空史上初の「動力跳び」として扱われている．10年後，ロシアのサンクトペテルブルクの近郊ではアレキサンダー・モズハイスキーが設計した大型の蒸気動力飛行機が下り斜面を発進した（図4.59）．I・N・ゴルベフが操縦を行い，しばらく地上から離れた．2番目の「動力跳び」で

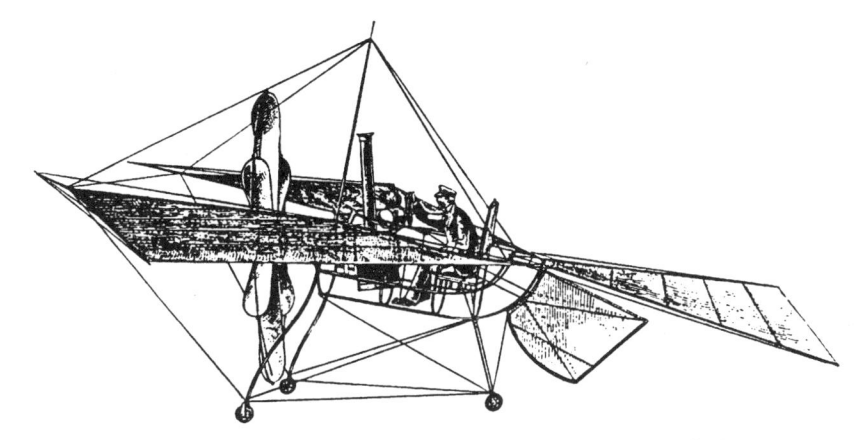

図4.58 フェリクス・デュ・テンプルの飛行機. 1874年に初めての動力跳びを行った.

図4.59 アレキサンダー・モズハイスキーの飛行機. 1884年に2番目の動力跳びを行った.

ある．モズハイスキーが最初の動力飛行を行ったという主張がこれまで何度もなされてきたが，持続して制御された飛行ではなかった．したがって，それが最初の真の飛行であったとする主張は航空の歴史家には認められていない．しかし，デュ・テンプルとモズハイスキーは補助付動力離陸を最初と2番目に行った功績によって称賛されている．「補助付」とは，下り斜面を発進して，動力離陸を補助する勢いを増して行ったからである．

そうした動力跳びに先だって，飛行機での進歩が小型模型でなされていた．航空に生涯を捧げたフランス人，アルフォンス・ペノーのゴムバンド動力模型（図

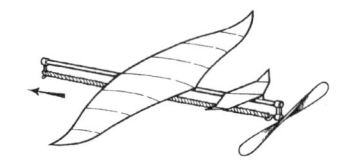

図4.60 アルフォンス・ペノーの模型（1871年）

図4.61 ジョン・ストリングフェローの模型三葉機（1868年）

4.60）が最も重要であり，かつ影響力も大きい．ペノーは縦方向と横方向の両固有安定性を達成した最初の設計者であった．水平尾翼を主翼の翼弦線に対して$-8°$に設定することで縦安定性（ピッチング安定性）を達成しており，翼端を上に曲げて上反角を増すことで横安定性（ロール安定性）を達成していた．ペノーは1871年8月18日にパリのチュルリー公園でその模型の飛行実演を行い，11秒間かけて40mを飛行した．飛行機の縦安定性と横安定性の基本的問題を解決した功績はペノーにある．しかし1880年，30歳の時に健康と精神を患って自殺してしまった．航空分野での活躍を有望視された生涯を自分で絶ってしまった．

もう一人，模型を用いて実験を行った人にジョン・ストリングフェローがいた．1843年にウィリアム・サミュエル・ヘンソンと共に世界規模での商業目的のために大型の飛行機を設計製作して，さらにそれを運行するために空中交通会社（Aerial Transit Company）を立ち上げた英国人技術者であった．彼らの「空中蒸気車」は翼幅が46m あり，30馬力の蒸気機関を搭載することになっていた．実際に製作されることはなかったが，ストリングフェローとヘンソンは翼幅3m の模型を組み立てて，1845～47年の間に試験を行うところまで実施した．しかし空中に浮いていることができずに失敗に終わっている．ストリングフェローは一時中断した後に三葉機模型（図4.61）を組み立てて，まだ駆け出しの英国航空協会が後援になっていた1868年のクリスタル・パレス展示会に出展した．この模型はケーブルの上を移動した．この飛行は成功して浮き上がり，ケーブルから逸れるように見えた．他方，この模型の写真が広く流布したことから，翼を重ねる発想が普及した．こうして，この模型が複葉機と三葉機の先駆けになった．

19世紀は羽ばたき機と固定翼機の両型式の飛行機が数多く登場した時代であった．しかし，そのどれもが1891～96年にかけてのリリエンタールのグライダーと1896年のラングレーによるエアロドロームの成功によって影が薄くなった．そうした様々な飛行機について同時代に記述している最も優れた編集誌として，オク

ターブ・シャヌートの『飛行機の進歩 (*Progress in Flying Machines*)[45]』がある．

オクターブ・シャヌート（1832〜1910年）（図4.62）は1832年2月18日にパリで生まれた．著名な学者であった父親がルイジアナ州にあるジェファーソン大学（現在のロヨラ大学）の副学長になった1838年に家族はアメリカに移った．シャヌートは大学へ進むことよりも土木工学の見習いになる道を選んだ．鉄道の敷設に従事し，1853年にはシカゴ・ミシシッピ鉄道の鉄道敷設を担当する部門の技術者になっていた．そして，最も成功を収めた19世紀のアメリカ技術者に数えられるところまで昇りつめた．ミズーリ川を跨ぐ最初の橋と，シカゴおよびカンザスシティの家畜収容所の設計と建設を行っている．そして1873年にはエリー鉄道の技師長に就任した．その頃にシャヌートは動力飛行の探索に関心を持つようになり，自分の専門的知識をこの分野に応用し始めた．彼は長期間にわたって飛行機の開発に関する徹底的な調査を実施して，『鉄道と工学技術ジャーナル』に連載記事を掲載した．そして後に，その記事を『飛行機の進歩[45]』へと編集した．シャヌートは1894年にはグライダーの設計と実験を開始していたが（頻繁にリリエンタールと手紙のやりとりもしていた），空気力学の発展に対する彼の主要な貢献は，航空学の新たな発展について説明する用語を広めたことに代表されるように，外国大使としての役割であった．当時の航空学における主要研究者のほぼ全員と連絡を取り合い，彼らからの尊敬を集めていた．シャヌートの働きは触媒のようであった．人々が有人動力飛行の実現に向けて努力を重ねるなかで，その人達にヒントを与え，勇気づけていた．ライト兄弟もシャヌートの本を読んでいた．後にシャヌートはライト兄弟の友人になり，ライト兄弟の訴訟問題では弁護する側に立っている．1910年に亡くなった時には，動力飛行への期待が現実になったことを目撃していた．シャヌートの本が1894年に出版された時には，それまでの飛行機の歴史と当時の状況を解説する本としては決定的な著作であった．クラウチは「最初の出版から80年が経っても，『飛行機の進歩』は最も包括的で信頼できるライト兄弟以前の歴史であり続けている[51]」と述べている．空気力学の歴史という観点から，彼の本は以下に述べる点で注目に値する．

図4.62 オクターブ・シャヌート

第一に，応用空気力学の最先端技術が最初の10ページに説明されている．しかし，関係する技術はそれほど多くない．アスペクト比1の平板の揚力係数と抗力係数をシャヌート自身がデュシュマンによる式

$$P = P' \frac{2 \sin \alpha}{1 + \sin^2 \alpha}$$

により計算を行い，表に掲載した．ここで P は傾斜面に作用する空気力，P' は平板が流れに対して垂直な時に作用する力である．先に説明したように，比率 P/P' は基本的に平板に作用する合力係数 C_R であり，この関係からデュシュマンの式は次のように表される．

$$C_R = \frac{2 \sin \alpha}{1 + \sin^2 \alpha}$$

揚力係数と抗力係数は，この式と $C_L = C_R \cos \alpha$, $C_D = C_R \sin \alpha$ の関係より得られ，シャヌートの本 (pp. 4～5) に表として記載されている．シャヌートは同じ表でこの計算結果とラングレーの計測値との比較を行い，十分な相関関係が得られていることを確認した．その結果，シャヌートは様々な飛行機の翼の揚力係数と抗力係数を見積もるための信頼できる情報源として自分の表を提案しており，その本の以降のページでは設計計算のために絶えずこの表から数値を取り出していた．そうすることでアスペクト比と反りの影響を意図的に無視していた．ところが，アスペクト比と反りの影響を無視していたことは重大なことであった．(ちょうどこの3年後に，シャヌートがキャンバー翼型の垂直力係数と軸力係数を記したリリエンタールの表を『航空年鑑』に発表したことを思い出してほしい.)

　第二に，シャヌートは将来の航空文献において標準になる専門用語を正式に決めた．しかし用語によって永続性に差が生じた．例えば翼に作用する空気力を解説する中で，正式な用語である「揚力 (lift)」をはっきりと定義した．揚力とは自由流の流れの方向（移動する機体の飛行経路）に垂直な空気力の成分であり，この用語は現代まで広く使用されている．対照的に自由流に平行な空気力の成分を「ドリフト (drift：流される力の意)」と記していた．他方，ラングレーの方は単に「水平圧力」，時には「圧力の水平分力」または「進むための抵抗」と呼んでいた．「ドリフト」という用語は短期間の間だけ使用されていた．ライト兄弟も執筆には「ドリフト」を用いていた．しかし「抗力 (drag)」という用語に広く置き換わってしまい，「ドリフト」もラングレーの用語も今日では使用されていない．シャヌートは翼の抗力のみを表現するために「ドリフト」という用語を充てていた．そして，飛行機全体の「抵抗」に関して次の3つの要素を挙げた．(1)胴

体抵抗（「機械類と貨物を収納する堅固な胴体または外殻」による抗力），(2)ドリフト（翼の抗力），(3)表面摩擦（ラングレーと同じく，無視できるものとして片付けられた）．シャヌートは摩擦を無視することによって，単純に胴体抵抗とドリフトが（今日の用語で言う）「圧力抗力」の様式であるとはっきり言っていた．シャヌートの用語体系では，「エアロプレーン（aeroplane）」は「運動の方向に対してわずかに傾斜して，別の推進装置から得られた速度によって生じる空気圧力の上向き作用から支持力を得ている薄い固定面[45]」であった．（すなわち，「エアロプレーン」は単なる翼である．）「エアロプレーン（飛行機）」という用語は第一次世界大戦前に徐々に飛行機全体を意味するようになった．もう一つの例として，「航空技師（aeronautical engineer）」という用語を導入した．この肩書きは長期間使用されてきた（一般的には，この30年間に「航空宇宙技師（aerospace engineer）」という用語に置き換わっている）．未成熟の分野で標準参考図書になった他の本と同様に，最も信頼のおけるシャヌートの『飛行機の進歩』も正式名称の命名では有利な立場にあった．いかなる技術にとっても成長と普及のためには不可欠な過程である．

　第三に，シャヌートの本には哲学的な役割があった．飛行機の現状評価，および将来の見込み予測という役割であった．シャヌートはラングレーの弟子であったとも考えられる．彼の著書のおかげで，空気力学に関する以下のラングレーの考え方が称賛と共に世の中に広まった．

> 我々が知るべき重要な事項とは，翼（または鳥）または問題を単純化すると平面がある速度とある迎え角で空気と衝突した時に，それらの下にいかなる圧力が存在するのかを確認することである．
> ラングレー教授による最も重要な研究が最近になって発表されるまで，これは未知の部分が多い課題であり，彼はこの未知の部分をなくすため多くのことを行ってきた．我々はその法則をこれまでも垣間見てきた．しかし物理学者が非常に多くの実験を行ってきたにもかかわらず注意を払う人はほとんどなく，注意を払ってもその数値は疑問と論争の対象であった．それは繋がりの欠けた状態であり，そのために他の目的では理解できているわずかなことですら，ほとんど使えないものになっていた．［p. 3］[45]

　しかし，シャヌートは慎重な考え方の持ち主でもあった．ラングレーの研究成果は平板に限定されることを認識していた．彼はラングレーの『空気力学実験 (p.58)』に掲載されている係数の表に言及して，次のように強調している．「この

表は1フィート (0.3048m) 四方の薄い板に適用できると主張しているだけであり，それゆえに垂直圧力の大体の比率のみが書かれていることを心に留めておくべきである．他の形状の板，曲面，立体に対しては，その比率が異なる可能性がある．なぜなら，空気抵抗の実験では非常に多くの変則事象が発見されており，我々はそれらについてまだ何も知らないからである．」シャヌートはそれに続けて9つの変則事例を示している．その一つがラングレーの動力法則であった．

シャヌートの本には水上で飛行機を試験することの利点が書かれている．人工の翼に乗ってペルージャ近くの湖を帆走したと伝えられている14世紀のイタリア人数学者J・B・ダンテを引き合いに出して，次のように述べている．「実験の場所に水のシートの上を選ぶことは極めて妥当である．なぜなら，初めての挑戦ではかなりの確率で何らかの不具合が発生するものだが，もし発生しても水のシートは柔軟なベッドを提供してくれる．」さらに続けて，実験の場所に水面を選ぶことは，「同様の実験を行うことを望んでいる今後の発明家に対してどんなに強く力説しても，力説が過ぎることはない」と断言している．ここからラングレーがポトマック川でのエアロドロームの飛行という考えに至ったということはあり得るのだろうか．シャヌートの本にはエアロドロームに関するラングレーの研究について何も書かれていない．1894年の段階では，シャヌートはその方向へ向かうラングレーの研究に気づいていなかったと考えねばならない．したがって，ラングレーが実験の場所についてシャヌートに相談していたということはなかっただろう．おそらくラングレーはシャヌートの本から考えを得たのだろう．

もし読者の方が航空学の歴史を真剣に学んでいる学生の方ならば，シャヌートが書いた長い最終章を読んでおくべきだろう．動力飛行のための技術はほとんどが揃っていることを1894年に示唆している．「機構的な難易度が非常に高いと思われるかもしれない．しかし，そのどれもが現在のところ克服できないとは言えない．さらに近年では，材料が我々の問題解決に向けて進歩してきている．」シャヌートは空気力学の基本的性質に関する無理解の問題と，当時のこの分野の研究者全員が空気力学に関する基本的な知識を持っていなかったという問題に対して楽観的であった．「科学は，ガリレオやニュートンのようにカオスから抜け出して空気力学に秩序をもたらし，調和のとれた法則の支配に従わない多くの空気力学的変則を減らすことのできる偉大な物理学者の登場を待ち続けてきた．」その偉大な物理学者が既に舞台の袖に隠れて登場の時を待っていた．20世紀の前半，ルートヴィヒ・プラントルが空気力学の理解と実践の方法に独力で革命をもたらすことになる．

第3部
成年期

第 5 章

応用空気力学の成年期
―― ライト兄弟

> 驚異ではないか．私達が発見できるように，こんな秘密が長い年月にわたって沈黙を守っていたとは！
>
> オービル・ライト（1903年6月7日）

1896年という年は航空学の歴史に転機をもたらした．オットー・リリエンタールは1896年に亡くなり，それまでの活動の中では最も有望であった飛行活動に終止符が打たれた．サミュエル・ラングレーの小型蒸気動力エアロドロームは1896年に飛行を行い，空気より重い機体での動力飛行の実現可能性には技術面から疑う余地がないことを実証した．そして1896年，ライト兄弟はリリエンタールの死をきっかけにして，有人飛行を追求する活動に加わることを決心した．「1896年，ドイツの小高い丘の頂上から滑空飛行を行っていたオットー・リリエンタールの実験のことを日刊新聞か雑誌か何かで読みました．その数ヶ月後，丘から滑空している時に彼が亡くなったことで，この課題に対する私達の関心は増すことになり，飛行に関する書物を探し始めたのです (p.3)[55]．」この時からライト兄弟は新たな勢力を代表して，つまり有人動力飛行の開発がもう間近であると考える人もいれば，物理的に不可能であると考える人もいた時代に新たに参入した挑戦者の集団を代表して，舞台に登場してきた．

本章では，応用空気力学がライト兄弟の活躍と共に成年期に入ったことを示す．応用空気力学へのライト兄弟の貢献は，最終的に1903年12月17日に空気よりも重い機体での有人動力飛行を最初に成功へと導いた発明努力全体の一部でしかない．ライト兄弟の発明における独特な手法とそれが成功に繋がった理由については，ピーター・ヤカブの『飛行機の展望[24]』で十分に議論されている．ヤカブは，ライト兄弟と彼らの航空学に対する手法について他と何が違っていたのかを探ろうとした．ヤカブは次のように書いている．「ライト兄弟の手法には，個性的な特徴，天性の技術，独特な研究手法があり，それらが特異な方法で組み合わ

さって2人が飛行機を発明する主な理由になった．つまり，範囲を限定して極めて明確に飛行の秘密へと導いてくれる手法がライト兄弟にはあった．(p.xv)[24]」本章を代表する飛行機は1903年ライトフライヤー（図5.1）以外にあり得ない．再び当時の空気力学における最先端技術は何であったのかを探り，ライトフライヤーにどの程度まで反映されていたのかを見ていこう．

1896年までのライト兄弟

初めて実用的な飛行機を作り上げた2人の人物の話は幾多の本のページを埋めてきた．そうした本の中に，最も権威のあるライト兄弟の伝記としてトム・クラウチが書いた『司教の息子達（*The Bishop's Boys*）』がある．ウィルバー・ライトとオービル・ライトはキリスト同胞教会の司教を父として，自分達を成功へと駆り立てていくことになる勤労道徳的価値観を吸収しながら成長した．クラウチの本にはその成長の舞台になった家族と家庭環境について，たいへん興味深い内容が書かれている．ライト兄弟の相続人の親友であったクラウチは，それまでの著者が見過ごしてきたか，またはどうしても見ることがかなわなかった家族通信と日記を利用できた．ライト兄弟に関する伝記的題材については良い出典が多数ある．したがって，ここでは2人の行動と思考の様式を理解することに役立つ人生の局面のみに絞って考えていくことにする．

ウィルバーとオービルは南北戦争後の生まれであった．ウィルバーは1867年4月16日にインディアナ州ミルビルの近郊で，オービルは1871年

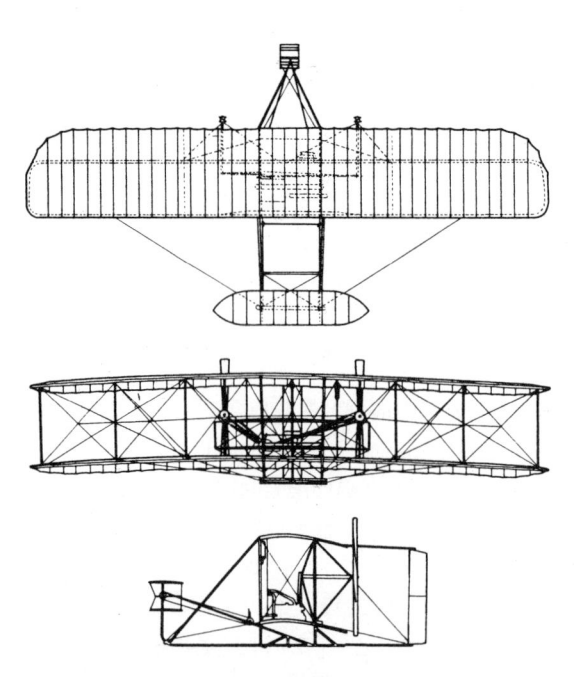

図5.1 1903年ライトフライヤーの3面図

8月19日にオハイオ州デイトンで生まれている．この家族には7人の子供がいた．兄のルクランとロリン，共に幼くして亡くなった双子，妹のキャサリン，そしてウィルバーとオービルである．父親のミルトン・ライトは同胞教会で活発に活動していた牧師兼教会監督者であり，最終的には司教にもなって，出張のため頻繁に家を留守にしていた．

> ミルトンは友人を作ることや，人を感化することが苦手であった．教会監督者としては，所管区長老者達の「怒りを個人的に招く」ことが何度もあった．政治家としての限界は歴然としていた．和解，交渉，妥協といった票獲得の手段は彼にとって無縁であった．さらに，そうしたことに長けている人物を決して信じようとしなかった．長年にわたるデイトンでの様々な政治的争いについて記した彼の記述には，「陰謀」「悪意」「裏切り」といった言葉が散りばめられている．彼の人生観には道徳的に白黒つかない領域は全くなかった．正しいことは正しく，間違っていることは間違っている．[pp.60〜62][53]

母親のスーザン・ケルナー・ライトはバージニア州で生まれ，1859年に28歳でミルトンと結婚した．彼女は内気で，学問好きであり，卒業の3ヶ月前になってミルトン・ライトと結婚するまではハーツビル大学に通っていた．そして，機械に関する才能に恵まれていた．

「彼女は自分で簡単な家庭用品を設計して組み立てたり，子供達のおもちゃを作ったりしていた．その中には子供達がとっても大切にしていたそりもあった．男の子達が機械について質問がある時や助けが欲しい時には，母の所にやって来ていた．ミルトンはまっすぐに釘を打つことも満足にできない男であった．(p.33)[53]」機械的な物を扱うことを楽しいと感じる母の心がウィルバーとオービルにも伝わったのだろう．その母は1889年に結核で亡くなった．母が病気の間に家族の世話をしていたのはキャサリンであり，母の死後は家庭の面倒を見る役目を正式に引き継いだ．ルクランとロリンは既に独立していたので，デイトン市ホーソーン通り7番の家にはミルトン，ウィルバー，オービル，キャサリンの4人が残っていた．そして全ての問題を共有し，全員で問題を解決する非常に親密な自立集団でもあった．家族の中の誰かが家を空けると，ほとんど毎日のように手紙を出していた．キャサリンには家庭を守る責任がのしかかっていたが，1898年には家の近くにあるオーバーリン・カレッジを卒業して，それからデイトンのスティール高校で古典を教える職に就いた．（ライト家の親密な関係は1926年に極端に不

快な形で崩壊することになる．その年にキャサリンがカンザスシティ・スター紙の編集者で共同所有者でもあるヘンリー・ハスケルと結婚した．ウィルバーの死去から既に14年が経っており，オービルはその結婚が自分への拒絶であると考えてキャサリンとの関係を全て断ち切ってしまった．彼の心には，母の死後に作り出された神聖な約束をキャサリンが破ったように映っていた．キャサリンが1929年に肺炎で亡くなる時でさえ，オービルはキャサリンに会いにいくことを拒んだ．最後の最後になって彼女の枕元に駆けつけたが，それも兄のロリンが強く勧めたからであった．ライト家の非常に緊密な家族の絆は諸刃の剣であった．）

　ウィルバーとオービルは正式には高校を卒業していなかった．ウィルバーは高校生の時に家族が住んでいたインディアナ州リッチモンドの高校に通っていた．そして優秀な生徒であった．ギリシャ語，ラテン語，幾何学，自然哲学，地質学，作文法の授業を取り，全ての科目で90点を優に上回る成績を収めていた．そのうえ，体育が優秀な運動選手であった．非常に成績が優秀であったことから，ミルトンとスーザンはウィルバーをエール大学に通わせようと考えていた．残念ながら，ウィルバーが卒業する直前の1884年6月にミルトンは急にデイトンへ引っ越すことを決めた．この急な引っ越しには，やむにやまれぬ教会関係の事情があった．そのために，ウィルバーは卒業に必要な授業を修了できなくなり，その結果として高校の卒業証書を受け取ることなく，またエール大学に通うこともなかった．しかし独学で勉強を続けて，最終的には大方の大学卒業生よりも博学になった．オービルはデイトンのセントラル高校に通った．ウィルバーとは異なりオービルは傑出した生徒とはいえず，何とか70〜90点の成績を収めていた．オービルが3年生の授業のために学校へ戻らなければならなくなる直前に，母が亡くなった．しかしオービルはその時には既に学校に戻らないと決めていた．2年生の時に必須科目ではない上級科目をいくつか取っていたために，卒業に必要な単位が不足する見込みだったことが主な理由であった．同級生の友人達と一緒に卒業できないことから，オービルは学校に戻らないと決めていた．彼は印刷工になりたがっていた．そして自分自身の印刷機を製作することも含めて，印刷業を追求し始めていた．しかしこの冒険的な印刷事業はうまくいかなかった．こうして，初めて実用飛行機を発明した人物は高校の卒業証書を手にすることもなかった．

　1892年には，ウィルバーとオービルは共に自転車に熱中して地方のレースに参加するほどであった．1892年12月，2人はデイトンのウエストサード通りに自転車店を開業した．当初は自転車の販売と修理を行っていたが，1895年には自分達で自転車を製造販売するようになっていた．これは儲かる商売だった．その当時，自転車は主要な輸送手段になっていた．最盛期の1890年代にはアメリカに

300社以上の自転車会社があり，毎年100万台以上の自転車を製造していた．自転車の設計・製作での彼らの才能と経験が，後の飛行機の研究に向けた準備として役立つことになった．

> 大手の製造会社が銃砲産業やミシン産業から大量生産技術を取り入れていたが，ライト兄弟は小さな規模のまま手作りの独自製品を製作し続けていた．20世紀が近づくにつれてますます機械化が進み，製造業が急速に慌ただしくなる時代になっても，ライト兄弟は手作りの個々の部品に慎重に仕上げを行うという古典的な職人伝統の世界にしっかりと根を下ろしていた．このように細かいところまで注意を払った部品作りと職人的技能が，ライト兄弟の飛行機における顕著な特徴になっていく．ライト兄弟の航空機の全部品が細心の注意を払って設計され，組み立てられて，ある特定の不可欠な機能を果たしていた．20世紀には非常に大きな影響力も持つ発明が，19世紀の伝統にしっかりと根差した手法を用いた男達の手によってなされたことは少し皮肉なことである．[p. 9][24]

ライト兄弟は19世紀に特徴的なもう一つ別の現象も象徴していた．兄弟は，大学教育の恩恵を受けずに独学で様々な機械装置や役に立つ発明品を考案し，工学の進歩に対して大きな貢献をしてきた機械工や実験者からなる多様な人々の集団の代表と考えられる．英国航空協会も元々はそのような人々によって組織された．「航空技師」という用語がより広く使われ始めていた．そして，リリエンタールとシャヌートの両者は著書にこの用語を用いていた．その意味を完全に満たして

図5.2　ライト自転車店（1900年頃）　　図5.3　ホーソーン通り7番にあったライト家の自宅（1900年頃）

いる点から，ライト兄弟は「航空技師」という語が指示するに値する最初の人物であったと言える．

1896年，デイトン市ウエストサード通り1127番（図5.2）の穏やかな環境の中に自転車事業をしっかりと確立して，ホーソーン通り7番（図5.3）の自宅で気楽に生活していた．（自転車店舗と自宅の両方が，現在はミシガン州ディアボーンのグリーンフィールド・ビレッジにある．アメリカ人の発明の才と産業面での成功を称えるためにヘンリー・フォードが創設した博物館の一部として，1936〜37年にフォードが両建物を購入して移築した．）ライト兄弟（図5.4）は，清教徒的な道徳観，優れた機械的才能，優秀な職人技能を目指す献身的姿勢，勤勉を善しとする勤労道徳観という資質を持ち，理解力に優れ，幅広い分野の書物を理解できる人物であった．実際，これらの要素が肥沃な土壌になって空を飛ぶという発想の種子を育て，動力飛行という工学的挑戦にうまく適合していた．

図5.4 デイトンの自宅裏玄関口階段に座るウィルバー（左）とオービル（右）

既存の最先端技術（1896〜1901年）：ライト兄弟の過ち

ライト兄弟が航空学の活動を開始した時，何もない状態にいたわけではなかった．実際のところ，2人は第4章で説明した空気力学分野でのかなりの遺産を受け継いで，最終的な成功へ向かっていく．

ライト兄弟がこの分野に参入する直前の航空の発展段階では，有意義な研究が多数登場し，次世代の実験者にとって非常に貴重になっていく批判的探索という基盤が築かれていた．飛行機の発明はまだ干し草の山の中で針を探しているような状態であったが，少なくとも現在はどの干し草の山を探せば良いか分かってきた……．兄弟に先駆けた人々は答えを出すことよりも基本的問題を明らかにすることの方が多かったが，他の人々の失敗と誤解の中を苦心して進むことで，兄弟は取り組む必要

がある基本的問題にすぐさま焦点を合わせることができた．ライト兄弟の業績のほとんどが非常に独創的であった．しかし，2人は19世紀後半の研究における発見から，問題の解決に役立つ知識の断片を必ず得ていた……．もし兄弟が一世代早く生まれていたなら，19世紀後半に取り組んでいた人々がつまずいた石を避けていたかどうか疑わしい．ライト兄弟は確かに特別優秀であった．しかし，何もない状態で活動を始めた天才であって，その問題に着手した時代がいつであろうと，飛行機を発明していたと信ずるに足る理由はない．[pp.16〜17][24]

私の考えも上記のヤカブと同じである．応用空気力学の分野では，すぐにでも事実が解明されて成果が上がるように舞台が用意されていた．ライト兄弟はまさにその時に現れるべくして現れた人物であり，またとないその機会を活かした．「ライト兄弟の才能は，2人に与えられた天賦の創造性の下で行ってきたことだけではなく，2人が行う以前に既に実施されていたことに対して洞察に満ちた分析を行い，それらを適応させていったことにも同じように発揮されていた．(p.38)[24]」

　ライト兄弟の書簡と日記を読むことで，兄弟の思考過程，野望，および失敗と成功から湧き上がってくる感情を見抜くことができる[55]．ライト兄弟は個人的な書簡と，回数は少ないものの技術者の前で講演するために用意した技術論文の中ではっきりと自分達の感情と思考を表現していた．マクファーランドが収集[55]したライト兄弟の論文は真剣に航空学の歴史を学ぶ学生にとって欠くことのできない情報源になっている．それらの論文が扱うテーマは多岐に及ぶが，ライト兄弟の空気力学に対する理解と貢献が，誰が見ても分かるようにはっきりと書かれている．これから説明することは，ほとんどがそれらの論文から拾い集めたことである．

　兄弟が飛行機に関する資料を読み，考え始めたのは1896年のことだが，重要な情報源から真剣に研究を始めたのは1899年になってからであった．1899年5月30日，ウィルバーは飛行について扱っている入手可能な参考資料のリストを送ってくれるように要望する手紙をスミソニアン学術協会に宛てて書いた．その手紙の中では，既に飛行に関する数冊の書籍と雑誌記事，および何らかの百科事典情報を入手していると述べていた．逆に，それはまさに第4章で解説してきた真に重要な資料，例えばケイリーの論文，リリエンタールとラングレーの著書，シャヌートの『飛行機の進歩』について彼は全く言及していなかったことを伝えている．その頃のライト兄弟はそれらの資料のどれもまだ読んでいなかったように思

われる．実際，2人はそれらの研究の存在をほとんど知らなかったことが指摘されている．もちろんその当時はリリエンタールの『航空の基礎としての鳥の飛翔』はドイツ語でしか入手できなかった．しかし，他の基本的資料は英語で書かれていた．広く読まれていた雑誌に掲載されたリリエンタールの記事に『鳥の飛翔』のことが全く書かれていなかったとは想像しがたい．おそらく，これは当時の航空学に関する著作物がいかに注目されることがなかったかを物語っているのだろう．リリエンタールの存命中には，彼の本は300部も売れていなかったことを思い出してほしい．いずれにせよ5月30日のウィルバーの手紙は彼がそのような資料に関する知識を持っていなかったことを示しているが，以下のように故意に強い意思を表す口調で書かれているかと思えば，謙遜している部分も見られる．

> 実用化のための準備として，私はこの主題に関する計画的な研究を開始しようとしております．そのために日常の業務の中から割けるだけの時間を割いて取り組むことを考えております．この主題に関してスミソニアン学術協会が公表してきた類の論文，および可能であれば他にも英語で書かれた該当研究リストを入手したく存じます．私は熱心な飛行機の愛好者ですが，飛行機を適切に作り上げることに関してはいくつか持論を有しており，あやしい者ではありません．既に知られていることを全て活用し，そうすることで可能であれば微力ながら最終的に成功を収める今後の研究者への一助とならんことを願っております．［p. 5］[55]

ウィルバーが「私達」ではなく「私」という言葉を用いていたことに注意してほしい．つまり，オービルが一緒に活動していたことを示唆する表現がない．これは，ウィルバーの初期の書簡では多くに共通している．

その当時はいかなる飛行機もスミソニアンでは最新の話題であった．ラングレーはそのわずか3年前にエアロドロームで素晴らしい成功を収めていたし，陸軍省のための大型有人エアロドロームの開発に夢中であった．ワシントンの美術館・博物館通りでは飛行機の設計は大型プロジェクトであった．スミソニアンのリチャード・ラスバン副長官は，手紙を受け取ってから3日もしないうちに，シャヌートの『飛行機の進歩』，ラングレーの『空気力学実験』，ジェームズ・ミーンズの航空年鑑（1895〜97年）を含む情報源リストをウィルバーに送っている．ラスバンはスミソニアンの定期刊行誌も4冊送った．ルイス-ピエール・モイラードの「空の帝国」，リリエンタールの「飛行における課題と実際の滑空実

験」，ラングレーの「機械飛行における実験の記録」，ハフェイカーの「滑空飛行に関して」であった．今度はウィルバーがすぐさま1899年6月14日に返事を書いている．

> ご親切にも，6月2日の手紙には航空を扱った文献を選りすぐってそのリストを同封してくださり，非常に感謝しております．また，スミソニアン報告から定期刊行誌 #903, 938, 1134, 1135をお送りくださったことに対しましても，感謝申し上げます．
> ラングレーの『空気力学実験』を私に宛てて送付していただきたく，ここに1ドルを同封いたします．[p. 5][55]

つまり，19世紀の重要な航空学研究に焦点を合わせ始めて『空気力学実験』を入手したのは1899年の6月になってからであった．

歴史家の中には，スミソニアンから広まった最も重要な航空への貢献は，ラングレーの活躍よりも1899年にライト兄弟に対して関連知識を伝えたこの簡単な手紙であったと唱える人がいる．この手紙のおかげでライト兄弟が開発努力を集中できたことに疑いの余地はない．事実，かなり年月が経った1920年の2月にオービルは「スミソニアンから私達に送られて来た定期刊行誌を読んだ後は，滑空をスポーツにするという発想に大いに熱中した」と書いている．そして，1899年の夏にはライト兄弟は自分達の想像以上に成功を収めることになる道を歩み始めた．

一旦始動すると進歩は急速であった．ウィルバーは横安定性制御のために翼をたわませる技術を考案して，1899年8月にはそれを採用した小さなグライダーの組み立てを完了した．（横安定性制御に注目して，この制御を実現するためにたわみ翼を用いたことはライト兄弟の飛行機における最も重要な特徴の一つである．）翼幅が1.5mであったそのグライダーは凧として空を飛んだだけであったが，その凧としての飛行によりたわみ翼の概念が実用可能であることを立証できた．その後，ライト兄弟は実物大有人グライダーの設計・製作に全力を傾けるようになった．

1900年と1901年のグライダー設計では既存の空気力学最先端技術に頼っていたが，これは当然のことであった．今日でも同様に工学での常套手段になっている．つまり，実施済みかつ証明済みの技術を活用し，できればそれに改良を加える．ライト兄弟の1900年グライダーが10月初旬に初めてキティホークの空を飛行した時には，既存の応用空気力学知識の最高レベルがそのグライダーに搭載され

ていた．少なくともライト兄弟はそう認識し，理解していた．

スミソニアンから提供された文献リストを参考にしてライト兄弟が設計・製作を行ったことは明らかである．シャヌートの『飛行機の進歩』から引用した用語が徐々にライト兄弟の書簡の中に見られるようになってくる（例えば，9月から10月にかけて書かれたノートAでの議論の中心は揚力，ドリフト，ドリフト対揚力の比であった）．さらに自らを紹介する1900年5月13日付の長い手紙を手始めに，オクターブ・シャヌートとの手紙のやりとりを始めた．この手紙のやりとりは1910年のシャヌートの死まで断続的に続くことになる．このようにしてライト兄弟はシャヌートの航空技術における見識を非常に詳しく知ることになった．間接的にシャヌートを通じて入手したもう一つの情報が，1895年にドイツで初めてメーデベックの便覧に掲載されて，そして1897年の航空年鑑にオクターブ・シャヌートが垂直力係数と軸力係数を写して書いたリリエンタールの表であった．ライト兄弟は1900年にはリリエンタールの表の写しを入手していたが，リリエンタールの本を直接目にするのは1900年グライダーを設計して飛ばした後であった．2人が1899年にラングレーの『空気力学実験』を購入したことは分かっているので，おそらく1900年グライダーの設計前には『空気力学実験』を読んでいただろう．また，シャヌートの『飛行機の進歩』の最初の方に記載されているラングレーの研究成果の要約も読んでいたはずである．したがって，ライト兄弟が1900年グライダーの組み立てを始める8月までには，2人の書庫には当時の関係する空気力学データがすっかり揃っていた．

翼に平板ではなくキャンバー翼を選んだことも何ら驚くことではない．リリエンタールのデータとラングレーのエアロドロームでの成功を考えると，ライト兄弟にとってキャンバー翼の優位性は歴然としていたに違いない．ウィルバーはシャヌートに宛てた1900年11月16日の手紙の中で採用した翼型をスケッチしている（図5.5a）．1900年グライダーには1/23のキャンバーが付いていた．そして，キャンバーが最大になる位置は前縁の近くにあった．このグライダーは複葉機であり，全翼面積は15.3m^2，それぞれの翼幅は5.2mであった．したがってアスペクト比は3.5であり，しかも翼の形状は基本的に長方形であった．

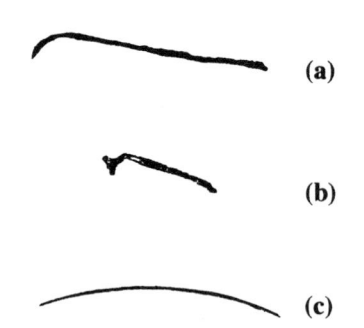

図5.5 （a）ウィルバーが描いた1900年グライダー翼型のスケッチ，（b）ウィルバーが描いた1901年グライダー翼型のスケッチ，（c）円弧翼型

ライト兄弟は10月にノースカロライナ州のキ

ティホークで1900年グライダーの飛行試験を開始した．しかし，その空気力学性能は予測に遠く及ばなかった．揚力はリリエンタールの表に基づいて計算した値の1/3から1/2にすぎなかった．予想もしていなかった不十分な性能のために，試験の進捗は著しく遅れた．毎日2〜4時間そのグライダーを凧として飛ばしていた．そして単純に雑貨店で使っているバネ秤を用いて糸の正味の張力を計測し，糸と水平線がなす角度を計測することで，揚力と「ドリフト」を計測できた．これら2つの計測値と既知であるグライダーの重さから，対応する揚力と「ドリフト」の値を計算できた（計算の詳細に関しては巻末添付資料Fを参照）．非常に風が強い時にのみ，ウィルバーはそのグライダーに乗って離陸し，本来の飛行を数秒間行うことができた．(1900年と1901年には，ウィルバーが全ての有人グライダーテスト飛行を行っていた．オービルが初めて滑空したのは1902年である.）グライダーを凧のように繋いだ状態で有人グライダー飛行を何度か行ったが，それ以外は砂丘の傾斜に沿って下る自由飛行であった．

　グライダーの性能は不十分であったが，全般的にはキティホークでの自分達の成果に満足して，10月23日にデイトンへの帰路に就いた．その後の1901年，ウィルバーが西部技術者協会（the Western Society of Engineers）に提出した論文では1900年グライダーの試験について次のように述べている．

> 私達が達成しようと望んでいた何時間もの実飛行は最終的に2分間ほどにまで短縮してしまったが，多くの点で革新的と考えられる理論と全く試みられることのなかった形状を持つ機体を携えて実際に実施した通りに計画していたことから，この旅の全体的な成果には非常に満足であった．思考に物を言わせぬ経験という力によって私達の持論が打ちのめされることなく，しかも考える気力がなくなるほどに落胆させられることもなく，戻ってくることが重要である．[56]

「革新的理論」の一つが横安定性制御のためのたわみ翼の概念であった．ライト兄弟は，1900年グライダーの試験でこの方法の成功を立証できたと確信した．

　グライダーの揚力が不足しているとき，どのような対策が可能だろうか．誰もが思いつく案がグライダーを大きくすることだろう．そして，ライト兄弟が取った対策もこの方法であった．2人は完全に新しい機体を携えて，翌年の7月にキティホークに戻ってきた．1901年グライダーの翼面積は27m^{2}あり，前年型よりも75％近く大きくなっていた．（ライト兄弟は，このように翼面積を大きく増加させることが2倍も異なっていた1900年グライダーの揚力不足を補う方向に寄与するはずだと信じてい

たに違いない.）翼の空気力学設計には1900年グライダーに使用したものと同じデータが反映された．ライト兄弟は依然としてリリエンタールの表を頼りにしており，アスペクト比は3.3であった．1900年グライダーのアスペクト比よりもさらに小さくなっていた．リリエンタールの研究成果をより等しい条件で再現するために，翼型のキャンバーを1/12まで大きくした．しかし，もっぱら円弧翼型（最大キャンバーは1/2翼弦の位置）を扱っていたリリエンタールとは異なり，ライト兄弟は引き続き最大キャンバーの位置を前縁近くに置いた．ウィルバーの1901年7月27日の日記には翼型形状の概略が描かれている（図5.5b）．1901年の飛行試験期間中に1/12キャンバー翼での圧力中心の位置変化があまりにも大きすぎるために，グライダーのピッチ制御に大きな問題が生じていることに気づいた．どのような翼でも迎え角が次第に減少するに従って，圧力中心が最初のうちは翼面上を前方へ移動し，やがて反転する．1/12のように大きなキャンバーを用いると，比較的大きな迎え角で反転が起こるようになる．ライト兄弟にとってそれは容認できることではなく，キャンバーをより小さな1/19程度に変更した．キャンバーを自由自在に変更できるように，そのための簡便な仕組みを予め翼に持たせて組み立ててあった．キャンバーをより小さくすることで，グライダーは操作しやすく，応答も早くなった．

しかし，リリエンタールの表に基づいて2人が計算した値と比べて1901年グライダーが発生させる揚力は小さすぎた．この相違は1900年グライダーの場合と本質的に同一であった．7月29日のウィルバーの日記には次のように書かれている．「午後は凧に費やした．この機体にはリリエンタールの表が示しているはずの値よりもずっと小さな揚力しかない．せいぜい1/3程度だ．(p.76)[55]」翌日の日記にはより強い表現が見られる．

> 揚力はリリエンタールの表が示す値の1/3にすぎない．時速18マイルの風の中で機体が大きく運動することなく実験することに我々の時間の大部分を充てることを予想していたが，実際に空中を飛行する機会は当初の見込みの約1/5にまで減少し，機体を支える速度を得るためには現在のように滑空する必要があることがはっきりした．1日5分間自由飛行ができればましな方だ．平均してこの程度にさえもまだ到達していない．[p.77][55]

ライト兄弟は抗力でも大きな矛盾に遭遇していた．1900年グライダーの全抗力計測値は，一部にシャヌートが「骨組みの正面抵抗」の計算のために提供した式

も用いてライト兄弟が計算していた値の約1/2であった．他方，1901年グライダーの抗力は予想より大きかった．骨組みの抗力だけでも計算値の約2倍はあった．

ライト兄弟が落胆したのも無理はない．2人は特に揚力における計算値と計測値の相違を気にしていた．空気力学における現代の知識があれば，ライト兄弟の揚力計算が計測値よりも2倍以上大きな値になっていた理由は極めて明白である．それには理由が3つあった．

第一に，リリエンタールの表にある空気力学係数を実際のグライダーの揚力と抗力へ変換する際に，ライト兄弟は誤ったスミートン係数を用いていた．伝統的なスミートン係数の値は0.005 (lb·ft^{-2}) (h·mile^{-1})^{2}として150年間伝わってきた．メートル法では0.13kgf·s^2·m^{-4}になる．その値が発表された時でさえ，疑問視されていたことについて，これまでも解説してきた．かなり後になってラングレーはより正確な値である0.003 (lb·ft^{-2}) (h·mile^{-1})^{2}を発表した．メートル法では0.08kgf·s^2·m^{-4}になる．ラングレーの値は伝統的な値よりも40%小さく，現代の値に非常に近くなっている．その現代の値は，王立航空協会により0.00289 (lb·ft^{-2}) (h·mile^{-1})^{2}とされている．ラングレーは『空気力学実験』においてスミートン係数を何度も繰り返し求めたことを強調しているし，ライト兄弟もそれを読んでいたに違いない．しかし，兄弟はリリエンタールとシャヌートからの影響の方を強く受けており，そのリリエンタールとシャヌートは著書の中で引き続き伝統的な値を引き合いに出していた．リリエンタールは『鳥の飛翔』の中でこの値を0.13kgf·s^2·m^{-4}として頻繁に引用しているが，以前にも述べたように，リリエンタールはスミートン係数が相殺される形でデータを示していた．したがって，誤ったスミートン係数の値によってリリエンタールの表にある垂直力係数と軸力係数の値が損なわれることはなかった．しかし，ライト兄弟は明らかにそのことを理解していなかった．そして，リリエンタールが空気力学係数を求めるために用いた値は0.13kgf·s^2·m^{-4}であり，リリエンタールの表を用いる時には整合性の観点から同じ値を使用すべきであると信じていた．さらにシャヌートの著書を読んで，この考え方が正しいと強く信じるようになった．シャヌートは『飛行機の進歩』の中での計算に際しては，伝統的な値である0.005 (lb·ft^{-2}) (h·mile^{-1})^{2}をずっと使用していた．明らかにライト兄弟は，グライダー設計の初期の段階ではリリエンタールとシャヌートの例に従ってスミートンの係数に伝統的な値を使用する方に安堵感を感じていた．その結果，リリエンタールの空気力学係数を単に0.005倍にして使用していた．しかし，0.003倍にすべきだった．そのことだけで

揚力の計算結果が1.67倍も大きくなる要因になった．このことは以前から知られていた．ヤカブ[24]，キューリック，ジェックス[57]は，揚力の計算結果と計測結果との間に生じた1900年と1901年の相違の大部分は，ライト兄弟が間違ったスミートン係数を使用したことで説明できると指摘している．しかし，ライト兄弟が大きく計算を誤ることに繋がった空気力学の現象に関する誤解が他にも2つあった．そのさらなる2つの要因は，いかなる程度にせよ，私が判断する限りこれまでライト兄弟の活動に関連して議論されたことはなかった．

　第二の誤差要因は，ライト兄弟のグライダーの翼に使われていたアスペクト比（1900年グライダーでは AR = 3.5，1901年グライダーでは AR = 3.3）は，リリエンタールがデータ収集に用いていた翼のアスペクト比6.48よりもかなり小さいことであった．そして，後にリリエンタールの表に掲載されたのはこの高アスペクト比でのデータであった．アスペクト比は揚力係数の値に影響し，アスペクト比が小さいほど（他の条件は全て同一として），揚力係数は小さくなる．したがってリリエンタールの表にある係数はアスペクト比6.48の翼にのみ有効である．ライト兄弟はアスペクト比の補正なしでこの係数を使用したことで，自分達のグライダーには過大な係数を用いることになった．ライト兄弟は明らかにそのことに気づいていなかったが，もし気づいていたとしても補正の方法が分からなかっただろう．適正なアスペクト比の補正式は15年後にプラントルによって初めて導かれた．

　では，その誤差の大きさを調べてみよう．アスペクト比が異なる2種類の翼型の揚力曲線が図5.6に描かれている．上の線は AR = 6.48の揚力曲線であり，リリエンタールの翼型に相当する．下の線は AR = 3.5の揚力曲線であり，ライト兄弟の翼型に相当する．1900年グライダーのための試算では，迎え角3°に焦点を合わせていた．後の1901年にウィルバーが西部技術者協会で行った講演では，1900年グライダーに関して次のように述べている．「翼面積は15m^{2}程度で済むはずだった．なぜならリリエンタールの表によると，約9.4m/sの風の中で迎え角3°をとることにより，その翼を支持できるはずだったからである．」リリエンタールの表より迎え角3°での揚力係数 C_L は0.545になる．もちろん，その値は図5.6に示されるようなアスペクト比が6.48であるリリエンタールの翼型にのみ適用できる．プラントルの揚力線理論から得られたアスペクト比補正式を用いてライト兄弟のアスペクト比3.5に適用できるようにその値を修正できる．巻末添付資料Gでその計算がなされている．それによると，リリエンタールの表から得られた揚力係数をライト兄弟の1900年グライダーに適用するためには0.814倍に減少させる必要がある．したがって，迎え角3°ではアスペクト比効果により揚

第5章 応用空気力学の成年期　271

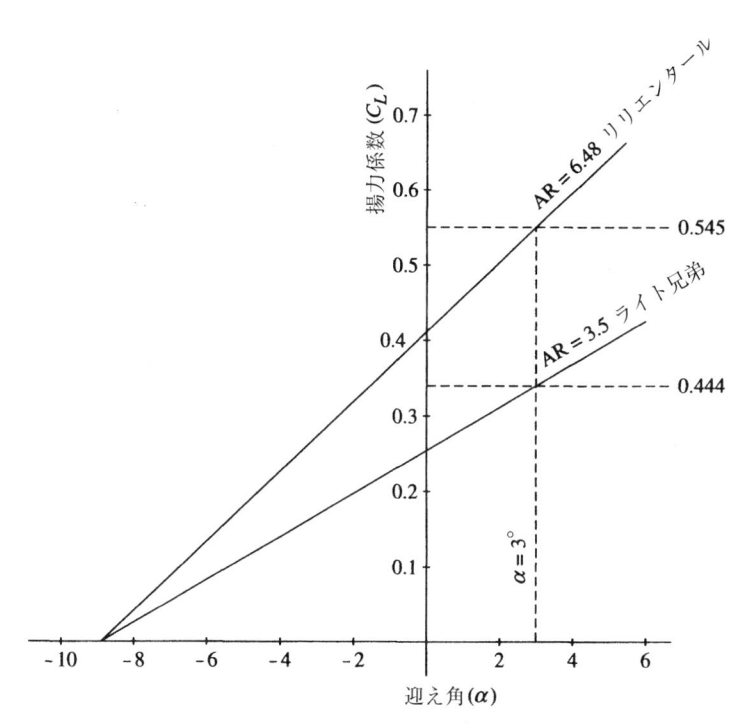

図5.6 リリエンタールの表から得た揚力係数とライト兄弟の1900年グライダーに適用された揚力係数におけるアスペクト比の影響のみを分離して表示

力係数は図5.6に示されているように$0.814 \times 0.545 = 0.444$にまで減少する．つまり，ライト兄弟はアスペクト比効果を考慮するためにリリエンタールの表から得た値を約19%減少させるべきであった．

　アスペクト比が異なる翼型に適用できるようにリリエンタールの係数を補正する方法を知らなかったとしても，その影響については知っておくべきだった．小さなアスペクト比は揚力を減少させることを実証したことが，ラングレーの空気力学計測から得られた成果の一つであると本書では強調した．ラングレーは『空気力学実験』の中でその効果を強調しており，ライト兄弟もその本を入手していた．ライト兄弟はなぜラングレーの研究成果に注意を払わなかったのだろうか．ライト兄弟の書簡にはラングレーのアスペクト比実験に関する記載は何もない．私は，ライト兄弟が当時はまだ空気力学に関して技術面で比較的未熟であったところに原因があったのではないかと考えている．リリエンタールもシャヌートも

自身の執筆の中ではアスペクト比効果について何も述べていない．そして，ライト兄弟はこの2人の権威者から最も強く影響を受けていた．また，その当時のライト兄弟は，あたかも普遍的な値の類が記録されているかのようにリリエンタールの表を扱っていた．つまり，全ての状況には適用できないことに明らかに気づいていなかった．もう少し深く空気力学を学んでいたならば，ラングレーのデータの中に誰もが分かるように書かれていたメッセージに気づいていたかもしれないが，独学で学び始めて間もない頃だったために，アスペクト比効果に何の注意も払うことができないでいたことは容易に想像できる．

　第三の誤差要因は，リリエンタールの表が基にしているリリエンタールの翼型は最大キャンバー位置が1/2翼弦にある円弧翼型（図5.5c）であったのに対して，1900年と1901年のグライダーの翼型（図5.5aと図5.5b）では最大キャンバー位置が極めて前縁に接近していたことに関係している．最大キャンバー位置が根本的に異なっていたために，ライト兄弟の翼型とリリエンタールの翼型は空気力学的には異なる翼型であった．これがリリエンタールの表にあるデータをライト兄弟のグライダーに適用できなかったもう一つの理由である．当時のライト兄弟はこのことに気づいていなかった．このような翼型間の空気力学的な差は揚力がゼロになる迎え角に関係しており，この迎え角は $\alpha_{L=0}$ で示される．図5.7には3種類の異なる翼型の揚力係数が迎え角に対してどのように変化するのかが示されている．失速に近づくまでは迎え角に対して揚力は直線的に変化することを思い出そう．また，定義により無揚力（ゼロ揚力）になる迎え角が無揚力角（ゼロ揚力角）$\alpha_{L=0}$ になる．平板では $\alpha_{L=0}$ は図5.7に示されるように0°になる．キャンバー翼では迎え角ゼロにおいても正の揚力が依然として発生しており，もし揚力をゼロにするつもりならば，いくらか負の角度に向けて調節しなければならない．その場合には無揚力角 $\alpha_{L=0}$ は負の角度になる．$\alpha_{L=0}$ の値は反りの大きさと位置に依存する．図5.7に示されているリリエンタールとライト兄弟の翼型を考えてみよう．どちらも（解説のために）1/12キャンバーになっている．両キャンバー翼型の揚力曲線は平板の揚力曲線に対して左に移動している．しかし，最大反りが前縁から最も離れている翼型は最も左へ移動する．したがって，リリエンタールの翼型の方がライト兄弟の翼型よりも遠くへ移動することになる．すなわち，リリエンタールの円弧翼型における $(\alpha_{L=0})_2$ はライト兄弟の翼型における $(\alpha_{L=0})_1$ よりも絶対値が大きな負の角度になる．これは次のような事態を招くことを意味している．まず，両方の翼型が同じ迎え角をとっていると想像しよう．例えば，3°であるとする．ライト兄弟の翼型における揚力係数は図5.7の点 a になり，リリ

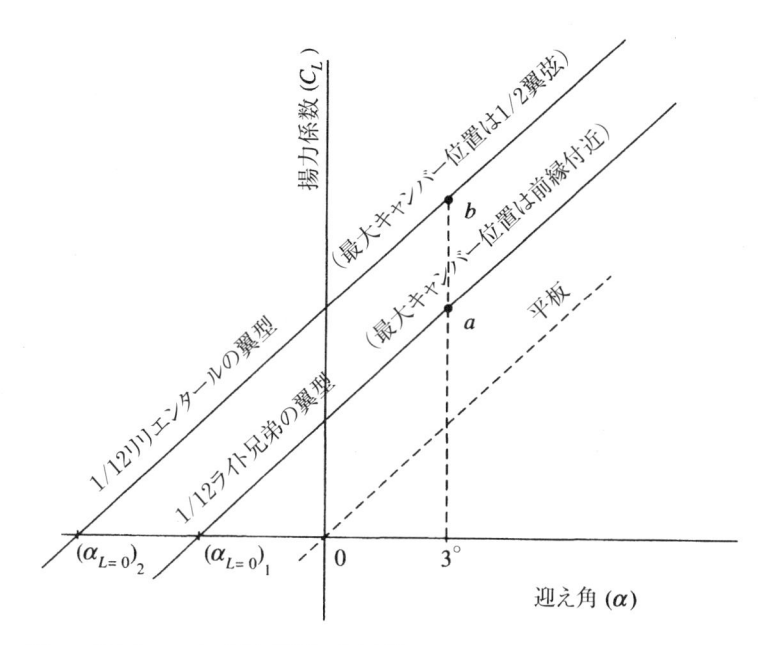

図5.7 最大キャンバー位置が翼型の揚力係数にどのように影響を与えるかを示した概略図

エンタールの翼型における揚力係数はそれよりも大きな点 b になる．したがって，どの迎え角でもライト兄弟がリリエンタールの表を用いたときには，自分達の翼型には大きすぎる揚力係数を読み取っていた．

　兄弟が読み取った値がどの程度過大であったかを見積もるためには，現代の翼型群からいくつかを取り上げて最大キャンバー位置の変化が $\alpha_{L=0}$ に与える影響に関するデータを見ておく必要がある．それらのデータより，最大キャンバーの位置が $0.5c$ から $0.2c$ (c は翼弦長さ) へ移動すると，平均的に $\alpha_{L=0}$ の値は 1 ％のキャンバー当たり約 $0.2°$ 減少することが分かっている．1/12キャンバーは8.3％キャンバーなので，対応する $\alpha_{L=0}$ の移動量は $8.3 \times 0.2 = 1.7°$ になる．図5.8（図5.7を整理した図）には移動量 $\Delta \alpha_{L=0} = 1.7°$ が示されている．単純にキャンバー位置の効果を分離して示しているので，この 2 つの揚力曲線はアスペクト比が同一であり，ゆえに勾配も同一であることを仮定している．図5.8では揚力曲線の勾配はライト兄弟の翼型に対応しており，巻末添付資料 G の式 (G.1) から得られた $0.065/°$ になっている．無揚力角の移動量が $\Delta \alpha_{L=0} = 1.7°$ であることを示している図5.8の

$$\frac{dC_L}{d\alpha} = 0.065 \ (/℃)$$

(グラフ内ラベル: C_L, リリエンタールの翼型, ライト兄弟の翼型, $\Delta C_L = 0.11$, $\Delta \alpha_{L=0} = 1.7°$, α)

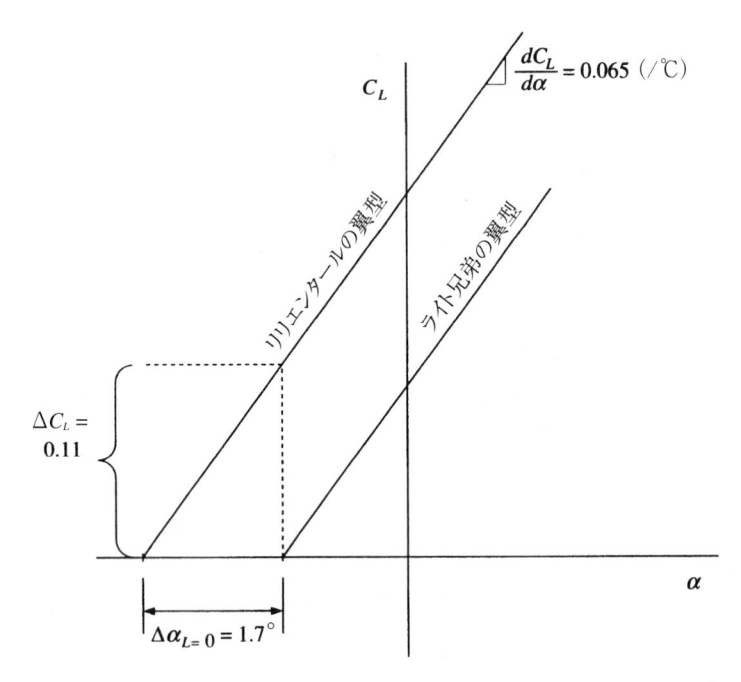

図5.8 リリエンタールの表から得た揚力係数とライト兄弟の1900年グライダーに適用された揚力係数に対する最大キャンバー位置の影響（他の影響を分離して表示）

グラフより，対応する揚力係数の変化は $\Delta C_L = 0.065 \times 1.7 = 0.11$ になる．したがって，ライト兄弟は最大キャンバー位置の違いを考慮するためにリリエンタールの表から得られた揚力係数を0.11だけ減らしておくべきであった．もちろんライト兄弟には，キャンバー位置が揚力係数に対してどの程度の影響を与えるかを知る手がかりもなかった．きっと彼らは何の影響もないと仮定したのだろう．実際のところ，ライト兄弟が前縁の近くに最大キャンバーを持ってきた理由は圧力中心の動きと関係があった．しかし，揚力への影響について心配していたという証拠は全くない．1901年の論文では，ウィルバーが自分達のグライダーに使用した翼型設計の理論的根拠について次のようにはっきりと述べている．

深く曲がった面では，90°（迎え角）における圧力中心は面の中央付近にあり，ある点までは角度が小さくなるに従って前方へ移動するが，この点は湾曲の深さによって変化する．その点を通過した後は，角度の減少に伴って圧力中心は前方へ移動し続ける代わりに反転して急速に後方へ向かって移動する．この現象は，小さな

角度では風が面の前方部分に衝突する際に下面ではなく上面に当たることに起因しており，それゆえにこの部分は平板の場合のように最も有効な部分として機能することなく揚力を生成しなくなる．リリエンタールはこの上面の働きのために，1/8もの大きな湾曲を持つ面を用いることの危険性に注意していた．しかし，彼はこの現象が完全に発生しなくなる角度と湾曲を一度も調査していなかったように思われる．私と弟もこの問題に対して独自の調査を行っていなかったが，リリエンタールは1/12の湾曲を基に表を作成していたので，この湾曲には問題がないと思われる．しかし，安全策をとって円弧を使用する代わりに，下向きの圧力にさらす面積が最小になるように前部で急激に変化する曲面を我々の機体に採用した．

明らかにライト兄弟は最大キャンバー位置を圧力中心の問題から決めるべきだと信じていた．そして，揚力への影響は重要でないと考えたに違いない．この点では考慮が足りずに重大な誤りをしてしまったが，当時は誰も揚力への影響について知らなかったので無理もない．これは，ライト兄弟が初期においてリリエンタールの表をキャンバー翼に関する普遍的な値の集合として受け入れていたことを実際に示しているとも考えられる．1897年の航空年鑑に掲載されたシャヌートの記事から，そのような印象を安易に持ってしまったのかもしれない．というのも，シャヌートは「1/12キャンバーに適用」という但し書きのみを添えてリリエンタールの表を転載していたからである．翼の平面形状，アスペクト比，翼の断面形状については言及していなかった．ライト兄弟はすぐにリリエンタールの表の限界に気づいた．ウィルバーがこうした状況のことで，手紙を通してシャヌートを婉曲的に非難していたことを私達は第4章で見ている．

　まとめると，ライト兄弟はリリエンタールの表を用いて1900年グライダーと1901年グライダーの揚力計算を行う際に3つの重大な誤りを犯していた．

(1) スミートン係数に誤った値を使用した．
(2) リリエンタールと自分達の翼におけるアスペクト比の相違による差を修正していなかった．
(3) リリエンタールの円弧翼型と前縁近くに最大キャンバー位置を持つ自分達の翼型における最大キャンバー位置の相違による差を考慮していなかった．

純粋にこれら3つの誤りによる影響を取り出して図5.9に示してある．リリエンタールの表によると，迎え角3°での揚力係数は0.545になる．アスペクト比効果

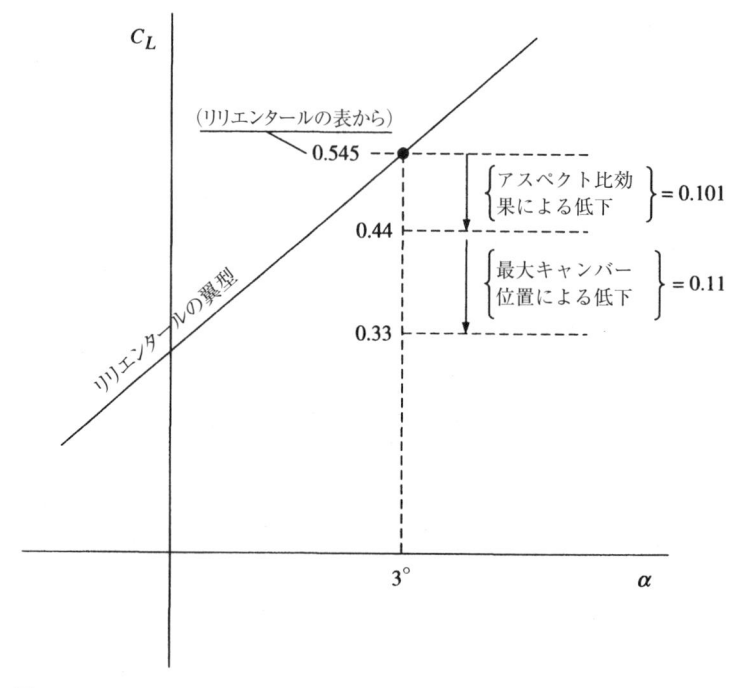

図5.9 リリエンタールのデータをライト兄弟のグライダーに適用するための累積補正

によってその値は0.44まで減少する．そして，最大キャンバー位置の効果によってその値はさらに0.33まで減少することになる．ライト兄弟は1900年グライダーと1901年グライダーの揚力を計算するために0.545を使用していた．しかし，0.33を使用するべきだった．このことだけでも，揚力計算での誤差は0.33/0.545 = 0.60倍になっていた．この計算にスミートン係数の誤差を考慮すると（ライト兄弟は0.5を使用したが，0.3を使用すべきだった），彼らの揚力計算における誤差は0.3/0.5×0.60 = 0.36倍になる．すなわち実際の揚力は彼らの計算値よりも小さく，その比は0.36倍，または1/3倍だった．そして，1901年7月29日のウィルバーの日記に記録されているように，これはまさしくライト兄弟が観測した値そのものであった．「午後は凧に費やした．この機体にはリリエンタールの表が示しているはずの値よりもずっと小さな揚力しかない．せいぜい1/3程度だ．」この相違は彼らがリリエンタールの表の扱い方を誤ったことで説明できる．表の精度に問題があったわけではない．

　私達がまだ考慮していない，背後に潜むもう一つ別の空気力学的な検討材料が

ある．それはレイノルズ数効果である．通常，航空機が飛行している時のレイノルズ数（10^6から10^8）では，翼型の揚力勾配は基本的にレイノルズ数の変化に対して敏感ではない．（失速時の流れの剥離現象に依存する最大揚力係数の値はレイノルズ数に依存しているが，ここでの議論では最大揚力係数を扱っているわけではないので，レイノルズ数は重要でない．）他方，例外的に低い値，例えば10^5のオーダーのレイノルズ数では，揚力曲線の勾配は高レイノルズ数のときよりも顕著に小さくなる．第3章でのケイリーの空気力学計測に関する解説の中ではこの傾向について取り上げ，現代の実験によると10^5オーダーのレイノルズ数での翼型の揚力係数は，はるかに高いレイノルズ数で計測した値の約70％になる計測結果を紹介した．リリエンタールの回転アーム試験データでは，（12m/sの速度と0.4mの翼弦長に基づいて）レイノルズ数は330,000であった．ライト兄弟の1901年グライダーでは，（7.6m/sの速度と2.1mの翼弦長に基づいて）レイノルズ数は1,100,000になっていた．明らかにリリエンタールの表が適用されるレイノルズ数よりも高いレイノルズ数領域にライト兄弟はいた．したがって，先に計算した揚力を上回る揚力があってしかるべきだった．では，どの程度だろうか．それに答えることは容易ではなく，簡単な解析では手に負えない．確信を持って言えることは，その差は第3章で議論した差よりも小さいということである．10％程度の影響について話をしていると考えられる．きっとそれ以下だろう．したがって，これまでの結論が変わることはないだろう．

　ライト兄弟も，先行していたリリエンタール，ラングレー，シャヌートと同じように，どの空気力学計測や計算でもレイノルズ数効果について言及することは全くなかった．オズボーン・レイノルズが層流から乱流への遷移に及ぼすレイノルズ数の影響を示した古典的な実験を実施してから18年が経っていたが，1901年の段階では応用空気力学に携わる者でレイノルズ数効果に何らかのなじみを持つ者は誰もいなかった．学術教育を受けた科学者集団から，独学で学んで動力飛行に向かって手探りで答えを探していた技術者集団への技術伝達が欠けていた実例と言える．

　1901年のグライダー実験が終わると，ライト兄弟はすっかり落胆してしまった．特に計算から導かれる大きな揚力と実際に実験から得た小さな揚力との相違が原因であった．これまで本書では，現代空気力学という有利な立場からその相違について説明してきた．しかし，ライト兄弟はこの相違の理由をどう考えたのだろうか．1901年にウィルバーが発表した論文では1900年グライダーに関する議論がなされており，上記の疑問に対する答えがその中に含まれている．

同じ大きさの曲面における揚力の計算値と比較すると，悲しいことにその揚力は不十分であった．その理由は以下の原因が一つ以上該当することによると思われる．(1)私達の面の湾曲深さは12に1の深さである代わりに約22に1の深さしかなかったことから，湾曲深さが不足していた．(2)私達の翼に使用した布の気密性が十分ではなかった．(3)リリエンタールの表自体に多少の間違いが含まれている可能性がある．[56]

同じ論文の後の部分では，「90°における風圧を表す$0.005V^2$という周知のスミートン係数は少なくとも20%は過大であろう」と述べて，スミートン係数についても指摘している．スミートン係数に関しては，ウィルバーは正しい方に向かっていた．また，ライト兄弟がリリエンタールの表を疑い始めたのも当然であろう．リリエンタールの表は彼らの計算にとって重要な要素であり，明らかにその計算結果に何らかの間違いがあったのだから．しかし，リリエンタールの表を非難しても，それは正解にならない．実際のところ，その後もリリエンタールの表に関する妥当性の問題では，ライト兄弟の判断は揺れていた．しかし，最後には表のデータは適切であったという結論に達している．

風洞実験（1901～02年）：ライト兄弟が「真の空気力学」を発見する

1901年8月20日にキティホークを発ってデイトンへの帰路に就いた時，ウィルバーとオービルは絶望の淵にいた．揚力値の相違だけが問題ではなかった．抗力の予測もつじつまが合わないどころか，全く信頼できなかった．1900年グライダーの試験期間中は，彼らのグライダーの抗力計測値は計算値よりも低い値であった．例えば，1900年11月16日のウィルバーからシャヌートへの手紙では，8.9m/sの風の中での抗力の計測値は3.6kgfであったと書いている．ライト兄弟は，A・M・ヘリングが「世紀の問題の解決に向けた近年の進歩」と題して1897年の航空年鑑に発表した記事の中で提言した手順に従っていた．その手順では，機体に作用する全抗力は翼に作用する抗力と骨組みによる抗力の合計として表されていた．ライト兄弟が計測した3.6kgfの全抗力は骨組みのみに対する抗力推算値よりも低い値であった．同様に，ウィルバーは翼のみの抗力についても考察を加えている．「全負荷状態の面（翼）のドリフトはリリエンタールの表が示していた値よりも大きいことが分かったが，これは私達の曲面は12に1の深さである代わりに23に1の深さしかなかったことに起因している可能性がある．(p.42)」[55]

(ライト兄弟が全抗力の計測結果から翼のみの抗力をどのように分離したのかはよく分かっていない．）1年後には1901年グライダーに作用する抗力を計測したが，前年とは打って変わって計算よりも大きいことが判明した．1901年7月27日のウィルバーの日記には「明らかに事前の推算値をはるかに超過している骨組み抵抗」と記されている．また，同じページには以下のように記されている．「8 m/sの速度で機械の全要因による抵抗だけで約7 kgf．面（翼）のドリフトは44kgfの1/12で3.7kgfと見積もられる．したがって，3.3kgfが骨組みの正面抵抗として残る．このことから滑空時に観測された芳しくない全抵抗の結果は，骨組みの抵抗よりもむしろ最初に想定していたように面のドリフトに起因していたことが示唆される．ゆえに，揚力のドリフトに対する比を記したリリエンタールの表の正当性に対する疑いを持たざるを得ない．(p.71)[55]」明らかにライト兄弟は抗力予測の問題に対して暗中模索の状態であった．そして，彼らの絶望感はさらに増すことになる．

現代空気力学でさえ抗力の正確な予測は困難であり，不正確な段階の科学と言える．ライト兄弟が苦労したのも不思議でない．抗力が発生する基本的な物理機構に関する未熟かつ不完全な理解の下で活動を行っていたのだから．例えば，ラングレーとシャヌートが摩擦は無視できると（不正確な）主張しているのをライト兄弟は読んでいた．流れの剥離と抗力に及ぼすその影響，および有限翼の翼端から発生する渦に関連した誘導抗力の現象に関して，これらの概念を実際に持つこともなかった．（1900年グライダーと1901年グライダーでは，低アスペクト比のために極めて大きな誘導抗力が発生していた．）抗力を正確に計算できなかったことは何ら驚きに値しない．

励ましになった成果としては，キャンバー翼では迎え角の変化に伴って圧力中心がどのように移動するのかを理解できるようになった．1901年には彼らは現場で翼型の反りを容易に変更できるようにグライダーを設計した．1/12の反りを持つ翼型では圧力中心の動きが好ましくないことに気づき，より小さな反りへと変更することによってその影響を和らげていた．また，エドワード・ハフェイカーから何らかの支援を受けたのかもしれない．ハフェイカーは1901年のグライダー実験の期間中にキル・デビル・ヒルズでのライト兄弟のキャンプに短期間だけ加わっていた．ハフェイカーはそれ以前にラングレーと共に研究を行っており，キャンバー翼に関する一連の空気力学計測を行っていた．ラングレーがそのデータを発表したことは一度もなかったが，ハフェイカーは圧力中心の移動と反転に関する正しい認識を含むその研究での共同知見をいくらかライト兄弟に伝えたに違いない．（しかしライト兄弟の論文では，そのような技術伝達に関して全く言及され

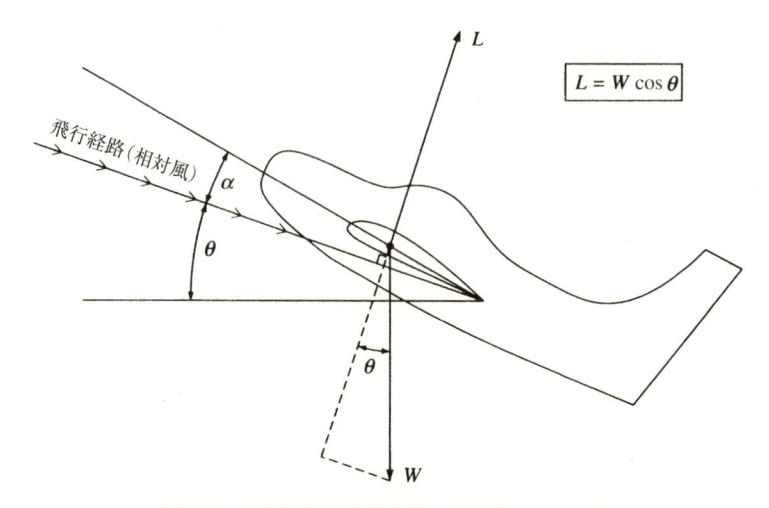

図5.10　上昇飛行において飛行機に作用する力の説明

ていない．ラングレーと同じようにライト兄弟もすぐにハフェイカーの態度の悪さと好きになれない人間性に愛想を尽かし，やがてライト兄弟のキャンプでは歓迎されなくなった．）

　また，その期間中にウィルバーは最初の技術論文を発表した．しかも発表の舞台は最も名誉ある雑誌，英国航空協会（現在の王立航空協会）の航空ジャーナル（1901年7月）であった．その論文は「入射角」と題し，それまでの航空文献における「入射角」という用語の曖昧さを扱っている．研究者の中には「入射角」を翼の迎え角として用いることで，翼弦線と水平面がなす角度として定義している人もいた．ウィルバーは空気力学的に重要な角度は翼弦線と相対風の方向がなす角度であるという極めて正当な考え方にたどり着き，その角度を「入射角」として定義づけて，曖昧さを排除することを主張した．現代の用語では「入射角」よりむしろ「迎え角」が翼弦線と相対風の方向がなす角度になっていることを除いて，今日ではその定義が広く用いられている．ウィルバーはその論文を次のように締めくくっている．「法則：入射角は，面積，重さ，速度のみによって決まる．厳密には比率は一定ではないが，重さに比例し，面積と速度に逆比例する．」飛行機空気力学の基本的事実を正しく表現している．図5.10には定常上昇飛行を行っている飛行機が図示されている．飛行経路は水平線に対して角度 θ だけ傾斜しており，この角度は上昇角と呼ばれている．飛行機が感じる相対風の方向はこの飛行経路の方向と同じである．翼弦線と相対風がなす角度が迎え角 α である．ライト兄弟の時代の航空に関する文献には，両者の和である $\theta + \alpha$ を「入射角」

と呼んでいる文献がいくつかあった．ウィルバーは，飛行機の空気力学特性にとって重要な角度はただ一つ α であり，それを「入射角」として定義すべきだと主張した．図5.10には上昇角 θ での定常上昇飛行が示されているが，揚力は自重の揚力に対する反対方向成分と釣り合っている（飛行経路に対する垂直方向の力の和はゼロになる）．つまり，次式が成立する．

$$L = W \cos \theta$$

揚力は揚力係数 C_L を用いて表すことができる．

$$L = \frac{1}{2} \rho_\infty V_\infty^2 S C_L$$

それら2つの式から次式が得られる．

$$\frac{1}{2} \rho_\infty V_\infty^2 S C_L = W \cos \theta$$

C_L について解いて，

$$C_L = \frac{2 W \cos \theta}{\rho_\infty V_\infty^2 S}$$

揚力係数は迎え角 α の関数であるから $C_L = f(\alpha)$ で表すことができ，C_L が決まると迎え角 α も決まる．

$$f(\alpha) = \frac{2 W \cos \theta}{\rho_\infty V_\infty^2 S}$$

この式はウィルバーの「法則」そのものを数学的に証明している．この法則によると次のように言い表される．「入射角 [α] は面積 [S]，重さ [W]，速度 [V_∞] のみによって決まる．厳密には比率は一定でないが，重さに比例し，面積と速度に逆比例する．」この関係は飛行機の性能分析には非常に重要である．そしてこのことを明確に述べて発表したのはウィルバー・ライトが最初であったと考えられている．

明らかにライト兄弟は，1901年のグライダー試験を終えると空気力学という応用科学で様々な問題を経験していた．いくらか悟りを開くような状況もあったが，多くは混乱と呼ぶにふさわしい状況にあった．その混乱した様子が抗力の計測値に関して記した1901年7月30日のウィルバーの日記に表れている．「風の速度が増加するに従って全抵抗が減少する結果になっている．」動力は抗力と速度の積に等しいので，この記述は必ずしもラングレーの動力法則（第4章を参照）を確認していたとは言えない．つまり，もしウィルバーが抗力と速度の積を取る計算を行っていたなら，実際に速度と共に所要動力が減少していたかどうかは不明

である．しかしライト兄弟はラングレーの動力法則について知っており，その点からウィルバーが引用した抗力計測値の変化はそれほど驚くことではなかったに違いない．1900年グライダーと1901年グライダーで使用していた比較的低速の対気速度では動力曲線の裏側に存在していたデータ点も必ずあったはずである．実際，揚力が重さと等しくなる定常水平飛行での抗力のみを考えても，どの飛行機の抗力対速度曲線にも速度が増加するに従って実際に抗力が低下する領域があり，動力曲線の裏側に類似した変化を示す．抗力曲線でのこうした領域は対気速度が低速な場合にのみに見られるが，パイロットはこの状態を避けて飛行している．つまり，幾分不安定な飛行領域と言える．ライト兄弟のグライダー試験では部分的にそうした領域を通過していたのかもしれないし，だとすると，速度の増加と共に抗力が低下するというウィルバーの観察結果も説明できる．しかしラングレーにとってもそうだったように，ライト兄弟にとってもそれは直感に反していたに違いなく，おそらく余計に混乱させる原因になっていただろう．

　1901年8月にはデイトンへ戻る列車の中でウィルバーがオービルに，今後50年は人類が空を飛ぶことはないだろうと語ったほど，彼らの状況は良くなかった．後の1940年代，オービルは伝記作家であるフレッド・ケリーにその話を飾り立てて，「今後千年は人類が空を飛ぶことはないだろう」と話していた．とにかくライト兄弟は明らかに落胆し，失望していた．

　しかし，そういった失望はすぐに吹き飛ぶことになる．ウィルバーとオービルは事態を大きく変える大胆な決断を下した．問題は，その当時利用可能な最良の空気力学データ（少なくともデータを理解していた範囲では）を使用していたが，それでも彼らのグライダーは（計算と比較して）同等には遠く及ばない性能しか発揮していないところにあった．ゆえに結論は，既存のデータには何か問題があるに違いないということであり，その解決策は最初からやり直して，自分達自身の空気力学データを蓄積することであった．この決断，つまり基本的に全てを自分達で行い，極めて基本的なことから開始するということが，1903年にライトフライヤーが成功する主な要因になった．

　また，その当時はオクターブ・シャヌートから非常に貴重な支援を受けていた．それは具体的に感じることのできる精神的支援であった．シャヌートからウィルバーへ宛てた1901年8月29日付の手紙では，ウィルバーを西部技術者協会へ招待して講演を依頼している．これはライト兄弟の活動の価値に関心を持ち，同時に確信を持っていることの表れであった．

西部技術者協会の会員達と相談しました．結論を申し上げると，グライダー実験に関するあなたの講演をぜひお聞きしたいということになりました．9月18日に会議がありますので，そこにあなたの講演を設定できます．もしこちらへお越しになることを決心していただけなら，ぜひ我が家にお立ち寄りください．講演で使用する写真をスライドにする必要がありますので，講演の約1週間前には私達の元へ送って下さい．写真の数は多い方が私達としても楽しみです．連絡をお待ちしております．[p.91][55]

ウィルバーはシャヌートの招待に応じた．暗い雲に覆われながら列車に乗ってキティホークから家へ戻ったそのわずか13日後に，新たな活動目標が現れることになった．

ウィルバーの論文「飛行実験」[56]は再印刷されて，ライト兄弟の論文を集めたマクファーランド・コレクションに収められている．この論文は読む価値がある．しかもウィルバーの熟練した技術文章の作成能力とアメリカ中西部のユーモアが発揮されている．この論文では空気力学を扱っている部分はわずかしかないが，揚力と抗力の両方で自分達の計算と実験結果に食い違いが生じていたことをためらいもなく公表し，さらにこれらの食い違いに対して考えられる理由を説明することも惜しまなかった．

ここで重要なことは，リリエンタールの表が正確であったか否かではなく，この当時のライト兄弟は正確ではない可能性があると考えていたことである．抗力の計算値と計測値の違いについて触れている1901年7月27日のウィルバーの日記にその疑いを表す記述が初めて現れている．「……したがって，揚抗比に関するリリエンタールの表の正当性に疑問を感じてしまう．」後に西部技術者協会で発表した論文では，「リリエンタールの表自体に何らかの間違いがあるのかもしれない」と記して懸念を表明している．リリエンタールの表の精度に対する懸念が空気力学データを彼ら自身で蓄積することへ繋がる最も強い動機になったと考えられる．もう一つの要因がスミートン係数の値に対する疑いであり，ウィルバーは西部技術者協会での論文においてその精度に疑問を投げかけている．また，1901年9月26日のシャヌートへの手紙では，「ラングレー教授と気象局の職員達は正しい圧力係数がスミートンの0.005ではなくて0.0032程度にすぎないことを発見している」と記している．それらが妥当なことか，または根拠のないことか．こうした疑問からライト兄弟は自分達で空気力学実験を実施するしかなくなった．そして実験の期間中，「真の空気力学」が何かを発見することになった．

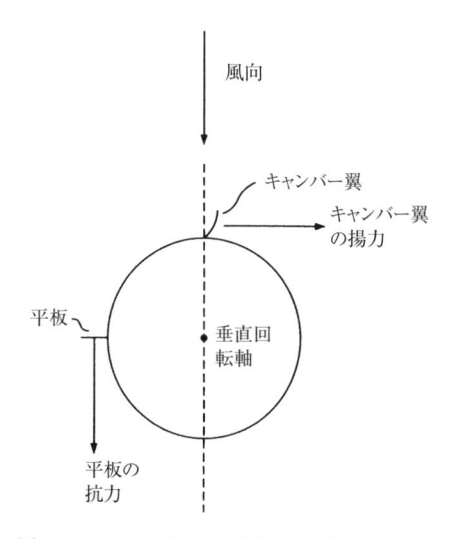

図5.11 ライト兄弟の自転車車輪天秤装置の概略図

1901年秋と1902年冬に実施した風洞試験計画が，1902年に輝かしい成功を収めた新型グライダーとその翌年の動力付きライトフライヤー，そしてさらに偉大な成功へと兄弟を導く決定的な要因になった．その風洞試験がなければ，人類の飛行はかなり遅れることになっていただろう．そして，ライト兄弟の名がそこに加わることもなかっただろう．その点では，ライト兄弟がリリエンタールの表の使用方法を誤り，スミートン係数に間違った値を使用していたことは吉となった．もし1900年グライダーと1901年グライダーで計算値と計測値に食い違いがなければ，彼らが「真の空気力学」を発見する方へと駆り立てられることもなかっただろう．

彼らの初期の関心事はリリエンタールのデータが正確であるかどうかを確かめることであった．その目標に向かって，小さなキャンバー翼型の模型を自転車の車輪のリムに固定し，その翼型から90°離れた同じリム上の位置に平板を固定してその平板を風向に対して垂直に向けることで，初めて比較計測を試みた（図5.11）．翼の揚力が平板の抗力と等しいときに，車輪の中心に関する2つのモーメントは大きさが等しく，方向は反対になる．この時に釣り合い状態が得られる（つまり，車輪は回転しない）．ウィルバーの目的は1901年9月26日のシャヌートへの手紙に述べられている．

> 私は4～7°の範囲でリリエンタール係数の正当性に関する実証試験を次の方法で行う準備をしています．$0.093m^2$のリリエンタール曲面と$0.061m^2$の平板を自転車の車輪の（図5.11に）図示した位置に固定します．これは上から見た図です．圧力中心から車輪の中心までの距離は曲面と平板とで同じになるようにします．リリエンタールの表によると，5°の$0.093m^2$曲面は90°の$0.061m^2$平板とほぼ釣り合うはずです．実際にそうなることが分かればこの表は正しいことになり，私の心の中には何の疑いも残らないでしょう．もし曲面が平板と釣り合わなかった場合には，釣

り合うまで平板を削って大きさを小さくするつもりです．[p.121][55]

　最初，ライト兄弟は自然風の中にその装置を置いて試験を行ったが，結論を下せるような結果は得られなかった．そこで，その車輪を自転車の前面に水平に取り付けてペダルを漕いだ．この試験から得られた半定量的な結果が1901年10月6日のウィルバーからシャヌートへの手紙の中で詳細に述べられている．この試験の主目的は曲がった翼型の揚力作用を平板と比較して，リリエンタールの表の精度を確定させることであった．リリエンタールの表から平面の抗力と釣り合うためには，その曲面には5°の迎え角が必要になることを計算から求めていたが，計測した結果では18°の迎え角が必要だった．つまり，その曲面の揚力はリリエンタールの表を用いて予測した揚力の半分以下だった．そしてグライダー試験から得た結果と一致していた．この理由については既に解説した通りである．その曲面を平板に取り換えると，車輪リムの釣り合いを取るためにはその平板をさらに大きな迎え角（24°）まで調節しなければならないことが分かった．この試験では，ライト兄弟に先行したフィリップス，リリエンタール，ラングレーと同じように，キャンバー翼が平板よりも優れていることを単に再度実証したことになる．

　10月6日のウィルバーからシャヌートへの手紙は重要である．そこには成功と不成功の分水嶺を挟んでライト兄弟が成功の側を下ることになった決断が記されている．例えば車輪リム試験について述べた後，この試験結果を受けてキティホークでのグライダー試験で生じた可能性のある誤差要因を注意深く探すようになったと述べている．そして，誤りの根源は「スミートン係数に0.005，またはメートル法では0.13を用いたところにあった」との結論を下している．そして次の言葉にあるように，ラングレーが計測した値を採用することを決めた．「私には0.0033よりも大きな係数を使用するもっともな理由が全く見つけられない．」この時からライト兄弟はスミートン係数に十分に正確な値を使用するようになった．

　10月6日の手紙で議論されているもう一つの重要な話題が風洞試験への挑戦であった．「例の曲面はリリエンタールの表が示す性能よりも大きく劣っていることが判明しましたが，平板よりも非常に効率的であることから，さらに小さな角度でもっと厳密な試験を実施することが重要だと考えました．(p.124)[55]」そしてウィルバーは，オービルが古いでんぷん箱と毎分4,000回転する小さなファンを用いて，とりあえず組み立てた小型風洞についての説明を続けている．この装置

の全長はわずか460mmであった.この風洞は一時的に1日間しか使用されなかった小さな装置であったが,彼らの次世代空気力学試験装置への大きな踏み台になった.ライト兄弟は2枚の異なる翼面を小型風洞で比較するために革新的な技術を考案した（図5.12）.片方の翼が他方の上になるように垂直に2枚の翼が金具に固定されていた（図5.12下）.そして一方の翼がある角度で中心面の左側に取り付けられ,他方の翼も同じ角度で右

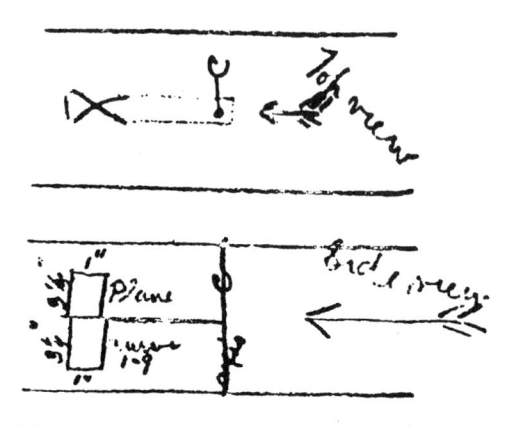

図5.12 ライト兄弟最初の風洞に用いた簡易天秤機構を描いたウィルバーのスケッチ.この風洞は1日間しか使用されなかった.

側に取り付けられていた.この2枚の翼が取り付けられた金具は,ちょうど風向計のようにCで示された鉛直軸を中心に回転できるようになっており,この装置全体を風洞の流れの中に置くと,2枚の翼が生成した揚力の方向は反対でありながら,その大きさが等しくなるように,風向計羽根はロッドCを中心にある角度の位置まで回転した.2枚の翼が異なる場合にも一方の翼が他方の翼の上になるように取り付けられて,効率の悪い揚力面の方が常に大きな迎え角になる位置までこの風向計羽根が回転した.このようにして異なる翼型間の比較試験を実施できた.この装置を用いて,1日のうちに「曲面は負の角度でも持ち上がるというリリエンタールの主張は正しい」ことを確認できたが,それでもリリエンタールの表に基づいて計算したライト兄弟の定量予測値は実験結果と一致しなかった.とりあえず用意したこの風洞の実験結果が加わって,ウィルバーの10月6日の手紙には新たな自信が見られるようになった.「私は今,リリエンタールの表には重大な間違いがあり,それでも以前に私が見積もっていたほどに大きな誤差ではないことを完全に確信しています.(p.127)[55]」おそらく10月6日のウィルバーの手紙で最も重要な点は,より精巧な風洞製作の決定を表明したことだろう.

今回の実験に用いたこの粗雑な実験装置から得られた結果は本質的に非常に興味深く,$(P_{(\text{rang}-\alpha)}/P_{90})$［実質的に揚力係数を意味する］を正確に計測できる可能性が示されたので,30°までの全角度での$(P_{(\text{rang}-\alpha)}/P_{90})$の値を掲載する表を作成し,湾

曲，相対長さ，相対幅が異なる面を試験するために我々はさらにもう1台の装置を製作することを決めました．[pp.126〜127][55]

これはライト兄弟が飛躍的に前進した瞬間であった．彼らはリリエンタールの表に関する比較評価は全て過去のものになったと言っている．つまり，リリエンタールの表を捨て，代わりに彼ら自身の詳細な空気力学係数表を編集する計画であった．翼型形状と翼平面形状の違いに対応できる全データを納め，リリエンタールの表よりも役に立つ表にすることを狙っていた．

図5.13 ライト兄弟にとって2代目となる風洞．ライト兄弟はこの風洞を用いてほとんど全ての翼と翼型データを採取した．

シャヌートへ宛てた10月6日のウィルバーの手紙は，まさに成功を分ける分水嶺になった文章であった．その手紙には，ウィルバーの研究手法での成熟と技術的な自信がはっきりと表れている．これらはそれ以前の書簡では見られないことであった．その頃にはスミートン係数に十分に正確な値を使用しており，しかも確信を持って使用していた．そして風洞によって正確かつ詳細な空気力学データが得られることも確信していた．つまり，空気力学係数に関する新しい表を作り出して，応用空気力学に独自の貢献をする準備が整った．最も重要なことには，彼らはそのデータを直接将来のグライダー設計に適用するつもりだった．ヤカブ[24]が研究の中ではっきりと示したライト兄弟の研究手法哲学が表れ始めていた．つまり，特定の目的を達成するために必要なデータのみを入手することに集中する技術者の哲学である．「原理的になぜこうした力がそのように振る舞うのかを理解するのではなく，実際に実行した時に互いに作用を及ぼし合う程度について知り，次にその知見を飛行機の製作と成功に役立てることが目的であった．これは工学における最も基本的な型であり，この件以外でもライト兄弟の発明方法の全面にわたって基礎になっている根本原理であった．(pp.1〜2)[24]」

1901年10月6日には風洞試験への見通しが立って喜びを抑えられないでいた．新しい風洞（図5.13）は10月中旬までに製作を終えて，運転を開始した．送風ダク

図5.14 ライト兄弟の才気が発揮された揚力係数を直接計測する装置

トの長さは1.8mであり，一辺が0.41mの正方形断面になっていた．そして，上部には観察のためのガラス窓が付いていた．ライト兄弟の自転車店にあった集中動力装置で駆動したファンによって気流が作り出された．その動力とは1馬力のガソリンエンジンであり，そこから軸とベルトの伝達装置を経てファンに繋がれていた．この風洞は最大で約50km/hの速度まで達成できた．そして自転車店の二階に置かれて，そこで全ての試験が行われた．この新しい風洞を用いて，それまでに風洞を製作して運転していたウェナム，フィリップス，その他大勢の風洞開発者達と同じ方法で試験を実施していたが，ライト兄弟の風洞にはいくつかの改良点があることが特徴的であった．

> 1901年のライト風洞は……従来の装置から大きな飛躍を遂げていた．適切に設計されて，正確な結果を生み出していたことはもちろんだが，可能性が見込まれる翼形状に対して，揚力と抗力の確立した式に取り込んで使用するための特定データを体系的かつ広範囲に収集するために使用された初めての風洞であった．さらに，このような装置を使用して実際の航空機設計に直接取り入れることができる形式の空気力学データを得た最初の出来事であった．この風洞の技術的優位性は別として，兄弟の風洞に先行するどの風洞よりも風洞の活用が効果的であった要因は，ライト兄弟がその装置を用いた方法にあった．[p.127][24]

ライト兄弟が空気力学計測に使用した風洞と器具が詳細に記述されている[24]．力の釣り合い装置の設計に見られる彼らの発明の才は特筆に値する．ひどく粗雑で間に合わせの装置のように見えるが，実際には揚力係数を計測するには十分な精密器具であった（図5.14）．揚力係数を計測する翼模型が垂直に取り付けられ，そして木台の左右面に対して平行な（または，木台から延長しているように示されている定規に対して垂直な）流れが得られるように全装置が風洞内に取り付けられていた．翼の下に取り付けられた4本の「指」は流れに対して垂直方向に向けられた平板であった．この天秤の機構についてはヤカブ[24]が詳細に説明している．ここ

図5.15 ライト兄弟の D/L 比直接計測装置

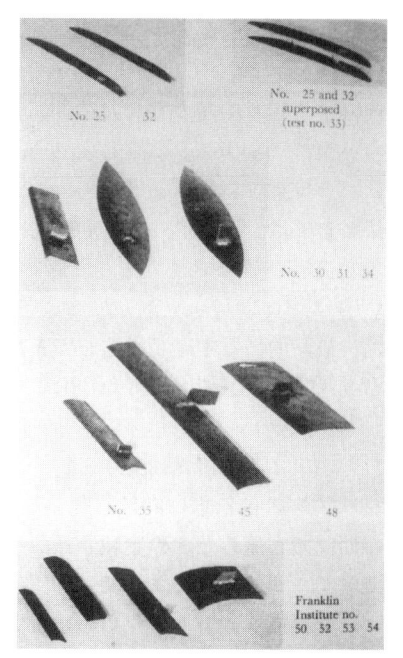

図5.16 ライト兄弟が風洞で試験した翼模型の一部

では，翼に作用する揚力と平板に作用する抗力がこの装置に取り付けられた垂直回転軸の回転モーメントを生成するという説明で十分だろう．空気が流れている状態では，2つの回転モーメントが釣り合うある角度がこの回転軸に存在する．装置の下部にある指示計がその角度を示していた．回転モーメントの釣り合いに基づいた数学的な計算から，揚力係数はその指示角度の正弦（サイン）に等しいことが分かる（詳細はヤカブ[24]を参照のこと）．もう一つ，その装置では揚力ではなく，揚力係数が直接示されることにも注意してほしい．流れに対して垂直に向けられた平板に作用する抗力が翼によって生成された揚力と適切に組み合わされた場合には，速度，表面積，（何よりも重要な）スミートン係数の影響は完全に相殺されて計測から排除される．つまりライト兄弟は，計測結果がスミートン係数と気流の速度に依存しない方法で揚力係数を直接計測できる力の釣り合い機構を設計していた．リリエンタールがデータを発表する中で数学的に行っていたことを，彼らは機械を用いて行っていたことになる．

　ライト兄弟は抗揚比 D/L を直接計測する第2の天秤（図5.15）も製作した．翼模型が天秤の一方のアームに垂直に取り付けられていた．基本的に天秤が向く方向の角度を計測すれば，その角度から D/L 比が直接得られる．ここでも計測結果は速度とスミートン係数から独立であった．揚力係数が（第1の天秤から）求まり，そして D/L 比が（第2の天秤から）求まれば，以下の関係式から抗力係数 C_D

を直接算出できた．

$$C_D = (D/L)\, C_L$$

1901年の10月中旬から12月の間に，翼平面形状と翼型形状が異なる200種類以上の翼模型（図5.16）を試験した．キャンバー比では1/6から1/20まで，最大キャンバー位置では前縁近くから1/2翼弦位置までの範囲で試験を行った．平面形状としては，正方形，長方形，楕円形，先細り翼端を持つ翼面，円弧からなる前縁と後縁が翼端で鋭く尖った形で合わさった翼面が試験された．彼らは（ラングレーのエアロドロームのような）タンデム翼構成，複葉機，三葉機の試験も行っていた．最終的には本業が圧迫してきたために，実験を終了せねばならなくなった．キャサリンが父親へ宛てた1901年12月7日の手紙では次のように書いて知らせている．「男の子たちはいろいろな面に働く風の作用をまとめた表を完成させました．いいえ，正確には実験を終えただけです．表に結果をまとめたら，すぐに来シーズンの自転車に向けた仕事を始めるでしょう．(p.171)[55]」2ヶ月にも満たない期間で実施したこの実験から，その時点では最も正確，かつ最も実用的な空気力学データが得られた．この実験では応用空気力学が縮図的にまとめられており，飛行機を設計するための空気力学情報を提供するという特定の目的のためにデータが採取された．

表には48種類の翼模型に関するデータがまとめられていた．揚力係数と迎え角 α の関係が示されている表もあれば，D/L 比が α の関数として表されている表もあった．ライト兄弟の表はあらゆる点でリリエンタールの表に取って代わった．当時，彼らは応用空気力学の歴史の上で最も貴重な技術資料を所持していたことになる．

残念ながら飛行機の誕生にとって重大な時期，つまりこの表が広く利用され得る時期にこの表を知っていたのはライト兄弟とシャヌートのみであった．しかし，それはウィルバーとオービルが元々意図したことではなかったように思える．兄弟は風洞実験を行っている期間中に揚力と抗力の計測値をシャヌートへ断片的に伝えていた．シャヌートからウィルバーに宛てた1901年11月27日の手紙には，1895年にリリエンタールの表が最初に掲載されたメーデベックの航空便覧の改訂に際して，シャヌートが新しい章の執筆を依頼されていることが書かれている．そして，自分が担当する便覧の原稿にライト兄弟のデータを多少含むことになるかもしれないと丁寧に伝えていた．続けてウィルバーに提案をしている．「さて，貴殿の実験を含む記事の全てを私が用意するか，または後者の点まで私の方で用意して，後は貴殿にご自分の成果を好みに応じて記述してもらうか，そ

のどちらかにしようと思っております.連絡をお待ちしております.(pp.165,168)[55]」
ウィルバーは12月1日にかなり謙遜した回答を書いている.

> メーデベックの便覧にあるリリエンタールの節を実質的に現在の形式で再出版して，そこに貴殿の記述を補足記事として加えるという計画は素晴らしい考えだと思います……．私達の実験について述べるにしても，私達よりも貴殿の方が適切な全体観をお持ちでしょうから，その件については貴殿ご自身の手でなされた方が良いでしょう．この件はリリエンタールの表に何らかの表を追加すべきかどうかという問題なのですが，もしお勧めするとしたら，リリエンタールと矛盾するデータを示すのではなく，予想される機械の性能を計算する際には形状，相対寸法，輪郭を考慮する必要があることを強調すべきであり，そのために望むらくは全く異なる特徴を持つ面に関する表にすべきかと思います．[p.172][55]

シャヌートはウィルバーに同意して，12月11日に返信している.

> リリエンタールの面と著しく異なる面の係数をメーデベックの便覧に掲載して，さらに形状を考慮する必要性を強調することが好ましいという貴殿の考えに全く同感です．公表に値する確実な結果に達したと確信することになった時には，必要データと解説をご提供ください．[55]

ウィルバーはしばらく返事を出さなかったが，1902年1月5日のシャヌートへの手紙の中に17種類の模型の空気力学データ表を同封した.

> 先日の手紙には，私達のどの表をメーデベックに掲載すべかという貴殿からの問い合わせがありました．返事が遅くなってしまったのは，単に何と言えば良いのか分からなかったからです．私達の表の主な価値は，これらの表を用いることで揚力，接線方向の力，最大値が得られる角度に及ぼすアスペクト比，湾曲，厚み，翼弦の影響を比較できる点にあります．しかし，他方で全てを掲載することは，便覧としての簡潔なまとまりという点では望まれている程度を越えてしまう欠点もあります．そして，間違いがないと断定されていない表一式を一般に受け入れられる前に便覧のような権威ある著作物に掲載することは，軽視できないほどの責任を個人の側に要求するというより大きな欠点もあります．私はこれらの表の精度の高さには強い自信を持っておりますが，それでもこの分野でのこれまでの実験者は全員が間

違いをしてきており，我々が99の誤差要因を回避，または訂正したとしても，もしかすると1つは見過ごしているかもしれないという思いが常につきまとっています．それらを発表することには後ろめたさもなく，その責任を負うこともできますが，たとえ貴殿は個人的責任を否定したとしても我々にとっての問題は多少貴殿とは異なっております．しかし我々の計測結果を全て計算し，検討を加えた暁には，具体的に二三の典型的な表を発表すべきか，結果の傾向について一般的な説明に留めておくべきか，または全く何も述べないでおくべきか，うまく最善策を見いだすことができるでしょう．追って他の面での計測データを送付いたします．[pp.195〜197][55]

ウィルバーの手紙にはシャヌートに対する謙遜，諫め，遠慮，敬意が様々に程度を変えて表現されている．自分のデータを発表するかどうかの決定をシャヌートに一任しているように見えるが，この件に関しては消極的であることを言外にほのめかしている記述もある．シャヌートからウィルバーへ宛てた2月6日の手紙では，ウィルバーの気乗りしない不明瞭な態度に気づいたようであり，シャヌートはメーデベックから新しい章の完成をせかされていることを強調している．「私は貴殿と全く同じ結論に達しています．つまり，曲面の特性については現時点で全ての情報を開示するのは賢明ではないでしょう．そこで，彼[メーデベック]には貴殿のデータを掲載しない旨を書いて送りました．(p.209)[55]」その後，ウィルバーは明らかに自分達の表をメーデベック便覧の中で発表することは立ち消えになったと考えて，2月7日にはシャヌートへ次のように書き送っている．「圧力と接線力に関する私達の表を発表する件について考えており……．私は今年の夏頃にはこれらの表を発表するための準備をすべきだと考えております．(p.213)[55]」しかし，発表することはなかった．こうした手紙のやりとりと議論の末，ライト兄弟によって編集された空気力学の表が彼らの存命中に発表されることは一度もなかった．最終的にデータが採取されてから51年後に，現在はフィラデルフィアにあるフランクリン協会の所有になっているライト兄弟のノートからマクファーランドが48種類の翼模型の表を「ウィルバー・ライトとオービル・ライトの論文[55]」に付録として記載した．

　ということは，繰り返し同じ質問に行き当たる．その表は最先端技術に貢献したのだろうか．第2章では空気力学に関するダ・ビンチのノートに対しても同じ質問をした．ダ・ビンチのノートも彼の死後数世紀の間にわたって発表されることがなかったために，生前に空気力学の最先端技術に貢献することはなかった．

ライト兄弟の空気力学データの場合には，ダ・ビンチが自分の考えを飛行機の製作に利用することが全くなかったのに対して，ライト兄弟はそれを成功させたという根本的な違いがある．このことから空気力学の最先端技術を向上させたライト兄弟の貢献は，彼らが製作して成功させた飛行機に組み込まれて，その結果として誰もが真価を認める劇的な形で大衆に知れ渡ることになったと容易に主張できる．

　ライト兄弟による空気力学の表の精度について考えてみよう．現在では誰でもその表を見ることができる[55]．表の精度に関する信頼できる評価は，現代の風洞を用いて繰り返し実験を行うか，現代の計算流体力学（CFD）という方法を用いて翼模型に対する詳細な流れ場とその結果として得られる空気力を計算することによってのみ可能になる．しかし，そのどちらも完了していない．（完全なライトフライヤーに対する現代の風洞試験と流体力学計算が実施されてきたが[57]，ライト兄弟が風洞で試験を行った様々な翼模型に対してはなされていない．）ただし，以下の比較から部分的な評価を得ることは可能だろう．ライト兄弟の表[55]から直接取り出したデータを用いて，ライト兄弟のNo.12模型での迎え角に対する揚力係数の変化を図5.17に示してある．No.12翼型断面の形も示されている．その翼型には1/20のキャンバー（すなわち，5％キャンバー）があり，最大キャンバー位置は前縁の近くにあった．比較のために，図5.17には標準NACA（国家航空諮問委員会）翼型シリーズの中でライト兄弟の翼型形状に最も近い2種類の翼型の揚力曲線が示されている．NACA6306は30％の翼弦位置に6％のキャンバーがある．6％キャンバーと4％キャンバーのNACA翼型はライト兄弟の翼型が持つ5％のキャンバーを挟む値になっている．そのNACA翼型は両方共に厚さ比が6％の薄翼だが，ライト兄弟の翼型よりも確実に厚い．ライト兄弟の翼型は20ゲージ鋼板（厚さ0.810mm，つまり翼弦長25.4mmに対して厚み比はわずか3.2％）でできていた．図5.17に掲載した模型翼はどれもアスペクト比6の長方形平面形状を持つ翼であった．このNACAデータの出典はNACA技術報告460[58]であり，NACAラングレー記念研究所にあった可変密度風洞（VDT）に模型翼を入れて1933年に取得したデータである．ライト兄弟の翼型からは基本的にこのNACA翼型と同じ勾配の揚力曲線が得られる．ただし，それらはアスペクト比が等しい翼でなければならない．しかし，NACA翼曲線の方が左へ移動しているし（無揚力角が大きくなっている），最大揚力係数も大きくなっている．これはレイノルズ数効果に基づいて説明できる．ライト兄弟の翼型（25.4mm翼弦模型では23,320という非常に低いレイノルズ数）とNACA翼型（3,080,000という高いレイノルズ数）の間では，レイノルズ数に非常に大きな差が

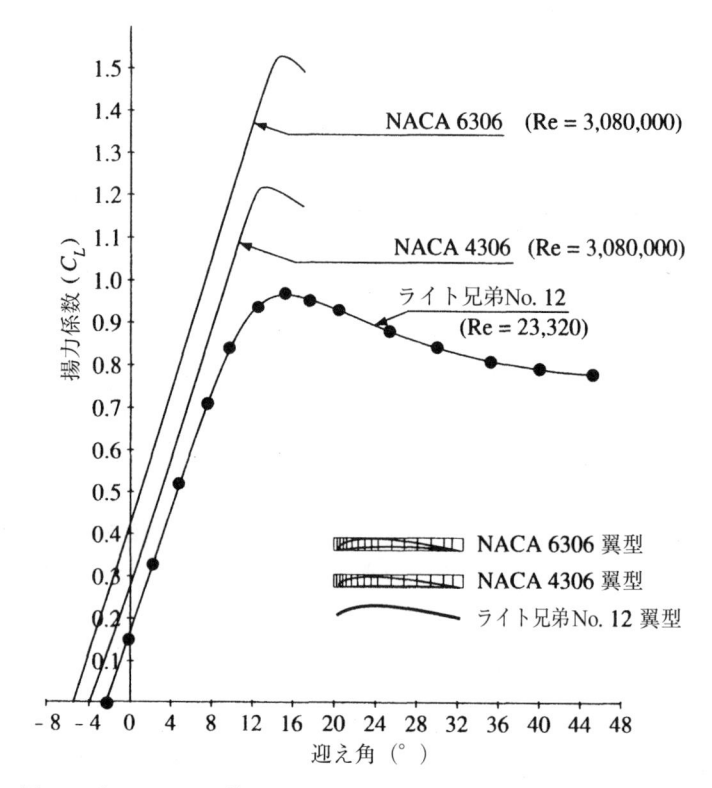

図5.17 全てアスペクト比6であるライト兄弟のNo.12翼と2種類の標準NACA翼での揚力曲線の比較

あることに注意する必要がある．（NACA可変密度風洞の目的は実際の飛行状態に相当する高いレイノルズ数を達成するために圧力を上げて試験を行うことであった．）レイノルズ数を増加させることには，無揚力迎え角と最大揚力係数の両方を増加させる効果があることがよく知られており，図5.17でも両方の傾向が見られる．また，ライト兄弟のデータの変化傾向には，『空気力学の基本[1]』の第4章で説明されているように，非常に薄い翼型に標準的な傾向が見られる．つまり，非常に薄い翼型は最大揚力係数が小さく，失速点を超えても揚力係数は極めて緩やかに減少する．これはまさにライト兄弟の翼型が示していた傾向である．要するに，図5.17はリンゴとミカンの味を比較しているような印象を受けるが，ライト兄弟のデータの妥当性を示すには十分な内容が含まれている．

ライト兄弟は1901年12月には自分達にとって「真の空気力学」とは何であるか

を見つけていた．特にアスペクト比1～10の風洞模型を用いて実験を行い，アスペクト比が大きいほど空気力学的な利点があることを証明できたことに満足していた．『空気力学実験』に掲載されていたラングレーのデータにはアスペクト比が大きいほど生成する揚力も大きいことがはっきりと示されていたが，ライト兄弟はラングレーの研究成果を見落としていたか，または信じていなかったのだろう．ウィルバーとシャヌートとの間で交わされた書簡では，ラングレーのアスペクト比データに関して何も触れられていない．とにかく，彼ら自身の風洞試験でも高アスペクト比の優位は歴然としていた．ウィルバーは試験に用いた全模型の中からNo.12模型（図5.17）には，「提示した全ての面の中では最高の動的効率が見られた」と記している．このNo.12模型が，キャンバーは5％（1/20）でアスペクト比は6の翼であった．このNo.12模型から得られたデータは1902年グライダーの翼設計に強い影響を与えた．

間違いなくライト兄弟は，1902年にはそれまでの誰よりも多くの空気力学データと知識を持つようになっていた．応用空気力学の分野において，疑う余地もなくライト兄弟は第一人者であった．何年も後になるが，オービルは1921年2月2日付の陳述書の中で自分達の業績を次のように述べて自らを正当化している．

> 我々の実験以前にもキャンバー面は使用されていた．しかし，それらの実験ではキャンバー面の特性に関してあまりにも不正確な知識しかなかったので非常に効率の悪いキャンバー面が用いられており，そうした人達が持っていたキャンバー面に関する空気圧力の表は，完全に誤った方向へ導くことがあるほど間違いが多かった．彼らは入射角が小さい時には圧力中心はキャンバー面を後方へ移動することすら知らずに，ただ前方へ移動するものと思い込んでいた．1902年にはキャンバー面に関して我々以前の人達全員を合わせたデータ数の百倍以上のデータを我々は所有していた．［p.551］[55]

オービルはラングレーの業績を正当に扱っていなかった．圧力中心の移動が反転する現象は，それ以前にもラングレーとハフェイカーが観測して計測も行っていたが，そのデータは発表されていなかった．また，リリエンタールの空気圧力の表がそれなりの精度を持っていたことに対しても，十分な敬意を表していなかった（次節でこの問題を解説する）．しかし，当時の応用空気力学において最も高度であり，最も正確，かつ役立つデータベースを所有していたのはオービルとウィルバーのみであったと強調しても，それは概ね正しいと言える．私がライト兄弟は

初めての真の航空技術者であったと考えている理由がこの点である．

● リリエンタールの表とそれに対するライト兄弟の見方

ライト兄弟の活動に及ぼしたリリエンタールの表の影響に関しては，本書においても，また他の書物においても数多くのことが語られてきた．そして，1世紀以上にわたって技術者にも歴史家にもその表を称賛する者もいれば，非難する者もいる状態であった．本節では，リリエンタールの表に関してこれまでとは少し違った見方をしていく．特にライト兄弟がリリエンタールの表をどのように見ていたかについて考えてみる．

先に述べたように，リリエンタールの表の精度に関する最も信頼できる評価はリリエンタールの模型を使用した現代の風洞実験，および精度の高い計算流体力学を用いれば可能であろう．そうした最も確実な試験の代わりに，専門知識を活かした評価を行うことも可能である．リリエンタールが通常用いていた実験装置は回転アーム試験装置であったために，彼のデータにはいくらか不確かさが含まれることになったが，自然風を利用することで広範囲にわたる試験も行っていた．そして彼の表に掲載されたデータは回転アームデータではなく，この自然風でのデータであった．さらに，表に記入した数値は何度も繰返して実施した試験の平均値であり，どのような偶発的な誤差が発生してもその影響は小さく抑えられる傾向があった．また，どれほど関係していることかは分からないが，リリエンタールは実験の遂行においては正確を期し，徹底的に準備を行うドイツの伝統に根差した熟練機械技術者であった．与えられた状況下において実現可能な最高の精度を達成するため，あらゆる努力がなされたと考えねばならない．図5.18にリリエンタール翼の迎え角に対する揚力係数の変化が

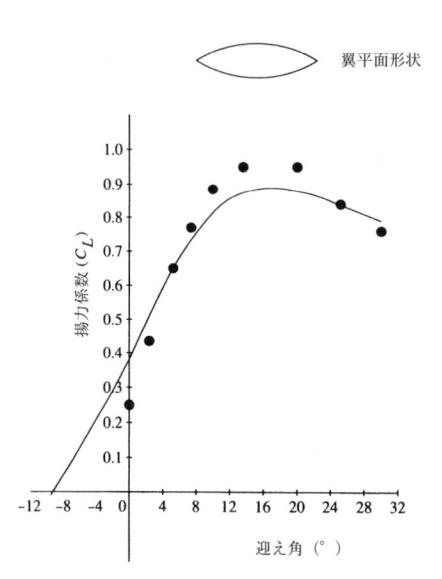

図5.18 リリエンタールの円弧翼（実線）とライト兄弟の放物弧翼（黒丸）における揚力係数データの比較

示されている．リリエンタールの表には垂直力係数 C_N と軸力係数 C_A が示されており，揚力係数は次式

$$C_L = C_N \cos \alpha - C_A \sin \alpha$$

によって計算する必要があることを思い出そう．ここで α は迎え角である．また，リリエンタールの表はキャンバー比が1/12の円弧翼型（最大キャンバーは1/2翼弦の位置）のみに対応していることを思い出してほしい．この翼模型の平面形状が図5.18上に描かれている．比較のために，ライト兄弟のNo.31翼模型データを黒丸で示してある．マクファーランド[55]はNo.31翼模型を「リリエンタール模型翼型，つまりリリエンタールの表が基にしている模型翼に適合させた翼型」であると断定している．しかし，ライト兄弟のNo.31模型とリリエンタール翼の類似性は平面翼形状が同じであることと，キャンバー比が同じ1/12であることのみであった．翼型形状が異なっていた．ライト兄弟のNo.31模型は最大キャンバーが前縁近くにある放物翼型であったことから，図5.18はリンゴとミカンの味を比較しているようなものである．しかし，私達が知る範囲ではリリエンタールのデータとライト兄弟のデータの直接比較に最も近い条件になる．ライト兄弟は明らかに円弧翼型を用いてリリエンタール翼の正確な複製を製作していた．マクファーランド[55]はそれをNo.34模型として記載している．しかし，No.34模型の揚力係数と抗力係数に関するデータはライト兄弟の表には掲載されていない．1901年のライト兄弟のノートでは，まるで間違って掲載されていたかのように，そのデータには線が引かれて消してあったとマクファーランドは記している．ライト兄弟はリリエンタールへの敬意からそのデータを削除したのだろうか．ウィルバーはメーデベックの便覧の新版に掲載すべきライト兄弟のデータは，「リリエンタールと矛盾するデータを示すことがない」ように選ぶべきであるとはっきり述べて，リリエンタールの模型とは異なる模型のデータに限るべきだとシャヌートに提案していたことを思い出してほしい．実際にライト兄弟の風洞データはリリエンタールの計測結果と矛盾していたのだろうか．そして，ライト兄弟は自分のノートに書いてあった矛盾するデータを線で消して削除したのだろうか．さらに，このことはシャヌートに宛てた1901年10月16日の手紙に書かれている「これまで私達が考えていた以上にリリエンタールは極めて真実に近いと思われる」というウィルバーの記述とどのように関係しているのだろうか．現在のところこの矛盾しているように見える記述に関して，私達の好奇心を満たしてくれる情報は何もない．

　図5.18に戻ろう．ここに示したリンゴとミカンの味の比較は見た目ほどに役に

立たない．2つの翼型間の差異は最大キャンバーの位置に関係している．最大キャンバー位置の違いの影響については既に解説した．最大キャンバーの位置が前縁から遠ざかるにしたがって，無揚力迎え角は大きくなる（つまり，$\alpha_{L=0}$ は左へ移動する）．実際にこの傾向が図5.18に表れている．リリエンタール翼型の無揚力角はライト兄弟の翼型の無揚力角よりも大きくなっていた．（ライト兄弟はほとんどの模型について無揚力角を記録していたが，No.31翼型については記録していなかった．しかし，$-5°$ と $-6°$ の間に無揚力角があると容易に推測できる.）リリエンタールが計測した無揚力角は $-9°$ であった．これはかなり大きな値である．今日よく使われている翼型では，$\alpha_{L=0}$ はリリエンタールが計測した無揚力角の半分以下であることが普通である．しかし，リリエンタールの円弧翼型は標準的な翼型ではない．エルネとボルスト[37]は円弧翼型の無揚力迎え角をキャンバー比 f/c の関数として理論的に

$$\alpha_{L=0} = -1.15\ (f/c)$$

で表すことができると報告している．ここで，$\alpha_{L=0}$ は度数法 $[°]$，f/c はパーセント $[\%]$ の単位でそれぞれ表される．リリエンタール翼型の 1/12 キャンバーの場合には，この式によると $\alpha_{L=0} = -9.6°$ が得られる．リリエンタールの実験による計測では $\alpha_{L=0} = -9°$ が得られていた．これは現代翼理論による予測結果と本質的に同じ値である．リリエンタールの計測値が正確であったという有力な証拠になるだろう．

他にもライト兄弟のデータとリリエンタールのデータの比較から，そうした証拠を見つけることができる．2つの翼型間の無揚力迎え角における実際の値と最大キャンバーの位置の違いに基づいて予想される値の相違について示したが，大きく異なるこの無揚力迎え角の違いを無視して，その結果として小さな迎え角での違い（これは無揚力迎え角の差が主な要因である）も無視すれば，リリエンタールのデータとライト兄弟のデータはかなり一致していた．少なくとも，単に同じ方眼紙の上にインクを落とした場合よりも良い結果を出していた．両者の最大揚力係数の値は 5% 以内の差で一致していたし，最大揚力が得られる迎え角は基本的に同じ17°付近であった．両翼型共に非常に薄い翼に特徴的な，緩やかな失速挙動（つまり，失速後の緩やかな揚力の減少）を示していた．私の考えでは，この2組のデータは十分に一致しており，どちらかというと両者の精度を確認し合う結果になっている．

つまり，私はライト兄弟のデータとリリエンタールの表は矛盾していないと考えている．両者間の差は適切な技術を基に説明できる．事実，20世紀後半の空気力学を携えて見晴らしの良い丘から眺めると，ほぼ1世紀前にベルリンとデイト

ンで全く異なる手法を用いて採取された2組のデータは，前述の結果（図5.18）と同じように一致していくことに驚きを感じてしまう．この比較から両データ共に良い精度を持っていたことが分かる．

　リリエンタールのデータに対するライト兄弟の姿勢には波があった．1900年12月2日のウィルバーへの手紙で，「模型を用いてリリエンタールの係数を求める試験を行い，よく一致することが分かった」と，シャヌートは述べている．ライト兄弟はこの意見を取り入れて，1900年と1901年のグライダーにはリリエンタールの表を用いた．しかし，ライト兄弟はリリエンタールの係数を間違って使用していた．その結果，揚力の計算値と計測値の間には2～3倍の食い違いが生じることになった．適切な物理的根拠を基に，その食い違いを説明できることを私達は見てきた．しかし，ライト兄弟には自分達の解釈が間違っていることについて知る術が全くなかった．さらに，彼らが見たことの全てが大きく食い違っていた．その結果，1901年にはリリエンタールのデータの正当性に関して真剣に疑問を感じ始めていた．リリエンタールのデータとは一貫して一致しなかったことから，1901年9月18日の西部技術者協会における講演では，ウィルバーは思いあまって「リリエンタールの表自体に何らかの間違いがあるのかもしれない」と言っている[56]．彼らが車輪リム試験を実施した後は，この印象がますます強くなった．そして，その試験の後にシャヌートに宛てた10月6日の手紙でウィルバーは「私は今，リリエンタールの表には重大な間違いがあり，それでも以前に私が見積もっていたほどに大きな誤差ではないことを完全に確信しています．(p.127)[55]」と書いている．

　もちろん，問題は常にライト兄弟がリリエンタールのデータに関する重要な解釈について知らなかった点にあった．シャヌートと同様にライト兄弟も翼型と翼平面形状に起因して起こり得る影響を全て無視して，リリエンタールの表を普遍的にキャンバー翼型に適用できると解釈していたように思われる．しかしこの段階では，彼らはいくらか状況が見えるようになっていた．1901年10月10日，シャヌートは自分が発見したことをウィルバーに次のように語っている．「リリエンタールの係数は自然風の下で採取されたのであり，彼によれば同一の面を静止空間内で移動させる場合よりもはるかに大きな値になる．(p.128)[55]」それまで，リリエンタールの表は回転アーム試験に基づいているとライト兄弟は考えていた．彼らが風洞試験を開始した後，ウィルバーはシャヌートに宛てた10月16日の手紙で次のように書いて，考えを変えている．「これまで私達が考えていた以上にリリエンタールは極めて真実に近いと思われる．(p.135)[55]」その頃にはライト兄弟

は図5.18に示したような比較を行っていたと考えられる．そして，おそらくよく一致していると判断したのだろう．

　1901年10月24日，長い年月を経てライト兄弟はついにリリエンタールの本を入手した．シャヌートが持っていた本であったが，シャヌートはそれをライト兄弟に貸し与えた．この時，シャヌートはいくつかの章の英訳も同封した．ラングレーから翻訳を頼まれていたからである．ライト兄弟は風洞試験をだいぶん進めていた頃であったが，英語に訳されている範囲でリリエンタールの本を詳細に読み始めた．11月2日，ウィルバーはシャヌートに次のように書き送っている．

　　リリエンタールの翻訳を読んで，説明図と図版を何度もよく検討しました．確かに素晴らしい本です．調べるほどに素晴らしさが増してきます．私の見るところでは誤りが全くないわけではないのですが，それでも完全に新しい分野を切り開いた先駆的な研究であることを考慮すると極めて信頼でき，かつ正確であり…．彼の表を基にして私達が計算した結果と実際に経験した値には明らかな相違がありましたが，以下に挙げた理由からもたらされた結果かもしれません．(1)リリエンタールの式と表に誤りがある，(2)それらを使用する際に誤りをしている，(3)風力計や他の流速推測方法に誤りがある，(4)何かを見落とした，または何かを不適切に適用したことによる誤りが我々自身にある．[p.145][55]

先に議論したように，4番目がほぼ正解であった．第一には，彼らが適切でない方法でデータを適用していたことが問題であった．しかし，ライト兄弟はアスペクト比効果と最大キャンバー位置を変えることが招く結果について，依然として分かっていなかった．つまり，自分達が「何かを不適切に適用した」という本当の理由を知らなかった．そのことはウィルバーが書いた11月2日付の手紙にはっきりと表れている．「リリエンタールは揚力が発生し始める負の迎え角を確定する際に間違いをしています．寸法が1×4の比率である面では，実際には-4.5°か-4°まで揚力は発生しないと確信していますが，彼はそれを-9°にしています．(p.145)[55]」実際には全く逆であることを見てきた．現代翼理論の恩恵により，リリエンタールが計測した$\alpha_{L=0}=-9°$はかなり妥当な値であることを既に示した．

　ウィルバーはこれとは異なる，間違った結論に向かってしまった．

　　私が見たところ，リリエンタールの第二の誤りは，自然風での実験において彼が求

めた係数が非常に大きな値になっていたことに起因しています．一つには，おそらく彼が使用した風力計が原因だったのでしょう．標準機器を用いる代わりに，彼は自分で計測機器を製作して，0.005，またはメートル法で0.13のスミートン係数に基づいて計算した目盛りを付けたように思われます．その結果，彼の計測機器はおそらく真の流速よりも小さく記録することになり，アームの先端で1秒当たりに進む距離を数えることによって速度を求める回転盤実験よりも係数は大きくなってしまったのでしょう．［p.145］[55]

この問題については第4章で解説した．リリエンタールの風力計は図4.36に示されている．この流速計で計測していたリリエンタールの流速計測に関して，ウィルバーの推測は正しかったと言える．第4章では古典的なスミートン係数の値を使用することで流速は $1/\sqrt{2}$ 倍にまで過小評価になることを述べた．しかし，その誤りが結果的にリリエンタール係数の誤りに繋がったと考えた点では，ウィルバーは間違っていた．自然風の下で得られた空気力学データは，先にリリエンタールが回転アーム試験データを表した形式と同じ形式で図示されていたので，流速計測における誤差は本質的にリリエンタールが記録した揚力係数と抗力係数に何ら影響を及ぼさなかった（つまり，そのデータは迎え角90°で計測した空気力に対する比率になっていた）．したがって，この誤りによる影響は流速とスミートン係数の両方において相殺されていた．

ウィルバーはさらにリリエンタールの「第三の誤りは計算において0.13を使用したことである．個人的にその特定点での試験を行っていないが，その値は過大であると確信している（pp.145～146）[55]」と述べている．つまり，スミートン係数の古典的な値0.13は過大であるという極めて正しい認識を述べている．リリエンタールの本では古典的な値0.13が繰り返し登場する．事実，リリエンタールがグラフにその値を添えておくこともよくあった（例えば，図4.31，4.34，4.37，4.40）．このことが，リリエンタールはデータの計算に0.13という値を用いていたと考える方向へウィルバーや他の人たちを容易に誘導してしまったのだろう．しかし，リリエンタールの表にある係数は迎え角90°での力の計測値に対する比率であり，0.13の値がどれほど不正確であれ，その影響は単に相殺されていた．

ウィルバーはリリエンタールの本を批判したが，それでもシャヌートに宛てた11月2日の手紙に書かれているように，借りた本に夢中になっていた．「リリエンタールの本を一冊，どうしても自分用に所有しておきたいと思っております．表紙に出版社の名前が書かれていますが，価格はどこにも書かれていません．価

格に関する情報をいただけないでしょうか．まずこの本の核心部である図版の青写真を撮っておりますので，間もなくお返しできると思います．(p.148)[55]」10日後，シャヌートはこの本『鳥の飛翔』をウィルバーの手元に置いておくように手紙で伝えた．既にシャヌートはもう一冊を注文していた．さらにシャヌートは英国航空協会が発表した一組の報告書をウィルバーに送った．シャヌートの友情が良い方へ働いた例である．シャヌートは航空情報に関する首席報道官としての役割を果たしていた．そして，ライト兄弟は無我夢中で一連の大規模風洞実験を実施している時期でさえ，急速に飛行文献の収集を拡大していった．

　ライト兄弟はリリエンタールの本を可能な範囲（いくつかの選別した章のみが英語に訳されていた）で読んだことで，リリエンタールの表は当初の想定よりも適用範囲がかなり限られていることに気づくことになった．最終的に1901年11月22日，リリエンタールの表にあるデータの対象になった翼の平面形状とアスペクト比に全く言及することなくその表を発表したことに対して，ウィルバーはシャヌートを婉曲的に咎めている．「どのような表でも，それが適用できる面がはっきりと示されていなければ，大きな誤解につながる傾向があります．世の中に普遍的に適用できる表はありません．(p.162)[55]」これは応用空気力学の技術的成熟度において，ライト兄弟が成年期に達したことを告げている．

　リリエンタールのデータとライト兄弟のデータが異なる場所で異なる計測方法によって採取されていたことを考慮すると，両方共とても正確であり，驚くほど似通っていることを私達は見てきた．リリエンタールの表を用いた時にライト兄弟が直面した問題はデータの誤用によるものであった．ウィルバーとオービルは1901年11月22日には誤って使用していることに気づいていたが，リリエンタールのデータを1900年グライダーと1901年グライダーに適用できるように補正するための本質までは理解していなかった．しかし，その頃には事態はリリエンタールのデータと関係なくなっていた．自分達の計算結果とグライダーでの計測結果の間に大きな相違が見られることから，航空工学の歴史上で最も包括的な一連の風洞実験を開始したからである．この実験から将来の飛行機のための「真の空気力学」を発見した．そしてリリエンタールの表を捨て去ることができるようになった．自らの表とデータを持ち，実験結果の精度にも自信を持っていた．その後，彼らの書簡の中にリリエンタールの表が登場することは実質的になくなった．ライト兄弟がリリエンタールの表を誤って使用して揚力と抗力の見積もりが不正確になってしまったのは，おそらく偶然の産物だったのだろう．もしその表を使用して満足できる計測結果が得られていたとしたら，重要な一連の風洞実験を行う

ことはなかっただろう．そして1903年のライトフライヤーの成功にとって空気力学データが不可欠であると気づくこともなかっただろう．

● ラングレーとライト兄弟：交差した道

　サミュエル・ラングレーとライト兄弟に関係する応用空気力学の歴史には，興味深い余談がある．オクターブ・シャヌートは同時代に生きた航空関係者のほとんどと手紙のやりとりを行って親交を重ねていた．その中にはスミソニアンのサミュエル・ラングレーも含まれていた．1901年11月，ラングレーはキャンバー翼型に関するデータをシャヌートに送った．ただし，データを公表しないようにとも伝えていた．シャヌートは当時ライト兄弟が試験していた形にラングレーの翼型が似ていることに気づいて，ラングレーの翼型形状と，ラングレーが回転アーム試験装置を用いて集めていたその翼型の空気力学データをラングレーから受け取った手紙と共にウィルバーに送っている．図5.19にシャヌートがウィルバーに送ったスケッチが示されている．ラングレーのエアロドローム（図4.57）に使用していた1/12キャンバーの翼型と同じである．シャヌートは，ラングレーのデータの調査をウィルバーに依頼した．「貴殿の面に関する新しい実験とラングレーの実験がどれほど一致するものなのかを知ることができれば幸いです．(p.150)[55]」ライト兄弟が行った調査はその依頼内容を超えていた．ラングレーが試験していた模型と同じ風洞模型をアスペクト比4で製作した．そして0°から50°の範囲で迎え角を変えて「ドリフト対揚力」比を計測し，ラングレーのデータと比較した結果，ほとんどの領域で2％以内の差で一致した．当時の技術を考えると驚くほどよく一致している．しかし，1901年11月14日にウィルバーがシャヌートに報告しているように，空気力学的な効率ではラングレーの翼型は自分達の翼型よりもひどく劣っていることに気づいた．「最良滑空角度（揚抗比の関数）が8.5°であり，骨組みおよび操縦者を伴うと約11°になるので，この面は決して飛行にとって効率の良い面ではありません．私達が試験を行ってきた30から40の

図5.19　ライト兄弟の風洞試験に用いられたラングレーの翼型

面は大方が揚力において同等か優っており，接線力（軸力）においてははるかに優れていることが分かりました．(p.153)[55]」

このようにウィルバーとオービルは，1901年の暮れには飛行機でのライバルであるラングレーが後に使用することになる翼型の空気力学特性を実際に計測していた．シャヌートが一度でもその情報をラングレーに伝えたかどうかは分かっていない．もしシャヌートが伝えていたとしても，ラングレーは無視していたと私は考えている．彼は既に大型エアロドローム設計の最終段階にさしかかっており，翼型形状を変更することには消極的になっただろう．しかも，どのような翼型に変更すべきか分かっていなかった．ライト兄弟が自分達の翼型形状データを誰にも与えるつもりがなかったことに疑いの余地はない．そのうえ，ラングレーは他人の発見をそのまま信頼して取り入れるような人物ではなかった．その結果，ラングレーは大型エアロドロームに比較的性能不十分な翼型を継続して使用することになったが，ライト兄弟は前もってそのことを知っていた．

● ライト兄弟の飛行機

ライト兄弟が基本的に自分達の風洞試験を完了した1901年12月には，それまでに構築されてきたどの空気力学データをもはるかに上回る規模のデータベースを所有するようになっていた．彼らはそこから得られる情報を有効に活用した．

1902年8月28日，ウィルバーとオービルは全く新しいグライダーの部品と共にキティホークに到着した．新しい飛行機の組み立ては9月19日に完了した．そして，その後の2日で50回近い回数の滑空を行った．空気力学的には見事な性能を示していた．そしてライト兄弟は初めて計算通りの性能を示すグライダーを手にした．友人であり同僚でもあるジョージ・スプラットへ宛てた9月16日の手紙では，ウィルバーはほとんど完成したそのグライダー（方向舵を除く全てが取り付け済み）での成功を予想していた．「昨年のグライダーでは9.5°から10°の角度で滑空していたが，以下の兆候から，このグライダーは7°から7.5°の角度で滑空することになるだろう．ドリフトは重さの約1/8だけであった．風としての『滑空』試験では，わずか7.5°の勾配を持つ丘でも翼弦は垂直か少し前方に傾斜して立ち上がる．これは勾配が15°から20°の場合にのみ滑空していた昨年の私達のグライダーから見ると非常に大きな改善である．(p.253)[55]」図5.20には，10月24日の滑空時に1902年グライダーに乗るウィルバーが右旋回を行っている様子が写っている．このグライダーは美しくさえ見える（美しく見えると華麗に飛ぶという，飛行機空

気力学ではよく言われる信仰を実証している).新しいグライダーの総翼面積は28.3m²,アスペクト比は6.7であった.風洞試験では高アスペクト比の利点がはっきりと示されていたので,ライト兄弟はこの新事実をすばやく適用した.6.7という新しいアスペクト比は以前のグライダーに使用されていたアスペクト比の約2倍であった.その大きくなったアスペクト比のおかげで誘導抗力は50％減少し,同じくらい重要なことに,同じ迎え角での揚力も大きく増加していた.アスペクト比を大きくしたことが,1900年グライダーおよび1901年グライダーと比較して,1902年グライダーの空気力学的な性能が改善された主な理由であった.

図5.20　1902年10月24日キル・デビル・ヒルズにて1902年グライダーに乗るウィルバー・ライト

　前年の1901年と同じように,ライト兄弟は現地でキャンバー比をすぐに変更できるようにグライダーの翼型を設計していた.そして1902年の飛行実験の期間中,1/24のキャンバー比からもっと浅い1/30までの実験を行った.これはリリエンタールのキャンバー比よりも1/2倍からさらに浅いキャンバー形状に相当する.しかし,風洞試験で試していた翼型形状は全て1902年のグライダーで使用したキャンバー比よりも大きなキャンバーであった.つまり,わずか1/20までしか広げていなかった自分達のデータベースの外部領域で翼型を設計していた.ヤカブ[24]はその理由について次のように議論している.

(1) ライト兄弟は風洞試験においてキャンバーを小さくすると良い結果が得られる傾向を観察していた.つまり,「提示した全ての面の中では最高の動的効率が見られた」と報告されているNo.12翼型はキャンバー比が1/20であるが,それは風洞で試験を行った中では最小のキャンバー比であった.

(2) 1902年にはライト兄弟はある程度の自信を持って自分達のデータベースの外部領域を推測できる十分な経験と技術的専門知識を獲得していた.

おそらく1902年のライト兄弟にとって最も喜ばしい技術上の成果は，計測したグライダーの性能が自分達の風洞実験データに基づく計算結果と完全に一致したということであろう．現実にもそして気分的にも，彼らはリリエンタールの表の束縛から解放された．

ウィルバーとオービルが10月31日に家に戻った時には，父親のライト司教がデイトン鉄道駅で出迎えた．前年の帰路とは対照的に，この時には成功による満足感と楽観的な雰囲気に満たされていた．1903年に向けた新しい飛行機を製作することを既に決心しており，その飛行機は動力を装備することになる．そして1902年12月3日，ライト自転車店の名が印刷された封書が多くのエンジンメーカーに向けて発送された．そこには8から9馬力の軸出力を生み出し，重さが82kg以下で済むガソリンエンジンについて問い合わせる内容が書かれていた．しかし，回答は全て否定的だった．1902年12月11日，ウィルバーはシャヌートに自分達の計画を気軽に知らせている．「来年は現在の飛行機よりもはるかに大きく，重さでは約2倍になる飛行機を製作するつもりです．この飛行機を用いて重量機械の立ち上げと取り回しに関連する問題を解決でき，飛行中の制御にも満足できれば，エンジンを取り付ける方へと進むつもりです．(p.290)[55]」この発言はライト兄弟の実際の活動内容と比べるとかなり控え目であった．既に彼らは来るべき2つの大きな挑戦に向けた活動を開始していた．プロペラとそれを駆動するエンジンである．

ヤカブ[24]はライト兄弟のこの発明段階をうまく説明している．ライト兄弟は風洞試験で確立したパターンに従って，全てを自分達で行った．自転車店のために新しく雇用した機械工のチャーリー・テイラーの手を借りて，オービルはエンジンの設計と製作を行った．性能的には最低限のものであったが，それでも十分であった．ウィルバーはプロペラ設計を担当した．しかし設計の過程では，プロペラ設計とその性能での空気力学的な複雑さに関してオービルと何度も良い刺激になる議論や，時には白熱した議論を行っていた．そしてその議論の中で，プロペラ設計では初めての実用的な理論を作り上げた．それは本質的には今日「翼素理論」と呼ばれている種類の理論であり，先に実施した風洞試験から翼型に関する空気力学情報を取り込んでいた．ここで最も重要なことは，プロペラとはそこで生成した揚力が概ね飛行方向（すなわち，推力方向）に向くように方向をねじってある翼以外の何ものでもないと初めて認識した人物が，ウィルバーだったことである．オービルはジョージ・スプラットに宛てた1903年6月7日付の長文手紙の中で，議論の結果について次のように総括している．

エンジンを組み立てている間，スクリュープロペラの原理に関して幾度か熱い議論を行った．私達が入手できた資料には何の価値も見つけることができなかったので，この主題に関しては自分達で理論を考え出すことになった．そして私達にとってはいつものことだが，これまで製作されてきたプロペラは全て間違いであったことにすぐに気づいて，そこで私達の理論に基づいた直径2.5mの同じプロペラを2枚製作したところ，それらはきちんと動作している（ただし，キティホークでそのプロペラの試験を行う機会を得て，何か問題が生じるまではだが）．驚異ではないか．私達が発見できるように，こんな秘密が長い年月にわたって沈黙を守っていたとは！　さて，私達のプロペラはこれまで使用されてきたどのプロペラとも大きく異なっている．素晴らしく良い結果になるか，全く良くない結果になるか，そのどちらかであろう．［p.313］[55]

　目安程度に比較を行うと，19世紀のヨーロッパで自称飛行機の発明家達が使用していた粗雑なプロペラの効率は40〜50％のオーダーであった．（プロペラの効率はプロペラ出力をエンジンからの軸入力で割ってパーセントで表示した値として定義されている．）サミュエル・ラングレーは回転アーム試験装置を用いて自分が設計したプロペラの試験を実施して，52％のプロペラ効率を計測していた．そして『空気力学実験』では「プロペラの羽根の形はあまり良くない」ことを認めていた．ライト兄弟は自分達のプロペラ理論に基づいて，自分達のプロペラの効率を66％，おそらくはもっと良くなると予測していた．ずっと後になってニューヨークで出版された雑誌『エアロノーティクス』の1909年11月号には「ライト兄弟のプロペラ効率」と題された匿名記事が掲載された．そこには，ライト兄弟が1908年から1909年にかけて行ったヨーロッパ飛行で使用したプロペラの計測をベルリンのエバハート大佐が詳細に行ったと報じられている．その記事によると，エバハート大佐はプロペラ効率が76％という値になることを突き止めている．

　ライト兄弟はあっという間にプロペラの設計技術において華々しい成果を挙げた．それは偶然できたものではなく，彼らの翼素プロペラ理論がそれ以前のどのプロペラ設計手法よりも進歩していたからである．ライト兄弟がプロペラの空気力学的な機能について正しく理解していたことから，その理論の根底をなす原理が生まれており，それ自体が応用空気力学への大きな貢献であった．彼らのプロペラ理論には応用空気力学ではそれ以前にはなかった技術的な洗練性が見られ，実際のプロペラ設計にその理論を適用したことは見事であった．マクファーランド[55]が巻末の付録資料3でライト兄弟のノートを編集しており，そこでこの理論

の詳細を読むことができる．その論述は非常に長いが，ライト兄弟によるプロペラ理論の詳細に興味を持っている人には誰にでも勧められる．応用空気力学の歴史においてライト兄弟のプロペラ理論の役割が常に正しく評価されてきたとは言えない．さらに，この高効率プロペラ設計が1903年ライトフライヤーの成功に寄与したことについても，一般には正しく認識されていない．しかし私が考えるに，もし1903年にコリアー・トロフィー（訳者注：空および宇宙での輸送機械の性能，効率，安全性を向上させ，その価値が前年の間に実用に供されて実証されている，アメリカの航空学および宇宙飛行学における最高の業績に与えられる賞）が存在していたならば，ライト兄弟こそプロペラの空気力学に関する業績によりその賞に値していただろう．それほど重要な業績であった．

　ライト兄弟が翼型周りの流れ場および翼面周りの流れ場の物理に関して，どの程度まで基本を詳細に理解していたかについてはほとんど知られていない．水の流れにおける流線は，15世紀にはダ・ビンチが観察して記録に残していた（図2.7）．そして1900年には，エティエンヌ＝ジュール・マレーが様々な形状の物体周りの流線に関する煙可視化写真（図4.12）を発表していた．特に1903年にシャヌートが送ってくれた英国航空協会の年次報告に掲載されている論文を調べていたなら，流れにおける流線の一般的な性質に気づいていたことだろう．しかしライト兄弟のノートに「流れ場」という言葉だけが述べられている事実は，流線についてほとんど理解できていなかったことを反映している．図5.21は，1903年3月28日にジョージ・スプラットに宛てた手紙でウィルバーが翼弦の短いキャンバー翼型周りの流線（図5.21a）と翼弦の長いキャンバー翼型周りの流線（図5.21b）を比較して描いた3種類の概略図を示している．ここでウィルバーは，もし2つの翼型が幾何学的に相似であったならば「空気は翼弦長さに対する深さの比率まで撹乱されるだろう」（すなわち，翼型の大きさによらず，流線は幾何学的に相似になる）と，極めて正しく議論を展開している．このような理解は，力学的な流れの相似性という概念の始まりであった．現代応用空気力学にとって極めて重要な概念である．ウィルバーは図5.21c に示されている流線の概略図に関連してアスペクト比効果について検討を行っている．風洞試験においては，（実際の飛行時に遭遇する）小さな迎え角では高アスペクト比翼の方が空気力学的な効率は良いが，他方で極めて大きな迎え角，例えば50〜60°では低アスペクト比翼の方が実際には好ましいことを正確に観察していた．すなわち，

　　桁と翼弦長の相対値は完全に入射角に依存している．つまり，0°から20°では1×

第 5 章　応用空気力学の成年期　309

4（アスペクト比 4）の面は同様な 4×1 の面（アスペクト比0.25）よりもはるかに良好である．しかし，30°から90°では4×1の面による揚力が最高になる．これは大きな迎え角では前縁から空気がこぼれ出すのに対して，小さな迎え角では空気が主に翼端からこぼれ出すからである（ウィルバーは翼端渦の仕組みについて知らなかったはずだが，有限翼の翼端周りの流れについて粗っぽいイメージを持っていた）．[p.302][55]

ウィルバーは大きな迎え角で「前縁からこぼれ出す」流れをスケッチに描いて説明している（図5.21c）．そこからは，ウィルバーが平板周りの流れにおける定性的なイメージ，つまり下面のどこかで一様流が分裂し（ウィルバーは図示していないが，下面に淀み点がある），下から上への流れが発生し（前縁周辺において流れの屈曲を伴う），前縁でその流れが剥離して上面には剥離領域が生じるという正確な知識を持っていたことが分かる．したがって，ライト兄弟は応用空気力学に関してかなりの知識を持ち，流れ場の物理に関して定性的に理解し始めていたと考えなければならない．

ライト兄弟は学習していく過程で決断と自己鍛錬を繰り返し，才能を十分に発揮した．そして，ヤカブ[24]が述べた発明的な気質へと繋がっていった．おそらく1903年4月27日にウィルバーからスプラットへ宛てた以下の手紙から，ライト兄弟の習得過程についていくらか理解できるだろう．

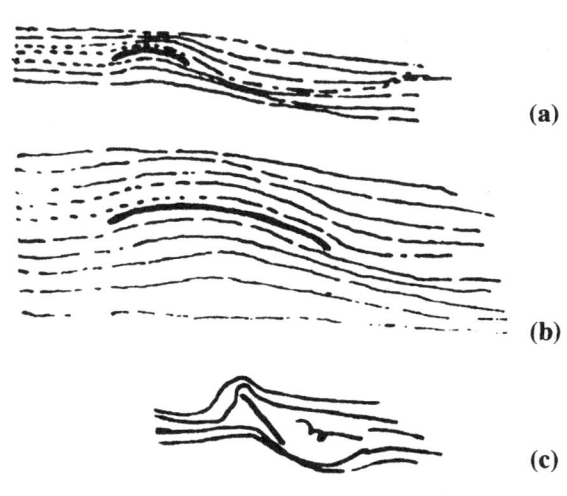

議論における誤りや論争における悪意を助長することは，私の意図するところではない．しかし，誤りが紛れ込んでいない真実などなく，完全に間違いであって少しの真実も含まれていない誤りもない．あまりにも早急に誤りを捨て去ると，その誤りと共にいくらかの真実も一緒に捨て去ってし

(a)
(b)
(c)

図5.21　ウィルバー・ライトが描いた流れ場の概略図であり，ライト兄弟の書簡では唯一の流れ場に関する概略図（1903年3月28日付ジョージ・スプラットへの手紙より）

まう責任を負うことになる．同様に他人の議論を受け入れるときには，必ずいくらかの間違いも一緒に手にしてしまう．正確な議論とは単に互いの目に映った大きな誤りと小さな誤りを両者がはっきりと見えるように拾い上げる過程である．人が裕福になる過程と全く同様に，もらったことからよりも蓄えたことから賢くなっていく．私は一度真実を手にした後は再び失うことを嫌い，誤りを捨て去る前には全てをふるいにかけて真実を取り出すことが好きであった．[p.307][55]

こうした姿勢から彼らの批判的思考と分析を垣間見ることができるし，おそらくはライト兄弟が数年でライトフライヤーへと繋がる大きな飛躍を遂げることができた理由もある程度理解できるだろう．

1903年9月25日，ライト兄弟はキティホークのすぐ南にあるキル・デビル・ヒルズのキャンプ地に到着した．そして14日後には新しい飛行機が木箱に詰められて到着した．10月9日，科学技術における新しい時代の到来を告げ，人類の生活に劇的な変化をもたらす飛行機の組み立てに取りかかった．

1903年のラングレーとライト兄弟：失敗と成功

ライト兄弟が空気力学を学んでいる期間，デイトンから東へ約650km離れたスミソニアンではサミュエル・ラングレーが飛行機の製作に忙しい日々を送っていた．第4章から続く歴史の糸をたどると，1896年にラングレーが無人エアロドロームの飛行を成功させた後，短い空白期間があった．しかし1898年に米西戦争をきっかけとして，陸軍省は（マッキンリー大統領の個人的な支援と共に）有人動力飛行機を製作する5万ドルの契約をラングレーに持ちかけた．ラングレーはそれを受託して，すぐにコーネル大学シブリー校機械工学科を卒業したばかりのチャールズ・マンリーを助手として採用した．そしてそれからの5年間，2人は1896年エアロドロームよりも基本的に4倍の大きさを持つ大型エアロドロームの設計と製作に向けて努力を重ねた．その期間中，ライト兄弟が集中して学習する過程を歩んでいたこととは対照的に，ラングレーには注目に値する空気力学的な新発見はなかった（ただし，発表されることのなかったハフェイカーのキャンバー翼に関する研究を除外する）．しかしその期間のラングレーは，元々技術者ではなかったのに本物の機械を実際に組み立てるという大変な技術者作業を引き受けることになっていた．彼の心は空気力学での最先端技術の深耕ではなく，有人動力飛行に向かって釘付けになっていた．ラングレーの実機スケールエアロドロームの設計・製作に

おける技術的説明はラングレー回顧録[50]に詳細に書かれている．ラングレーは前回と同様に発射計画を採用した．ポトマック川に屋形船を浮かべ，その屋形船の上部にカタパルトを据え付け，そしてそのカタパルトの上にエアロドロームを載せる方法である．1903年10月7日，チャールズ・マンリーの操縦の下でエアロドロームが発射された．結果は，屋形船の前の川に着水しただけだった．しかし，この失敗でラングレーとマンリーがくじけることはなかった．エアロドロームは川から引き上げられて，スミソニアン研究所で修理が施された．12月8日，全ての準備が整った．修理が済まされたエアロドロームの操縦は再びマンリーが担当した．図5.22に発射直後のラングレーエアロドロームが写っているが，発射時には迎え角が90°にも達していた．後部翼は完全に破壊されている．そして，これが有人動力飛行へ向けたラングレー最後の挑戦になった．報道機関，一般大衆，政府がこぞってラングレーのこれまでの努力に対して厳しい批判を浴びせ，3年後に彼は失意のうちに亡くなった．

クラウチはラングレーの経歴の中でもこの部分について詳細に議論している[51]．ラングレーの失敗の後に，陸軍省はこのプロジェクトに関する最終報告書を発表した．「我々は最終目標までまだまだ遠いところにいる．そして，本件において実用性ある装置の製作を望めるようになるまで，専門家による何年ものたゆまぬ努力と研究，それと共に何千ドルもの費用がまだ必要であると思われる．(p.293)[51]」しかし，ラングレーの2度目の失敗からわずか9日後に，ライトフライヤーが最初の飛行をすることになる．

キル・デビル・ヒルズでは，ライト兄弟が1903年11月5日にライトフライヤーの組み立てを完了した．総翼面積が$47.4m^2$，翼幅が12.29mであるから，複葉機の上下翼共にアスペクト比は6.4であった．成功した1902年グライダーの翼に用いていたキャンバーよりも大きな1/20へキャンバーを変更した．したがって，「提示した全ての面の中では最高の動的効率」を持つ翼型

図5.22 ラングレーエアロドローム2度目の失敗（1903年12月8日）

とされた No.12翼型のキャンバーと同一になった．エンジンとプロペラは最後に取り付けられることになっていた．次に，ライト兄弟は一連のエンジン試験を開始したが，極めて天候が悪かったことに加えてプロペラシャフトの破損とエンジンの失火がひどかったことから，12月にまで飛行に向けた作業がずれ込むことになった．

　その間，ライト兄弟はラングレーによるエアロドロームの製作と進捗を意識していた．他方，ラングレーの方も主にシャヌートを通じた情報ルートからライト兄弟の活動をいくらか意識するようになっていた．航空学に関する基本的な情報を求めてライト兄弟が1899年に初めてスミソニアンに送った手紙には，スミソニアンのリチャード・ラスバン副長官が対処していたので，ラングレーがその手紙のことを知っていたとは思えない．おそらくラングレーが初めてライト兄弟を意識するようになったのは，1901年にウィルバーがきっかけを作った情報交換からだろう．ウィルバーは11月14日のシャヌートへの手紙の中で，リリエンタールの本を贈ってもらったことに対してシャヌートに感謝の意を表している．「ラングレー教授にお願いしてこの本をスミソニアン報告書の中で再出版してもらうことは可能でしょうか．この本は素晴らしい本であり，英語でも出版するべきです．(p.152)[55]」シャヌートはラングレーから承諾の回答を得ることに対して悲観的であり，11月16日のウィルバーへの返信では次のように書いている．「私は，ラングレーが英語でリリエンタールの本を再出版することに賛同することはないと思います．」それにもかかわらず，シャヌートは再出版の提案をラングレーに伝えた．しかし，ラングレーは丁重に断った．シャヌートからウィルバーへ宛てた12月19日の手紙では，シャヌートはラングレーに対して多少批判的になっていた．

> ラングレー教授から送られてきた，リリエンタールの本を英語で出版しない理由が書かれている手紙を同封します．私の理解では，教授はドイツ語を読むことができないので，翻訳者の監修のために教授が多くの労力を割くことになるとは思いません．実際のところ彼自身の本がこの3，4年で準備が整ってきていますので（最終的にラングレー回顧録の中で発表されることになったラングレーの著作を指しているが），わざと出版しないことで他の研究者達が学ぶことを妨げているのではないかと，私は時々感じています．[p.183][55]

12月23日，ウィルバーはラングレーからの返答を残念に思うことを記した返信をシャヌート宛てに送った．ライト兄弟とラングレーとの関係が好スタートを切る

ことはなかった．ライト兄弟がラングレーの翼型を試験して，空気力学的にその効率が悪いことを知ったのもこの時期であった．1902年秋にはシャヌートはライト兄弟がグライダー飛行を成功させたことをラングレーに伝えている．このことでラングレーは初めてライト兄弟に関心を示すようになった．ラングレーは10月17日にシャヌートに手紙を送っている．「貴殿が私に語ったライト兄弟が最近達成したという類まれな結果に関する説明を多少なりともぜひ入手したく存じます．(p.282)[55]」さらにラングレーは，10月23日に2通目の手紙をシャヌートに宛てて送っている．「貴殿にお会いしてから，貴殿が私にお話しされたライト兄弟による素晴らしい実験を私が見に行くか，または誰かに見に行かせるつもりでおります．私はキティホークにいる彼らに電報を打ち，手紙も送ったのですが，何の返答もありません．おそらく彼らの実験は終了したのでしょう．(p.282)[55]」11月12日にウィルバーはシャヌートに次のように説明しています．「キティホークでの実験を終える数日前に，ラングレー氏から私達がキティホークを発つ前に彼が私達を訪ねて試験を見る時間があるかどうかを尋ねる電報と，その後には手紙を受け取りました．数日の内にキャンプを離れるつもりなので，可能性はほとんどないだろうと返答しました．彼はポトマックでの実験について何も言及していませんでした．(p.283)[55]」ラングレーの不安はますます募った．直接ライト兄弟と連絡を取り合うのではなく，依然としてシャヌートを通じて情報を伝達していた．12月7日にはラングレーは次の手紙をシャヌートに送っている．「ライト兄弟の進捗について，特に貴殿がペノーよりも素晴らしいと考えておられる彼らの制御方法についてもっと教えていただけると，とても嬉しく思う次第です．私が費用を持ちますので，彼らのどちらかにワシントンに来ていただいて，もし良ければこの話題に関して彼らの考えを聞かせてもらえると，私にとってはこの上なく喜ばしいことです．(p.290)[55]」シャヌートはライト兄弟へ，このラングレーからの招待を転送した．ただし，「私には厚かましく感じられる」という彼自身のコメントも添えていた．ライト兄弟は急ぎの仕事があることを理由に丁重に断った．

　ラングレーとライト兄弟が会うことはなかった．ライト兄弟の側にその熱意がなかったことが主な理由だと思われる．おそらく，彼らの気持ちからラングレーに対する敬意が失われていったからだろう．またこの時期，シャヌートは頻繁にライト兄弟を訪ねていたが，ラングレーとライト兄弟が会うことを勧めることはなかったようである．ウィルバーは10月16日にシャヌートへ宛てた手紙の中で，10月7日にラングレーのエアロドロームが失敗したことに対して形式的に遺憾の

図5.23 ライトフライヤーによる初の空気よりも重い機体での有人動力飛行（1903年12月17日）

意を表すために筆を走らせるようなことはしなかった．「ラングレーは思う存分にやって，それでも失敗したのだろう．次は私達の番です．私達には幸運が味方してくれるだろうか．（p.364）[55]」

1903年12月17日の朝，ライトフライヤーの飛行準備は整っていた．12月14日にウィルバーが操縦を担当して飛行を試みていたが，その時には新しい飛行機の飛行特性に不慣れであったために，離陸直後に航空機を失速させてしまった．12月17日はオービルの番であった．午前10時35分，ウィルバーは右の翼端が砂と接触して引きずられることがないように翼端の側を走り出し，そしてライトフライヤーは空中へ浮上して地表上を12秒間かけて36.6m飛行した．図5.23には地上を離れるライトフライヤーが写っている．航空史の年譜の中でもまさに歴史的な写真である．その日はさらに3回の飛行を行って，3回目の飛行では59秒間飛行を持続して地表上を260mの距離まで飛行した．航空工学という新しい世界を切り開いて，空気より重い機体での有人動力飛行の時代が到来した．

ライトフライヤーに反映された最先端技術

ライトフライヤーは別の意味からも歴史的であった．つまり，応用空気力学における最新の進歩が全て設計に反映された最初の飛行機だった．ライトフライヤーを製作した人が応用空気力学の最先端技術を担う実験も実施していたからである．ライトフライヤーには比較的大きなアスペクト比である6.4が採用されていた．これは現代の一般航空用飛行機にとって典型的なアスペクト比である（人気の高いセスナ150のアスペクト比は7である）．ライトフライヤーの翼型は，第一次世界大戦の末期にドイツ人が厚翼を開発するまで全ての航空機に採用されていたキャンバー薄翼という分類の中でも好例であった．さらに兄弟の先駆的なプロペラ理論により，ライトフライヤーに搭載されたプロペラには非常に大きな効率改善が見られた．ライトフライヤーは最先端の航空機制御も特徴であった．ライト

兄弟は飛行機の全3軸，つまりピッチ（上下振り），ヨー（左右振り），ロール（胴体軸周りの回転運動）に関する運動制御の概念を導入した．特にロール制御の重要性を理解して，その制御のためにたわみ翼を発明したことは重要であった．

しかし，ライトフライヤーに反映された技術としての最先端の理論空気力学になると，話は全く異なる．オイラー方程式もナビエ・ストークス方程式も，そこから流れ場の理論解が求められてライトフライヤーの設計に用いられることはなかった．両方程式の解を得ることは誰にもできなかったからである．実際，ライト兄弟が空気力学の研究を行っていた時点では，揚力や抗力の予測が可能な空気力学理論は，たとえどのような種類のものであっても存在していなかった．しかし，この状況はまさに変化しようとしていた．しかも飛躍的に．

第6章

理論空気力学の成年期
―― 揚力の循環理論と境界層理論

> 厳密な解析で探索できる流体力学現象の分野はますます増加している．
>
> ニコライ・ジューコフスキー（1911年）

● 揚力に関する新しい思考：フレデリック・ランチェスター

サミュエル・ラングレーが1886年8月の米国科学振興協会会議に出席して，20年間の実験空気力学と飛行機設計を開始しようとしていたその時，一人の若者が工学と鉱業の勉強を始めるためにロンドンのサウス・ケンジントンにある王立科学学校（現在のインペリアル・カレッジ・ロンドン）の門の下を歩いていた．その若者がフレデリック・W・ランチェスターであった．彼は後に，空気力学での揚力の理解と計算における科学的躍進の基礎になった概念を定式化することになる．それが揚力の循環理論である．

ランチェスター（図6.1）は1868年10月23日にイギリスのルイシャムで生まれた．建築家の息子であったランチェスターは，幼年期に工学に興味を持つようになった（彼は4歳の時に決心していたと家族は語っていた）．学生として王立科学学校で3年を過ごしたが，正式には卒業していなかった．物事ののみ込みが早く，しかも斬新な考えの持ち主であり，1889年にはフォワード・ガスエンジン社で内燃機関を専門とする設計者になった．1899年にはランチェスター・モーター・カンパニーを設立して，彼自身が設計した自動車を販売した．今日でもイギリスの人々は，ランチェスターというと彼が初期に製作した自動車のことを思い出

図6.1 フレデリック・W・ランチェスター

す．ランチェスターは1919年に結婚したが，子供はいなかった．そして1946年3月8日に77歳で亡くなるまで，自動車とそれに関連する機械装置への関心を失うことはなかった．

1890年代前半には航空学に関心を持つようになった．そして時間を振り分けて高速エンジンの開発・設計と模型グライダーを使用した空気力学実験を平行して行った．特に1891〜92年の間，湾曲した形状を持つ翼型（つまり，キャンバー翼）に関する一連の試験を実施した．彼は先行して実施されていたキャンバー翼に関するフィリップスとリリエンタールの研究には全く気づいていなかった．

ランチェスターのキャンバー翼の発想は，揚力が発生する仕組みに関する彼自身の理論的概念から直接来ている．ランチェスターから空気力学の歴史への遺産は，彼がキャンバー翼の試験を行ったことでなく，そうした理論モデルを導いたことであった．ランチェスターは揚力面周りの層をなした流れに関して基本的に正しい理解をしていた．平板の場合について，流れの粒子が「翼に接近する時には上向きの加速を受けて，前縁に接触するときには上向きの流速を持つ．その代わり，翼の下もしくは上を通過する間には力の場は反対方向，つまり下向きになっている．このようにして上向きの運動が下方への運動に変換される．そして翼を通過した後，空気は再び上向き方向の場に入り，翼から付与された下向きの速度は和らげられる．(p.592)[59]」と書いている．そうした考えは1907年に出版された彼の著書『空気力学[60]』において初めて発表されたが，1890年には既に発想を得ていた彼の考えを反映しただけであった．ランチェスターは図3.23に示されているような流れ場の一般的特徴について説明している．ウィルバー・ライトも同様な流れ場を描いていた（図5.21）．ランチェスターは，翼型を曲がった形に設計したならば，翼型の表面はより自然に曲がる流れの流線に沿うようになり，平板面よりも効率が良くなるであろうと推測した．その数年前には，リリエンタールが『鳥の飛翔』（図4.42）で同様の考えを述べている．またランチェスターは，揚力面周りの流れの上向きおよび下向きの運動が，揚力面とは無関係な自由流の運動の上に循環運動が重ね合わされている様式の流れになっていることに気づいた．

揚力を発生している翼周りの流れを，循環運動と並進運動の組み合わせとして考えることができるという発想についてさらに詳しく調べてみよう．図6.2の右図には揚力を発生している翼周りの流れ場が描かれている．そしてこの流れ場は人為的に2種類の流れに分離できる．それが一様流れと一種の「循環」流である．翼型の上面を流れる循環流と自由流は概ね同一方向に流れているので，重ね

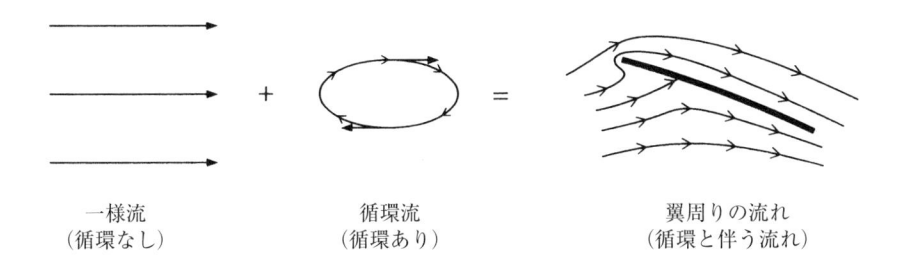

一様流　　　　　　　　循環流　　　　　　　　　翼周りの流れ
（循環なし）　　　　（循環あり）　　　　　（循環と伴う流れ）

図6.2　一様流れと適切に求めた循環流れの理論的重ね合わせによる翼周り非粘性非圧縮性流れの合成

合わせた流れの速度は増加することになる．他方，翼型の下面を流れる循環流は自由流の反対方向になっているので，重ね合わせた流れの速度は減少することになる．その結果，上面を流れる新しい流速は下面を流れる流れよりも流速が大きくなり，そのためにベルヌーイの法則より上面では圧力が低く下面では圧力が高くなり，揚力が発生する．

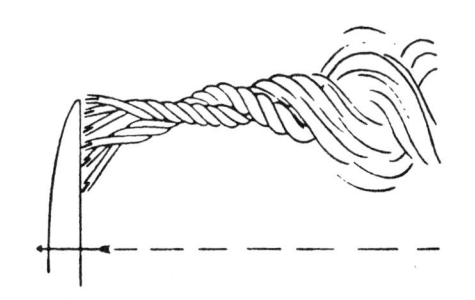

図6.3　ランチェスターの渦幹に関する概念――有限翼端における渦の生成（ランチェスター[60]より）

　ランチェスターは，1858年にヘルムホルツが初めて提案した概念的な渦糸によって流れの循環部（図6.2中央）が作り出されていると理論づけた．そうした渦糸が翼幅方向に沿って並んでいると考えたからである．気流が翼下面の高圧力領域から翼上面の低圧力領域に向かって翼の先端で曲がることも理論づけた．そのために，翼端から下流側に向かって続く渦糸を伴って，翼端近傍にもう一つの循環運動が現れる結果になる．このつる状の渦をランチェスターは「渦幹」と呼んでいた（図6.3）．このようにして，ランチェスターによると有限翼周りの流れは，上流側の一様流，翼幅方向に並んだ渦糸群によって作り出された循環流，翼端から下流側に向かって延びていく渦幹からなる合成であると考えることができた．彼はこのモデルを1891～94年の間に考えついた．ラングレーが蒸気動力エアロドロームを設計し，リリエンタールがグライダーで飛行していた時期と重なっている．このモデルは理論空気力学における飛躍的進歩の基礎になっていく．その飛躍的進歩が揚力の循環理論であった．
　当時，彼の研究には2つの問題があった．1つは有名な雑誌が彼の論文を掲載

不可にしたことであった．ランチェスターのモデルが初めて公になったのは1894年6月19日のことで，この時はバーミンガム自然史哲学学会で論文を読み上げた．しかし，その論文が出版されることはなかった．なぜならその当時，彼の目は英国王立協会へ向いていたからであった．ところが，ある王立協会の会員がこの研究は物理学会の方がふさわしいと勧めてきた．それでランチェスターは物理学会に論文を提出したが，拒絶されてしまった．彼の失望はかなり大きく，他の雑誌にその論文を提出することもなかった．この論文発表の件は，原因の全てではないにしても，彼の論述形式の方に問題があった．そのために，彼の説明を理解することは容易ではなかった．最終的には1907年と1908年に2冊の本を出版した．『空気力学』と『滑空力学』である．その後，『空気力学』はドイツ語とフランス語に翻訳されて，一般の科学者達が彼の揚力に関する考えを知ることができるようになった．

　2つ目の問題は，ランチェスターの研究には基本的に定量性がないことであった．彼は揚力と抗力に関する空気力学計算を実質的には何も行っていなかった．ニコライ・ジューコフスキーは1910年に空気力学の状況を回顧した記事の中でランチェスターのモデルの功績を取り上げて称賛しているが，「翼周りの流れにおいて物体に作用する力の大きさと方向に関して，ランチェスターはこれらを考えていなかった」とも述べている．ランチェスターの名誉のために付け加えると，彼は計算を試みていた．かなり後の1926年に王立航空協会で彼が行ったウィルバー・ライト記念講演では，「それは簡易理論に由来していた．この理論を用いて私は初期の実験で使用した翼を設計し，計算を行って数値を表にし，最終的には（『空気力学』で）発表した．実験データの少なさ，理論的な欠陥，明らかに脆弱な理論展開にもかかわらず，これらの表により良好な予測が可能であることが分かった[59]」と述べている．ランチェスターにとっては役立つ計算だったのかもしれない．しかし，彼の定量的解析はこれぐらいで，理論空気力学の発展には何の影響も与えなかった．ところが，彼が計算によって求めた翼型設計は1912～13年の間にゲッティンゲン大学にあるプラントルの風洞で試験されて，揚抗比が17になることが判明した．これは，その時までにこの風洞で試験を行ってきた他の模型よりも10％改善されていた．明らかにランチェスターの計算から得られるものは多かった．

　前述の問題のために，ランチェスターの基本モデルはなかなか認められなかった．1908年，ランチェスターは，ルートヴィヒ・プラントルと彼の学生であったセオドア・フォン・カルマンをゲッティンゲンに訪ねた．しかし，ランチェス

ターは全くドイツ語を話すことができず，プラントルも全く英語を話すことができなかった．ランチェスターが自分の考えを英語で説明しても，それを理解してもらうことは困難であったことを考えると，2つのグループ間で理解し合えたことはほとんどなかっただろう．しかし，そのすぐ後にプラントルは自分自身の翼理論を構築し始めた．ただし，実際にはランチェスターが提案した渦モデルと同一のモデルを使用していた．おそらくランチェスターの発想は知られている以上に貢献したのだろう．

　しかし，ランチェスターは同時代の技術者達から無視されることを苦々しく思っていた．かなり後になって，ダニエル・グッゲンハイムメダル基金に宛てた1931年6月6日付の手紙では次のように書いている．

> 航空科学に関する限り，私は落胆以外に経験した記憶が何もない．研究の初期の頃には，揚力による支持とスクリュープロペラに関する渦理論を主に扱った私の理論的研究が（ある程度の実験結果との検証によって裏付けられていたが）この国の2つの有力科学団体から拒絶され，しかも単なる狂人の夢のごとき主題に手を出すなら，技術者としての私の経歴に傷が付くであろうと真剣に警告された．私が1907年と1908年に2冊の本を出版した時には概ね好評であったが，それは主にライト兄弟の成功とその成功が喚起した一般的関心のおかげであった．

　つまり，揚力の循環理論に関する概念の基礎は19世紀最後の10年間にランチェスターが構築したが，揚力を循環に結び付けた定量的な式は20世紀最初の10年間に別々に研究を行っていた2人の人物によって，ランチェスターの研究について全く知らないまま開発されることになった．ジャコメリとピストレッシの言葉を借りて，本節を締めくくりたい．「ランチェスターによる空気力学への貢献に関しては，彼の発想による偉大な考案が2つある．揚力の発生原因としての循環の考案，および今日では誘導抗力として知られている抗力の発生原因としての翼端渦の考案である．(p.344)[10]」明らかに理論空気力学にとっての成年期は，フレデリック・ランチェスターと共に始まった．

● 揚力循環理論の定量的展開：クッタとジューコフスキー

　ライト兄弟が風洞試験を実施して，その結果として応用空気力学が成熟へと向かうことになったその時，ミュンヘン大学ではウィルヘルム・クッタが理論空気

力学における重大な発展として認識されることになる研究を終了しようとしていた．クッタは1867年にドイツのピッチェン（訳者注：現在はポーランドのビツジナ）で生まれた．1902年，35歳の時に空気力学的揚力に関する学位論文によりミュンヘン大学から数学博士号を取得した．1890年から1896年の間にオットー・リリエンタールが行ったグライダー飛行が，クッタの心に興味を掻き立てていた．クッタはリリエンタールのグライダーにはキャンバー翼が使用されていたことを知っていた．さらにキャンバー翼を迎え角ゼロに設定しても，依然として正の揚力を生成していることも知っていた．それは『鳥の飛翔』に書かれているリリエンタールのデータからも明らかであった．実際，リリエンタールが試験したキャンバー翼の全てが，揚力を生成しない点（無揚力角）に到達するためには，いくらか負の迎え角まで角度を調節する必要があった．その当時の多くの数学者と科学者にとって，ゼロ迎え角におけるキャンバー翼の揚力生成は直感に反していたが，実験データはそれが事実であることをはっきりと示していた．それが不可解であったがために，その当時キャンバー翼での揚力の理論計算は素晴らしい研究テーマであった．そしてクッタは熱望してこの仕事を引き受けた．彼が1902年に学位論文を書き終える頃には，キャンバー翼での揚力を求める初めての数学計算に取りかかっていた．

　ミュンヘン大学での彼の師であり指導教官であったS・フィンスターワルダーの強い勧めにより，クッタの研究の要点が「図解航空学報告」の1902年7月号に「流動流体における揚力」と題した短報の形で発表された．ジャコメリとピストレッシはこの報告を「無限幅の翼での揚力の発見に関する初めての報告 (p.345)[10]」であると述べている．1902年には誰もが翼が揚力を生み出すことを知っていた．しかしそれまでの理論的研究では，流体の運動を表す方程式から揚力の値を計算することはできなかった．実際，（無限翼の翼型断面のような）二次元形状に対して支配方程式を解いてもゼロ抗力しか得られなかった（第3章で説明したダランベールの背理）．おそらく19世紀の理論家達の心中には，たとえ適切に同様の計算を実行したとしても，ゼロ揚力が得られるだけかもしれないという懸念が常につきまとっていただろう．クッタはそうならないことを示した．その意味で，二次元物体に作用する有限揚力を初めて「発見」した（理論の世界に対してのみ「発見」と呼ぶことが認められる）．

　特にクッタは迎え角ゼロで円弧キャンバー翼型に作用する揚力を計算し，たとえ翼弦線が自由流と平行であったとしても有限揚力が生成することを示した．リリエンタール，ラングレー，ライト兄弟が既に実験でこの現象を観察していた

が，理論的に実証できたことは大きな飛躍であった．クッタの揚力方程式は1902年に発表された．すなわち，次式で表される．

$$L = 4\pi a \rho V^2 \sin^2 \frac{\theta}{2}$$

ここで a は円弧の半径，2θ は円弧によって与えられる中心角である．巻末添付資料Hの図H.1にこの構成の幾何形状が示されているが，これは迎え角ゼロにおけるリリエンタールの1/12キャンバー円弧翼型を対象にしてクッタの式を用いて行った揚力係数の計算であり，その結果によると揚力係数は1.047になる．比較すると，リリエンタールの表（図4.38）から迎え角ゼロでの揚力係数の実験結果はクッタの値よりもかなり小さな0.381であった．しかしクッタの値はアスペクト比が無限大の場合に対応している．その値をリリエンタールの翼に対応するアスペクト比6.4へ補正すると，理論上の揚力係数は0.78になる．依然としてリリエンタールが計測した値よりもかなり大きな値になっている．しかしリリエンタールのデータは低レイノルズ数で得られたことを思い出そう．低レイノルズ数の影響を考慮して理論値を正確に補正するためには，現代の風洞試験データまたは計算流体力学が必要になる．そうした大掛かりな作業の代わりに，先の解説（訳者注：第3章の図3.24に関係したレイノルズ数の影響に関する考察を参照）との一貫性を保つためにも，そこで用いた経験則を適用して，レイノルズ数の影響を考慮するために理論揚力係数を0.68倍にまで小さくできる．そうすることで理論値は0.53にまで小さくなるが，それでもリリエンタールの計測値よりも39％大きな値になっている．

　クッタの理論展開に問題があったわけではない．円弧翼型周りの非粘性非圧縮性流れに対してクッタの式は極めて妥当なものであり，このことは現代の薄翼理論を用いて検証されてきた．もちろん1902年には二次元翼の理論計算結果に対して，実際の翼が有限アスペクト比を持つことを考慮して適切に補正する理論はなかったし，レイノルズ数を正しく認識することも，ましてや理論的に適切に補正する方法も存在していなかった．第5章で解説したように，必ずしもリリエンタールの計測に問題があったわけでもない．依然として残っている理論値と実験結果の差異は低レイノルズ数の影響であった可能性が高いと考えられる．クッタの式が巻き起こした1902年の飛躍的進歩は，非粘性非圧縮性流れを仮定していたとしても，最終的に翼の揚力の理論値が得られるようになったことであった．理論では揚力係数が1.047になり，実験ではその値が0.381であったが，このことでクッタの貢献の価値が低下することはなかった．単に理想的な理論と現実の間に

見られる差異が際立って現れていた．このような差異は今日でもある程度は存在する．

　クッタの式は循環の概念を頼りにすることなく導かれた．事実，その当時の彼はランチェスターの研究に気づいていなかった．クッタが持っていた翼周りの流れに関するイメージは，均一流れと循環流れを重ね合わせて流れを合成したような抽象的なイメージではなく，むしろ流れの支配方程式（オイラー方程式）を用いたもっと基本的な思考を基にして記述されたイメージであった．まず，円弧翼型周りの流れを表す流れ関数を記述した（第3章で議論したように，流れ関数の概念はラグランジュによって導入されたこと思い出そう）．等しい流れ関数を求めることにより流線を表す方程式が得られる．もちろん，曲面翼型の上面と下面に直接接触している2本の流線は曲面の翼型と同じ形状になっている必要がある．流れ関数を微分することで，翼型の上面と下面の周りにおける流れの局所流速を求めることができた．続いて圧力分布とその結果得られる正味の揚力がベルヌーイの式から求められた．クッタはこの計算のために循環の概念を表に出すことはなかった．しかし1910年には再びフィンスターワルダーの勧めによって，1902年の博士論文のある部分を取り上げた第2報を準備した．それが，王立バイエルン科学アカデミー会報（1910年1月8日）に掲載された「飛行問題の基礎に関わる二次元流れについて」である．そこでクッタは1902年の理論的展開を再解釈して，当時の論文に埋もれていた式からわずかに異なる形だが，密度と流速と循環の積として表される揚力の古典的関係式を発見した．それゆえ，クッタも揚力の循環理論の開発を共に担ったと言うことができる．とは言え，その発見が日の目を見たのは1910年であり，その時にはモスクワのニコライ・ジューコフスキーが独自にこの揚力の関係式を明確かつこの式の形のままで導き発表してから5年が経っていた．

　クッタは，基本的にリリエンタールのグライダー飛行に触発されて空気力学に興味を持つことになった数学者であった．1902年以降は数学の教授になり，1911年にはシュトゥットガルト工科大学へ移って，1935年に退職した．そして，ドイツが第二次世界大戦の敗北に向かって転げ落ちるように突き進んでいた1944年に亡くなった．

　ライト兄弟が風洞試験を実施して，クッタが学位論文を書き終えようとしていた時，55歳になる教授がロシア初の風洞建設を指揮していた．そのニコライ・ジューコフスキーはモスクワ大学力学部の教授であり，モスクワ高等技術大学の数学の教授でもあった．そして，そのモスクワ高等技術大学に風洞を建設していた．ジューコフスキーは，1847年1月17日にロシアのウラジーミル州オレホヴォ

で通信技術士の息子として生まれた．1868年にモスクワ大学で数学の学士号を得て，1870年に教壇に立つようになった．1882年には流体の安定性に関する学位論文によりモスクワ大学から博士号を授与され，その4年後にモスクワ大学の力学部の学部長になった．ジューコフスキーは基礎力学と応用力学を扱う論文を生涯に200本以上発表している．19世紀の終わりにはロシアにおける流体力学と空気力学の創設者として見なされるようになり，ロシアで最も尊敬を集める科学者に数えられるようになっていた．1885年には流体力学における重要な理論研究によってN・D・ブラッシュマン賞が与えられた．そして1894年にはサンクトペテルブルク科学アカデミーの会員になった．1905年から亡くなる1921年までの間，モスクワ数学会の会長としても務めていた．

　オットー・リリエンタールが飛行を行っていた1880年代の後半に，ジューコフスキーは飛行機に関心を持つようになった．1895年にはベルリンのリリエンタールを訪問し，リリエンタールが大衆に販売したグライダー8機のうちの1機を購入したことについては既に記した．これは大学教育を受けた数学者でもある科学者が，本物の飛行機と密接に関わるようになった初めての出来事であった．そして実際に1機を手に入れていた．ジューコフスキーは飛行機への強い関心から，理論と数学を基にして飛行時の空気力学を研究した．

　特に揚力の計算に対する努力を惜しまなかった．1890年には既に流体の粘性によって生じた渦が運動を行っているような，揚力翼周りの流れのモデルに関する発想を得ていた．彼は翼型表面に固定される形で束縛された渦を想像し，その結果として生じている循環が翼型を持ち上げる運動に何らかの形で関係していると考えていた．最終的に1906年，2つの資料を発表した．一つはロシア語でモスクワでの「自然科学帝国学会物理部門会議」に，そしてもう一つはフランス語でサンクトペテルブルクでの「クチノ空気力学研究所広報」に掲載されたが，どちらもほとんど知られていない雑誌であった．その資料の中で単位幅あたりの翼の揚力を計算するために以下の関係式を導いて，使用している．

$$L = \rho V \Gamma$$

ここでΓは循環であり，翼型を囲む任意の閉曲線に沿って流速を線積分して得られる量として正式に定義された値である．初めて数学的な精度で翼型に作用する揚力の計算が可能になったのだから，この式は理論空気力学における画期的な進歩であった．クッタも後になってこの関係式の本質部分が1902年に発表した自分の学位論文の中に埋もれるように書かれていることを示すことができたので，この式はクッタ・ジューコフスキーの式として知られるようになった．そして今で

も大学の空気力学の授業で教えられており，低速非圧縮性流れにおける翼の揚力計算に用いられている．

　クッタ・ジューコフスキーの式は見た目の単純さとは裏腹に，ある流速を持つ自由流に対してある迎え角で置かれた翼型のΓを計算するために，普通はかなり大変な作業が必要になる．そこで翼幅方向に並んだ渦糸モデルが登場する．計算の結果として得られる流れ（渦が引き起こした流れと自由流による流れの重ね合わせ）が翼型の表面に対して正確に接線方向の流れになるように渦糸の強さを決める必要がある．適切な渦の強さが求められたら，翼型全体での全循環Γを求めるためにそれらの渦を足し合わせる．こうして，単位幅当たりの揚力を求めるためのクッタ・ジューコフスキーの定理に組み込まれている循環Γの値が求まる．

　以上が，ランチェスター，クッタ，ジューコフスキーの考えを要素的に取り込んで構成されている揚力の循環理論の要点である．20世紀初頭の40年間は，この理論が全理論空気力学の基礎になっていた．その後は，高速飛行の到来と共に空気の圧縮性を考慮する必要が生じてきた．揚力の循環理論は今日もなお健在である．例えば非粘性非圧縮性流れでの翼の揚力を，デジタルコンピューターを用いて計算する際に使用されている現代のパネル法の基礎になっている．このパネル法には修正と改良が絶えず加えられており，最初の導入から90年が経った今日でも揚力の循環理論はなお発展を続けている．

　ジューコフスキーは，「ロシアの航空の父」と呼ばれるまでになった．彼は20世紀初めの10年間のうちにモスクワに空気力学研究所を設立して，ほとんど彼自身の理論的研究と実験的研究を基にした空気力学の理論的基礎に関する一連の講義を行った．これは理論空気力学における初めての体系的な科目であった．その時の講義ノートを2人の学生が記録しており，ジューコフスキーはその講義ノートを見直して出版した．ロシア語の第1版は1912年に，そしてフランス語の第1版は1916年に出版された．ロシア語とフランス語の第2版も出版されたことから，その価値の大きさが裏づけられている．しかし，私が探した限りでは英語の翻訳はない．ジューコフスキーは等角写像と複素変数の手法を用いた翼型の設計方法を開発した．こうしたジューコフスキー翼型は実際に航空機に使用された．そして今日では最新翼型設計手法の検証のために，比較の対象になる数学的厳密解がこの手法から求められている．第一次世界大戦中，ジューコフスキーの研究所は軍の新人操縦士のための教育機関として使用された．亡くなる直前には，中央流体力学研究所と呼ばれる新しい空気力学研究所をモスクワのすぐ郊外に設立した．この研究所は現在に続いている．すなわち，TsAGIとして知られるロシア

でも最高の空気力学研究機関であり，ロシア版のNASA研究所である．

ニコライ・ジューコフスキーは1921年3月17日にモスクワで息を引き取った．亡くなる時点でも，高速空気力学と航空機飛行安定性という2つの領域での研究に従事していた．1906年に低速翼型の解析に革命をもたらした人物は常に前に向かって進み続け，超音速航空機とそのような物体に関連する圧力波の形に関心を寄せつつも，1921年に旅立つことになった．

● 抗力に関する新しい思考：ルートヴィヒ・プラントルと彼の境界層理論

流れに対していくらか角度をつけて傾斜させた物体に働く揚力を予測することは，固定翼で支持力を発生させるジョージ・ケイリーの概念をきっかけにして，19世紀には大きな関心事になっていた．対照的に抗力への関心は，古代ギリシャの科学にまで遡る．空気中を瞬く間に通過する飛翔体に作用する減速力は数千年にわたって大きな関心事であた．しかし抗力と揚力の理論的予測を可能にした飛躍的な進歩は，この2つの問題が検討されてきた期間の違いとは全く無関係に，ほとんど同時に起こった．

空気抗力の計算は18世紀の科学者にとって最も頭の痛い問題であった．本書では，ダランベールが計算から導いた背理的な結果に起因する混乱について既に解説してきた．その計算結果からは，二次元形状物体に作用する抗力はゼロになることが示唆されていた．実際の観察結果とは全く異なっていた．19世紀の科学者の中には不連続面が物体の下流側へ流れると仮定してこの背理を解くことを試みた人がおり，その結果として物体周りの圧力分布に不均衡が生じて，その物体に圧力抗力が発生する概念についても解説した．しかし，キルヒホフとレイリーはそのような不連続面を用いて抗力を計算しようと努力したが，正確な結果は得られなかった．ただし，不連続面の概念は真実からそれほど外れていない．せん断応力が抗力に及ぼす影響に関しては，ラングレーやシャヌートのような著名人が表面摩擦抗力は無視できると信じていたことを見てきた．

1903年のライトフライヤーの時代になっても，抗力の計算はこのような状況であった．しかし，この状況は劇的に変化しようとしていた．1903年の秋，ウィルバーとオービルがキル・デビル・ヒルズでライトフライヤーの作業にかかっていた頃，ドイツのハノーバー工科大学では内向的な若い教授が全く新しい構想を練っていた．流体における摩擦の影響を研究していたルートヴィヒ・プラントルである．どのように摩擦は流体の流れに影響を及ぼすのか．どの程度流れ場は摩

擦に支配されているのか．そして，どのようにして摩擦は流体中を移動する物体の抗力に影響を及ぼすのか．彼の思考はまだぼんやりとした状態であった．しかし，イタリア人数学者のT・レビ＝チビタがほんの数年前に行っていた研究が，プラントルの発想の前に登場していた．キルヒホフとレイリーは不連続面が物体の鋭角部で形成されると仮定していたが，レビ＝チビタはそのような不連続面は曲面形状を持つ物体上のどこからでも発生し，その物体の下流側へ無限に延びていくと信じていた．したがって曲面形状物体の下流に後流が形成されおり，その後流内部には必然的に空気の停滞領域が形成され，後流外部の流れはそれまで150年以上にわたってダランベールや他の研究者が考えてきた通常の非粘性渦なし流れになっていると考えた．このようにして曲面形状物体周りでは流れが剥離し，その流れの剥離が原因になって圧力抗力が発生するという発想に近づいていった．実際，レビ＝チビタは曲面形状物体の背面に剥離点と剥離によって生じる後流が存在することの証拠として，1890年代のマレーによる流れの煙可視化写真を示した．レビ＝チビタはさらに検討を続けた．まず，不連続面自体の性質を考え始めた．彼は物体表面が渦運動の面によって覆われており，その渦層が最終的には物体から剥離して下流側へ流れていく不連続面を形成していると考えた．パリ科学アカデミー報告書（*Comtes Rendus de l'Académie des Sciences*）の1901年6月号に掲載された短報では，レビ＝チビタはその渦層について次のように議論している．

> 物体に接触しながら表面に沿って下り，終端で離脱する渦輪と入れ替わりに，新しい渦輪が不連続面の起点部分から絶えず発生しなければならない．明らかにこうした渦の生成には，不連続面の前方部から接触していた流れの粒子のみが関与することができ，しかも不連続面の運動様式に依存した法則に従ってこの渦生成に関与するはずである．

不連続面の前方部に接触していた流れの粒子が渦層を形成し，その渦層が最終的には物体表面のどこかで剥離するという1901年のレビ＝チビタの発想は，その3年後に発表されるプラントルの境界層概念に酷似して聞こえる．

　1904年まで摩擦がどの程度物体周りの流れの特性を決めているのかは憶測にしか過ぎず，いくらか意見の分かれるところであった．物体表面で何が起こっているのか分からなかった．つまり，物体表面のすぐ近くを流れる流体は，表面での速度がゼロになって表面に粘着しているのか．または，いくらかの有限速度を

持って表面を滑っているのか．ラングレーが滑りなし条件（すなわち，物体表面とその表面における流れの間の相対速度はゼロであるという考え）を支持していたことは既に述べた．また，ラングレーが空気抗力に及ぼす摩擦の影響は無視できると考えていたことについても，既に見てきた．さらに，流れ場自体がどの程度摩擦の影響を受けているのかも，常に疑問であった．

1904年，ルートヴィヒ・プラントルはハイデルベルクでの第3回国際数学会議の壇上で空気力学に革命的な変化を巻き起こすことになる論文を発表した．それは「非常に低い粘性を持つ流体の運動に関して[61]」と題したわずか8ページの論文であったが，それまでに書かれた流体力学論文の中でも最も重要な論文に数えられることになっていく．かなり後の1928年に流体力学者のシドニー・ゴールドスティンが非常に短い論文である理由を尋ねたところ，プラントルは与えられた発表時間が10分だけだったので，論文もその時間内に発表できる分だけしか書いてはいけないのかと思っていたと答えていた．

プラントルの論文の重要な点は，この論文には境界層の概念が初めて書かれていたことである．彼の理論によると，摩擦の影響により表面すぐ近くの流体は表

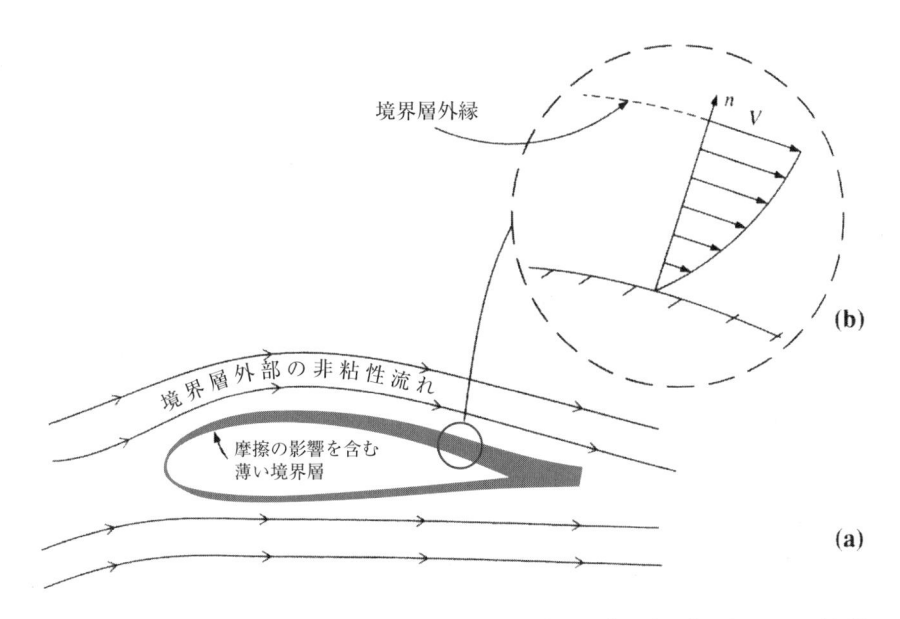

図6.4 (a) 流れは次の2つの部分に分割される．すなわち，摩擦の影響が支配的になっている表面近傍の薄い境界層と，境界層の外側を流れる非粘性外部流れ．(b) 表面に垂直な法線方向距離の関数として境界層厚さ方向の速度変化を示している境界層の拡大図

面に粘着し（つまり，表面における滑りなし条件を仮定している），その摩擦の影響を表面の近傍のみが受けることになる（つまり，摩擦の影響は境界層と呼ばれる薄い領域に限定される）．境界層の外部では，流れは基本的に摩擦の影響を受けない（つまり，それまで2世紀にわたって研究されてきた非粘性のポテンシャル流れとして扱われる（訳者注：ポテンシャル流れは第4章で説明した渦なし流れと同じである））．境界層の概念が図6.4に描かれている．飛行中の物体に関わる流れの様式では，物体の大きさと比較して境界層の厚さは非常に薄くなっている．図6.4aに図示されている厚さよりもはるかに薄いと考えてほしい．図6.4bでは境界層の部分が拡大されて，翼表面における速度ゼロから境界層の外縁における非粘性流れと同じ流速まで変化している流速境界層内の流速分布が図示されている．それでは図6.4をイメージしながら，境界層に関するプラントルの記述を考えてみよう．

> 流体と固体の間にある境界層での物理作用は，流体の壁面への粘着を仮定することで，つまり流体と壁面間の相対速度をゼロに仮定することで，満足な説明を得ることができる．粘性が非常に低く，壁面に沿った流体の経路もさほど長くなければ，壁面から極めて近い距離で正常値に回復するはずである．しかし，薄い遷移層では流速の急激な変化が，たとえ小さな摩擦の係数であっても著しい結果をもたらすことになる．[61]

「著しい結果」には，図6.4bに描かれているように非常に短い距離の中で速度が大きく変わる（つまり，境界層内には非常に大きな速度勾配が存在する）ことが含まれる．せん断応力は速度勾配に比例することを述べているニュートンのせん断応力法則が説明しているように，結果的に局所のせん断応力は境界層内で非常に大きな値になり得るが，このことは（ラングレーとシャヌートの考えとは異なり）表面摩擦抗力が無視できないことを意味している．事実，細長い空気力学形状では表面摩擦による抗力が大部分を占める．

もう一つの「著しい結果」が流れの剥離である．

> ある特定の条件の場合には，外部条件によって完全に決まるある点において流れは壁面から剥離することになる．すなわち，壁面での摩擦により渦を巻きながら自由流の中に入り込んでいく流体の層があるはずであり，自由流の運動を完全に変化させるので，そこではヘルムホルツの不連続面としての役割を果たしている．[61]

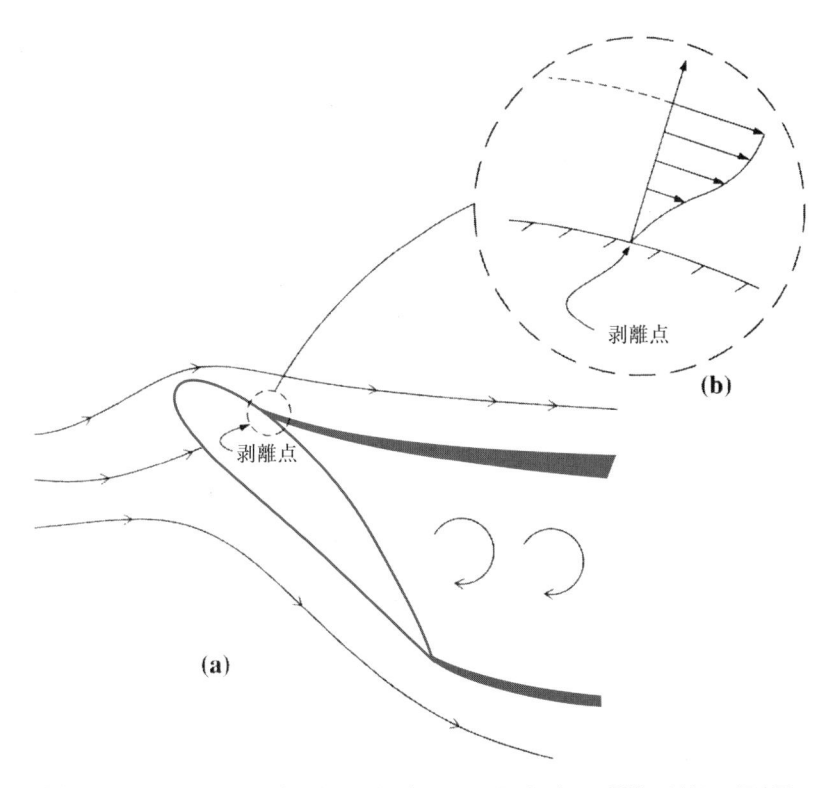

図6.5 失速状態を超えて非常に大きな迎え角をとった翼型の上面で剥離した流れの概略図

プラントルは図6.5に描かれている様式の流れについて言及していた．この図では境界層が表面から剥離している．図6.5a に見られるように，非粘性流れの条件がある様式になると境界層が剥離して下流側へ向かって流れていく．19世紀の不連続面の概念に非常に似ている．そして空気が本質的に停滞している領域が物体後方の後流に形成される．流れが剥離すると物体表面周りの圧力分布は急激に変化して，その結果として完全に変わってしまった圧力分布によって大きな不均衡力が抗力の方向に発生する．これが流れの剥離による圧力抗力である．大きな剥離（図6.5a）が生じた場合には，通常圧力抗力は表面摩擦抗力よりもはるかに大きくなる．境界層の剥離を引き起こす非粘性外部流れの様式とは，逆圧勾配（すなわち，流れ方向に増加する圧力）を作り出す流れである．プラントルはその効果について次のように説明している．

自由流体の一部の運動エネルギーが圧力のポテンシャルエネルギーに変換されて圧力が増加すると，遷移層の方は（摩擦のために）運動エネルギーの一部を失っているために圧力の高い領域に流入できるだけの十分な量を持っておらず，ゆえに圧力の高い領域から逸れる．[61]

その現象が図6.5bに示されている．剥離点では，境界層の奥深くにいる流体要素（既に摩擦によって初めに持っていた運動エネルギーの多くが消散している）は，圧力が上昇している領域に向かって，圧力の山を登って進むことができない．したがって，表面近傍では速度を使い果たすことになる．つまり図6.5bに描かれているように，剥離点での速度分布は表面に変曲点を持つ．この点を超えると，表面近傍の流体要素は上昇する圧力によって本当は後方に押し返されることになるのだろうが，実際にはそのようなことは起こらない．その代わり図6.5aに示されているように，剥離点において境界層は表面から単純に持ち上げられる．

1904年の論文でプラントルが説明した全体的な考え方は簡潔であり，かつ直接的であった．すなわち，空気力学的に物体周りの流れは2つの領域に分割でき，その2つとは摩擦が支配的な表面近傍の薄い境界層と，摩擦が無視できる境界層外部の非粘性流れであった．境界層の特性に対して外部の非粘性流れは強い影響を及ぼす．実際，境界層を動かしているのは外側の流れである．他方，境界層は非常に薄いので外部の非粘性流れにはほとんど影響を及ぼさない．その例外は剥離が生じた時である．この時には，外部の非粘性流れは剥離領域の存在によって大きく変わる．そうした現象に対するプラントルの見方は以下の通りである．

> 流れを扱うときには，流れを互いに影響し合う2つの部分に分けることができる．一つはヘルムホルツの渦定理に従ってあたかも摩擦がないとして扱われる「自由流体」であり，もう一つは固体壁近傍の遷移層である．遷移層の運動は自由流体によって支配されているが，遷移層の方も渦層を放出することによって特徴ある自由流体の運動を生じさせる．[61]

プラントルは「遷移層」と「境界層」の両用語を，互換性を持たせて使用していた．実際，「遷移層」という用語を頻繁に使用する一方で，その論文内では「境界層」という用語を用いたのは一度だけであった．しかし，後世に残ったのは「境界層」の方であった．これは主にプラントルの学生達が後の文献内で「境界層」を使用したからである．

プラントルの境界層概念が登場したことで，理論的かつ時には精度の良い空気抵抗の計算が可能になった．境界層のためのナビエ・ストークス方程式は，境界層にのみ適用可能な，より簡単な式へ簡略化できた．境界層方程式と呼ばれるその簡略化された方程式には非常に多くの解法が適用可能であり，完全なナビエ・ストークス方程式よりもはるかに扱いやすくなっている．1904年にプラントルが講演を行うと，すぐにこのような方法を用いて境界層流れを解くことが始まった．こうした解から物体に作用する表面摩擦抗力を多少なりとも正確に予測できるようになり，表面上で流れが剥離する位置と，その結果として流れの剥離による圧力抗力もある程度は予測できるようになった．1904年の彼の論文は短い論文であったが，定常二次元流れの境界層方程式を示し，その方程式の解法をいくつか提示し，平板に作用する摩擦抗力を概算で求め，さらに逆圧勾配の影響下で境界層が剥離する状況について議論を行っていた．それらは全て先駆的な貢献であった．ゴールドスティンは感動して次のように表現している．「確かにこの論文は今世紀，いやおそらく何世紀にわたって最も傑出した論文であり続けるだろう．[62]」

● 境界層理論における初期の進展

もし私達の時代のように，情報がほとんど瞬時に伝播する電子時代にプラントルが論文を発表していたなら，彼の境界層概念は瞬く間に空気力学関係者の間に広まっていたことだろう．しかし20世紀が幕を開けたばかりの当時，情報の流れはかなりゆっくりであった．また，国際数学会議はそのような重要貢献にとって目立たない場面設定であり，プラントルの境界層概念は実質的に数年間知れ渡ることはなかった．1908年，プラントルの学生であったH・ブラジウスが有名な雑誌である『数学と物理学のジャーナル』に論文を発表したことで，再び表舞台に登場することになった．その論文「小さな摩擦を伴う流体中の境界層」は平板周りと円柱周りの二次元境界層流れについて議論している．そして，両方の問題に対して境界層方程式を解いている．平板ではさらに正確な表面摩擦抗力の解を得た．現在でも使用されている解である．円柱では境界層方程式の解から円柱の後方面にある剥離点が得られた．境界層方程式はナビエ・ストークス方程式よりも簡単だが，それでも連立非線形偏微分方程式である．ブラジウスは，ある種の外部圧力の流れ方向勾配（例えば，迎え角ゼロにおける平板上の一定圧力）に対しては，境界層方程式を単一の常微分方程式まで簡略化できることを示した．これが今

日，ブラジウスの式として知られている方程式である．

　ブラジウスによるこの重要な業績と，その後の数年間にわたってゲッティンゲンのプラントル研究グループが発表してきた境界層理論に関する論文があったにもかかわらず，空気力学関係者からの注目は少なかった．特にドイツ国外ではほとんど注目されなかった．つまり，この業績は評価されることも，広く知られることもなかった．最終的に1921年，プラントルの元学生であり，アーヘン大学の教授であったセオドア・フォン・カルマンが「積分式」と呼ばれる境界層方程式の特定の形を導き，この式が多くの実用工学問題に直接適用できることが明らかになった．そしてこの式が登場したことで境界層理論はついに注目を集めるようになり，技術関係者にも広く受け入れられるようになった．境界層の概念が遅れて受け入れられた過程が，ホラス・ラムの古典的教科書『流体力学[54]』の第5版と第6版に表れている．1924年に発行された第5版では境界層の概念について述べられているのはわずか一段落のみであり，プラントルの研究について「手の込んだ計算が必要だが，計算結果は図に表示されており，興味深い」と記されていた．対照的に1932年に発行された第6版では，境界層理論とその支配方程式の説明に完全に1章を費やしていた．

　1920年代の半ば以降，境界層理論を唱え，拡張し，適用することを目的とした研究が急激に増えた．多くの流体力学者と空気力学者にとって境界層理論の研究は一生涯の仕事に値するようになり，独自の発展を遂げるようになった．そして現在に至るまで境界層理論を様々な方向から捉えた本が何十冊も書かれてきた．中でも古典的名著がヘルマン・シュリヒティングの境界層理論[64]である．シュリヒティングは1930年代前半にプラントルに師事した学生であり，摩擦を伴う流れの様々な特徴について研究を行った．彼は1935年にゲッティンゲンを離れてドルニエ社で働くようになり，1939年にはブラウンシュバイク工科大学の教授になった．そして1957年には空気力学研究所（AVA）の長官に就任した．空気力学研究所はドイツでも最も有名な空気力学研究所に数えられ，空気力学の研究と飛行機開発の推進のために1919年にゲッティンゲン大学の敷地内に創設された．空気力学の大学院学生が今日シュリヒティングの本を読むと（ほとんどの学生は読んでいる），1904年のプラントルの論文にまで遡り，かつプラントルの間近で研究に従事していた著者が伝えた技術課題を目の当たりにすることになる．粘性流れを理解する過程で過去と現在が見事に途切れることなく繋がっている．

● ルートヴィヒ・プラントル

　境界層の概念はさておいても，プラントルは20世紀空気力学に対して重要な貢献をした．例えば揚力の循環理論を取り上げて，薄いキャンバー翼の揚力係数とモーメント係数を計算する理論を開発した．第一次世界大戦中に開発されたこのプラントルの薄翼理論を用いることで，翼型特性に関する初めての実用計算が可能になった．そして今日でもまだ使用されている．プラントルは同じ期間に有限翼のための揚力線理論を開発した．アスペクト比を補正するための初めての理論計算方法である．この理論により有限翼に作用する誘導抗力（翼端渦の存在に起因する抗力）の存在が確認され，誘導抗力を正確に計算するための工学的手法も示された．プラントルの揚力線理論は今でも一般的に使われている．高速空気力学の分野では，プラントルとその学生のテオドール・マイヤーが超音速流れにおける斜め衝撃波と膨張波の特性について計算するために最初の理論を開発した．これはマイヤーの1908年学位論文のテーマであり，最初の超音速飛行機に40年先行していた．1920年代，プラントルは高亜音速域で圧縮性を考慮して低速翼型の揚力係数を補正するための法則を生み出した．この法則は第二次世界大戦の高速飛行機では非常に役に立った．また，1929年にはプラントルとアドルフ・ブーゼマンは超音速ノズルの適切な形状を設計するために初めて厳密な特性曲線法を適用した．今日も，超音速風洞のノズルとロケットエンジンノズルの設計には全て同じ基本手法が用いられている．ここに引用した貢献は，流体力学と一般機械分野に対してプラントルが行ってきた多くの貢献の中のほんのわずかでしかない．他の貢献については，次の章でいくつか詳細に解説する．

　ルートヴィヒ・プラントルは1875年2月4日にバイエルンのフライジンクで生まれた．彼の父親アレクサンダー・プラントルはフライジンクの近くヴァイエンシュテファンにあった農業大学の測量学と工学の教授であった．プラントル家には3人の子供がいたが，2人は出生時に死亡したので，ルートヴィヒは一人っ子として成長した．母親は慢性的な病気に苦しんでいた．そのためもあって，彼は父親の方に親しみを感じるようになった．幼い頃には物理，機械，装置といった父親の本に関心を持つようになっていた．おそらく物理問題の核心部分に向かって直進できる彼の傑出した能力は，少年期の環境にまで遡ることができるのだろう．自然を心から愛する彼の父は自然現象を観察して，その事象についてよく考えるように子供に教えていた．

　1894年，プラントルはミュンヘン工科大学で科学の勉強を始めた．そこでの彼

の主任教官は有名な力学教授のアウグスト・フェップルであった．その6年後，フェップル教授が指導教官になって博士号を取得してミュンヘン大学を卒業した．その頃にはプラントルは一人になっていた．父親は1898年に，母親は1896年にそれぞれ亡くなっていた．

プラントルは1900年以前には流体力学に何の関心も示さなかった．事実，ミュンヘンで博士号を取得した研究は，曲げとねじれが同時に作用する不安定弾性平衡という固体力学分野の研究であった．プラントルは人生の大半にわたって固体力学に関心を持ち続けて研究を継続していたが，流体研究に対して重要な貢献を数多く行ったことですっかり影が薄くなってしまった．ミュンヘン大学を卒業してすぐに流体力学との最初の出会いがあった．プラントルは技術者としてアウグスブルク機械工業のニュルンベルク工場に入社して，新しい工場の機械装置を設計する部署で働いていた．そこで旋盤削りくずを回収する吸気装置の再設計という仕事を任された．プラントルは吸気に関する信頼できる流体力学の科学文献を全く見つけることができなかったので，吸気流れについて不明であったいくつかの基礎的疑問に答えるべく実験を実施した．その結果，新しい削りくず回収装置の設計が完成した．その装置にはパイプの形状と大きさに改良が施される変更がなされ，変更前の消費動力の1/3でうまく運転できた．流体力学におけるプラントルの貢献が始まっていた．

1年後の1901年，プラントルはハノーバー工科大学数理工学科の力学教授に就任した（ドイツ語では"Technische Hochschule"，つまり"technical high school"になっているが，アメリカの工科大学に相当する）．ハノーバーでは境界層理論を開発し，次いでノズルを通過する超音速流れについて研究を始めた．1904年に境界層の概念に関する有名な論文を発表した後は，プラントルの運勢は急上昇することになる．その年の暮れになって名門のゲッティンゲン大学に移り，工業物理研究所長官に就任した．その地で残りの人生の全てを費やして，自分の研究所を1904年から1930年の期間を代表する最高の空気力学研究センターへと発展させた．

1925年，ゲッティンゲン大学の敷地内にプラントルを所長としてカイザー・ウィルヘルム流体研究所（Kaiser-Wilhelm-Institut für Strömungsforschung）（図6.6）が設立された．彼の力学分野での重要な研究実績が認められてのことであった．1930年代にはプラントルは世界中から流体力学の長老として認められていた．彼は構造力学と気象学を含む様々な分野での研究を続けていたが，既に彼自身の流体力学への偉大な貢献はやり遂げられていた．第二次世界大戦中もゲッティンゲンに残って仕事に没頭し，一見したところは，ナチスドイツの政治や戦争による物資

の不足と破壊からも無縁であった．しかし実際には，ドイツ航空省がプラントルの研究所に新型装置と資金援助を提供していた．

　プラントルにとって研究人生終盤になってからの学生であり，後に高速気体力学での研究で有名になっていくクラウス・オスヴァティッチュは，1930年代半ばにプラントルの同僚であったJ・ニクラーゼに関する興味深い話を語っていた．ニクラーゼは1932年と1933年に発表した滑らかな管と粗い管を流れる乱流に関する画期的なデータで知られており，今日でも比較基準として使用されている．

図6.6　カイザー・ウィルヘルム流体研究所（1937年頃）

　ニクラーゼは滑らかな管と粗い管を流れる乱流に関する試験結果を（1932年と1933年に）発表した．その際，特殊ではあるが，再現可能な表面粗さを定義するために，いわゆる砂粒粗さが考案された．多くの技術応用においてこの2本の論文が非常に重要であることが判明し，世間に広く認められた．残念なことに，このことが彼の自尊心をあまりにも高める結果になり，ヒットラーが権力を握った後は所長の椅子をプラントルから取って代わろうとしてしまった．それは本当に危ない状況であった．というのも，ニクラーゼにはナチス政権高官に知り合いが少なくとも1人はいたのだが，プラントルもベッツ（プラントルが最も親しくしていた助手）も重要な立場にいたにもかかわらず党員になったこともなかった．運良くプラントルが勝利を得て，ニクラーゼはカイザー・ウィルヘルム研究所を去らねばならなくなった．しかしプラントルの指導がなくなったニクラーゼは，二度と注目に値する論文を書くことはなかった．[65]

　終戦を目の当たりにした時のプラントルの考え方は，1945年のゲッティンゲンでの米軍尋問団に対する彼の言葉に表れている．彼は自分の家の屋根が爆撃の被害を受けたことについて不満を言い，そしてアメリカ人が自分の現在および今後の研究をどの程度支援する計画があるのかを尋ねた．プラントルは当時70歳であり，まだ意気旺盛であった．しかし戦後，プラントルの研究所は凋落の一途をた

図6.7　ルートヴィヒ・プラントル

どった．「第二次世界大戦が私達全員に襲いかかってきた．終戦時には何台かの研究装置が解体され，そして研究スタッフの大多数も風と共に散らばっていった．何人かは戻って来たが，多くは今この国（アメリカ）とイギリスにいる．プラントルが蒔いた種子はあちらこちらで芽を出し，自分もその一員であるとは気づいてさえいない新しい再生株ゲッティンジャーが数多く現れている．[66]」

誰に聞いてもプラントル（図6.7）[66]は上品な人物であり，好感の持てる，親しみやすい性格であった．同時に勉強熱心であり，興味を引く物事に対しては心底から熱中するタイプであった．音楽に親しみ，名ピアニストでもあった．プラントルの教え子であったセオドア・フォン・カルマンは，プラントルは世間知らずだったことを自叙伝に書いている[67]．おそらく，その最も良い例が1909年にプラントルが結婚する意志を固めた時の出来事だろう．彼は結婚するにはどうしたら良いのか全く分かっていなかった．最終的に彼が尊敬する恩師の妻であるフェップル夫人に手紙を書いて，夫人の2人の娘のどちらかと結婚する許可を求めた．プラントルとフェップル令嬢との間には面識があった．しかし，ただそれだけだった．しかも2人の娘のどちらと結婚したいのかも書いていなかった．フェップル家では家族会議の末，長女のガートルードをプラントルと妻合わせることにした．二人は結婚し，幸せに暮らし，2人の娘を授かった．

おそらく世間知らずではあったが，彼が新たな名誉の授与を告げる手紙を受け取った際に「さて，私が受賞するのは少し早いと思っていたのかもしれないな[65]」と述べたことに表れているように，自尊心がなかったわけではない．プラントルの講義は退屈に感じられていた．発表の際には常に言い直しをしていた．それでも学生に対しては講義に出席することを期待し，そして優秀な学生を惹きつけていた．例えばスイスのチューリッヒで活躍したヤコブ・アッケレート，ドイツのアドルフ・ブーゼマン，同じくドイツのアーヘンで活躍し，後にカリフォルニア工科大学へ移ったセオドア・フォン・カルマンなど，優秀なプラントルの

学生の多くが流体力学においてめざましい働きをすることになる．フォン・カルマンは1954年に著書の中でプラントルについて次のように述べている．

> 教育を受けた技術者であるプラントルは，物理現象を理解する類いまれな洞察力と，その物理現象を比較的簡単な数式に落とし込む飛び抜けた才能に恵まれていた．彼が数学を操る手法と技は限られており，多くの共同研究者や部下達が難解な数学問題を解く点では彼をしのいでいた．しかし，必要不可欠な物理関係を表現し，重要ではない項を落とした簡易型方程式のシステムを構築する彼の能力は類いまれであった．たとえレオンハルト・オイラーやダランベールといった力学分野での偉大な先駆者達と比較しても，私はそうだと信じている．[pp.50～51][68]

プラントルはゲッティンゲンで控えめな生活を送っていた．彼は家族と共に研究所から歩いてわずか20分のアパートに住んでいた．職業に関係する興味に加えて，音楽が特に好きだった．プロ並みのピアノ演奏家であり，とりわけクラシック音楽を好んだ．オスヴァティッチュ[65]は，学生達がプラントルの自宅を訪ねた時にダンスを踊るためにプラントルがワルツを演奏したことを語っている．

オクターブ・シャヌートが『飛行機の進歩』に書いた予言的な言葉をここで再び思い出させられる．「科学は，ガリレオやニュートンのようにカオスから抜け出して空気力学に秩序をもたらし，調和のとれた法則の支配に従わない多くの空気力学的変則を減らすことのできる偉大な物理学者の登場を待ち続けてきた．」ルートヴィヒ・プラントルがその偉大な物理学者であった．シャヌートはプラントルについて知ることも，ゲッティンゲンではカオスから抜け出して空気力学に秩序がもたらされつつあることも知ることなく，1910年に亡くなった．

プラントルは1953年に亡くなった．彼は明らかに現代空気力学の父であり，流体力学における巨頭であった．これから何世紀もの間，彼の研究成果は影響を与え続けるだろう．

学術としての科学が飛行機と出会う

20世紀初めは，社会学的な変化を反映した数多くの偉業が理論空気力学の分野に現れた時代であった．ウィルヘルム・クッタ，ニコライ・ジューコフスキー，ルートヴィヒ・プラントルは数学または物理のエンジニアリング科学で博士号を取った学術界の人物であり，全員が空気よりも重い機体での飛行を理解すること

を直接の目的として，空気力学の研究を実施していた．それは，尊敬される学者が飛行機の考えを受け入れた初めての瞬間であった．実際，彼らが最も興味を持った研究課題には飛行機に関連する問題が含まれ，多くの研究がそうした問題を志向することになった．クッタ，ジューコフスキー，プラントルは飛行機に夢中になっていた．19世紀と比較すると何という違いだろうか．当時は，尊敬される学者達はいかなる飛行機との関わりを持つことも避けていた．その結果，19世紀には科学から動力飛行機の設計への技術伝達が全く欠けていた．

学者達の考え方を変えたのは何だったのか．それはリリエンタールとライト兄弟の小さな実績であった．オットー・リリエンタールのグライダー飛行が成功したことにより，有人飛行という幻想を追求していた呆れた連中は，いいところに気がついていたのかもしれないと思われるようになった．クッタとジューコフスキーは2人とも翼を広げて空中を飛ぶリリエンタールの姿に惹き付けられていた．1903年にウィルバーとオービルがライトフライヤーで成功したことが徐々に知れ渡っていくと，もはや飛行機が可能であることに疑問の余地はなくなった．にわかに航空学の研究を見当違いの夢想家と狂人達に委ねておくことができなくなった．ひとたび航空に関する研究が敬意を集めるようになると，堰を切ったようにそこから新しい研究課題が次々と登場し，その研究課題に20世紀の学者達が群がるようになった．それから後は，19世紀には存在していた非常に大きな技術伝達の溝が縮小していった．20世紀になると空気力学を含む航空学の研究は，多くの技術を向上させてより高い水準の成果を得る原動力になった．そして今日までその状況が続いている．このことは本書第4部のテーマになっている．

●新しい空気力学理論：飛行機への影響

突然，20世紀の初めに空気力学の最先端技術とその時代の飛行機の間にあった技術伝達の溝が小さくなったが，かといって完全になくなりはしなかった．一流の科学者と技術者が飛行の問題に関する研究を開始したが，理論空気力学における新しい進歩や完成途上の様々な空気力学理論が飛行機の設計に活用された範囲はがっかりするほどわずかであった．ロフティンは第一次世界大戦の飛行機の設計を考察して，当時の状況について次のように述べている．

> 成功した航空機の設計も（今日でさえ）厳密な科学ではない．立証された科学原理，工学的直感，市場または任務から上がってくる詳細な要求から設計がなされて

おり，おそらくわずかな発明の才と勇気がそこに組み合わさっているだけだ．第一次世界大戦中の航空機設計は他の何よりも独創的であり，直感的で，大胆であった．工場の床に広げられた原寸大のチョーク図面から試作機が組み立てられることも頻繁にあった．今日の航空機設計において非常に重要な部分を形成する空気力学の原則は，戦争の期間中には航空機設計技師にほとんど理解されていなかった……．構造強度，軽量化，空気力学的効率が非常に重要な工学分野において比較的性能の良い航空機が多数生産されたことは本当に驚きであった．［pp. 8 ～ 9］[69]

イギリスのソッピースキャメル，フランスの SPAD XIII，ドイツのフォッカー D-VII といった有名な第一次世界大戦航空機が設計された時には，揚力の循環理論と境界層理論は発表されていたが，それらの理論は主に 2 ヶ所のみで応用されており，まだ開発途上であった．その場所とはゲッティンゲンのプラントルの研究所とモスクワのジューコフスキーの研究所であった．その当時，それらの理論の詳細については言うまでもなく，本質を理解していた人もほんの数人だけであり，そうした理論は特にドイツ国外の飛行機設計者にとって依然として全くの謎であった．

いくつかの特定の飛行機を取り上げてこの状況を見てみよう．1917 年に設計・製作された単座戦闘機であるイギリスのソッピースキャメル（図 6.8）は，総重量がわずかに 672kg しかない小型飛行機であった．ほとんど全ての第一次世界大戦航空機に共通した特徴だが，複葉翼の間に渡した支柱と支持線はかなり大きな抗力を招いていた．通常それらは先の尖っていない鈍頭構造であり，さらに背面では大きな流れの剥離を招くことから，比較的小さな直径の割には形状抗力が大きくなっていた．イギリスのファーンバラにあった王立航空機工廠の技術者は流れの剥離について十分に理解しており，形状抗力（剥離による圧力抗力）を減らすために張線を翼型のような断面を持つ流線型に設計していた．ソッピースキャメルにはそうした張線が使用されていた．しかし，当時はまだ飛行機設計者には抗力が減少するメカニズムはよく理解されていなかった．ソッピースキャメルの場合には，流線型の

図 6.8　イギリスのソッピースキャメル（1917 年）

張線を採用したにもかかわらず，全体の無揚力抗力係数はかなり大きな0.0378になっていた．比較のために第二次世界大戦でのノースアメリカン P-51 ムスタングの抗力係数を見ると，その1/2以下にまで小さな0.0163にしかすぎない．主に翼のアスペクト比によって決まる誘導抗力に関しては，ソッピースキャメルの設計者はプラントルの有限翼理論に関する知識を全く持っておらず，そのためにアスペクト比の効果について全く認識していなかった．その結果，ソッピースキャメルのアスペクト比は比較的小さくて，4.11しかなかった．高アスペクト比翼を使用することの重要性について明らかに理解していなかったことにはいささか驚かされる．プラントルの有限翼理論は，基本的に戦時中はドイツ国内に封印されていたが，ラングレーとライト兄弟の実験からの知見は入手可能であり，そこにははっきりと高アスペクト比翼の空気力学的利点が示されていた．実際，ライトフライヤーのアスペクト比はソッピースキャメルよりもかなり大きな6.4であった．したがって，当時はまだ空気力学の最先端技術と航空機設計との間には隔たりがあり，ソッピースキャメルはその隔たりを克服できていなかった．具体的には，最高速度はわずか169km/hであった．

　フランスの SPAD XIII（図6.9）の設計を考えると，その感はさらに強くなる．SPAD は有名な飛行士ルイ・ブレリオが率いるフランスの「航空機および関連製品株式会社」(Société Pour L'Aviation et ses Dérivés) の頭文字語であった．(1909年，ブレリオは英仏海峡横断飛行を初めて成功させたパイロットになった．その時には自分で設計した単葉機のブレリオ XI で飛行した．) SPAD XIII は新しい技術を全く取り入れていない．事実，張線は円形断面を持つ単純なケーブルであった．SPAD XIII の抗力係数は0.0367であり，基本的にはソッピースキャメルと同じく大きな値になっていた．アスペクト比は非常に小さな値 (3.69) であった．比較までに，P-51ムスタングのアスペクト比はその2倍までは大きくないが，5.86であった．比較的貧弱であった空気力学的な設計特性をもともとしないだけの強力なエンジンを搭載したおかげで，最高速度は比較的速い230km/hであった．その高速性能と構造的に頑丈であったことから，第一次世界大戦における最も優秀な航空機に数えられている (8,472機が製造された)．常に空気力学が飛行機の成功と不成功を決

図6.9　フランスの SPAD XIII (1917年)

定する要因というわけではなかった.

フォッカー D-VII（図6.10）を担当したドイツ人技術者は，たぶんゲッティンゲンのプラントルの研究所で得られたデータを入手していたのだろう．ただし，どの程度そのデータを活用したのかは明らかではない．フォッカー D-VII の無揚力抗力係数は0.0404であった．驚くことに，この値はソッピースキャメルや SPAD XIII よりもわずかに大きい．アスペクト比は4.7であった．ソッピースキャメルや SPAD XIII よりも大きく，改良型空気力学へ向けて一歩前進していた．このことは，おそらく D-VII の設計者がアスペクト比の影響を認識していたことが反映されていたのだろう．つまり，その設計者はまず間違いなくプラントルの揚力線理論を知る立場にあり，明らかにそのことが高アスペクト比翼という空気力

図6.10　ドイツのフォッカー D-VII（1917年）

フランス，エッフェル14

イギリス，王立航空機工廠14

ドイツ，アルバトロス

ドイツ，ゲッティンゲン298

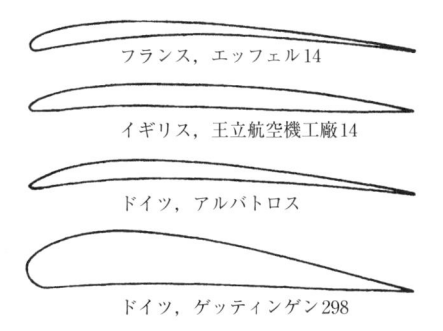

図6.11　第一次世界大戦期の航空機に使用された翼型形状の例

学的な利点になって表れた．フォッカー D-VII は1917年の後半に設計されて，1918年4月に初めて戦闘に投入された．1917年はプラントルによる有限翼揚力線理論が何冊ものドイツ軍航空当局向け秘密技術報告書になって，多数報告された年でもあった．それらの報告書が D-VII の設計に間に合うタイミングでフォッカーの技術者の手に渡っていなかったなどということは，あり得ないだろう．もう一つ D-VII に採用された技術革新であり，明らかにプラントルの研究所で行われた風洞実験に由来する技術がある．それは厚翼である．同様の厚翼がフォッカー Dr-1 三葉機にも使用されていた．第一次世界大戦航空機に使用されていたいくつかの典型翼型が図6.11に示されている．大多数の航空機には上から3番目までの形状のような薄翼が使用されていた．それらの形状はケイリー，フィリップス，リリエンタール，ラングレー，ライト兄弟が使用していた非常に薄い翼型の伝統を引き継いでいた．ライト兄弟を含む初期の風洞試験では，薄翼と厚翼を比較すると厚翼の方が大きな抗力を示していた．しかし，そうした初期の試験では低レイノルズ数の条件のみで試験が行われていたために，誤解を招くデータに

なっていた．現代の厚翼周りの低レイノルズ数流れに関する研究では，非常に小さな迎え角であっても崩壊することで大規模な剥離が生じる層流剥離泡が前縁付近に生成することにより，明らかに抗力係数は大きく，揚力係数は小さくなることが示されている（訳者注：層流境界層がいったん剥離した後に乱流に遷移して表面に再付着することがあり，この時の剥離点から再付着点までの剥離域を層流剥離泡と呼ぶ．またこの時に迎え角を大きくとっていくと，剥離した流れが再付着しなくなる現象が現れるが，これを層流剥離泡の崩壊と呼んでいる）．高レイノルズ数ではそのようなことは起こりにくくなり，特に実際に飛行機が飛行する条件と同じ高レイノルズ数では発生しない．したがって，初期の風洞試験では度々誤解を招く結果がもたらされていた．他にも非常に薄い翼に関連する好ましくない空気力学的な特性が状況をさらに悪くしていた．薄翼は実際の飛行と同じ高レイノルズ数では小さな迎え角であっても前縁で流れの剥離を生じる．ちょうど薄い平板翼での剥離と同様である．その頃にはこの影響は理解されていなかった．しかも初期の風洞試験では低レイノルズ数であったために，この現象は検出されていなかった．低レイノルズ数ではこの影響は目立たなくなってしまう．いずれにせよ，両方の観点から初期の風洞実験は誤解を招く結果をもたらしていた．第一次世界大戦中にゲッティンゲンで新規の風洞試験が行われた結果，特に傾斜している状態では厚翼は薄翼よりも抗力は小さく，揚力は大きくなることが示された．そして，厚いゲッティンゲン翼型の系列がプラントルの研究所で開発された（例えば，図6.11のゲッティンゲン298）．この翼型形式をフォッカー Dr-1 と D-VII に採用することで，大きな迎え角での厚翼の優れた空気力学特性により，ソッピースキャメルや SPAD XIII といったどの連合国側航空機よりも速く上昇し，巧みに操ることができるようになった．その上昇率性能と素晴らしい操縦特性によって，フォッカー D-VII は第一次世界大戦における全ドイツ戦闘機の中でも最も優れた戦闘機になった．本機に与えられた称号は停戦協定第4条にはっきりと記されている．そこにはドイツから連合国側に引き渡される戦争機材が記載されており，飛行機で記載されていたのはフォッカー D-VII が唯一であった．

　このようにして厚翼がそれらの飛行機に採用されたことは，研究室から飛行機設計への技術伝達が極めて素早く行われていたことの表れであるが，この技術伝達は応用空気力学からの伝達であった．理論空気力学から飛行機設計への技術の直接伝達は，その間の隔たりが小さくなりつつあったのだが，まだまだ先の話になる．

　20世紀初頭に揚力の循環理論と境界層理論から導かれた新しい空気力学の概念

は直ちに飛行機の設計に応用されることにはならなかったが，第一次世界大戦のすぐ後にそれらの理論は世界的に知れ渡り，受け入れられることになった．そして理論空気力学は先に成熟して実践の段階にあった応用空気力学についに追い付き，さらには応用空気力学を補完するようになり始めた．その後の20世紀にわたって空気力学の研究と応用が驚くばかりの発展を遂げる舞台がここに整ったと言える．この発展は，1903年にウィルバー・ライトとオービル・ライトが夢想すらできなかったほどの運動能力を持つ飛行機の設計を可能にし，またある時にはそうした飛行機の設計がさらなる発展を促すことにもなっていく．

第4部

20世紀の空気力学

第7章
支柱とワイヤを持つ複葉機の時代の空気力学

> 飛行機の製造は，他の産業分野よりもさらに多くの恩恵を実験室での研究から受けるべきであり……．その結果，飛行機の製作では機械工の直感の代わりに技術者の判断が必要になってきている．新型機の開発であれば機械工の直感により満足な組み合わせが偶然見つかるかもしれないが，多くの場合では失敗するだろう．
>
> ギュスターヴ・エッフェル（1910年）

　1908年8月8日の夕方6時，ある飛行機がフランスのル・マン近郊にあるユノディエール競馬場を離陸して，軽やかに周囲を2周した．飛行時間は2分間もなかった．その飛行機は初期のライト航空機の中では大型かつ強力であり，1903年の歴史的なライトフライヤーに始まる発展型の中では最終型のライトA型であった．そして，ウィルバー・ライトが初めてライト式飛行機の一般公開飛行を行っていた．優秀なパイロットでもあったウィルバーは，たわみ翼とラダー制御の効果を組み合わせて航空機をバンクさせながら大きな旋回を4回行った．その日の夕方は晴れて風もなく，観覧席にいた少数の人達は見事な飛行実演を特に苦労もなく楽しむことができた．そのまばらな観客の中にルイ・ブレリオとアーネスト・アーチディーコンを含む数人のフランス人飛行士がいた．2人は他の大多数の人とは違って，今まさに創られつつある歴史を目の当たりにしていることを認識していた．それからの5日間にわたってウィルバーはさらに8回の飛行を行った．最も長時間の飛行で8分間以上飛行していた．その頃には，飛行という言葉が驚くほどフランス中に広まっていた．競馬場には人々が押し寄せ，その人々の群れも日に日に増えていった．オービルとウィルバーは1903年12月17日に比較的人目のあまりない中で初めての飛行を行っており，それからも他の人が実証性の乏しい飛行を行っていた（例えば1906年のパリにおけるサントス＝デュモンと，1908年のニューヨーク州ハモンズポートにおけるグレン・カーチス）．しかし，一般大衆が飛行機

の存在を目にしたのは，1908年にウィルバーがフランスで見事に実演したこの飛行が最初であった．

この飛行実演を知ってからは，空気力学での科学的研究と技術的研究の価値に対する考え方が変わることになった．空中に飛行機を保持できる自然法則について学び，空気力学的に改良された設計に繋がる技術的解決策と手法を開発することは，確かにとても重要なことだが，ほぼ一夜にして流行のようになった．第6章では学術としての科学が19世紀から20世紀への変わり目に飛行機と出会ったことを話題に取り上げた．そして飛行機が既成の事実であることをウィルバーが劇的に実証した1908年以降は，工学という専門職業分野の世界に心を躍らせながらこれから開拓していく新しい学問領域が突如として登場した．

ヨーロッパの各地ではこの技術的なおもしろさに気づくたびに，新しい風洞の回転数を上げる音が鳴り響いた．1908年，プラントルはゲッティンゲンで1辺が2mの正方形断面を測定部に持つ風洞の運転を開始し，そしてパリでは1909年の初めにギュスターヴ・エッフェルが，自らが20年前に建設した壮大な塔のすぐ近くで新しい風洞を運転していた．エッフェルはこの風洞実験の成果により，たちどころにフランス最初の偉大な空気力学者になっていく．今日，エッフェルという名前が空気力学の専門家や学生の口から聞かれることはめったにないし，一般大衆がエッフェルの名前と空気力学を関連づけることもないだろう．しかし彼の実験空気力学への貢献は，エッフェル塔の設計と建設で表現された彼の革新的構造技術と同様に，技術史における重要な出来事であった．彼は今なお空気力学で使われている実験手法を他に先駆けて開発し，飛行機空気力学での最も基本的なパラメーターについて初めて定量的な計測を実施した．

● ギュスターヴ・エッフェル：鉄と空気の人

アレクサンドル・ギュスターヴ・エッフェルは1832年12月15日にフランスのディジョンで生まれた．エコール・ポリテクニークには入学できず，22歳の時に中央工芸大学を卒業した．それからの50年間で特に金属構造物を専門とする構造技術者としての彼の名声が形成されていった．彼の最も有名な橋がポルトガルのオポルトのドウロ川に架かるマリア・ピアである．建築家L・A・ボワロとは共同でパリのデパートに初めて鋳鉄とガラスからなるビルを設計した．そのビルは3方向にガラス壁があり，広々とした中庭は2800m^2の天窓で覆われていた．ニューヨークにある自由の女神の鉄製の骨組みを1884年に設計したのもエッフェルで

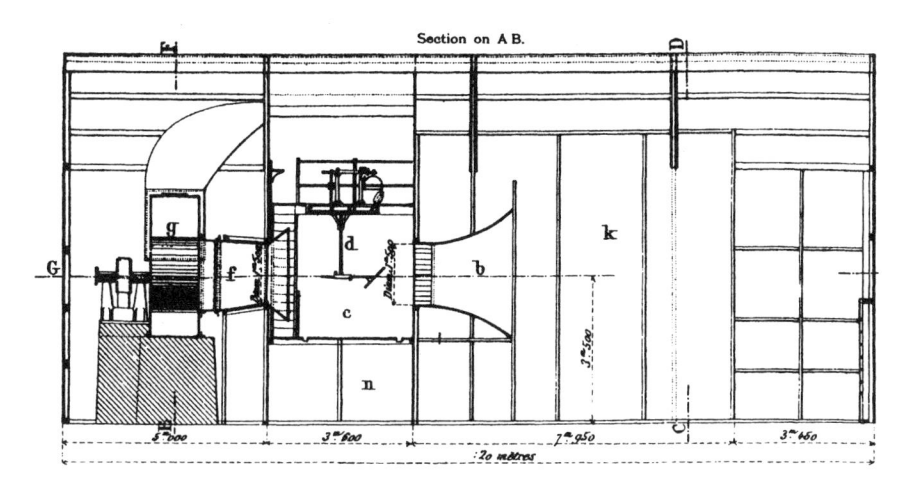

図7.1　エッフェルによる1909年風洞の図面

あった．しかし，世界中にエッフェルの名前を知らしめた構造物といえば，フランス革命100周年を祝う博覧会の一部としてパリに建設されたエッフェル塔である．1930年にクライスラービルがニューヨークに建設されるまでは，300mの高さにそびえるこの印象的な建築物が世界で最も高い人工構造物であった．

　長命であったエッフェルは，70歳を過ぎてから空気力学者としての新しい経歴を開始した．エッフェル塔からの直接投下が彼の最初の冒険であった．すなわち，地上115mにあるエッフェル塔の第2プラットホームから様々な物体を落下させ，その物体に作用する空気力を計測していた．この落下試験は4年間続けられ，その中には迎え角を様々に変更させた平板に関する一連の実験も含まれていた．このような空気力学試験方法は容易ではなかったし，計測手段も限られていた．エッフェルは落下中の物体の加速度を計測し，真空中での重力による加速を差し引いて，既知の物体質量からニュートンの第二法則により空気力を求めた．

　1909年には空気力学研究の幅を広げることを考えて風洞を設計し，エッフェル塔のすぐ近くのシャン・ド・マールにあった小さな建物の中に建設した．風洞を動かす電力はエッフェル塔の電源から供給されていた．その風洞は新しい設計を採用していた．今でもエッフェル式風洞と呼ばれている古い風洞様式の先駆けであった（図7.1）．左側に見える送風機 g によって右側に見える先細ノズル b を通過して空気が吸い込まれていた．測定部は開放であったが，彼が「実験空気槽」と呼んでいた周囲が密閉された大きな容器 c の中にあった．この開放噴流の設計

により，ノズルから流れてくる試験気流内での作業が容易になった．試験気流自体が直径1.5mもあったので，適度な大きさの試験模型には十分な大きさであった．68馬力（51kW）のモーターで送風機を駆動して，最大20m/sの試験気流速度が得られていたが，「この研究で使用する速度範囲においては，速度の2乗に比例して反応が変化することが示されていた」ので，彼の実験の大半は12m/sの風速で実施されていた．実用面からは「さらに，表示の変動がないという理由から液柱圧力計（マノメーター）の読み取り精度が格段に良くなる」と，第二の理由を述べている．

　エッフェルは最初の風洞計測データを素早く発表していた．運転を開始した1年後には，パリでは『空気の抵抗と飛行[71]』が書架を飾っていた．技術説明の明快さ，慎重な実験，実験空気力学に関する独創的かつ創造的な思考が特徴的な傑作である．当時，「海軍造船技師補」としてアメリカ合衆国政府に勤務して，既に航空学の技術専門家として認められていたジェローム・ハンサカーがこの英語翻訳版の準備に費やした時間と労力が，1913年のエッフェルの研究がいかに重要であったかを物語っている．実際，将来的に大きな影響力を持つとは考えられない研究の翻訳を行う暇など彼にはなかった．ハンサカーは後に20世紀前半のアメリカ航空学の発展を先導する人物になっていく．『空気の抵抗と飛行』は20世紀における実験空気力学の大いなる発展に向けて，基調となる雰囲気を作り出した．しかし，今日では空気力学に対してエッフェルが果たした役割はそれほど正しく評価されておらず，それを知らない人すら存在する．1909〜10年にシャン・ド・マール実験室で行われたエッフェルの風洞実験から大きな貢献が7つ誕生した．

　まず第一に，風洞自体が貢献であった．密閉された空気槽の中で自由噴流を用いたことは，それまでにはなかった．エッフェルは，自由噴流の静圧は空気槽の静圧と同一になることを認識していた．「実験空気槽を空気が通過する際には，流線は実質的に平行になり，圧力は空気槽の圧力になる．風洞格納庫（風洞が納められた一部屋からなる建物）と空気槽との間に接続したマノメーターから読み取った圧力差が空気に付与された運動エネルギーに相当する（p.3）.[71]」エッフェルは，格納庫の空気は風洞にとって圧力p_0の貯気槽空気であって，ベルヌーイの式から貯気槽圧力と測定部圧力の差$p_0 - p$がその空気流れの単位体積当たりの運動エネルギーであると認識していた．すなわち，次式が成立する．

$$p_0 - p = \frac{1}{2}\rho V^2$$

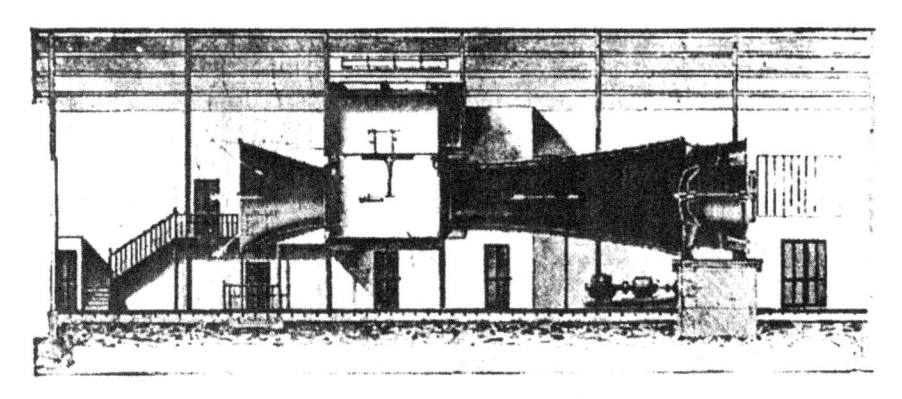

図7.2 オートゥイユにあったエッフェルの風洞

　2年後，エッフェルはパリ郊外のおしゃれなオートゥイユにさらに大きな空気力学実験室を建設した．測定部の直径が2mあり，空気速度も40m/sまで上げることが可能なより大型の風洞がその実験室の主力であった．この風洞には画期的な設計上の特徴があった．周囲の空間へ空気を排気する前にその空気の流れを遅くして圧力を増加させるために，徐々に拡大する長いディフューザー区間が開放噴流の下流に設けられていた．このディフューザーによって，より経済的に風洞の運転を行えるようになった．同一の動力消費では最初の風洞よりも自由噴流の流れは大径化し，かつ高速化した．オートゥイユにあったエッフェルの新しい風洞が図7.2に示されている（空気は左から右へ流れ，測定部と徐々に拡大するディフューザーがはっきりと分かる）．低速亜音速風洞の一種であるこのエッフェル式風洞は，今でも多くの空気力学実験室で見られる．
　第二に，エッフェルは風洞試験結果との比較に利用できる落下試験のデータを持っていたので，それまでの実験では繰り返し言われてきた風洞試験に関する疑問を研究者として初めて完全に解消することになった．ダ・ビンチが初めて「空気に対する物体によって作り出される力と同じ力が，物体に対する空気によって作り出される」と述べていた風洞の基本原理に対する疑問である．1871年にフランシス・ウェナムが風洞を発明してからずっと使用されていたにもかかわらず，20世紀までその疑問は晴れることなく残っていた．おそらく，リリエンタールやラングレーといった信頼される研究家が風洞ではなく回転アーム試験装置の使用を選んでいたことが，この疑問がなかなか解消されることなく持ち越されてきた理由の一つであろう．それはどうであれ，エッフェルは科学的に風洞原理の正当性を立証した．彼は落下試験で計測した平板に作用する空気力を風洞で計測した

空気力と比較し，以下のように述べて両者が同一であることを明らかにした．
「2つの方法で得られた結果が一致していることから，静止空気中を移動する面は風の中に保持された同様の面と同じ抵抗を示すことが分かる．この点はこれまで頻繁に議論されてきた．(p.37)[71]」

第三に，エッフェルは空力物体の表面圧力分布を初めて詳細に計測した．それ以前にも，物体に作用する空気力を直接計測するための空気力学試験が注目されていた．どのような形式であれ，風洞の中で圧力分布を計測したのはエッフェルが最初ではなかったことは，特に記しておくべきであろう．初めてその計測を行ったのは，コペンハーゲンのジョハン・イルミンガーとH・C・フォークトであって，1894年のことであった．フォークトは帆と空気プロペラの空気力学を研究した船舶技師であり，イルミンガーはコペンハーゲンガス工場の工場長であった．彼らは粗末な風洞を組み立てて，それをガス工場の煙突の壁に開けた穴に取り付け，煙突の吸引効果により風洞を通して空気を吸引した．そして，平板上の3点で圧力計測が行われた[32]．しかし，エッフェルの調査はそれよりもはるかに大規模かつ完璧であった．彼の表面圧力変化に関する詳細な計測結果から，翼や物体周りの空気力学流れの本質を捉えて，揚力と圧力抗力が生成する仕組みを新たに理解できるようになった．実験空気力学の新次元に向けた先駆けと言える．今日，圧力分布の計測は風洞試験での最も重要な役割に数えられている．エッフェルは圧力分布を計測した方法を以下のように説明している．

> 模型の全合成圧力（正味空気力）に加えて，背面と正面の圧力分布を調べることは興味深い．感度の良いマノメーターを用いてこれらの圧力を計測することができる．翼には小さな穴を適切に分散させて多数開けておき，小さなネジで塞いでおく．計測を行う場所ではこのネジを内径0.5mmのニップルに取り替える．ニップルは計測を行う側が開口になっており，反対側はゴム管でマノメーターの片側端に接続される．もう一端は空気槽内の静止空気に対して開放されている．このネジ式ニップルの開口は非常に小さいので，ここを通過する空気の流線は表面に対しても互いに対してもすぐに平行になると考えられる．その結果，流線は開口部を設けたことに影響されず，圧力は外部へ伝送されてマノメーターによって正確に計測される．[p.18][71]

ここでは空気力学面における静圧計測の原則に関して初めて明確に記述されている．

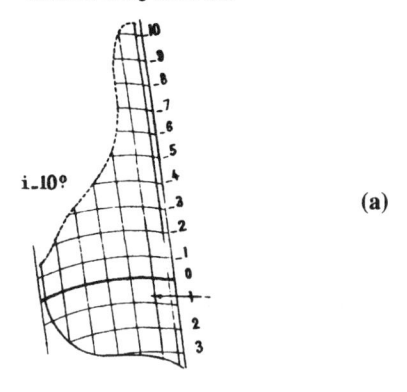

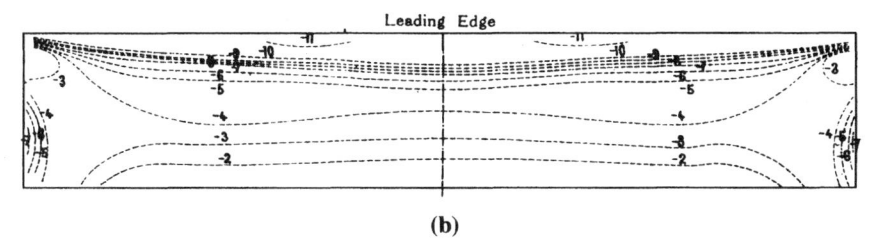

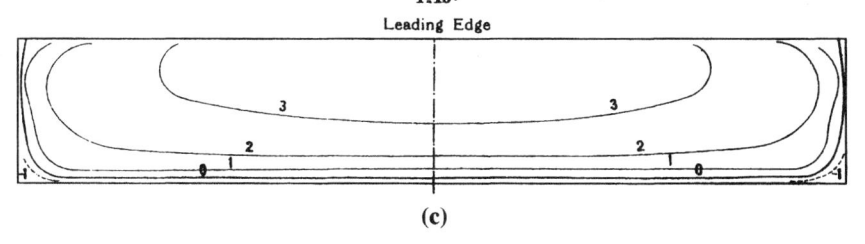

図7.3　円弧翼型を持つ翼に関してエッフェルが計測した圧力の等高線

エッフェルは様々な模型翼面と模型翼型でそうした圧力計測を数多く行った．図7.3には1/13.5キャンバーを持つ円弧翼型でのエッフェルの計測結果が示されている．図7.3aには迎え角10°での翼幅中央部における翼の上面（破線）と下面（実線）での翼弦方向圧力分布の計測結果が示されている．（訳者注：縦軸は圧力を，横軸は翼弦方向の位置を表している．）圧力はmmAqの単位でのゲージ圧（大気圧からの差圧で表示された圧力）で表されており，自由流の流速が10m/sの場合の計測結果である．したがって，負圧は大気圧以下の「減圧」であり，正圧は大気以上の圧力である．このデータから上面は強い減圧であることが分かる．図7.3bおよび図7.3cには，エッフェルが作図したままの上面と下面での静圧分布の等高線がそれぞれ示されている．この当時（1910年）は，このような計測結果は画期的であった．これらは揚力を発生している翼周りの詳細な圧力分布に関して公表された初めてのデータであった．等高線図（図7.3bと図7.3c）が最も印象的である（等高線とは状態量が等しい点を結んだ線であり，圧力等高線は圧力が等しい線である）．現代の高速コンピューターとコンピューターグラフィック技術が開発される以前は，計測データ点の間を補間して手で等高線を作図する必要があった．これは根気のいる仕事であった．そのために20世紀前半までは実験データを表示する際に等高線図はほとんど用いられなかった．1960年代以降になって計算流体力学（CFD）の到来と共に等高線図は空気力学において（主としてCFDの結果を表示するために）幅広く用いられるようになってきた．したがって，エッフェルの本の中に圧力等高線図が数多く含まれていることは極めて印象的である．エッフェルはこのような等高線図から，翼の上面では前縁付近で急激に圧力が変化するという正しい結論を導いた（図7.3bの前縁付近に等高線が密集していることに注目しよう）．翼端の上面は強い減圧領域になっているという結論も下した．しかし，この計測結果と翼端渦の存在とを結び付けることはしなかった．初めて翼端渦（図6.3）の存在を理論づけたのはランチェスターであった．彼は1907年にこの理論を発表していたが，エッフェルがシャン・ド・マールでの実験の前に，あるいは実験の期間中にランチェスターの理論について読んでいたかどうかは分かっていない．

エッフェルはこのような圧力分布を研究する発想をイギリスの国立物理学研究所（NPL）の技術部長トーマス・スタントン卿が先に行っていた実験から得ていた[72]．1903年，スタントンはNPLの旧式風洞を用いて小さな平板（76×25mm）の上面と下面での圧力分布を様々な迎え角で計測した．スタントンの計測は他のどの実用的な詳細計測よりも興味深く，基本的に他に類を見ない内容であった．それに対してエッフェルは，飛行機への応用にとってよりふさわしい形状を持つ数

多くの模型翼を取り上げて，その全体にわたって膨大な圧力を計測していたことと，その計測結果に関して洞察力あふれる解釈を行っていたことから，この計測技術の先駆者として考えなければならない．

　第四に，流れの中に置いた物体に作用する正味の揚力はその表面周りの圧力分布が合成された結果であることを最初に証明したのは，エッフェルであった．彼は圧力分布の計測結果と力の釣り合いの直接計測結果から次のように述べている．「圧力の直接計測から我々が重要視する重大な結果が得られた．すなわち計測した圧力を合計すると，どの条件においても天秤が示した反応と一致していた．(p.20)[71]」その一致がどの程度であったかは明確にされていないが，彼は几帳面なことで知られていたので，実験誤差の範囲であったと推測される．その当時の実験誤差はおそらく5％以下であろう．繰り返しになるが，ある模型に作用する圧力の計測と力の計測の両者を実施して比較した点においてエッフェルはNPLのスタントンに追随していたわけだが，スタントンの計測規模が限定的であったことから，他に先駆けてその発想を実行したのはエッフェルの功績である．

　第五に，エッフェルは翼に作用する揚力の大部分は翼の下面に作用する高い圧力に由来するのではなく，むしろ翼の上面に存在する低い圧力に由来していることを証明し，この議論に決着をつけた．彼は迎え角を90°から減少させながら，空気力と平板翼面上の圧力分布を計測した．「これらの図から，垂直位置から傾斜位置へと変化する過程で圧力（単位面積当たりの平均正味空気力を意味している）が大きく増加しているのは，背面の減圧が原因になっていることが分かる．前部の圧力は半分に減少するのみだが，減圧の値は3倍になる.」エッフェルのデータによると，0°から20°の小さな迎え角ではアスペクト比5.67の平板翼での揚力の1/5が下面に作用する高い圧力から生じ，4/5が上面の減圧から生じていた．アスペクト比が6で，1/13.5キャンバーの円弧翼型を持つ翼では，下面と上面が揚力に寄与する割合はそれぞれ1/3と2/3であった．「結論として，これらの実験から小さな角度［0～20°］では平面や曲面に作用する空気の反応は主として背面に生成する減圧に起因していることが示された．圧力と減圧の変化は前縁近傍において最も際立っている．減圧は表面の側方先端部近くで最も大きくなっている．(p.73)[71]」翼の上面に減圧部が存在することを最初に観察したのはエッフェルではない．ホレイショー・フィリップスは翼の上面を空気が流れるとその圧力が低下していることに気づいていたし，スタントンと同様にイルミンガーとフォークトも傾斜した平板の上部には減圧部が存在していることを示して

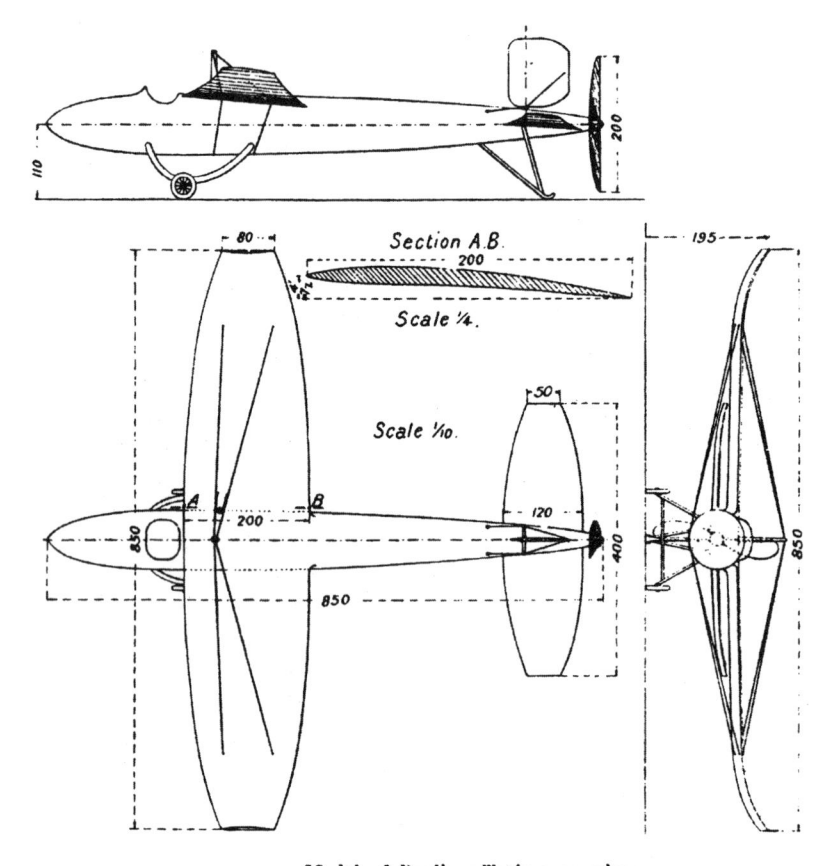

358　第4部　20世紀の空気力学

Model of Paulhan-Tatin monoplane.

Velocity	...	...	...	...	125 km. or 34.7 m/sec.
Area of Wings	...	..	...	...	12.5 m².
Weight in service	...	...	...	...	420 kg.

図7.4　エッフェルが使用したポーラン-タタン空雷の風洞模型

いた．しかし減圧の本質や，翼面上に減圧部がどのように分布して影響を及ぼしているのかを決定的に示すデータを初めて得たのは，エッフェルであった．

　第六に，完全な飛行機の模型を使用した風洞実験を最初に実施して，その実験結果と実際に飛行中の飛行機の性能とが一致していることを決定的に示したのもエッフェルであった．『空気の抵抗と飛行』には，ニューポール単葉機，バルサン単葉機，ポーラン-タタン空雷（図7.4），ルテリエーブリュノー単葉機，M．ファ

ルマン軍用複葉機の 5 種類の飛行機に関する風洞データが掲載されている．つまり，各模型に関する揚力，抗力，揚抗比のグラフが迎え角の関数として示されている．それらのパラメーターを実際に飛行して計測する技術はまだ開発されていなかったが，エッフェルは風洞試験結果と実際の飛行との間で次のような比較を行った．まず，風洞での空気力学計測結果から航空機が様々な速度で飛行するために必要な動力を計算した．そしてその計算結果とエンジンが出力可能な最大馬力とを比べて，その飛行機の最大速度を見積もった．ポーラン-タタン空雷では，40馬力のエンジンにより34.7m/s（125km/h）の最大速度が達成できる計算結果が得られた．1910年の飛行機にしては速いと思われるかもしれないが，ポーラン-タタン空雷はかなり流線形になっており，試験を行った 5 種類の航空機模型の中では最も大きな揚抗比（$L/D = 6$）が得られていた．それでも揚抗比が15〜20の範囲にある現代の航空機をかなり下回っており，飛行機空気力学にはこの先まだ長い道程が待っていた．エッフェルが先駆けになった完全飛行機模型での風洞実験は，20世紀における風洞応用での核心部分になっていく．彼は次のように結論づけている．「先の例では，飛行時に観察される実際の条件と完全に一致させて場合ごとに計算を行っている．この結果から飛行機の設計において模型飛行機または模型翼を用いて慎重に試験を行うことで，設計者は通常の飛行状態を予想できるようになることが容易に導かれる．(p.104)[71]」

エッフェルの記述における唯一の弱点は，彼が空気力学データへのレイノルズ数の影響を理解していなかったことであった．しかし彼は大きさとアスペクト比を様々に変えた平板の抗力を迎え角90°で計測した結果から，空気力学係数を計測する際に物体の大きさが重要であることを学び，十分に認識していた．そして実験結果に厳密に基づいて，風洞試験で得た結果と実際の飛行機が持つ性能との間に次のような補正を導入した．「その模型から実物大の翼へ変わる際に支持力の係数が10％以上増加するようにした．」今日では，次元解析から揚力係数と抗力係数はレイノルズ数 $\rho V c/\mu$ の関数であることが分かっている．ここで c は代表長さであり，例えば翼弦長などが用いられる．これは空気力学における力学的相似性という強力な原則の一部になっている（訳者注：訳者による巻末添付資料を参照）．しかし，エッフェルが活躍していた時代には力学的相似性の概念はまだ発展途上であった．1868年から1874年にかけてイギリス海軍本部からの依頼で実施された船体の抗力に関する実験では，ウィリアム・フルードが模型データを実物大形状へ外挿するための相似則を作り上げていたが（訳者注：無次元数であるフルード数は，この研究の中でフルードが導いた有次元の速度長さ比が後に無次元化の改良を受けた

ものである），そのような相似性の考案は遅々として進まなかった．第4章で取り上げたように，レイノルズ数には層流から乱流への遷移を表す働きがあることをレイノルズが示し，19世紀末にかけてレイリーが次元解析の応用を探っていたが，エッフェルが活躍していた時代にはその概念はまだ広く知られていなかった．ウォルター・ビンセンティはこの状況を，当時は「まだ有次元で考えることが技術者の間では一般的であった[36]」と述べている．しかし，エッフェルはプロペラの実験結果を実際の条件に関連づけるために次元解析から得た知見を用いていた．このことは後に紹介する．以上のことから，彼は相似性の概念について全く無知ではなかった．

　第七に，エッフェルは空気力学において毎日使用されている2つの用語を考案した．一つは「風洞（wind tunnel）」という用語である．フランシス・ウェナムは「人工の流れ」と呼んで説明していたし，ホレイショー・フィリップスは「導管」と呼んで参照していた．そしてライト兄弟は単に自分達の風洞を「装置」と呼んでいた．他方，NPLのスタントンは自分の装置を「流路」と呼んでいた．「風洞（wind tunnel）」という用語が最初に印刷物に用いられたのは，エッフェルがダクトを通る空気の流れを「人々がトンネル法（méthode du tunnel）と呼ぶところ」として引用した1910年のようである．ハンサカーによる1913年の翻訳では「風洞（wind tunnel）」という用語が使用されている．エッフェルの引用についてジョセフ・ブラックは，その時に「この用語が初めて出版物の中で使用されたと思われる．そしてイギリスとアメリカの用法では風洞（wind tunnel）になったのだろう[72]」と考えた．土木技師でもあったエッフェルがこうした状況で「トンネル」という言葉を選んだことにはうなずけるし，自然なことのように思える．

　エッフェルが考案したもう一つの用語が，揚力係数と抗力係数の関係をグラフにした「極曲線（polar diagram）」であった．グラフに名前を付けることはしなかったが，この形式のグラフを最初に発表したのはオットー・リリエンタールであった．今日，この種のグラフは「抵抗極線（drag polar）」と呼ばれており，ここに「極（polar）」という言葉が使用されているのはエッフェルに由来している．エッフェルはデータを表示するために（リリエンタールを引用することなく）極曲線を幅広く活用した[71]．図7.5にはエッフェルの極線図の一例が示されている．この図には，平板と1/27，1/13.5，1/7のキャンバーを持つ3種類の円弧翼型のデータが合わせて記されている．翼平面形状は90×15cmの長方形であり，したがって全ケースでアスペクト比は6であった．K_xとK_yは相対風に対して平行および垂直な方向の「単位反応」であった．エッフェルは単位抵抗K_iを

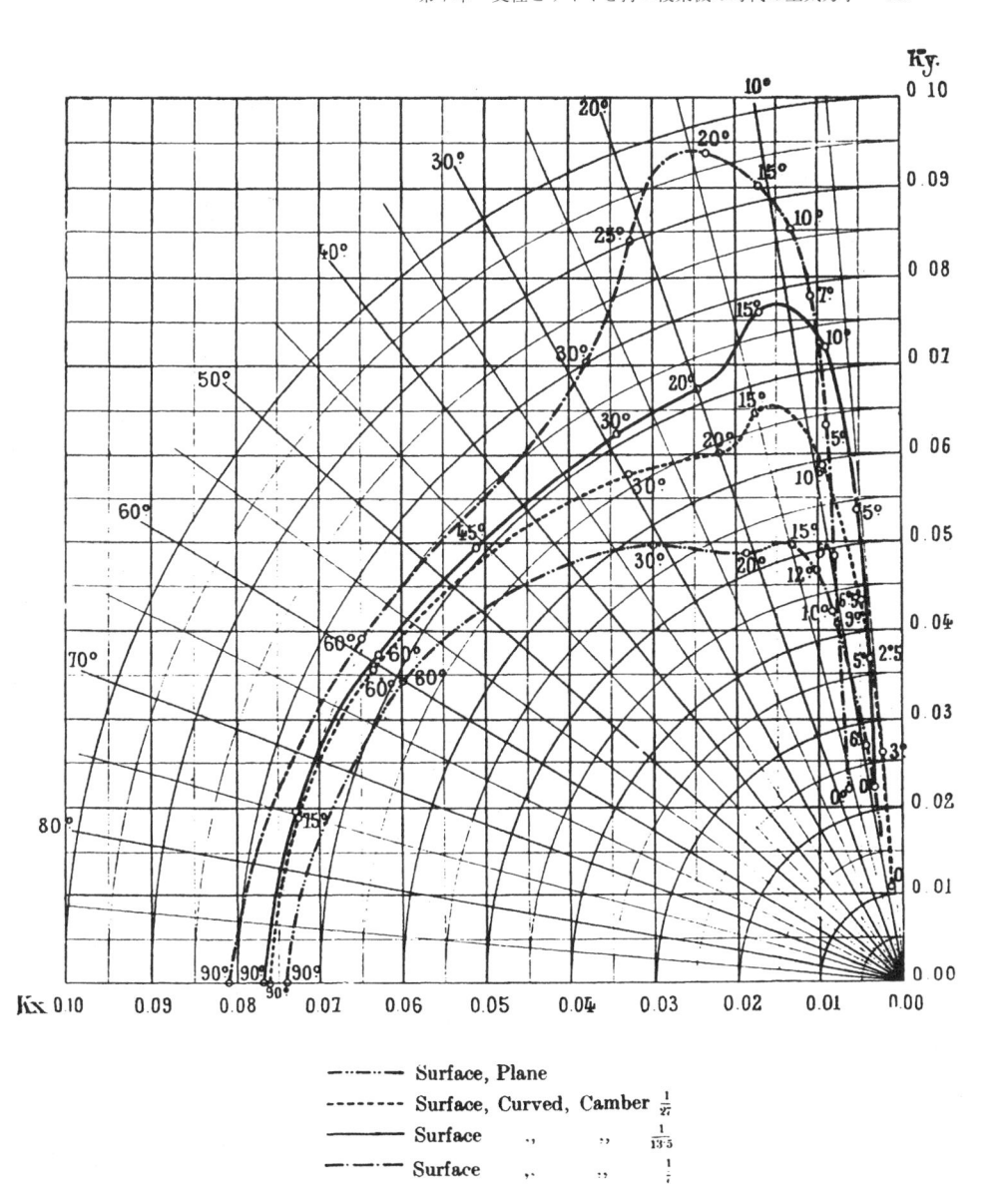

第7章 支柱とワイヤを持つ複葉機の時代の空気力学　361

```
        Surface, Plane
------- Surface, Curved, Camber 1/27
        Surface    ,,       ,,    1/13.5
-- -- - Surface    ,,       ,,    1/7
```

図7.5　エッフェルによる平板と3種類の円弧翼型に関する抵抗極線

$$R = K_i SV^2$$

として定義した．ここで R は kgf で表された翼や物体に作用する合成空気力，S は m² で表された翼平面積，V は m/s で表された自由流流速である．ゆえに，K_i は迎え角 i での単位面積，単位速度当たりの kgf で表された「単位抵抗」であった．そして，相対風に対して平行および垂直な単位抵抗の成分が K_x と K_y であった．基本的にそれぞれ単位抗力と単位揚力に相当する．（エッフェルも同時代の他の人達と同じように，抗力に「前面抵抗」という用語を使用していた．）エッフェルは極曲線の価値と利便性について次のように述べている．

> 極曲線では，横座標は単位反応の風に平行な成分 K_x（飛行機の前面抵抗），縦座標は風に垂直な成分 K_y（飛行機の支持力）である．したがって，原点から引いたベクトルは全単位反応 $K_i = \sqrt{K_x^2 + K_y^2}$ を表す．どのベクトルでも鉛直線との間になす角度 θ は合成反応と鉛直線との間になす角度である．さらに各曲線には対応する翼弦の風に対する傾斜角が記されている．このように，たった一つの極座標曲線が5つの状態量 K_i，K_x，K_y，Θ，i の変化を表す．［p.47］[71]

話題に取り上げた7つの重要貢献に加えて，エッフェルの風洞研究から他にも興味深い結果が得られた．ウェナム，ラングレー，ライト兄弟と同じように，エッフェルも翼と飛行機の空気力学特性を求める際にはアスペクト比が重要になることを認識していた．アスペクト比とキャンバーが異なる翼に関しておびただしい数の試験を行って，高アスペクト比が大きな揚抗比をもたらすことをはっきりと実証した．平板翼に関しては，エッフェルは以下に示す実験式によってアスペクト比と迎え角の影響を関連づけた．

$$\frac{K_i}{K_{90}} = \left[3.2 + \frac{n}{2}\right] \frac{i}{100}$$

ここで，K_{90} は迎え角90°で平板に作用する合成空気力，n はアスペクト比，i は60分法で表された迎え角である．エッフェルはアスペクト比1～9の範囲でこの式を適用できると述べている．これまでと同様に，比率 K_i/K_{90} は現代の合力係数 C_R に相当すると解釈できる．したがってエッフェルの式から得られた結果と図4.49に示されているラングレーとリリエンタールのデータとを比較できる．飛行機の飛行に用いられる小さな迎え角，例えば $i = 5$ を選んでみよう．エッフェルの式からアスペクト比1と6.25に対してそれぞれ $K_i/K_{90} = C_R = 0.185$ と 0.316 が得られる．図4.49に示されているラングレーのデータから同じ2つのアスペクト比に対

して0.17と0.295がそれぞれ得られるので，8％以内の差で一致していることが分かる．この2組のデータの試験方法と試験条件の相違を考えると，ここでも驚くほど両者は一致している．エッフェルの式は，K_i/K_{90}が迎え角 i に対して直線的に変化することを示している．今日，小さな迎え角においてはこの知見は正しいことが知られている．アスペクト比に対してもK_i/K_{90}が直線的に変化することを示しているが，これは厳密には解析的に正しくない．しかし，定性的には正しい方向性を示している．エッフェルは同様にキャンバーを持つ翼に適用可能な実験式も示している[71]．

エッフェルの風洞実験は飛行への適用を直接の目的にしていた．彼の研究は基本空気力学というよりも，主として応用空気力学の範疇だと言える．例えば，本物の飛行機に使用されていた翼の縮小複製模型翼の調査結果を示していた[71]．特に，ウィルバーがル・マンで操縦していたライトA型の翼模型を試験していたのは興味深い．エッフェルが試験したラ

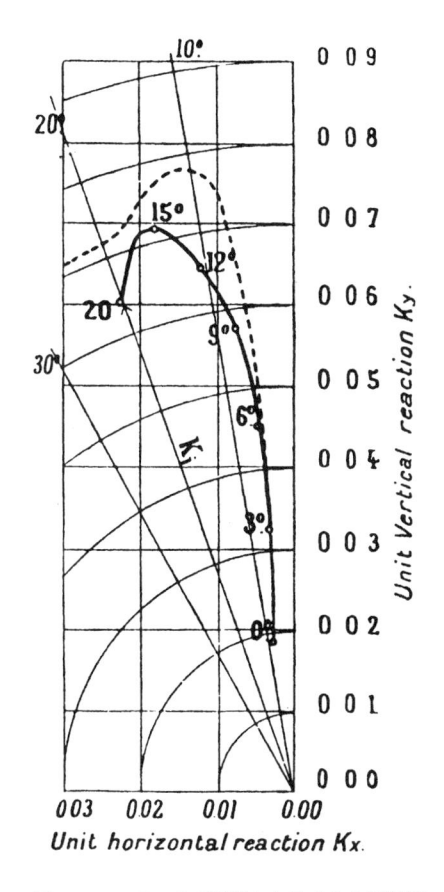

図7.6 エッフェルが計測したライトA型翼模型の抵抗極線

イト翼の風洞データが図7.6に極曲線で示されている．実線がライト翼のデータを示している．比較のために，1/13.5のキャンバーを持つ円弧翼型からなる翼のデータを破線で示してある．迎え角6°でのライト翼の翼幅中央線上における上面と下面の翼弦方向圧力分布を図7.7に示してある．上面における圧力分布（破線）は前縁のすぐ後方で低い値まで落ち込み，ほぼ1/2翼弦点に到達するところまで平坦な領域を形成している．このような平坦な領域（定圧領域）は流れの剥離が確実に発生していることを表している．エッフェルのデータは，かなり大きな剥離領域がライト翼の上面に存在していたことを示していた．しかし驚くことではない．迎え角をとった非常に薄い翼型周りの流れでは，このような流れの剥

離はよく発生する．まず間違いなく，ライト飛行機は（当時，非常に薄い翼型を使用していた他の多くの飛行機と同様に）前縁から少し下流へいった上面にかなり大きな剥離流れ領域を発生させたまま飛行していた．また，エッフェルのデータに共通して含まれている低レイノルズ数の影響が，図7.7にも含まれている可能性がある．エッフェルの風洞での模型サイズと自由流れの条件では，（翼弦長さに基づいた）レイノルズ数は121,000であった（64km/hで飛行する実物大ライトA型のレイノルズ数は2,370,000になる）．今日，100,000のような低レイノルズ数では，翼型上面の前縁すぐ下流に層流剥離泡が容易に形成されることが分かっている．そのような剥離泡が図7.7に見られる圧力一定の状態を招くことがある．

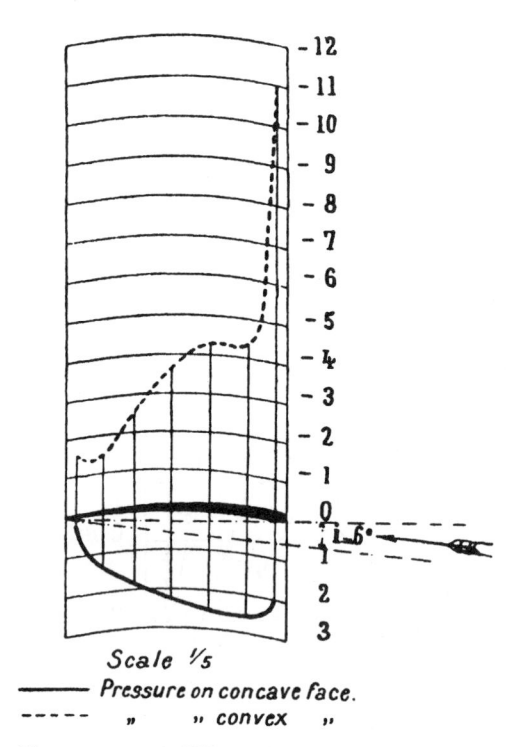

図7.7 エッフェルが計測した迎え角6°におけるライト翼の翼幅中央線上での圧力分布（破線は上面，実験は下面の圧力分布を表す）

図7.8にはエッフェルが試験したプロペラが示されている．プロペラの専門家M・ジェビエツキが設計し，エッフェルが標準的（Normale）と記しているプロペラである．プロペラの翼型がそれぞれの位置で局所相対風に対して同じ入射角になるように，ねじれが設計されていた．その入射角は「一定であり，かつ採用した翼形状にとってK_x/K_yが最小になる最大効率の角度に可能な限り近づけられている．」つまり，各位置の翼型は抗揚比がほぼ最小になる点で動作することになっていた．エッフェルの解析[71]では，プロペラ効率（プロペラが作り出した動力をプロペラに伝達されたエンジン軸動力で割った値）はパラメーターV/nDと共に変化することが示されていた．ここでnはプロペラの回転数，Dはプロペラの直径，Vは自由流流速である．今日では，このパラメーターは前進率と呼ばれており，次元解析からプロペラ性能を表す重要な相似パラメーターであることがはっきりと示されている．エッフェルの解析は力学的相似性のようなものであった（揚力と

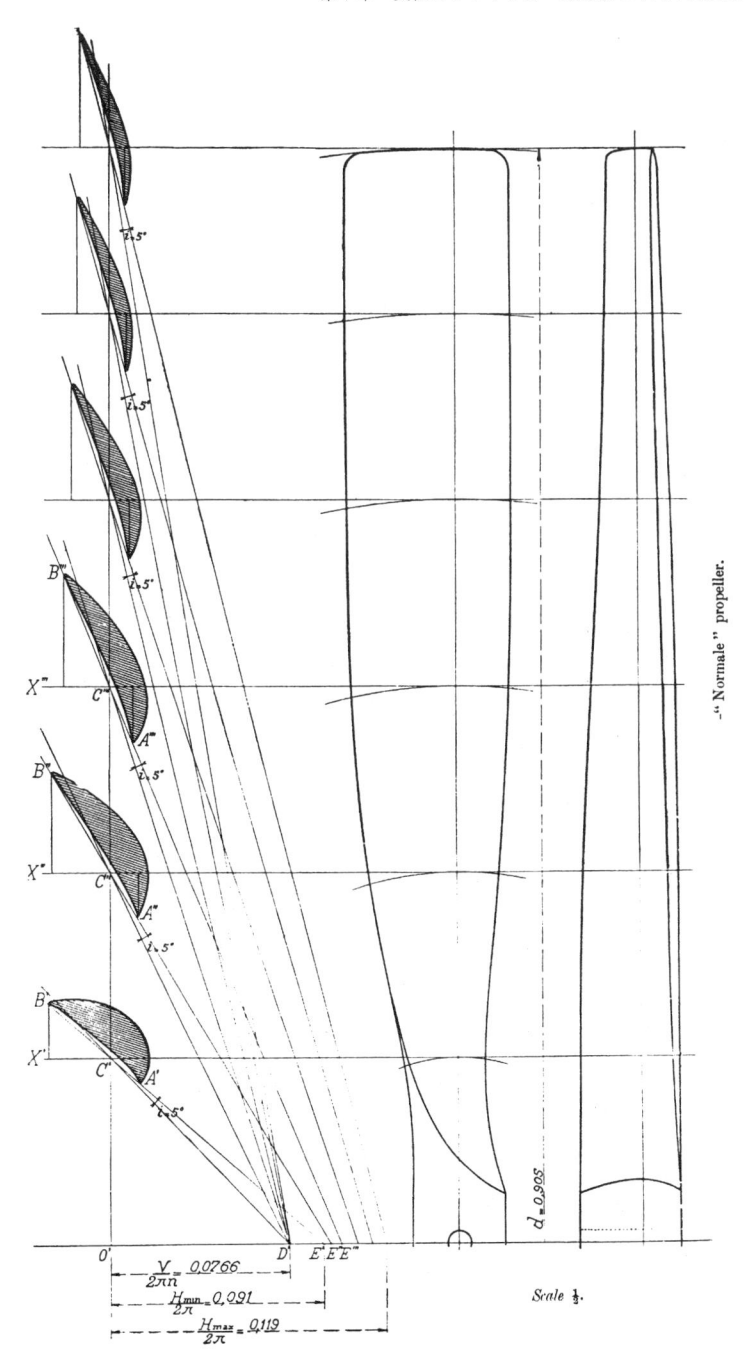

第 7 章　支柱とワイヤを持つ複葉機の時代の空気力学　365

図7.8　エッフェルの風洞で試験を行ったプロペラの例 (M・ジェビエツキの設計)
-"Normale" propeller.

抗力に関する風洞データがレイノルズ数依存であることに気づかなかったのはなぜかと，先ほど不思議に思ったのはこのためである）．図7.9には V/nD に対するプロペラ効率の変化を示すエッフェルのグラフが示されている．現代の航空技師なら前進率に対するプロペラ効率の変化を示したこの曲線に親しみを感じるだろう．彼がこのような曲線を1910年に作図していたことは注目に値する．1910年の風洞実験の時点で彼は78歳であった．それでも空気力学という比較的未知であり，挑戦的なこの分野で新しい経歴を開始していた．

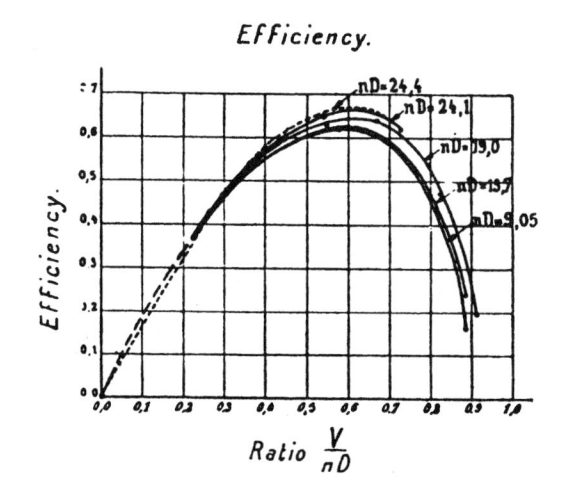

図7.9 エッフェルが計測した前進率に対するプロペラ効率の変化

　エッフェルは20世紀に世紀が変わる何年も前の頃の構造工学での仕事により，比較的裕福になっていた．彼は同時代に活躍していた土木技師の中でも有名であり，フランスのレジョンドヌール勲章や他にも数多くのメダルと賞を世界中から受賞していた．1887年の1月にエッフェル塔の仕事に取りかかった時，彼の名声は最高潮に達していた．ところが，同じ年にパナマ地峡を越えて運河を掘るフランスの活動に関わるという災難を招いていた．フェルディナン・ド・レセップス（スエズ運河の推進者として有名）がこの事業を指揮していた．しかし，エッフェルも参加していたフランス共同事業体は1889年2月に破産することになった．エッフェルはフランス政府がこれほど注目を集める国家プロジェクトを失敗させることはないだろうと考えて，さらに800万フランをこのプロジェクトに投入したが，それでも失敗に終わってしまった．さらに困ったことに，エッフェルとド・レセップスが詐欺と違約で告発された．国民議会の代議士達がこのプロジェクトに関連して賄賂を受け取っていたことも明るみに出ると，エッフェルに対するスキャンダルも広まった．彼は契約した責務を果たしていたことを主張して嫌疑を否定した．しかもその態度は堂々としていた．法廷はエッフェルに対して1件に有罪を認めただけであった．その1件は基金の誤用であった．その罪により彼は

罰金を科され，さらに懲役2年の判決を宣告された．しかしこの有罪判決が上級裁判所によって覆されたことで，服役することはなかった．ただし上級裁判所での判断は，単に法律上の専門手続きに問題があったことが理由であった．最終的にレジョンヌール勲章当局による大規模な調査の結果，エッフェルに関する全ての嫌疑は晴れることになった．しかし，この件が全て落着するまでに5年以上の年月を費やすことになり，エッフェルは完全に懲りてしまった．そして自分のエンジニアリング会社から引退して身を引き，より科学的な関心を追求する方へ向かった．それでもパリとボルドーに蒸気動力付ヨットと大邸宅を所有するほどの資産家であった．

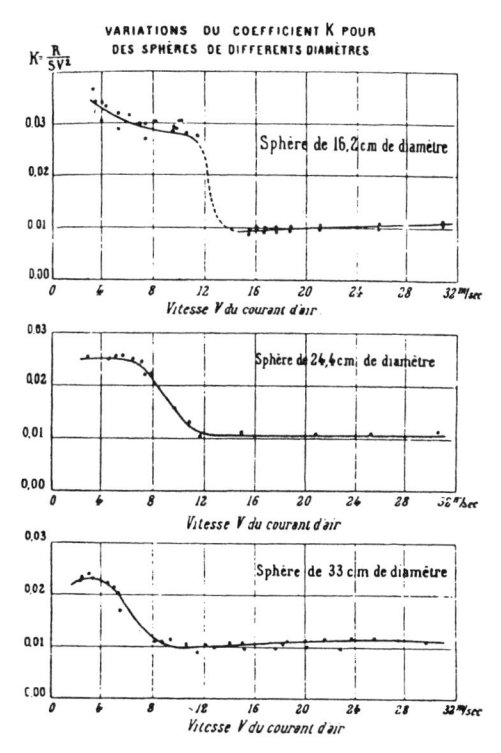

図7.10 1914年にエッフェルが計測した速度と球径に対する球の抗力変化

エッフェルは第一次世界大戦中も空気力学実験を継続して，翼，胴体，プロペラ，最新飛行機模型に関する風洞データを集めることに専念した．1921年，89歳の時にオートゥイユの実験室をフランス航空省に譲渡したが，その頃には空気力学への新しい重要貢献になる最後の風洞実験を終えていた．エッフェルはそれまでの研究の中で球の抗力を計測して，$K = 0.011$であることを求めていた．しかし，ゲッティンゲンでのプラントルの実験では，球の抗力はエッフェルの計測値よりも2倍以上大きな値を示していた．2つの実験室の間で情報が交わされている間に，プラントルの研究室の若い技術者が「M・エッフェルは$1/2\rho V^2$ではなくてρV^2の係数を計算して，2倍になることを忘れているのだろう[68]」と言い出した．その発言がどういう訳かパリにも伝わって，「年配者であるM・エッフェルは非常に立腹[68]」した．その結果，1914年にエッフェルは様々な球径と速度を広範囲に網羅し，最も信頼できる球の抗力計測を実施した．そしてどの大きさの

球でも，ある速度以上では著しく抗力が低下する速度があることを発見した．その抗力の比は2倍をわずかに上回る（図7.10）．この抗力の急激な低下は，レイノルズ数が300,000のオーダーのところで境界層が層流から乱流に遷移することに関連している．最初に球の抗力低下を計測して発表したのがエッフェルであったことは，今日の空気力学の学生達にはほとんど知られていない事実である．エッフェルの実験に続いて，最終的にプラントルが抗力低下の発生理由を説明した．

エッフェルは空気力学に関係する同時代の人達から大いに尊敬されていた．1912年にはエッフェルの実験のいくつかが「標準的」と考えられて，フランスの大学で教えられる新しい課程に取り入れられた．彼が1912年に風洞の設計で特許を得た際には，ローマ，モスクワ，東京，アムステルダム，スタンフォードにあった多数の政府機関と大学がすぐにその風洞を建設する特許ライセンスを取得した．1913年にはスミソニアン協会から第2回ラングレーメダルがエッフェルに贈られた．第1回メダルは1910年にライト兄弟に贈られている．その時，エッフェルの代理を務めるフランス大使にメダルを贈る役を務めたのは，スミソニアンの評議員であり，長年の航空熱狂者でもあったアレクサンダー・グラハム・ベルであった．

1923年12月27日，エッフェルはパリの大邸宅で安らかに永遠の眠りについた．全ての死亡記事に，同時代の人達から航空研究における先駆者としてのエッフェルの役割が寄せられていた．20世紀になって最初の10年間，彼は実験空気力学という未知の分野で先頭に立ち続けた．エッフェルの業績は第5章で述べたライト兄弟による応用空気力学への貢献と第6章で取り上げた揚力の循環理論のうえに構築されており，エッフェルのこの功績から20世紀の空気力学は大きな跳躍を遂げることになった．

● 翼と翼型の理論：プラントル，ベッツ，そしてムンク

20世紀の初めに2つの技術進歩が理論空気力学を活気づけた．その片方である揚力の循環理論（もう一つは境界層理論）は極めて迅速に確固たる地位を築いた．15年もしないうちに有限翼と翼型に作用する揚力の計算モデルがいくつか登場して，空気力学者が実践的に活用できるようになった．有限翼での誘導抗力もそうした計算モデルを用いて計算を行うことができた．したがって誘導抗力の「発見」も循環理論のもう一つの副産物だと言える．翼と翼型の理論に関する基本要素は，支柱とワイヤを持つ複葉機の時代にルートヴィヒ・プラントルが指揮して

いたゲッティンゲン大学の研究所で明確に説明されるようになった．対照的に，境界層理論が実際に広く適用されるようになったのは後のことである．それは第8章で取り上げるように，高度なプロペラ推進飛行機の時代のことであった．

　ちょうど20世紀の初頭にギュスターヴ・エッフェルが行っていた実験空気力学分野での先駆的な研究と応用が飛行機に対する興味を直接的な動機としていたように，理論空気力学での最も重要な研究も航空への興味が動機になってゲッティンゲンのルートヴィヒ・プラントル，アルバート・ベッツ，マックス・ムンクによって進められていた．そして，有限翼の揚力と誘導抗力，および様々な形状の翼型での揚力とモーメントを求めるための有用な技術公式を導くために，揚力の循環理論における骨格部分（クッタ・ジューコフスキーの定理 $L = \rho V \Gamma$）が取り出されて，これに翼と翼型周りの渦あり流れに関する適切なモデルが組み合わされた．第6章ではクッタ・ジューコフスキーの定理の発展を取り上げて，1906年にはその定理が確固とした地位を築き，理論空気力学に重要な変化をもたらそうとしていたことについて述べた．この理論は簡単そうに見えることから，受け入れられやすい利点があった．つまり素直に値を代入すれば答えが得られる式によって，単位翼幅当たりの揚力 L と翼型周りの循環 Γ が関連づけられている．しかし，与えられた状況に対して適切な Γ の値を見つけ出すことは容易ではない．Γ が決まれば，クッタ・ジューコフスキーの定理から L が直ちに得られる．翼と翼型の空気力学を理解することに繋がったプラントルとその同僚達による重要な貢献は，与えられた条件においてこの循環（ひいてはクッタ・ジューコフスキーの定理より揚力）を求めることを可能にする，翼と翼型の渦に関する適切な数値モデルの開発と深く関係していた．

　年代的には，任意形状の翼型よりも任意平面形状の有限翼に関する適切な技術公式の方が先に実用化された．しかし，本来は任意平面形状有限翼の公式の方が難しい問題だと思われていただろう．まず初めに，プラントルが有限翼問題に取り組んで揚力線理論（イギリスではランチェスター－プラントル理論と呼ばれている）を開発したことについて解説しよう．

　プラントルは1911年には片側の翼端から他方の翼端へ延びて，その後は両翼端から下流側へ向けて尾を引く単一の渦線（図7.11）[73]で翼を単純に置き換えることによって，有限翼周りの流れの影響をモデル化する発

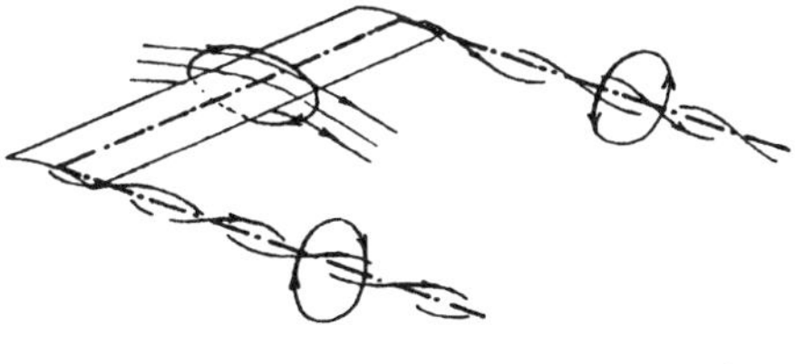

図7.11　単一渦線で有限翼モデルを置き換えるプラントルの初期の発想

想の下で研究を行っていた．この渦線は「馬蹄渦」と呼ばれていた．問題は，ある形状の翼と迎え角が与えられた時に，速度 V の流れの中で馬蹄渦が生成する循環 Γ の計算結果が正しい揚力を予測するように，その馬蹄渦の強さを求めることであった．しかしこのモデルには欠点があった．というのは，翼端に誘起される流速の計算結果が無限大になってしまうからであった．もちろん非物理的な値である．プラントルはかなり悩んだが，単一馬蹄渦モデルは正解ではなかった．

モデルの修正に繋がるかもしれないヒントがランチェスターの『空気力学』(1907年) の中で既に発表されていた．第6章では，いくつもの渦糸が翼幅方向に並び，その後は翼端から下流側へ向かって「渦幹」(図6.3) として尾を引いて流れるモデルで飛行機の翼を置き換える1891年のランチェスターの発想を取り上げた．さらにランチェスターは次のように述べて，翼後縁の下流へ尾を引いて流れていくもっと小さな渦も存在するという複合系を考えていた．「翼型の上面を通る空気は飛行軸に向かうように付与された運動成分を持ち，下面を通る空気は逆方向の運動成分を持つので，翼型が通過する時には回転運動のヘルムホルツ表面が存在すると考えることができる．この回転運動の表面は粘性によって多くの渦糸か渦へと分裂することになる．(p.177)[60]」ランチェスターは翼の上面には翼端から遠ざかる方向に気流の翼幅成分が存在し，翼の下面には反対方向である翼端へ向かう方向に気流の翼幅成分が存在すると言っている．気流が翼の後縁から離れる時に，そのような上下面からの翼幅速度成分は方向が反対であり，翼の下流側へ尾を引いて流れる渦層 (回転運動のヘルムホルツ表面) を形成することになる．

ランチェスターの本が出版された6年後，プラントルはよく似た理論モデルを考え始めた．つまり有限の強さを持つ単一馬蹄渦の代わりに，無限の弱さを持つ無限個の馬蹄渦を含むモデルへ拡張した[73] (図7.12)．それがプラントルの揚力線モデルであった．このモデルは，翼幅方向に延びた一本の直線 (揚力線) に沿って分布し，連続した渦層となって翼の下流へ尾を引いて流れる多数の非常に弱い馬蹄渦から構成されている．このモデルでは，循環 Γ が揚力線に沿って連続して変化することが可能であり，翼端におけるゼロから始まって，翼幅中央で最大に達する．揚力線に沿った Γ の変化をどう決めるかは，プラントルにとって依然として問題であった．セオドア・フォン・

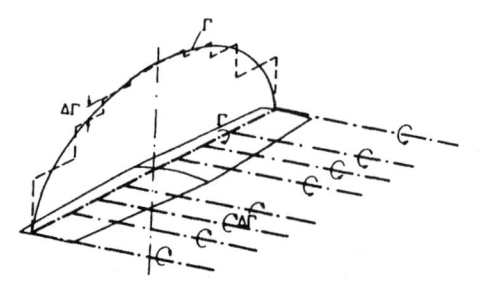

図7.12 プラントルの有限翼揚力線モデル

カルマンは，プラントルが次のように愚痴を言っていたと述べている．

> この忌まわしい渦を今度は注意して計算しているが，適切な誘導抗力の結果が得られない．翼端で揚力を突然ゼロまで低下させたが，誘導速度は無限大になってしまった．もういい．自然はそんな不連続を嫌っているのだろう．そこで翼端からの距離に従って直線的に揚力を増加させたが，それもうまくいかなかった．揚力をこのように分布させても，翼端で生成する誘導速度が有限値にならない．［p.66］[68]

これは後にカルマンがプラントルとの会話を思い出して，プラントルが吐いた愚痴をカルマンが言い換えた内容だが，確かにプラントルの落胆ぶりが印象的である（ここではフォン・カルマンはプラントルに「誘導抗力」とも言わせているが，この用語は1917年に初めて誕生した）．

　誘導抗力の発生源に関しては，技術的に十分な説明が可能である．有限翼の翼端で生成して下流へ向かって尾を引いて流れる渦（翼端渦）は，翼端に生じる小型竜巻に類似している．明らかにその小型竜巻の影響は，この竜巻に付随する速度成分を誘導しながら有限翼周りの流れ場全体に及ぶことになる．そして，プラントルが呼ぶところの「誘導速度」を作り出す．そして次には，気流が作り出している翼面の圧力分布がこの翼端渦の影響を受ける．実際には擾乱を受けると言える．その圧力分布の変化は翼に不均衡な圧力を及ぼし，抗力方向に作用する力を作り出すような変化になる．そして，この不均衡な圧力による力が誘導抗力と呼ばれている．誘導抗力の発生源に対するもう一つの見方は，渦自体の内部での循環運動のエネルギーに関係している．このエネルギーの源がどこかにあるはずである．それは実は飛行機を推進するエンジンから来ている．したがって，誘導抗力が存在することによる全抗力の増加に打ち勝つだけの動力を余計に出力する必要が生じる．

　誘導抗力の存在に初めて気づいたのはランチェスターであった．彼は『空気力学』（1907年）の中で「結果として水平飛行の状態に翼型を維持するためには動力源が必要である」と述べて，2つの翼端渦が生成されるためには絶えずエネルギーが消費されていることについて考察している．そして，渦が存在することによって抗力が発生することを認識していた．つまりこの抗力は摩擦によるものではなく，むしろ同時に発生している揚力と何らかの形で関連づけられる圧力の影響だと考えた．したがって，（第6章で取り上げたように）揚力の循環理論の先駆けとなった1890年代の独創的な発想に加えて，翼端渦がさらに別の抗力を発生させ

ているという考えもランチェスターの成果であった．そして，今日ではこの抗力は誘導抗力と呼ばれている．しかし，ランチェスターは誘導抗力を計算するための有用な理論を開発できず，それはゲッティンゲンのプラントルとその同僚達に委ねられることになった．

プラントルは，ランチェスターの本が出版された4年後の1911年にはランチェスターが表現していた誘導抗力と同じ概念を用いた研究を行っていた．プラントルにとって誘導抗力の存在には疑問の余地は全くなかった．そしてランチェスターと同様に，プラントルも翼端渦に含まれるエネルギーと誘導抗力の間に関連性を見いだしていた．1913年に最初に発行された『自然科学百科事典[74]』の「流体運動」と題された章では，プラントルは翼端渦の物理的解釈について「渦システムに残っているエネルギーに対応する抵抗 (p.376)[10]」があると述べている．さらにプラントルは，翼端渦は揚力も減少させていると断定した．今日の空気力学者は，自由流の流速と組み合わさった時にその翼の局所的な翼型から見た有効迎え角を減少させる吹き下ろし（翼端渦によって生じた気流の下向き鉛直成分）についてよく知っている．この吹き下ろしによって，翼の各部分が生成する揚力は，もし翼端渦がなかった場合に得られる揚力（つまり，無限幅翼での揚力）よりも小さくなる．1913年の百科事典論説記事では，プラントルはこの現象について検討を行っている．「一対の渦は翼周りの流れの形に影響を及ぼして下降流を発生させ，その結果として生成する揚力は無限幅翼に対してクッタ・ジューコフスキー計算から推算される値と比較して減少する．(p.376)[10]」これは翼端渦によって揚力が減少することに関して最初に出版物に現れた記述であった．

揚力線理論の発展へと話をさらに続ける前に，ランチェスターの考えがプラントルの研究にどの程度影響を及ぼしたかについて考えてみよう．ランチェスターの考えは1891年にまで遡るが，その時には発表されなかった．ランチェスターが，自分の発想が受け入れてもらえるかもしれないと思い始めたのは，ライト兄弟の成功が目前であるという噂が広がり始め，世間一般の風潮も飛行機が実現可能だと考える方へ向かい始めた頃からであった．彼の著書の『空気力学』（1907年）と『滑空力学』（1908年）が出版されたことで，周囲は彼の業績の重要性にやっと気づくことになった．『空気力学』は後に3回の改訂を重ね，1909年にはフランス語へ，そして1914年にはドイツ語へ翻訳された．プラントルがドイツ語翻訳を読み（ただし，正確なその時期について直接示してくれる証拠はない），彼の同僚達もまたドイツ語翻訳に親しんでいたことは明らかである．オットー・フェッブルが書いた1911年のゲッティンゲン報告書には，『空気力学』に書かれていた翼端

渦に関するランチェスターの記述について次のように述べられており,さらにランチェスターはゲッティンゲンを2度訪問していた.

> ランチェスターは1908年と1909年にゲッティンゲンを訪問して,自分の考えを私達に説明してくれた.プラントルがランチェスターの説明を理解するのに苦労していたことを私は覚えている.ランチェスターが普通とは違った用語と数学を使っていたことも原因ではあったが,ランチェスターがドイツ語を全く話さず,プラントルも英語を全く話さなかったこともその原因になっていた.他方,母親がイギリス人であったカール・ルンゲは完璧な英語を話すので,ルンゲとランチェスターは流暢に有益な会話を行うことができた.私はルンゲととても親しかったのでランチェスターの考えの恩恵を受けることができ,訪問を受けると早いうちからランチェスターの業績の重要性を理解するようになっていた.［p.60］[67]

このように情報交換を行っていたにもかかわらず,プラントルが揚力線理論を発表した際にはランチェスターへの正しい評価はほとんどなかったか,全くないと言っても良いくらいだった.しかし,フォン・カルマンは次のような説明に努めていた.

> 活動的かつ創造的な脳が何を読んだことから,またはどのような会話から最初のひらめきを得たのかなど,とても覚えてはいられない.したがって私は,プラントルがランチェスターの業績に対して十分な評価をしていないと感じることは全くなかったと確信している.おそらくプラントルも,自分が考え出した結果として非常に大きな成功になったその理論の中に含まれるどれほどの部分が,既にランチェスターの業績に含まれていたのか全く分かっていなかったことだろう.［p.52］[68]

プラントルの揚力線理論の重要性と有用性が1920年代に十分に認識されるようになると,大きな議論が巻き起こった.この発想の基本的な部分はプラントルのものであったのか,それともランチェスターのものであったのか.プラントルは1927年に王立航空協会から毎年恒例のウィルバー・ライト記念講演(1926年にはランチェスターが講演を行っていた)に招待された際には,この問題に対して次のように述べて,正々堂々と向き合っていた.

> イギリスではこれをランチェスター－プラントル理論と呼んでいらっしゃいます

が，ランチェスター氏もこの結果の重要な部分にご自分でたどり着いていたのですから，その呼称は全くもって正しいことです．私がこの研究を始める以前からランチェスター氏はこのテーマに関する研究を開始されており，そのために彼が1907年に著書『空気力学』の中で発表したような研究を私が見て，そして私がこの翼理論の基になっている発想を得たと人々はきっと信じていることでしょう．しかし，それは違います．この理論を開発するために必要な発想のうち，ランチェスター氏の著書に書かれている範囲の発想に関しては，その本を見る前に既に私の頭の中にありました．このことの裏づけとして，実を言えばランチェスター氏の著書が出版された時にはドイツにいる私達の方がイギリスに住む皆様よりもこの本をよく理解していたことを指摘させていただきたいと思っております．事実，イギリスの科学者達は同胞が説明した理論に注意を払わなかったことに対して非難を受けていますが，ドイツの科学者達は綿密にその理論の研究を行って，そこからかなりの恩恵を引き出しました．しかしこの問題の真実は，ランチェスター氏の手法は読者に対して多大な直感的理解力を求めており，そのために彼の手法を理解することが非常に困難であったのに，私達は類似の方向性に基づいて既に研究を行っていたというただそれだけの理由から，すぐにランチェスター氏の意味するところを把握できたということなのです．しかし，同時に多くの詳細な点においてランチェスター氏は私達とは異なる方向性の研究を行っていたことを区別してご理解いただきたいと願っています．この方向性こそ私達が考えもしなかったことであり，私達が彼の著書から多くの有益な発想を引き出すことができた方向性であったのです．[pp.720～721][75]

現代の空気力学では，アメリカを含む世界の大半の国々で揚力線理論はプラントルの揚力線理論と呼ばれているが，イギリスはその例外であって，そこではプラントル自身が言及しているようにランチェスター－プラントル理論と呼ばれている．呼称に関しては，イギリスの慣習の方がはるかに正当である．私は，ランチェスターの研究は（発想の原点を提供したわけではなくても）少なくともプラントルの思考に対して確信を強める方向に影響を及ぼしていたと信じている．全体的にランチェスターは理論空気力学の黎明期に何かと不当な扱いを受けており，その影響が現在にまで続いているように思われる．しかし，揚力線理論の定量的な応用手法を開発し，さらにその手法を有限翼周りの揚力分布と誘導抗力を計算するための価値ある工学的手法へと至らしめる形にまで落とし込んだのはプラントルと彼の同僚達であり，ランチェスターではなかった．おそらくこの観点から「プ

ラントルの揚力線理論」という呼称が正当化されているのだろう．プラントルはいわば骨格に肉付けを施したと言える．

　このような成果の帰属問題を考えていると，プラントルが落胆していた1914年の夏の頃に立ち戻ってしまう．プラントルは揚力線モデル（図7.12）の妥当性については確信していたが，翼幅方向の揚力値分布を表す適切な数学的表現を見いだすところで苦労していた．先に述べたように，彼の計算は試みた全ての分布について翼端では誘導速度が無限大（非物理的な結果）になることを示していた．しかしこの問題は，同じ年の後半になって翼端からの距離の平方根に従って増加する揚力分布（例えば楕円型分布など）を選ぶことで解決した．しかし，この定量化における成功でさえ誰の功績であったのかはっきりしない．プラントルの学生達に加えて，彼にはアルバート・ベッツという非常に有能な助手がいた．ベッツは1885年にシュバインフルトで生まれ，ベルリン工科大学で造船工学を研究した．1911年に同大学を卒業してからゲッティンゲンのプラントルの研究所に加わっている．グラーツ大学にて理論物理で博士号を取得した後に1938年にプラントルの研究所に参加したクラウス・オスヴァティッチュによると，「プラントルとベッツがお互いに補い合っている様は理想的であった．ベッツは上級科学者であるのと同時に，プラントルとは全く対照的に有能な管理者でもあった．彼はすぐにプラントルの右腕になった．(p.5)[65]」

　1914年，ベッツは『飛行技術と動力飛行のための定期刊行誌』に論文を発表して，その中で誘導抗力の計算のためにプラントルが導いた方程式について述べていたが，同時により広い範囲を扱って，揚力と翼幅が与えられたときに最小誘導抗力を求めるための方程式を初めて表した論説も発表していた[76]．さらに，この最小誘導抗力は揚力が翼幅方向に楕円型の分布になる場合に相当していた．この成果はプラントルに帰属するとされた．1914年8月に第一次世界大戦が勃発すると，プラントルの研究所での全研究が機密扱いになった．つまり，1917年まで実質的には何も発表できなかった．その間も揚力線理論はさらに高度化していった．1917年，ドイツ軍当局のための極秘技術報告書において，初めてベッツは揚力線理論がより一般的な非楕円形揚力分布にも正確に適用できるようになったと報告している．1918～19年にようやくプラントルは，自分達が行ってきた揚力線理論に関する過去10年間の研究を詳細に記述した2つの決定的な論文[77,78]を発表した．基本的には後世のためにその理論を正式に記した内容であった．後の研究者達が揚力線理論の基本を引用する際に最も数多く参照されたのが，この2つの論文である．

第一次世界大戦が終結する頃には，プラントルの揚力線理論はしっかりと実用化されていた．根本的な発想はプラントルの功績であったことに疑いはない．しかしかなりの部分の称賛は彼の同僚達，すなわち第一にはアルバート・ベッツ，そして後半の段階になるとマックス・ムンク（後述）へも捧げる必要がある．この理論開発における様々な段階での功績が誰にあるのかを詳細に整理することはいささか困難になっている．それには次の3つの理由が挙げられる．(1)共に活動を行っている研究者達が一つの集団の中で生まれた発想をお互いに日頃から相談し合っているために，誰がどの発想をいつ得たのかという問題は曖昧になってしまい，(2)戦時下の研究には秘密主義が敷かれ，(3)ヨーロッパの大学には集団での活動から得られた成果の功績は先任教授に帰属するという慣習が存在していたからである．いずれにせよ，1918年までにはプラントルと彼の同僚達は有限翼の揚力と誘導抗力を求めるための工業技術を志向した合理的な理論を開発しており，この理論は幅広く使用されることになった．現在でもほとんどの大学での空気力学の授業ではこの理論を教えており，設計技術者達は翼の空気力学的な挙動を簡単に見積もるために今でもこの理論を使用している．現在の飛行機設計技師は翼の空気力学特性を正確に計算するために高性能かつ極めて詳細なコンピュータープログラムを利用できるが，それでもプラントルの揚力線理論は依然として役立っている．

　この話題を終える前にいくつか補足しておくべきことがある．第一に，「誘導抗力」という用語が使われるようになったのは揚力線理論の開発がほぼ完成した頃であった．翼端渦による圧力抗力は初めプラントルのグループから「端抗力 (edge drag)」と呼ばれていた．（翼端 [wing tip] は翼の端 [edge] と呼ばれていた.）時には単に「付加抗力」とも呼ばれていた．「誘導抗力」は1917年に機密技術報告書においてマックス・ムンクが作り出した言葉であったが，プラントルも徐々にこの用語の使用を好むようになった．プラントルの決定的な1918年論文[77]と1919年論文[78]では，唯一最初の論文の末尾でこの用語を挿入句として使用しただけであった．1921年にアメリカのNACAで発表した長編論文では次のように述べている．「(揚力線) 理論から得られる抗力の部分は翼の端での現象に依存しているので，『端抗力』と呼ばれる．より正式な表現としては『誘導抗力』が用いられており，これは翼での現象が導電体で観察される誘導現象と極めてよく類似しているためである．(p.192)[79]」プラントルがお墨付きを与えたことで，「誘導抗力」という用語は空気力学の文献において確固たる地位を得た．1926年にイギリスのハーマン・グロワートはプラントルの揚力線理論を詳細に記述した初めての英語

の教科書を出版し，全編を通して「誘導抗力」という用語を使用した[80].

　第二に，1919年までの揚力線理論に関するプラントルの研究が，ある特定の翼幅方向揚力分布（例えば，楕円型分布）での有限翼特性の計算であったことに留意してほしい．1919年，アルバート・ベッツはそれに変更を加えて，ある特定の翼平面形状と迎え角に対して揚力の分布が計算できる，より一般的な手法を開発した．プラントルは揚力線理論の開発に関連する3つの主要問題を取り上げて，ベッツの成果について次のように述べている．「ある形状と迎え角が与えられた時に，その翼の揚力分布を求めるところに『第3の問題』があった．この問題は……，厄介な積分の問題になっていった．大変な苦労の末，1919年にベッツ博士はどの部分でも同じ断面を持ち，迎え角が同じである矩形翼の場合について解くことに成功した．(p.195)[79]」この「大変な苦労」により1919年にベッツはゲッティンゲン大学から博士号を取得した．1921年，フォン・カルマンが「背が高く，スポーツマンタイプ[67]」と評し，著名な数学者カール・ルンゲの甥であったエリッヒ・トレフツというプラントルの学生が，フーリエ解析を導入することによってこの厄介な積分をはるかに扱い易くした．今日，揚力線理論を使用する際に用いられている手法が，翼形状が指定された場合にフーリエ級数を用いてあらゆる揚力分布を表現する，このトレフツの手法である．

　最後に，翼（wing）と翼型（airfoil）という用語にまつわる，20世紀前半と今日での紛らわしい用語体系の違いについて言及しておく．今日では翼は翼であり，翼型は翼の断面であって，時には翼型断面（airfoil section），翼断面（wing section），または翼型形状（airfoil profile）と呼ばれている．これはこれで明快に思える．ところが，20世紀前半にはよく「翼型」という言葉が翼を意味するために用いられていた．もっと以前には，オクターブ・シャヌート[45]が羽ばたく鳥の翼に関連する物に「翼」を使用した．つまり，鳥のように飛ぼうとして激しく羽ばたきながら屋根や塔から人が飛び降りる時に腕や脚に取り付けた木，羽布，鳥の羽根でできた翼はもちろん，人間が作った羽ばたき機の羽ばたき翼にも「人工翼（artificial wing）」を使用していた．対照的に，飛行機の固定翼を「空気板（aeroplane）」と呼んでいた．おそらくシャヌートはジョージ・ケイリーの影響を受けていたのだろう．ジョージ・ケイリーは鳥の羽ばたく翼を表す時に「翼（wing）」という言葉を用いていたが，飛行機の固定揚力面を「面（surface）」または「平面（plane）」と呼んで引用していた（ケイリーは平らな平板面のみを試験したので，文字通り「平面」を使用したわけである）．サミュエル・ラングレーも自分が回転アームで試験を行った揚力面を「平面（plane）」または「傾斜面（inclined plane）」と呼んで引用していたが，

たぶんそれらも平板面であったからである[49]．それ以外[50]では，エアロドロームの翼を「翼（wing）」としてはっきり識別していた．ライト兄弟に関しては，風洞試験では一貫して翼を「面（surface）」，翼型を「外形（profile）」と呼んで引用していた[55]．上下の翼を区別する際には，よく「上面」および「下面」と呼んでいた．このように，20世紀前半における空気力学の文献は今日の用語体系と比較して多少曖昧であったが，これは驚くべきことではない．ドイツの文献では，Tragflügel と Tragfläche という言葉が「翼」と「翼型」を意味する．プラントルと彼の同僚達が書いた多くの論文において，一般的に揚力線理論は Tragflächentheorie（「翼型理論」）と呼ばれていた．グロワートの著書『翼及プロペラ理論[80]』でさえ，一貫して有限翼を「有限幅翼型」または「三次元翼型」と呼んで参照していた．プラントルの研究が英語を母語とする人々の世界に紹介されることになった1921年の論文では，翼は「有限翼（finite wing）」と呼ばれ，翼型は「翼断面（wing section）」「翼外形（wing profile）」，または「エアロフォイル（aerofoil）」と呼ばれていた．今日では基本的にこの用語体系が使用されている．ただし，現代のイギリスでは有限翼を「有限翼型（finite aerofoil）」と呼んで参照している教科書[81]が少なくとも1冊は存在している．

　プラントルの揚力線理論は支柱とワイヤを持つ複葉機の時代に着想と開発がなされたので，複葉機への適用に多くの重点が置かれていた．1913年にベッツが初めてそうした適用例を報告した．そして，第一次世界大戦中には引き続いてプラントル，ベッツ，ムンクが複葉理論を磨き上げていた．1919年のマックス・ムンクの博士論文は複葉理論へのさらなる重要な貢献に数えられる．この論文の中でムンクは，多葉揚力機構では個々の翼の揚力を変えずに翼を飛行方向に移動させても全抗力は変わらないとする「スタッガ定理」を証明した．

　マックスの業績について述べたのだから，この定理と同程度に重要な，もう一つ別の関連した理論開発についてもここで紹介しなくてはならない．それが薄翼理論である（ここでの薄翼は現代の用語では翼型，つまり翼の断面を意味している）．1902年にウィルヘルム・クッタは博士論文の中で揚力を生成している翼型周りの流れにおける流れ関数（他の流れの特性量も全てこの流れ関数から得ることができる）の解法を示した．第6章で取り上げたように，クッタは迎え角ゼロでの薄い円弧翼型という特殊な場合を扱っていた．明らかにそれと同一形状の翼型を用いていたリリエンタールの初期の実験に刺激された結果である．クッタの論文では揚力の理論解が初めて示された．しかし数学的に複雑であったことと，この理論解が扱っていた幾何形状が特定の形状に限られていたことから，その利用はかなり限定され

ていた．決して実用的な工業技術志向の手法とはいえなかった．1910年，モスクワのジューコフスキーは複素変数を用いた数学理論から等角写像という手法を用いて妥当な形状に見える翼型群での流れ場と揚力の値を求めた．まず円筒周りのポテンシャル流れに関する正確な解析解を求めて，この解を鋭く尖った後縁を持つ一連の流線形状に適用するように変換した．この流線形

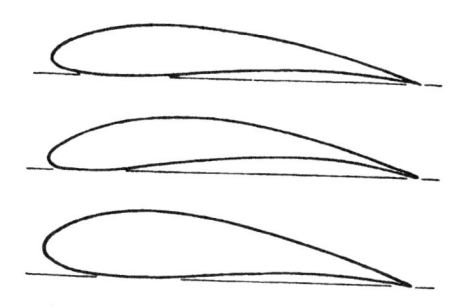

図7.13 ジューコフスキーが解析的に生成した翼型の断面

状がジューコフスキー翼型（図7.13）として知られるようになった翼型形状である．1931年にセオドア・テオドルセンが任意形状を持つ厚翼周りの一般的な流れ問題に対して正確な解を得る解析手法[83]を発表するまでは，適度な厚さを持つキャンバー翼型に対する正確な解析手法としては，上記の翼型に対するジューコフスキーの解法が唯一の手法であった．しかし，どの手法も工業技術志向の単純な翼型特性解法にはならなかった．そうした手法が誕生するまでには，マックス・ムンクの登場を待たねばならなかった．これが今日では単純に薄翼理論と呼ばれている手法である．

　マイケル・マックス・ムンクは1890年10月22日にドイツのハンブルクで下層中産階級のユダヤ人家庭に生まれた．数学と科学の才能に恵まれ，1914年にはハノーバー工科大学で工学学士の学位を取得して，ゲッティンゲンに移った．そしてゲッティンゲンでは，最も才能に恵まれたプラントルの学生に数えられるようになった．先に述べたように，ムンクの博士論文研究にはプラントルの揚力線理論の拡張が含まれており，「誘導抗力」という用語を生み出したのもムンクであった．1919年，彼はゲッティンゲン大学から2つの博士号（工学と物理学）を授与された．プラントルが初期に指導した多くの学生達と同じように，ムンクも理論と実験の両方に熟練していた．揚力線理論における彼の貢献は明らかに理論面での貢献であったが，ゲッティンゲンでは風洞実験の解析の面でプラントルを助けることに多くの時間を費やしていた．第一次世界大戦の直後，ツェッペリン飛行船製造会社に短期間だけ勤務し，飛行船模型用の小さな風洞を設計した．ムンクの叔父であるアドルフ・ルイソーンは1868年にアメリカに渡って鉱業で財をなし，3社の鉱山企業の社長とニューヨーク市のシナイ山病院の院長になっていた．そして当時のアメリカではジェローム・ハンサカーのような人々が，航空工

学と科学の分野で天賦の才能を持つドイツ人の逸材を探していた．ハンサカーは1913年にエッフェルを訪問した際に，プラントルのゲッティンゲン研究所も見学して，そこで最も大きな感銘を受けている．マックス・ムンクがアメリカへ行くことに対して興味を持つと，プラントルはムンクにふさわしい地位はないものかとハンサカーに相談した．そして，ハンサカーはNACA運営委員会議長のジョセフ・エームズにムンクの採用を説得した．1920年，ムンクはアメリカに渡り，ワシントンのNACA本部に6年間勤務した．したがってNACAは，プラントルの空気力学研究に関する初めての英語報告書[79]を出版したのとほぼ同時期に，この頭脳明晰なプラントルの教え子も輸入したことになる．

　ムンクと他のNACAの技師および技術者との関係は，ぎくしゃくした程度の関係から徹底的に険悪になった関係まで，ジェームズ・ハンセンのラングレー記念研究所の歴史[84]に述べられているように，それはひどいものであった．ムンクは同僚達から傲慢で高圧的だと思われていた．そしてムンクが1921年にラングレー研究所でNACA可変密度風洞建設の監督担当を命じられると，問題が噴出することになった．ムンクは1920年から1926年にかけてNACAで40本以上の技術論文を発表したように数多くの成果を上げ，そしてジョセフ・エームズ議長がムンクの理論面での研究活動に高い尊敬の念を持ってくれていたのだが，ラングレー研究所の職員達の中での彼の評判はますます悪化していた．そうした事態を完全に理解せず，また明らかにムンクの対人能力を見誤っていたために，その当時ワシントンNACA本部で研究部長であったジョージ・ルイスは1926年1月にラングレーの航空学最高責任者になることをムンクに命じた．それからの1年間というもの，ラングレー研究所に勤務していた専門職員達によるムンクに対する大規模な反発が続くことになった．1927年の前半には，ラングレー研究所空気力学部門の全課で責任者がムンクの管理に抗議して辞職する事態になった．ムンクの自尊心は傷つけられ，そして彼は即座にNACAを辞職した．「平和と辞職した課の責任者達がラングレーに戻ってきた．しかし，それまでラングレーで働いた者の中で最高の理論家に数えられる人物を代償にしてしまった．[84]」

　ムンクはNACAで研究を行っていた最初の数年のうちに翼型の揚力とモーメントを理論的に予測するための工業技術を志向した手法を開発した．今日でも使用されている薄翼理論である．彼の考えは新規性に富んでいたが，複雑ではなかった．すなわち，任意形状の翼型を考えて，その翼型が十分に薄い（およそ最大厚みが翼弦長の12％以下）ならば，翼型の全揚力と全モーメントはその翼型の平均反り曲線と同じ形状を持つ無限薄さの面周りの流れでの全揚力と全モーメントに

ほぼ一致するはずという考えであった（つまり，計算では薄翼の代わりに平均反り曲線が用いられる）．ムンクは1922年報告書の中で反り曲線の幾何形状のみに依存する積分形式で表された無揚力角とモーメント係数の式を導いた．その積分式は（反り曲線が解析曲線で与えられたならば）解析的に，もしくは（反り曲線が点の連続により指定されたならば）数値的に，簡便な形に変形することができた．この方法の非常に大きな利点は（薄いことが条件にあるが），任意形状の翼型を解析できることにあった．$\tan \alpha \approx \alpha$ という三角関数近似が十分に成り立つ程度まで迎え角が小さいという仮定も用いられている．しかし，通常の飛行を行っている普通の飛行機の迎え角は実際にも小さいので，これは特に厳しい制限ではない．ムンクの薄翼理論は，支柱とワイヤを持つ複葉機の時代における理論空気力学の最先端技術への大いなる貢献であった．薄翼理論の空気力学に対する長期的影響力は，プラントルの揚力線理論の影響力よりもほんのわずかに劣る程度である．

　ムンクは複素変数理論にある等角写像法の考え方を用いて，薄翼に対する計算結果を導いた．1年後，ドイツではビルンバウムが反り曲線を渦層で置き換えることによって同一問題に取り組み，さらに簡単な薄翼理論の式に到達した．最終的には1926年，グロワート[80]がその方程式の解法にフーリエ級数を用いる手法を適用した．これが今日も使用されているグロワートの定式化である．しかし，薄翼理論の基になった根本的発想は明らかにムンクの業績であり，彼がプラントルとゲッティンゲン空気力学研究所の遺産をさらに広めたと言える．

　図7.14にラングレー研究所のオフィスでのムンクの姿が写っている．1926年のことである．彼はNACAを辞職した後，ウェスチングハウス，ブラウン・ボバリ，アレクサンダー飛行機会社で働いた．世界大恐慌の間は，*Aero Digest*（訳者注：1920年代から1953年まで続いたアメリカの航空雑誌）の顧問編集員にもなった．さらにワシントンDCのアメリカ・カトリック大学の機械工学科で非常勤の講師もしていた．NACAへ戻って働くことや，NACAで専門技術顧問の仕事をする申し出をNACAに対して何度も送っていたが，どれもかなうことはなかった．後にカトリック大学に戻っ

図7.14 NACAラングレー記念研究所のオフィスでのマックス・ムンク(1926年)

て，そこで3年間働き，1961年に退職した．そしてデラウェアの東岸部に移り住んだが，そこでも知的活動を継続した．1977年，数学者達が300年にわたって挑戦してきた証明問題であるフェルマーの「最終定理」を自分が証明したと主張する本を自費で出版した．しかし，彼の「証明」は数学界の人々を納得させることはできなかった．1986年，ムンクは96歳で亡くなった．第一次世界大戦の時代から活躍し，揚力の循環理論を翼と翼型に適用することを先頭に立って進めてきたプラントルの教え子達の中でも，選ばれしメンバーとしては最後の人物であった．

空気力学における1920〜26年の異文化ショック：理論対経験主義

　第一次世界大戦前から大戦中にかけてプラントルと彼の同僚達が理論空気力学を大きく発展させたおかげで，航空界の人々は一種の異文化ショックの状態へと投げ出され，19世紀の頃から存在していた社会的な技術連携には天地がひっくり返るような事態がもたらされた．英国航空協会は航空学を促進し，共通の関心を持つ知識人達が集まる集団を形成し，そして飛行機に関する合理的な考えの普及に繋がる定期刊行誌を出版することを目的に1866年に創設されていた．一般的に協会の初期の会員は大学教育を受けておらず，大多数の人は数学と科学の正式な高等教育をほとんど受けていないか，もしくは全く受けていなかった．そうした人達は独学で知識を身につけ，概して実地経験が豊かで，経験主義の伝統に染まっていた．そして工学という職業の始まりを代表して，にわかに勢いを増してきた技術者集団の一部であった．その当時，学術界には人類が空を飛ぶことに関連するいかなる研究に対しても軽蔑の念しかなかった．そのような研究は確かに上流社会がやるようなものではなく，多くの人は愚か者と狂人の為せる業だと考えていた．大学を基盤とする科学者達の活動により19世紀の理論流体力学にも大きな進歩があったが，それらの科学者達が自分達の成果を飛行機の開発に適用しようとする試みは全くなかった．要するに，主に科学者達の考え方が原因になって科学界と航空界の間には大きな隔たりが横たわっていた．

　第一次世界大戦が終わる頃には，この状況は完全に逆になっていた．実際により良い飛行機を設計する方法について学ぶ必要性はあったが，それ以外にも飛行科学に対する新たな知的興味に掻き立てられて，ゲッティンゲンのプラントルのグループに代表されるような大学の研究団体が理論空気力学に対して多大な貢献をした．しかしその時点では，新しい理論的な発展をすぐに利用することなく，

むしろ抵抗するようになったのは実践していた航空界の方であった．航空界の考え方は長い間にわたって経験主義に傾倒してきたことで強固になっていた．さらに，その当時の多くの航空技師はそのような理論を理解することもできず，ましてやどのようにして適用するのかなど分かるはずもなかった．当時のアメリカでは，工学部を学士で卒業した学生の多くは微積分法の基本をほとんど理解していなかった．ところがプラントルとジューコフスキーが構築した理論空気力学を理解するためには，複素変数と微分方程式を理解することが必要だった．したがって，プラントルの研究が英語を母国語とする世界に知られるようになって[79]，マックス・ムンクがNACAで働き始めた1921年には，ゲッティンゲンの遺産を広めてそれを普及させる準備が整っていたが，アメリカの航空工学界には大きな異文化ショックが起こっていた．ムンクはすぐにその異文化ショックに気づいたに違いない．彼は否応なしに空気力学での理論的研究の重要性を主張し，実質的に教えることにもなってしまったからである．

> 少なくともどこまで期待できるのか，理論的な検討によりその限界を知ることができる．理論と経験が多少は一致していようがいまいが，研究者が非常に多くの関連性のない経験を調査して，記憶に留めておくことも可能になる．研究者は現象についてよく考えるようになり，その結果，研究者が新しい観察結果と実験結果へ誘われることによって，理論的検討が進歩の源泉になる．理論の進歩によってあり得ないと証明されるまで，ある相関が経験から確認できていると考えられていたという事態ですら，しばしば発生してきた．加えて，それまで実験により可能だと考えられていたにもかかわらず，理論によって証明された後でしか，この改良された相関を実験で確認することができなかった……こともある．しかし，理論的研究の有用性を擁護することが本当に必要なのだろうか．人々が時々感じているように理論的研究が役に立たない時もあるが，理論的研究とは単に系統的に考えること以外の何ものでもない．それなのに，理論的検討の難しさのために多くの人々が嫌うようになっている．［p.245］[85]

NACAの公式出版物の中でムンクがこのような基本的事項を強調しなければならなかったという事実からみても，この異文化ショックの深刻さを理解できる．ムンクは単なる優秀な理論家ではなかったということを思い出してほしい．彼には風洞に関する広範囲な実地経験があった．事実，NACA可変密度風洞の設計と建設は主にムンクが担当していた．このことは次の節で取り上げる．したがっ

て，理論と実験の両方の世界に基盤を置いていた人物の観点から，この論評は書かれていた．

　ゲッティンゲンと当時のアメリカの典型的な工科大学での教育哲学との差を考えると，プラントルと彼の学生達が開発した空気力学理論をアメリカの航空工学界が吸収し，正しく理解し，そして応用することは，第一次世界大戦の後も遅々として進まないであろうと考えられた．ゲッティンゲンは科学を非常に重要視する研究大学であり，プラントルの研究グループは航空学に従事する「エンジニアリング科学者」の集まりとしては最初のものであった．対照的に，アメリカの工科大学では何かを組み立てるために必要な実験的方法に焦点を当てて教育された技術者が育っていた．初期の NACA 技術者がこの新しい空気力学理論を理解して取り込むのが遅く，ムンクの態度がこの状況の解決にならなかったのも驚くべきことではない．

> ムンクはドイツの学術研究生活での社会的人間関係を身につけており，自分が指揮する部署の絶対的権限者であると考えていた．彼が研究目標を設定し，ドイツの大学教授のように，得られる称賛は何であれ，自分が受けてしかるべきだと思っていた．誇り高き天才ムンクは，人との付き合いの中で傲慢かつ横暴になることが度々あった．ラングレー研究所の部下を大学院生のように扱い，何人かには自分が実施する理論空気力学セミナーに出席することを義務づけていた．エリオット・リードおよびジョンズ・ホプキンス大学から物理学の博士号を受けたポール・ヘンケはそれを傲慢で恩着せがましいと感じていた．［p.93］[84]

　イギリスでの翼型理論と有限翼理論の普及もまた，最初のうちはゆっくりしていた．しかし，イギリス航空研究委員会が後援となって実施された風洞試験の結果，プラントルの揚力線理論[86,87]の有用性が確認されると，関心は徐々に広まっていった．もちろん，プラントルは1915年という早い段階で既に風洞試験による確認を行っていた[79]．

　有限翼を対象としたプラントルの揚力線理論とムンクの薄翼理論は，1926年にハーマン・グロワートが英語で書いた航空工学文献の中で紹介された[80]．グロワートは1892年10月4日にイギリスのシェフィールドで生まれた．ケンブリッジで教育を受け，科学と数学で優れた成績を残した．1916年には空気力学者としてファーンバラの王立航空研究所に勤務し始めた．そして第一次世界大戦の後にゲッティンゲンを訪問して，プラントルの研究を詳細に知るようになった．プラ

ントルとムンクの研究を明確に説明し，それに改良さえも加えているグロワートの『翼及プロペラ理論[80]』は，イギリスとアメリカでは空気力学の標準教科書になった．航空学に関する図書の中では古典的名著であるが，初版から70年以上が経過した今でも出版されている．もう一つの古典的名著であるレナード・ベアストウの『応用空気力学[88]』の第1版と第2版を比較すると，その影響力の大きさが分かる例を見つけられる．ベアストウはロンドン大学航空工学の教授であり，第一次世界大戦以前からイギリスの航空関係者の間では高い尊敬を集めていた有力人物であった．グロワートの著書の6年前に出版されたベアストウの著書の第1版（1920年）では，プラントルの研究については次のように短く言及されていたにすぎなかった．

> 1914年以前のドイツでの最高の空気力学研究所はパルゼバル飛行船会社の私有財産であったが，プラントル教授の管理の下でゲッティンゲン大学の中に設置されていた．特に気球模型に関する優れた研究が行われ，その成果は1911年に発表されていたが，1914年にドイツ政府はプラントルの指揮の下でベルリンに国立研究所を開設した．我が国では国立研究所になってからの成果を入手できていない．[p.7][88]

プラントルはその時期までに揚力線理論に関する主要な重要研究を全て完了していたが，プラントルや揚力線理論と翼理論を想像させるいかなる言葉もなかった．その当時には英語を話す地域への技術移転が全くなかったことがはっきりと分かる．対照的に，グロワートの本の13年後に出版されたベアストウの第2版（1939年）では，プラントルについて述べている独立した見出しが12ヶ所と，揚力線理論に関する記述が完全な章として一つの章（55ページ）に割かれていた．

アメリカでは，アメリカ海軍航空局のウォルター・ディール大佐が1930年代から1940年代にかけてアメリカの学生と専門家にとって標準になる航空工学の教科書『工業空気力学[89]』を1928年に出版した．その教科書にはプラントルの揚力線理論について説明している有限翼に関する章と，ムンクの薄翼研究成果について言及している翼型に関する章があった．ディールは，ムンクがNACAにいる期間にNACAと密接に仕事をしており，ムンクのことを知っていた．しかし，著書の中では厳密な数学理論を避けて，理論から得られた重要な工学的応用のみを記している．1941年，カリフォルニア工科大学のクラーク・ミリカンが『飛行機空気力学[90]』を出版した．ミリカンも多くの数学理論に関する記述を避けたが，この本は航空工学の入門書であり，プラントルの揚力線理論についてはディール

の扱い以上に詳細に紹介している．電子の電荷を計測するために有名な油滴の落下実験を実施したノーベル賞受賞物理学者であり，当時のカル・テック（Cal Tech, カリフォルニア工科大学）の学長であったロバート・ミリカンはクラーク・ミリカンの父である．クラーク・ミリカンはカル・テックでの航空学学習指導計画の責任者になり，彼の著書は多大な人気を博していた．イギリスでは1939年にベアストウの第2版が出版され，アメリカでは1941年にミリカンの著書が出版されたことで，ゲッティンゲンの遺産が英語を話す地域でも航空工学教育に不可欠な部分になった．（訳者注：日本では1932年に和田小六著の『航空工学講座 翼の理論』が，1943年にグロワートの著書の内藤孟訳『翼及プロペラ理論』が出版されている．）

アメリカの空気力学が再び目を覚ます：NACAの創設

マックス・ムンクは1920年にアメリカに渡って来ると，その当時空気力学の研究開発を行っていた唯一の合衆国組織であるNACAに勤務した．NACAは危機的な必要性に迫られてわずか5年前に創設されたばかりの，まだ駆け出しの政府機関であった．この状況を理解するために，19世紀から20世紀への変わり目におけるアメリカでの空気力学の状況を振り返ってみよう．

ライト兄弟が空を飛ぶ6ヶ月前の1903年半ばまでには2つの重要な空気力学研究がアメリカで完了していた．(1)サミュエル・ラングレーがスミソニアン協会で1887年から1903年の間に実施した回転アーム試験および模型飛行機試験[49,50]と，(2)ライト兄弟が1902年から1903年に実施して，200種類以上の翼と翼型に関する揚力特性と抗力特性を計測して表にまとめた風洞試験である．ドイツでのリリエンタールの研究は翼と翼型の空気力学特性に関するヨーロッパ唯一の重要なデータであった．アメリカで行われたこれら2つの重要な研究に加えて，ワシントンDCのカトリック大学にあった1.8×1.8mの風洞では1901年にアルバート・ザームが飛行船船体および航空機表面での摩擦抵抗の研究を行っていた（後ほど，話題に取り上げる）．そして，1903年にはライト兄弟の成功があった．実験空気力学での重要な活動の中心地は公平に見てもアメリカにあったが，しかしそれは長続きしなかった．1903年にラングレーの2度に及ぶ失敗が広く報道された後に，スミソニアン評議委員会は即座に彼の航空研究を打ち切った．さらに，ライト兄弟は1903年12月17日に飛行を成功させた後に急激に風洞試験を減らして，自分達の飛行機の機械的な改良に専念するようになった．アメリカでの基本空気力学の進歩は突如としてのろのろ運転のレベルにまで低下することになった．

これに対して，ヨーロッパでは違っていた．イギリス人は先を見越して政府機関内で空気力学の研究を開始した．ロンドンの国立物理研究所では1903年にトーマス・スタントンによって直径0.6mの風洞が建設されて，運用が開始されていた．1905年には女王陛下気球工場がファーンバラに移設されて，1908年にはそこはイギリスの市民権を取ったアメリカ人のサミュエル・F・コディーが航空機を設計して飛行させる実験場になっていた．1909年にはイギリス首相が，当時67歳になっていた高名なレイリー卿を委員長とする航空諮問委員を任命した．1910年には国立物理研究所に1.2×1.2mの試験部を持つ新型風洞が建設され，1912年にはさらに大型の2.1×2.1m風洞が建設された．1911年にはファーンバラの気球工場が軍用航空機工場に改称されて，業務内容がより明確にされ，1912年には王立航空機工廠になり，さらに1918年には王立航空研究所（RAE）に改称された．ヨーロッパの他の国では，エッフェルが1902年にエッフェル塔からの落下試験による実験的空気力学研究を開始し，1909年には風洞試験へと方法を変更した．ゲッティンゲンにあったプラントルの研究所は20世紀最初の10年間は理論空気力学研究の代表的中心地であり，1908年には空気力学の実験的研究も開始した．

1903年以降，実験空気力学研究の中心地はアメリカからヨーロッパへ移行した．一方，理論空気力学の中心地は常にヨーロッパであった．1915年までにアメリカの空気力学研究および概して航空学全体が，ヨーロッパでの進歩と比較すると惨めな状態にまで落ちてしまった．アメリカ政府から資金提供を受けていた空気力学研究は，アルバート・ザームが将来の海軍航空機のためのデータを集めることを目的に，1913年に建設された大型2.4×2.4m風洞を用いてワシントン海軍ヤードで行っていた小規模な研究計画のみであった．民間企業での空気力学研究活動はさらに少なかった．しかも1915年の段階では，アメリカの航空産業はライト兄弟によって提訴された1909年からの特許権侵害訴訟[52,53,91,92]にまだ苦しんでいる途中であった．アメリカの大学には，ゲッティンゲンの研究に匹敵するような空気力学の研究計画は全くなかった．そのような研究計画を立てることができるかすかな望みは，1914年にマサチューセッツ工科大学に建設されたハンサカーの新型1.2×1.2m風洞と，スタンフォード大学でのウィリアム・デュランドのプロペラ研究ぐらいであったが，このプロペラ研究も1916年までは順調に進んでいなかった．アメリカでは，航空学の切迫した重要性を認識していた人も，ヨーロッパでなされていた飛躍的な進歩に気づいていた人も，ごくわずかであったが，その人達は非常に事態を憂慮していた．

1915年に国家航空諮問委員会（NACA）の組織化をついに成功させたのは，こ

うした事態を憂えていた人々の集団であった．1911年にはある種の国家的な航空機関に関する提案が持ち上がっていた．例えば，スミソニアンにあって1903年以降機能していなかったラングレーの古い飛行研究室にスミソニアンの統括の下で再び活気を与え，そして大きく拡張すべきであるという意見もあった．この考えは2つの立場から反対された．第一に，海軍からは海軍首席造船技師であるデビット・W・テイラー海軍少将という人が，ワシントン海軍ヤードの試験タンクで既に航空研究を実施していることから，民間の研究所が重複して研究を行う必要はないと主張した．そして第二に，そのような研究所をスミソニアンに置くことに対してマサチューセッツ工科大学のリチャード・マクローリン学長と規格基準局のサミュエル・ストラットン長官が異を唱えた．2人ともそれぞれ自分達の機関にその航空研究所を設置して運営すべきだと考えていた．そうした反対意見があったが，諮問委員会メンバーとして携わる著名な人々（オービル・ライトを含む）と共にスミソニアン評議委員会はラングレー研究室の再開を1913年に認可した．ところが，スミソニアンでのそうした活動に関して規定した1910年法に本計画全体が違反していることがすぐに判明したことから，計画全体を諦めなくてはならない事態になった．しかし，ラングレーの死後にスミソニアンの長官に就任したチャールズ・ウォルコットを含む多数の人々からの絶え間ない働きかけにより，最終的には航空諮問委員会の創設が実現した．1915年3月3日，アメリカ連邦議会は委員会を創設する決議を採択した．スミソニアンが本計画を管理することにはならなかった．むしろ，この法律により国家航空諮問委員会と呼ばれる基盤の広いNACA委員会が創設された．この委員会では7人の政府関係者と5人の民間人委員が年に2回集まって，主にどのテーマの研究が必要であるかを確認することになった．結局，この委員会はヨーロッパの影響を強く受けた形になっている．それは，この委員会が英国航空諮問委員会を部分的に模範としていたからであった．

　NACAの設立に関わる公法271は，委員会の任務について次のように述べている．

> 実用的解決策を見据えながら飛行の諸問題に関する科学的研究を監督および指導し，実験的に取り組むべき問題を定義し，実問題の解決策とその応用を議論することを国家航空諮問委員会の任務とする．研究所の全てにせよ，部分的にせよ，その研究所が委員会の指揮の下にある場合には，委員会はその研究所における航空学の研究および実験を指導し，かつ実施することができる．

1年当たり5,000ドルの政府予算が委員会に与えられたが，委員会の委員に対しては無償であった．

NACAの創設はその後のNACA空気力学研究計画へ至る転換点であった．そしてそのNACA空気力学研究計画によって，その後の43年以上にわたって空気力学の最先端技術が発展を続けられたことで，アメリカのためのみならず，世界中での技術の利用と波及にとっても有益な計画であったことが証明されていく．まず，NACAの委員達はすぐさま大規模研究所の設立を要請した．第一次世界大戦にアメリカが関与する事態が差し迫っていると予想されたことから，1916年にアメリカ連邦議会は研究所の設立に53,580ドルを拠出した．4年後の1920年6月11日，バージニア州ハンプトンの地にラングレー記念航空研究所が正式に開設され，航空研究が開始された．NACAは空気力学の更なる発展に重要な役割を果たすことになる．そして，20世紀の空気力学に関するここから先の話題では，NACA（1958年以降はNASA）がその役割をどのように果たしていったのかを見ていくことになる．

風洞の発展：ライトフライヤー後の20年

支柱とワイヤを持つ複葉機の時代は，風洞が本領を発揮した時代でもあった．ライト兄弟が1901年から1902年にかけて風洞実験を行い，1902年グライダー（その後にはライトフライヤー）の設計にその実験結果を活用してからは，風洞は空気力学において最も信頼される試験装置になった．そして回転アーム試験装置は過去の遺物になった．その後の20年間に風洞は次々と改良されて発展し，1920年代の中頃にはほとんど全ての新型飛行機が風洞試験データを直接基にして設計されているか，あるいはその完全な縮尺模型が風洞で試験されるようになっていた．空気力学における最先端技術の進展において風洞は重要な役割を果たした．そこで，風洞の発展とその影響についてここで見てみよう．エッフェル式風洞の開発については既に取り上げた．しかし，ヨーロッパには他にも注目に値する風洞施設がいくつかあったし，アメリカにも限定的ながら風洞研究があった．

オービル・ライトとウィルバー・ライトが初めての風洞実験を行っていた頃，ワシントンDCにあるアメリカ・カトリック大学機械工学科のアルバート・ザーム教授はもっと大型の風洞を運用していた．測定部は断面が1.8×1.8mで長さが12mあり，風速は12m/sであった．この風洞は大学敷地内の学科建物の中に設置されており，その当時（1901年）までに建設された中では圧倒的な大きさであっ

た．ザームはジョンズ・ホプキンス大学で物理学博士号を取得した経験豊かな科学者であり，彼が設計した風洞はライト兄弟の風洞よりも技術的に高度な装置であった．ザームの風洞は流れを真っすぐに整えて，乱れを減らすためにチーズクロス網と金網を備えていた．現在でも使われている技である．送風機は，空気を風洞の中に吸い込むように測定部の下流側に設置されていた．他方，ライト兄弟は測定部の上流側にファンを置いていた．その当時としては，様々な装置がこの風洞に取り付けられていた．例えば，ピトー静圧管が非常に感度の高いマノメーターに接続されて，測定部の対気速度を計測するために使用されていた．さらに空気力を計測するためにいくつかの天秤が開発された．その中には，20世紀の現代風洞でよく用いられているような金属線吊下式天秤も含まれていた．

　ザームの風洞は1901年の初めに運用を開始した．まず，飛行船の船体に作用する抗力を測定した．しかし，彼のもっと重要な業績は平板やその他の揚力面に作用する摩擦抗力を詳細に計測したことであった．表面摩擦が抗力の大部分を占めていることを最初に示したのはザームの試験であった．したがって，摩擦抗力は無視できるとしたサミュエル・ラングレーの仮定に対して間接的に正反対の結果を述べることになった．ザームとラングレーは友人であり，同僚でもあった．ザームの実験には，ラングレーが仲介したことでスミソニアンから少額ながら補助金が提供された実験もあった．

　風洞は19世紀から20世紀へ変わるかなり以前にイギリスでフランシス・ウェナムによって発明され，次いでホレイショー・フィリップスによって初めてのキャンバー翼型試験と設計を行うために使用された．しかし，1901年から1902年までのライト兄弟の風洞試験に1901年から始まったザームの研究が加わったことで，アメリカは一時的に本格的な風洞研究の中心地になった．ザームの設備には政府からも大学からも資金援助はなかった．風洞の建設と運転に要する資金はユーゴー・マチュラスから提供されていた．マチュラスは富裕実業家であり，飛行機が商業的に成功する未来の姿に大変興味を持っていたが，この風洞設備から導かれる有用な進展を全く知ることなく亡くなってしまった．マチュラスの死後は資金援助が途絶えたことで，カトリック大学でのザームの研究は実を結ばずに終わり，風洞設備は1908年に閉鎖された．その頃には，風洞を用いた研究活動の中心地は既にヨーロッパに戻っていた．イギリスでは国立物理研究所（NPL）のトーマス・スタントンが直径0.6mの測定部と9 m/sの試験気流速度を備える風洞を1903年に建設していた．その当時，NPL風洞の目的は表面と構造物に作用する風圧を計測することであった．しかし，1908年にウィルバーがル・マンでの飛行

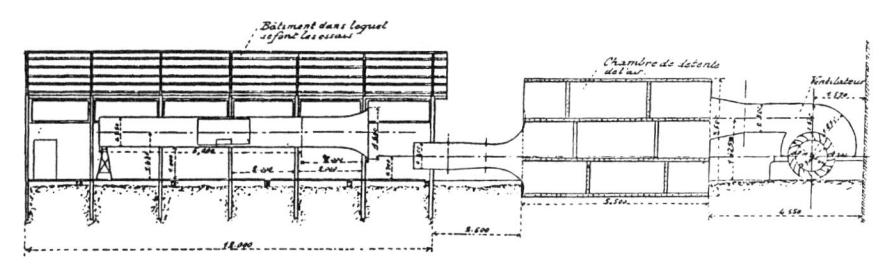

図7.15 ローマ近郊にあったクロッコの風洞 (1903年)

を成功させると，NPL は航空学に関心を持つようになり，さらに大型の風洞が1910年に建設された．断面が1.2×1.2m の正方形測定部と13m/s の流速を備えたこの風洞によって，NPL は航空研究の檜舞台に立つことになった．しかし，その頃には他のヨーロッパの風洞も同じ舞台に立っていた．1903年，アルトゥーロ・クロッコ中尉がローマ近郊の陸軍部隊の敷地内に風洞を建設した．断面が1×1m の正方形測定部を持つこの風洞（図7.15）は29m/s という驚異的な速度を出すことができ，飛行船の抗力と安定性およびプロペラの空力特性を調べるために用いられていた．クロッコはイタリア空軍の将軍にまで昇進して，1930年代には高速飛行を追求した空気力学研究を強力に提唱した．

ロシアでは，ディミトリ・パブロビッチ・リアボウチンスキーが1904年にモスクワ郊外のクチノに空気力学研究所を設立した．富裕商人の家庭に生まれ，その当時わずか22歳であったリアボウチンスキーは，父が所有する土地に研究所を建設して支援した．研究所の中心は，長さが14.5m，直径が1.2m の円筒ダクトを持つ風洞であった．下流端のファンによって風洞の中に空気が吸い込まれ，測定部における空気速度は約 7 m/s であった．測定部には試験モデルを観察するための窓が備わっていた．1897年にロシア人のロケット先駆者であるコンスタンティン・ツィオルコフスキーがカルガに粗末な送風機を作って，翼型や飛行船，その他にも様々な幾何形状の模型に関する空気力学実験を行うためにこの送風機を使用していたことから[8]，リアボウチンスキーの風洞はロシアで最初の風洞ではなかったという議論もある．しかし，リアボウチンスキーの業績は科学界の人々から認められたロシア初の風洞研究であった．1917年のロシア革命では，リアボウチンスキーは職員と事業を維持するためにこの研究所を国有化した．

最終的には，1908年にプラントルがゲッティンゲンに 2×2 m の断面を持つ風洞を建設したことで，風洞研究でのヨーロッパの優勢が確実になった．プラントルの風洞にはそれまでにない設計上の特徴があった．測定部を通過する空気は

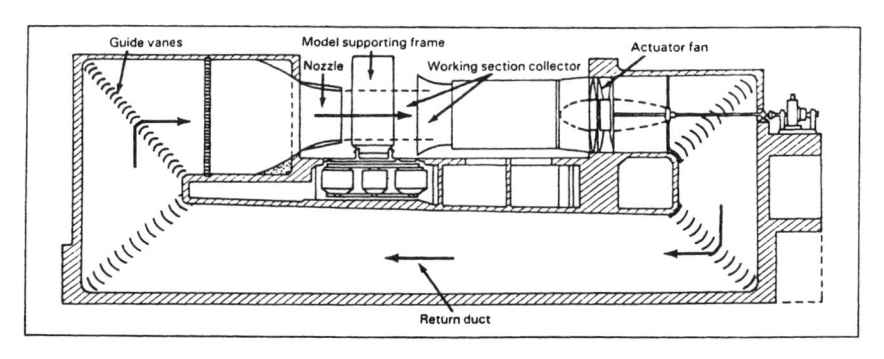

図7.16 ゲッティンゲンにあったプラントルの回流型風洞（1916年）

直接部屋に排気されることなく，ダクトで風洞の入り口まで戻されていた．最初の閉回路回流型風洞である．閉回路設計により効率の増加も得られ，そして気流の乱れを減少させるスクリーンとハニカムを戦略的に用いたことから，このプラントルの風洞はその後の亜音速風洞の標準になった．断面が2.2×2.2mの正方形測定部と驚異的な52m/sの気流速度を持つ第二世代の閉回路風洞（図7.16）をプラントルが1916年に建設したことで，さらに標準とされるようになった．フランスにおけるエッフェルの風洞と同様に，プラントルの風洞にも測定部へと続く先細ノズルが設置されており，比較的平滑化された乱れの少ない気流が得られていた．1916年のゲッティンゲン風洞は「風洞設計における新時代の到来を告げた．[93]」エッフェルの風洞がオートゥイユにあり，そしてプラントルの風洞がゲッティンゲンにあったことで，第一次世界大戦の半ばまでヨーロッパは間違いなく実験空気力学の中心地であった．

　その当時のアメリカは風洞を完全に放棄していたわけではなかった．アルバート・ザームは，それまでの経験を活かしてワシントン海軍ヤードに大型風洞を設計した．その風洞は正方形測定部の断面が2.4×2.4mあり，1913年に稼働を開始した．ザームは測定部の断面積を1/4に減らして気流速度を72m/sまで増加させる（断面が1.2×1.2mの）正方形ダクトも設計した．その当時のどの飛行機の最大巡航速度をも上回る速度であった．スタンフォード大学ではウィリアム・デュランドがプロペラ研究計画を立ち上げ，この研究のために直径1.7mの測定部を持つ風洞を建設した．ワシントンDCの規格基準局では，乱流と境界層に重点を置いた基本的な流体力学の研究を行うために直径1.4mの八角形断面を持つ風洞が1918年に建設された．しかし，こうした努力も優勢なヨーロッパに本気で立ち向

かうには不十分であった．ところが，こうした状況はまさに変わろうとしていた．そして，劇的に変わった．

　マックス・ムンクは，1920年にアメリカへ渡った時に理論空気力学での多くの革新的発想と，測定部の空気圧力を風洞外部の周囲圧力よりもかなり高くする画期的な新型風洞の概念を携えていた．そのような概念を持つに至るには，しかるべき理由があった．通常は試験模型が実際の飛行物体よりもはるかに小型であったために，一般的に風洞試験結果からの外挿には限界があった．例えば，カーチス JN-4 ジェニーは第一次世界大戦末期にアメリカで人気の複葉機であり，その翼幅は13.3mであった．ジェニーの1/20縮尺模型では翼幅が0.66mになる．風洞模型としては典型的な大きさである．その結果，測定部の圧力と密度が基本的に周囲条件と同じである従来型風洞でこうした縮尺模型を試験すると，レイノルズ数は本物の飛行機が実際に飛行する場合と比較して1/20まで小さくなる．これは満足できる状態ではなかった．抗力係数と最大揚力係数の値はレイノルズ数の値に対して敏感に変化する．レイノルズ数が1/20まで小さくなっている風洞で計測したそれらの係数は，対応する実際の飛行データとは等しくならないであろう．1920年にはこの問題は認識されており，レイノルズ数スケーリング問題と呼ばれていた．先に述べたように，エッフェルは縮小模型の風洞計測結果を実際の飛行機に適用する前にこの計測結果を修正することの必要性を理解していた．しかし，彼が風洞データを修正した方法は直感的，つまり山勘であった．多くの風洞では，模型がその中に納まるように実際の飛行機よりもはるかに小さく作られていたので，実物大の飛行でのレイノルズ数を本当に模擬するための唯一の方法は，測定部での流れの特性を調整することであった．レイノルズ数は $Re = \rho V c / \mu$ で表されるので，速度 V を増加させるか，密度 ρ を増加させるか，または粘性係数 μ を減少させることでレイノルズ数 Re は増加する．粘性係数は温度の関数であり，温度を下げることで小さくできる．また空気が冷却されると，その密度は増加することになる．小さくなった μ と，大きくなった ρ の両方が共に Re を大きくすることに寄与する．（これが今日，少数だが存在する近代的な低温高レイノルズ数風洞装置の基本思想である.）別の手法として，単に測定部での圧力を増加させることによって ρ を増加させる方法も考えられる．それがムンクの考えであった．

　ムンクは1920年以前にも風洞を加圧する考えをツェッペリン社に提案していたが，その時には実行することなく終わっていた．そしてアメリカに来てから，この形式の風洞設備を建設することをNACAに働きかけた．NACAの研究部長であったジョージ・ルイスは実際のレイノルズ数を模擬できることの利点を正しく

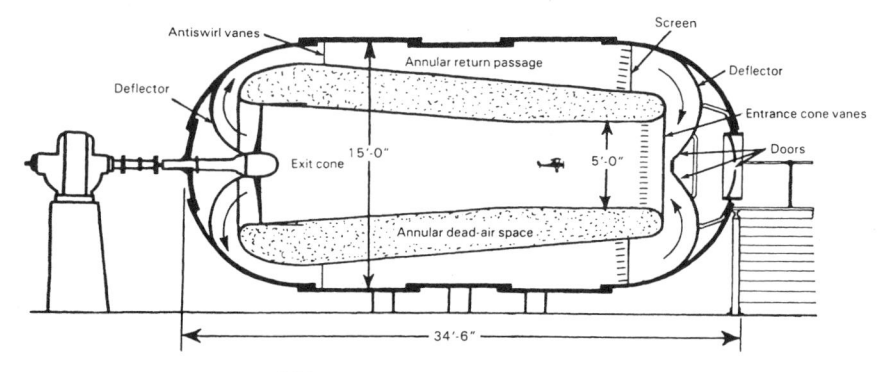

図7.17 NACA可変密度風洞（1922年）

図7.18 NACA可変密度風洞の外観

理解しており，ムンクを設計主任としたNACA可変密度風洞の建設が1921年3月4日に許可された（図7.17）．測定部空気流れの圧力を高くする方法は単純そのものであった．風洞全体が大きな高圧容器の中に設置されており，その容器内を20気圧まで加圧することで，測定部における圧力を20気圧まで上げていた．このようにして，1/20縮小模型を用いた試験中も実物大でのレイノルズ数を達成できた．可変密度風洞は単に高圧容器の中に設置された循環風洞であった．図7.18には高圧容器（内部には風洞が納められている）の外観が示されている．

可変密度風洞の設計・製作にわずか16ヶ月を要しただけで，1922年10月19日にはNACAラングレー記念研究所で運用が開始されている．ムンク（ワシントンのNACA本部に所属していたが，事実上の可変密度風洞設計主任）と，風洞を建設していたラングレー研究所の技術者達との仕事上の関係がよくなかったことを考えると，これは驚くべき早さであった．建設が始まった当初は，ムンクは散発的にラングレーを訪問しただけであったが，そのたびに問題は悪化していった．フレデリッ

ク・ノートンはラングレー研究所での空気力学課のリーダーであり，日々の建設問題ではまともに矢面に立っていた．ノートンにとってムンクは問題の種であった．

> フレデリック・ノートンは，圧縮空気風洞の構想実現に個人的な責任を持つことに対して，ムンクが頑ななまでに消極的な態度を示すのを感じ取っていた．1921年，可変密度風洞の工事に対するムンクの曖昧にもかかわらず高圧的な指示によって生じた混乱について，ノートンはワシントン本部に苦情を訴えた．彼の考えでは，主としてムンクとラングレーの製図技師および技術者との間に互いに対する共感がないために，可変密度風洞の内部と天秤機構の設計業務が極めて非効率的に行われていることを報告した．「ムンク博士は，技術設計での自分の要望が何たるかに関して明確な考えを何も持っていないように思われる．ただし，私や私の部下達が提案することは何も望んでいないことは明確である．」と報告している．ノートンによると，ムンクの設計におけるかなりの部分は極めて不十分であった．[p.85][84]

　NACA 本部はノートンの話に耳を貸さなかった．事実，1922年の暮れにムンクをラングレーに長期間（1 回につき数週間）派遣して風洞を担当させて，そのことによって事態を悪化させてしまった．正式にムンクは「研究計画の準備，装置の運用管理，報告準備に関する責任」を持つことになった．1923年，ノートンは NACA を辞職した．
　ノートンの後継者であるデビット・ベーコンは，ムンクの干渉に対していっそう強く反発した．彼は，ムンクに可変密度風洞を 4 週間担当させるというワシントンからの直接命令を拒否したほどであった．ムンクが事態の解決を NACA 本部に働きかけてやっとベーコンは折れたが，1 ヶ月後にはベーコンも NACA を辞職した．
　個性と個性の対立にもかかわらず，記録からは可変密度風洞が大成功であったことが分かる．1922年に運用を開始した時，この風洞は実際のレイノルズ数条件で翼型や翼，および完全な飛行機形状の試験が可能な最初の風洞であった．この設備を持ったことで NACA は他の全ての既存風洞を凌駕し，可変密度風洞で取得した実験データによりアメリカはその後の15年間は誰もが認める応用空気力学の先導者になった．航空機メーカーや大学，そしてイギリスの国立物理研究所を含む海外の政府機関が可変密度風洞について学び，時には各々の高密度風洞設備の建設計画を立てるために，ラングレーに視察チームを派遣した．何年も後の

1956年に，ジェローム・ハンサカーは次のように語っている．可変密度風洞は，「新奇性に富み，しばしば複雑であり，常に費用がかかるが，航空科学の最先端を推し進めるためには必要な設備をその研究員に提供するという，NACAにとって初めてとなる大胆な一歩を象徴していた．[94]」バールズとコーリスは可変密度風洞が及ぼした影響についてうまく表現している．「NACAを技術的に優秀な研究機関として確立させたのは，何にもまして可変密度風洞であった．可変密度風洞はアメリカの空気力学研究を復活させ，タイミング良く世界で最も優秀な航空機をいくつも作り出すことに繋がった飛躍的な技術進歩であった．[93]」NACAと国立の空気力学研究所を創設するために，1915年まで非常に熱心に尽力した洞察力ある少人数の努力は正しかった．そのことを，可変密度風洞を用いて実施した空気力学での研究開発が証明した．

　可変密度風洞は1940年代の初頭まで試験に使用されていた．しかし，それよりもずっと以前の段階で1931年にラングレー研究所に建設された9×18m測定部を持つ大型実物大風洞を含む他の風洞に取って代わられていた．1940年代から1983年まで，可変密度風洞は内部の風洞配管設備を取り除いて，高圧貯蔵タンクとして使用されていた．1983年，ラングレー研究センター圧力系委員会はこの高圧容器が長年使用されてきたことと，リベット止めが使われていることから使用の中止を勧告した．可変密度風洞の外殻容器は今も存在している．アメリカ国定歴史建造物に指定されて，NASAラングレー研究センターに展示されている．

　1920年代と1930年代に行われたNACA翼型に関する一連の大規模な試験から得られたデータも，可変密度風洞試験から得られた最も重要な研究成果と言える．おそらくこのデータはNACAによる初期の成果では最も重要であり，あらゆる国の航空学で重要な役割を担いながら使用されている．

● 翼形設計の進化：ライトフライヤー後の25年間

　翼型のための「適切な」形状に対する関心は15世紀後半にまで遡る．この頃，レオナルド・ダ・ビンチは羽ばたき機を設計していた．しかしダ・ビンチは，当時はまだ胎児の段階であった流体力学という科学から恩恵を受けることができず．彼を導くものは，自然が与えた鳥の羽の形状しかなかった．翼型のための適切な形状に関する工学的な調査は，ジョージ・ケイリーが1799～1810年の期間に行った活動と共に始まっている．この期間中に彼は，キャンバー翼型は平面よりも優れている可能性があることと，揚力は翼型の下面と上面間の圧力差によって

発生することを理論づけた．実際のキャンバー翼の工学設計は，ドイツのオットー・リリエンタールが1866年から1889年に実施した回転アーム試験に基づく活動と共に始まって，イギリスのホレイショー・フィリップスが1884年から1891年に実施した風洞試験に基づく活動がその後に続いた．ライト兄弟の初期の活動ではリリエンタールのデータを拡大的に用いていた．しかしリリエンタールは円弧翼型の研究を行って，実際にも使用していたが，ライト兄弟が自分達の飛行機に円弧翼型を採用することはなく，その代わりに最大キャンバーが前縁の極めて近くにある翼型を使用していた．そして，最終的に兄弟は翼型設計へと繋がる風洞データを自分達で採取した．しかし，翼型設計に対する合理的な取り組みは，そのような初期の活動時にはそぶりすらなかった．全てが完全に場当たり的であり，飛行機の熱狂者は各自でこの問題に対して独自の取り組みを行っていた．

ライトフライヤーの時点（1903年）での翼型設計における最先端技術はそのようなものであった．本節では，支柱とワイヤを持つ複葉機の時代にまで及ぶ，ライトフライヤー後の25年間での翼型の理解と設計の進化について考察してみる．図7.19にはこの時代の様々な翼型形状が示されている[90]．

ライトフライヤー以前の翼型設計における特徴であった場当たり主義的な手法は，その後の25年間も同様に続いていた．つまり翼型設計の方法は個人に依存し，特別に手が加えられ，基本的にまとまりのない状態であり続けた．理論空気力学での最先端技術は進歩を続けていたが，実際のところ効率的な翼型設計に理論が適用された例はなかった．実験の方では，翼型に関する非常に多くの風洞試験が行われていたが，それらの実験的研究には統一された関連性

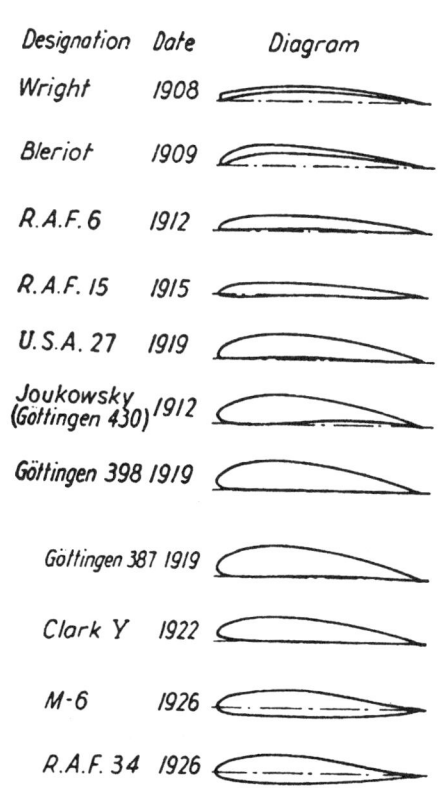

Designation	Date
Wright	1908
Bleriot	1909
R.A.F. 6	1912
R.A.F. 15	1915
U.S.A. 27	1919
Joukowsky (Göttingen 430)	1912
Göttingen 398	1919
Göttingen 387	1919
Clark Y	1922
M-6	1926
R.A.F. 34	1926

図7.19 支柱とワイヤを持つ複葉機の時代に使用された翼型の数々

が全くなかったために，高効率な標準翼型の開発には繋がらなかった．1915年に発行されたNACAの最初の年次報告では，まだ駆け出しの政府機関が取り組むべき重要な技術課題に関して検討が行われており，この検討の中ではそうした状況が認識されていた．

> 現在，一般の関心を集めている多数の問題の中でも，以下の事項は敏速な対処を必要とする重要な課題であり，当委員会は本目的に資金を確保できる限り速やかに考慮するであろう．（17項目がこれに続いて記載されており，その3番目が翼型であった．）
> 翼断面－圧力中心の移動は過度にならず，それでも高い効率と広範囲な迎え角への対応を両立でき，全ての構造に対して経済的に適切な寸法を具体化している，より効率的な実用的形状をもつ翼断面への進化

この翼型問題へのNACAの最初の取り組みが，1917年にマサチューセッツ工科大学でエドガー・S・ゴーレルとH・S・マーチンが行っていた一連の風洞試験への支援であった．その頃には2系統の翼型形状が一般的に使われていた．フランスでエッフェルが試験した系統と，イギリスで王立航空機工廠（Royal Aircraft Factory，国立物理研究所の一部）が設計して試験を行ったRAF系の翼型であった．ゴーレルとマーチンは次のように結論を下した．「多くの翼型を試験したが，その多くは実用的観点から役に立たない．この国（アメリカ）で使用されているほとんど全ての翼型が，パリ近郊でM・エッフェルが試験を行ったか，またはテディントンの国立物理研究所が試験を行った翼型から選ばれた最良の5種類または6種類に含まれるものか，またはそれらの翼型を基にしていくらか小さな改良を施したものであった．[95]」さらに続けて，実験の結果から，わずかに翼型形状を変えるだけで空気力学性能に大きな差が生じる場合があることを述べている．翼型開発の初期段階における重要な観察成果であった．また翼型構造設計の重要さと，空気力学性能に影響を及ぼすが現実的にやむを得ない妥協の重大さも強調した．

> このように翼型は制限される．しかも，このうちのいくつかは空気力学的効率と切り離せない翼の桁高さに関してある種の好ましい特性に欠けている．アメリカ陸軍通信団航空課が設計した6種類の翼型は構造的に優れているが，これまで空気力学的に未知な翼型であるので，これらの試験結果を得ておくことは有意義であろう．既に試験が行われて発表されている国立物理研究所とM・エッフェルの翼型を除外

すると，これは単一翼型群としては最大の集団を構成している.[95]

「空気力学的に未知な翼型」とはアメリカ陸軍が開発したUSA翼型系統であり，この翼型のデータが，NACAが最初に公表した翼型の試験結果であった．ゴーレルとマーチンが実施したこの試験は，1917年における翼型実験の最先端技術を反映していた．そこで，彼らの実験技術と成果をまとめておこう．彼らが使用した風洞はマサチューセッツ工科大学にあり，13m/sの試験流速が可能であった．試験模型はどれもが固体真鍮から機械加工によって慎重に成形された翼幅46cm，翼弦長7.6cm（アスペクト比6）の長方形有限翼であった．試験では，揚力，抗力，縦揺れ（ピッチング）モーメントを計測する三分力天秤に取り付けられた垂直軸に各翼模型が風洞内で固定されていた．翼模型は所定の迎え角に固定されて，力とモーメントが計測される．そして次の条件の迎え角に変更されて再び力とモーメントが計測され，以後も同様に繰り返される．この当時に一般的であった彼らの表記法をそのまま用いると，揚力係数 K_y とドリフト（抗力）係数 K_x は計測した揚力と抗力から以下の関係式を用いて計算されていた．

$$L = K_y A V_\infty^2$$
$$D = K_x A V_\infty^2$$

ここで V_∞ はマイル毎時（mile/h），A は平方フィート（ft^2）で表された翼平面面積である．試験を行った6種類の翼型の中では，USA 1型の最大揚抗比が最も大きい（$L/D)_{max}$=17.8であることが分かった．しかし，他の5種類の翼型形状でも $(L/D)_{max}$ はそれほど大きく変化しなかった．最も小さな値でも，USA 4型の翼断面をもつ翼の15.9であった．USA 1型の形状と迎え角に対する揚力係数 K_y，ドリフト（抗力）係数 K_x，揚抗比 L/D の変化の計測結果が図7.20に示されている．

図7.20の K_y と K_x の値はポンド

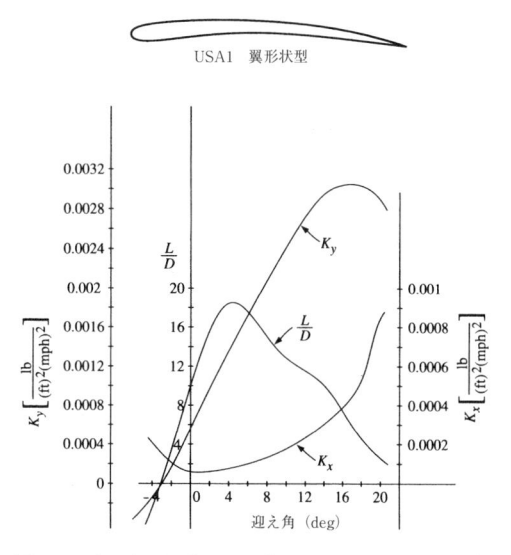

図7.20 迎え角の関数として表示されたUSA 1翼型の揚力係数，抗力係数，揚抗比

重毎平方フィート毎平方マイル毎時，つまり lbf/ft^2/(mile/h)^2 で表されている．K_y と今日標準的に使用されている揚力係数 C_L との関係は以下の通りである．まず，現代の揚力係数は次のように定義される．

$$L = \frac{1}{2} \rho_\infty V_\infty^2 A C_L$$

ここで V_∞, A, ρ_∞ は一貫した単位系（例えば，V_∞ には m/s, A には m^2, ρ_∞ には kg/m^3）で表されている．したがって，前述の両式によって表された K_y 表示の揚力と C_L 表示の揚力を比較することにより，

$$K_y [A(\text{ft}^2)] [V_\infty(\text{mph})]^2 \times [4.448(\text{N/lbf})] = \frac{1}{2}\rho_\infty [V_\infty(\text{m/s})]^2 [A(\text{m}^2)] C_L$$

が得られる．m と ft，および，m/s と mph の単位換算を適切に行うことによって，

$$C_L = (479.4/\rho_\infty) K_y$$

が得られる．標準海水面空気密度 $\rho_\infty = 1.225$ kg/m^3 を仮定すると，

$$C_L = 391 K_y$$

になる．同様の関係が現代の抗力係数 C_D と K_x の間にも成り立つ．すなわち，

$$C_D = 391 K_x$$

が得られる．したがって図7.20では最大揚力係数が $K_y = 0.00318$ になっているが，現代の表現ではこれは $C_L = (391)(0.00318) = 1.24$ と同じことになる．こちらの方が現代の空気力学者にはより親しみのある値である．

ゴーレルとマーチンの調査結果は少なくとも以下の2点において1917年の最先端技術を代表していた．

(1) 図7.20に示されている迎え角に対する揚力係数，抗力係数，L/D の変化は，現代の空気力学者にとってなじみ深い形である．つまり，このデータの傾向はほとんどの翼型で一致している．例えば，迎え角2°以上では約15°で失速に至るまで揚力曲線は基本的に直線状になっている．抗力曲線は，迎え角が小さい範囲ではほぼ全域にわたって比較的平坦になっている．そして迎え角がかなり小さい時に，L/D は最大になっている．ゴーレルとマーチンは同一のグラフ上にそれら3種類の曲線を重ねることで，現在まで脈々と続く翼型データと翼データの図示方法を確立した．

(2) このデータは低レイノルズ数の影響を被っていた．7.62cm の翼弦長が13m/s の標準大気圧試験気流中に置かれた場合には，そのレイノルズ数は69,960にしかならない．このような低レイノルズ数の環境は，その当時の全ての翼型試験と翼試験で普通のことであった．翼型と翼が実際に飛行するレイノルズ

数で試験されるようになったのは，1922年に可変密度風洞がNACAラングレー記念研究所で運転を開始してからであった．

　したがって，翼型の空気力学実験は1917年には定性的に今日得られている揚力と抗力のデータに類似したデータを生み出していた．しかし，そのデータは実験時の非常に低いレイノルズ数のために定量的にみた場合には誤解を与えていた．
　こうした状況は，単に低レイノルズ数が原因になって実験的に得られた数字の大きさがいくらか外れているという程度では済まない，はるかに深刻な影響を翼型設計に及ぼした．というのも，初期には翼型設計者に対して誤った一般的方向性を示していた．つまり，いくらか適切な厚みを持つ翼型ではなく，極薄翼を指向するという適切ではない方向性を示していた．厚翼はより大きな抗力を生成するという直感的かつ誤った概念のために，翼型とは薄いものだというジョージ・ケイリーの時代にまで遡る信念と伝統が信じられていた．初期の風洞試験結果（例えば，フィリップスやライト兄弟）では，厚翼は薄翼よりも大きな抗力を生成していたために，その概念はより強固なものになった．しかし，今日ではそうした試験結果は単に低レイノルズ数においてのみ正しいことが分かっている．翼型周りの低レイノルズ数流れでは，上面に層流剥離泡が生成するという特徴がある．弾けることによってほぼ上面全域で流れが剥離して揚力は小さくなり，抗力は大きくなるという好ましからざる状況に陥る．厚翼の表面に沿った圧力勾配は薄翼の圧力勾配よりも大きく，層流剥離泡の生成は大きな逆圧力勾配の領域で促進されるので，低レイノルズ数層流剥離泡は厚翼周りで最も発生しやすくなる．対照的に，極薄翼の上面に沿った圧力勾配ははるかに小さく，低レイノルズ数層流剥離泡はなかなか生成しないので，低レイノルズ数流れでは薄翼は厚翼よりも優れた性能を示す．ところが，高レイノルズ数流れではその逆が真になる．極薄翼の前縁はかなり鋭くなっているが，高レイノルズ数流れはこの部分で急激に広がることにより，前縁での流れの剥離が促進される．これは，迎え角をとった薄い平板の前縁部分に生じる流れの剥離と全く同じである．対照的に，厚翼が持つ大きく丸まった前縁周りの流れは付着した状態を維持する傾向があり，そのために厚翼の性能は薄翼に優る．それゆえに（低レイノルズ数風洞試験では良さそうに見えていた）極薄翼が，実際の飛行機で使用された場合には，その時の飛行レイノルズ数はもっと大きな桁の数になるために，その翼の揚力性能が風洞試験と同じになるとは限らない．ゴーレルとマーチンの風洞データはそうした状況の好例である．図7.20は非常に薄いUSA翼型の揚力係数が素晴らしく良好であることを示してい

402　第4部　20世紀の空気力学

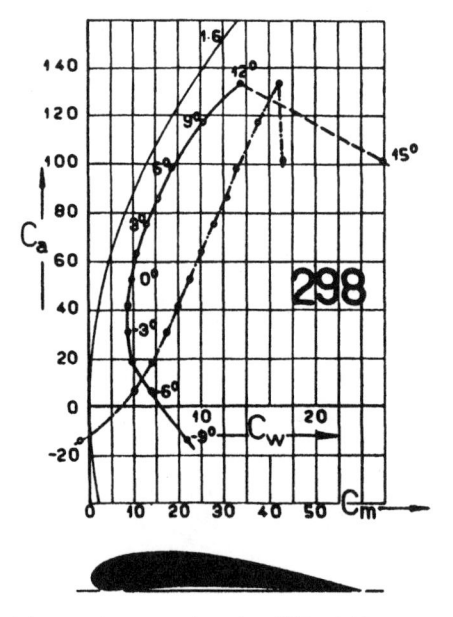

図7.21 プラントルが1917年に計測したゲッティンゲン298翼型の抵抗極線

るが，それは風洞試験での低レイノルズ数流れの条件においてのみ適用可能であった．以上のことから，1917年の時点ではほとんどの飛行機が極薄翼を用いていたことも，驚きに値しない．もちろん，今日では容易に知り得ている低レイノルズ数での翼型空気力学の基本も，当時の設計者にとっては十分に理解できていないことであった．つまり，設計者は自分達が見逃していることを知る術がなかった．

こうした状況は，1917年にゲッティンゲンでのプラントルの研究によって厚翼断面の優位性がついに明らかになると，劇的に変化した．それからすぐにゲッティンゲン翼型系統が誕生した．そのうちの398翼型と387翼型の2種類が図7.19に示されている．図7.21にはプラントルによるゲッティンゲン298翼型のデータ[73]が示されている．ここで中央の曲線は抵抗極線，つまり揚力係数と抗力係数の関係を，またはドイツの表記法では C_a と C_w の関係を表している．（初期のドイツ表記法では，C_a と C_w は今日使用されている値よりも100倍大きな値になっていることに注意する必要がある．例えば，図7.21において $C_a = 100$ は今日の揚力係数 $C_L = 1.0$ に相当する．）レイノルズ数は 2.1×10^6 であり，十分な高レイノルズ数領域に入っていた．有名な設計者であるアンソニー・フォッカーは直ちにこの革新的な発見を採用して，13%厚さを持つゲッティンゲン298形状を新型のフォッカーDr-1に搭載した．これが「レッド・バロン」ことマンフレート・フォン・リヒトホーフェンが操っていた有名な三葉機であった（図7.22）．フォッカーはその厚翼を採用することで，大きな利点を2つ得ることができた．

(1) 翼内部には翼の骨組みを完全に納めることができるほどの空間があった．つまり，Dr-1の翼は片持ち梁の設計になっており，そうすることで従来から他の航空機で使用されてきたワイヤ補強が不要になった．その結果，このワ

イヤに起因する大きな抗力も取り除くことができた．これによって，Dr-1の無揚力抗力係数は0.032になっていた．第一次世界大戦の飛行機にとっては最も小さな部類に含まれる（比較のために，フランスのSPAD XIIIの無揚力抗力係数は0.037であった）．

図7.22 初めて厚翼を採用したフォッカーDr-1三葉機

(2) フォッカーDr-1は厚翼を採用したことで大きな最大揚力係数を手にすることができた．その結果，群を抜いて高い上昇率と，接近戦では非常に有利な特性である操縦性の向上が得られた．

アンソニー・フォッカーはそれ以降も厚翼の使用を継続し，D-VIIの設計でも厚翼を採用した．その結果，第一次世界大戦末期にかけてD-VIIの主要対戦相手であり，依然として極薄翼を採用していたイギリスのソッピースキャメルやフランスのSPAD XIIIよりも，D-VIIははるかに速い上昇率を誇っていた．その上昇率性能に素晴らしい操縦特性が加わったことで，第一次世界大戦期の全ドイツ戦闘機の中でもフォッカーD-VIIは最も恐れられる存在になった．先に述べたように，停戦協定では飛行機として唯一フォッカーD-VIIが勝利を得た連合国側に引き渡されるように指定された．

1920年にNACAが発行した既存翼型データ編集には，当時の場当たり的で，個人化された翼型設計の本質が説明されている．NACA技術報告93「翼の空気力学特性」では，214種類の翼型の揚力係数，抗力係数，揚抗比，圧力中心位置が迎え角の関数としてグラフに示されている．参考資料として，図7.23に翼型一式のリストが示されている．これほどまでに多くの翼型が存在していたことが（多くは無名だが），1920年までは翼型の特別注文設計が広く行われていたことを物語っている．しかも，図7.23のリストは全てを網羅していない（例えば，先に取り上げたゲッティンゲン厚翼は含まれていない）．そのゲッティンゲン翼型は1921年，1923年，1926年にそれぞれ発行されたNACA報告書124，182，244で取り上げられているが，単に1920年のNACA報告書93から始まった翼型調査の延長であっ

A. D. No. 1	Eiffel 46 (Buch)	Naylor & Griffiths 29	U. S. A. 6
A. D. No. 4	Eiffel 47 (Howard-Wright)	Naylor & Griffiths 30	U. S. A. 7
Albatross	Eiffel 48 (Howard-Wright)	Naylor & Griffiths 31	U. S. A. 8
Avro	Eiffel 49 (Howard-Wright)	Offenstein	U. S. A. 9
B. I. R. 1a	Eiffel 52 (Nieuport)	Offenstein (modified)	U. S. A. 10
B. I. R. 3	Eiffel 53 (Nieuport)	Portholme	U. S. A. 11
B. I. R. 33a	Eiffel 54 (Deperdussin)	R. A. F. 3	U. S. A. 12
Bleriot Triplane	Eiffel 55 (Deperdussin)	R. A. F. 4	U. S. A. 14
Bristol	Eiffel 56 (Deperdussin)	R. A. F. 5	U. S. A. 15
Clark, V. E.	Eiffel 57	R. A. F. 6	U. S. A. 16
Cowley & Levy—A. 1	Eiffel 58	R. A. F. 6 (modified)	U. S. A. 17
Cowley & Levy—A. 2	Eiffel 59	R. A. F. 6a	U. S. A. 18
Cowley & Levy—A. 3	Eiffel 60	R. A. F. 6c	U. S. A. 19
Cowley & Levy—A. 4	Eiffel 61	R. A. F. 6c (both surfaces)	U. S. A. 20
Cowley & Levy—A. 5	Eiffel 62	R. A. F. 8	U. S. A. 21
Cowley & Levy—A. 6	F. 2 B	R. A. F. 9	U. S. A. 23
Cowley & Levy—A. 7	Fairey	R. A. F. 12	U. S. A. 24
Cowley & Levy—B. 1	Halbronn 2	R. A. F. 13	U. S. A. T. S. 1
Cowley & Levy—B. 2	Halbronn 3	R. A. F. 14	U. S. A. T. S. 2
Cowley & Levy—B. 3	Handley Page 166	R. A. F. 14 (modified)	U. S. A. T. S. 3
Cowley & Levy—B. 4	Handley Page 166a	R. A. F. 15	U. S. A. T. S. 4
Cowley & Levy—B. 5	Handley Page 166b	R. A. F. 15 (modified)	U. S. A. T. S. 5
Cowley & Levy—B. 6	Handley Page 166c	R. A. F. 16	U. S. A. T. S. 6
Cowley & Levy—B. 7	Italian 1	R. A. F. 17	U. S. A. T. S. 7
Curtiss	Italian 2	R. A. F. 18	U. S. A. T. S. 8
DeH-2	Italian 3	R. A. F. 19	U. S. A. T. S. 9
DeH-3	N. P. L. 4	R. A. F. 20	U. S. A. T. S. 10
Dorand	N. P. L. 4a	S. E. A.	U. S. A. T. S. 11
Durand Propeller No. 4	N. P. L. 4b	St.-Cyr 1	U. S. A. T. S. 12
Durand Propeller No. 7	N. P. L. 4c	St.-Cyr 2	U. S. A. T. S. 13
Durand Propeller No. 10	N. P. L. 4cα	St.-Cyr 3	U. S. A. T. S. 14
Durand Propeller No. 13	N. P. L. 4cβ	Scout E.	U. S. A. T. S. 15
Durand Propeller No. 16	N. P. L. 4cγ	Sloane	U. S. A. T. S. 16
Eiffel 8	N. P. L. 64	Sopwith	U. S. A. T. S. 17
Eiffel 9	N. P. L. 73	Spad	U. S. A. T. S. 18
Eiffel 10 (Wright)	N. P. L. 214	Standard Aircraft Corp. 48	U. S. D. 9A
Eiffel 11 (Voisin)	Naylor & Griffiths 1	Turin 1	W-1
Eiffel 12 (M. Farman)	Naylor & Griffiths 2	Turin 2	Washington Navy Yard 1
Eiffel 13 (Bleriot 11)	Naylor & Griffiths 3	U. S. A. 1	Washington Navy Yard 2
Eiffel 13 bis (Bleriot 11a)	Naylor & Griffiths 4	U. S. A. 2	Washington Navy Yard 3
Eiffel 14 (Breguet)	Naylor & Griffiths 5	U. S. A. 3	Washington Navy Yard 4
Eiffel 15 (M. Ernoult)	Naylor & Griffiths 6	U. S. A. 4	White
Eiffel 16 (M. Drzewiecki)	Naylor & Griffiths 7	U. S. A. 5	
Eiffel 16a	Naylor & Griffiths 8		
Eiffel 16b	Naylor & Griffiths 9		
Eiffel 16c	Naylor & Griffiths 10		
Eiffel 16d	Naylor & Griffiths 11		
Eiffel 17 (M. Drzewiecki)	Naylor & Griffiths 12		
Eiffel 18 (M. Drzewiecki)	Naylor & Griffiths 13		
Eiffel 30	Naylor & Griffiths 14		
Eiffel 31	Naylor & Griffiths 15		
Eiffel 32 (Lanier-Lawrance)	Naylor & Griffiths 16		
Eiffel 33 (Breguet)	Naylor & Griffiths 17		
Eiffel 34 (Colliex)	Naylor & Griffiths 18		
Eiffel 35 (Dorand)	Naylor & Griffiths 19		
Eiffel 36 (Odier)	Naylor & Griffiths 20		
Eiffel 37 (Kauffmann)	Naylor & Griffiths 21		
Eiffel 38 (Coanda)	Naylor & Griffiths 22		
Eiffel 39 (16b Modified)	Naylor & Griffiths 23		
Eiffel 40	Naylor & Griffiths 24		
Eiffel 41	Naylor & Griffiths 25		
Eiffel 42	Naylor & Griffiths 26		
Eiffel 43	Naylor & Griffiths 27		
Eiffel 44 (Voisin)	Naylor & Griffiths 28		
Eiffel 45 (Buch)			

図7.23　1920年に用いられていた翼型リストの一部分

た．これらの4報のNACA報告書には，アメリカ，イギリス，フランス，ドイツ，イタリアから集めた600種類以上の翼型形状の特性が並べられている．

　アメリカで最初に設計された厚翼に，図7.19にClark Yとして記載されているクラークY翼型がある．1922年にバージニアス・クラーク大佐が考えついた翼型だが，平坦な下面にゲッティンゲン翼型の厚さ分布を単に加えることによってこの形状に到達していた．平坦な底面は製作上の便宜から選ばれた．クラークY

翼型シリーズは1920年代には非常に好評だった.

　支柱とワイヤを持つ複葉機の時代も終わりに向かっていた1925年までに，NACA翼型設計に来たるべき革命への兆候が見られた．マックス・ムンクは3種類の対称翼型の厚さ分布を様々な反り曲線に加える設計手法を用いて「ムンク翼型」という翼型系列を設計し，比較的厚いキャンバー翼型から構成される翼型系統を得た．反り曲線の形状は，迎え角の変化に対して圧力中心の移動が最小になるように計算によって求められていた[96]．そうした翼型の一つであるM12翼型の形状と抵抗極線が図7.24に示されている．ムンク翼型はその全てが比較的厚い翼型であり，1925年には第一次世界大戦飛行機の特徴であった極薄翼に対する比較的厚い翼型の利点は広く認識されていた．27種類のムンク翼型系列[96]はアメリカで設計された最初の厚翼系統であった．ムンクの翼型データ[96]は，実物大レイノルズ数を模擬できる条件での試験が可能であったNACA可変密度風洞を使用して得られていたので，その意味でも先駆的であった．図7.24に示されているデータのレイノルズ数は3.6×10^6である．ムンクは可変密度風洞で得られたデータと従来の風洞で得られたデータの間に見られる差について解説を加えている．「試験図表には，実物大レイノルズ数での最小抗力は，私達が日常的に通常の大気圧風洞で採取している値よりもはるかに小さいことが示されている．最大揚力は大きなレイノルズ数だからといって必ずしも大きな値にならない.[96]」

　後にNACAが翼型設計での先導者および翼型データの筆頭情報源としての地位を確立することに大きく寄与した2つの要素が，1925年までにほぼ同時に起こっていた．すなわち，(1)高効率の翼型形状設計のための体系的手順が開始されて，(2)可変密度風洞でこれらの翼型形状の試験が行われていた．可変密度風洞は

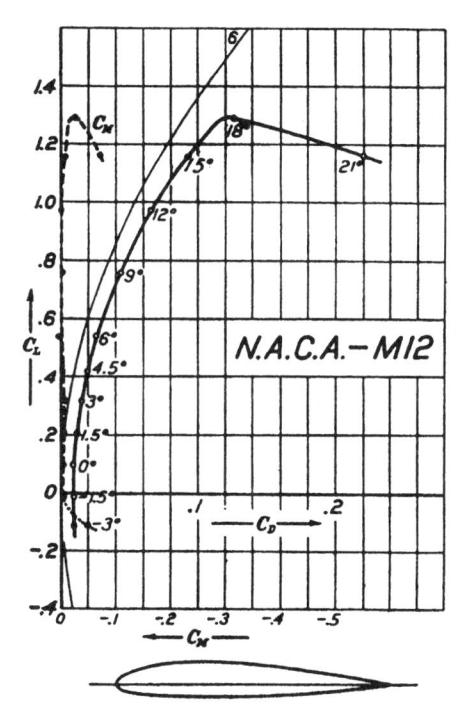

図7.24　マックス・ムンクが設計したNACA M12翼型の抵抗極線（1925年）

その当時，世界でも実物大レイノルズ数での試験が可能な唯一の風洞であった．

● 空気力学係数：現代用語体系の進化

揚力係数と抗力係数を表す現代用語体系は，支柱とワイヤを持つ複葉機の時代に用いられるようになった．空気力学的な揚力と抗力のデータを係数の形で表現したのはオットー・リリエンタールが最初であった．彼は迎え角の関数として垂直力係数と軸力係数を表にまとめた（第4章と第5章で説明したように，ライト兄弟が初めの頃に使用していたが，その後に放棄した，あの有名なリリエンタールの表である）．リリエンタールは迎え角90°での平板の実験結果に対する比率という形でデータを表していたので，垂直力係数 η と軸力係数 θ は広く言われていたスミートン係数の不確かさの影響を（第4章で説明したように）受けないようになっていた．しかし，リリエンタールは垂直力 N と軸力 T を求めるために，それぞれ次の式[46]を用いていた．

$N = 0.13\eta FV^2$

$T = 0.13\theta FV^2$

ここで用いられているリリエンタールの記号では，F は代表面積であり，0.13という数値は古くから使われていた元来のスミートン係数をメートル法で表した値である．リリエンタールは，元来使われてきたスミートン係数の値は不正確ではないかと疑っていた．おそらく，そのために彼は形式的に前述の方程式を著書の中に書き入れていたのだろう．いずれにせよ，この2つの方程式が歴史的に空気力を力の係数の形で表現した最初の記述になった．

ほんの数年後にはサミュエル・ラングレーもリリエンタールの先例に追随して，90°での平板の実験結果に対する比率という形でデータを表現した．したがって，スミートン係数がどれほど不正確であろうと，ラングレーもそれに依存しない空気力係数を得ていた．ラングレーはさらに一歩踏み込んだ．彼は今日一般に認められている真の値から誤差3％以内の精度でスミートン係数の値を計測した．そして，次の方程式を用いて空気力係数の概念を活用した．

$R = kSV_\infty^2 F(\alpha)$

ここで，R は空気力の合力，k はスミートン係数の正確な値，$F(\alpha)$ は迎え角 α の関数であり，迎え角に対応する力の係数である．ラングレーとリリエンタールは同じ形の式，すなわち，空気力を明確にスミートン係数，代表面積，自由流速度の2乗，力の係数を用いて表していたことに注目しよう．

ライト兄弟も先例に従っていた．兄弟は全く新しくかつ精巧な風洞の力天秤を製作することで，揚力係数を直接計測していた．つまり，彼らのデータ整理にはどこにもスミートン係数が使用されていなかった．しかし揚力と抗力の計算では，彼ら自身が計測した（それなりに精度の良い）スミートン係数を，リリエンタールとラングレーが用いていた式と同じ力の式に使用していた．すなわち，

$$L = kSV^2 C_L$$
$$D = kSV^2 C_D$$

ここで，C_L と C_D は彼らが風洞計測から求めた揚力係数と抗力係数である．

ライト兄弟は，明確にスミートン係数を用いて空気力学係数を記述した最後の人物であったと言える．エッフェルは1909年に「単位力係数」k_i を

$$R = k_i SV^2$$

として定義した．ここで R は空気力合力である．スミートン係数はどこにも見当たらないが，それは k_i の計測値の中に埋もれてしまったからである．エッフェルの研究が知られるようになってからは，スミートン係数は空気力学の文献では全く使われなくなった．完全に過去の遺物になっている．

ゴーレルとマーチン[95]は，様々な USA 翼型を対象とした1917年の風洞試験では，エッフェルの手法を取り入れて，揚力と抗力を以下のように表した．

$$L = K_y A V_\infty^2$$
$$D = K_x A V_\infty^2$$

ここで K_y と K_x はそれぞれ揚力係数と抗力係数を表す．

1917年までに，密度 ρ が空気力係数の式に登場している．初期の NACA の目的には，用語体系を標準化することが含まれていた．1917年，ジョンズ・ホプキンス大学の学長であり，後に NACA の委員長（1927~39年）になるジョセフ・エームズが，NACA 報告書[20]「空気力学係数と変換表」の中で以下の方程式を導いている．

$$F = C\rho SV^2$$

ここで F は物体に作用する全ての力，S は代表面積，V は自由流の流速，C は力の係数であり，C についてエームズは「入射角によって変わり，与えられた翼型によっても変わる抽象的な数値であるが，どの単位を選んでも，4つの物理量（F, ρ, S, V）全てに用いられている単位が一貫している限りにおいては，変わることがない」と述べている．エームズが示した式は1/2倍の係数がないだけで，今日標準的に用いられている式に非常に近い形であった．つまり，C の値は現代の合力係数 C_R の半分（すなわち，$C = \frac{1}{2} C_R$）である．

エームズの報告書が発表になった頃とほぼ時を同じくして，ゲッティンゲンではプラントルが今日標準になっている用語体系を既に使用していた．第一次世界大戦の前後にゲッティンゲンで実施された研究をまとめた1921年の英語概説記事では，動圧 dynamic pressure（プラントルはこれを「動的圧力 dynamical pressure」と呼んでいた）を

$$q = \frac{1}{2}\rho V_\infty^2$$

として定義した．そして，次のように続けて述べている．

> 動的圧力は空気抵抗の法則を表現することにも適している．空気抵抗は流速の2乗と媒質の密度に比例していることが分かっている．しかし，$q = \frac{1}{2}\rho V_\infty^2$ であるので，空気抵抗の法則は
>
> $W = cFq$
>
> という式で表現することもできる．ここで F は表面の面積，c は単なる数値である[79]．

プラントルは空気力学において他にも多くの発展を担ってきたが，現在用いられている空気力係数の用語定義においても先頭を走っていた．今日，揚力と抗力は次のように表現されている．

$L = q_\infty S C_L$

$D = q_\infty S C_D$

ここで，C_L と C_D は，プラントルが「純数値」と呼んでいた係数（つまり，揚力係数と抗力係数）である．

初期のドイツでの揚力係数 C_a と抗力係数 C_w の使用方法では，前述の値は図7.21に示されているように C_L と C_D よりも常に100倍大きな値になっていた．このような使い方に物理的な意味は何もないが，「唯一の利点といえば，係数が整数部と大きな小数部で表現できることぐらいであろう．[97]」

「ドリフト」という言葉はラングレー，シャヌート，ライト兄弟の時代に空気抵抗を意味するために使用されていたが，第一次世界大戦中に使用されなくなった．1917年までには，NACAは全ての文献で「抗力（drag）」という言葉を使用するようになっていた．

第一次世界大戦の航空機に反映された最先端技術

　19世紀から20世紀へと変わる時代の実験空気力学（第5章）と理論空気力学（第6章）は，第8章に取り上げる高度なプロペラ推進飛行機を特徴とする時代の比較的成熟した空気力学の理解へ繋がっていくが，空気力学の発展における支柱とワイヤを持つ複葉機の時代とは，実験空気力学と理論空気力学からの基礎的進歩を携えて，前述の2つの時代の間に現れた過渡期であったと言える．本章ではこの過渡期における重要な発展をいくつか取り上げてきた．それらをまとめると次のようになる．(1)有限翼の揚力線理論が開発され，それが誘導抗力の理解へと繋がり，(2)その結果，アスペクト比の増加が誘導抗力を低減することが認識され，(3)薄翼理論が開発されて，特定の形状を持つ薄翼の揚力係数とモーメント係数の計算が可能になり，(4)空気力学の主要実験室装置として風洞が急速に発展し，(5)レイノルズ数の効果が認識されて，実物大レイノルズ数での試験のために可変密度風洞が建設されることになった．そうした進歩と共に，時代遅れになった古くからの考え方や概念が取り除かれ，今日の空気力学の専門用語を定義する新しい用語，表記法，概念へと置き換わっていった．

　ところで，支柱とワイヤを持つ複葉機の時代，特に第一次世界大戦期の航空機にはそうした最先端技術の進歩はどの程度まで飛行機の設計に反映されていたのだろうか．その答えは，様々であったとしか言いようがない．例えば，厚翼が開発されるとアンソニー・フォッカーは直ちにこれをDr-1三葉機とD-VIIの設計に取り入れた．航空学の歴史において，これは空気力学の飛躍的な進歩が即座に実際の飛行機の設計に適用された初めての出来事であった．他方で，アスペクト比を増加させることによって誘導抗力をかなり低減できるというアスペクト比に関する新しい知見は，飛行機の設計に即座には反映されなかった．図7.25には第一次世界大戦期を代表する4機の飛行機の翼平面図が示されて

アスペクト比

アルバトロスD-III　4.65

ニューポール17　5.51

デ・ハヴィランドDH-2　3.88

フォッカーDr-1　4.04

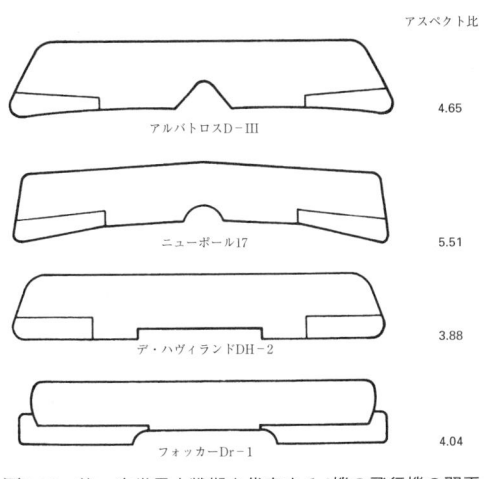

図7.25　第一次世界大戦期を代表する4機の飛行機の翼平面図

おり，その右側には3.88から5.51の範囲にあるアスペクト比が書かれている．それらのアスペクト比はどう見ても相対的に小さいと言わざるを得ず，アスペクト比が6であったライトフライヤーと比較すると，第一次世界大戦期の航空機は後退しているかのように見える．このような低アスペクト比を採用したことによる結末の一つとして，それらの揚抗比 L/D が比較的小さな値になっていたということが挙げられる．図7.25に示されているアルバトロス，ニューポール，デ・ハヴィランド，フォッカーといった飛行機の最大揚抗比の値は，それぞれ7.5，7.9，7.0，8.0であった（他方，現代の低速飛行機の揚抗比は15〜20程度である）．もちろん，飛行機の設計では空気力学以外にも多くの要素を考慮しなくてはならず，その一つに翼の構造的な健全性があり，高アスペクト比翼ではこちらの方が問題になる．アスペクト比が大きいほど，強度と剛性のために要求される翼の構造は重くなる．しかし，第一次世界大戦航空機の設計者達は高アスペクト比翼が持つ空気力学的な利点を適切に認識していなかったので，彼らに及第点をあげるわけにはいかない．特にドイツの飛行機設計者達はゲッティンゲンでプラントルが成し遂げた革新的な発想と研究データの間近にいたのだから．しかし，その時代の全ての飛行機が低アスペクト比翼を搭載していたわけではなかった．例えば大戦末期に登場し，1920年代になっても大いに人気のあったアメリカの飛行機カーチスJN-4ジェニーのアスペクト比は7.76であり，最大揚抗比は9.24であった．

1927年には実験空気力学での最先端技術が，第一次世界大戦飛行機の後付け評価に使用されていた．その当時の風洞の中では最高の風洞であったNACAの可変密度風洞が，それ以前の航空機の空気力学特性を計測するために活躍していた．その目的は，それら航空機の総合的な空気力学特性をよく知ることであった．特に注目すべきは，ヒギンズと彼の同僚達が3機のイギリス飛行機の模型を用いて計測した結果である[98]．彼らの研究により，レイノルズ数の増加が C_L と C_D に対して及ぼす影響について系統的に示されることになった．RAF 30翼型（図7.26）を搭載したブリストル戦闘機の1/15縮尺模型で計測した結果を見てみよ

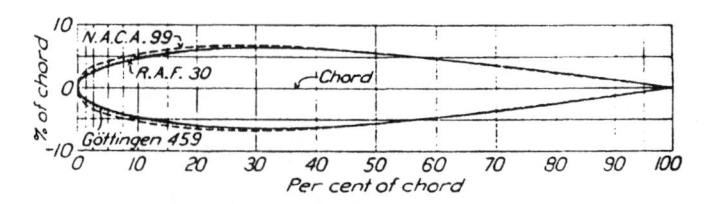

図7.26　RAF30翼型，NACA99翼型，ゲッティンゲン459翼型の比較

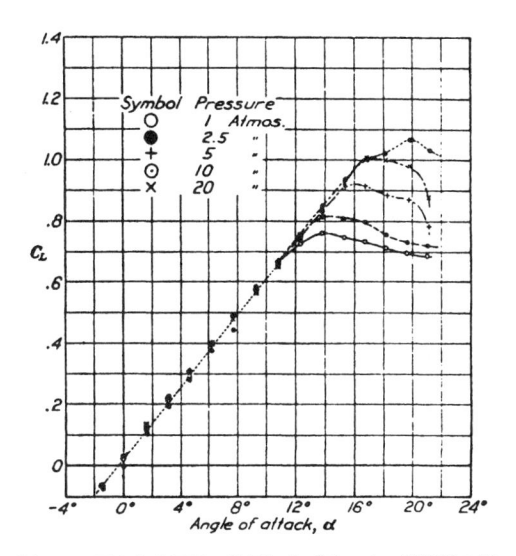

図7.27 可変密度風洞で計測したブリストル戦闘機の揚力曲線（1927年）

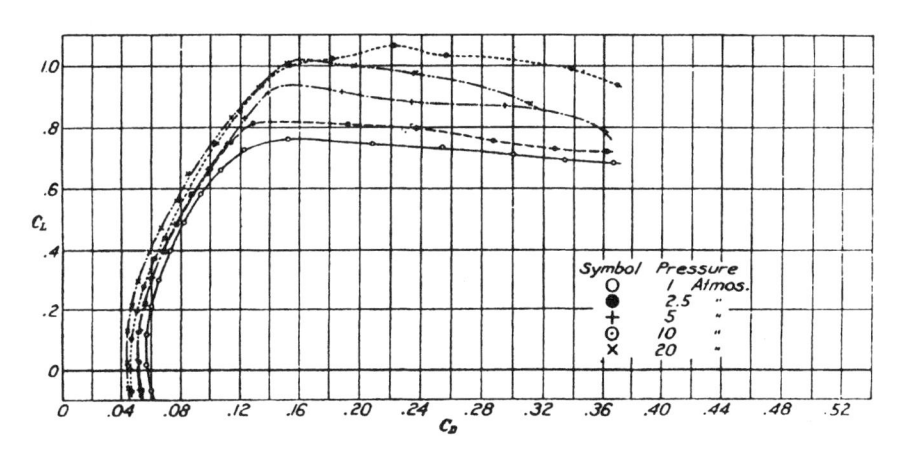

図7.28 ブリストル戦闘機の抵抗極線

う．その翼型は比較的厚く，ほとんどゲッティンゲン459翼型と同じ対称断面であった．比較のために，図7.26にはNACA 99翼型の形状（破線）も示されている．可変密度風洞で計測したブリストル戦闘機のデータのいくつかが図7.27〜7.29に示してある．可変密度風洞の圧力を5通りに変えた時の迎え角に対する揚力係数C_Lの変化が図7.27に示されている．それぞれの圧力について，翼弦長に

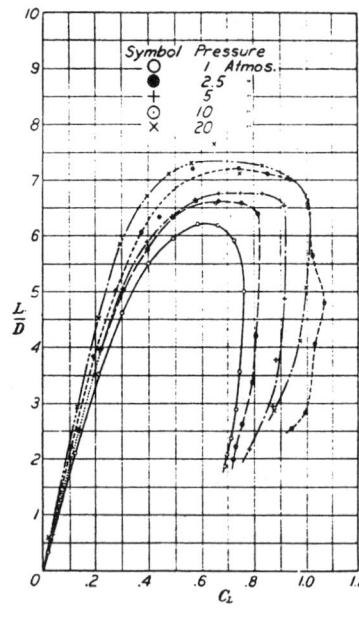

図7.29 ブリストル戦闘機の揚抗比

基づいたレイノルズ数は次のようになっている.

容器内圧力(atm)	レイノルズ数
1	152,000
2.5	404,000
5	760,000
10	1,500,000
20	3,050,000

そして図7.27に示されている試験結果は，よく知られている傾向を表している．すなわち，(1)揚力曲線は失速点に至るまで直線状になっており，その揚力曲線の勾配は基本的にレイノルズ数に依存しない．(2)最大揚力係数 $(C_L)_{max}$ の値はレイノルズ数に強く依存しており，レイノルズ数が大きいときに $(C_L)_{max}$ の値も大きくなる．図7.28の抵抗極線もよく知られた傾向を示している．すなわち，最小抗力係数もレイノルズ数に強く依存しており，レイノルズ数が増加すると最小抗力係数は減少する．図7.29には，C_L に対する（言い換えると，迎え角に対する）L/D の変化が示されている．レイノルズ数の増加に従って，L/D の最大値も増加する．これもよく知られている傾向である．

可変密度風洞は1920年代の中頃まで期待された成果を挙げていた．世界中の他のどの風洞でも，これほど広範囲なレイノルズ数にわたって試験を行うことは不可能であった．そして可変密度風洞による飛行機の完全形状での試験によって，飛行機の空気力学が受けるレイノルズ数の強い影響がはっきりと認識されるようになった．飛行機の設計者はそうした知見に注意を払うようになり，そのことから実験空気力学での最先端技術が飛行機に反映されるようになってきた．この流れは，その後の10年間に大いに加速されることになる．

第 8 章

高度なプロペラ推進飛行機の時代の空気力学

> 航空学でのあらゆる進歩は長期間にわたる忍耐強い研究の成果である．機がまだ熟していないために特定の飛行機の開発が見送られることは多々あるが，材料や科学技術のような技術が追い付くまで画期的な発想を温めておかねばならない．
>
> ダロル・スティントン（1966年）

> 有史以来，空を飛ぶことは人類の夢であったように思える．飛ぶ方法を見つけようとした「科学者」はいつの時代にもいたし，飛ぶための道具を作り出そうとした「技術者」もいつの時代にもいた．
>
> ディートリッヒ・クチェマン（1975年）

　高度なプロペラ推進飛行機の時代に空気力学が大きく頼っていた技術を一言で言い表すことができる．流線型化である．一般的には概ね1930年から1945年までの期間に及ぶこの時代の空気力学研究は，次の2点の実用上の関心によって後押しされていた．すなわち，(1)より速く，より効率的に飛ぶことができるように航空機の抗力を減少させる必要性と，(2)新型の高性能プロペラ推進航空機が音速に近い速度に到達してきたことから，流体の圧縮性に関連する問題であった．抗力の発生機構をよく理解し，抗力を正確に予測する方法を見つけ，抗力を減らすために丁寧に形状を見直し，そして新たには，悲惨な結末を見ることなく音速に接近する．この時代はそうした目的のために徹底した努力を重ねたことに特徴づけられる．そうした努力の全てが，空気力学物体をより流線型化することへ向かう潮流に沿った結果になった．

　20世紀へと世紀が変わる頃に登場した空気力学の基本的な部分での革新的発想が，やっと大きな効果を生み出すようになったのもこの時代であった．1904年に最初に提起されたプラントルの境界層理論は1920年代後半には空気力学の世界で

広く知られるようになり，飛行機の設計者は表面摩擦抗力を初めて学問的に（そして，時にはそれなりに精度良く）予測することができるようになった．境界層の概念は流れが表面から剥離する状況を説明する際にも役立った．そして，この流れの剥離が形状抗力（流れの剥離による圧力抗力）の要因になっている．1907年に最終的に発表されたランチェスターの渦理論と第一次世界大戦の間に開発されたプラントルの揚力線理論は1920年代に広く知れわたるようになり，これにより初めて誘導抗力の予測が可能になった．高度なプロペラ推進飛行機の開発が可能になったのも，こうした基本的な部分での飛躍的な進歩を応用した結果であった．本章では，空気力学の新しい思考が発展する過程を見ていく．この思考から空気力学は成熟への過程を歩むことになり，やがて翼型，飛行機，風洞の改良設計へと繋がっていく．さらに1930年から1945年までの飛行機の発展に影響を及ぼした全ての要因について見ていくことにする．ただし話を先に進める前に，この時代の空気力学の発展を後押しした実用的関心事を明確にするために，空気抵抗の生成に関する技術的な側面を簡単に説明しておこう．

摩擦抗力，形状抗力，および誘導抗力

第 1 章では，物体周りの気流によりその物体の表面には(1)圧力分布と，(2)摩擦によるせん断応力分布が生成することを説明した．圧力は面上の各点でその点での垂直方向に作用し，せん断応力は面上の各点でその点での接線方向に作用する．圧力とせん断応力の分布は，自然がその物体をしっかりとつかんで空気力を加えるための 2 本の手に相当すると言える．定義から自由流の向きに作用する空気力の成分が抗力である．したがって，抗力は摩擦と圧力の両方によって発生することになる．

飛行機周りの完全な亜音速の流れでは，抗力を構成する全ての要因には以下の 3 つの発生源が関与している．

(1) 表面摩擦抗力．すなわち，空気と飛行機の表面の間に働く摩擦により強く引っ張るせん断応力が生じて，それが抗力の方向に力を生成する（図8.1a）．この力は表面摩擦抗力（または，時には単に摩擦抗力）と呼ばれている．
(2) 形状抗力．すなわち，空気の流れが空気力学物体の表面から剥離する状況（図8.1b）では，エネルギーの低い循環剥離領域の圧力は比較的低く，この領域で物体に作用する表面圧力は，流れが付着し続けていた場合の圧力よりも

低くなっている．その結果，物体の前面と後面との間に圧力の不均衡が生じる．すなわち，物体の後面に作用して物体を前に押そうとする低い圧力は，物体の前面に作用して物体を後方に押そうとする高い圧力に負けてしまう．その圧力不均衡により，「流れの剥離による圧力抗力」として知られている抗力方向の力が生じる．形状抗力とも呼ばれている．もし飛行機の流れに剥離した領域が全くなかったならば，形状抗力はゼロになるだろう．残念ながら，航空技術者はまだそのような理想的な飛行機を設計できるようになっていない．

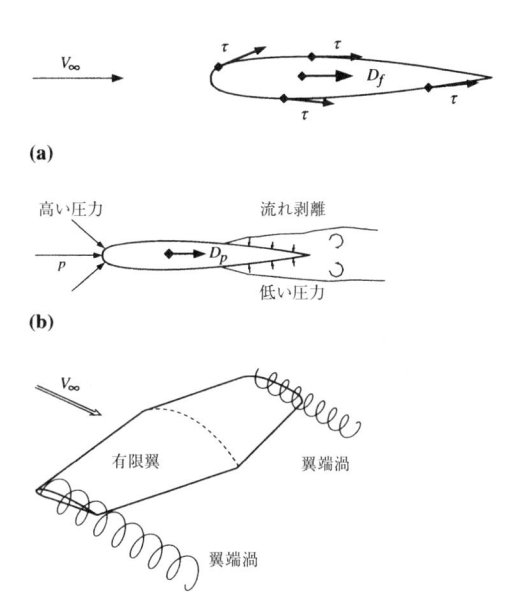

図8.1 (a) 表面摩擦抗力（τ：摩擦によるせん断応力，D_f：合成摩擦抗力），(b) 形状抗力，(c) 誘導抗力の物理的発生源を示す概略図

(3) 誘導抗力．すなわち，飛行機の翼は翼下面の圧力が翼上面の圧力よりも高くなることで揚力を発生しているが，翼の上下面間に生じたこの圧力差は翼端において下面の高圧領域から上面の低圧領域へ向けて流れを押し出す（すなわち，翼端の周りで下面から上面へ流れが巻く）副作用を伴っている．翼の周りを流れる主流にこの巻く流れの運動が重なって，各翼端では下流側へ流れていく渦が生成される（図8.1c）．この翼端渦はミニ竜巻に似ている．小さな竜巻があなたの横で渦を巻いている状況を想像してみよう．この竜巻が存在することで生じた空気圧力の変化をあなたは感じるはずである．同じ理由から，翼もまた圧力の変化に見舞われることになる．この圧力の変化が翼の表面に作用すると，常にさらなる抗力方向の圧力不均衡が発生することになり，その結果として翼の抗力が増加する．その抗力増加分は誘導抗力と呼ばれている．これは厳密には圧力抗力であり，翼端渦が存在することに起因している．明らかに翼下面の高い圧力と翼上面の低い圧力が組み合わさって，揚力と翼端渦の両方を発生させている．したがって，誘導抗力と揚力は直接関係

している．実際，プラントルの揚力線理論では $C_{D,i} \propto C_L^2/AR$ であることが示されている．ここで $C_{D,i}$ は誘導抗力係数，C_L は揚力係数，AR は翼のアスペクト比である．飛行機が揚力を生成するように設計することには対価が伴う．誘導抗力が揚力の生成のために支払った代償である．また，アスペクト比を増加させることでこの誘導抗力を低減できる．

これら3つの抗力発生原因を覚えておくと，ここから先の空気力学の話を読むうえで役立つだろう．なぜなら高度なプロペラ推進飛行機の時代には，これらの抗力発生原因が空気力学の研究開発での基本的な追究対象になっていたからである．

● 流線型化：時代が求めた発想

1922年4月6日の晩，ルイ＝チャールズ・ブレゲはロンドンで王立航空協会を前にして論文を発表した．その論文が「空気力学的効率と航空輸送費用の削減[99]」である．ブレゲは成功したパイロット兼飛行機設計者として既に有名であった．1880年にパリで生まれ，フランスの工科大学で電気工学を学び，そして電気工学関連の同族会社であるメゾン・ブレゲで働いていた．しかし1908年にフランスで行われたウィルバー・ライトの劇的な飛行実演に刺激されて，自分で製作した飛行機で空を飛ぶようになった．それ以降，彼は航空の世界に飛び込んでいった．すぐさまドゥーエーに飛行機組立工場を開き，1912年にはルノーの80馬力エンジンを搭載した複葉機を生産する組立ラインを設置していた．そして第一次世界大戦中は，フランス軍のためにブレゲ14爆撃機を大量に製造していた．1919年には後にエールフランスになる民間航空会社を設立した．したがって，その晩にロンドンの王立航空協会で聴衆が熱心に耳を傾けていた相手は，フランス航空界でも有名な草分け的存在の人物だった．

聴衆がそこで聞いた内容は，初めて飛行機の空気力学的効率の大幅な改善を求めた重要な内容であった．ブレゲが空気力学的効率を判断した基準は抗揚比であった．（アメリカではその逆数，すなわち揚抗比を用いることが普通だが，ヨーロッパでは今日でも抗揚比がよく使用されている．）ブレゲは，抗揚比を飛行機の「ファインネス (fineness)」と呼んでいた．ファインネスが小さいほど，空気力学的に効率の良い飛行機ということになる．さらに，飛行機の航続距離を表す式を示した．この式では航続距離は揚抗比に正比例する，またはファインネスに反比例することが示

されている．この式は第一次世界大戦中にブレゲが最初に用いており，今日ではブレゲの航続距離の式として世界中で知られている．この式に関して，ブレゲは次のように述べている．「この式では，飛行機の空気力学特性に依存する唯一の項であるファインネスが，非常に重要であることがすぐに分かる．[99]」後の質疑において，彼は次のように詳しく述べている．「ファインネスの値を最小にしなければならないということが結論であります．翼には可能な限り最良の形状を選び，機体や尾翼他には最良の設計を行うことで達成できます．さらに，飛行中などは着陸装置を機体の内部に格納して見えなくするべきです．[99]」ブレゲは，飛行機の空気力学とはファインネスを最小にする（すなわち，L/D比を最大にする）ものであるべきだと力説していた．そして最小のファインネスを達成するために彼が提案したことは，全て抗力の削減に的を絞っていた．また，「翼には可能な限り最良の形状を選び，機体や尾翼他には最良の設計を行う」ために提案したことには，流れの剥離による圧力抗力を減らすために，幾何形状を流線型化することも暗に含まれていた．引き込み脚を考えたことは全くもって正しいと言える．この時代の飛行機に用いられていた固定式着陸装置は流れに露出した単なる鈍頭物体であり，そのために着陸装置の背面では大きな剥離が生じて，大きな形状抗力になっていた．彼は，流れの部分から着陸装置を引っ込めることによって，抗力のかなりの部分が削減可能であることを知っていた．（引き込み脚の最初の発想は，ダ・ビンチが描いた飛行機のスケッチとフランスのアルフォンス・ペノーにまで遡ることができる．アルフォンス・ペノーは1876年に空気圧縮式衝撃吸収装置を備えた引き込み脚を含む「未来の飛行機」の設計に関する特許を取得した．実用的な引き込み脚が最初に使用されたのは1920年である．フランスでのゴードン－ベネット空中レースのために製作されたデイトン－ライト R.B. 高翼単葉機がその最初の機体であった．飛行機設計の通常の特徴として引き込み脚が一般的になったのは1930年代である．）

ブレゲはさらに続けて，「高水準の品質を持つ飛行機のファインネス $[D/L]$ は，今日では0.12に等しい」と述べている．L/Dでは8.3であり，第7章で典型的な支柱とワイヤを持つ複葉機に対して示した値と同程度であった．彼はこの程度のファインネスを持つ典型的な輸送機を例にとって，収益荷重費用は35フラン/ton/kmになることを算出した．そして，その輸送機のファインネスが0.065（L/D = 15.4）になるまで空気力学性能が改善されたならば，その時には7.4フラン/ton/kmになるとブレゲは計算していた．ほぼ1/5まで費用を削減できる．明らかに流線型化とそれに伴う形状抗力の低下，さらにその結果として得られるL/Dの増加は，民間の航空輸送に経済的な利益をもたらすであろう．これが，その晩に

ブレゲが王立航空協会を前にして述べた意見の核心点であった．彼が述べた「改善された」ファインネスである0.065は，支柱とワイヤを持つ複葉機の時代であった1922年には皆目見当のつかない状態で引き合いに出された値であったが，ダグラス DC-3 が開発された1930年代の中頃になって初めて実現した．ダグラス DC-3 の L/D は14.7，言い換えるとファインネスは0.068であった．以上のことが，ブレゲや，他にも空気力学的効率の改善を求めて運動を行っていたブレゲのような人々が強く主張していたことであった．そして最終的にはこの主張が，流線型化によって抗力の低減を実現しようとした重要な取り組みに繋がっていった．つまりブレゲの1922年の論文は，高度なプロペラ推進飛行機の時代の空気力学に向けた貴重な呼びかけであった．

　ブレゲは自分が説いたことを実践もしていた．彼は1920年代から1930年代の間に航続距離の長距離記録を樹立した飛行機を数多く設計した．その中には1927年に南大西洋を最初に無着陸横断した記録も含まれている．そして1955年に亡くなるまで，活動的に自分の飛行機会社の経営を行っていた．彼の影響はフランス航空史に広く浸透している．

　高度なプロペラ推進飛行機の時代における抗力低減の進展は，1920年代にプラントルの境界層理論が広く普及したことと，1930年代にその理論の様々な側面が幅広く応用されたことによって加速された．境界層理論により空気力学表面に作用する表面摩擦抗力の計算が可能になった．流れが層流の場合には，その計算結果はかなり正確であり，特に平板周りの流れでは極めて正確だと言える．この種の問題に関しては，ゲッティンゲンでのプラントルの学生であったブラジウスが早くも1908年に扱っていた[63]．彼は平板に作用する層流表面摩擦抗力の係数を求める標準的な式を導いた．すなわち，

$$C_f = \frac{1.328}{\sqrt{\mathrm{Re}}}$$

である．ここで $C_f = D_f/q_\infty S$ であり，さらに D_f は面積 S の平板の片面に作用する全摩擦抗力，Re は平板の翼弦長さに基づいたレイノルズ数である．この式から，表面摩擦抗力にはレイノルズ数に基づいた強いスケール効果がはっきりと表れることがすぐに分かる．不幸にも航空への応用問題ではほとんどの境界層は層流ではなく乱流であり，私達は乱流について層流ほどに理解できていない．乱流境界層を表現する計算は，主に1925年にプラントルが提案した混合距離理論によって触発されて，1930年代の理論空気力学では大きな関心の的であった．乱流を理解してそれを表現する妥当な式を導く取り組みは，20世紀には多くの空気力学研究

者が一生をかけた仕事であったし，これからもそれは続くだろう．こうした努力が行われてきた後の現在でも，層流表面摩擦抗力の計算と同じ精度で乱流表面摩擦抗力を計算することは依然として不可能である．1930年代と全く同じように，今日でも乱流表面摩擦抗力の理論式を合致させるためには，常に何らかの実験データを使用する必要性がある．このような研究が乱流表面摩擦抗力を計算するための近似式へ繋がった．半斤のパンでも，ないよりはましである．同時に乱流境界層でのレイノルズ数の役割を際立たせることにもなった．例えば平板周りの乱流の表面摩擦係数は，層流の場合よりもレイノルズ数に対して敏感ではない．レイノルズ数変化の影響を近似して乱流での平板の摩擦抗力を表現している式は多数あるが，その中に，

$$C_f \propto \frac{1}{\mathrm{Re}^{\frac{1}{5}}}$$

という式がある．層流と乱流の両方で C_f が明らかにレイノルズ数に依存していることが，確かに風洞試験でのスケール効果を心配する理由の一つになっている．空気力学表面で層流から乱流への遷移が起こる位置を求める問題はスケール効果の問題と関係している．この遷移点の位置はレイノルズ数の関数であり，現在でもほとんど分かっていない．表面摩擦と遷移の計測結果がレイノルズ数の影響を受ける（プラントルの境界層理論から直接導かれる）ことを正しく認識できていたおかげで，マックス・ムンクが主張した可変密度風洞の建設が支持されることになり，第7章で取り上げたように実物大レイノルズ数での試験が可能になった．

境界層理論により表面摩擦抗力を十分な精度で見積もることが可能になったが，流れの剥離とその結果として生じる形状抗力に関しては，状況は違っていた．理論で太刀打ちできるのは剥離が生じる面上の位置を見積もることが精一杯であって，そうした予測もある程度の正確さを期待できるのは層流の場合だけであった．つまり，乱流での剥離が生じる位置の予測は極めて信頼性のない状態にあった．形状抗力に関する空気力学情報を得る唯一の手段が実験であり，主として風洞試験が用いられ，頻度は少ないが実際の飛行試験も行われた．

そのような状況が背景にあって，1929年には流線型化を求める声が再び上がった．今度は著名な英国人航空技師B・メルビル・ジョーンズ卿からであった．ジョーンズは，その7年前のブレゲと同じように王立航空協会で「流線型飛行機」と題した講演を行った[100]．ブレゲのようにジョーンズも尊敬を集めていたが，ブレゲが航空産業に従事する実業家であったのに対して，ジョーンズはケンブリッジ大学の航空工学教授であった．流線型化の優位性に関する彼の解析は非

常に説得力のある内容であったことから,「設計者達は流線型化の重要性に気づいて大きな衝撃を受けた」と言われている[101]. 彼の論文は, 高度なプロペラ推進飛行機の時代に空気力学を実践するうえでの目的を転換することになった.

ジョーンズは自分の考えを以下のように伝えて, 議論の口火を切った.

> 初めて航空学の研究を開始して以来, 私は実際に機械による飛行で消費される動力と正しい形状に作られた飛行機が最終的に必要とする動力との間に存在している大きな溝に悩まされてきた. 毎年夏期休暇の間, 海鳥が美しく優雅な姿で楽々と空を飛んでいる様子をじっと見ていると, この悩みはいっそう深くなる[100].

さらには飛行機の抗力を低減することで, ある所定のエンジン出力の下でより速い巡航速度またはより少ない燃料消費率が得られることを指摘して, 抗力低減の重要性を強調した. ブレゲの先例にならうと, これは航続距離と収益荷重のいずれかまたは両方の増加という結果になり, ジョーンズの言葉でも航続距離と収益荷重は「航空の発展において, まず最初に考えねばならない2つの要素」であった[100].

ジョーンズは, 最も低減する必要のある抗力は形状抗力であるとはっきり断言した. そして, 低速では (飛行機は大きな C_L の状態で飛行するために, C_{D_i} も大きくなるので) 誘導抗力が重要であり, 速度が増加するに従ってその重要性は低下することを指摘した. また, それほど翼幅を大きくすることもなく, (すなわち, 大きなアスペクト比を用いることなく), 誘導抗力を大幅に低減できることにも言及した. それゆえに, ジョーンズは抗力を低減できる主な領域は「前面抵抗」であると提言していた. この「前面抵抗」はシャヌートが「飛行機の進歩」を書いた時代から使われている用語で, 単純に表面摩擦抗力と形状抗力の合計である. ジョーンズは1920年代の飛行機が持つ典型的な特徴を引き合いに出していた. すなわち, 前面抵抗に打ち勝つために必要とする動力が, 実際に使用している全動力の75〜95％を占めていたことであった. 露出している飛行機の表面積を減少させること以外には, 表面摩擦抗力を低減することがほとんどできなかったので, 抗力低減の主な対象は形状抗力, つまり流れの剥離による圧力抗力にならざるを得なかった.「動力計算においてこの項目を低減する方法は, 非常に注意深く流線型化に取り組むことである.[100]」

こうした発想からジョーンズは「完全流線型飛行機」と呼んだ飛行機を次のように定義した.

(1) 非粘性流体（摩擦のない流体）の流れと同じ流れを（非常に薄い境界層部を除いて）形成し，
(2) 非粘性流れ（すなわち，剥離のない流れ）に対する理論的な圧力分布と同じ圧力分布が形成され，それゆえに，
(3) 誘導抗力と接線方向に働く表面摩擦力の風下方向成分を合計した抗力が作用する．

このように，ジョーンズの理想とする飛行機は単純に形状抗力のない飛行機であった．彼はその高い目標を達成するためには何が必要であるかを，続けて以下のように説明している．

> 機体が「慎重に形作られていない」場合には，層状の流れが常に得られなくなり，機体の表面の様々な部分から渦を発生させる……．これらの渦によって吸収された動力は，表面摩擦と誘導抗力によって吸収された動力の合計よりも何倍も大きくなる可能性があり，往々にしてその状態になっている．したがって，実際の飛行機の抗力は誘導抗力と表面摩擦抗力の合計を上回ることになり，その上回った分が流線型化の不良を表す指標になる[100]．

ジョーンズは完全に流線型化された飛行機を設計することの重要性について長々と説明していたが，どのような形にすれば良いのかについて何も特定しなかった．彼はその重要性を強調するために一般的な飛行機を数機取り上げて表面摩擦抗力に打ち勝つために必要な動力を見積もり，実際の様々な飛行機が必要としていた動力と比較した．彼の表面摩擦計算では，飛行機に作用する摩擦抗力は，露出面積が等しい平板の乱流境界層による摩擦抗力に等しいという仮定が置かれており，彼はその仮定を「便利で安全」だと述べていた．実際，平板の乱流表面摩擦はどの「素晴らしい流線型物体」に対しても抗力係数を見積もる良い方法になることを示していた．

　ジョーンズの論文の中で，飛行機設計者達が見て最も驚愕した問題の捉え方が，速度と対比させて必要になる馬力を示したグラフであった．このグラフでは，ジョーンズの理想である「完全流線型」飛行機が，その当時に実際に使用されていた様々な飛行機と比較されていた（図8.2）．図中下部の実線は理想的な飛行機が必要とする動力（表面摩擦抗力と誘導抗力のみを考慮）を示している．4本の曲線は，翼幅荷重（W/b^2）と翼面荷重（W/S）に関する4種類の組み合わせを

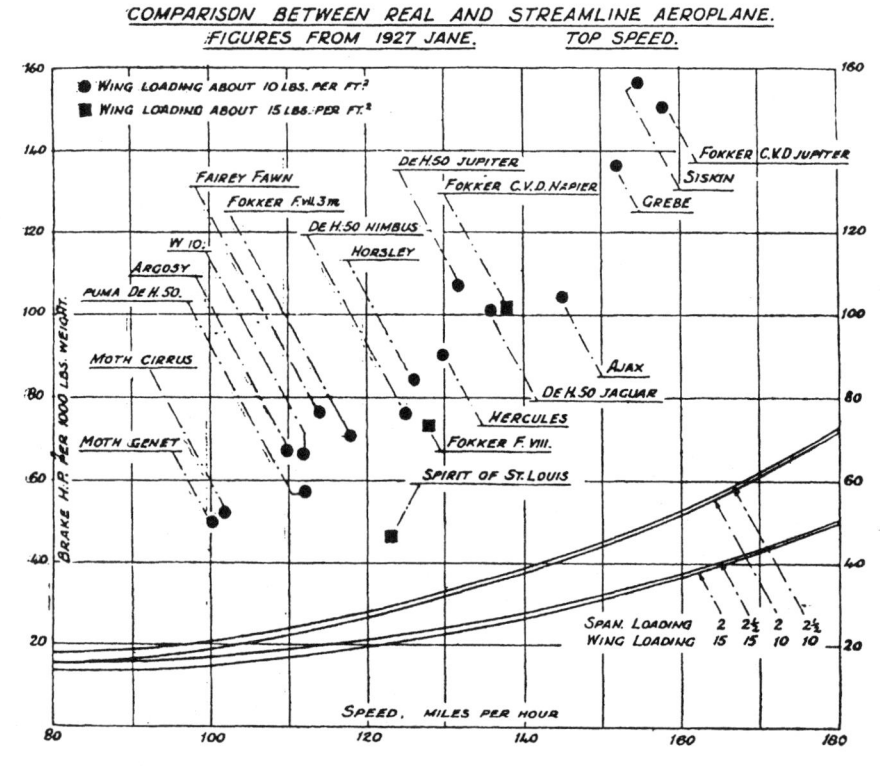

図8.2 ジョーンズが編集した様々な飛行機の所要動力一覧（1929年）

示している．ここで W は飛行機の重さであり，b と S はそれぞれ翼幅と翼面積である．黒く塗りつぶされたシンボルは実際の飛行機のデータ点である．ジョーンズはこれらのデータを1927年版ジェーン年鑑の航空機性能と設計特性から入手した．それらのデータ点と実線で示された理想曲線の間の上下間の差が実際の飛行機が不必要な渦を生成する際に消費している動力であり，掲載している全飛行機についてこの不必要な動力消費はかなりの量になっていることを指摘した．しかし，特に驚くべきことではない．アルゴシー（Argosy）のデータについて考えてみよう．（アームストロング－ウィットワース・アルゴシーは最初期の複数エンジン飛行機であり，イギリスのインペリアル航空という特定の顧客のために設計された．1926年に導入されて以来，ロンドンからパリ，バーゼル（訳者注：スイス），サロニカ（訳者注：ギリシヤ），ブリュッセル，ケルンへの航空路で広く使用された．わずか7機しか製造されなかったが，その当時は評判の良い定期旅客機であった．最後のアルゴシーは1935年に引退した．）アルゴ

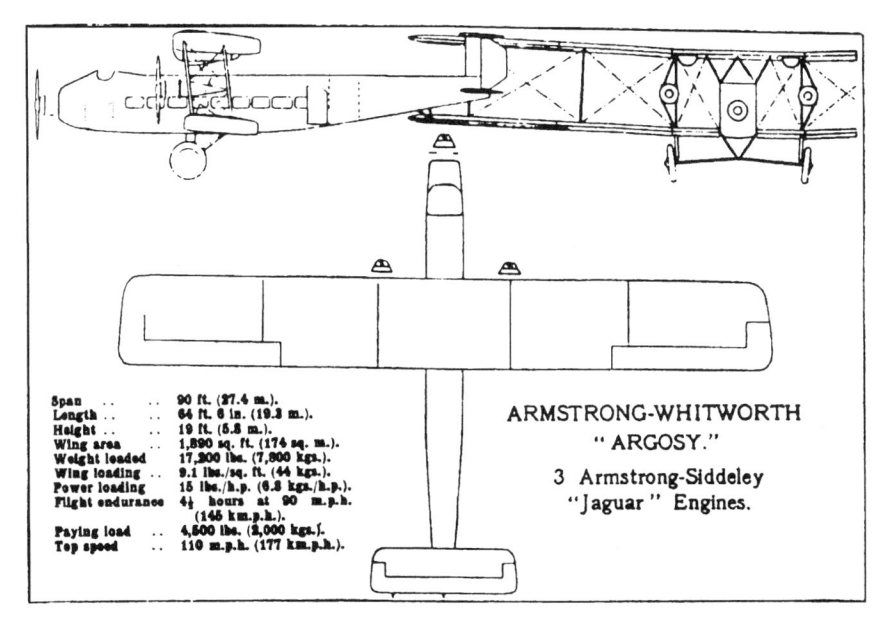

図8.3　アームストロング−ウィットワース・アルゴシーの3面図

シーの3面図（図8.3）から，突き出た固定式着陸装置と1920年代初期の設計には標準的であった支柱とワイヤがはっきりと見て取れ，しかもかなり角張った形状であったことが分かる．明らかにアルゴシーはジョーンズの理想とする完全流線型飛行機とは全く異なっていた．単にこの3面図からでも，図8.2に示されているアルゴシーのデータ点と理想曲線との上下間の差を直感的に理解できる．アルゴシーは，1920年代後半から1930年代前半にかけて特にヨーロッパで広く採用されていた保守的な設計手法の好例である．つまり，「設計者達は飛行機設計のやり方を知っている実務家としての姿勢を身につけてしまっていた．それまでの20年間，設計者達はずっとそうして設計を行ってきたからである．[101]」ジョーンズが言わねばならなかったことに彼らが「驚愕した」としても，何ら驚きではない．

ジョーンズのグラフ（図8.2）に対して，もう一つ別の見方をすることができる．実際の飛行機のデータ点と理想曲線の間の水平方向の差を見てみよう．これは，形状抗力がなかった場合にその飛行機が所定の動力で達成できる速度の増加分を表している．例えば形状抗力がなかったならば，アルゴシーの最高速度は実際の177km/h（110mph）よりももっと速い282km/h（175mph）になっていただろう．

どのように見たとしても，ジョーンズのグラフは流線型化の利点が強く読み取れる内容であった．大変興味深いことに，図8.2に記載されている1920年代後半の全航空機の中で，スピリット・オブ・セントルイス号（訳者注：「翼よ，あれがパリの灯だ」で有名なリンドバーグが操縦していた飛行機）がジョーンズの理想とする飛行機に最も近いことが分かる．

ジョーンズが講演を終えた後，ブラムソンとだけ記録に残っている聴衆の一人が非常に感銘を受けて，ジョーンズの発見は熱力学におけるカルノーサイクルの提唱に匹敵すると断言した．ジョーンズの返答は控えめであった．彼は自分の発見は熱機関のカルノー理論と同じレベルには成り得ないと断ったうえで，実際の結果としては同様であると返答した．つまり，それに向かって取り組んでいくべき理想条件を同様に提供していた．さらに次のようにも言っていた．「カルノーサイクルは正確な理論であるが，私の論文は本質的に近似解を求めた範疇を超えない．」つまり，乱流の条件をもっと正確に表現できる式がなかったために用いた，平板の乱流表面摩擦抗力を求める近似式のことを主に言っていた．いずれにせよ1920年代の後半には，流線型化は時代が求める構想になっていた．それは抗力の低減を意味しており，高度なプロペラ推進飛行機の時代における応用空気力学では一番の関心事であった．

エミール・モンドとアンジェラ・モンドが第一次世界大戦中にイギリス空軍での作戦中に戦死した息子のフランシス・モンドに対する追悼として寄付した資金によって新設されたケンブリッジ大学航空工学科教授職に，最初に就任した人物がB・メルビル・ジョーンズ卿（1887～1975年）（図8.4）であった．この役職の主要任務は研究であるとされていたが，研究に関する伝統がないまま工学研究所に所属していた．ジョーンズは資源も過去からの蓄積もほとんどなかったにもかかわらず，大学飛行隊が使用していた木造の格納庫の中に小さな風洞をすぐに完成させ，翼の失速，流線型化，抗力低減に関する空気力学実験を長期的に実施した．後には，層流境界層と乱流境界層を研究するために低乱流風洞を建設した．彼の研究チームは次の記述のように，い

図8.4 B・メルビル・ジョーンズ卿

つも 2 人か 3 人の研究生しかいない小さな所帯であった．「ジョーンズは，学位規定に制約されずに対等に研究室の研究に参加できる人物を好んでいたこともあって，研究生が博士号を取ることは珍しいことであった．その結果，ケンブリッジ航空研究所が著者名になっている論文もあった．[102]」イギリスの航空工学で最も尊敬を集めた教授と言えるジョーンズは，研究に加えて大学での授業にも引き続いて関心を持っており，少なくとも週に 2 回の授業を担当していた．1975年に89歳で息を引き取った彼の人生は，20世紀空気力学の主要な発展のほぼ全てと共にあったと言える．

● 成熟期を迎えた風洞

1930年には応用空気力学では「流線型化」が掛け声になっていた．その目的はメルビル・ジョーンズが理想とした飛行機に近づくために，可能な限り形状抗力が小さな空気力学形状を設計することであった．その頃には空気力学理論にかなりの進展が見られていたが，流れの剥離とその結果として生じる形状抗力の仕組みに関する理解が得られていただけであった．特に乱流の中で起こっている現象を正確に計算する方法はまだ見つかっていなかった．したがってその掛け声に自分も声を合わせるためには，空気力学者達は風洞へ向かうしかなかった．

第 7 章で取り上げたように，1922年10月に NACA 可変密度風洞の試運転が成功したことで，実物大レイノルズ数での風洞試験への扉が開かれた．空気力学の歴史における重要な第一段階であった．この風洞のおかげで，NACA は空気力学試験の最先端に立つようになり，1920年代の後半にはさらに新しい風洞がいくつか設計されて運転を開始したことで，NACA の名声はますます強固なものになった．そうした新しい風洞設備の中で，プロペラ研究風洞と実物大風洞は歴史的な重要性を持つことになる．それら 2 つの風洞は両方とも実物大レイノルズ数での試験が可能なように設計されていたが，その手法は可変密度風洞で用いられた手法とは異なっていた．可変密度風洞の場合には，風洞を20気圧まで加圧することで空気密度を20倍にまで大きくして，比較的小さな風洞で実物大レイノルズ数を実現していた．プロペラ研究風洞と実物大風洞は両方共その大きさによって通常の大気条件で実物大レイノルズ数を達成していた．すなわち，それらの測定部は実物大の飛行機や実物大の飛行機部品を設置できるほどの大きさがあった．

それほど大きな風洞を新しく設計したことには，それなりの理由があった．可変密度風洞によって得られたデータの精度には，加圧された循環回路内で非常に

図8.5 NACA プロペラ研究風洞（1927年）

大きな乱れが生成されるために絶えず疑問が生じていた．ノズルの収縮比が小さく，全折れ階段のように1箇所で2度直角に曲がる設計（図7.17）であり，さらに安っぽい同期駆動モーターが使われてそれが流れに小さな高周波変動を与えていた．実際，ラングレーの主任物理学者であるフレッド・ノートンは最初からそのことが問題になると見ていた．ノートンは，NACA本部のジョージ・ルイスへ宛てた1921年4月30日付の手紙の中で，「（気流を回流させることから）小さな空間であることが要求されるために，圧縮空気の流れの定常性が通常型式の風洞よりも劣り，その結果として試験の精度が低下する可能性」について述べていた．この風洞は確かに役に立っていたが，「可変密度風洞はNACAのパンフレットで宣伝されているような完全な空気力学の勝利からはほど遠かった．[84]」したがって，ラングレーの技術者集団は実物大レイノルズ数での試験は大気圧条件で大きな風洞を用いて実施するのが最良であると信じていた．

　最初のそうした大型風洞であるプロペラ研究風洞は1927年7月に運転を開始した．測定部の直径は6.1m（図8.5），最大風速は177km/hであった．当初，プロペラ研究風洞は実物大のプロペラ試験のみを意図していた．小さな風洞で模型を用いて採取したプロペラ試験データと，飛行機に取り付けられた本物のプロペラが飛行中に実際に示す性能データとの間には相違があることが認識されていた．スタンフォード大学のウィリアム・F・デュランドは，1.7m風洞での大規模プロペラ試験を1916年から実施していたが，その当時は最先端の技術だと信じられていた．しかし，彼のデータは後にNACAが実施した飛行試験でのデータと一致しなかった．NACA本部のジョージ・ルイスは，プロペラ空気力学の重要性とその分野での当時の不完全な知識を十分に認識して，プロペラ研究のために特別な風洞を建設することを承認した．その風洞にはエンジンとプロペラを搭載した実際の飛行機の機体を収容できるだけの十分な大きさを持たせる必要があり，そのことから測定部の直径は6.1mに決定された．その後，プロペラ研究風洞はプロペラ試験の範囲を超えた影響力を持つことが判明することになる．例えば，有名なNACAカウリングの開発に使用した設備がこの風洞であった．この話は流線

型化にまつわる重要な成果なので，次節で取り上げる．

　風洞の発展における次の段階が，翼，胴体，尾翼構造を持つ完全な飛行機をそのまま収容できる大型設備であることは明らかであった．この実物大風洞は1929年2月に認可され，そして1931年5月27日に運転が開始された．開放スロート部（測定部）の大きさは9.1×18m，最大風速は190km/hであった．図8.6には，初めて完全な形の飛行機であるボート03U-1が実物大風洞の中で試験されている姿が写っている．左側に見えるこの風洞の吹き出し口から，この風洞の巨大さがはっきりと分かる．実物大風洞の建

図8.6　NACA 実物大風洞（1931年）

設工事では，NACAは財政面で思いがけない幸運に恵まれた．この風洞に対する政府歳出予算は1929年の2月に議会を通過した．ウォール街の大暴落が起こる8ヶ月前であった．そして，大恐慌が始まってからの2年間で建設が行われたので，材料費と人件費では相当な費用を削減できた．具体的には実物大風洞の建設費用は約100万ドルであった．建設が終了した時点で，この実物大風洞は世界最大の風洞であった．そして，実物大風洞では低い乱れの水準になっていることがラングレーの技術者達によって確認された．設計チームの主任であったスミス・J・デフランスは1932年にこの非常に低い水準の乱れについて，乱れの影響は「データを設計に適用する際に無視できる」と述べたほどであった．実物大風洞の乱れの水準がこのように低かったことから，1930年代の後半に実施された広範囲な抗力除去の研究では理想的な装置であった．つまり，高度なプロペラ推進飛行機へと繋がる空気力学的流線型化の過程では，このような研究が有益であった．この時代には実物大風洞は明らかに世界最高峰の風洞であった．そして，この風洞に据え付けられた2機の8,000馬力電動機が回り始めてから65年以上が経過した今日の超音速飛行の時代でも，この風洞は依然として稼働している．

流線型化での成功：NACA カウリング

　適切な風洞を運用することで，発展途上にあった空気力学技術はすぐに高度なプロペラ推進飛行機の設計という形で実を結んだ．NACA プロペラ研究風洞の運用を開始した時期とほぼ同じ時期から航空工学は成熟過程を歩み始めることになったが，1930年代の10年間はその絶頂期であったと言える．NACA ラングレー記念研究所ではその時代の抗力低減計画として最も重要な計画が開始されていた．それが，メルビル・ジョーンズが唱えた飛行機の理想形に向けた重要な第一歩になる NACA カウリング計画であった．NACA カウリング計画は，20世紀空気力学の発展における代表的な事例になっている．これより，1930年代の実験空気力学と理論空気力学の両者での発展例として NACA カウリング計画を見ていく．

　1926年には，飛行機は使用しているピストンエンジンの形式に基づいて一般的に2種類に分類されていた．そのエンジン形式とは，水冷直列エンジンと空冷星形エンジンであった．通常，水冷直列エンジンは周囲を覆われて機体の内部に置かれていたので，流線型化ではそれほど問題にならなかった．空冷星形エンジンはエンジンの冷却手段をシリンダーの周囲を流れる気流に頼っていたので，車輪のスポークのように並べられたシリンダーが空気の流れに直接露出していた．その結果，どの程度かはまだ分かっていなかったが，多くの抗力が発生していた．しかし，星形エンジンには多くの飛行機設計に採用されるだけの利点があった．馬力当たりの重量は軽く，可動部品は少なく，整備費用も少なくて済んだ．アメリカ海軍は，空母着陸時に空冷星形エンジンが発する耳障りな衝撃音にもかかわらず，性能が良かったことから空冷星形エンジンを好んで用いていた．1926年6月，アメリカ海軍航空局局長は冷却能力を妨げることなく抗力を低減させるために，星形エンジンのシリンダー周囲をカウリングで覆う方法の研究を NACA で行うように要望を提出した．

　カウリングの発想が新しいわけではなかった．例えば，1913年のフランスのデュペルドサン競技用飛行機はグノム回転式空冷複列14気筒エンジンの周囲を丸い流線型シュラウドで覆っていた．また，第一次世界大戦期の飛行機に用いられていた回転式エンジンの多くは，金属を曲げて成形したカウリングの内部に置かれていた．そうしたカウリングの設計は，科学や信頼できる空気力学知識よりも美観に重きを置いていた．幸運にも，この種のカウリングを取り付けた回転式エンジンでは冷却は問題にならなかった．カウリングの背後でシリンダーが常に空

気を切って回転していたからである．問題は1920年代に一般的になった固定式星形エンジンで顕著になった．

1927年5月24日，アメリカの主要航空機製造会社の代表者達がNACAの研究内容と研究設備に親しみ，この産業に恩恵をもたらすであろう将来のNACAでの研究について提案を行うためにラングレーに集まった．こうした会議はNACAでは年に一度毎年開かれることになるが，その第2回会合はラングレーでの空気力学研究の方向を誘導した点で重要な役割を果たした．特にカウリング計画に関して1927年NACA年次報告書には次のように詳細に記述されている．

> 午前中に開かれた予備会議では，当委員会の機能と業務が簡潔に説明された．それに続いて産業界の代表者達への研究所見学ツアーが実施され，実施中の研究に関する説明がなされた．そしてこの時が，当委員会の新しいプロペラ研究装置が正式に運転を開始したことを宣言する機会になった．午後には正式な会議が招集され，議長から本会議の目的について短い説明があった後，産業界からの代表者達が携わっている民間航空の問題に関する討議が行われた．民間航空にとって重要な問題として取り上げられた話題の中には，飛行機内での乗客の快適さと利便性および特に騒音の除去，低速での操縦性の問題，機体から突き出て流線型への成形を妨げている張り出し部の影響など，様々な要素が含まれていた．ここで提案された問題の中にあった空冷エンジンの抵抗と冷却特性に及ぼすカウリングと機体形状の影響に関する研究は，直ちに当委員会の研究計画に組み込まれることになった．

1年前にカウリングの研究を開始するようにアメリカ海軍がNACAに要望していたが，そうした研究が「直ちに当委員会の研究計画に組み込まれる」ためには航空機産業全体からの政治的影響力が必要だった．

NACAカウリング研究は，ラングレーのプロペラ研究風洞で実施することになった最初の大型試験計画であった．この時，イリノイ大学から来た比較的若い航空技術者フレッド・ウェイク[103]が，1927年にマックス・ムンクが急に辞職した後のプロペラ研究風洞の主任になったばかりであった．5月24日の会議が終わる際に，プロペラ研究風洞がこの研究を行うのにふさわしいという論理的な理由から，ウェイクがNACAカウリング計画の責任者になることが決定した．

その後の10年間，NACAはカウリングの研究を実施した．そのほとんどが実験的研究であった．カウリングに関連する空気力学的な作用を理論的に理解することが強調されるようになったのは1935年になってからであった．ウェイクと同

僚達は，その計画を開始してから1年もしないうちにカウリングを適切に設計することによって，星形エンジンの冷却に悪影響を及ぼすことなくエンジン部分の形状抗力を大幅に低減できることを実証した．産業界はすぐさまこの発見に飛び付き，新しい飛行機の設計に取り込むようになった．ウェイクが用いた研究手法は実験的パラメーター変化法であり，ラングレーはもとより他の機関でも，1930年代には実験空気力学でこの手法を採用することが定着していく[84]．

「実験的パラメーター変化法」とは，「対象物や対象物の運転条件を決定しているパラメーターを系統的に変えながら，材料，工程，装置の性能を繰り返し求めていく方法である．[36]」ウェイクはカウリング研究に関してNACAから発表された最初の資料の中で，自らの手法を次のように説明している．

　　最終的に取り決められた計画では，J-5エンジンに取り付けるカウリング形状を10
　　種類用意して，それらと2種類の機体を組み合わせて試験を実施した．すなわち，
　　3種類のカウリングを開放操縦席型機体と組み合わせ，7種類のカウリングを密閉
　　客室型機体と組み合わせた．密閉客室型機体に取り付けられた7種類のカウリング
　　形状はエンジン背後の後部クランクケースを除いて完全にエンジンが露出している
　　極端な形状から，反対に完全にエンジンを覆った極端な形状までを網羅していた．
　　開放操縦席型機体と組み合わせたカウリングには，各シリンダーの背後に個別に流
　　線型の覆いを取り付けた形状も含まれていた．プロペラ回転軸の有無による違いを
　　直接比較するために，3種類のカウリングを用意した．そのうち2種類のカウリン
　　グは客室型機体と組み合わされる．本計画では，必要であれば冷却が満足されるま
　　でそれぞれのカウリングに改良を加えながら，エンジンシリンダー温度の計測も実
　　施される．その後に，そのカウリングの抗力に及ぼす効果と推進効率が評価され
　　る[104]．

NACAのカウリング計画が成功した鍵は，カウリング外側の流線型化により形状抗力を低減できる可能性のある形状を試験する際に，内部流路を設けることによってエンジンの効率的な冷却を維持できるように注意を払った点にあった．ウェイクの実験によると，一連のNACAカウリングの中ではNo.10カウリングが最も良好であった．実はこのタイプは，カウリングの内部にカウリングが納められていた．No.10カウリングは，（シリンダーの一部だけを覆っていた．滑らかで丸みを持った流線型カバーからなる）No. 5 カウリング（図8.7）を採用し，シリンダーを完全に囲んでいる丸い流線型の外部覆いでそのカウリングの周囲を包む工夫がなさ

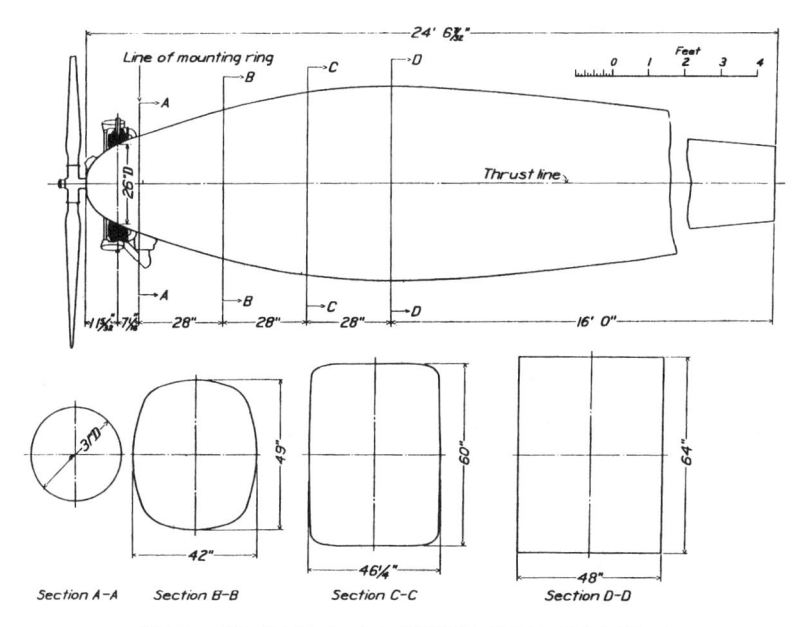

図8.7　一連のNACAカウリング試験におけるNo.5カウリング

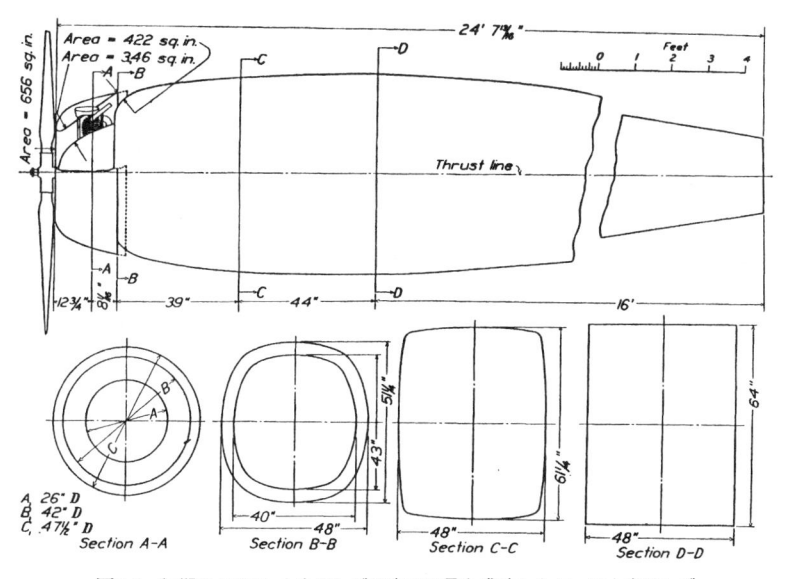

図8.8　初期のNACAカウリングの中では最も成功したNo.10カウリング

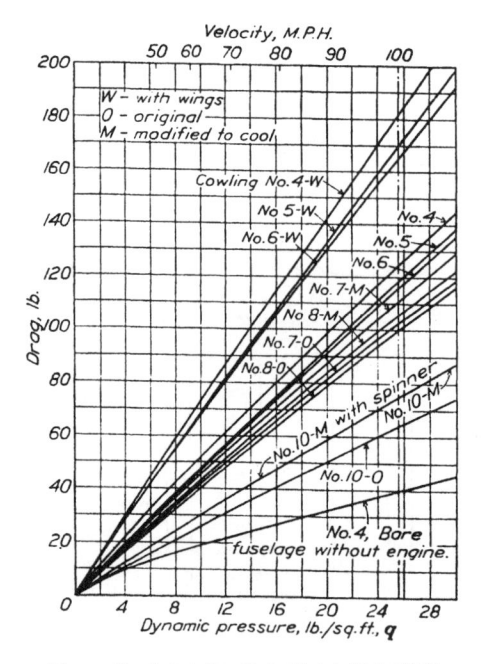

図8.9 様々なカウリングでの抗力と速度の関係

れていた（図8.8）．それら2つの壁によって形成された流路内を通る空気力学的に整えられた内部流れによってエンジンの効率的な冷却が可能になっていた．

NACA技術報告313[104]の中で最も重要なグラフは，様々なカウリング案について抗力の計測値と動圧（または速度）の関係を示したグラフ（図8.9）であった．このグラフには「NACAカウリング」（すなわち，No.10カウリング）により達成できた顕著な性能が示されている．一番下の線はエンジンを搭載していないそのままの機体の計測結果であり，一番上の線はシリンダーが完全にむき出しのままでエンジンが搭載された機体の計測結果である．この2つの極端な例を比較すると，カウリングをしていないエンジンを搭載すると4.76倍という驚くほどの倍率で抗力が増加していることが分かる．この計測が実施されるまでは，むき出しのシリンダーがそれほど衝撃的なまでに飛行機の抗力を増加させているとは誰も理解していなかった．図8.9に「No.10」と表示されている直線はNo.10カウリングの結果である（「No.10-O」は図8.8に示されているカウリングであり，「No.10-M」はエンジン冷却を改良するためにカウリング入口部にわずかな修正を加えている）．完全にシリンダーがむき出しになっている場合と比較して，第10-M番カウリングは0.41倍まで（ほぼ60%）抗力を減少させている．実際にカウリングを装着すると，抗力はほぼエンジンを搭載せずに計測した値にまで戻った．

これは画期的な発見であった．いつもは堅物のNACAも強い高揚感に陶酔した．そして時を移さず情報を流した．アメリカの航空機産業界はこの発見が一般に公表されるかなり前から情報を知らされていた（この方針は今日でも変わることなく，海外の競合相手に対して優位な地位を固めるために，NASAが作成した重大な資料を最初に利用できるのはアメリカの航空宇宙産業界に限られている）．1928年，ウェイクはNACAカウリングの画期的な性能に関する記事を週刊雑誌 Aviation（Aviation Week

& Space Technology 誌の前身）に寄せた．「結論として，これまでになされた試験から新しい NACA の全面カウリングを用いることにより，ほぼ全ての星形エンジン搭載航空機で大幅な速度と全体性能の向上が得られると考えられる．」[105] 当時の NACA での基本方針が，一般向けの情報伝達では非常に保守的かつ慎重であった（データと解析結果は発表前に疑いの余地がないほどに確認されていなければならなかった）ことを考えると，Aviation 誌に寄せたウェイクの記事は NACA の興奮がはっきりと表れた結果であったに違いない．

事実，NACA はある点では保守的に行動していた．NACA の技術者達はカウリングデータを発表する前に，技術報告313[104]の付属資料に報告されているように，カウリングの飛行試験を実施していた．トーマス・キャロルがこの飛行試験の責任者であり，下記に示す付属資料も彼が報告した内容である．

> 以上の報告に書かれた情報の実用価値を実証するため，No.10カウリングの簡単な飛行試験が実施された．
> 　バージニア州ラングレーフィールドのアメリカ陸軍航空隊の好意により，試験機体に適合するように改造した No.10カウリング搭載のカーチス AT-5A 飛行機を入手できた……．この一連の飛行試験を研究所の 3 名のパイロットが担当した．
> 　ラングレーフィールドで使用されていたこの型式の飛行機の最高速度は190km/h であると報告されていた．カーチス AT-5A 飛行機を用いて全出力での水面上低高度水平飛行による一連の飛行試験を実施することで，そのことを確認した．最高速度は1,900rpm において190km/h であり，対気速度とエンジン回転数は両方とも較正済の装置で計測されていた．次に改良された AT-5A で同様の最高速試験を行った結果，最高速度は1,900rpm において220km/h になることが分かった．実に30km/hも速度が増加していた．改良された飛行機では，元々の最高速度である190km/h は1,720rpm の時に達していた．
> 　この型式のカウリングは，AT-5 に普通に装着しただけでは特に速度に対して適応できるわけではないが，この増加は顕著だと考えられる．さらに，操縦での滑らかさという観点から見た飛行特性の向上についても，実際に操縦したパイロット全員が非常に好意的な意見を述べていた．機体周りおよび尾翼面周りの気流は極めて明確に改善されている．
> 　これらの試験ではエンジンの冷却には問題がないことが分かった．油温は58℃に達し，その後はほぼ一定であった．それ以外にもオーバーヒートの兆候はなかった．しかも，いかなる状況においてもパイロットの視界を妨げることはなかっ

た[104].

図8.10 NACAカウリングを装着したロッキード・ベガ

データが揃っていたことから，航空機産業界のNACAカウリング採用は迅速に進んだ．しかも，改造費用はほんのわずかであった．NACAは，カウリングを製作して既存の航空機に装着するための費用は約25ドルになるだろうと見積もった．ロッキード・ベガはNACAカウリングを使用した最初の量産飛行機であった．1927年にベガはその当時には標準であった，シリンダーを気流に露出した形で初飛行を行っていた．1929年にNACAカウリングを追加して，ベガの最高速度は265km/hから306km/hへ増加した．カウリングを装着したベガ（図8.10）は1930年代初期の最も有名な飛行機として考えられるようになり，ウィリー・ポスト（訳者注：世界一周飛行速度記録で有名）やアメリア・エアハート（訳者注：女性飛行家）などのパイロットが使用していた．カウリングと空気力学的に流線型の車輪カバーを装着したことにより，無揚力抗力係数は当時としては非常に小さい0.0278であった．

1929年，NACAカウリングはコリアー・トロフィーを獲得した．アメリカの航空界における最も重要な業績を称える，年に一度の賞である．そしてこの時の受賞を皮切りに，この先もNACAとNASAは数多くのコリアー・トロフィーを獲得していくことになる．

1928年と1929年に最初の高揚感を味わった後，NACAカウリング研究計画は落ち着きを取り戻して，さらなる設計改良と，おそらくはそのカウリングが機能している理由を突き止めることも意図した一連の試験を実施する方向へ進んだ．カウリング計画はそれまで全てを実験に頼ってきて，さらに実験的研究を継続していたので，理由を突き止めようとする意図は特に重要であった．関係している空気力学の詳細な過程について，特にエンジンを冷却している内部流れについて何も基本的なことが理解できていなかったことから，多少困惑していたのかもしれない．確かに，ウェイクの報告書（TR313）には方程式が一つも記されておらず，並行して空気力学的な解析もなされていなかった．しかし，彼は次のように述べてカウリングの性能は小さな設計変更に対して敏感であることを示唆してい

た.「しかし,適切に冷却するためには注意深く設計する必要がある.[104]」

1929年4月,ウェイクはラングレーを去り,ミルウォーキーにあるハミルトン航空機製造会社(ユナイテッド・エアクラフト社の一部)でプロペラの設計を行う仕事に就いた.プロペラ研究風洞計画が開始された当時からの同僚であり助手であったドナルド・H・ウッドがこの風洞とNACAカウリング計画の担当になった.それからの数年間,ウッドはカウリング試験成功後の浮かれた状況に直面した.しかも,この間にNACAの主張に対する正当性に疑問が投じられた.さらに悪いことに,追加試験を行ったところ,カウリングの基本的な空気力学を理解できるどころか,混乱により拍車がかかることになってしまった.

正当性に関する疑問は,イギリスの国立物理研究所でヒューバート・C・タウンエンドが1927年から行っていた研究に端を発していた.タウンエンドは抗力を低減することを目的に,翼型断面を持つリングで星形エンジンの露出したシリンダー外周を覆う装置を開発した.彼の研究成果は1929年にイギリス航空研究委員会から発表された[106].ウェイクの報告書が発表される数ヶ月前のことであったが,お互いに相手の研究については知らなかった.「タウンエンド・リング」の方がシリンダーを多少なりとも露出させた状態にしていたので,冷却を阻害することはなかった[101].そのことが当時の飛行機設計者にとって心強い材料であったことから,1930年代前半に設計された多くの飛行機はNACAカウリングよりもむしろタウンエンド・リングの方を採用していた.ボーイングは特にタウンエンド・リングを好んでおり,この時代のいくつか

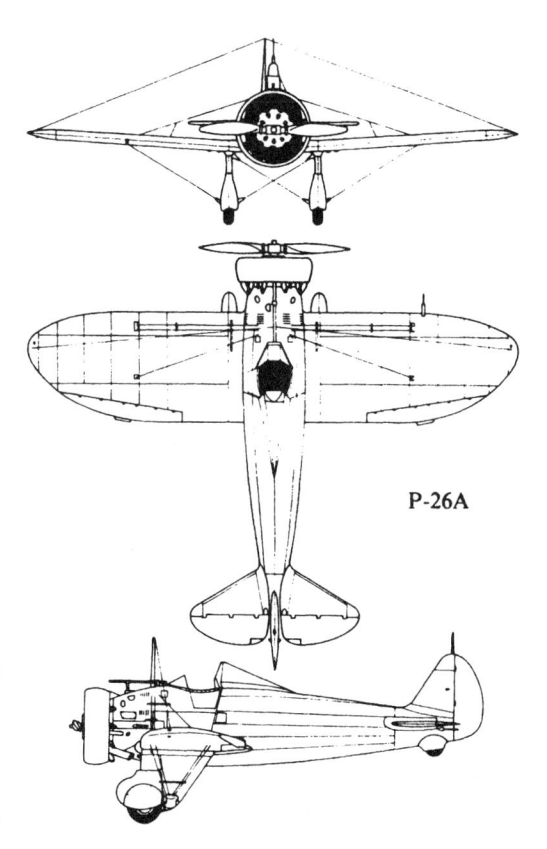

図8.11 タウンエンド・リングを装着したボーイングP-26

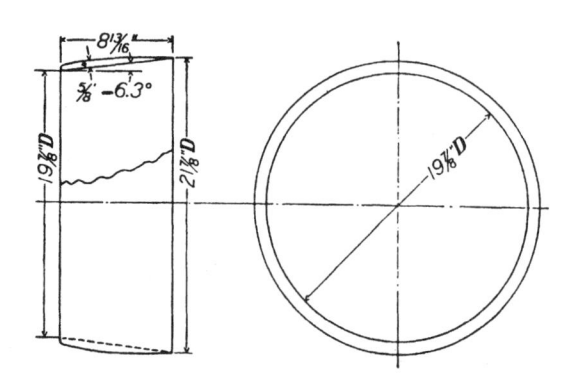

図8.12 NACA が試験したリングの典型的な形状（1932年）

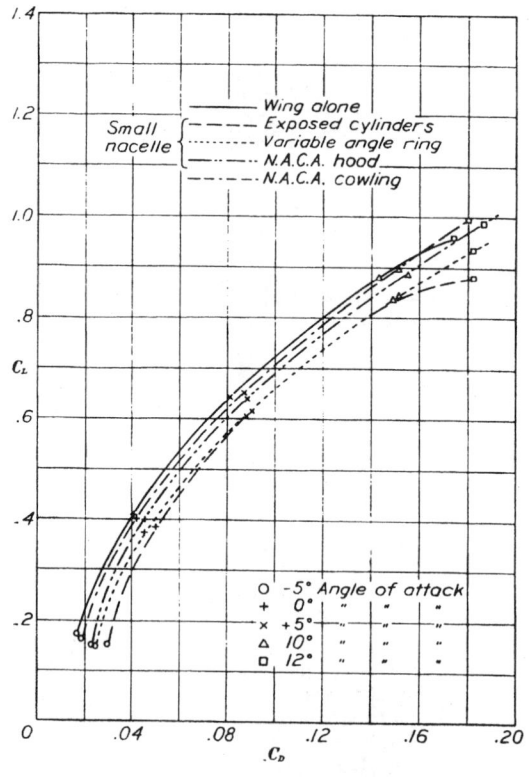

図8.13 エンジンリングとカウリングの比較を示す抵抗極線（1932年に NACA が試験を実施した結果）

の戦闘機と爆撃機に装着していた．図8.11の1932年ボーイング P-26A 単座戦闘機の3面図にはっきりとタウンエンド・リングが示されている．ウッドは優劣をはっきりさせるために，タウンエンド・リングと NACA カウリングの空気力学的な性能をプロペラ研究風洞で比較した[107]．ウッドが調査した典型的なリング形状が図8.12に示されている．両翼が短く切断された機体にエンジン室が取り付けられ，そのエンジン室には縮尺比 4/9 の J-5 星形エンジン模型が納められていた．ウッドは調査結果を図8.13の抵抗極線の形で示している．ある値の C_L に対して翼のみの場合に最も小さな C_D が得られるが，NACA カウリングを装着した翼がその次に位置している．リングの方はかなり大きな C_D を生成しており，明らかに NACA カウリングよりも劣っていた．このデータを根拠にして，ワシントンの NACA 本部ではジョージ・ルイスがマーチン B-10 爆撃機に取り付けられているタウンエンド・リングを NACA カウリングに取り替

えるようにグレン・マーチンを説得した．NACA カウリングを装着することによりB-10の最高速度は314km/h から362km/h へ増加し，着陸速度もかなり低下した．その結果，アメリカ陸軍は1933年と1934年に B-10s を100機以上購入することになった．そのおかげで，世界大恐慌が最高に吹き荒れた時期でもマーチン社は支払能力を維持できた．ハンセン[84]は，マーチン社が NACA カウリングを採用していたことが，タウンゼンド・リングを採用していた

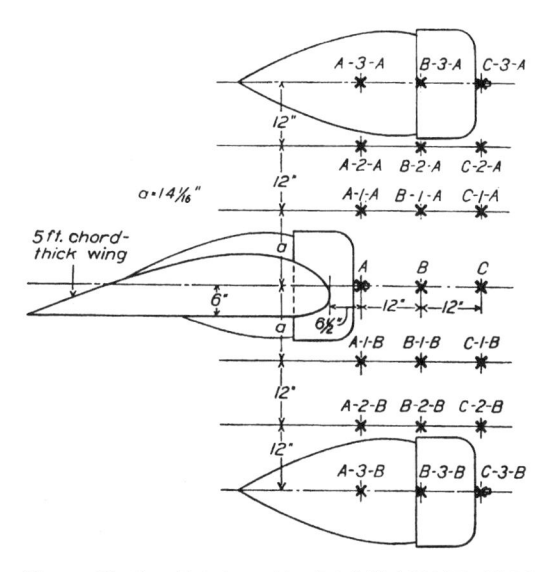

図8.14 翼に取り付けるエンジン室の位置（1932年に NACA が試験を実施した条件）

ボーイング B-9 を下してアメリカ陸軍からの受注を契約できた理由であったと論じている．

　NACA カウリング研究計画の副産物として，翼に設置するエンジン室の適切な位置に関する研究があった．この研究はそれほど知られていないが，翼にエンジンを取り付けるタイプの航空機にとってほぼ同じように重要な研究であった．ウェイクが初期の NACA カウリング試験を行った直後に，ウッドは補足試験としてエンジンナセルの位置に関する一連のパラメーター研究を実施した．厚翼に設置するエンジン室の位置として可能性のある21ヶ所を取り上げて，プロペラ研究風洞を用いて試験を行った（図8.14）．タウンゼンド・リングの場合と同様に，NACA カウリングを装着したエンジン室の中に縮尺比4/9のライト J-5 星形エンジン模型を設置していた．図8.14にはそのプロペラ中心の先端位置が十字形で示されている．ウッドは実験データ[107,108]から以下の結論に達している．

　揚力，干渉，推進効率を考慮した結果，単葉機翼に設置された牽引型プロペラを持つエンジン室の高速かつ巡航に適した最適位置は，翼中心を通る直線上に推力軸があり，かつ翼前縁から翼弦長の25%前方にプロペラがある位置である．この位置は上昇と着陸にも最適であり，ゆえに全飛行条件で優れていると思われる[108]．

図8.14では，この最適位置は B 点になる．ダグラス DC-3，ボーイング B-17，コンソリデーテッド B-24といった飛行機のエンジン位置は，ウッドが1932年に採取したデータに基づいている．

NACA カウリング計画では，カウリングの成功に酔いしれた後も1928年にウェイクが開始したパラメーター変化法を用いて実験的検証を継続していた．しかし，初期の実験がもたらした成功感はその後 7 年間の試験期間中に色あせてしまった．試験条件とパラメーターの選択においてウェイクは実に幸運だった．つまり，彼が選んだ条件は NACA カウリングの優位性を引き立てる点で非常に好ましい条件であった．基本的にウェイクは表面に浮いているクリームだけをすくって飲んでいたかのようである．時間が経つと共に，幅広くパラメーターを変えて新たに集めたデータからは功罪入り交じった結果が得られた．例えば，翼の下にエンジンが吊り下げられているフォッカー・トライモーターに NACA カウリングを装着して試験すると，性能には実質的に何の改善も見られなかった．そして，カウリング下流の飛行機形状が抗力に影響を及ぼしていることがすぐに判明した．先に取り上げたように，カーチス AT-5 A での効果は素晴らしかったが，NACA が最初のカウリング飛行試験にカーチス AT-5 A を選んでいたのは全くの偶然であった．しかも，1928年から1935年の期間中に NACA が採取したカウリングに関する実験データは，全てカウリングの空気力学に関する基本的な理解もなく採取されていた．もちろん，その当時でさえ空気力学ではそうした状況は一般的なことであった．これまでリリエンタール，ラングレー，ライト兄弟，エッフェルといった初期の研究者達が有用な空気力学データを大量に集めて，関連する基本的な空気力学原理を全く理解せずとも，それらのデータを効果的に応用していた姿を見てきた．ところが，高度プロペラ推進飛行機の時代に空気力学の実験的発展に見られた明らかな特徴は，関連する基本原理を理解しながら進められたことであった．しかし，NACA カウリング計画はそうした基準を満たしていなかった．ハンセン[84]はカウリング研究の期間を「実験的な行き詰まり」に至った「麻痺的混乱状態」の時代であったと述べている．

しかし，この状況は間もなく変わることになる．カウリング計画の最初の 8 年間を担当していた技術者は純粋な実験主義者達であり，最初は順調に進んでいた．なぜなら，応用空気力学から得た近似解でさえ大きな効果に繋がったように，流線型化の初期はひどい状態であり，風洞と実際の飛行試験がこの問題に取り組むにあたって最も容易に利用できる道具であったからである．しかし1935年の夏，ラングレーの「監督技師」(かつては，ラングレー研究所所長がこの肩書きを称し

ていた）であったヘンリー・リードがカウリング研究に対するほぼ全ての職責を，当時のNACAでは随一の理論家と目されていたセオドア・テオドルセンに移譲した．テオドルセン（図8.15）は1897年にノルウェーで生まれた．1922年にトロンヘイムのノルウェー工科大学で工学修士の学位を取得し，1929年にジョンズ・ホプキンス大学で物理学の博士号を取得した．そして，その同じ年に物理学の研究員としてNACAラングレー記念研究所に加わった．テオドルセンはすぐ

図8.15　セオドア・テオドルセン

に当時ラングレーに3つあった研究部の中では最も小規模であった物理研究部の部長に就任した．なお，他の2つの研究部は原動機研究部と空気力学研究部であった．彼は様々な研究分野ですぐに頭角を現した．少しだけ例を挙げると，翼理論，プロペラ理論，着氷問題，風洞理論，航空機フラッター，航空機騒音などであった．テオドルセンは9年前のマックス・ムンクと全く同様に理論的取り組みと実験的研究のバランスが重要であると信じていた．彼は次のように述べている．

> 科学が純粋に実験原理の下で発展できるのはある期間だけに限定される．理論とは既知の事実を系統的に整理し，簡略化する過程である．既知の事実が少数であり，明白である限り理論は必要ない．しかし，そうした事実の数が増え，かつ単純でなくなると理論が必要になる．実験自体に必要な労力は少ないかもしれないが，単純な実験でさえ，その結果を解析することが非常に困難になることはよくある．それゆえ，理論的に要約するために必要な量や，産業界の応用に必要な量を超えて試験結果を生成する傾向が常にある[83]．

ラングレーのNACA幹部は，カウリング研究における問題点を修正するにはテオドルセンの手法がまさに必要とされており，実験的に成功したカウリングの裏に潜在している空気力学的な基本原理を徹底的に調べるために，カウリング研究計画の職責とプロペラ研究風洞を自由に使用できる権限を彼に与えるよう1935年には決定していた．

テオドルセンも以前に在籍していたムンクと同じように，多くのNACA技術者にとって数学が不足していると考えていた．「多くの研究が，理論に対する関心がほとんどないままに行われている」と述べて，テオドルセンが批判した研究もあった．しかしテオドルセンはムンクと異なり，一緒に働いていた大多数の人々から好かれ，尊敬されていた．1930年代と1940年代にテオドルセンの近くで一緒に仕事をしていた有能な数学者であるI・エドワード・ガリックは，かなり後になってテオドルセンの仕事のやり方について次のように語っていた．

> ある問題が彼の注意を引いたとき，彼はよく外部との連絡をほとんど絶ち，比較的短期間だが著しく集中して活動的にその問題に取り組んでいた．そして，その後は明らかに散漫になって活動が低下していた．私達はよく彼と共にその当時はまだラングレーにあった並木や果樹園の中を散歩したものだったが，彼は人間の弱点についてよく語っていた．部のトップとして日常的にやってくる政府からの時間のかかる要求に部下が忙殺されることがないように守り，他方で各自の才能と手腕を伸ばすための余裕を各人に持たせるといった，今日では希有な素晴らしい美徳が彼にはあった．誰かがある成果を完成させるか，またはほぼ完成に近づけた時には，しばしばテオドルセンは，厳格ではあるが有益な批評をしていた[109]．

テオドルセンが1935年にカウリング研究計画を担当するようになった時には，カウリング計画はカウリングの空気力学に関する基本的理解の達成を目的とした最終段階である第3期に入っていた．1928年から1929年までのNACAカウリングに関するフレッド・ウェイクの報告書[104,105]には解析が欠けており方程式が全くなかったが，テオドルセンは1937年にはカウリングの中を流れる内部流れとカウリングの周囲を流れる外部流れを空気力学的に詳細に研究して，その空気力学過程に対する工学的な近似解析法を開発していた．1938年1月26日，彼はニューヨークで開かれた航空科学協会の第6回年会で最新のNACAの研究成果に関する論文を発表した．それがカウリング空気力学に関する最初の理論解析であった．この解析は，効率の良いエンジン冷却と最小限の抗力（「冷却抗力」と呼ばれている）を達成できる内部流れのバランスに重点が置かれており，さらに外部流れの性質と形状抗力が最小になるように外部流れを導く方法についても考察が行われていた．彼の発表は優秀な工学的解析の好例と言える．数式の簡略化に繋がる適切な仮定を設け，それでも工学的な設計を行うには十分な知見に到達できるだけの厳密さを併せ持っていた．カウリング前後の圧力損失とカウリングを通過する体積

流量に加えて内部流れの相対的な入口面積と出口面積を関連づけた式を得るために，連続の式とベルヌーイの式（非圧縮性を仮定できるほどに十分に遅い流速であった）に加えてシリンダーフィンを通過する間の流れの摩擦損失に関する実験データを巧妙に用いていた．彼の解析が人々を感心させた点として，全て代数方程式からなっていたということがある．表面には偏微分方程式が現れていなかった．その解析から得られた成果は直ちに航空科学協会から発表された[110]（ただし，解析手法とそれを補う実験データは1年前にNACAから発表されていた[111]）．

　テオドルセンは圧力分布，流線形態，熱伝達分布といった流れ場の基本的な空気力学特性を研究するために，プロペラ研究風洞を用いた一連のカウリング実験も実施した．そうしたより詳細な実験から得られた知見として，カウリング正面への空気の衝突によって大規模な乱れが生成し，その乱れが全エンジン室抗力の増大に大きく寄与していることが分かった．カウリングの使用がもたらした悪影響である．しかし，エンジンの前部での冷却は大きく向上し，抗力が増加する不利益を上回る利益が得られた．これなどは，テオドルセンの監督の下でNACAでのカウリング空気力学の理解が増した一例と言える．

　NACAは新しい解析とデータを飛行機設計者にとって役立つ形に素早くまとめた．「飛行機の設計者には飛行機のどの部品についても詳細な知識を得る時間も機会もないのだから，最適なカウリング寸法を得る簡便な方法と，おそらくはその寸法を選ぶに至る有力な理由が必要になっている．そのような方法を提示し，実施例に関する考察と共にその方法を解説することが本報告書の目的である．[112]」続けてこの報告書では，ある飛行条件に適したカウリングの幾何学的な設計問題が取り上げられて，テオドルセンの解析に基づいた設計志向の計算が示されている．この計算では冷却抗力と外部形状抗力を最小にすることが強調されている．この報告書をもって，NACAカウリング研究計画は最高潮に達した．フレッド・ウェイクが実験に基づいた設計で最初に成功を収めてから11年が経過して，カウリングの空気力学を理論的によく理解することがようやく航空学の最先端技術では必要不可欠な部分になり，実際の飛行機設計に大きな影響を持つようになっていた．

　セオドア・テオドルセンはブラジルでの航空研究所の計画と運営を助けるために1947年にNACAを去った．そして1950年から1954年まではアメリカ空軍の「主任研究員」を務めた．1955年には研究主席としてリパブリック社に移り，1962年に退職した．引退後も活発にユナイテッド・エアクラフト社の顧問を務め，ダクトプロペラを専門にしていた．1974年に健康状態を悪くして，1978年11月6日に

ニューヨーク州のセンターポートで亡くなった．

翼型空気力学：系統的な進歩

　翼型の空気力学に関する実験的研究と理論的研究は1930年代に飛躍的な進歩を遂げることになった．そして，ここでも先導していたのは NACA であった．第7章で取り上げたように，航空学が始まって以来，1920年代の終わりまで翼型の設計は基本的には場当たり的に行われていた．この結果，形状の異なる翼型が非常に数多く登場することになった．しかし，基本的な翼型空気力学については断片的な理解にとどまっていた．この状況は1930年代の前半に劇的に変化した．主にイーストマン・ジェイコブズの実験的研究，セオドア・テオドルセンの理論的研究，そしてラングレー研究所の可変密度風洞のおかげであった．

　イーストマン・N・ジェイコブズ（図8.16）はカリフォルニア大学バークレー校を抜群の成績で卒業した翌年の1925年に NACA ラングレー記念研究所に加わった．彼は困難な課題に対してよく革新的な手法を取っていたことから，すぐにラングレーでも傑出した人材であると認められるようになった．そして可変密度風洞に配属されて，初期の高レイノルズ数空気力学研究で重要な役割を果たした．1930年代前半に NACA 実験翼型計画が始まる頃には可変密度風洞課の責任者になり，その後10年間この役職に就いていた．

　ジェイコブズと同僚達は1931年4月から1932年2月にかけて一連の翼型計測を実施した．この翼型計測は高度なプロペラ推進飛行機の時代の標準になっていく．そして，おそらく可変密度風洞でなされた最も重要な計測であった．ジェイコブズは，1920年代にマックス・ムンクが M シリーズ翼型形状を設計する時に用いた発想を拡張して，後に NACA 4桁系列翼型になっていく翼型設計のための系統だった手法を用いた．その仕組みは簡単そのもので，まず平均キャンバー線と呼ばれる一本の曲線を構成する．そして，そのキャンバー線の周りを数学的に定義された厚み分布で肉付けをしていく．「その結果，主要な

図8.16 イーストマン・N・ジェイコブズ

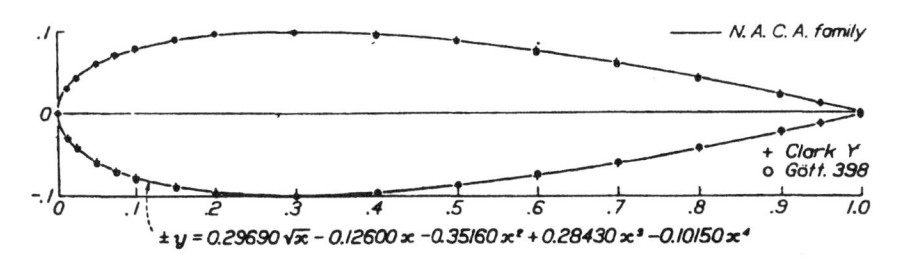

図8.17 4桁系列翼型のためにNACAが用いた厚み分布（1931年）

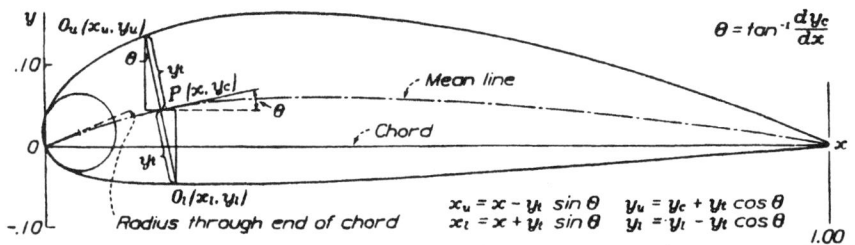

$$\pm y = 0.29690\sqrt{x} - 0.12600\,x - 0.35160\,x^2 + 0.28430\,x^3 - 0.10150\,x^4$$

図8.18 あるキャンバー線形状の周りをある厚み分布で肉付けすることによって得られたNACA翼型形状（1931年）

　形状変数は厚み形状と平均線形状の2つになる．厚み形状は構造的な見地から特に重要である．他方，［平均線］形状はほぼ独立して，例えば無揚力角や縦揺れモーメント特性といった最も重要な翼型の空気力学特性を決定する．[58]」NACAが選んだ厚み分布は，「ゲッティンゲン398翼型やクラークY翼型を含むある種のよく知られた翼型」の厚み分布にならって作られた（図8.17）．この厚み分布に単に一定の倍率を乗じることで，翼弦長に対する翼厚の比が異なる翼が得られた．定められた平均キャンバー線が定められた厚み分布で肉付けされると，その結果として得られる翼型形状は図8.18のようになる．この簡単な手法を用いて1931年にNACAが設計した翼型系列（図8.19）があの有名なNACA 4桁系列翼型であった．この4桁の数字は，左から1桁目は翼弦長に対する百分率で最大キャンバー（反り）量を，2桁目は翼弦長に対する十分率で翼前縁からの距離で表した最大キャンバーの位置を，最後の2桁は翼弦長に対する百分率で翼型の最大厚みをそれぞれ表している．例えば，NACA 2412には翼弦長の0.02倍になる最大キャンバーが翼前縁から翼弦長の0.4倍の位置にあり，その最大厚みは翼弦長の0.12倍になっている．そして，この系列の全翼型に対して揚力係数，抗力係数，モーメント係数が可変密度風洞で慎重に計測された．この風洞で使用された模型はアス

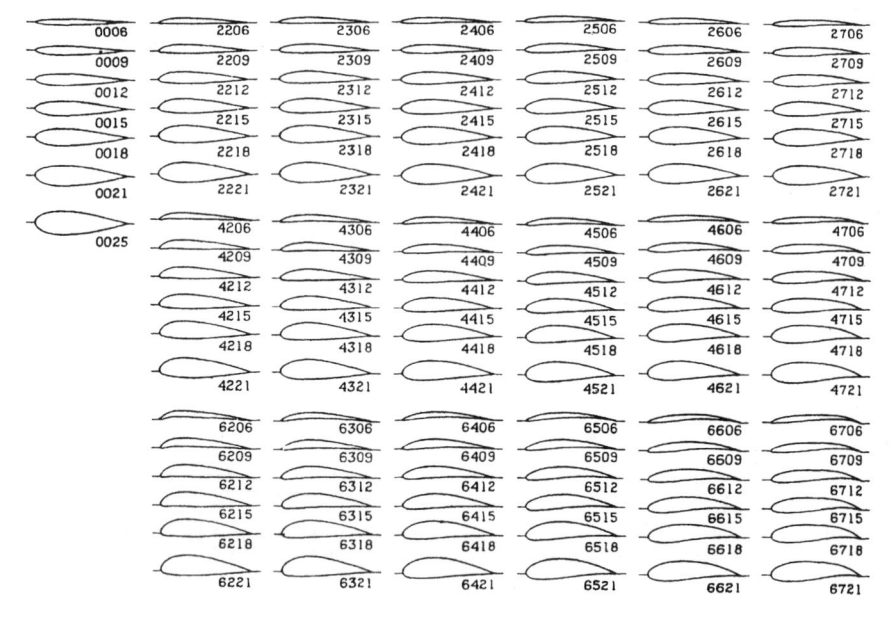

図8.19 NACA 4桁系列翼型（1931年）

ペクト比が 6 の有限翼であったが，第 7 章で取り上げたプラントルの揚力線理論から得られる適切な式を用いて無限翼のデータに修正されて，グラフに表されている[58]．可変密度風洞で計測を行ったので，レイノルズ数は 3×10^6 のオーダーであった．その当時は，実際の飛行時のレイノルズ数範囲に十分に入っていた．

1930年代には，アメリカ，ヨーロッパ，日本の航空機製造会社がこの研究から得られた翼型データを使用していた．ジェイコブズの技術的才能，NACA 設計方法の合理的な単純さ，可変密度風洞が可能にした高レイノルズ数条件が組み合わさって，翼型の空気力学特性に関する有用なデータベースが誕生した．まさに「設計者のための第一級必読資料書」であった．1930年代の初めにこの研究が応用空気力学に対して果たした貢献は，高度なプロペラ推進飛行機が発展へ向かう上で大きな前進であった．

ジェイコブズの翼型に関する実験的研究と時を同じくして，翼型特性の計算においても大きな理論的発展がセオドア・テオドルセンによって報告された．ヨーロッパの伝統の中で教育を受けたテオドルセンは高等数学に強力な基盤を持つ技術者であり，1930年代には強固なまでに実験を重要視する NACA の姿勢に対抗するために多くの理論を持ち込んだ．彼は当時のアメリカでは最も優秀な理論空

気力学者として考えられており，1920年代初期におけるムンクの薄翼理論の後を継いで，翼型設計での次の大きな進展を期待されていた．1931年，テオドルセンは任意の形状と厚みを持つ全翼型に対応する初めての一般的解析方法を発表した．そして彼はこの機会を利用して，当時の翼型設計が実証実験を非常に重要視している事実を次のように批判した．「理論への関心がほとんどないまま研究が続けられており，可能性の限界に関する知識が不十分な状態で多くの翼型試験が行われている．このような状況が生じているのは，主として実際の翼型理論は必然的に近似であり，出来が悪く，しかも扱いにくいために，ほぼ全ての目的に対して役に立たないと広く信じられているからである．[83]」テオドルセンの努力は，翼型設計に対する実験的手法と理論的手法の間に存在したバランスの悪さを修正する方向に大きな役割を果たした．彼の成果は複素変数の理論を基にしていた．これは，既知である円筒周りの流れの解から翼型周りの流れを等角写像によって求めるためにジューコフスキーが用いていた方法であった．しかし，(第6章で取り上げたように)20世紀へ世紀が変わる頃にこの方法によって得られたジューコフスキー翼型は，あまり実用的な翼型ではなかった．支柱とワイヤを持つ複葉機の時代(第7章)に作られた実験由来の翼型の方が常に優れていたからである．ジューコフスキー翼型は，円を基にして変換によってできた単なる翼型のような形状であった(基本的にその円とその特殊な変換の制限を受けていた)．ラムは，19世紀から20世紀へ変わる頃に最も権威のあった流体力学の教科書の中で，その手法に関する問題は「今は偉大すぎて応用範囲が非常に限定されている」ことであると述べていた[54]．1930年代に求められていたのは広い範囲で適用できる理論的な方法であり，どのような翼型形状でも空気力学的特性を正確に計算できる直接的な手法であった．マックス・ムンクの薄翼理論はここに書いた条件を満たしていたが，迎え角が小さい条件での薄い翼型にしか適用できなかった．テオドルセンの新しい方法はそのような制限を排除していた．したがって任意の形状と厚みを持ち，どのような迎え角に置かれた翼にも適用できる初めての理論的解析であり，高度なプロペラ推進飛行機の時代には翼理論の発展では最も重要だと考えられるようになった．

　しかし，確かに彼の方法は重要ではあったが，翼型特性の理論計算に関する問題の解決にはまだ遠い状態であった．その適例が，1932年にテオドルセンが示した翼型表面周りの圧力分布に関する実験結果と理論計算結果の比較であった．図8.20には迎え角5.3°で置かれたクラーク Y 翼型の上面と下面での圧力係数の分布が示されている．実線はテオドルセンの計算結果を示しており，破線は可変密度

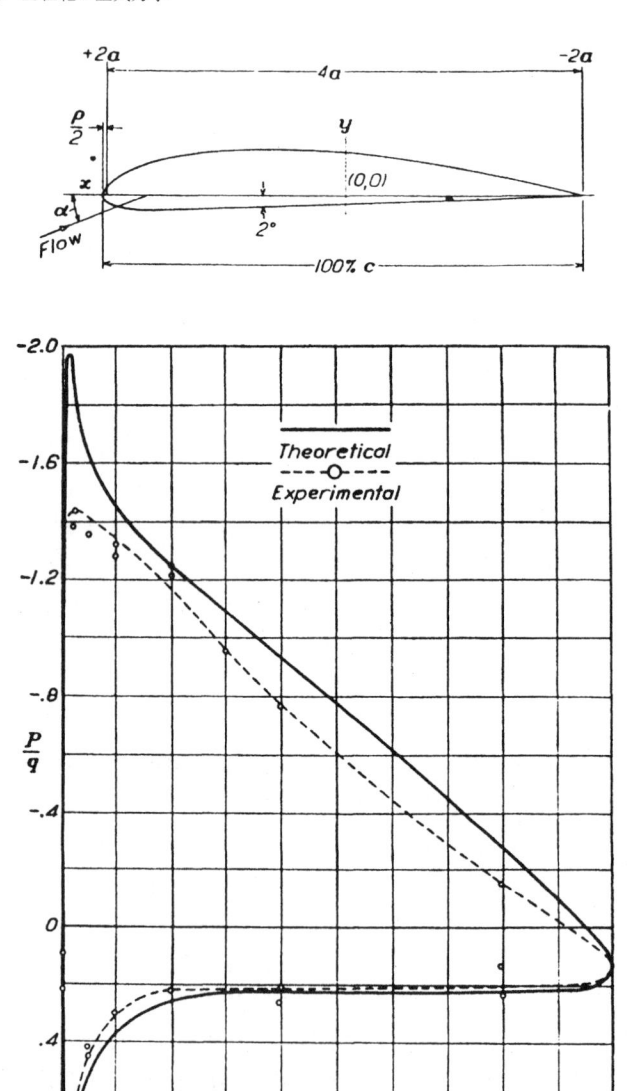

図8.20 クラークY翼型周りの圧力分布:テオドルセンの理論と実験結果の比較(1932年)

風洞による実験データを示している．理論計算は定性的に妥当な傾向を示しているが，定量的な一致は良くない．おそらく粘性が影響しているのだろう．つまりテオドルセンの解析は非圧縮性非粘性流体を対象にしており，粘性による境界層の影響を考慮していない．（翼型特性に及ぼす粘性の影響を正しく計算することは今日でも困難である．たとえ現代の計算流体力学の威力をもってしても，そのような計算，特に乱流の剥離流れには不確定な要素が残る．）それにもかかわらず，テオドルセンの方法では任意の形状と厚みを持つ翼型の圧力分布，揚力係数，モーメント係数の計算が可能であり，通常は計測値に対して10％以内の計算結果になっていた．1930年代の前半にしては驚異的な偉業である．

　上述の理論と実験データの比較に対してテオドルセンが示した反応は，実験データの精度を再検証する必要がある可能性をそれとなく提案しているような内容であった．そうした実験データとの比較に関する彼の唯一のコメントは次に示すわずか一文のみであった．「実験値はNACA技術報告書No.353のために用意されたデータシートの原本から取り出されており，その実験の間に見舞われた困難が原因になって完全に一致していない．[83]」その1年後，テオドルセンと同僚のエドワード・ガリックはM6翼型に関する理論と実験について広範囲な比較を示しながら，自分達の翼理論について綿密な考察を発表した．両者の一致は，1年前の結果と比較して基本的に良くも悪くもない状態であり，今回も比較に対して実質的な考察は何もなかった．実際のところ，テオドルセンの考えを推測できる唯一の手がかりは脚注に追いやられていた．そこには可能性を疑われる誤差発生源として，有限翼幅（風洞データは有限翼を用いて採取されており，無限翼，つまり翼型へ適用するために修正されていた），風洞壁面干渉，粘性の影響が記載されていた．テオドルセンの成果の重要性と彼の数学における経歴を考えると，理論と実験の間の相違について，それがどんなにわずかであれ，説明する努力を実質的に何もしていないという事実は非常に興味深いことである．過去36年以上にわたって理論家および実験家の人々と仕事をしてきた私の経験に基づいて推測すると，裏ではもっと多くのことが語られていたはずである．しかし，いつものNACAの慎重主義が特にNACA技術報告書の編集過程では非常に強いフィルターになって働いていたのだろう．実験データは可変密度風洞によってイーストマン・ジェイコブズと彼の同僚達によって採取されていたことも考慮しておく必要がある．その頃にはジェイコブズがNACAの指導的実験家に，テオドルセンがNACAの指導的理論家になっており，以下の引用が物語るようにこの2人の仲は良くなかった．「航空知識を獲得する手法が基本的に異なっている状況下では，彼らの心の

中に客観的な意見の相違というものを超えた対立感情を生み出す強い個人的ライバル心と互いへの反感が存在していた．ラングレーでは双方が自分の領域を支配しており，NACA にとっても双方が共に貴重な人材であったので，ジョージ・ルイス（ワシントンの NACA 本部研究部長）は彼らの活躍のために封建的な割り振りを認めていた．[84]」ジェイコブズは1925年に NACA に加わり，テオドルセンは1929年にやって来た．テオドルセンは来てから2年も経たないうちに翼理論を発表して，「理論への関心がほとんどないままに，非常に多くの実験が実施されている」という自分の考え方を公にしていた．ジェイコブズとテオドルセンが反目し合う種は，明らかに早いうちから蒔かれていた．図8.20に示されているような実験と理論の間に相違が存在していた場合でも，実質的に何も議論がなされていないという事実は，NACA の編集過程においてフィルターにかけられた彼らの敵対心がその理由であったことを示唆している．

　テオドルセンの翼理論にはほぼ即座に関心が集まった．1年もしないうちにアメリカ海軍航空局が翼に作用する構造的な負荷を求める際に使用することを目的に，翼型に作用する圧力分布に関する一連の計算を実施することを NACA に依頼してきた．エドワード・ガリックは，初期の USA 27翼型とゲッティンゲン398翼型から，ごく最近の NACA 4桁系列までの範囲から20種類の翼型について，テオドルセンの理論を適用して圧力分布と揚力係数の計算を実施した．ガリックが流れ生産のように計算を行った特徴が図8.21に表れている．この図には4種類の迎え角でのゲッティンゲン398翼型の圧力分布計算結果が示されている．ガリックが行った大量の計算は，1920年代に実験的に翼型データを集めていた初期

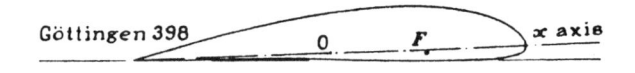

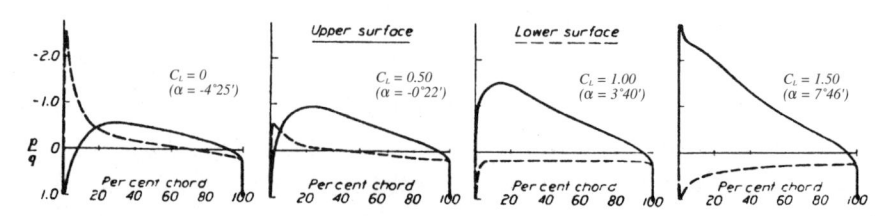

図8.21 理論によるゲッティンゲン398翼型周りの圧力分布：テオドルセンの理論を用いてガリックが計算（1933年）（ガリックより）[114]

図8.22 NACA 23012翼型（1935年）（ジェイコブズより[115]）

のNACAや，同時期に行われていたジェイコブズのNACA 4桁系列翼型に関する実験[58]を連想させる．ようやく，翼型データは実験的に決定されるという，圧倒的に支持されてきた風潮が是正された．

　ジェイコブズの方は，1930年代を通して改良翼型形状の設計と開発を続けた．2番目に有名なNACA翼型系列が，1935年にジェイコブズが開発した5桁系列翼型である．これは，最大キャンバーの位置が前縁より翼弦長の5～15％以内になっており，通常よりもかなり前方にある関連翼型系列であった．NACAの伝統であるパラメーター変化法に従ってキャンバー量とキャンバー位置および厚さの比率を体系的に変えながら，可変密度風洞での試験が徹底的に行われた．この新しい翼型は，最大キャンバー位置を前方に持ってくることによって，NACA 4桁系列翼型よりも大きな揚力係数と小さなピッチングモーメントを手に入れていた．これは航空機の設計士に向かってその優秀さを訴えることのできる特性であった．ジェイコブズは，その系列翼型の中で最も優れた翼型はNACA 23012翼型（図8.22）であると考えた．最大キャンバー位置が前縁近くにあるこの翼型の平均キャンバー線に注目しよう．NACA 23012翼型の揚力係数，抗力係数，揚抗比，圧力中心の変化を計測した結果が図8.23に示されている．5桁翼型の最大揚力係数は先の翼型よりも大きいが，失速点での揚力低下は急激に突然襲ってくる（図8.23）．以前の4桁系列翼型では，失速点で揚力がもっとなだらかに少しずつ減少していたので，比較すると明らかに不利な点であった．それにもかかわらず，NACA 5桁翼型は航空機産業界で幅広く用いられた．例えば，C-54として第二次世界大戦では軍用に使用され，そして大戦直後にはアメリカの航空会社の主力機になった4発輸送機ダグラスDC-4はNACA 23012翼型を使用していた．NACA 4桁翼型も，セスナ機（キャラバン，310型，サイテーション2型ジェット）やビーチクラフト機（ボナンザ，バロン，キングエアー）といった多数の一般航空用飛行機に過去40年間以上にわたって使用されている．

　高度なプロペラ推進飛行機の時代における翼型の研究と設計の最終章もジェイコブズが書くことになった．それが層流翼型の開発である．この研究を推進するきっかけは，理想飛行機に関するメルビル・ジョーンズの論文[100]にまで遡る．完

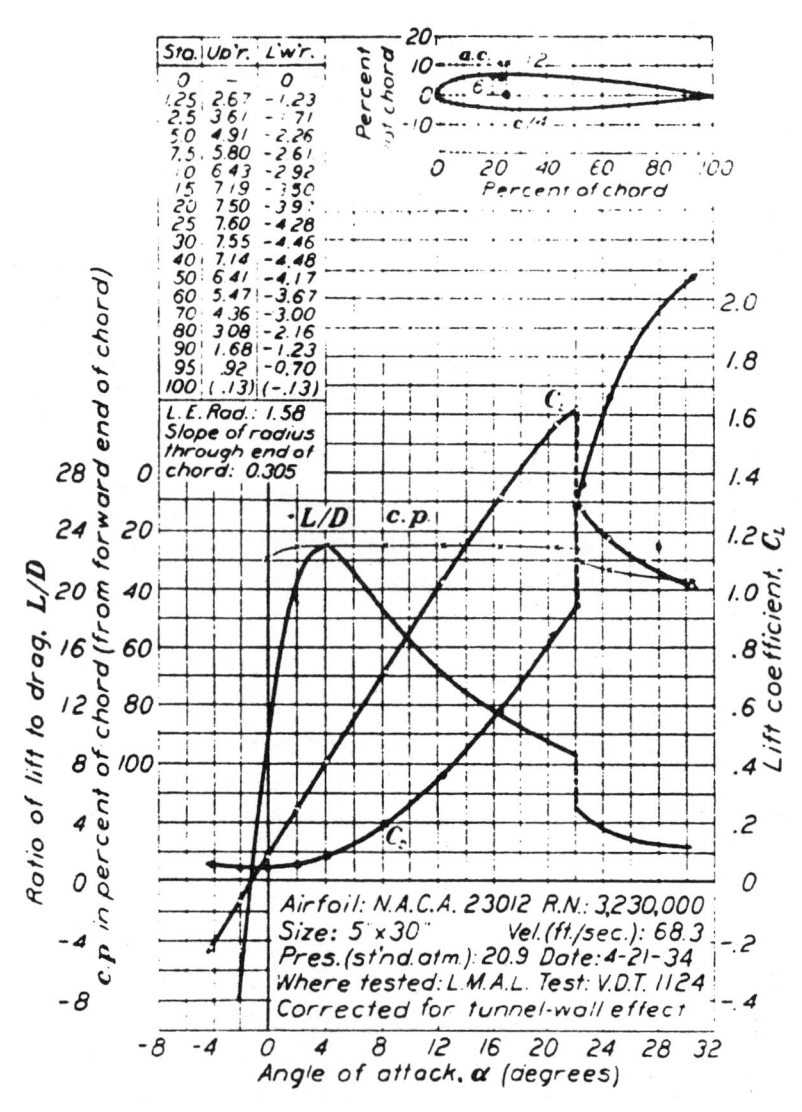

図8.23 NACA 23012翼型の揚力係数，抗力係数，揚抗比，圧力中心の変化に関する計測結果（1935年）（ジェイコブズより[115]）

全な流線型化を行って，流れの剥離に起因する圧力抗力をなくした飛行機が彼の理想の飛行機であった．したがって，誘導抗力と表面摩擦抗力のみが設計者の裁量に任されることになっていた．1930年代には流線型化が進展して，ジョーンズ

の理想に飛行機が近づき始めていた．そのために，空気力学者は注意の対象を表面摩擦抗力の低減に変え始めていた．ジェイコブズが層流翼型について考え始めたのも，それが原因であった．初期のプラントルの境界層研究により，層流での表面摩擦抗力は乱流での表面摩擦抗力よりも小さい（かなり小さくなることも頻繁にある）ことがよく知られていた．しかし，残念ながら自然は乱流の方を好んでいる．そのために表面上で層流状態を維持することは極めて困難（時に不可能）である．

1935年の後半，ジェイコブズはローマで開かれた第5回ボルタ会議（この会議の重要性に関しては第9章で説明する）に出席した．そしてこの旅行中に，ヨーロッパの主要な航空研究室を訪問した．ケンブリッジ大学ではいくらか時間をとって，ジェフリー・I・テイラーおよびメルビル・ジョーンズと会談を行った．それぞれイギリスの指導的な流体力学者と空気力学者であった．テイラーとジョーンズは，表面圧力が流れ方向に向かって減少（順圧力勾配）し続けるならば層流境界層は層流状態を維持し，流れの方向に圧力が増加（逆圧力勾配）し始める位置の付近で乱流への遷移が起こるという予備調査結果をジェイコブズに伝えた．そしてジョーンズは実際の飛行試験から，翼周りで層流になっている領域は，大部分が順圧力勾配になっている部分に存在している結果を示した．こうしてジェイコブズは，単に表面に沿って圧力が減少する区間が長くなるように翼型の形状を決めることで層流を維持できる翼型を設計できるはずだと確信して，アメリカに戻ってきた．それは素晴らしい発想であったが，実施するには困難が予想された．その当時，与えられた翼型形状の圧力分布を計算する方向に向かって最新の翼理論は発展していた．ジェイコブズはその理論の表裏を逆にして，与えられた圧力分布になる翼型を設計する必要があった．実験主義者である彼の経歴と特性から，理論的な難問に挑むにはあまり理想的な人物には思えなかった．後の冷戦期になってNACAの指導的理論家として認められるようになる，ラングレーでの彼の同僚であり親友でもあったロバート・T・ジョーンズは，ジェイコブズは「最も熟練した，かつ革新的なアメリカ人の空気力学者」であり，「科学に対する幅広い見識を有しているが，理論研究にはあまり時間を割かなかった．彼はむしろ実験方法を知的に工夫するために理論的な理解を活用した．[117]」と言っていた．それでも，最終的にジェイコブズはその理論分野での挑戦を自分で行うことにした．彼はテオドルセンの1931年の翼理論に立ち戻って，ある圧力分布から翼型形状を設計するためにその理論を逆に解く方法を考え始めた．テオドルセンからは何の助けも借りなかった．テオドルセンはこの構想全体に対して否定的だった．

ジェイコブズの部下で可変密度風洞を担当していた技術者のイラ・アボットは，「我々は知らぬが仏であると言わんばかりに，その問題の計算は数学的にばかげているとさえ言われた[118]」と後に語っている．ハンセンは，「ジェイコブズは同僚からのこのような否定的な反応を耳にして奮い立ち，テオドルセンの方法に関する満足できる逆問題解法の考案に全努力を注ぎ込むことに，頑固なまでに固執した[84]」と述べている．ジェイコブズとテオドルセンの確執が再び表面化していた．

　必要に迫られて理論家になったジェイコブズは，平穏で静かな自宅に数日間こもって慎重にテオドルセンの理論を研究した．そして最終的に順圧力勾配が大部分を占める翼型形状の設計を可能にする理論の改良に何とか成功した．そしてこの理論から全く新しい NACA 翼型系列を設計した．それが層流翼型である．図8.24a には標準 NACA 0012翼型の形状と迎え角ゼロでの表面圧力分布が示されている．順圧力勾配（減圧傾向）は翼型の最前方のみに存在していることに注目してほしい．つまり，この翼型の場合には残りの90％にわたって逆圧力勾配（増圧傾向）が存在している．したがって，乱流への遷移は翼前縁の近くで起こることになり，残りの翼面の全域では大きな表面摩擦抗力を伴う乱流境界層になっていると言える．対照的に，図8.24b には NACA66-012層流翼型の形状と迎え角ゼロでの表面圧力分布が示されている．翼型表面の60％以上にわたって順圧力勾配が存在していることに注目してほしい．少なくとも翼型表面の前方から60％は層流流れになるようにこの圧力勾配は働いているはずである．NACA0012翼型と比べると劇的な変化が見られる．両方とも12％の厚みを持つ対称翼型であったが，形状は全く異なっていた．層流翼型の最大厚みは，通常の翼型よりも翼前縁から離れて，かなり後方に位置していた．

　ある見方をすると，ジェイコブズが層流翼型の概念に固執したことは大成功をもたらした．風洞試験ではこの新しい翼型の抗力はかなり減少していることが示されており，NACA 内部での興奮は1928年の NACA カウリング成功の時とちょうど同じような感じであった．しかし1938年に戦雲が地平線にまでたなびくと，安全保障からの制限のために NACA はジェイコブズの新しい重要研究成果を一般に向かって発表することができなくなった．それでも1939年の NACA 年次報告を見ると，その興奮がいくらかはっきりと読み取れる．ラングレーの新しい低乱流風洞での実験に関連した記事には次のような謎めいた記述が書かれていた．「その新しい装置で試験を行った結果，抗力係数が通常の翼型の 1/3 から 1/2 になる結果が直ちに得られた新しい翼型の開発を手始めに，この予備検討が開始

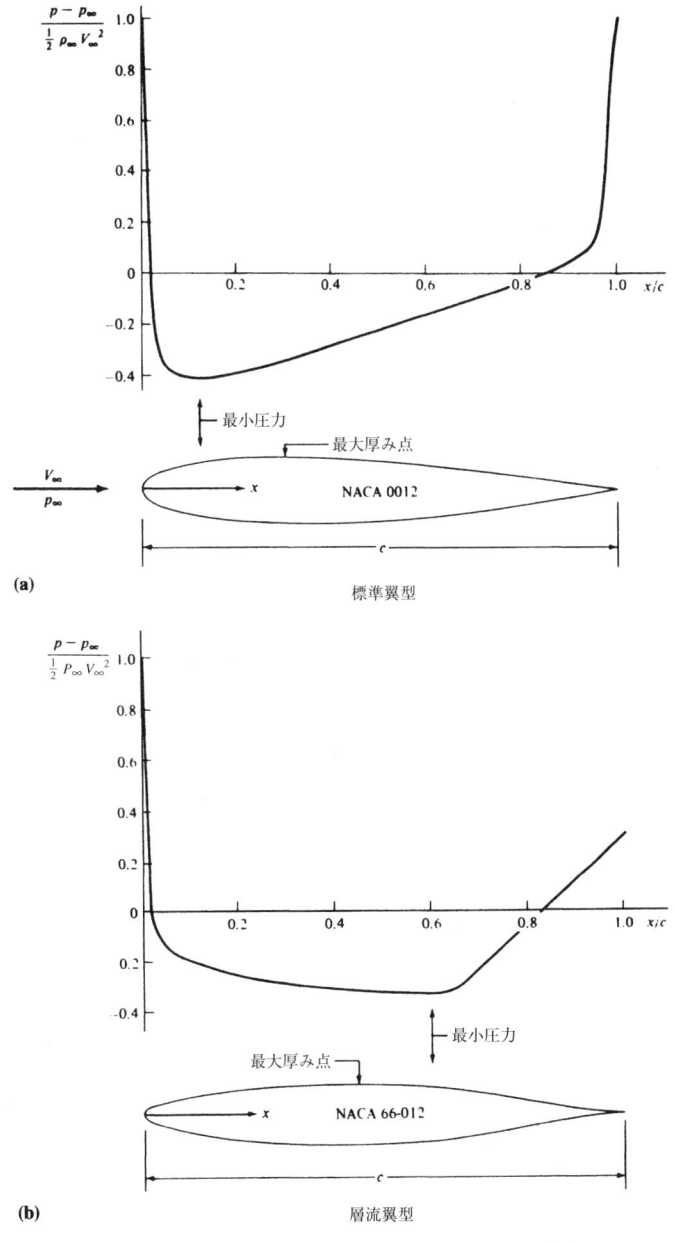

第8章 高度なプロペラ推進飛行機の時代の空気力学 453

(a) 標準翼型

(b) 層流翼型

図8.24 2種類のNACA翼型周りにおける圧力分布の比較
(a) NACA 0012, (b) NACA 66-012 層流翼型

された.」層流翼型に関する実測データは戦後まで一般には公表されなかったが，少なくとも実験室では層流翼型が機能していることは明らかであり，ノースアメリカンがP-51ムスタングの翼設計に採用したことで，この研究成果は直ちに実用化されることになった．P-51ムスタングはNACAの層流翼型を使用した最初の飛行機であった．

しかし別の見方では，つまり飛行機の製造と運航という実際の世界では，層流翼型は機能しなかった．NACAの風洞試験模型は極めて滑らかな表面を持つ，磨き上げられた宝石のようであった．しかし，実際の飛行機は違っていた．現実の製造現場では，表面には粗さと不均一性が生じていた．しかも実際に野外で使用すると虫が衝突して飛び散ったり，他にも外来物体が衝突したりすることで，表面の粗さが大きくなる．最終的な結末としては，乱流への遷移を引き起こすそのような表面の粗さが順圧力勾配の効果よりも上回ってしまった．野外では，他のどの標準翼型とも同じように，NACA層流翼型もほぼ全体的に乱流流れになっていた．

ところが，最終的な視点から見ると，NACA層流翼型は成功を収めたことになるだろう．前縁から離れた後方に最大厚みがあり，そのために大部分で順圧力勾配が得られているこの翼型形状は，優れた高速性能を持っていることが判明する．すなわち，通常の翼型よりも臨界マッハ数が大きくなる（高速時の影響については第9章で取り上げる）．これはほとんど偶然の結果であった．このように本来の設計時には意図していなかった点で予想外に優れていたために，システム全体として成功した例というのは技術の歴史上でも珍しい例である．NACA層流翼型の中でも最も成功したと言える翼型は「6系列翼型」であった．図8.24bの翼型はその一例である．NACA 6系列層流翼型は，その好ましい高速特性のおかげで1940年代と1950年代にはほとんど全ての高速飛行機で使用されており，今日でもなお使用されている．（しかしほとんどの航空機製造会社は，現在では自分達の目的に合わせた翼型形状を設計するための高度な計算プログラムを自社で持っている．ある意味では，20世紀初期に見られた特別注文製作と場当たり的な手法に戻ったと言えるのだが，もはや無知とは無縁である．）

最終的に層流翼型系列の開発は，イーストマン・ジェイコブズが先導したNACAでの10年間の重要な翼型研究から得られた最大の成果であった．1930年代の10年間で翼型空気力学の理解は深まった．この間に任意形状に対応できる翼型理論が導かれ，翼型に関する確かな風洞データが大規模に収集編纂された．これらは全て高度なプロペラ推進飛行機の開発では重要な要素であった．

抗力クリーンアップ

　1930年代の後半から1940年代の初期には，空気力学者達がメルビル・ジョーンズの飛行機の理想形に共鳴して開始した活動も仕上げの段階に入った．この時代には流線型化の概念が最大にまで押し上げられ，飛行機ではどんなに小さな局所流れの剥離でも減らすか取り除くために最大限の努力が行われた．抗力を生成している小さな部分を実験室で見つけるための方法として，小さな風洞模型の使用をやめて，その代わりに風洞の中に実際の飛行機を入れる方法が最も有効であった．1930年代にそれができた唯一の風洞設備がNACAラングレーにある9×18mの実物大風洞であった．そこでNACAでは，通常の飛行機に対して実際の操縦を妨げない範囲での可能な限りの抗力低減を目的とした一連の風洞実験が行われた．これはきめ細かい，しかも根気のいる作業であった．NACAの内部では，そうした初期の風洞試験は総称して抗力クリーンアップ計画と呼ばれ，1938年に始まって基本的には第二次世界大戦が終結するまで続けられた．

　典型的な抗力クリーンアップの手法がパラメーター変化法であった．つまり，まず初めに最も流線型に近い状態に飛行機を整形し，さらに開口を塞いだ状態に

図8.25　NACA実物大風洞に固定されたブリュースターXF2Aバッファロー（1938年）

飛行機の条件

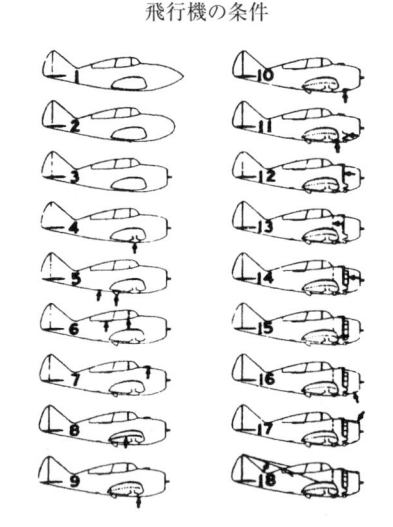

状態	変更項目	C_D (C_L=0.15)	ΔC_D	ΔC_D%
1	完全整形条件，ロングノーズ整形板取付	0.0166	—	—
2	完全整形条件，ショートノーズ整形板取付	0.0169	—	—
3	元のカウリング取付，カウリング内通気なし	0.0186	0.0020	12.0
4	着陸用車輪カバーと整形板を撤去	0.0188	0.0002	1.2
5	オイルクーラー取付	0.0205	0.0017	10.2
6	キャノピー整形板撤去	0.0203	-0.0002	-1.2
7	キャブレター空気用スクープ取付	0.0209	0.0006	3.6
8	通路部に砂地処理	0.0216	0.0007	4.2
9	射出落下傘取付	0.0219	0.0003	1.8
10	排気筒取付	0.0225	0.0006	3.6
11	インタークーラー取付	0.0236	0.0011	6.6
12	カウリング排気部開放	0.0247	0.0011	6.6
13	補助排気部開放	0.0252	0.0005	3.0
14	カウリングと整形板を撤去	0.0261	0.0009	5.4
15	操縦席換気窓開放	0.0262	0.0001	0.6
16	カウリングベンチュリー取付	0.0264	0.0002	1.2
17	送風管取付	0.0267	0.0003	1.8
18	アンテナ取付	0.0275	0.0008	4.8
	合計		0.0109	

図8.26 NACA 実物大風洞で実施したリパブリック XP-41 での抗力クリーンアップの段階的効果

まで飛行機を変えて，風洞の中にそれを設置して抗力を計測した．それから各要素を一つずつ元の運転条件に戻して，その都度抗力を計測することにより，各要素に起因する抗力の増分を求めた．各要素による抗力増分は通常はわずかだが，全ての抗力生成要素を累積すると，たいていは大きな値になった．例えば海軍の単座追撃機ブリュースター XF 2 A バッファローの抗力クリーンアップ試験は 1938年に始まっている．実験用試作機が400km/h 以上の速さで飛行できていないことを海軍が憂慮していたことがこの試験の動機であった．そこで，実験用試作機がラングレーまで飛んで来て，実物大風洞に固定された（図8.25）．一連の詳細な試験が行われた結果，多くの抗力生成突起部が特定された（着陸用車輪，排気筒，機関銃の実装，射撃照準器など）．その飛行機に対して数ヶ所の修正がなされた結果，最高速度は452km/h になり，元々の試作機から52km/h 増加した．この抗力クリーンアップはジョーンズの図8.2ではグラフの右側に向かって動作点を移動させたことになる．

　ブリュースター・バッファローの抗力クリーンアップはこのようにして成功を収め，その成果から実物大風洞では18ヶ月の間に18機種の試作機試験を行うことになった．この抗力クリーンアップ技術の定量的な効果が図8.26のXP-41の例に示されている．最も流線型の構成（状態1）から開始して，17段階を経て元の構成まで戻していった．状態1における抗力係数は0.0166であったが，完全に元の

状態に戻した構成での抗力係数は0.0275になっていた．つまり，最も流線型化された状態から66％増加していた．抗力発生源の多くはありきたり（例えば，砂地処理を施した通路部や据え付けたオイルクーラーなど）に思えるが，それらが集まるとかなりの抗力を占めている．

1930年代の末頃に開始されたこの抗力クリーンアップ処理は，高度なプロペラ推進飛行機への進化では重要な段階になった．戦時優先事項のために主に軍用航空機を対象にして試験が行われていたが，それらの試験からは後に全形式の航空機設計に適用できる教訓と大規模な空気力学データベースが得られた．

一つの時代の終わり

B・メルビル・ジョーンズは，流線型化に関する有名な論文を王立航空協会で発表した8年後の1937年12月17日，航空科学協会でオービル・ライトを含む300人の協会会員と招待客を前に第一回ライト兄弟記念講演を行うべく，世界中を回るちょっとした旅を終えてニューヨークのコロンビア大学にやって来た．ジョーンズはこの機会を利用して，ケンブリッジ大学でホーカー・ハート軍用複葉機を用いて実施した飛行試験から得た境界層の挙動に関する新しいデータを話題に取り上げた．97km/hから193km/hまでの対気速度で水平飛行を行った場合と，386km/hの速度で長距離急降下した場合の飛行機の下翼での翼面垂直方向の速度変化，層流から乱流に遷移する位置，境界層厚さなどの境界層計測が行われていた．ジョーンズの講演は高度なプロペラ推進飛行機の時代における応用空気力学の発展での一つの時代の終わりを告げるにふさわしい内容であった．ジョーンズが最初に流線型を呼びかけてからこの10年間に大変多くのことがなされており，彼はまだ手つかずに残っている大きな抗力発生源，すなわち摩擦抗力に目を向けた．12月21日にもカリフォルニア工科大学でライト兄弟記念講演の内容を再度繰り返し報告して，*Journal of the Aeronautical Sciences* の1938年1月号にはこの会議を「太平洋岸で開催された会議としては最高の航空科学協会会議」であったと述べた記事が掲載された．この時の聴衆の中に，当時ダグラス航空機会社に勤めていたフランシス・クラウザーがいた．彼はジョーンズの講演の中に歴史的な巡り合わせがあることに気づいて，次のように述べた．「数年前，近代飛行機に含まれる不必要な形状抗力を実用的に排除することを喚起してくれた人物から話を聞けたことは嬉しいことであった．しかもこの同じ人物が，ひょっとしたら今度はいまだに残っている表面摩擦抗力を現在の値の何割かにまで低減できるかもしれ

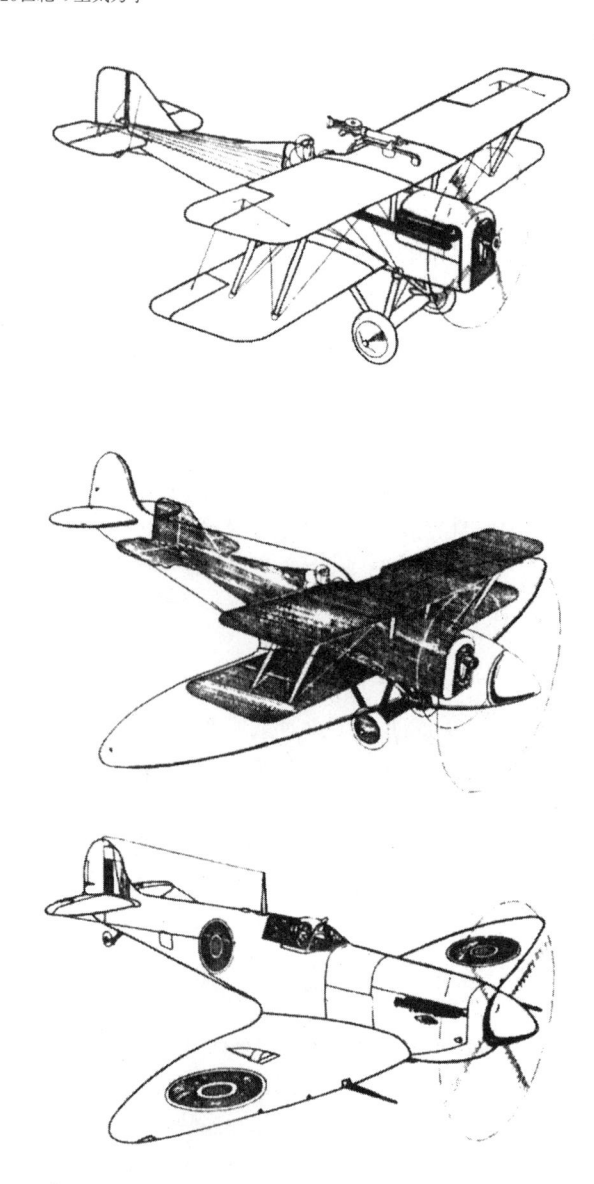

458　第4部　20世紀の空気力学

a)

第 8 章 高度なプロペラ推進飛行機の時代の空気力学 459

b)

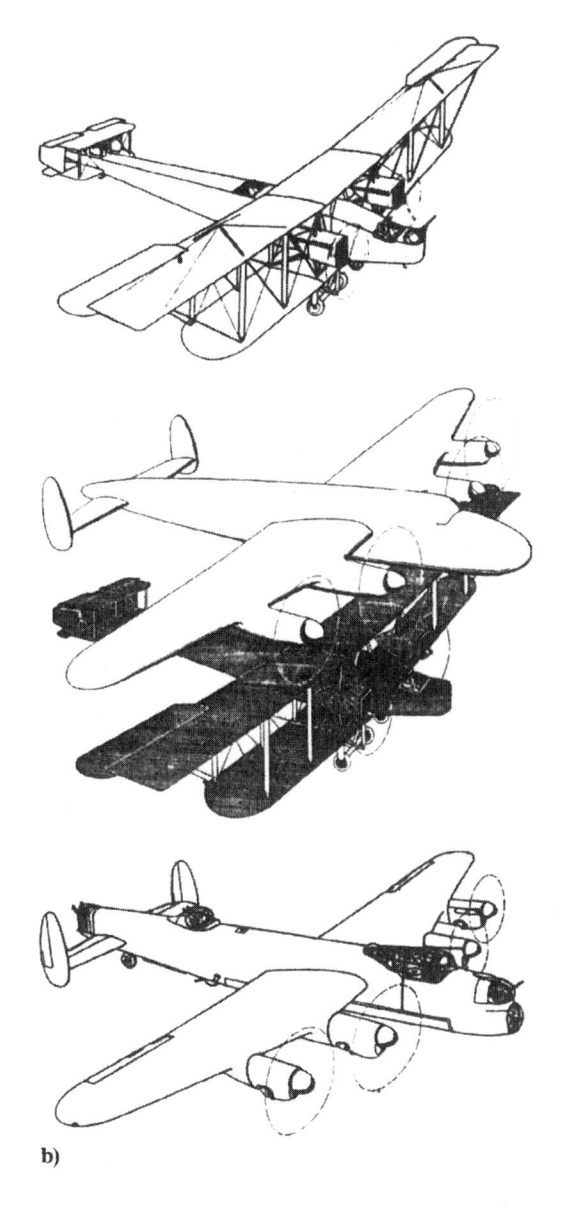

図8.27 流線型化の例：a) 第一次世界大戦の S.E.5（上）から第二次世界大戦のスピットファイヤー（下）への進化，b) 第一次世界大戦のハンドレー・ページ 0 /400爆撃機（上）から第二次世界大戦のアブロ・ランカスター（下）への進化

ない研究に取り組んでいるとは，心強い限りである.」今日，つまり20世紀末においても，空気力学者は依然として「いまだに残っている表面摩擦抗力を現在の値の何割かにまで減らす」ことに懸命な努力を払っている.

その6年後，別のイギリス人航空技師，ウィリアム・S・ファレンが流線型化による抗力低減の成果をうまくまとめて，ニューヨークで行われた航空科学協会の第7回ライト兄弟記念講演で報告した[120]. ファレンはその当時は王立航空研究所の所長であったが，1920年代と1930年代にはケンブリッジでメルビル・ジョーンズの研究グループの一員であり，計装を専門にする実験家であった. ケンブリッジでは初めての風洞を建設し，後には先に述べた飛行中の境界層計測機器を設計した. 彼が航空科学協会で報告した内容は，航空学において研究の果たした役割が話題の中心であったが，その中で抗力除去を空気力学研究での重要な成果例として選んでいた. そして，その講演には1918年から1944年までの期間における飛行機の変遷を示す図が含まれていた. すなわち，図8.27aの上には1917年の時代から選ばれたイギリスのS.E. 5型単座戦闘機が示されている. 中央には1920年代と1930年代初めの空気力学研究により1917年型複葉機の形状が流線型の単葉機構成に変わっていった様子が示されている. この単葉機構成は，ようやく最後になってイギリスにシュナイダー・トロフィー（訳者注：1913〜1931年の間に開催された水上飛行機の最速を競うレース）をもたらしたスーパーマリン社の競技飛行機がよく採用していた構成であった. 下には第二次世界大戦の時代から選ばれた有名なスピットファイヤーが示されている. この飛行機には空気力学的な流線型化での最新技術が組み込まれていた. 図8.27bに多発爆撃機での同様な進化が示されている. 1917年からはハンドレー・ページO/400双発爆撃機が上に示されている. 中央には旧式の複葉機構成が1930年代後半の流線型定期旅客機の形状へと変わっている様子が示されている. 下には第二次世界大戦の時代から流線型化の賜物とも言えるランカスター爆撃機が示されている. これらの図は，高度なプロペラ推進飛行機の時代になされた応用空気力学の進歩を図式的に証明していると言える.

飛行機への影響

高度なプロペラ推進飛行機の時代には，空気力学の最先端技術が空気力学の歴史上それ以前のどの時代よりもはるかに直接的に飛行機に反映された. 1920年代と1930年代には，飛行機設計者は空気力学的な改良の必要性を強く意識するようになった. つまり，飛行機はより速く，より遠くへ飛ぶように絶えず改良され，

着実に難易度を高める課題に対してそのペースを維持するために新たな技術の開発が必要になった．さらに2度の世界大戦の間には，空気力学研究と飛行機設計という2つの世界を繋ぐ効果的な意思疎通経路を整備する必要があった．プラントルの研究成果は，彼の出版物が翻訳されたことに加えて，マックス・ムンクやセオドア・フォン・カルマンが合衆国へ移住したように，彼の学生達の中には国外へ出て行った人が現れたことから，ドイツの国外へも広がった．1920年代と1930年代には，政府機関（特にイギリスの王立航空研究所とアメリカのNACA）の研究成果は航空業界に広く知られていた技術報告書にまとめられて発表されていた．実際，その期間のNACA技術報告は，注意深い研究から得られたデータが研究者と飛行機設計者の両者にとってすぐに理解できるように提示されており，第一級の史料であった．NACAが主催した年に一度の産業界会議は，政府の研究成果が産業界に広まる速度を速めることに役立った．確かに，それでも飛行機の設計者は本質的に保守的であり，空気力学の研究から伝わってくる最先端の応用技術を吸収して，しかもそれを信用するようになるまでには時間を要していた．そうであっても1930年代の末にはそのような知識の吸収と信用の結果として，プロペラ推進の飛行機は明らかに洗練された飛行機になっていた．

　ボーイング247D双発旅客機（図8.28）は，その当時の空気力学の最先端技術，すなわち引き込み脚（「着陸装置を見えなくするべきである」という1922年のブレゲの言葉を反映している），NACAカウリング（NACAでのフレッド・ウェイクの研究とNACAがそのカウリング研究を産業界に急速に普及させたことを反映している），可変ピッチプロペラ（プロペラ空気力学に関する最新の成果を反映している）を具現化した最初の重要な飛行機であった．ボーイング247Dは1930年代の中頃にユナイテッド航空が幅広く使用した飛行機であった．重要な改良がなされた民間航空機であり[121]，飛行機が迅速で比較的安全な輸送機関であることを人々に信じ込ませることに一役買った．スミソニアン国立航空宇宙博物館ではこのボーイング247Dを吊るして展示している．

　ロフティン[69]は1930年代の高度なプロペラ推進飛行機を代表する航空機としてダグラスDC-3，ボーイングB-17，セバスキーP-35の3機種を選んでいる．それぞれ民間輸送機，爆撃機，戦闘機である．ダグラスDC-3（図8.29）は，ボーイング247Dが特徴にしていた先端技術を全て取り入れており，しかももっと大型で，より速い巡航速度を誇っていた．また，翼と胴体の結合部はこの部分での流れを付着した状態にしておくためにフィレット構造（訳者注：図8.28では翼つけ根後縁部と胴体が不連続に結合しているのに対して，図8.29では連続した曲線で結合するようにフィ

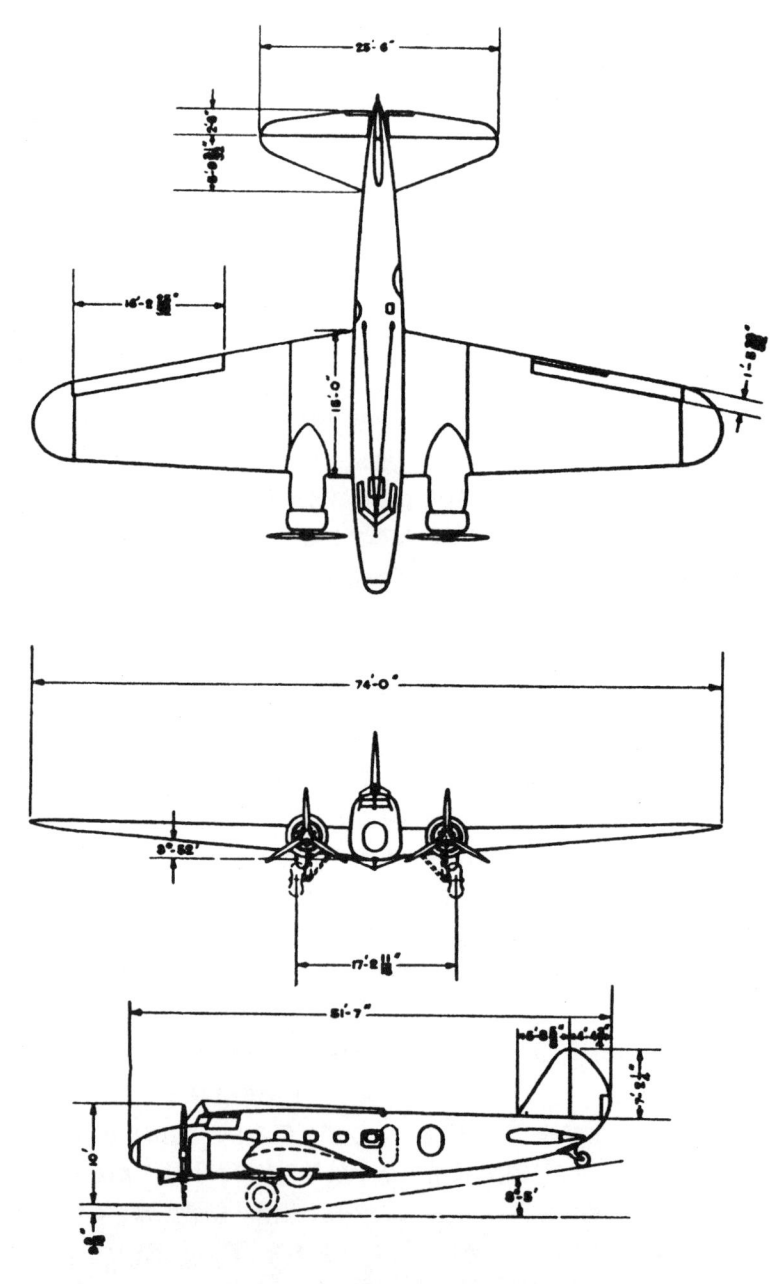

図8.28 ボーイング247D 旅客機（1933年）

第8章 高度なプロペラ推進飛行機の時代の空気力学　463

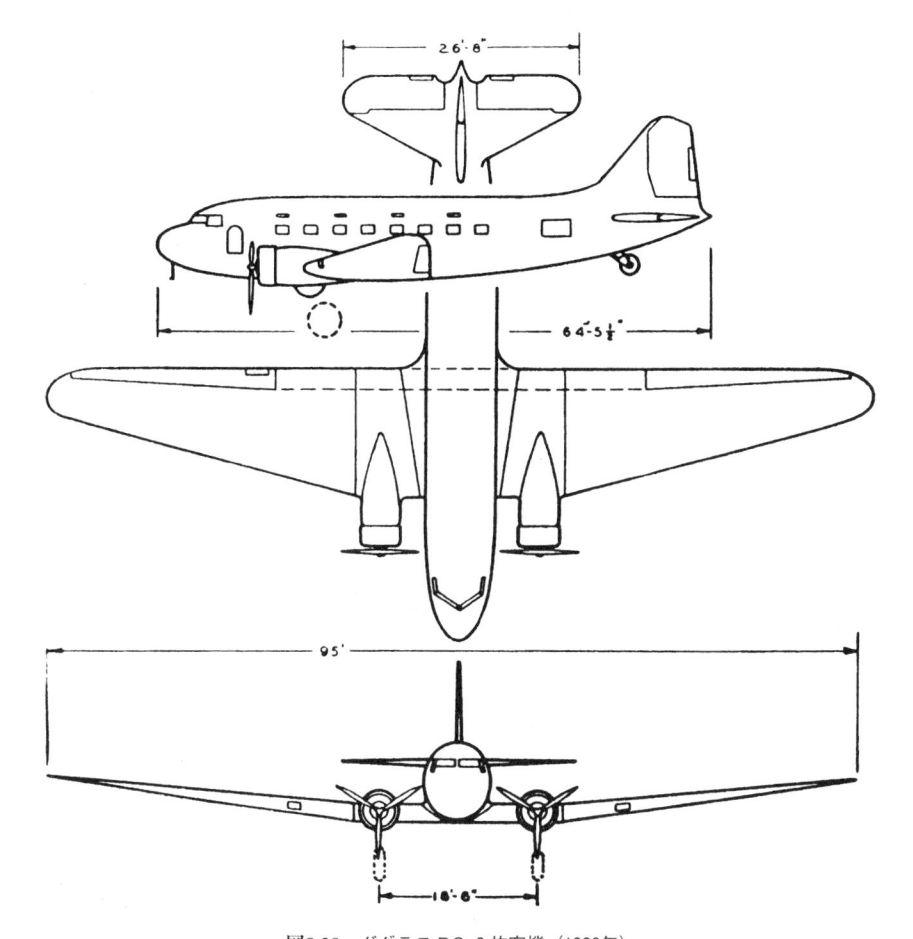

図8.29 ダグラス DC-3 旅客機（1936年）

レットを設けている）になっており，形状抗力を低減させていた．空気力学者でなくても，直感的にこの飛行機の美しさと亜音速空気力学的な外観の素晴らしさを理解できるだろう．DC-3 は1930年代の後半から1940年代にかけて最も人気のある旅客機であった．1936年から1945年の間に10,926機が生産され，今日でもまだ多くの機体が空を飛んでいる．DC-3 は「歴史上最も傑出した航空機開発であったと必ず考えられるに違いない.[69]」DC-3 もスミソニアン国立航空宇宙博物館に吊るされて展示されている．軍用機の方では，ボーイングが247Dの経験を基に造り上げた飛行機がボーイング B-17飛行要塞（図8.30）であった．4発の爆撃機

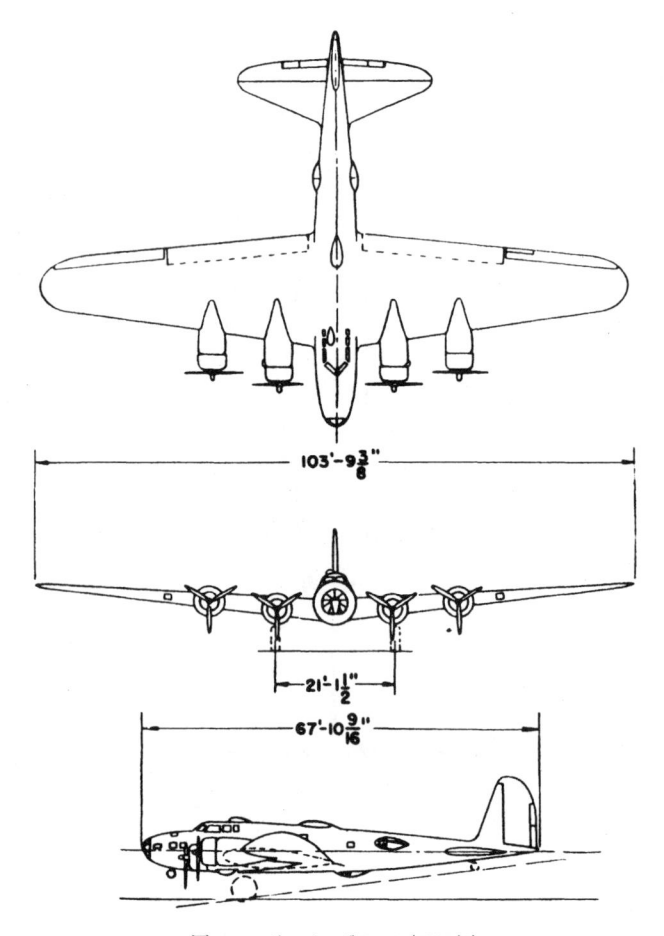

図8.30　ボーイング B-17（1935年）

に引き込み脚，NACA カウリング，翼に対して適切な中心軸位置に取り付けられたエンジン室（先に紹介した NACA の研究を取り入れている），定速回転プロペラという特徴を実現していた．約13,000機が製造され，第二次世界大戦ではアメリカ戦略爆撃機の主力機であった．1930年代後半の戦闘機の代表といえば NACA カウリング，引き込み脚，定速回転プロペラ，翼フィレット構造を備えたセバスキー P-35（図8.31）であった．陸軍では開放コックピットを持つ戦闘機が好まれていたので（当時ほとんどの戦闘機パイロットが好んでいた第一次世界大戦期の特徴である），開放コックピット設計が非常に長い期間続いていた．単なる胴体の空洞穴

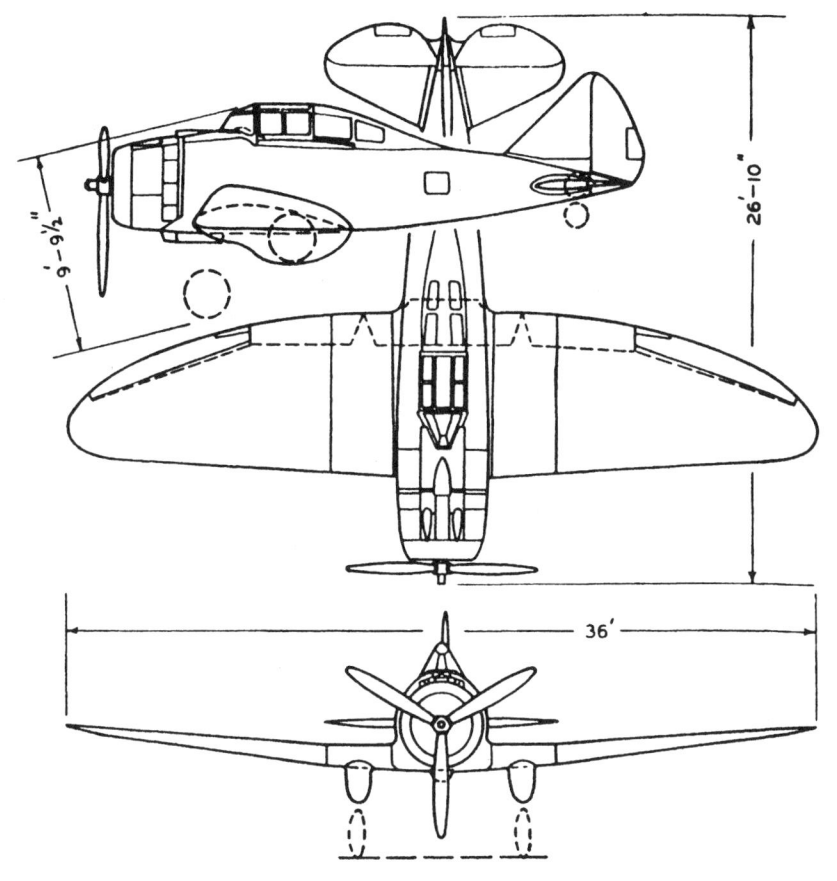

図8.31 セバスキー P-35（1936年）

であったことから，これが抗力を増加させていた．密閉コックピットを持つセバスキー P-35は，戦闘機設計では極めて革新的な喜ばしい空気力学的改良がなされていた．1936年に初飛行を行ったが，出力不足のために75機程度しか製造されなかった．しかし，セバスキー社が1939年にリパブリック・アビエイションに改名した後の第二次世界大戦では，有名な P-47サンダーボルトの設計の基になっている．1930年代の一般航空分野で最先端の空気力学的特徴を採用していた好例が，互い違い翼を持つビーチクラフト D-17（図8.32）であった．この飛行機は最新の商用航空機や軍用航空機と同じ特徴，すなわち引き込み脚，NACA カウリング，翼フィレット構造（下翼のみ），可変ピッチプロペラを搭載していた．一般

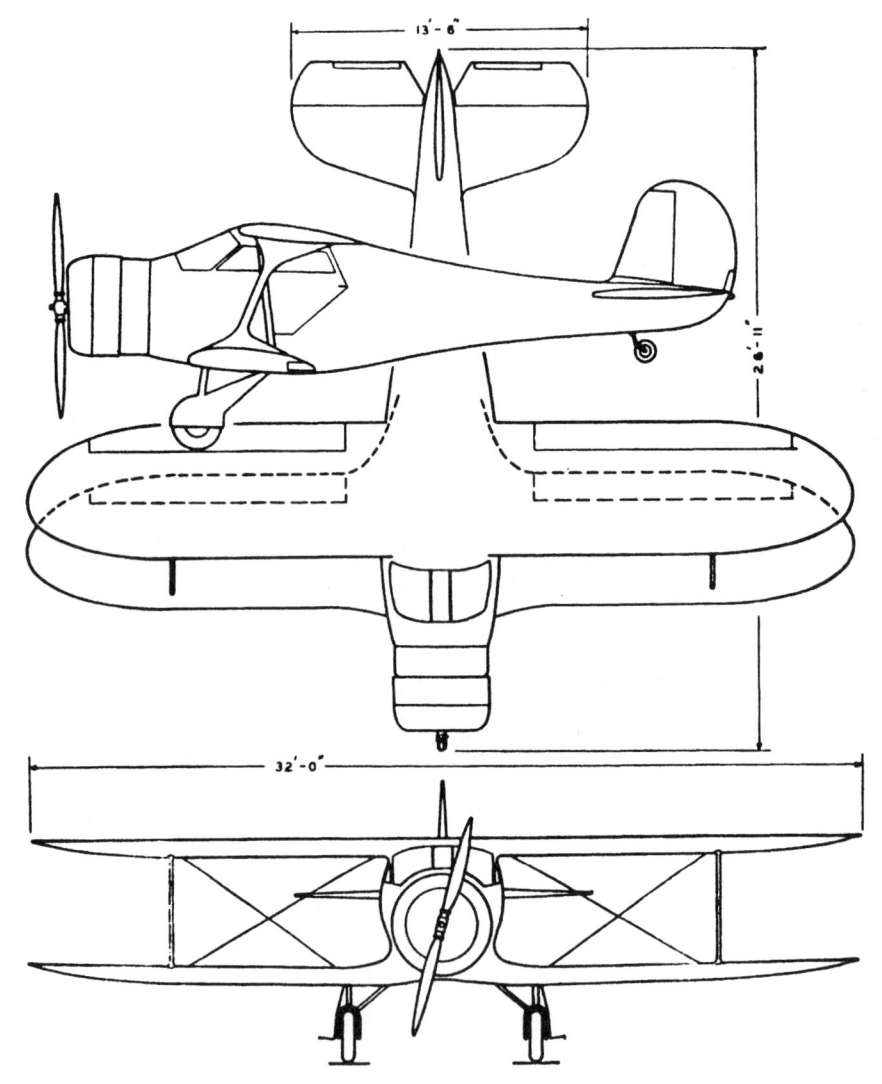

図8.32 ビーチクラフト D-17 (1938年)

航空用飛行機設計の発展にとって重要な存在であることから，ビーチの互い違い翼はスミソニアン国立航空宇宙博物館の飛行の黄金時代を特集したギャラリーに吊るされている．

2度の世界大戦の間に空気力学が改善された状況を明確に示すため，以下の

表[69]に8機種の飛行機の技術資料を示す．最初の3機種は支柱とワイヤを持つ複葉機の時代を代表しており，残りの5機種は高度なプロペラ推進飛行機の時代から取り上げた．この表には無揚力抗力係数 $C_{D,0}$，最大揚抗比 $(L/D)_{max}$，翼面荷重 W/S が示されている．ここで W は飛行機の自重，S は翼の平面面積である．

飛行機	$C_{D,0}$	$(L/D)_{max}$	W/S
ニューポール17	0.0491	7.9	7.8
SPAD XIII	0.0367	7.4	8.0
ハンドレー・ページ0/400	0.0427	9.7	8.7
ボーイング247D	0.0212	13.5	16.3
DC-3	0.0249	14.7	25.3
B-17	0.0302	12.7	38.7
P-35	0.0251	11.8	25.5
ビーチ D-17S	0.0182	11.7	14.2

1930年代の空気力学を用いた流線型化による際立った効果がこの表にはっきりと表れている．旧式の支柱とワイヤを持つ複葉機から1930年代のより高度なプロペラ推進飛行機になって，平均的に無揚力抗力係数は 1/2 に減少し，最大揚抗比は2倍に増加している．また，この期間を経て翼面荷重は概ね4倍になっている．1930年代の飛行機が単に高速で飛行するようになって，動圧 $\frac{1}{2}\rho_\infty V_\infty^2$ も増加することから，より大きな揚力を発生するようになったことがその理由である．定常の水平飛行では揚力は自重と等しいので，次のように書くことができる．

$$L = W = \frac{1}{2}\rho_\infty V_\infty^2 S C_L$$

ここで C_L は揚力係数である．V_∞ が増加するに従って，(変わらない自重と釣り合うだけの) 同じ揚力をより小さな翼面積で発生させることができ，その結果として設計翼面荷重は1930年代に大きく増加することになった．しかし，それは結果論だけではなかった．翼面荷重が大きいほど，離陸速度と着陸速度にも高速であることが要求される．1930年代に「フラップ」を用いることでこの問題に対処した．フラップは最大揚力係数を増加させて，その効果によって自重と釣り合うだけの十分な揚力を発生させながらも，飛行機が低速で飛行することを可能にする高揚力装置である．例えば，DC-3 は翼の後縁に単純なスプリット・フラップを採用していた．これは1920年にオービル・ライトが開発した装置であった．また，飛

行場の滑走路は速い離着陸速度に対応できるように1930年代に延長された．それら2つの要素が組み合わさって，飛行機の設計者は翼面荷重を増加させることが可能になった．翼面荷重をより大きくすることで，設計者達は「出費に見合う，より大きな価値」(すなわち，より大きな単位翼面積当たりの揚力)を得ることができた．ある自重に対して，もし翼面荷重を増加させることが可能ならば翼の表面積を減らすことができ，それによって表面摩擦抗力も減少する．このようにさらに高度なプロペラ推進飛行機を求めて，より翼面荷重を大きくすることは，(表の下の方に示されているように)空気力学の改善に直接的に貢献していた．ボーイング247Dの翼面荷重がDC-3の翼面荷重の約半分であったことに注目しよう．247Dにはフラップが備わっていなかった．また，DC-3の無揚力抗力係数は247Dの無揚力抗力係数よりも約17%大きいのに，DC-3の$(L/D)_{max}$は247Dよりもわずかながら大きな値になっていることにも注目しよう．これはアスペクト比の影響であった．DC-3のアスペクト比は9.14だが，ボーイング247Dのアスペクト比は6.55であった．DC-3のアスペクト比が大きいおかげで，プラントルが何年も前に示していたように誘導抗力がかなり小さくなり，その結果としてDC-3の揚抗比は247Dよりも大きくなっていた．

翼フラップには，高度なプロペラ推進飛行機の時代に興味深い開発の歴史があった．フラップの空気力学的な機能は単に飛行機の揚力を増加させることである．図8.33には，単なる単純フラップ(項目②)から，翼前縁にスラットと翼型上面に境界層吸引装置を持つ複雑な二段隙間フラップ(項目⑧)まで，様々な高揚力装置が示されている．各装置について最大揚力係数の典型値も示されている．図8.34には単純フラップの空気力学的な作用が示されている．この図

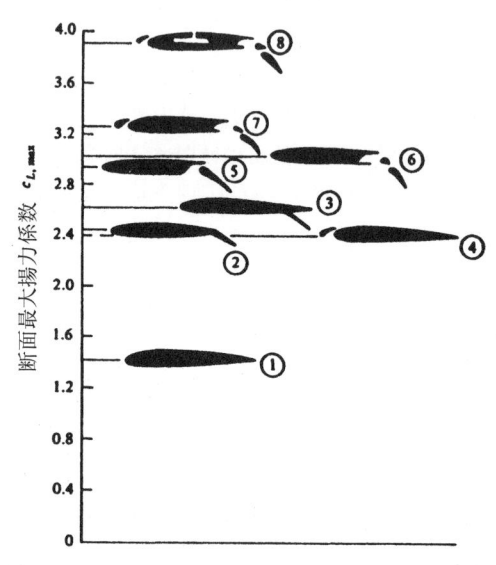

図8.33 様々な形式の高揚力装置に対する翼型最大揚力係数の典型値：①翼型のみ，②単純フラップ，③スプリット・フラップ，④翼前縁スラット，⑤単隙間フラップ，⑥二重隙間フラップ，⑦翼前縁スラットと二重隙間フラップの組み合わせ，⑧翼型上面に境界層吸引装置を追加

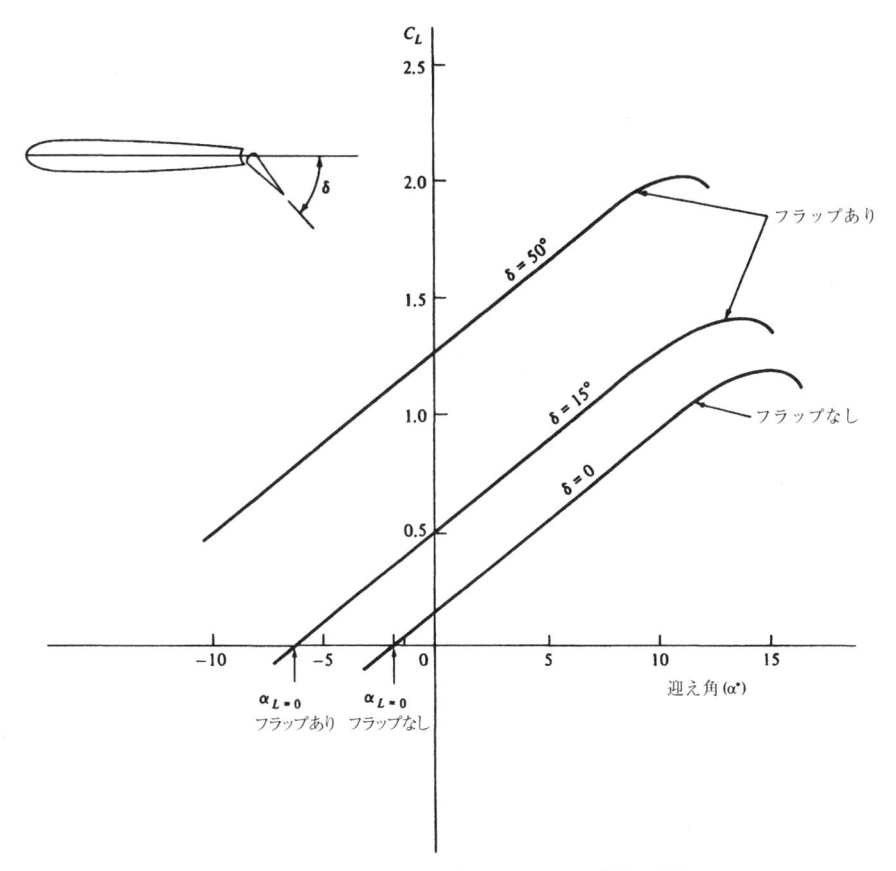

図8.34 単純フラップを下に向けることによる揚力の増加

には，フラップありとなしの翼について迎え角に対する揚力係数の変化が示されている．失速点よりも小さなある迎え角においてフラップを下に向けると揚力係数が増加する．それはフラップを下げることで，あたかも図8.34においてフラップのない翼に対する本来の揚力曲線が左上に移動したかのようである．

ミラーとサワーズの著書[101]ではフラップの歴史的発展が詳細に解説されている．以下の説明はその著書の内容を元にしている．フラップはヘンリー・ファルマンが1908年の秋に最初に使用した補助翼（エルロン）から直接進化してきた．ファルマンはフランスに住むイギリス人夫婦の子として生まれた．彼は1907年から1920年の頃までヨーロッパで最も傑出したパイロットとして認められ，同時に1937年まではフランスでも有名な飛行機製造家であった．1908年8月にウィル

バーの飛行実演を目の当たりにした後に，自分の航空機で横安定制御の実現に取り組んだ．ライト兄弟のたわみ翼の発想をまねすることはしたくなかったので（ライト兄弟はそれまでも自分達の横制御の特許を侵害する可能性のあるものに対しては，全て警戒していた），左右の翼ごとに翼端近くの翼の後縁を上下に羽ばたくように制御でき，かつ翼面に対して連続した平面になるような面に変更した．そうしたフラップのような面の向きを変えることで翼型の実質的な反りが変わり，その結果として揚力も変わる．様々な発明家がもっと早くから補助翼を使っていたが，それ以前の補助翼は翼とは一体にならずに，常に翼から離れて回転する面であり，時には複葉機の上下翼の中間に置かれたり，翼の前に置かれたりしていた．1908年のファルマンの補助翼は，今日の私達がフラップを設計する方法と同じように初めて翼と一体になっていた．そして彼は標準的な意味での補助翼としてこのフラップを用いていた．つまり，一方の補助翼はその翼に作用する揚力を減じるために上に向けられ，他方の補助翼は翼に作用する揚力を増すために下に向けられ，そうすることで右翼と左翼の間に飛行機を長手方向の軸を中心に回転させる揚力の不釣り合いを発生させていた．釣り合いを維持した状態で揚力を増加させるために両方のフラップ面を同時に下に向けるという発想は，1914年に王立航空機工廠で生まれ，S.E.4型複葉機に採用された．1916年以降にフェアリー航空機が製造した飛行機には決まってフラップが使用されていた．しかし，第一次世界大戦航空機の最高速度は非常に遅かったために，フラップは特に役に立っていなかった．つまり，翼面荷重が小さいために本質的にフラップは不必要であった．そして，パイロットがわざわざ使用することもほとんどなかった．

　にもかかわらず，技術者達は高揚力機構を考え続けていた．主翼とフラップ前縁の間に隙間を持つ隙間フラップ（図8.35）は，実質的に3ヶ所の場所で異なる方式の装置として別個に開発された．まず，若いドイツ人パイロットのG・V・ラハマンが隙間翼の考えを思いついた．単に翼前縁の近くに翼幅方向に延びた長い隙間を持つ翼であった．翼の上面と下面の間の圧力差によって高いエネルギーを持つ下面の空気の噴流を強制的にこの隙間を通過させて上面を流れさせれば，この噴流は翼の上面に沿って接線方向に流れることになり，その流れによって境界層にはエネルギーが与えられて，かなり大きな迎え角まで流れの剥離（つまり，失速）を遅らせることができるだろうという考えであった．ラハマンは自分の考えを確かめるために基本的な煙風洞試験を1917年に行った．しかし彼が最初に申請した特許は，隙間は揚力を高めることなく，揚力を損なうという理由で拒絶されてしまった．その間，イギリスではハンドレー・ページが1920年に隙間翼に関す

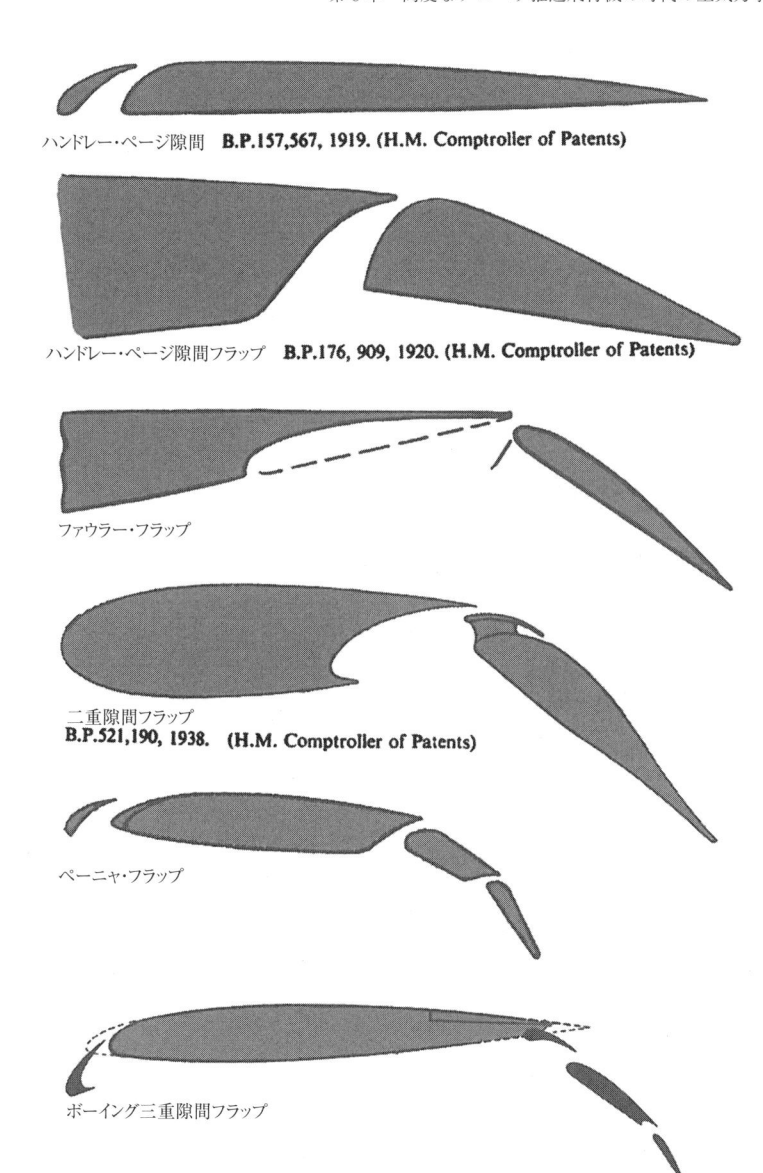

第 8 章　高度なプロペラ推進飛行機の時代の空気力学　471

ハンドレー・ページ隙間　**B.P.157,567, 1919. (H.M. Comptroller of Patents)**

ハンドレー・ページ隙間フラップ　**B.P.176, 909, 1920. (H.M. Comptroller of Patents)**

ファウラー・フラップ

二重隙間フラップ
B.P.521,190, 1938.　(H.M. Comptroller of Patents)

ペーニャ・フラップ

ボーイング三重隙間フラップ

図8.35　フラップの種類

る風洞実験を行っていた．彼のデータによると，隙間による揚力の増加は60％になっていた．ハンドレー・ページの研究成果を読んだラハマンは，即座にルートヴィヒ・プラントルにゲッティンゲンで同様の風洞試験を行うように依頼した．プラントルは初め懐疑的であったが，とにかく試験を行った．その結果，揚力は63％も増加した！　ラハマンは1921年に特許を得て，ハンドレー・ページと権利を共同管理することになった．その間もハンドレー・ページは隙間とフラップを組み合わせて隙間フラップを生み出し，1920～22年に国立物理研究所の風洞で試験を行った．その結果によると，隙間フラップは厚翼に取り付けて使用すると最大の揚力増加が得られることが分かった（ある意味では，このためにほとんどの第一次世界大戦での航空機が使用していた非常に薄い翼には，フラップがまれにしか使用されなかったのかもしれない）．最終的にラハマンは，1929年にハンドレー・ページの会社に加わった．独自に隙間翼の研究を行った第三の人物が，ドイツのユンカース社で働いていたO・マダーであった．マダーは1919～21年に雑な作りの隙間翼を風洞と飛行機で試験した．しかし，1921年にユンカース社が特許を出願した時には，先行するラハマンの特許を侵害するということで，拒絶された．

　1920年代の飛行機設計者達はフラップの使用に前向きでなく，この時代にフラップを装備した飛行機のほとんどが，ハンドレー・ページかラハマンが設計した飛行機であった．アメリカではオービル・ライトとJ・M・H・ジェイコブズがデイトンのマックック・フィールドにあったオービルの小さな研究所で1920年にスプリット・フラップ（図8.33③）を発明した．アメリカ陸軍がこの研究を支援していた．スプリット・フラップは揚力と抗力の両方を増加させることが判明したが，特に抗力の増加は着陸進入時に飛行機の滑空角を大きくできる点で有利であった（訳者注：滑空角を大きくとって降下すると速度が出てしまうが，抗力がその速度増加を抑えてくれる．さらに滑空角を大きくとって進入することで着陸直前まで比較的高い高度を維持できるので，着陸の安全率が増える）．これは現在でもフラップの主たる用法になっている．

　1924年，アメリカ海軍の技術者であったハーラン・D・ファウラーは，自分の資金で運営していた個人事業として新型フラップを発明した．ファウラー・フラップは翼の後縁が下を向くだけではなく，翼の下流側に展開するようになっていた（図8.35）．フラップが機械的に拡張されることで，翼面積は効果的に増加する．したがって，ファウラー・フラップの揚力増加はフラップの向きを変えることによる反りの増加と，フラップの展開による表面積の増加という2つの効果の組み合わせであった．しかし，ファウラーは発明こそしたものの，自分の考えを

実現するための資金援助を長年にわたって得ることができなかった．最終的に1932年，NACAが限定的な風洞実験を行った結果，ファウラーのフラップにある程度の価値が示唆された．ファウラーはその頃にはカリフォルニアでセールスマンとして働いていたが，1933年にボルチモアへ行き，有名な飛行機製造家であるグレン・マーチンにファウラー・フラップの価値を説得した．その結果，マーチンは新型飛行機のフラップ設計を支援してもらうためにファウラーをマーチン社に採用することになった．

1930年代の初期には，飛行機設計者達は新しい飛行機を設計する際に速度と翼面荷重が増加する問題に直面するようになり，最終的にフラップという発想を取り入れることになった．アメリカで最初にフラップを採用した飛行機はノースロップ・ガンマとノースロップが設計したロッキード・オリオンであった．オービル・ライトに敬意を表してかどうかは分からないが，ノースロップはスプリット・フラップを使用していた．ダグラスが1932年にDC-1を設計した時にもスプリット・フラップが使用された．大量生産型飛行機の中でスプリット・フラップを最初に使用した飛行機はダグラスDC-3（図8.29）である．1930年代の中頃から末期にかけて，スプリット・フラップは大多数の民間飛行機と軍用飛行機で使用された．戦闘機ではさらに長い期間使用されていた．ファウラー・フラップは1935年にマーチンの146爆撃機の設計に取り入れられたが，この飛行機は製造されなかった．ファウラー・フラップを最初に使用した生産ライン型飛行機は1937年のロッキード14双発旅客機であった．その後は隙間フラップとファウラー・フラップが共に幅広く用いられるようになった．その結果，揚力性能は著しく改善され，飛行機設計者達はさらに翼面荷重を大きくすることができるようになった．

1937年，イタリアのピアジオ航空機のG・ペーニャは二重隙間フラップ（図8.35）を設計した．最初は1937年にイタリアのM-32爆撃機に採用され，そして1940年代には幅広く旅客機に用いられた．ダグラスは1941年に設計したダグラスA-26にこのフラップを最初に搭載した．次にDC-6に搭載し，その後はダグラスの全旅客機に搭載した．この延長上での最近の進歩といえば三重隙間フラップ（図8.35）である．このフラップは1960年代にボーイング727ジェット旅客機で最初に使用されている．

図8.28～8.32に示されている飛行機は流線型化されており，メルビル・ジョーンズが理想とした流線型飛行機に近いとさえ言える．明らかに，1930年代の空気力学の最先端技術はその当時の飛行機に重大な影響を及ぼしていた．

第二次世界大戦中のアメリカでは既存の従来型飛行機の改良が続けられ，基本的に新規開発はなかった．ただし，それは意図的だった．政府は新型開発に力を入れるよりも，既存航空機の大量生産に完全に集中させる経営判断を下していた．この状況を後の1953年にノースアメリカン社の社長であったJ・H・"ダッチ"キンデルバーガーが次のように振り返っている．「アメリカの軍事航空に関する限り，第二次世界大戦は技術革新の時代と言うよりは，むしろ徹底した設計の改良と洗練の時代であったと考えられるであろう．[122]」イギリスでの新型開発についてもある程度は同じことが言える．しかし，この時代のドイツでは空気力学の研究が盛んであった．ナチス政府は反科学的な態度を示すこともあったし，科学的な研究や工学的な研究に干渉することもあったが，それでもドイツの科学的研究は繁栄した．それは研究に従事する技術者と科学者が存分に働ける適切な雰囲気を作り出すことを目的に仕事をしていた，先見の明のある人物が然るべき場所にいたからであった[101]．大戦期間中のドイツの空気力学研究は高速飛行機のために後退翼と三角翼に関する膨大なデータを取得していた．そしてこれらのデータは空気力学者をジェット推進飛行機の時代へと導く際に役立つことになった．ミラーとサワーズ[101]は，ドイツの長期的な空気力学研究が大戦中にはあまりドイツの役に立つことなく，むしろ勝利者へ気前の良い贈り物を提供する形となってしまったことに，ある種の皮肉を感じていた．

　ある時代の空気力学最先端技術が飛行機に及ぼした影響について何世紀もの歴史についてよく考えてみると，一般的にそのような影響は実質的になかったことを，本書から理解できるだろう．少なくとも第一次世界大戦のかなり後になるまでは，空気力学最先端技術からの影響はなかった．しかし，その傾向は1930年代に変化した．高度なプロペラ推進飛行機は，研究室から飛行機設計者への重要な技術移転がなければ開発されていなかっただろう．設計者とは元来常に保守的であるから，全く新しい発想を受け入れることを時には躊躇する．しかし1930年代の設計者達は，より速く，高く，そして遠くへ飛ぶことができる飛行機へのかつてない強い要求に直面すると，新たな解決手段を求めて研究文献を探し求めなければならい状況に追い込まれた．もちろん，様々な情報源から入手可能な研究成果があったので，それは可能であった．例えば技術会議や学会の定期刊行誌，そしてその当時には電話もあった．しかしそうした技術移転にもかかわらず，産業界の研究成果獲得と研究実施の間にはある種の分断が残っていた．この問題はかなり初期の航空産業から既に存在していたが，1930年代には特に顕著になった．つまり，産業界は空気力学研究から得られた発見を利用していたが，産業界自体

はそうした研究をほとんど行っていなかった．現代航空での技術発展に関する研究において，ミラーとサワーズは次のように述べている．「航空機産業では発明の欠如が最も甚だしい．これまで最も発明が多く生まれている機関は大学と政府資金による研究機関，特にドイツの大学と研究機関である．(中略)航空機産業界では独創的な研究は驚くほどわずかしかない．(p.246)[101]」

　航空機産業はもとより，資本主義社会における全産業での第一の関心事は利益を上げることである．通常，研究とは長期的に見て初めて見返りが見えてくるような費用の嵩む活動である．さらに研究に割り当てられた資金や労働力は，産業界の主たる活動である製造では用いられることのない資源になる．アーヘン工科大学の機械工学教授であり，自身が運営する航空機会社の代表でもあったフーゴー・ユンカースは，このジレンマを観察できる立場にいた．彼は次のように述べている．「もし研究も同じ工場の役割に含まれている場合には，増産は研究を脇に追いやる結果になる．大量生産という巨大機構には，研究という異なる秩序の世界で先駆的な問題を扱う際に適用される原則とは逆行する独自の規範がある．これはユンカースの工場で実際に起こったことである．(p.55)[101]」航空学での新技術の獲得がかつてない程に必要不可欠になっている今日でさえ，航空機会社で研究所を維持することは，ほとんどの会社が手を出さない高価な贅沢品になっている．

　プロペラ推進飛行機が発展していた時代には，空気力学での最先端技術開発を飛行機という形に移す仕組みは十分に整っていた（定期刊行誌や技術報告書，技術会議などから最新の研究成果を入手できるようになっていた）が，一種の文化的な分断が，設計・製造を行う事業体と研究所との間にまだ残っていた．ミラーとサワーズはこの状況を次のようにまとめている．

> 活用できる理論的な知識があれば学ぶことができた教訓を1930年以前には無視していたことが航空史の特徴である．つまり技術的進歩は，他の産業のように明確で論理的な経路を全くたどって来なかった．イギリスやアメリカよりもプラントルとランチェスターの研究をよく知って理解していたドイツでさえ，彼らの理論研究によって示されている改善幅はより流線型にすることで実現可能になるという認識が，奇妙にも設計者達にはほとんどなかった．ゲッティンゲンのプラントルの下で頻繁に研究を行っていた若いグライダー設計者達にこの流線型化が託されたが，より良い流線型化を目指す動きは理論の応用よりも，アメリカのノースロップやイギリスのミッチェル（スーパーマリン社シュナイダー・トロフィー競技飛行機と第二

次世界大戦スピットファイヤーの設計者）のような人達の直感的な工学活動から生まれてきた．ドイツの設計者達は1930年代前半には流線型化ではアメリカの例に追従していた．しかし，その後10年間にドイツでは新しい世代の設計者達が台頭してきた．彼らはゲッティンゲンとグライダー競技から実力を付けてきた．こうした人物は先人達やイギリスおよびアメリカの設計者達よりも科学から学ぶことのできる教訓を良く理解しており，かつその産業の伝統の中で実践主義者でもあり続けた．それゆえに，ほとんどドイツでなされていた最新空気力学研究の理解が設計者にとって必要不可欠になると，ドイツは設計ではたちどころに優位に立った．そして，これは大戦中の遷音速・超音速飛行機の開発でも同様であった．1945年のドイツの軍事的敗北のみが，ドイツ航空産業が今日のアメリカ航空産業のような支配的地位を築くことを妨げた．［p.247］[101]

第二次世界大戦後の高速飛行の到来，つまり遷音速・超音速飛行機の到来と共に飛行機開発の新たな時代が始まった．ジェット推進飛行機の時代である．この時代には飛行機に対していくつか従来とは異なる空気力学原理を適用することが要求され，それと同時に，科学と飛行機設計の間の連携をより密接に行うことが必須とされた．その異なる空気力学原理には古くから知られていたこともあれば，全く知られていない新しいこともあった．

第9章
ジェット推進飛行機の時代の空気力学

音速よりもわずかに遅いか，わずかに速い，つまりマッハ数がほぼ1に等しい速度域を遷音速（transonic）域と呼ぶ．ドライデン（有名な流体力学者であり，国家航空諮問委員会 NACA の元長官であったヒュー・ドライデン）と私がこの「遷音速（transonic）」という言葉を生み出した．実は2人共，臨界速度を話題にする時にこれを表す用語が必要だと気づいていた．しかし，遷音速（transonic）の s を1つにするべきか，2つにするべきか，2人の意見は一致しなかった．ドライデンは論理的であり，2 の s が必要であると考えた．私は航空学では常に論理的である必要はないと考えて，s を一つにして書いていた．そして空軍への報告文章中でこの言葉を一つの s を用いた表記で紹介した．これを読んだ司令官がその意味するところを知っていたのかどうかは分からないが，司令官からの返信にはこの言葉が含まれていた．それで，私は公的に承認されたと感じた．おそらく遷音速飛行の予測できない難しさに直面して設計者達が必死になっていた頃（1941年頃）のことだと記憶している．当時の設計者達はこの問題は空気力学理論に間違いがあることを示していると考えていた．

セオドア・フォン・カルマン（空気力学，1954年，p.116）

1947年10月14日火曜日の朝，カリフォルニア州モハーベ砂漠にある平坦で硬い地盤を持つ広大なマロック乾湖では，夜明けを迎えて周囲がきれいに明るんできた．午前6時，マロック陸軍飛行場の技術者と専門家からなるチームが小さなロケットエンジン飛行機の飛行準備を始めた．短く幅の広い直線翼を取り付けた50口径機関銃弾丸のようなオレンジ色塗装のベル X-1 実験機が，第二次世界大戦時代の4発爆撃機 B-29 の爆弾倉に取り付けられた．午前10時，B-29は離陸して

高度6,100m まで上昇した．高度1,500m を超えたところで，第二次世界大戦ではヨーロッパの戦場でベテラン P-51パイロットとして活躍したチャールズ・"チャック"・イェーガー大尉が苦痛に堪えて X-1 のコックピットに移動していた．イェーガーは週末に乗馬中の事故で肋骨を 2 本折ってしまったことから，痛みを感じていたが，この日の一大イベントを中断させたくはなかったので，X-1 のコックピットに潜り込むのを手伝ってくれた親友のジャック・リドレイ大尉以外にはこのことを知らせていなかった．午前10時26分，明るく塗装されたX-1は400km/h の速度で B-29から放たれた．イェーガーがリアクション・モータース社製 XLR-11ロケットエンジンを点火して2,700kgf の推力を発生させると，その流線型飛行機は加速して急上昇していった．X-1 は 4 つの先細末広ロケットノズルからショック・ダイヤモンドが連なる排気ジェットを後方にたなびかせて，直ちにマッハ0.85以上の飛行速度に達した．1947年にはマッハ0.85以上の速度での風洞実験データはなく，この速度を超えると遷音速飛行ではどのような問題に出くわすのか誰も分からなかった．イェーガーはこの未知の領域に突入すると，4 つあるロケット燃焼器のうちの 2 つをしばらく停止させて，注意深くX-1 の制御を試験した．その間，コックピットのマッハメーターは0.95を記録して，さらに上昇していた．小さな目に見えない衝撃波が翼の上面を前後に行ったり来たりして，移動していた．X-1 は高度12,000m で水平飛行に移り，そこで停止させた 2 つのロケット燃焼器の一つを点火した．マッハメーターは滑らかに0.98から0.99へ動き，そして1.02に達した．そこで一旦メーターが止まり，その後1.06まで急に増加した．イェーガーが高度13,000m で速度1,100km/h，つまりマッハ1.06の速度に達すると，針のように先端が尖ったX-1 の前方には強い弧状衝撃波が形成されていた．しかし飛行は滑らかであった．技術者達が恐れていたような強烈な機体の振動や制御不能ということもなかった．この瞬間，イェーガーは音速よりも速く飛行した最初のパイロットになった．そして，小さな流線型のベル X-1（図9.1）は

図9.1　ベル X-1

飛行の歴史における初めての超音速飛行機になった.

　X-1からのソニックブームがカリフォルニア砂漠中を広がっていったこの時，このベルX-1の飛行は人類の飛行の歴史において，44年前にキル・デビル・ヒルズでライト兄弟が人類初の飛行を行って以来の最も重要な出来事になった．科学的な観点からの歴史においても，この飛行の重要性は同等であった．それは，この飛行が260年間に及ぶ高速気体力学と高速空気力学の研究における一つの頂点であったからである．特に，NACAが23年間にわたって実施していた目覚ましい高速空気力学研究のクライマックスであり，航空工学の歴史の中でも最も意義深い物語性を持つ研究であった．

　本章ではジェット推進飛行機の時代へと時を移す．そして，空気力学の歴史では高速流れの研究に焦点を当てる．高速流れの空気力学には音速という明確な物理的境界がある．標準海面状態での音速は340m/sである．流れのある点での局所流速が局所音速未満である時にその位置での流れは亜音速と呼ばれ，他方で，局所流速が局所音速よりも速い時にその流れは超音速と呼ばれる．空気力学的に飛行中の機体周りの流れ場では，流れの中に飛行機の全体的な飛行速度よりも流速が速くなる局所領域もあれば，遅くなる局所領域もある．したがって，音速よりもわずかに遅い速度で飛行している飛行機周りの流れ場には，局所的に超音速になっている小さな領域が存在している可能性がある．同様に，音速よりもわずかに速い速度で飛行している飛行機には，局所的に亜音速になっている小さな領域が存在している可能性もある．このように局所的に亜音速と超音速が混ざった領域を持つ流れ場のことを遷音速と呼んでいる．飛行機の遷音速飛行とは，このように音速を境にしてわずかに遅い速度からわずかに速い速度の範囲で飛行する変動幅の狭い飛行形態である．

　高速空気力学を歴史的に評価するとして，ここでの話の進め方を亜音速，遷音速，超音速のように別々に分けて扱うのはあまりにも人為的すぎるだろう．高速空気力学の最先端が進化する過程では（そして現在でも），これら3種類の形態は無情にも渾然一体になっていた．ここでは亜音速，遷音速，超音速の高速空気力学をそれら個々の発展と歩調を合わせて，また適切と思われる場合にはそれらの進歩をまとめて説明しながら，様々な側面から考えていく．

音速

　たいていのゴルファーなら，次のような経験則を知っている．稲妻が遠くで

光って見えたら，1秒間に1つの割合で数え始める．そして雷の音を聞くまでの数が3つごとに，1kmずつ遠方でその稲妻が光っていたことになる．明らかに，音は空気中をある確かな速度で移動している．それは光速よりも遙かに遅い速度である．実際，標準海面音速は340m/sであり，3秒間で音波は1,020m，つまりほぼ1kmを伝わることになる．これがゴルファー・カウントスリー経験則の根拠である．

音速は空気力学でも最も重要なパラメーターであると考えられている．つまり音速は，亜音速飛行（音速以下の速度で飛行）と超音速飛行（音速以上の速度で飛行）を分ける境界線になっている．そしてマッハ数が，流れにおける音速に対する流体速度の比である．マッハ数が0.5であるならば，流体の速度は音速の1/2になっている．マッハ数2.0は流速が音速の2倍になっていることを意味している．亜音速流れの物理法則は超音速流れの物理法則とは全く異なっている．昼夜と同じぐらい徹底的に正反対である．だからこそ，X-1が最初に超音速飛行を行った時にはそうしたドラマと不安があった．そして，空気力学では正確な音速の値が非常に重要である．

17世紀には音は空気中を何らかの有限速度で伝播することが分かっていた．アイザック・ニュートンが1687年にプリンキピアを発表した頃には，大砲試験から音速が約347m/sであることが既に示されていた．つまり，17世紀の砲手は現代のゴルファーが経験していることを前もって示していた．既知の距離だけ大砲から遠く離れて立ち，大砲が砲火を噴き上げてからその発砲した音が聞こえるまでの経過時間を書き留める方法で実験が行われていた．ニュートンは，プリンキピア第2巻命題50にて音速は空気の「弾性率」に関連していると正しく理論づけた．（弾性率は，単位圧力変化当たりの気体体積変化の割合を表す熱力学的な物理量である圧縮率τの逆数である．）しかし，ニュートンは音波が等温過程（つまり，音波の内部での空気の温度は一定）であるという間違った仮定をしてしまった．その結果，次のような間違った音速の式を示すことになった．

$$a = \sqrt{1/\rho\tau_T}$$

ここでτ_Tは等温圧縮率である．しかし，彼にとって非常に残念なことに，この式から計算すると298m/sという値が得られ，砲撃のデータから示されていた値よりも15%も遅くなっていた．彼はそれでもくじけることなく，理論家がよくやる策略に訴えた．すなわち，この相違を大気中の固体粉塵粒子と水蒸気の存在に基づいて説明することで釈明しようとした．この誤りは1世紀の後にフランスの

数学者ラプラスによって正されることになった．彼は，音波は等温変化ではなく断熱変化であると正確に仮定して，正しい式を導いた．

$$a = \sqrt{1/\rho\tau_s}$$

ここで τ_s は等エントロピー圧縮率である（等エントロピー過程は断熱かつ摩擦のない過程である）．したがって，1820年代には気体における音の伝播の過程と関係は完全に理解されていた．

　しかし，音速の正確な値に関する問題が完全に解決したと言っているわけではない．その議論は20世紀まで延々と続いた．事実，この出来事は今日ほとんど知られていないが，音速の標準海面値を決定したのはNACAであった．1943年10月12日，空気力学ではアメリカの指導的存在である著名な27人が，NACA本委員会によって組織された付属委員会の一つである空気力学委員会の会議のためにワシントンDCのNACA本部に集まった．出席者の中には，規格基準局のヒュー・L・ドライデン，NACAラングレー記念研究所のジョン・スタック，そしてゲッティンゲンでのプラントルの空気力学研究の系統を代表してカリフォルニア工科大学グッゲンハイム航空研究所所長のセオドア・フォン・カルマンがいた．ヘリコプター空気力学の進捗および翼のフラッターと振動に関する最新の空気力学問題について小委員会報告がなされた後，ジョン・スタックから「標準状態での音速をはっきりさせることは，航空機製造会社から提起された問題」であるという発言があり，音速の問題が新たな案件として提起された．スタックは，かつてNACAの研究所職員が空気の比熱（音速の計算に用いられる熱力学的なデータ）について入手可能な情報を集めて計算した結果，その時には音速の値は340.13m/s（1,116.2ft/s）になり，最近の計測値では加重平均を取ると340.31（1,116.8）〜340.12m/s（1,116.16ft/s）になっていたと報告した．ドライデンは比熱が「全ての条件で同一であるとは限らない」と指摘して，NACAは航空目的の標準海面音速値として使用するには端数のない数値として340.4m/s（1,117ft/s）を選ぶべきだと提案した．今日，一般に認められた標準音速はどの標準大気圧表を用いるかに依存しており，1959年のARDC（アメリカ航空技術本部）モデル大気での340.2m/s（1,116.4ft/s）から1954年の国際民間航空機関（ICAO）モデル大気での340.3m/s（1,116.9ft/s）までの範囲にわたっている．しかし，工学目的ではこれは細かすぎる議論になってしまい，今日では多くの工学計算でドライデンが提案した端数のない340.4m/s（1,117ft/s）が使用されている．

高速空気力学の初期

いくつかの超音速流れの基本的な現象が19世紀には発見され，そして理解されていた．その中で最も重要な現象が衝撃波に関する物理であった．衝撃波は超音速のみで発生する自然現象である．衝撃波は非常に薄い（このページの紙よりもはるかに薄い）領域であり，その領域をまたいで圧力と温度が急激に増加する．あなた自身が流れに乗って移動している流体要素だと想像してみよう．衝撃波を通過する時には，圧力と温度がほとんど瞬時に上昇することを感じるであろう．ちょうど爆発が作り出す変化と同じである．そのために，衝撃波という名前が付けられている．

衝撃波の存在は19世紀前半に認識されていた．音速の計算に成功したラプラスの方法に従って，1858年にはドイツの数学者 G・F・B・リーマンが同様に等エントロピー状態を仮定することによって衝撃波特性の計算を試みた．しかし，その試みは失敗に終わっている．衝撃波は熱力学の用語を用いると不可逆変化になっていることが，失敗した理由であった．衝撃波内部での粘性と熱伝導の影響によって不可逆変化が生じている．非可逆性の度合いを示す尺度がエントロピーと呼ばれている熱力学変数である．熱力学の第二法則によれば，そうした不可逆変化を含むいかなる過程でもエントロピーは常に増大するのみである．したがって衝撃波を通過する際には，気体のエントロピーは常に増大する．残念ながらリーマンは衝撃波をまたいでエントロピーが一定であり続けるという誤った仮定をおいていた．しかしその12年後，衝撃波理論における最初の大きな進展がスコットランドの技術者から報告された．その技術者の名はウィリアム・ジョン・マクォーン・ランキン（1820～72年）（図9.2）という．彼は熱力学という科学分野を創設した人物の一人として数えられている．25歳の時にグラスゴー大学での土木工学・力学のクィーン・ビクトリア教授職の申し出を受け，以後は1872年12月24日に亡くなるまでこの職にあり続けた．この期間，ランキンは鉄道車両の車軸における金属疲労の研究，機械構造での新手法開発，土質力学での（土圧と擁壁を扱う）試験方法に科学原理を適用しながら，本当の意味で技術者として働いていた．彼の最も有名な貢献は蒸気機

図9.2 W. J. M. ランキン

関の分野，すなわち蒸気動力の基準熱効率として用いられているランキンサイクルと呼ばれる熱力学サイクルと，華氏の目盛りを基にして絶対温度を表した工学尺度であった．

　衝撃波理論に対してランキンが貢献を行ったのは晩年の頃，つまり彼が亡くなる2年前であった．1870年，ランキンは王立協会の哲学紀要において垂直衝撃波での適切な質量，運動量，エネルギーの各式を今日用いられている式の形と全く同じ形で明確に示した．（ランキンはそれらの式の中で「バルキネス (bulkiness)」と呼ぶ物理量を定義していたが，直感的に理解できない扱いにくさから現在では使われていない．その言葉は，現在の私達が「比容積」と呼んでいる物理量と同一である．）さらに，衝撃波の内部構造は等エントロピーではなく，正しくは散逸領域であるという適切な仮定を設けていた．彼は衝撃波内部での粘性による随伴効果ではなく，熱伝導を考えていた．しかし，それでも衝撃波をまたぐ熱力学的変化の関係式を導くことは可能であった．

　続いてフランスの弾道学者ピエール・アンリ・ユゴニオが，ランキンが導いたこの式を再発見した．ユゴニオはランキンの研究に気づかずに，1887年に垂直衝撃波の熱力学特性を表す式を提示した論文をエコール・ポリテクニーク誌に発表した．先にランキンが，そして次にユゴニオが行った先駆的な研究の結果として，衝撃波をまたいだ変化を扱う式は全てランキン－ユゴニオの関係式として知られている．現代の気体力学文献には頻繁に登場する名称である．

　しかし，ランキンとユゴニオの研究では衝撃波をまたいだ変化の方向を立証することはできなかった．両者の研究では圧縮衝撃波（圧力は増加する）と膨張衝撃波（圧力は減少する）のどちらも数学的に可能であると記されていた．この曖昧な概念は，1910年になって初めて解決した．ほとんど同時に，かつ別個に発表された2件の論文の中で，レイリー卿とG・I・テイラーが初めて熱力学の第二法則を引き合いに出して，圧縮衝撃波のみが物理的に可能である（すなわち，ランキン－ユゴニオの関係式は衝撃波後の圧力が衝撃波前の圧力よりも高い場合にのみ物理的に適用できる）ことを示した．1910年9月15日に王立協会会報（第84巻）に発表されたレイリーの論文には，自分の発見について次のように書かれている．

　しかし，ここでランキンが考慮していなかったと思われる問題が生じる．必要な熱の伝達を熱伝導という方法によって確保するためには，その熱が高温側の物体から低音側の物体へ通過することが不可欠な条件である．熱伝導があるために特定の波の様式を維持することが可能になっているのであれば，その動きの逆は様式を維持

できない波を生じさせるであろう．我々は，気体が粗から密に圧縮された状態へ向かって通過する時にのみ消散作用が働いてその様式を維持できるという結論を導いており，既にその理由も見てきた．

レイリーは熱力学の第二法則の適用に加えて，衝撃波構造の内部では粘性の役割が熱伝導の役割と比べて勝るとも劣らないほどに重要であることを示した．（ランキンは熱伝導のみを考慮していたことを思い出そう．ユゴニオの研究でも消散機構に関する言及は何もない．）

1ヶ月後，同じ会報で若いジェフリー・I・テイラー（その後，20世紀を代表する優れた流体力学者として認められる）がレイリーの結論を支持する内容の短報を発表した．最終的に40年の年月を経て，20世紀も10年が経過してから衝撃波の理論が完全に確立した．

その当時，ランキン，ユゴニオ，レイリー，テイラーによる衝撃波の研究は，比較的アカデミックな問題に対して基本的メカニズムを追究している興味深い研究として見られていたことに注意してほしい．30年後の第二次世界大戦中に超音速飛行機に対する関心が突如として湧き出てくるまで，大挙してこの理論を適用するような事態は起こらなかった．ある時には基礎研究が無関係のように見えても，そうした研究を継続して行う研究計画がいかに重要であるかを物語っている古典的な例だと言える．1940年代に超音速飛行が急速な進歩を遂げることができたのも，明らかに衝撃波理論が完全に整備され，適用されるのを待つばかりになってその場に準備されていたからであった．

超音速流れの性質を実験室で最初に観察して記録した人物がエルンスト・マッハであった．有名な19世紀の物理学者であり，かつ哲学者でもあった．高速空気力学の初期の歴史では，マッハは特筆に値する．

エルンスト・マッハは1838年2月18日にオーストリアのモラヴィア州チューラス（訳者注：現在はチェコ共和国ブルノ市Tuřany）で生まれた．彼の父親と母親は人前に出ることを極端に嫌う内向的な知識人だった．父親は哲学と古典文学を学び，母親は詩人であり音楽家でもあった．家族は人里から遠く離れたところに住んでおり，父親はそこで先駆的にヨーロッパでの養蚕文化確立に挑戦していた．幼少時のマッハは特に優秀な生徒ではなかった．後になって，マッハ自身が自分のことを「発育が遅くて，弱々しい哀れな子供」であったと述べている．彼の父親が家庭教師になって，ラテン語，ギリシャ語，歴史，代数，幾何学を自宅で学んでいた．小学校と高等学校をぎりぎりの成績で卒業（知的能力が不足していたからでは

なく，機械的に教えられる教材にいつも興味が持てなかったのが理由であった）した後，ウィーン大学に入学してからは，数学，物理，哲学，歴史への興味から優秀な成績を収めた．1860年には「放電と誘導」と題した博士論文により物理学の博士号を受けている．1864年にはグラーツ大学で物理学の教授に就任した．（グラーツ大学を選んだので断ることになったが，ザルツブルク大学の外科教授の申し出も受けていたことは，彼の知的興味の幅広さと深さを物語っている．）1867年にはプラハ大学の実験物理学教授に就任し，それ以後28年間その地位にあった．

　現代の技術界では，技術者と科学者は実質的に自分達の行動を狭い専門領域に集中させられているが，マッハの時代にはまだルネサンス的教養人であることを目指すことができた．実際，マッハは物理光学，科学史，力学，哲学，相対性理論の原点，超音速流れ，熱力学，相対性理論の原点，超音速流れ，熱力学，ブドウ内での糖分の循環，音楽の物理，古典文学といった研究分野で著作と貢献をよく行っていた．彼の著作は世界情勢さえも対象にしていた．マッハの論文には「もっぱら国家のためだけに個人が存在しているかのように考えている政治家が犯した不合理」という批評がある．この批評はレーニンからの激しい批判を招くことになった．アメリカ人哲学者ウィリアム・ジェームズの言葉に，マッハは「全てのことについて全てを」知っているとある．このように，彼に対してはただ畏敬と嫉妬の念を抱くのみである．

　マッハは，1887年にウィーンでの科学アカデミーで発表した論文「空中の弾丸が誘発した現象の写真記録」により超音速空気力学に対して素晴らしい貢献を行っている．特にその論文には，超音速で移動する弾丸の前方に現れた衝撃波の写真（図9.3）が初めて示されていた．その弾丸の後部には弱い衝撃波が，そして弾丸後部の下流には乱流の後流構造がそれぞれ見られる．垂直な2本の線は弾丸の通過に合わせて写真光源（火花）のタイミングを取るように設計された仕掛け線である．マッハは正

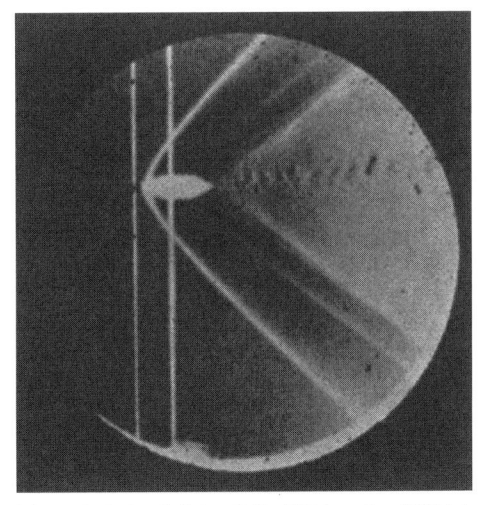

図9.3　超音速で移動する物体（弾丸）からの衝撃波を捉えた最初の写真

確かつ注意深い実験家であった．この写真の品質と最初に彼が衝撃波を可視化できた（マッハはシャドーグラフと呼ばれる革新的な手法を用いていた）という事実が，彼の一際優れた実験能力を証明している．一瞬のタイミングを考慮したこのような実験を，電子技術の恩恵なく実施していたことに注目してほしい．事実，真空管はまだ発明されていなかった．

彼は，超音速流れの基本的な物理特性を理解して，音速 a に対する相対的な流速 V の重要性を指摘し，その比 V/a が1以下から1以上に変化する時に流れ場には非連続的な際立った変化が生じることを最初に言及した研究者であった．しかし，彼は今日のようにその比をマッハ数とは呼んでいなかった．1929年にスイス人技術者のヤコブ・アッケレートがチューリッヒでの講演時に「マッハ数」という用語を紹介しているが，1930年代の後半まで英語の文献にはこの用語は登場していない．

エルンスト・マッハ（図9.4）は78回目の誕生日の翌日である1916年2月19日に

図9.4 エルンスト・マッハ

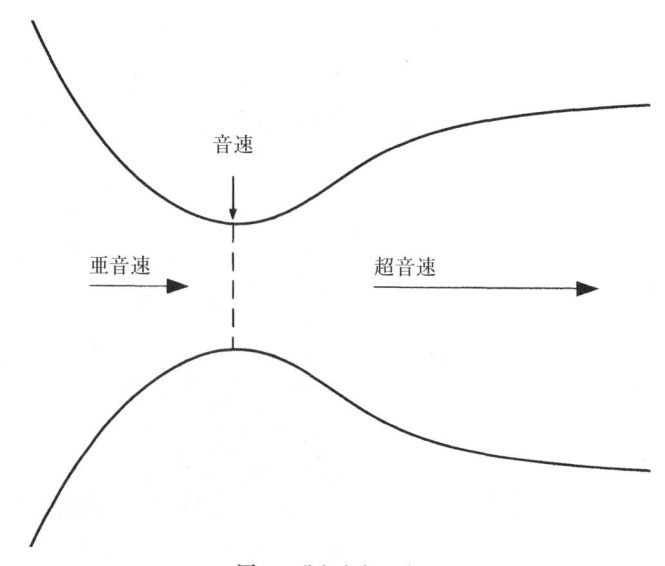

図9.5 先細末広ノズル

亡くなるその時まで思想家であり，講演家であり，文筆家であり続けた．今日，ドイツでは彼に敬意を表してエルンスト・マッハ研究所が設立されている．そこでは実験気体力学，弾道学，高速撮影，映画撮影法の研究が行われている．

連続した超音速流れは，最初に面積が縮小して，次に拡大するノズルを通して気体を膨張させることによって得られる．図9.5にはそうした先細末広ノズルが描かれている．これが超音速風洞とロケットエンジンの排気ノズルに使用されているノズルの形状である．今日，先細末広ノズルの気体力学現象は圧縮性流れの入門コースでは欠くことのできない古典的主題になっているが，先細末広ノズルを初めて実際に用いたのは20世紀になる以前であったと報告されている．スウェーデン技術者のカール・G・P・ド・ラバルは1880年代の後半にタービン羽根の上流に超音速拡大ノズルを組み込んだ蒸気タービンを設計した（図9.6）．そのために文献ではそうした先細末広ノズルはよく「ラバルノズル」と呼ばれている．

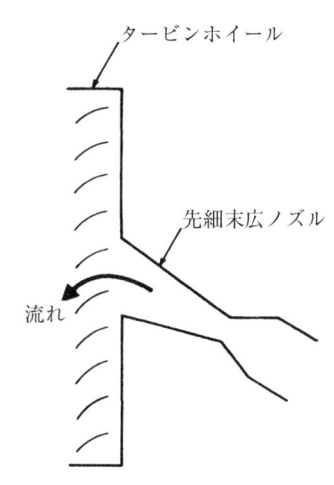

図9.6 タービンホイールを回すためのド・ラバルによるノズルの概略図

カール・グスタフ・パトリック・ド・ラバルは1845年5月9日にスウェーデンのブラセンボルグで生まれた．父はスウェーデン陸軍の大尉であった．ド・ラバルは幼少の頃から機械装置に興味を示し，時計や銃の引き金といった装置を分解してはまた組み立てていた．両親も，彼がそうした方向に成長するように後押ししていた．18歳の時にラバルはウプサラ大学に入学して，1866年に工学での優秀な成績と共に卒業した．そして，スウェーデンの炭鉱会社スドール・コッパルベリに採用されたが，すぐにもっと教育を受けておく必要があると考えるようになった．それでウプサラに戻って，化学，物理学，数学の研究を行い，1872年に博士号を取得した．それから3年間スドール社に戻って働き，そして1875年にはドイツのクロスター製鉄所に入社した．その頃には彼の発明の才は片鱗を見せるようになっていた．ベッセマー転炉の空気分配を改善するふるいと，亜鉛めっき処理のための新しい装置を開発した．クロスター製鉄所で働いている時代に，牛乳からクリームを分離する遠心分離機の実験を行っていた．しかし，クロスター製鉄所はそのクリーム分離機の製造を行う意志がなかったので，1877年に辞職してストックホルムで自分の会社を立ち上げている．30年のうちに100万台以上の

ド・ラバル・クリーム分離機を販売していたので，今日のヨーロッパで彼の名は蒸気タービンよりもクリーム分離機の方で知られている．

とはいえ，ド・ラバルが圧縮性流れの理解に対して重要な貢献を行ったのは，蒸気タービン設計でのことであった．1882年，彼は従来型ノズルを使用して最初のタービンを組み立てた．その当時，通常用いられていたノズルは先細形状であった．設計によっては，オリフィス（穴）が空いているだけの場合もあった．そのために回転翼に衝突する蒸気の運動エネルギーは低く，結果としてタービンの回転数も低くなっていた．そうした欠陥の理由は分かっていた．すなわち，ノズルの前後の圧力比は決して 1/2 以下にならなかったからである．今日ではそうしたノズルは出口でチョークしており，ノズル出口からの排気流速が音速を超えないことが分かっているが，1882年の技術者達はそのような現象を完全に理解していなかった．最終的には1888年，ド・ラバルは元来の先細形状に末広部を付け加えることによって気体をさらに膨張させるという発想を得た．その結果，すぐに彼の蒸気タービンは30,000rpm 以上という信じられない回転数で回転を始めた．ド・ラバルは回転数の改善などに伴って発生することになった数多くの機械的な課題を克服して，このタービンの商売をストックホルムの大会社にまで発展させ，そして直ちにフランス，ドイツ，イギリス，オランダ，オーストリア・ハンガリー，ロシア，アメリカの多くの会社と国際提携の契約を結んだ．彼が設計した蒸気タービンは1893年のシカゴ万国博覧会に展示されていた．

ド・ラバルは技術者およびビジネスマンとしての成功に加えて，社交上の人付き合いも良く，仲間や従業員達から尊敬され，かつ好意をもたれていた．スウェーデン議会に選出されて（1888〜90年），後には上院議員にもなった．多くの名誉と勲章を受け，スウェーデン王立科学アカデミーのメンバーでもあった．充実した創造的な人生を歩んだド・ラバルは，1913年に67歳でストックホルムにて亡くなった．しかし，彼の影響と会社は今日まで続いている．

1888年には，ド・ラバルも同時代の技術者達も，実際に「ラバルノズル」の内部に超音速流れが存在しているとは確信していなかった．これは，1903年にストドラが実験を行うまでは厳密に決着することのない論争点であった．

ド・ラバルの革新的な蒸気タービンノズル設計がきっかけになって，19世紀から20世紀へ変わる頃には先細末広ノズルの流れを扱う流体力学に関心が集まった．その分野の研究での重要な人物といえば，ハンガリー生まれの技術者であるオーレル・ボレスラブ・ストドラである．彼は最終的に蒸気タービンに関してヨーロッパを代表する専門家になっていく．ド・ラバルは発想と設計の人であっ

たが，ストドラは学術を好む教授であった．ラバルノズルに関連する理論と科学現象の未解決事項に決着をつけて，圧縮性流れ，熱力学，蒸気タービンに関する理解を進展させた主要人物である．

ストドラは1859年に皮革製造業者の次男としてハンガリーに生まれた．ブダペスト工科大学に1年間在学していたが，非常に優秀な学生であった．1877年にスイスのチューリッヒ大学に転校し，さらに1878年には同じチューリッヒにあるスイス連邦工科大学へ転校して，1880年に機械工学の学位を得て同校を卒業した．そして，短い期間だがプラハのラストン&Co.社で働いて，蒸気機関の設計を担当していた．ところが，学生時代のずば抜けた成績が認められてすぐにチューリッヒのスイス連邦工科大学へ戻ることになって熱機械の教授に就任し，1929年に引退するまでその地位にあった．大学では，授業，産業コンサルタント，工業設計といったところで優れた学術的専門性を発揮していた．しかし彼が主に貢献した分野は，高度な数学的能力と実用化への強いこだわりの相乗効果によって進められた応用研究であった．そして，世界中のどこにもまだ応用先が実質的に存在していない時代にそうした工学研究を行うことの重要性を理解していた．ライト兄弟が初めて動力飛行を成功させた年と同じ1903年に，ストドラは次のように書いている．

> 我々技術者は，広範囲な実用的検証作業を経た機械構造が長年にわたって科学的な調査が困難であった問題を極めて容易に解決してきたことを知っている．しかし，技術者が皮肉にも名付けたこの「試行錯誤による手法」は非常に多額の費用を必要とすることがよくある．つまり，あらゆる技術的活動での最も重要な問題，すなわち効率という問題のためには，科学技術研究の成果を過小評価しないようにすべきである．[p.iii][124]

そもそも，この基本的な科学研究の重要性が無視されていることに対してコメントを加えた部分は蒸気タービン設計の分野に向けられていたのだが，20世紀の後半には様々な大規模研究計画が登場することを予言していたかのようである．

高速空気力学の初期の歴史におけるストドラの重要性は，彼が行ったラバルノズルを流れる蒸気に関する先駆的な研究に由来している．先に述べたように，このノズルの内部に超音速の流れが生じることは理論的に可能ではあったが，実験的に実証されていなかった．ストドラは，この問題について研究を行うために図9.7上部に図示されている形状を持つ先細末広ノズルを製作した．ノズル出口の

下流側にある弁を開閉することで，背圧を自由に変えることができた．そしてストドラは，中心軸に沿ってノズル内を通した長細いチューブ状の圧力タップを用いて，背圧ごとの軸方向圧力分布を計測した．図9.7のノズル概略図の下に彼が計測したデータが示されている．このデータにより，ノズルを通過する超音速流れの特性が初めて実験的に確認された．図9.7では，一番下の曲線が完全な等エントロピー膨張に相当している．そして曲線 D から L までが，高い背圧によってノズル内に衝撃波が発生している場合に相当する．曲線 A, B, C は高い背圧の影響を受けて完全な亜音速流れになっている場合に相当する．このデータに示された圧力の不連続な上昇に関して，ストドラは「これら圧力の尋常ならざる大きな増加は，フォン・リーマンが理論的に導いた『圧縮衝撃波』が実際に起こっているからであると考える．なぜなら，大きな速度を持つ蒸気の粒子はもっと低速で移動している蒸気の塊に衝突した結果，大幅に圧縮されるからである．(p.63)[124]」と述べている．ストドラはリーマンの業績について言及していたが，ランキンとユゴニオについて言及していた方が歴史的にはさらに正確であった．ストドラが行ったノズル実験とその実験データ（図9.7）によって，超音速ノズルの流れに関する理解は飛躍的に進歩することになった．ド・ラバルの貢献と共に，ストドラの研究から本章で解説する空気力学の発展のための基礎が築かれた．

　ストドラは1942年にチューリッヒにて83歳で亡くなった．その頃には蒸気タービンで世界の第一人者になっていた．彼の学生達はスイス国内のあらゆる蒸気タービン製作会社で活躍して，この分野では国際的な先導者であった．ストドラには類いまれな個人的魅力があり，チューリッヒでの長い余生を送っている間，彼の学生達は一種の門弟のような集団を構成していた．明らかに，ストドラは圧縮性流体の歴史に永遠の足跡を残した．

　高速空気力学の初期の歴史における最後の重要人物が，あのユビキタスなルートヴィヒ・プラントルである．20世紀空気力学の多くの領域においてプラントルが与えた独創的な影響については既に取り上げてきた．いくつかの例を挙げると，境界層理論，低速翼型理論，有限翼揚力線理論など．プラントルが圧縮性流体の理論と理解に対して大きな貢献を行ったことは，空気力学の学生達にはほとんど知られていない．1905年，プラントルは蒸気タービンの流れと製材工場でのおがくずの動きを研究するためにマッハ1.5の小型超音速ノズルを製作した．その後の3年間はそうした超音速ノズルに関連した流れのパターンの研究を続けていた．図9.8にはこの期間にプラントルの実験室で撮影された見事な写真が示さ

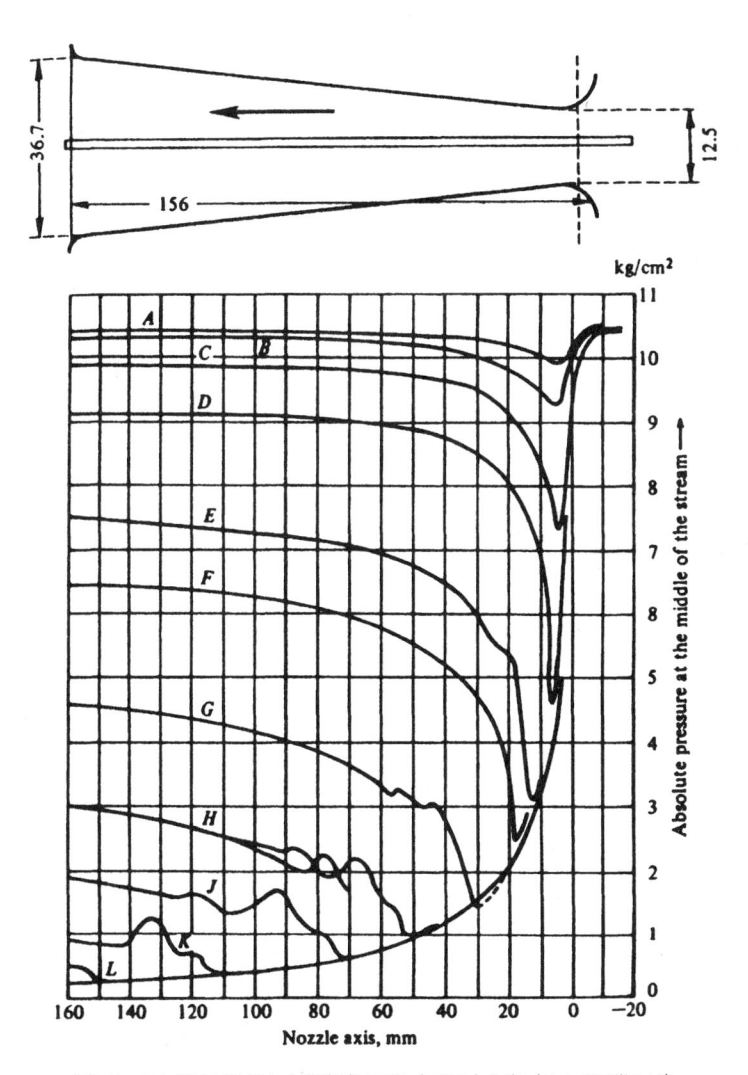

図9.7 ストドラが計測した超音速ノズル内の圧力分布（ストドラ[124]より）

れている．見事というのは，これの写真には超音速ノズルの出口から広がる膨張波と斜め衝撃波がはっきりと映し出されているからである．最大速度が60km/hにも満たない速度でライト兄弟が世界中に動力飛行を紹介していたその同じ時に，プラントルは超音速流れについて学んでいた．この2つの出来事を対比すると，感慨深く感じてしまう．

こうして衝撃波と膨張波を観察したことで，プラントルは自然とそれらの圧力波の基になっている理論を探るようになり，1908年にはゲッティンゲン大学でのプラントルの学生であったテオドール・マイヤーが博士論文の中で膨張波と斜め衝撃波の関係式を初めて実用的に整備して提示した．これは現代の圧縮性流体に関する授業で教えられている理論と基本的に同じである．マイヤーは論文の最後を質素に，しかしながら印象的な写真で締めくくった．それが超音速ノズル内部流れの写真（図9.9）

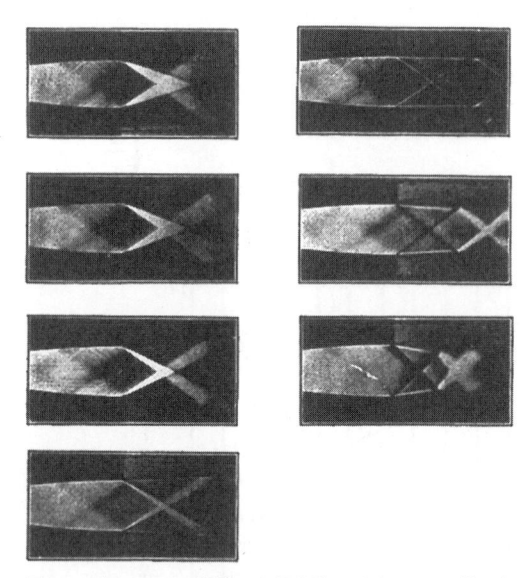

図9.8 プラントルが撮影した超音速ノズルにおける様々な波のパターン（1908年）

であった．シュリーレン写真で弱い波（本来はマッハ波）が見えるようにノズルの壁面が意図的に粗面化されていた．1908年にしては驚くべき写真であり，その技術は現代の超音速実験室にも匹敵する．

先に述べたように，膨脹波と斜め衝撃波に関するプラントルとマイヤーの研究は，1910年のレイリーとテイラーによる垂直衝撃波の研究と同時代であった．ここでもう一度，その時代には無駄に，または無意味に思える分野でも，基礎研究

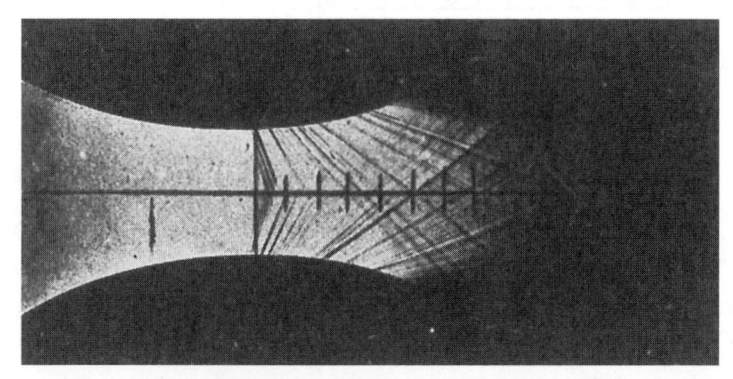

図9.9 意図的に壁面を粗面化して生成させたマッハ波を含む超音速ノズル流れ

を行うことの重要性を思い知ることになる．マイヤーの論文の実用的な価値は1940年代になって超音速飛行の時代が到来するまで十分に理解されていなかった．

圧縮性問題：最初の兆候（1918〜1923年）

ライトフライヤーの時代から第二次世界大戦が始まる頃まで，飛行機の周りを空気が流れる際には空気の密度変化は無視できると仮定されていた．その時代の比較的低速（＜560km/h）の飛行機には非圧縮性の流れを仮定することは妥当であった．理論的に扱う場合に密度一定の仮定は非常に好都合であり，通常の低速空気力学では突然の変化も急激な変化もない滑らかな変化を示していた．飛行速度が音速に接近し始めた時，全てが変わった．この時になって初めて空気力学理論は，飛行機周りの流れ場での空気の密度変化を説明する必要性に迫られるようになった．急激な変化が頻繁に発生して空気力学者を大いに悩ませたように，物理的に流れ場が不規則な振る舞いを示すことがあったからである．1930年代にはそうした全ての現象が一括りにされて，「圧縮性問題」と呼ばれていた．

高速飛行機が直面することになる圧縮性問題の最初の兆しは，支柱とワイヤを持つ複葉機の時代にやって来た．つまり，飛行機のある一部分だけからその問題が発生していた．それがプロペラであった．第一次世界大戦期の飛行機の一般的な飛行速度は200km/hにも満たなかったが，プロペラの先端速度は回転運動と空中での並進運動が組み合わさって極めて大きくなっており，時には音速を超えていた．当時の航空技術者もそのことを理解しており，それゆえに英国航空諮問委員会は圧縮性流れの理論に対して関心を持っていた．（英国航空諮問委員会は航空学における重要課題を定め，そして「理論的研究手法と実験的研究手法の両者を応用することによってその解決策を探る」ために，1909年に初代委員長をレイリー卿としてイギリス政府によって創設された．NACAが1915年に創設された時には，英国航空諮問委員会がそのモデルになった．）1918年と1919年には王立航空研究所の委員会で働いていたG・H・ブライアンが，便宜上の理由から選んだ円筒という単純幾何形状周りの亜音速流れと超音速流

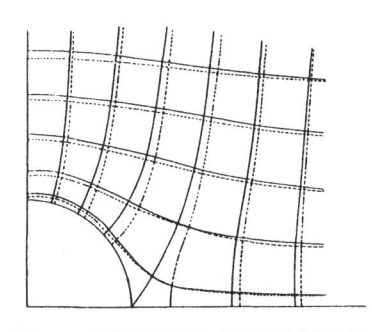

図9.10 円筒周りの流れにおける流線と等ポテンシャル線に及ぼす圧縮性の影響（ブライアン[126]より）

れの理論解析を行った[126,127]．そして，亜音速流れでは圧縮性の効果により隣接する流線は遠方へ引き離されることを示した．彼のデータ（図9.10）には，円筒周りの流れにおける流線と等ポテンシャル線が示されている．この図では流れは右から左へ流れている（流れは円筒の中心を通る水平線と垂直線に対して対称であるので，彼の図の第1象限のみを示している）．流線は図中を基本的に右から左へ流れている線である．等ポテンシャル線（速度ポテンシャルが等しい線）は流線に対して局所的に垂直になっている．破線は非圧縮性流れの状態であり，実線は圧縮性亜音速流れの状態である．圧縮性流れの流線は非圧縮性流れの流線よりも遠くへ引き離されている．後に，圧縮性によって流線の位置が実際にそのように移動することが確認されている．1918年にはブライアンの発見は実用的価値では限定的であったが，知られていない情報が示されていた．また，彼が行った解析はどうしても手間のかかる複雑な計算になってしまう．圧縮性流れを扱う際には困難に直面することを予感させていた．それでもプロペラ性能における圧縮性問題への対処としてはまだ初めの段階であった．ブライアンは自分の理論解析に対して非常に熱心であり，次のように述べている．「それゆえこの報告書に示した方法は将来の研究のための広い視野と，理論検討が実用的応用と密接に関係することがあまねく期待できる広い視野を提供していると思われる．[127]」誰も彼が行った手間のかかる解析方法を詳細にまで継承することはなかったので，その点ではブライアンの言葉は間違っていた．しかし，ある部分は正しかったと言える．概して述べると，彼がとった手法，つまり複素平面で非圧縮性の流れを解き，次にその非圧縮性の流線を圧縮性の流れに適用できるように修正する手法は，後の「圧縮性補正」理論の開発へと発展していく種子を蒔いていた．

　同じ時期，オハイオ州デイトンのマックック・フィールドにあったアメリカ陸軍航空部工務部のフランク・コールドウェルとエリシア・ファルスは，この問題に対して純粋に実験的手法から取り組んでいた．この頃から圧縮性効果の研究に対するイギリスとアメリカの手法は別の道をたどっていた．つまり，その後20年以上にわたって圧縮性効果を理解するための主要な実験的貢献はアメリカ，それも主としてNACAによってなされることになり，主要な理論的貢献はイギリスからやって来ることになる．1918年，コールドウェルとファルスはプロペラ関連の問題を専門に調査するためにアメリカでは初の高速風洞を建設した．流速の範囲は11m/sから驚異的な208m/sまでであった．風洞の長さは5.8m，測定部の直径は0.36mあり，当時としては大型かつ強力な風洞装置であった．そして2人は厚さ比（最大厚さの翼弦長に対する比率）が0.08〜0.2の6種類の翼型を試験した．その

結果から，高速になると「揚力係数は低下し，抗力係数は増加するために揚抗比は極端に低下する」ことが示された[128]．2人はそうした大きな逸脱が発生する気流速度を「臨界速度」と記していた（1930年代の後半から空気力学において広く使われるようになった「臨界マッハ数」という用語の起源だと思われるだろう）．臨界マッハ数は，音速の流れが初めて物体表面に現れる時の自由流マッハ数として定義される．圧縮性効果による抗力の大きな増加は，普通は自由流マッハ数がこの臨界マッハ数をわずかに上回った時に発生している．抗力発散マッハ数とも呼ばれている．コールドウェルとファルスは実験中にこの抗力発散マッハ数に到達し，超えていた．そして，その速度に関連して「臨界」という言葉を導入したことが，後に「臨界マッハ数」という用語が誕生する際に「臨界」が使用されるきっかけになった．彼らのデータの一部が図9.11に示されている．ここでは迎え角8°の翼型の揚力係数と気流速度の関係が表示されている．350M.P.H.（156m/s）の「臨界速度」において揚力係数が急激に低下していることに注意してほしい．これが圧縮性効果である．この図に加えて，他の迎え角に対しても同じような図が示されていたが，これらが翼型に及ぼす圧縮性の悪影響を示した最初の発表資料であった．図9.11には，揚力係数（コールドウェルとファルスはK_yで記している）が臨界速度で急激に低下する直前の中間速度域において緩やかに低下する状況が示されている．今日ではこのグラフには間違いがあることが分かっている．圧縮性の効

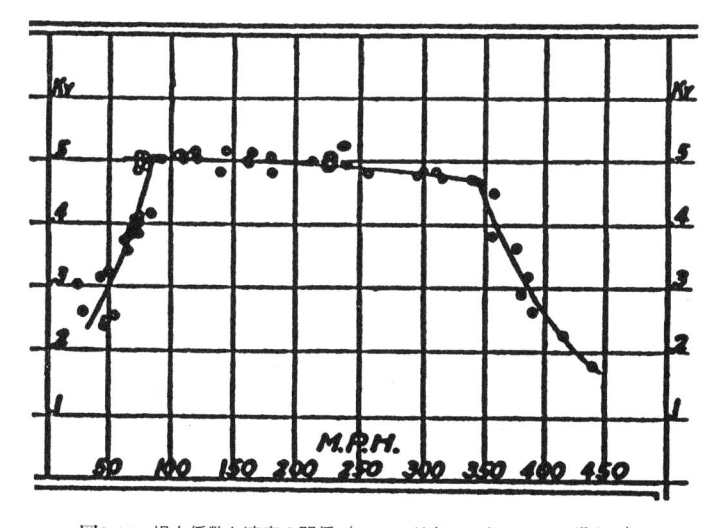

図9.11 揚力係数と速度の関係（コールドウェルとファルス[128]より）

果は臨界速度以下では速度の増加に伴って揚力係数の値も増加させる働きがある（つまり曲線の中央部は徐々に低下するのではなく，徐々に増加するべきであった）．そこでコールドウェルとファルスのデータ整理手法を詳しく調べてみたが，明らかに速度が速いほど報告した揚力係数と抗力係数の値が約10％も小さくなりすぎる誤り（巻末添付資料Iでこの誤りの詳細を取り上げる）をしていた（ただし，1919年には誰も圧縮性流れの条件を扱った経験のある人はいなかったので，この誤りはもっともなことである）．しかし，臨界速度以上で翼型の試験を行った時に抗力は大きく増加し，揚力は大きく低下することを発見した彼らの素晴らしい業績が，この誤りのために損なわれることはない．そのうえ，薄翼の臨界速度は厚翼の臨界速度よりも大きいことを（そして，このように翼型断面を薄くすることにより圧縮性の悪影響を高マッハ数側へ遅らすことができることを）彼らは最初に示していた．これは，高速飛行機の設計に対して恒久的な影響力を持つことになる重要な発見であった．

　その当時，まだ駆け出しだったNACAはコールドウェルとファルスのデータの出版元として活動に加わることで，アメリカ合衆国公法271に記載された「実用的解決策を見据えながら飛行の諸問題に関する科学的研究を監督および指導し，実験的に取り組むべき問題を定義し，実問題の解決策とその応用を議論すること」という任務を遂行していた．NACAは「実験的に取り組むべき」問題として圧縮性効果を考えていた．

　イギリスもNACAに次いでプロペラへの圧縮性効果を調査していた．1923年，王立航空研究所の空気力学者であるG・P・ダグラスとR・M・ウッドがロンドンの国立物理研究所にあった2.1m低速風洞（風速45m/s）を用いて高回転数で模型プロペラを試験した[129]．彼らはデ・ハヴィランドD.H.9A複葉機で飛行試験も実施して，プロペラ全体で発生している推力とトルクの全体的な計測を行っていたが，そのためにプロペラ先端部の翼型に影響を及ぼす圧縮性効果の詳細についてはいささかはっきりしない状態であった．しかし，彼らの結論の中には次に示すように圧縮性の悪影響を予測している内容があった．すなわち，「現在よりも先端速度が速くなると，おそらく深刻な効率の低下を招くであろう．[129]」

　こうして翼型に対する高速での圧縮性効果の兆候が初めて認識されたわけだが，1742年にベンジャミン・ロビンスがマッハ1付近では空気力がおかしな振る舞いをするという提言を初めて行っていたのだから，驚くようなことではなかったはずである．ロビンスは弾道振り子試験器での計測値に基づいて，速度が音速に近づくと飛翔体の抗力は非常に大きくなることを観察していた．そして，具体的に空気力が流速の（低速の場合での2乗ではなく）3乗で変化し始めることを報告

していた．20世紀の初めにはベンズベルクとクランツ[130]がドイツで飛翔体に関する弾道学計測を実施して，図9.12に示す遷音速度域と超音速度域に相当する速度での抗力係数の変化を得た．この曲線からは，マッハ1近くで抗力係数は大きく上昇し，超音速域では抗力係数が緩やかに減少することが分かる．これらのデータは弾道学技術者が大砲に関する検討に使用するために採取されていたが，弾道学技術者は空気力学者に対してこの問題への警告を発するべきであったし，空気力学者は20世紀中に高速飛行機が直面する問題だと予想すべきであった．しかし，20世紀の初頭にはこうした弾道学研究を参照した高速空気力学文献はなかった．つまり，圧縮性効果に関して先駆的な研究を行っていた空気力学者達は，あたかもそのデータを知らないかのように振る舞っていた．

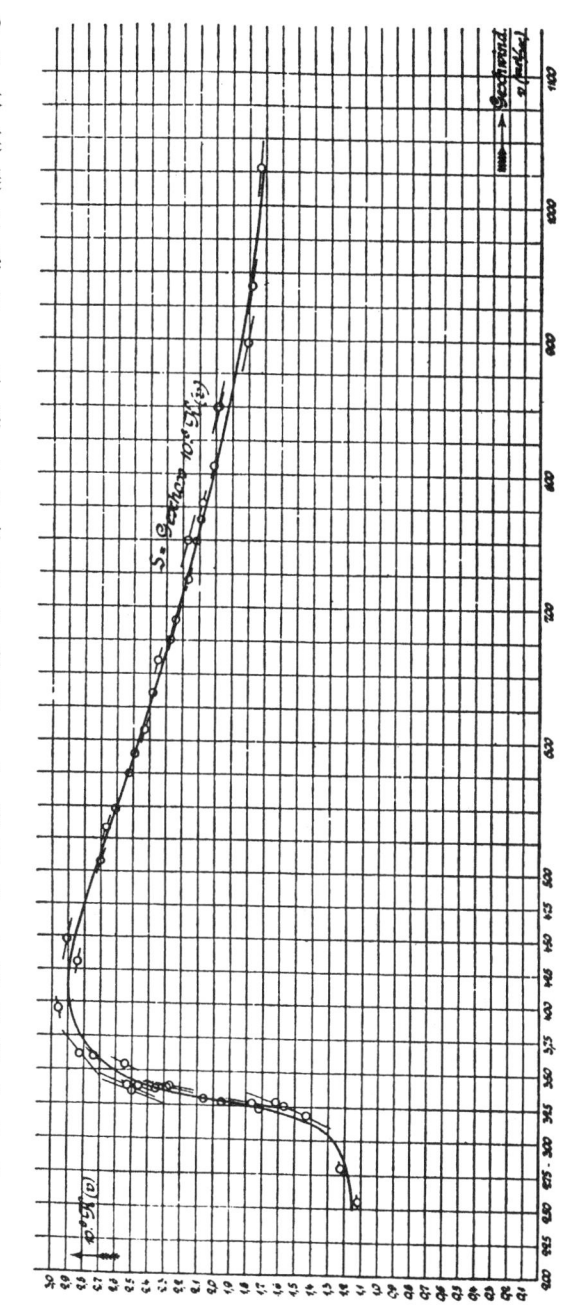

図9.12　遷音速速度域と超音速速度域における飛翔体の抗力係数と速度の関係（ベンズベルクとクランツ[130]より）

●圧縮性剥離泡：将来に大きな影響を与えた NACA の研究 (1924～29年)

　1920年代，NACA はライマン・J・ブリッグスとヒュー・L・ドライデンが指揮した規格基準局での一連の高速空気力学基礎実験に資金援助を行っていた．1919年，ドライデンは20歳にして既にジョンズ・ホプキンス大学から物理学博士号を受けていた．(彼は後に NACA の研究部部長 (1947～58年) になる)．その実験は3段階に分けて実施され，全期間は1924年から1929年に及んでいた．主目的はプロペラ先端における圧縮性効果を理解することであった．

　最初の段階では，その4年前にコールドウェルとファルスが既に観察していた傾向を確認しただけであった．ブリッグスとドライデンはアメリカ陸軍軍需品部の G・F・ハルの支援により，応急措置としてマサチューセッツのゼネラル・エレクトリック社リン工場にあった大型遠心圧縮機に直径0.76m，高さ9.1m の垂直送風管を接続して，これを高速風洞として使用した[131]．送風管のもう一端には，ノズルとして機能する直径310.9mm の円筒形オリフィスが開けられていた．そして，この装置によって「音速に近い気流速度」が得られていた．コールドウェルとファルスとは異なり，ブリッグスとドライデンは気流速度を計算する際に圧縮性流れのための適切な方程式を用いていた．当時はまだ標準的な教科書にそうした式は書かれていなかったが，ドライデンは物理分野での博士号研究でその式を知っていた．(圧縮性流れに焦点を当てた最初の英語技術教科書はリープマンとパケット[132]によって書かれて，1947年に出版された．) 翼幅437mm，翼弦長76mm の長方形平面を持つ模型がこの高速気流中に置かれて，揚力，抗力，圧力中心が計測された．その結果はそれ以前にコールドウェルとファルスが観察した傾向と一致していた．特に，ブリッグスら[131]は以下のことを発見している．

(1)速度の上昇と共に，迎え角一定での揚力係数は急激に減少し，
(2)抗力係数は急速に増加し，
(3)圧力中心は後縁に向かって後方へ移動し，
(4)迎え角が増加し，かつ翼型の厚みが増すに従って，こうした変化が起こる臨界速度は低下する．

　それ以前に進められていた研究と同様に，1924年にはこの実験も赤信号を灯す方へ影響した．つまり圧縮性効果は好ましくない状態であり，翼性能を著しく悪化させていた．しかし，そうした悪影響を引き起こしていた流れ場の物理特性を誰

も基本から理解していなかったし，それから10年が経ってもそれを理解できる人物が現れるとは思えなかった．

　1926年にブリッグスとドライデン[133]が実施した第2段階の実験の時に，そうした基本的な理解を目的とした重要な段階を迎えることになった．その時にはリン工場の圧縮機を利用できなかったので，実験活動の場所をアメリカ陸軍のエッジウッド・アーセナルに移すことになり，高速風洞をもう一台製作した．ただし，前回の高速風洞よりもはるかに小型であり，気流の直径はわずか51mmしかなかった．小さな翼型模型を注意深く設計して，それぞれの模型には圧力タップを2ヶ所設けることができるようになっていた．そして，全て異なる位置に圧力タップを開けた全く同じ形状の模型を7つ用いた．したがって，上面に7ヶ所，下面に6ヶ所，全部で13ヶ所の圧力タップを使用していた（数えながら読んでいる読者のために記すと，7番目の模型には圧力タップが1ヶ所しかなかった）．ブリッグスとドライデンはこの手法を用いて0.5～1.08のマッハ数での翼型周りの圧力分布を計測した．すると，その結果は画期的であった．臨界速度を超えると翼型上面の圧力分布は前縁よりおよそ1/3から1/2の位置で急激に上昇して，それ以降は後縁に向かってかなり長い平坦な分布になっていた．そのような圧力の平坦な分布はなじみのある現象であり（大きな迎え角をとって低速流れの中に置かれた翼型が失速した際に現れる翼上面の圧力分布に似ていた），翼型の失速は翼型の上面から流れが剥離することによって生じていることもその当時には十分に分かっていた．ブリッグスとドライデンは，圧縮性の悪影響はたとえ小さな迎え角であったとしても（0°でさえも），上面での流れの剥離によって生じているという結論を下した．それを実証するため，彼らはオイルフロー試験を行った．つまり，可視化できるように顔料を加えた油を模型の表面に塗布して高速気流中に置くと，油の模様によって流れの剥離が紛れもない線になって現れてくる．明らかに，臨界速度を超えると流れの剥離が翼型の上面で発生していた．しかし，なぜこの流れは剥離したのだろうか．その疑問に対する答えは8年後に明らかになる．

　実用的解決策に向かって研究活動を行うようにと書かれたNACAの職務に従い，ブリッグスとドライデンが行った実験の第3段階は実用化の段階であった．1920年代の末，彼らは24種類の翼型の空気力学特性を調べるためにマッハ数0.5～1.08の間で詳細な計測を数多く実施した[134]．試験に用いた翼型は，陸軍と海軍でプロペラとして標準的に用いられていた翼型であった．つまり，イギリス設計のRAF系列翼型とアメリカ設計のクラークY系列翼型である．彼らの計測により，標準系列の翼型に対する圧縮性効果を明らかに示す決定的なデータが初めて

得られた．

　第一次世界大戦の頃には空気力学者達は流れが翼型の上面から剥離するので，大きな迎え角では翼が失速することを十分に認識していた．その結果として生じる揚力の大幅な損失は「揚力剥離泡」と呼ばれていた．ブリッグスとドライデンが臨界速度を超えた高速での揚力の大幅な損失も流れの剥離によることを発見した時に，その効果を「圧縮性剥離泡」と呼んだことは自然であり，1930年代を通してこのNACAの用語が高速空気力学に関する文献で使用されていた．

● 最初の圧縮性補正理論：プラントル－グロワートの法則

　1920年代には高速亜音速流れでの圧縮性効果の理論解構築に向けた実質的な進展はなかった．唯一の主要な貢献が，イギリス人空気力学者のハーマン・グロワートによる研究であった．彼は圧縮性効果を考慮して揚力を修正するために，低速非圧縮性流れの揚力係数に適用する厳密な補正法を導いた[135]．これは，「圧縮性補正」と呼ばれる一連の理論則の中では最初の法則であった．第7章で取り上げたように，グロワートは1920年代の前半にプラントルを訪問して揚力の循環理論を詳細に学び，そしてその理論を明確に記述した初めての英語の本を著している．

　ハーマン・グロワートは1892年10月4日にイギリスのシェフィールドで生まれた．最初はシェフィールドのキング・エドワードVIIスクールで，その後はケンブリッジ大学のトリニティー・カレッジで教育を受けたことから分かるように，彼は立派な教育を受けていた．ケンブリッジ大学ではクラスでのリーダーシップに対して数多くの表彰を受けた．例えば1913年には天文学でライソンメダルを，1914年にはアイザック・ニュートン奨学金を，1915年にはレイリー賞を贈られている．第一次世界大戦が長引くと，1916年にはファーンバラの王立航空研究所所員になり，直ちに空気力学の基礎を習得して，翼型とプロペラの理論，自動姿勢制御理論，飛行機の性能・安定性・制御を扱った多くの報告書と資料を著している．1926年には『翼及プロペラ理論[80]』を出版した．この本は英語を話す世界にプラントルの翼型と翼の理論を広めた唯一かつ最重要な手段であり，非圧縮性流れを扱う課程では今でも参考書として使用されている．1930年代の前半には王立航空研究所の主任技師兼空気力学部の部長になり，イギリスを代表する理論空気力学者に数えられていた．1934年に彼が事故で亡くなった時には，世界は最高の空気力学者と考えられていた人物を失ってしまった．

実用的な効果はほとんどなかったものの，1918～19年にブライアンが王立航空研究所で亜音速圧縮性流れの理論研究を始めていた．その 8 年後に今度はグロワートが主導的役割に就いて，非常に実用的な発見をもたらした．グロワートの貢献が本質的にどのようなものであったかを理解するには，既に1920年代の後半には低速非圧縮性流れの理論データと実験データが比較的大規模に蓄積されていたことを考慮する必要がある．最初はプロペラ羽根の先端が圧縮性の対象になり，後に飛行機自体が対象に入ってきた．こうして圧縮性が重要な関心事となる高速飛行の現実性に直面した時，空気力学者には取るべき選択肢が 2 つあった．それは，(1)非圧縮性流れに関する全ての既存のデータを廃棄し，圧縮性の流れのデータベースを新たに蓄積するか，または(2)既存の非圧縮性流れのデータを修正して，圧縮性の影響を考慮することであった．グロワートの研究は後者の範疇であった．グロワートは対応する同じ翼型周りの非圧縮性流れに亜音速の圧縮性流れを関連づけた式の変換を導いて，1927年に次のような驚くほど簡潔な式を得た[135]．

$$C_L = \frac{C_{L,0}}{(1-M_\infty^2)^{1/2}}$$

ここで $C_{L,0}$ は非圧縮性流れでの翼型の揚力係数，C_L はマッハ数 M_∞ の自由流中に置かれた同じ翼型周りの圧縮性流れに対応する揚力係数である．この式の導出は，非粘性流体の運動の支配方程式である非線形のオイラー方程式をはるかに簡潔な線形方程式へと簡略化する近似に基づいていた．その近似では，もし翼型がなければ均一な自由流中に翼型を置いて比較的小さな擾乱のみを発生させるという仮定が置かれており，それゆえに小さな迎え角から中程度の迎え角までの細い物体に限ってその式を適用できる．しかし，通常の巡航条件ではほとんどの航空機用標準翼型がこの制約条件を満足しているので，こうした翼型にこの式を適用することが可能であった．また，この方程式の線形近似式が確実に有効であったのは，マッハ数の範囲で約0.7が上限であった．それでも1927年には，この式が圧縮性亜音速流れの理論解析においては大きな発展であった．今日ではプラントル－グロワートの法則と呼ばれている．

　その法則にプラントルの名前が冠してあることについては，解説しておく必要があるだろう．それはプラントルがどういう訳か1920年代の前半にこの式を導いて，講義で何度か議論していたとゲッティンゲンの学生達が報告したからである．しかし，プラントルはその式も式の導出も全く発表していなかった．グロワートはこの問題に関するプラントルの研究を全く知らなかったし，プラントル－

グロワートの法則を生み出す際にプラントルと共同して取り組むようなことがなかったのも確かである．むしろグロワートは完全に独立して研究を行い，1927年に初めてこの法則と確立した流体の支配方程式からの論理的な式の導出を発表した．最初は1927年9月に王立航空研究所報告書[135]で，その次には翌年に王立協会の会報に掲載された．ともかくプラントルがこの方程式に何らかの関連を持っていたことを認識するために，空気力学の文献ではプラントル－グロワートの法則として伝えられてきている．

プラントル－グロワートの法則は「圧縮性補正」である．つまり，圧縮性効果を考慮して既存の非圧縮性流れのデータを補正するための方法である．1920年代はもとより，1930年代に入ってもまだこの方法が唯一の手段であった．そして高速の亜音速非圧縮性流れに対する空気力学理論の開発がヨーロッパ，特にドイツとイギリスを中心にして行われていたことを物語っている例だとも言える．対照的に，同じ時期のアメリカでの圧縮性の研究は完全に実験が中心になっていた．ただし，実験的研究がヨーロッパでは完全に欠けていたといっているわけではない．

● 圧縮性効果に対する初期のイギリスでの実験的研究

アメリカではコールドウェルとファルスがプロペラ問題に喚起されて，翼型に及ぼす圧縮性の悪影響を明確に説明するために最初の実験を実施した．イギリス人も同じ問題に直面して，王立航空研究所が1922年に圧縮性の実験を開始した．この年，G・P・ダグラスとR・M・ウッド[129]がわずかに音速を超えるプロペラ先端速度でのプロペラ試験を静定大気中で実施している．彼らはプロペラ性能（推力とトルク）の計測結果からそのプロペラ翼型の揚力係数と抗力係数の値を導き出していた．図9.13には1923年に発表されたデータの一部が示されている．ここでは揚力係数 k_L と $2\pi nrD/a$ という量の関係が示されている．n は1秒当たりのプロペラ回転数，D はプロペラ直径，r は D で割って無次元化したプロペラ中心からその翼型断面部までの距離（$r=0.4$ であるが，これはプロペラの中心から先端までの距離の80％の位置に相当する），a は音速である．図9.13では，$2\pi nrD/a = 0.8$ の時にプロペラ先端の速度は音速になっている．固定プロペラ翼角 α での k_L は，ある値まで，すなわちプロペラ先端が超音速になる速度まで速度増加に伴って増加し，そしてさらに速度が増加すると減少に転じる．臨界速度以下で速度と共に k_L が増加するのは，亜音速での圧縮性効果が及ぼす傾向である．プラントル－グロ

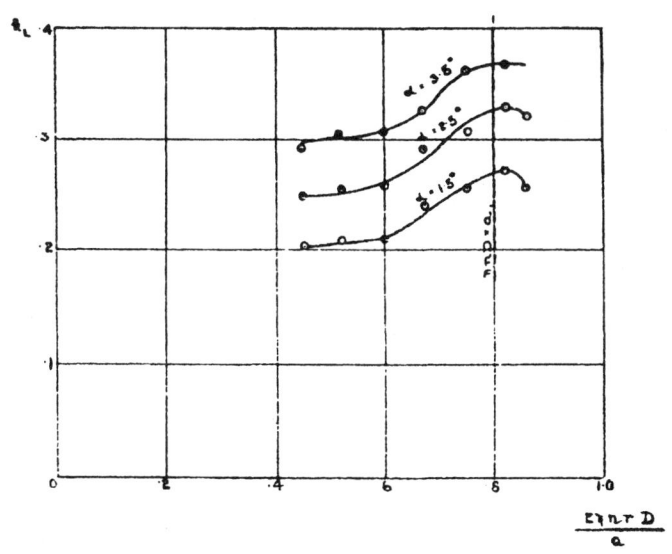

図9.13 揚力係数に及ぼす圧縮性効果（ダグラスとウッド[129]より）

　ワートの法則でもマッハ数の増加に伴って揚力係数が増加する，この同じ傾向が予測されている．コールドウェルとファルスのデータ（図9.11）には，彼らのデータ整理における誤りのために，この傾向が表れていなかったことを思い出してほしい．このように，1923年のイギリスでの試験では，臨界速度以下での揚力係数の増加を示す実験データが初めて得られていた．同じ傾向は1年後にブリッグスら[131]によっても計測されている．もちろん，臨界速度を超えると揚力係数が急激に減少することの方がもっと重要であった．この発見は1920年にコールドウェルとファルス[128]が最初に報告し，1923年には王立航空研究所のダグラスとウッド[129]が裏づけを行い，さらに1924年にはNACAの資金援助で行われた規格基準局での研究でブリッグスら[131]も裏づけを行っている．こうした初期の圧縮性研究ではいずれにおいても臨界速度を超えた時に現れる抗力係数の増加よりも，それに対応する揚力係数の急激な低下の方に関心が向けられていた．プロペラ性能に関心が集中しており，揚力係数の低下がプロペラ推力の急激な低下を意味していたことが，その最も大きな理由であろう．

　ファーンバラの王立航空研究所では，圧縮性の試験計画を拡大して2m風洞

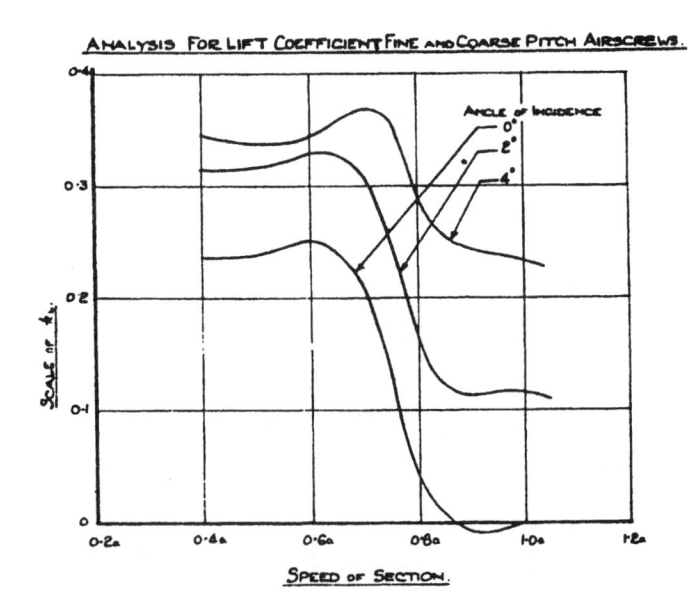

ANALYSIS FOR LIFT COEFFICIENT FINE AND COARSE PITCH AIRSCREWS.

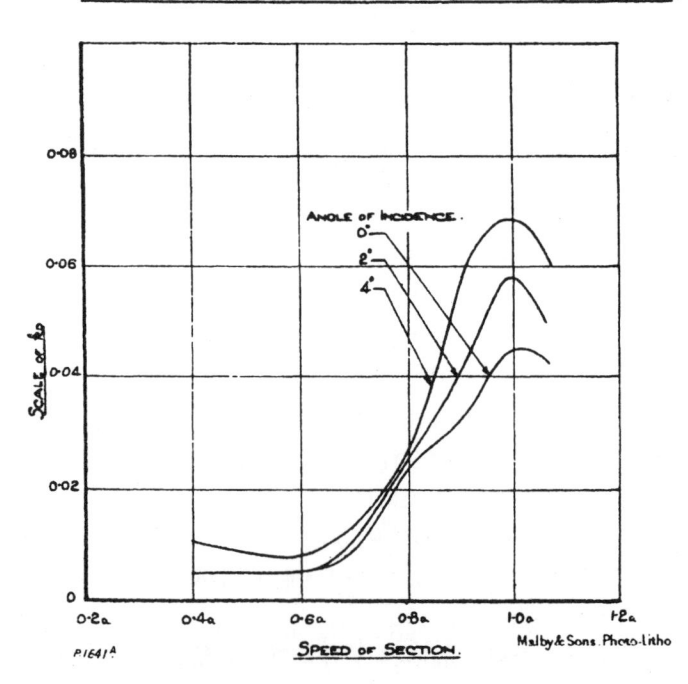

ANALYSIS FOR DRAG COEFFICIENT FINE AND COARSE PITCH AIRSCREWS.

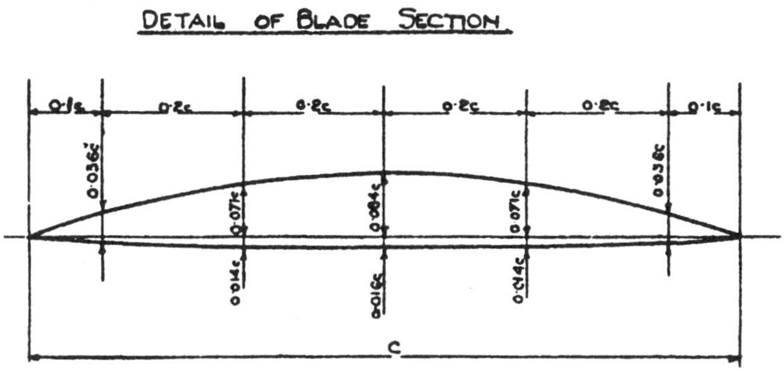

図9.14 揚力係数と抗力係数に及ぼす圧縮性効果（ダグラスとペリング[137]より）

を用いた一連のプロペラ試験を実施した．すなわち，高速空気タービンで模型プロペラを高速回転させる方法を用いて，風洞内を流れる45m/sの試験気流中で直径2mの2枚羽根プロペラ試験が行われた．G・P・ダグラスとW・G・A・ペリング[136-138]がこの風洞試験を担当して，各プロペラ翼型断面部の揚力係数と抗力係数の変化を速度の関数として余すところなく計測した．図9.14に示されている典型的なデータには，揚力係数（上図）と抗力係数（下図）が断面部の速度と共に表されている．その下には両凸面の翼型形状が示されている．このデータには，高速の圧縮性効果（すなわち，「圧縮性剥離泡」）によって揚力係数が驚くほど減少し，また抗力係数が急激に増加する様子がそれまでのどの資料よりもはっきりと図示されていた．

圧縮性流れの領域でのデータを取得するために人々がどれほどの労力を費やしたのか，20世紀前半のイギリスを代表する流体力学者であったジェフリー・I・テイラーは1928年にそれまでにない新しい方法でその例を示した．だたし，この方法は今ではあまり覚えられていない．彼については，衝撃波理論に関連して前に説明を行った．ケンブリッジ大学の教授であったテイラーについて，ラウズとインス[2]は次のように述べている．「ケンブリッジ大学の気象学者であったジェフリー・イングラム・テイラーによる20世紀初頭の業績は，質的には19世紀イギリスでの流体運動解析に対する一連の膨大な貢献に匹敵していた．」テイラーの業績は（超音速流れを含む）圧縮性流体から気象まで，流体に関する多くのテーマに及んでいた．そしておそらく彼の名をよく知らしめた最大のものは，20年間以上にわたって統計的手法を用いた乱流の基本的解析に関する論文を発表したことである．

私達のここでの目的に従って，テイラーが圧縮性の亜音速流れを解くことを目指して王立航空研究所のために行った研究を取り上げてみよう．テイラーは圧縮性の渦なし流れを表す方程式と保存電磁場での「電気の流れ」を表す方程式とを関連づける電気的相似性を利用して，理論と実験を一つに結合した．彼は「可変密度流体の二次元における流れと可変厚さの導電性シートにおける電気の流れの間」に相似性を見いだした[139]．そして，浅いながらもその深さを変えることができる水槽の中に硫酸銅水溶液を入れた実験装置の製作を開始した．この水溶液が可変厚さの導電性シートに相当する．水槽の底は簡単に望みの形状へと彫ることができるパラフィンろうで作られていた．この導電性水溶液の中に二次元物体（非導電性の材料で作られた翼型や円柱を用いた様々な実験が行われた）を挿入して，この導電性シートに電界を加えた．相似な圧縮性流れでの局所密度に比例するように導電性シートの局所厚みを設定すると，導電性シートでの電気力の強さは相似な圧縮性流れでの速度に比例し，最大電界強度の方向（電流の流線）は圧縮性流れの流線と相似性を持つことになる．そして，硫酸銅水溶液の水深を適切に変化させて相似性が成立するように一連の反復計測を計画した．まず平坦な平底水槽から開始して電気の流れ場を計測した．つまり，この場合は非圧縮性（密度一定）の流れに相当する．電界強度を計測することで，対応する流れでの流速場が得られた．渦なし流れを仮定することで，その流速場はある圧力場に対応することになり，断熱条件を仮定することで，この圧力場はある密度場に対応することになる．しかし，水槽の底が平坦（厚さ一定の導電性シート）であるために，その密度場は定量的に正確ではない．そこで，各位置での深さが先に得られた密度に比例するようにパラフィンろうの底部を削り，それから再び電界を加えて新しい電界強度を計測した．その結果，相似な新しい密度場が得られ，それに従って再びパラフィンろうの底部を削ることができる．完全な収束に至るまでこの工程が繰り返された．そして最終結果から，その流れでの正しい密度場（水槽深さの局所的分布に反映されている）と，正しい流線の方向および流速場（電界の方向と強度に反映されている）が得られた．

　このテイラーの手法を用いた人は，他には誰もいなかったようだ．適用範囲が極めて限定されていたことと，伝統的に確立している高速風洞での試験に取って代わられたからであった．しかし，テイラーの実験には一つ重要な結果が含まれていた．すなわち，彼は円柱の臨界マッハ数の概算計測を行っていた．臨界マッハ数とは物体表面のある点が初めて音速になる時の自由流マッハ数であり，次のようにテイラーは述べている．

本研究から得られた最も重要な結果の一つとして，収束しない状況は流れの主流部が音速に到達した時ではなく，それよりも多少低速の時に生じることを発見したことが挙げられる．円柱の場合には，**その流れ場の最大速度が空気中での音速に達した時に**，収束しなくなる．流れの速度が音速の0.4倍から0.5倍の間にある時にこの状況が初めて発生する．**音速の0.5倍の速度では，円柱を通過して流れる連続的な渦なし流れは不可能であるように思われる**［太字は，テイラーによる］．[139]

テイラーはほぼ正解に到達していた．今日，円柱の臨界マッハ数は0.404であることが分かっており，この値よりも大きな自由流マッハ数では円柱の最上部と最下部にある局所超音速領域には衝撃波が現れて，渦なし流れの前提が崩れる．このテイラーの発見は1928年に発表されており，空気力学物体周りの圧縮性流れを基本的に理解するうえで重要な発展段階になった．

イギリスでこうした実験が行われていたが，亜音速圧縮性効果に対する実験的研究はNACAが資金を援助していた研究のおかげでアメリカに偏っていた．1930年代にはNACAがラングレー記念研究所の特別に設計された高速風洞で試験を開始したことから，特にそのことが際だつようになってきた．

● ジョン・スタックと1930年代のNACAでの圧縮性流れ研究

翼型周りの高速圧縮性流れを基本的に理解するために欠かせない3つの要素のうち，1928年には既に2つが手元に存在していた．すなわち，

(1) 1920年のコールドウェルとファルスの業績，およびその後に続いた研究から，自由流の流速が音速に近づくと何か劇的なことが翼型の空気力学に発生していることは明らかであった．つまり，ある「臨界速度」を超えると，揚力は急激に低下し，抗力は突然急速に増加していた．
(2) 1926年のブリッグスとドライデンの業績から，そうした急激な変化は，たとえ小さな迎え角でも翼型周りの流れが突然剥離することに関係していることが示されていた．

しかし，何が原因で流れは剥離していたのだろうか．その質問に対する答えは第3の要素に関係するが，それが理解できるようになった発見まで，さらにまだ6年の年月を要することになる．

マサチューセッツ州のローウェルで生まれ育ったジョン・スタックは，1928年7月にNACAラングレー記念研究所で働き始めた．マサチューセッツ工科大学を航空工学の学士で卒業したばかりであったが，その当時世界で最高の風洞であった可変密度風洞に配属された．スタックは航空への関心から様々なことを経験しながら，長い期間にわたって航空の世界に携わってきた．高校ではカナダ製複葉機での数時間の飛行教習を受けるために働いてお金を稼ぎ，アルバイト先の主人が所有するボーイング複葉機の整備を手伝っていた．本人は航空工学を学ぶ決心をしていたが，不動産業でも大いに成功していた大工の父は息子にマサチューセッツ工科大学で建築学を学んで欲しいと思っていた[140]．しかしスタックがマサチューセッツ工科大学に入学した時には，母親には認めてもらっていたが，最初の年は父親に内緒で航空工学に登録していた．スタックはかなり後になって，「父がそれを知った時には，もはや反対するには遅すぎた」と言っている．

ジョン・スタックが1928年にNACAラングレー記念研究所にやって来た時には，1年の歳月を費やしたラングレー最初の高速風洞の設計は完了しており，開放スロート型測定部を持つその風洞は既に運用を開始していた．圧縮性効果の研究でブリッグスとドライデンが成功を収めたことと，高速空気力学の研究の重要性を認識していた先見の明のある人物がいたことから，1927年にはジョンズ・ホプキンス大学の学長であり，NACAの新しい委員長に就任したジョゼフ・S・エームズが高速風洞を用いた研究の優先度を上げていた[93]．そして，イーストマン・ジェイコブズがラングレーの開放スロート型280mm高速風洞の設計主任になった．（第8章で取り上げたように，ジェイコブズは1930年代にNACA翼型を設計し，第二次世界大戦が始まる直前にはNACA層流翼型を設計した．）その280mm高速風洞は，ラングレー可変密度風洞の20気圧タンクからのガスで運転を行っていたところが革新的な特徴であった．可変密度風洞で模型を変更するためには，風洞全体を覆っていた20気圧タンク内の空気を1気圧になるまで排出する必要があり，その無駄になる空気を280mm高速風洞のエネルギー源として使用できることに，ラングレーの技術者達は気づいた．容量147m^{3}の高圧タンクにより280mm風洞は約1分間の運転が可能であった．スタックは密閉スロートを設計することでこの高速風洞の機能を向上させる職務を与えられ，改良された設備（図9.15）は1932年に運用を開始した．そして，この280mm高速風洞の設計開発に参画したことが，スタックが高速空気力学の世界で経歴を重ねるきっかけになった．

高速風洞に関する業務を行っていた頃，彼はイギリスでの出来事に関心を寄せ

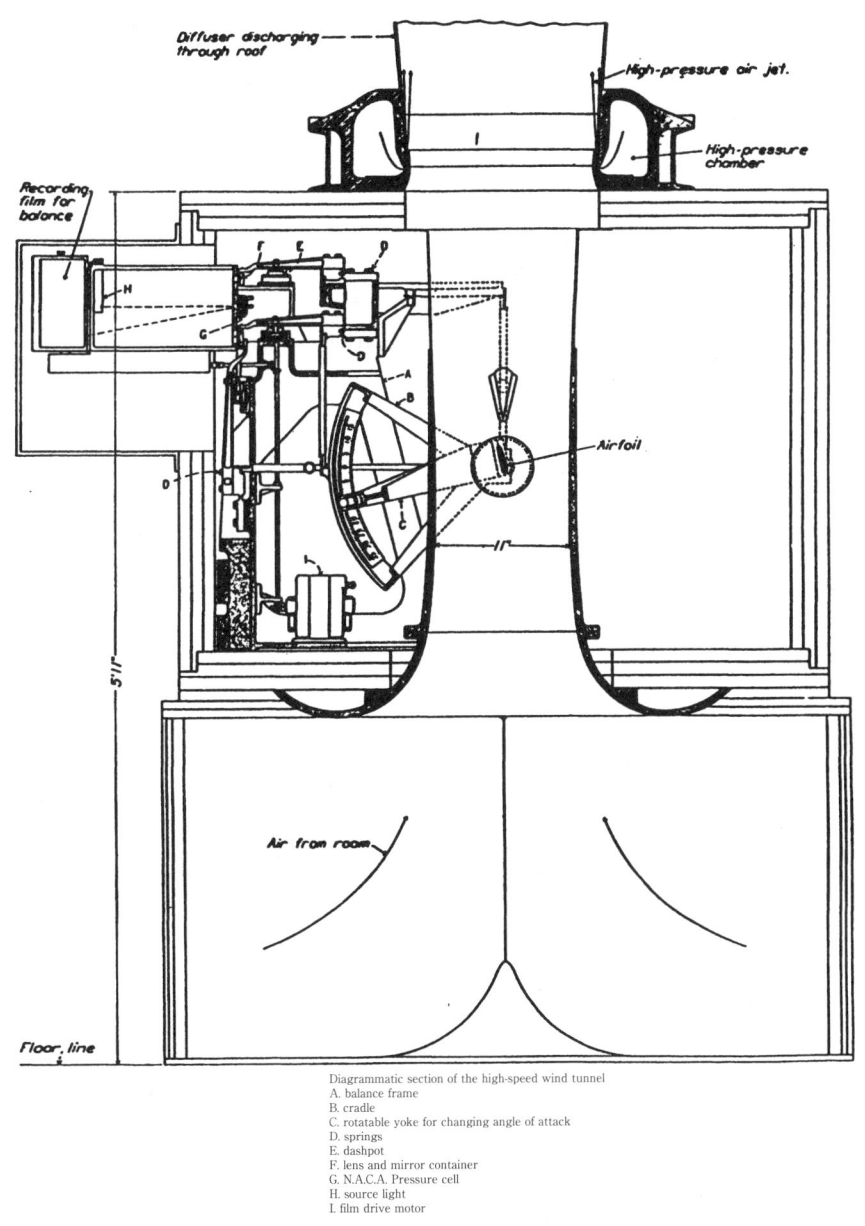

第9章　ジェット推進飛行機の時代の空気力学　509

Diagrammatic section of the high-speed wind tunnel
A. balance frame
B. cradle
C. rotatable yoke for changing angle of attack
D. springs
E. dashpot
F. lens and mirror container
G. N.A.C.A. Pressure cell
H. source light
I. film drive motor

図9.15　NACA ラングレーの密閉スロート型高速風洞（1932年）

図9.16 スーパーマリンS.6B（1931年）

ていた．この出来事をきっかけにして，再びNACAの高速研究計画に注目が急速に集まっていくことになる．1931年9月13日の午後，高度に流線型化されたスーパーマリンS.6B飛行機が澄みわたったイギリス南岸ポーツマスの空を駆けるように通り過ぎて行った．ジョン・N・ブースマン空軍大尉が操縦したその競技飛行機は，長距離を7周するコースを平均速度547.2km/hで飛行し，誰もが待ち望んでいたシュナイダー・トロフィーをイギリスにもたらした．同じ月の下旬には，ジョージ・H・ステインフォース空軍大尉が同一機（S.6B）で世界記録になる646.0km/hを樹立した（図9.16）．1931年には抗力を低減するために流線型を採用する概念が定着していたが，このことを理解するために空気力学の専門家を連れ出す必要性はどこにもなかった．難しいことは抜きでもスーパーマリンS.6Bは速そうに見えたし，事実640km/h（マッハ0.53，つまり音速の1/2以上）で飛行したのだから，速かった．それまでの圧縮性効果はプロペラに対する憂慮であり，確かに重要ではあったが，プロペラの先端の場合には容認できていた．それに対して，突然このような高速に直面すると，飛行機全体に圧縮性効果が及ぶことが非常に深刻な不安材料として捉えられるようになってきた．そしてこの圧縮性効果が複雑であったために，人々の注目を集める問題になった．

　スタックは圧縮性に対して新たな挑戦をすることを強く意識していた．1933年，彼は新たに改良された密閉スロート型高速風洞より得られた最初のデータを発表した．試験を行った翼型はプロペラの断面であったが，次のように述べたスタックの心には明らかにあのシュナイダー・トロフィー競技飛行機のことがあった．「しかし現在使用されているプロペラの先端速度は一般的に音速近傍にあるため，圧縮性の現象に関する知識は不可欠である．さらに，競技飛行機が実現してきている速度は音速のほぼ1/2にもなっている．通常の飛行機での速度でさえ，正確な計測を望むなら圧縮性効果を無視してはならない．[141]」1933年のスタックのデータは，大部分ではそれ以前に観察されていた傾向の確認になっていた．

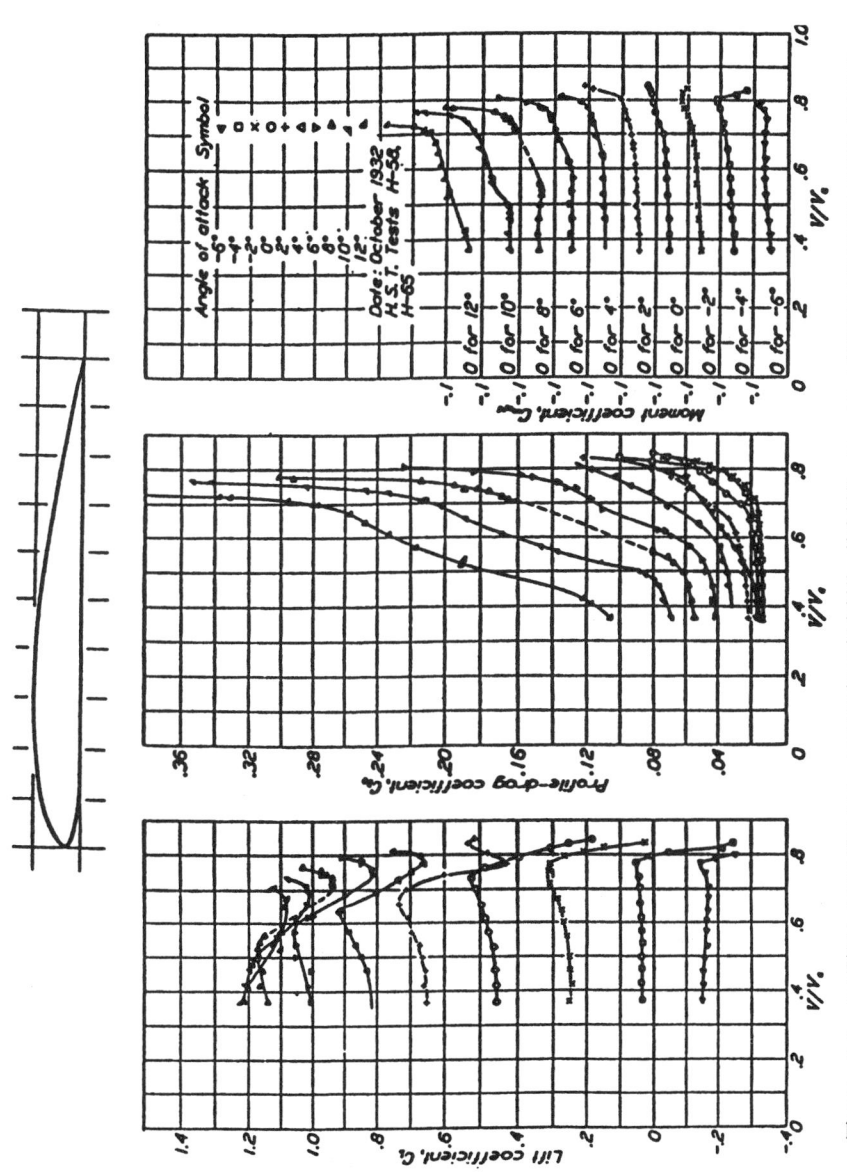

第9章 ジェット推進飛行機の時代の空気力学　511

図9.17 スタックが計測した10%厚さクラーク Y 翼型での揚力係数，抗力係数，モーメント係数に及ぼす圧縮性の影響 (1933年)

彼が計測した10％厚さクラークY翼型での揚力係数，抗力係数，モーメント係数のマッハ数に対する変化が図9.17に示されており，高速での揚力の急激な低下と抗力の大幅な増加がはっきりと分かる．しかし，翼型厚さが増加，または迎え角が増加，またはその両方が同時に起こると，圧縮性効果の悪影響が低いマッハ数で現れるようになることも確認していた．彼が下した結論の中には，先に取り上げたプラントル－グロワートの圧縮率補正の理論を反映しているものもあった．すなわち，彼の計測によると「私達が利用できるその限界のある理論は，圧縮性剥離泡よりも低い速度に限って，ほとんどの実用的な目的では十分な精度で適用可能である」ことが示されていた．この言葉はその後40年近くにわたる理論の空白を予言している．遷音速の飛行領域（マッハ数で約0.8～1.2）に適用される空気力学方程式は，1970年代まで解を求めることができなかった非線形の偏微分方程式である．しかも解を求めることができるようになったといっても，それは力づくであった．つまり，計算流体力学という新たに発展した学術領域の力を借りた数値解法を，高速デジタルスーパーコンピューターを用いて実行している．

「圧縮性剥離泡」は同じNACA技術報告書の中でスタックが作り出した用語であった．彼は次にように書いている．「速度の増加と共に揚力係数も増加する．低い速度域では速度の増加と共に緩やかに，その後は音速の1/2の速度を超えると急速に揚力係数は増加する．さらに高い速度では揚力係数が低下していることから分かるように，最終的には流れが破壊される．この時の速度は翼型断面と迎え角に依存している．以下では，この流れの破壊を圧縮性剥離泡と呼ぶ．圧縮性剥離泡は模型の迎え角を変えて揚力が増加すると，低い速度で発生するようになる．[141]」

NACAはジョン・スタックの信念と先見性に動かされて，世界中の航空学関連団体に向けて圧縮性効果の問題に対する注意喚起を続けていた．1934年1月，アメリカでの最初の重要な航空専門団体である航空科学協会が定期刊行誌である航空科学ジャーナルの発行を開始した．その創刊号には，スタックがその後の数十年の間にNACAで重要になる研究テーマを強調した次の記事が掲載されていた．

前回優勝したシュナイダー・トロフィー機が比較的最近になって開発されるまで，飛行機の速度は音速と比較すると遅く，そのために高速飛行機の表面に現れる局所の圧力は大気圧と異なっていてもごくわずかな差であった．そのために圧縮性の影響は通常無視されてきた．しかし現在では，最も速い飛行機の速度は音速の60％に

まで接近しており，その露出した表面上に誘起される速度によって局所の圧力は大気の圧力よりもかなり異なる状態になっている．この状態が発生すると，もはや空気を非圧縮性媒体と見なすことはできない．NACAでは翼型の空気力学特性に及ぼす圧縮性の影響調査を高速風洞で実施してきており，最近の研究から得られた知見から，さらなる速度増加の可能性について検討を行うのが本論文の目的である．[142]

　この時点で，明らかにNACAは圧縮性効果の分野で世界を代表する研究機関になっていた．1920年代に行われたマックック・フィールドでのコールドウェルとファルスによる実験と規格基準局でのブリッグスとドライデンによる実験に対して資金援助と助言を行い，さらにはもっと最近になってラングレーでNACAが自ら慎重に実験を行ったことから，圧縮性効果の基本的な性質を理解するために必要な要素の最初の2つをNACAは特定できていた．すなわち，(1)ある「臨界速度」を超えると揚力は急激に低下し，抗力はほとんど理解を超えるほどに急上昇するという実験的事実と，(2)そうした挙動は，翼または翼型の上面で突如として急激に発生する流れの剥離によって生じているという実験的事実であった．不足している第3の要素はそうした挙動の説明であった．

　そして1934年，スタックとNACAはその説明を提供できるようになった．この時には，スタックには新しい道具，つまりシュリーレン写真システムと呼ばれる，流れの密度勾配を見えるようにした光学処理が使えるようになっていた．衝撃波は非常に大きな密度勾配を発生させる自然メカニズムであり，そのためにシュリーレンシステムを用いることで衝撃波が見えるようになる可能性があった．スタックの上司であるイーストマン・ジェイコブズは天文学を趣味にしていたことからそうした光学システムに精通しており，シュリーレンシステムを使用することで翼型周りの圧縮性流れに関する未知の特性をある程度可視化できて，圧縮性剥離泡の性質を解明する突破口が得られるかもしれないとスタックに提案していた．結果はまさに予想した通り，いや予想以上であった．スタックとジェイコブズは280mm高速風洞の測定部にNACA 0012対称翼型を取り付けてその臨界速度以上で運転を行い，シュリーレンシステムの助けを借りて翼型上面の流れにおける衝撃波を初めて記録に収めた．翼型上面の剥離した流れとその結果である圧縮性剥離泡は，その圧縮性剥離泡が招いている悪い結果も含めて全て衝撃波の存在が原因になっていることがすぐに分かった．その流れの特徴が図9.18に描かれている．自由流の流速が十分に大きい時には，翼型周りの流れは急速に膨張

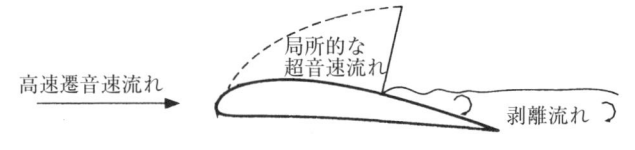

図9.18 翼型周りの遷音速流れの物理的特徴

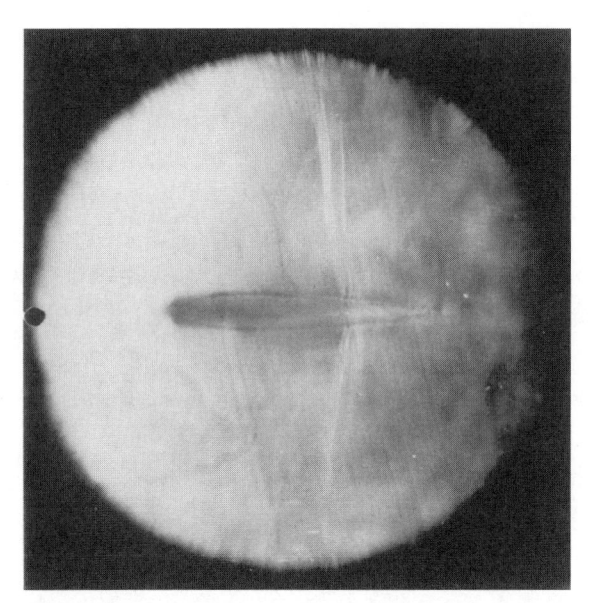

図9.19 翼型周りの遷音速流れに衝撃波が存在していることを示すシュリーレン写真（ジョン・スタックの書類[143]より）

して，翼型上面には超音速流れの局所領域が発生する．その超音速の局所領域は衝撃波が終端になっている．言い換えると，翼型表面に隣接して，摩擦が支配的な薄い境界層と衝撃波は相互に作用し合って，衝撃波が翼面に突き当たる部分でその境界層を剥離させている．剥離している流れの領域は大きく下流側にたなびいて，そのために抗力は大幅に増加し，揚力は大幅に低下することになる．1934年にスタックが先駆的に撮影したNACA0012翼型周りの流れのシュリーレン写真が図9.19に示されている．現代の基準からすると画質は良くないが，現象を特定するには何の問題もない．迎え角ゼロで置かれた対称翼型周りの流れであったため，この場合には衝撃波は翼型の上面と下面の両側に現れている．この写真には，高速空気力学の歴史における重大な発見が示されていた．圧縮性剥離泡の物理を完全に理解することに繋がる重大な発見であった．そして，理論的にも実用的にも非常に重要な意味を持つ発見であった．これは，ラングレー記念研究所のジョン・スタックとイーストマン・ジェイコブズという2人の創造性に富んだ空気力学者が，NACA全体を包んでいた創造を好む雰囲気の中で活躍できたことによってもたらされた成果であった．そしてこれを可能にしたのが，ワシントンの

NACA 本部にいたジョゼフ・エームズとジョージ・ルイスの先見の明であった．彼らは，ほとんどの飛行機が時速300km/h 程度でノロノロ飛行していた時代にNACA 高速研究計画を最優先にすることを認めていた．

どのような科学的発見も，ほとんど全てが最初のうちはある程度懐疑的な態度に直面することになる．セオドア・テオドルセンもスタックの発見について懐疑的であった．第 8 章で取り上げたように，テオドルセンは翼型理論に関する先駆的な論文により世界的な名声を博していたNACA を代表する理論空気力学者であった．1936年にNACA に参加し，ラングレーでも最も敬意を集める高速空気力学者として数えられるようになっていった．ジョン・ベッカーは，スタックが撮影したシュリーレン写真に対するテオドルセンの反応を次のように伝えて，その新しい発見がかなり予想外であったことを説明している．

> 最初の試験は直径約13mm の円柱を用いて行われたが，その結果は光学的な品質が悪かったにもかかわらず素晴らしいものであった．亜音速流れの速度が音速の0.6倍になると，衝撃波と付随する流れの剥離が見られるようになった．担当技術者のH・J・E・リード以下，研究所中から訪問者がその現象を実際に見にやって来た．ラングレーの一流理論家であるセオドア・テオドルセンはその結果を懐疑的に見て，流れが亜音速であるがゆえに衝撃波のように見えたものは「錯視」だと公言していたが，この判断の誤りは決して忘れられることはない．

1935年にイタリアで第 5 回ボルタ会議が開催され，NACA は折よくこの機会を利用して，圧縮性効果と圧縮性剥離泡を基本的に理解するに至った大発見に関する情報を各研究団体へ向けて国際的に提供できた．この会議は，初期の高速空気力学における空気力学者達が集った最も重要な会議であった．

1935年ボルタ会議：現代高速空気力学の出発点と後退翼の概念

高速飛行への関心が急速に高まっていたことから，1935年には圧縮性流れを扱っている流体技術者達が国際的な会議を持つ時期に来ていた．まさに時期は適切，イタリアという地も適所であった．というのも，1931年以来，在ローマの王立科学アカデミーはアレッサンドロ・ボルタ財団の後援の下で重要な科学会議を連続して主催していた．（アレッサンドロ・ボルタは1800年に電池を発明したイタリアの物理学者であり，電圧の単位であるボルトは彼を記念して名付けられた．）最初のボルタ会議

は原子核物理学を扱っていたが，それ以降の会議では隔年で自然科学と人文科学を交互に扱っていた．第2回ボルタ会議は「ヨーロッパ」という主題で開かれ，1933年の第3回ボルタ会議は免疫学を扱い，その次の1934年には「ドラマチックな劇場」が主題として続いた．この時期，20世紀中頃を代表する航空科学者ルイージ・クロッコの父親であり，航空技術者でもあったアルトゥーロ・クロッコ将軍が指導していたイタリアの航空学は躍進を遂げていた．（圧縮性の流れでのエントロピー変化，渦，エネルギーの損失または獲得に関する相互関係を表す重要なクロッコの定理はルイージの業績であり，現代圧縮性流れの解析では不可欠な部分である．）クロッコ将軍は1931年の段階でラムジェットエンジンに関心を持つようになっており，航空の将来における圧縮性流れの理論と実験の重要性を十分に認識していた．そして，第5回ボルタ会議の主題として選ばれたのが「航空における高速」であった．招待者のみの参加であり，しかもこの会議の名声は高く，その主題に対する関心が急速に高まっていたことから，参加者は各自の論文を慎重に準備した．1935年9月30日，圧縮性流れ解析の発展において重要な人物が第5回ボルタ会議のためローマに集まった（アメリカからはセオドア・フォン・カルマンとイーストマン・ジェイコブズ，ドイツからはルートヴィヒ・プラントルとアドルフ・ブーゼマン，スイスからはヤコブ・アッケレート，イギリスからはジェフリー・I・テイラー，イタリアからはクロッコとエンリコ・ピストレッシ，他にも多数が参加した）．そしてこの会議は，新たに確立した圧縮性流れの理論がそれから数十年のうちに実用の段階に入っていくための道を切り開くことになる．

　ボルタ会議での技術内容は亜音速流れから超音速流れに及び，また，実験的検証から理論的検討にまで及んでいた．プラントルは多くのシュリーレン写真を用いて解説しながら，圧縮性流れに関する一般的な紹介と概説を記した論文を発表した．テイラーは超音速錐状流れの理論を話題に取り上げ，フォン・カルマンは軸対称物体のための最小造波抗力形状の研究について発表した．線形化されたプラントル–グロワート関係式がエンリコ・ピストレッシによって再び導かれて，高次の圧縮性補正計算と共に示されていた．ヤコブ・アッケレートは亜音速風洞と超音速風洞の設計の相違に関する論文を発表した．高速飛行での推進技術に関する発表もあり，その中にはロケットとラムジェットも含まれていた．ローマ近くのグイドニアに新設されたイタリアの空気力学研究センターへの現地視察旅行も行われた．グイドニアには遷音速と超音速の高速風洞がいくつか設置されており，その全てがアッケレートのコンサルに基づいて設計されていた．第二次世界大戦前から大戦中にかけてこの研究所ではおびただしい数の超音速実験データが

採取され，そしてこの研究所から一流の空気力学者アントニオ・フェッリが登場した[145].

イーストマン・ジェイコブズもボルタ会議に招待された．NACA 4桁系列翼型を設計してその試験を行った功績と，1920年代に空気力学の世界地図にNACAを登場させたNACA可変密度風洞を管理運営した課の責任者であったことが認められての招待であった．彼には，自分の監督下でジョン・スタックが実施したNACA圧縮性研究に関する論文を発表する機会が与えられていた[146]．彼が発表したNACAでの研究紹介は見事であった．論文の中では，摩擦と熱伝導を無視した圧縮性流れの基礎方程式を導いて提示した．次に，NACA高速風洞，シュリーレンシステム，その高速風洞で実施した翼型実験について述べていった．そして専門会議では初めて，自分とスタックとで撮影した数枚のシュリーレン写真を示した．特に出版物では完璧を期すNACAの体質を順守して，ジェイコブズは写真の品質について次のように弁明していた．「残念ながら，風洞の壁面を構成しつつも採光窓を兼ねているセルロイドが折れ曲がっていたために，写真が品質的に損なわれてしまいました．ですが，これらの写真には圧縮性剥離泡に関連する流れの本質に関わる基礎的な情報が含まれています．[146]」その写真品質のために技術的な重要性と歴史的な重要性が損なわれることはほとんどなかった．この写真により，NACAの高速研究計画は単に参加しているだけではなく，集団の先頭を走ることになった．

第5回ボルタ会議での最も将来を見越した重要な論文として，アドルフ・ブーゼマン（図9.20）が発表した論文 "Aerodynamischer Auftrieb bei Ueberschallgeschwindigkeit"（超音速での空気力）が挙げられる．この論文の中で，臨界マッハ数を超えた時に遭遇する大きな抗力増加を低下させる手段として，後退翼の概念が紹介された．ブーゼマンは翼周りの流れは主に翼前縁に対して垂直な方向の速度成分によって決まると考えた．つまり，もし翼が後退していたならば，その速度成分は減少するだろう（図9.21）．その結果，大きな抗力増加に遭遇する自由流のマッハ数は増加することになるだろう．したがって，後退翼を備えた飛行機はこの抗力逸脱現象に遭遇する直前のところでより速く飛

図9.20　アドルフ・ブーゼマン

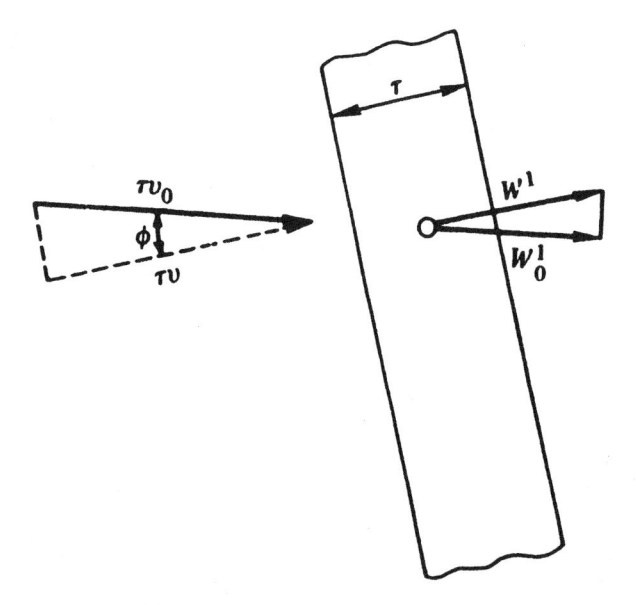

図9.21 後退翼を説明するブーゼマンの図

行できる可能性があると考えた．ブーゼマンによる後退翼の概念は，今日運用されている大多数の高速飛行機に反映されている．

　イタリア政府はこの第5回ボルタ会議を特別待遇で処遇した．その名声は開催場所にも反映されていた．それと言うのも，神聖ローマ帝国の時代に市庁舎として使用されていた見事なルネッサンス建築の建物で開催されたからである．さらにイタリアの独裁者ベニート・ムッソリーニは，イタリアがエチオピアに侵攻したことを発表する場としてこの会議を選んだ．このような政治的声明の発表には珍しい場面設定であった．

　この会議によって未来の高速飛行に対する関心が高まり，そして圧縮性流れに関する情報を初めて国際的に交換する大々的な場が提供された．ただし，多くの分野ではこの会議の影響がすぐさま波及することにはならなかった．例えばブーゼマンの後退翼の構想は大衆の関心を引き付けることにならなかった（しかし，ドイツ空軍はその重要性を認識して，1936年にはその研究を機密扱いにした．）ドイツ人は第二次世界大戦中に膨大な量の後退翼研究を継続して，世界で初めての実用ジェット飛行機 Me-262 を製造している．この飛行機には緩やかな後退翼が採用されていた（ただし，重心の位置を後方に下げることがこの後退翼設計を採用した主な理由

であった).戦後になって,イギリス,ロシア,アメリカからの技術団がドイツのペーネミュンデとブラウンシュバイクの研究所に押しかけ,目に付いた資料を全て持ち帰ってしまった.アメリカはアドルフ・ブーゼマンも連れて帰った.こうしてブーゼマンはNACAラングレー記念研究所に移ることになり,後にはコロラド大学の教授に就任している.ほぼ全ての現代高速飛行機の系統をたどると,このドイツのデータにまで遡る.そして,最終的には第5回ボルタ会議でのブーゼマンの論文にまで遡ることができる.

さらに肯定的に捉えると,ボルタ会議によってアメリカでの高速研究がある程度増えることにもなった.NACAでは高速遷音速翼型に及ぼす圧縮性の影響に関してデータを新たに取得する取り組みが始まり,その後間もなくしてフォン・カルマンとシェンが従来からのプラントル-グロワートの関係式を改良した圧縮性補正式を発表した[147,148].しかし,一般的にはボルタ会議からの刺激に対するアメリカの反応は鈍かった.1935年の暮れ,イタリアからの帰路にあったフォン・カルマンは,軍とNACAの両方に対して超音速設備の開発を強く説得したが,結局無駄に終わった.最終的にアメリカが戦争に突入した1941年になって,ようやくこうした説得が聞く耳を持って受け入れられるようなった.1942年,カリフォルニア工科大学(カル・テック)ではフォン・カルマンが初めて圧縮性流れを専攻する大学カリキュラムを制定した.この教科課程には軍当局者が多数出席していた.1944年にはフォン・カルマンとカル・テックでの彼の同僚達との設計によるアメリカ最初の実用的超音速風洞が,ついにメリーランド州アバディーンのアメリカ陸軍弾道研究試験場に建設された.ドイツでブーゼマンが超音速風洞でデータ収集を開始した12年後,そしてイタリアでは第5回ボルタ会議が開かれ,グイドニアに超音速風洞が建設された9年後に,アメリカはやっと超音速の研究分野に真剣に取り組むようになった.

高速研究飛行機

ジョン・スタックは,ボルタ会議が開かれた頃には,より大型の新風洞装置をNACAで使用していた.その風洞が改良型シュリーレンシステムを備えた610mm高速風洞であり,この装置を用いて翼型周りの流れにおける圧縮性効果の試験が続けられていた.1938年,スタックは翼型周り高速圧縮性流体の特性に関して,その当時では最も詳細な報告書を発表した.この中には表面圧力の詳細な計測結果が多数含まれていた[149].それによって,NACAは引き続いて圧縮性の

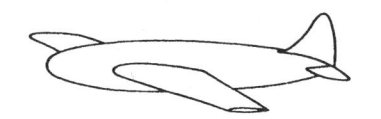

図9.22 スタックが提案した高速実験航空機のスケッチ

影響と圧縮性剥離泡が招く結果の研究におけるリーダーであり続けた．

第 5 回ボルタ会議でのジェイコブズの論文は NACA での高速飛行研究計画の第 2 段階を称える内容であった．第 1 段階は1920年代に行われた未熟な圧縮性風洞実験であったが，これは明らかにプロペラへの適用を指向していた．第 2 段階では，飛行機自体を対象にした高速風洞研究へ焦点を修正していた．そして，すぐにこの計画を先導する優先事項が現れたことにより，計画も拡大することになった．それが研究飛行機を実際に設計し，製作することであった．

研究飛行機，つまり完全に未知の飛行領域を調査するという目的のためだけに飛行機を設計・製作する構想は，1933年のジョン・スタックの発想にまで遡る．スタック自身が主導して，「仮説に基づいた飛行機ではあるが，可能性の限界を超えてはいない飛行機[143]」に対する極めて予備的な設計分析を実施していた．この飛行機の目的は，1933年の航空科学ジャーナルに掲載された記事の中で述べられていたように，圧縮性の領域に十分入る極めて高速な飛行を行うことであった．彼が設計した飛行機（図9.22）は，当時としては高度に流線型化されており，中央部のNACA0018対称翼型断面から先端部の 9 ％厚みNACA0009翼型へ向かって薄くなっていく直線テーパー翼が使用されていた．スタックはラングレーの可変密度風洞でその設計による模型（ただし，尾翼面はなかった）の試験まで行った．そして280mm 高速風洞で計測していたデータを用いて，この飛行機の抗力係数を見積もった．その結果，2,300馬力のロールス・ロイスエンジンを支えることができる十分に大きな胴体を仮定して，プロペラ駆動での最大速度が911km/h になる計算結果が得られた．その当時，実際に飛行していたどの飛行機をもはるかに超える速度であり，十分に圧縮性の領域に入っていた．そうした飛行機の可能性にかけるスタックの熱意が，速度の関数として所要馬力を示し，圧縮性の影響を考慮した場合と考慮しなかった場合を比較している彼の手画きのグラフ（図9.23）に表れている．グラフの上部には彼が描いた飛行機のスケッチがある（同様に上部には年月を経て錆びたクリップの跡も見える）．この資料はラングレーの記録保管所に残されているジョン・スタックの書類に埋もれていた．下の方はかろうじて判別可能だが，「1933年10月，委員会に送付」とスタックは書いていた．彼は研究飛行機の構想が実現する可能性を固く信じていたので，1933年10月にワシントンで開かれたNACA の 2 年に 1 度の総会に素早く手画きで用意したこのグラフ

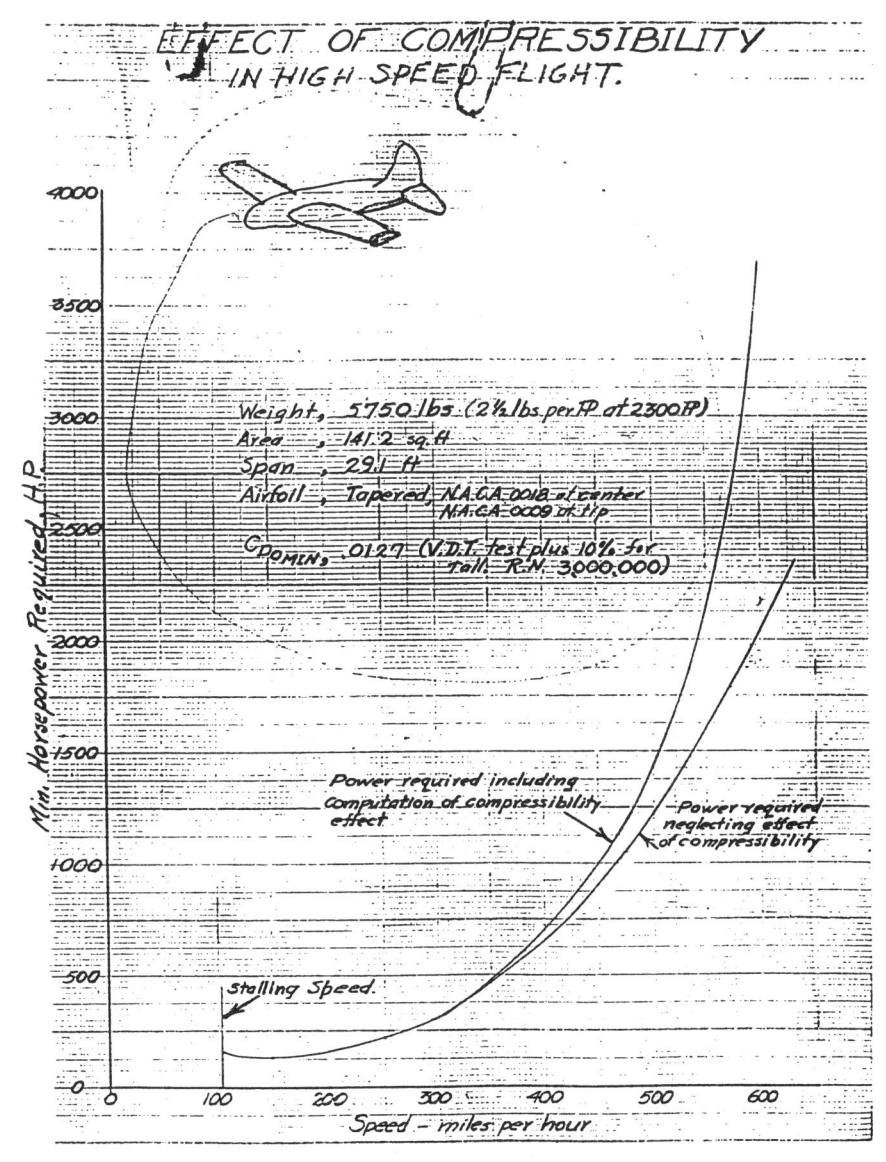

図9.23 高速飛行機の所要動力を示すために，スタックが圧縮性の影響を考慮した場合と考慮しなかった場合を比較して手画きしたグラフ（1933年）（ジョン・スタックの書類[143]より）

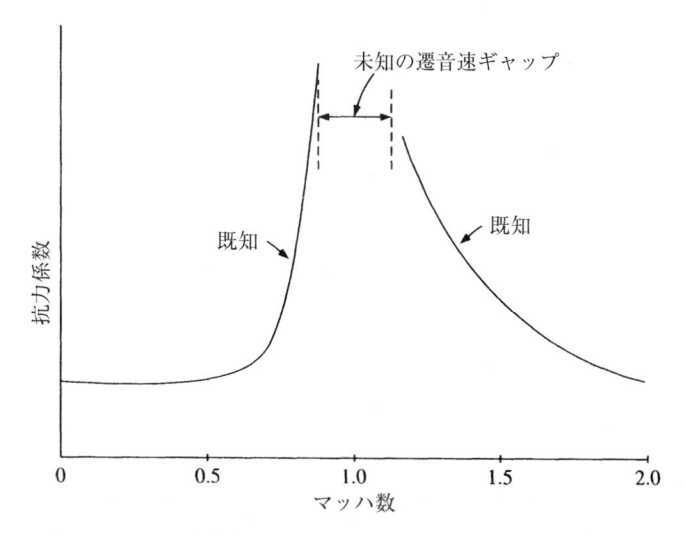

図9.24 亜音速，遷音速，超音速にまたがるマッハ数と飛行機の一般的な抗力係数変化の関係

を送っていた．この飛行機の開発者を探すことに対してNACAの支援はなかったが，「彼の紙面研究での楽観的結論によって，ラングレーでは多くの人々が，800km/hをはるかに超える速度で飛行できる可能性がもうそこにあると確信[84]」していた．

図9.24に示されている曲線の傾向は，1939年における高速空気力学の状況を物語っている．この図には一般的な飛行機の抗力係数変化が自由流マッハ数の関数として示されている．マッハ数が1未満の亜音速側ではマッハ数が1に近づくにつれて抗力係数が急激に増加することをこの風洞実験データは示している．超音速側では，弾道学者達はずっと以前からマッハ数1以上では抗力がどのように振る舞うかを（1925年以来，ヤコブ・アッケレートによってドイツで構築された線形超音速理論の結果が立証したように）知っていた．もちろん，当時の全ての飛行機は図9.24に示されている曲線の亜音速側に乗っていた．この状況をスタックは1938年に次のように要約している．

　特に航空への応用に関しては，圧縮性流れの現象に関する知識の開拓は非常な困難を伴ってきた．この現象の複雑な性質のために理論的な進展はほとんど得られず，一般的には，やむを得ず実験に頼ってきている．つい最近まで，重要な実験結果は弾道学という科学に関連したところで得られていた．しかし，ほとんどの弾道学実

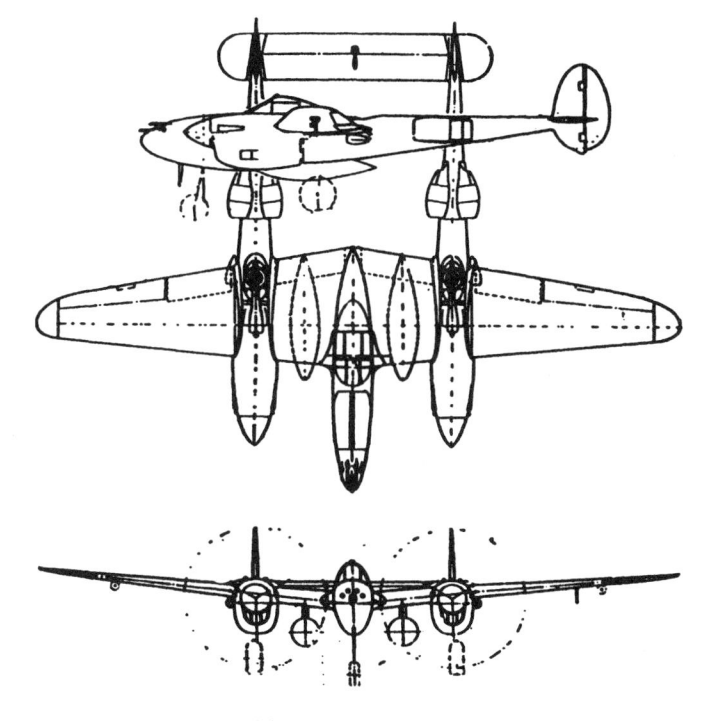

図9.25 ロッキード P-38

験で試験されている速度の範囲は音速から上側に広がっているのに対して，現在の航空において重要な領域は音速から下側に広がっているので，弾道学実験から得られる情報は航空の問題ではあまり価値がなかった[149].

　要するに，音速を超える直前と直後の飛行領域についてよく分かっていなかった．それが図9.24に図式的に示されている遷音速ギャップであった．
　1941年11月，航空関係者はその未知の飛行領域での危険性と突然向き合うことになった．ロッキード社のテストパイロットであるラルフ・バーデンが新型高性能機 P-38を高速急降下させたところ，引き起こしが間に合わずに墜落してしまった．これは圧縮性効果の悪影響による最初の災難であり，P-38（図9.25）は初めてこの悪影響に苦しめられたと言える．バーデンの P-38は操縦によって急降下に入れている時に臨界マッハ数を超え，急降下時の終端速度が圧縮性剥離泡の領域に十分入っていた[151]．バーデンや他の多くの P-38パイロットがその当時に遭遇し

た問題は，急降下中にある速度を超えると，突如として昇降舵が固定されたかのような感覚に襲われ，さらに悪いことには，尾翼の揚力が突然増加して P-38 の急降下角がさらに増してしまうことであった．その当時，この問題はタック・アンダー（下方への回り込み）と呼ばれていた[17]．ロッキード社はカル・テックのフォン・カルマンを含む様々な空気力学者に相談したが，この問題に対して適切な診断を下すことができたのは，圧縮性効果での豊富な経験を持っていたラングレーのジョン・スタックだけであった．彼によると，圧縮性剥離泡に遭遇したことで P-38 の主翼は揚力を失い，その結果として主翼後方での流れの吹き下ろし角度が減少した（訳者注：主翼後方に発生する吹き下ろしは揚力の反作用である．第 3 章のケイリー卿による揚力生成の説明に関連して述べられている代替説明の記述「ある迎え角において翼周りを流れる空気はその翼に上向きの力を加える．逆にニュートンの第三法則（全ての作用には大きさが等しく向きが反対の反作用がある）より，翼は空気に下向きの力を加える．その結果，揚力を受ける物体（揚力体）の下流を流れる気流の全体的な方向はわずかに下向きに傾く」を思い出そう）．そのために水平尾翼に衝突する流れの有効迎え角が増加することになり，尾翼の揚力は増加して P-38 はさらに急激な降下に入り，パイロットの操縦範囲を超えてしまった．スタックの解決策は主翼の下に特殊なフラップを設置し，圧縮性効果に遭遇した時にだけそのフラップを使用することであった．このフラップは飛行機の速度を減らすための従来型ダイブ・フラップ（訳者注：ダイブ・ブレーキともエア・ブレーキとも呼ばれる）とは異なり，むしろ圧縮性剥離泡に直面しても揚力を維持するために使用された．そうすることで，流れの吹き下ろし角度が変化することを防ぎ，その結果として水平尾翼が適切に機能するようになった．このことは，実際の飛行機がマッハ 1 の世界へ忍び寄って来るにつれて，NACA の圧縮性研究が非常に重要になったことを，初期の高速飛行の時代から生々しく語ってくれる実例だと言える．

　1930年代の後半には，図9.24に表された未知なる遷音速ギャップの謎を解き明かすために実際の飛行機を使用すべき時代になっていた．つまり，高速研究飛行機が現実になる時代が来た[152]．こうした考えに沿った具体的な提案を最初に行ったのは，ライト・フィールドのアメリカ陸軍航空隊工業学校（アメリカ空軍技術研究所の前身）で主任教官を務めていたエズラ・コッチャーであった．コッチャーは1928年に機械工学の理学士としてカリフォルニア大学バークレー校を卒業した．ジョン・スタックが若手の空気力学技術者としてラングレーで働き始めたその同じ年に，コッチャーはライト・フィールドで同じような役割に就いて働き始めていた．2 人とも高速空気力学に興味を持っており，後にベル X-1 の開発で

は一緒に仕事をすることになる．1939年に作成されたコッチャーの提案は，先進軍事用航空機の将来についての調査を依頼してきたヘンリー（ハップ）・アーノルド少将の要求に応えてなされたものであった．そして，この提案には実際に高速飛行を行う研究計画案が含まれていた．コッチャーはNACAが行った明確な指摘と同じように，遷音速ギャップの未知の側面と圧縮性剥離泡に関連した問題を指摘した．そして，実スケールでの飛行研究計画を次の重要な研究段階として実施すべきだと結論づけた．しかし，アメリカ陸軍航空隊はすぐにコッチャーの提案に応じることはしなかった．

　ラングレーでは高速研究飛行機の構想は勢いを増していた[152]．アメリカが1941年12月に第二次世界大戦に参戦した頃には，スタックは風洞測定部での流れのマッハ数が1付近，またはちょうど1になっている風洞内流れの挙動を調査していた．そして，この流れの中に模型を取り付けると測定部の流れ場は本質的に変わってしまい，いかなる空気力学計測も価値のないものになってしまうことを繰り返し目撃してきた．彼は，完全なる遷音速風洞を開発することはおそらく遠い将来まで極めて困難な問題であり続けるだろうと結論づけた．そして遷音速飛行での空気力学を学ぶ最良の方法は，この飛行領域で飛行する飛行機を実際に造ることであると考え，NACAの空気力学研究部長ジョージ・ルイスが訪れるたびに何度もこの考えを勧めた．しかし，スタックがNACAで行ってきた業績を認めていたルイスでも，この研究飛行機の考えを即座に認めることはしなかった．ところが1942年の初め，ルイスはほんの少し扉を開けた．すなわち，「しかしルイスは，遷音速飛行機にとって好ましい設計的特徴を特定するために優先度を下げて簡単な検討を行うことに対して，そのことによってより緊急度の高い仕事に差し障りが生じない限り，誰も文句を言うことはないという考えをスタックに対して示した．[84]」

　スタックがこの構想に関与していれば，それだけで十分であった．ラングレーでは現地管理運営方式が採用されていたおかげで，スタックはすぐさま技術者からなる小集団を結成して，遷音速研究飛行機の予備設計面での作業を開始した．そして，1943年の夏にはこの技術者集団で設計を完了していた．この設計により，遷音速研究飛行機に対するNACAの考え方をその後5年間にわたって誘導することになる方向性が確立した．しかし，後にコッチャーとアメリカ陸軍から出てきた構想と対立することにもなる．この予備設計の主な特徴は次のようであった．

(1) 小型ターボジェット動力飛行機とする．
(2) 地上から自身の動力で離陸する．
(3) 最高速度はマッハ1とするが，主要な関心事は高亜音速で安全に飛行する能力である．
(4) マッハ1近傍での飛行における空気力学パラメーターと動的挙動を計測するための科学機器を大量に搭載する．
(5) 圧縮性領域の下限から試験を開始し，フライトの後半にかけて次第にマッハ1まで速度を上げる．重要とされる目標は，必ずしも超音速領域まで飛行することではなく，高亜音速での空気力学データを集めることである．

こうした特徴はラングレーの技術者の考え方，とりわけスタックの考え方の中ではほとんど絶対的なものになっていった．

　高速空気力学まで踏み込む研究は，戦時下での緊急案件として否応なしに急ピッチで進められることになり，圧縮性問題もついにNACAからだけでなく，陸軍や海軍からも注目されるようになった．1935年にイーストマン・ジェイコブズの課長補佐になって可変密度風洞を担当し，1937年には高速風洞の責任者になっていたスタックは，1943年に新しく設置された圧縮性研究課の課長に就任した．高速研究飛行機を推し進めるには，その時点で最高の地位が与えられたことになる．

● ベル X-1：対立する目的

　NACAには圧縮性問題に対処する理論的知識，経験，データがあったが，陸軍と海軍には研究飛行機を設計・製作するのに必要な資金があった．ベル X-1 の構想は，1944年11月30日にベル・エアクラフトのロバート・J・ウッズがエズラ・コッチャーの事務所を訪問した際に生まれた．ウッズは，1928年から29年にラングレーで可変密度風洞に携わって働いていたことからNACAとのつながりを持っており，1935年にニューヨーク州バッファローでローレンス・D・ベルと共にベル・エアクラフト社の結成に参加した．1944年は単に雑談をしにコッチャーの事務所に立ち寄っただけであった．この時の会話の中でコッチャーは，陸軍がNACAの支援を受けて非軍事用特殊高速研究飛行機の製作を希望していることについて触れた．そしてこの航空機に関する陸軍の仕様を詳細に説明した後で，ベル・エアクラフトがこの飛行機の設計と製作に関心があるかどうかを尋

ねた．ウッズの答えはイエスであり，賽は投げられた[152]．

　ウッズとこの話をしていた時，コッチャーは具体性のない計画の下で活動していたわけではなかった．1944年には陸軍とNACAの技術者達は共同の研究飛行機計画についての骨子を固めるために会合を重ねており，コッチャーはその年の中頃には研究飛行機の設計・製作の承認を陸軍からもらっていた．しかし，陸軍が高速研究飛行機を欲しがった理由はNACAの理由とはいささか相いれないものであった．両者が対立した理由を理解するには，当時重要であった2つの要因を考える必要がある．

　最初の要因は，イギリスの空気力学者W・F・ヒルトンが国立物理研究所で実施していた高速実験について，1935年にジャーナリストに説明した際に生じた俗説に由来する「音の壁」を一般大衆が信じてしまったことにあった．ヒルトンは翼型抗力のグラフ（図9.24の左側に示されているグラフと同様）を示しながら，「音速に接近すると速度上昇に対する壁のように翼の抵抗が急上昇する状況」を説明したのだが，翌朝のイギリス有力紙は「音の壁」という表現を用いてヒルトンの言葉を不正確に伝えてしまった[153]．つまり，飛行にとって物理的な壁があるかのような考え方をしてしまい，飛行機は決して音速よりも速く飛ぶことができないという考え方が一般大衆に広まっていった．さらに，ほとんどの技術者はそういう事態にはならないことを知っていたが，遷音速領域ではどの程度抗力が増加することになるのか依然として見当も付かなかった．飛行機の動力装置が作り出していた小さな推力のことを考えると，音速を扱うことは確かに途方もない大きな挑戦のように立ちはだかっていた．

　陸軍とNACAが対立した第2の要因は，研究飛行機はターボジェットではなくロケットエンジンを動力にしなければならないとコッチャーが確信していたことにあった．これは1943年のノースロップXP-79ロケット推進式全翼迎撃機案に関するプロジェクト担当者としての彼の経験，およびドイツの新型ロケット推進式迎撃機Me-163に関する陸軍の情報に由来していた．

　したがって，陸軍は高速研究飛行機を次のように考えていた．

(1) ロケットを動力にする必要がある．
(2) 音の壁を破ることは可能であることを一般に向かって示すために，飛行計画の初期の段階で超音速飛行を試みる必要がある．
(3) 設計段階に入った後には，地上から離陸するのではなく空中から射出されることが決定された．

それらの要件の全てが，より慎重，かつより科学的な手法をとる NACA の要件と対立した．しかし陸軍が X-1 の資金を提供しており，陸軍の意見が優先された．

　ジョン・スタックと NACA は陸軍の仕様には同意しなかったが，それでも X-1 の設計を通して可能な限り技術データを提供した．遷音速空気力学に対する適切な風洞データも理論解もなかったため，NACA は遷音速空気力学データを取得する応急的手法を 3 通り開発した．1944年，ラングレーは落下試験の考え方を取り入れた試験を実施した．爆弾のようなミサイルに翼を取り付けて，高度 9,100m の B-29 から落下させた．その模型の終端速度は超音速に到達することもあった．データに関しては，主に抗力を推測するためのデータに限られていたが，NACA の技術者は遷音速飛行機に必要な動力を見積もるには十分に信頼できると考えた．同じく1944年には，飛行研究部部長のロバート・R・ギルラスがウイング・フロー法を開発した．この方法では，模型翼が P-51D の翼上の適切な位置に垂直に取り付けられた（訳者注：模型飛行機の片翼のみが機首の方向を P-51 と合わせて，ちょうどバンク角90°の姿勢で P-51 の主翼から上に向かって垂直に生えている状態）．P-51 は，急降下する間に（図9.18に示されているように）翼の周りが局所的に超音速流れになるまで十分に速度を増すことができる（約マッハ0.81）．P-51 の翼に垂直に取り付けられた小さな模型翼はその超音速流れの領域内に完全に埋没することになり，特有の高速流れ環境が得られる．最終的にはこのウイング・フロー試験により，NACA はそれまでに集められた遷音速データの中では最も系統的かつ広範囲なデータを得ることができた．第 3 の応急的手法はロケット模型試験であった．この方法では，翼の模型がロケットに取り付けられて，バージニア州東海岸のウォロップス島にある NACA の施設から発射された．これら全ての手法から得られたデータが，過去20年にわたって NACA が取得してきた多数の既存圧縮性データと共に，ベル・エアクラフト社が X-1 を設計するために必要な科学的かつ工学的な基礎を構成した．

音の壁を突破する

　本章は，1947年にチャック・イェーガーがベル X-1 で音の壁を超えて飛行した状況から始まった．その飛行に至る詳細（設計，製作，ベル社による初期の飛行試験計画，マロックで X-1 を扱う陸軍の準備）については，ハリオン[152]とヤング[154]が記述している．ベル X-1 の最初の超音速飛行は高速空気力学の神秘に挑んだ260年に及

ぶ研究，特にNACAによる23年間の研究の頂点であった．応用空気力学の歴史の中でも最も重要な出来事に数えられている．

1948年12月17日，ハリー・S・トルーマン大統領は「ライト兄弟の飛行機が最初に飛行して以来の最も偉大な航空での業績」として3人に連名で1947年コリアー・トロフィーを贈った．X-1として凝縮した業績に対して，公的なものとしてはコリアー・トロフィーが最高の評価になった．製造者としてのローレンス・D・ベルとパイロットとしてのチャールズ・E・イェーガー大尉に並んで，ジョン・スタックも科学者として評価されて，その3人に名を連ねた．スタックへの表彰の辞には「超音速飛行に影響を及ぼす物理法則を解明する先駆的研究と遷音速研究飛行機の構想を表彰して」と書かれていたが，NACA高速研究計画が1947年コリアー・トロフィーを獲得できるように，NACAの技術者はチーム全体で仕事をしていた．

その賞を受賞した時点でスタック（図9.26）はNACAラングレーの研究次席であった．そして1952年にはラングレーの副所長に任じられた．この時には既に開口スロート風洞を開発した業績により，1951年コリアー・トロフィーを受賞していた．航空宇宙局（NASA）にNACAが吸収された3年後の1961年には，ワシントンのNASA本部で航空研究部長になった．しかしスタックは，NASA内部では宇宙関連への財政支援と比較して航空を重視する姿勢がなくなったことに失望して，NACAとNASAでの34年に及ぶ政府勤務を最後に1962年に退職し，リパブリック社で技術担当副社長になった．リパブリック社が1965年にフェアチャイルド・ヒラー社に吸収合併された時にはフェアチャイルド・ヒラー社の副社長になり，1971年に退職した．1972年6月18日，スタックはバージニア州ヨークタウンの自宅農場で落馬して，致命傷を負ってしまった．そしてヨークタウンにあるグレイス・エピスコパル教会の墓地に埋葬された．NASAラングレー研究センターからわずか数キロメートルしか離れていない．今日では，近くのラングレー

図9.26　ジョン・スタック

空軍基地を飛び立った F-15 が墓地の上を飛行している．ごく普通に音速の 3 倍近い速度で飛ぶことができる飛行機である．これというのも，ジョン・スタックと NACA 高速研究計画が残していった遺産のおかげである．

● 遷音速空気力学：神秘を探る

「遷音速ギャップ」での空気力学特性に関する理論と実験データが不足していたが，ベル X-1 が飛行できたことはマッハ 1 付近の空気力学的な神秘領域の中を飛行機は安全に飛行できることを完全に証明していた．1947 年には「遷音速ギャップ」を挟む亜音速と超音速の領域について多くのことが分かっていたが，そのギャップである遷音速領域自体についてほとんど分かっていなかった．

1940 年代後半の風洞試験に関しては，$M_\infty = 0.95$ 以下および $M_\infty = 1.1$ 以上の遷音速流れの計測は NACA の高速風洞でそれなりに正確に実施することができたが，0.95 から 1.1 の間で取得したデータの精度は疑わしい結果になっていた．マッハ数がほとんど 1 の場合には流れは非常に敏感になり，どんなに断面積を抑えた模型を風洞内に置いたとしても，流れはチョークしてしまった（チョークとは，適切な質量が流れなくなって，測定部の流れが完全に変わってしまうことをいう）．このチョークという現象は，高速風洞研究における最も困難な問題であった．つまり，小さな模型を使用しなければならなかったからである．図 9.27 にはベル X-1 の小型模型が示されている．翼幅はわずかに 0.3m を上回る程度であったが，測定部の直径は 2.4m もあった．この小さな模型でも，自由流マッハ数が 0.92 以上では風洞内のマッハ数がそれ以上に高くなってチョークするために，正しいデータを取得することはできなかった．たとえ流れがチョークしていなかったとしても，マッハ数が 1 付近の場合には模型から発生した衝撃波はほぼ流れに対して垂直になり，風洞壁面で反射して模型に向かって突き刺さってきた．どちらの場合でも，この模型から得られる空気力学データは本質的に価値

図9.27 ラングレー 2.4m 風洞に設置したベル X-1 風洞模型（1947 年）

のないものになった．

　1940年代の後半でも既存の高速風洞を用いて正確なデータを取得することのできなかったマッハ0.95から1.1までのギャップのために，ベルX-1計画は最初の超音速飛行に成功するまで確実性のない不安な状況に苦しめられていた（ベル社の技術者が X-1 の機体を50口径機関銃の弾丸と全く同じ形にしたのはそのためであった．その頃にはこの形状の特性は弾道学者によく知られていた）．さらに，こうした状況のために遷音速領域の基礎空気力学は進展を大きく妨げられていた．1930年代の後半と1940年代を通して，NACA 技術者達は高速風洞測定部の閉塞部面積を最小にするために模型の支持方法を変更したり，測定部の設計を様々に変更すること（閉回路型測定部，完全開放型測定部，流れの収縮を調整するために設置した測定部壁面の段差など）によって，高速風洞のチョークの問題を多少なりとも解決しようとしていた．しかし，どのアイデアも問題の解決にはならなかった．ところが，技術的急展開の舞台が用意されていた．1940年代の後半に，開口スロット遷音速風洞が開発された．

　1946年に NACA ラングレーの理論家レイ・H・ライトが理論検討を行った結果，測定部に細長い長方形開口パネルを流れ方向に設置し，測定部周囲の約12%を外部に開放すると，閉塞問題は大幅に改善される可能性が示された．このアイデアは幾分懐疑的に受け取られたが，この頃ラングレーの上席役員になっていたジョン・スタックはほとんど瞬時に納得した．0.3m 小型高速風洞の測定部に開口を設ける決定がなされ，その結果1947年の前半にその性能は大きく改善した．しかしそれは単なる実験であり，依然多くの懐疑論が残っていた．NACA は表面上ではそのアイデアをさらに実施する計画を立てなかったが，スタックは4.9m 大型高速風洞に開口を設けることを支持していると個人的に同僚には伝えていた．何の宣伝もなく，この風洞の馬力を増強する大型プロジェクトに紛れ込ませたまま，1948年の春に開口を設けるための工事が始まった．スタックはほぼ同時に2.4m 風洞にも開口を設ける決定を下した．2.4m 風洞の工事の方が4.9m 風洞の工事よりも早く進み，1950年10月6日に研究のための運転を開始した．同じ年の12月には改良した4.9m 風洞も運転できるようになった．こうしてこれらの風洞を運転していく中で，単純に風洞の出力が増加していることから，開口スロットの考え方を採用したことにより風洞内の流れがマッハ1を通過して滑らかに遷移できていることが分かった．これをもって，閉塞の問題が概ね解決した．同時に，これら2機の風洞が真の遷音速と言える最初の風洞になった．この功績により，ジョン・スタックと NACA ラングレーの同僚達が1951年コリアー・トロ

フィーを受賞した．そして，遷音速流れを計測する問題に対して実験室で十分に対応できるようになった．

しかし，遷音速流れの計算についても同様に対応できるようになったとはいえなかった．空気力学での全様式の流れと同様に，遷音速流れも連続の式，運動量の式，エネルギーの式によって決まる（巻末添付資料 A と B で詳しく説明している）．摩擦を無視すると，オイラー方程式（巻末添付資料 A）が支配方程式になる．この式は非線形の偏微分方程式であり，それゆえに不可能とまでは言わなくても，解を求めることは非常に困難である．しかし，例えば小さな迎え角で置かれた薄い物体周りの流れのように，自由流からの流れ場の変化がわずかであり（流れの微小擾乱），さらに自由流マッハ数がおおよそ0.8以下か，または1.2から5の範囲のどちらかであれば，近似手法を用いてそのような亜音速流れと超音速流れの支配方程式を計算可能な線形の偏微分方程式にまで変形することができる．残念ながら，自由流マッハ数が0.8から1.2の範囲内にある遷音速領域では支配方程式を線形化することはできない．したがって高速デジタルコンピューターが開発される以前には，そのような流れの解析は極めて困難であった．1951年には遷音速流れの計算に有効な空気力学手法は実質的に存在していなかった．明らかに1951年の段階では遷音速流れ場の数値解析は実験の進歩に対して大きく後れを取っていた．現代の計算流体力学が登場するまで，このような状況が一般的であった．そして若干の例外はあるものの，1980年代には計算流体力学の威力のおかげで，遷音速流れを計算する問題にかなり対応できるようになった．

● エリアルールとスーパークリティカル翼型

遷音速飛行の実用化に関連して，形状に関する大きな進展が2つあった．それが，エリアルールとスーパークリティカル翼型である．両方ともリチャード・ウィットコムがラングレーで指揮した遷音速風洞研究の成果であった．技術論的にはエリアルールとスーパークリティカル翼型の目的は，両方共に遷音速領域での抗力を低減することであり，共通している．しかし，抗力低減のための方法は両者で異なっている．遷音速物体の抗力係数とマッハ数の関係を定性的に示した図9.28の概略図を基に考えてみよう．ここには，エリアルールもスーパークリティカル翼型も適用しない標準胴体形状での変化が実線で示されている．

さて，エリアルールだけを単独で考えてみよう．エリアルールは，胴体の長手方向に沿って胴体断面積は滑らかに変化しなければならないという簡潔な表現で

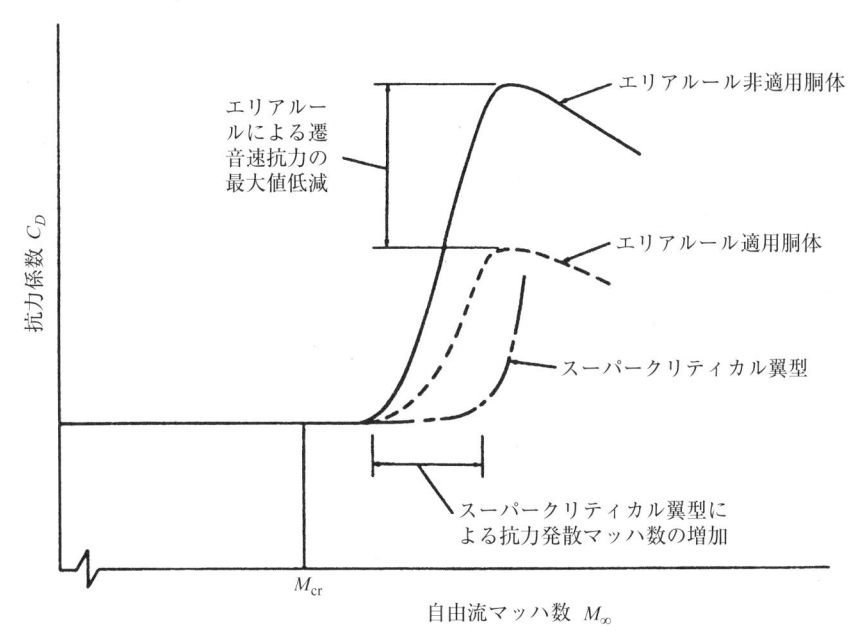

第9章　ジェット推進飛行機の時代の空気力学　533

図9.28　エリアルールとスーパークリティカル翼型の個別効果

言い表される．つまり，断面積の分布において急激な変化も不連続な変化も避ける必要がある．例えば，通常の翼－胴体結合部では翼の断面積が胴体断面積に加わる部分で断面積が急に増加することになる．これを補償するためには，翼の近傍で胴体の断面積を減らす必要がある．その結果，スズメバチのような，またはコーラの瓶のような胴体形状が生まれた．図9.28にはエリアルールの空気力学的な利点が示されている．ここでは，エリアルールを適用した胴体での抗力変化が破線で示されている．簡単に言うと，エリアルールを適用することで遷音速抗力の最大値をかなり低減することができる．

　他方，スーパークリティカル翼型は違う働きをする．スーパークリティカル翼型は，超音速領域内部での局所マッハ数を同一飛行条件下における通常翼型での局所マッハ数以下に低減するために，上面が幾分平坦に作られている．その結果，衝撃波は弱くなり，境界層剥離はそれほど深刻ではなくなる．これによって抗力発散現象が発生する前に，より高い自由流マッハ数まで到達できるようになる．図9.28にはスーパークリティカル翼型の抗力変化が一点鎖線で示されている．スーパークリティカル翼型の役割は実に明確である．スーパークリティカル

翼型とそれと同等な標準翼型では，臨界マッハ数が同じであったとしても，スーパークリティカル翼型の抗力発散マッハ数の方がはるかに大きくなる．つまり，スーパークリティカル翼型には抗力発散に遭遇するまでに臨界値以上に自由流マッハ数を大きく増加させるだけの余裕がある．こうした翼型は臨界マッハ数を大きく超えて機能するように設計されている．したがって，「スーパークリティカル（超臨界）」という用語が使用されている．

　1950年代の前半にはエリアルールが華々しく導入された．エリアルールと同じ方向性を曖昧に示唆していた解析が既に存在しており，かつ弾道学の分野に従事していた人達は何年も前から断面積の分布が急に変化する弾丸が高速では大きな抗力に見舞われることに気づいていたが，リチャード・ウィットコムが2.4m開口スロート風洞で様々な遷音速物体に関する一連の風洞試験を実施するまでは，エリアルールの重要性は十分に認識されていなかった．まさにちょうど良いタイミングで試験データが得られ，それと共にエリアルールが正しく認識されて，コンベア社の新型航空機計画が救われることになった．1951年，コンベア社では超音速飛行を狙った新型「センチュリーシリーズ」戦闘機を設計していた．

(a)　　　　　　　　　　　　　　　　　**(b)**

図9.29　(a) エリアルールを適用していないコンベアYF-102．(b) エリアルールを適用した胴体を持つコンベアYF-102A．YF-102と比較してスズメバチのような胴体形状に注目

YF-102（図9.29）と名付けられたその航空機には三角翼構成が採用されており，また当時のアメリカでは最も強力なプラット＆ホイットニー J-57ターボジェットエンジンによって推力が賄われていた．そしてコンベア社の航空技師は，YF-102が超音速で飛行してくれるものと予想していた．1953年10月24日，YF-102の飛行試験がマロック空軍基地（現在のエドワーズ空軍基地）で始まった．さらに，コンベア社のサンディエゴ工場では生産ラインがまさに準備されつつあった．しかし飛行試験が進むにつれ，YF-102は音よりも速く飛ぶことはできないことが痛ましくも明らかになってきた．理由は単純で，遷音速抗力が強力な J-57でも打ち勝つことができないほど著しく大きくなっていたからである．コンベア社の技術者達は NACA の空気力学者に相談し，ラングレーの2.4m風洞で取得していたデータを綿密に調査した後に，エリアルールを適用した YF-102A へとその飛行機を改良した．YF-102A に関する風洞データは期待が持てる結果になっていた．そのデータ[69]から作成された図9.30には，YF-102A と YF-102の自由流マッハ数に対する抗力の変化が示されている．最上部には YF-102の断面積分布の概略が示されており，異なる構成部品が重ね合わされている様子が分かる．総

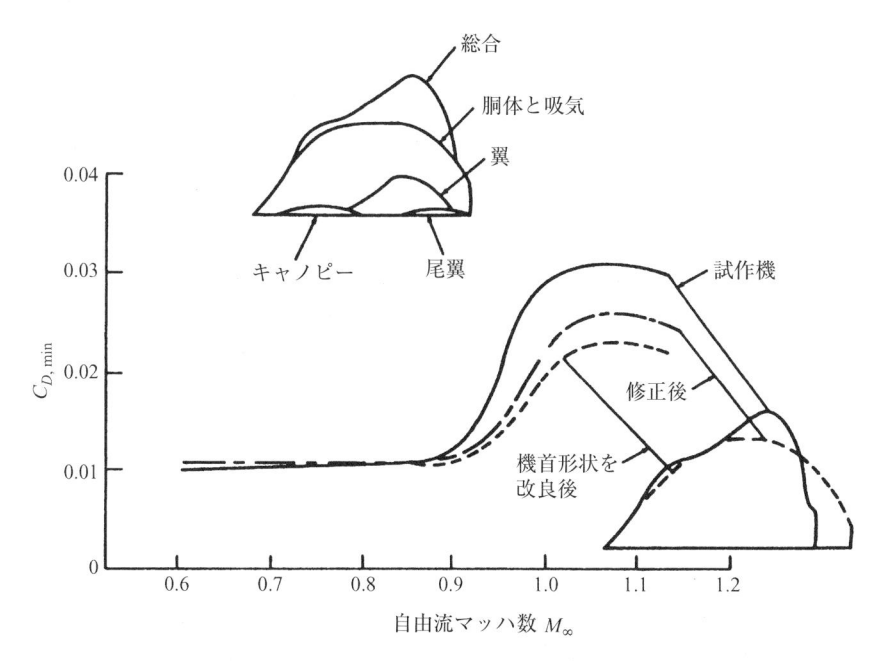

図9.30　YF-102と YF-102A のマッハ数に対する抗力係数の変化（ロフティン[69]より）

断面積分布が不規則で，凹凸の大きな状態になっていることに注意してほしい．最下部右には YF-102A の断面積分布が破線で示されている．YF-102の断面積分布よりもはるかに滑らかな変化になっている．従来型の YF-102（実線）とエリアルールを適用した YF-102A（破線）とで抗力係数を比較すると，エリアルールを採用することで飛躍的に遷音速抗力が減少することがはっきりと分かる．（図9.28からエリアルールには最大遷音速抗力を低減する働きがあることを思い出そう．図9.30はその働きを定量化している．）コンベア社の技術者達はこれらの風洞試験結果に勇気づけられて，YF-102A の飛行試験計画を開始した．1954年12月20日，YF-102A の試作機がサンディエゴのリンドバーグ・フィールドから飛び立ち，まだ上昇中のう

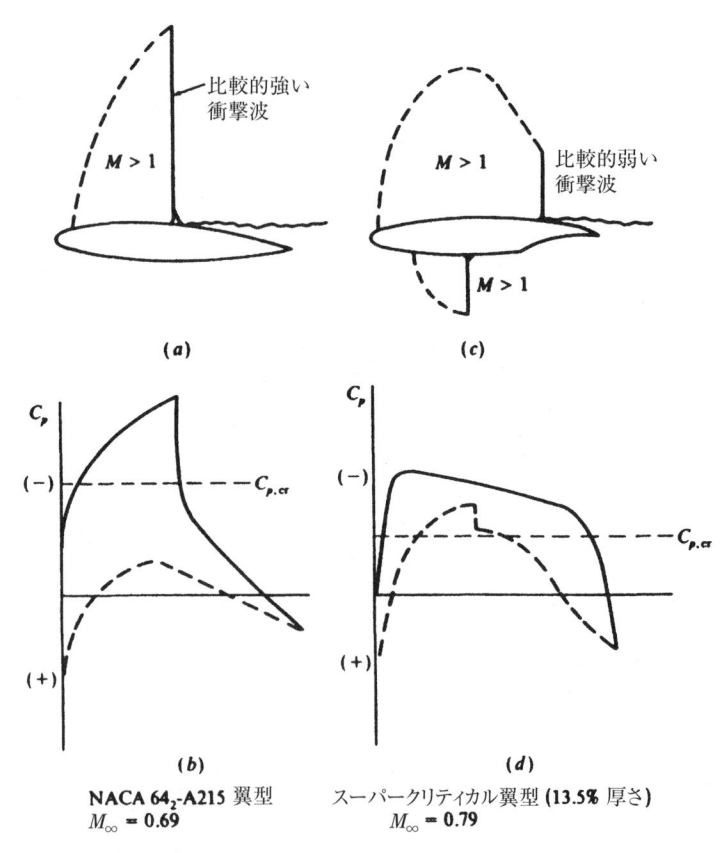

図9.31 標準 NACA 6 シリーズ翼型とスーパークリティカル翼型での流れ場と圧力分布の比較（ウィットコムとクラーク[155]より）

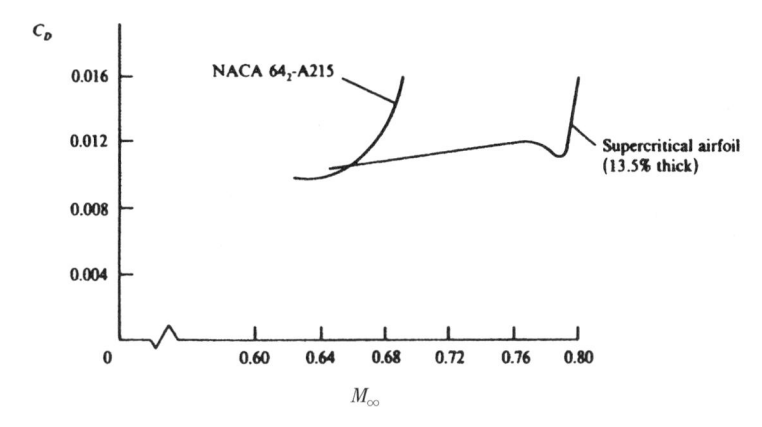

図9.32　標準NACA6シリーズ翼型とスーパークリティカル翼型での抗力係数とマッハ数の関係（ウィットコムとクラーク[155]より）

ちに音速を超えた．エリアルールを使用することで，その飛行機の最高速度は25％上昇していた．そして生産ラインが始動し，アメリカ空軍のために870機のF-102Aが製造された．こうして，エリアルールは衝撃的なデビューを飾った．

スーパークリティカル翼型も2.4m風洞で得られたデータを基にリチャード・ウィットコムが開発し，1960年代に発展した．図9.28よりスーパークリティカル翼型の働きは，臨界マッハ数と抗力発散マッハ数の間の隔たりを大きくすることにあったことを思い出してほしい．ラングレーの風洞から得られたデータによると，スーパークリティカル翼型を使用することで，巡航マッハ数を10％増加できることが示唆されていた．NASAは1972年の臨時会議で，技術団体に対してスーパークリティカル翼型のデータを紹介した．それ以来，スーパークリティカル翼型の考え方はほとんど全ての新型商業航空機と一部の軍事飛行機で採用されてきた．スーパークリティカル翼型と標準的なNACA 64-A215翼型に関する物理データの比較が，その形状と共に図9.31と図9.32に示されている．図9.31の上部には翼型周りでの超音速流れの領域が示されており，また下部にはそれに対応する翼面上での圧力係数の変化が示されている．スーパークリティカル翼型では超音速流れの領域がより弱い衝撃波で終わっており，圧力変化が小幅であることに注目してほしい．図9.32に示されているように，このことが遷音速抗力の増加が現れる自由流マッハ数をより大きなマッハ数へと遅らせることになる．したがって，スーパークリティカル翼型の性能面での優位性ははっきりしている．スーパークリティカル翼型に関するウィットコムの最初の発表[155]は機密扱いであったが，

1970年代初頭には一般に公開された．

本節では，空気力学と航空工学における最も胸躍る歴史の一項を簡単に紹介してきた．幾度の苦難を乗り越えながらゆっくりと遷音速流れの秘密が解きほどかれていき，そして問題に対して協力して知恵を振り絞って取り組んだことで有用な風洞データが得られ，さらには遷音速流れの現代計算手法へ到達した．最終的にはそうした遷音速データから20世紀の後半に2つの大きな空気力学発明，エリアルールとスーパークリティカル翼型が誕生したことを見てきた．

超音速空気力学理論：その初期段階

1世紀以上前から既に大砲の砲弾やライフル銃の銃弾が到達していた速度は超音速であったが，飛行機に人間が乗り込んで音速よりも速く移動したのは1947年10月14日が最初であった．この画期的な出来事により，ジェット推進飛行機の時代の中でも特別な時代への扉が開かれた．超音速飛行機の時代である．この時代を迎えた頃には超音速衝撃波の理論が整っていたことを既に見てきた．つまり，19世紀のリーマン，ランキン，ユゴニオ，マッハの研究と，それに続いて20世紀初めの10年間に行われたレイリー，テイラー，プラントル，マイヤーによる解析により，超音速での衝撃波と膨張波が理解され，それら圧力波の正確な計算方法が知られるようになっていた．したがって超音速空気力学での基本的な理論は，1947年にチャック・イェーガーがベルX-1で歴史的な飛行を行うかなり以前に確立されていた．しかし超音速物体に対してその理論を適用し，そのような物体周りの空気力学流れに特有の特徴を理解することは，ほぼ20世紀の全期間を通して空気力学者にとって代表的な課題であった．そして今でも，ある種の超音速軍事飛行機の設計では依然として課題であり続けている．本節では，超音速物体周りの流れに適用される超音速空気力学理論の初期の発展に注目していく．この過程において，超音速飛行での空気力学と亜音速飛行での空気力学の間に存在する最も大きな実践的差異である超音速造波抗力の性質について見ていくことにする．

第1章では，物体に作用する空気力はその物体の露出している表面にわたって圧力分布とせん断応力分布を積分した正味の効果に起因していることを強調した．造波抗力は衝撃波の背後で圧力が高くなることに起因している．つまり，その高い圧力が超音速物体の前の部分に作用することになって，抗力が増加する．衝撃波が存在することに起因したこの抗力の増加を造波抗力と呼ぶ．したがっ

て，造波抗力は圧力抗力の一種である．

　もし全ての超音速飛行機が，例えば楔や平板，またはダイヤモンド翼型のように連続した平面から形作られていたならば，1908年から知られている斜め衝撃波と膨張波の理論を直接適用することによって造波抗力と揚力を容易に計算できたであろう．しかし，多くの場合で物体表面は曲面になっているので，前縁衝撃波も平面ではなく曲面になっている．さらに，曲面になっている衝撃波の流れ場は平面衝撃波理論から計算できない．そこで疑問が生じる．曲面になっている表面を持つ物体の造波抗力をどのようにして予測できたのだろうか．その疑問に対する答えに向かって，1920年代と1930年代の初めに2人の研究者が非常に大きな躍進を遂げた．スイスのヤコブ・アッケレートとアメリカのセオドア・フォン・カルマンである．

　ヤコブ・アッケレートは1898年3月17日にスイスのチューリッヒで生まれた．チューリッヒのスイス工科大学で機械工学学士号と科学博士号を取得し，同大学で助手としてオーレル・ストドラに師事した．その後，ポスト博士研究のためにゲッティンゲンでプラントルの研究所に加わり，カイザー・ウィルヘルム研究所

図9.33　1924年におけるゲッティンゲンの主要研究者達．左から順にヤコブ・アッケレート，ルートヴィヒ・プラントル，アルバート・ベッツ，ラインホールド・サイフェルス．（ロッタ[73]より許可を得て掲載）

(図9.33) で部門長を務めた. 1921年から1928年にかけて境界層理論に関するプラントルの研究を拡張し，表面での吸引による境界層制御を実際に適用することが興味の対象であった. 1928年にはスイスに戻ってチューリッヒのエッシャーワイズ社で技師長になり，タービンや他の回転機械の設計に新しい流体力学理論を適用することに先駆的に取り組んでいた．その4年後には母校のスイス工科大学に教授兼空気力学研究所所長として戻り，その後は引退するまでこの地位にあった. 1930年代前半には超音速風洞の設計と建設を数多く手がけることで，師であったストドラが何年も前に行っていた類の仕事にも貢献した．アッケレートは初の閉回路超音速風洞を設計し，1930年代にはヨーロッパ中で超音速風洞の設計と建設に参加していた．事実，1935年のボルタ会議に出席した人達はローマに近いグイドニア市にある新型のイタリア高速風洞を見学するツアーに出かけていたが，その時に彼らが見たのはアッケレートが設計した超音速風洞であった．この頃のアッケレートはイタリア空軍のコンサルタントとして活動しており，この風洞はマッハ4まで可能であった．アッケレートは第二次世界大戦の初めまで超音速流れに関してヨーロッパを代表する権威であった．終戦時には，アメリカ軍は「ペーパークリップ作戦」として知られる計画の下でアメリカに連れて帰るべき重要なドイツ人科学者のリストにアッケレートの名前を載せていた．もちろんアッケレートはドイツ人ではなかったが，アッケレートが解放されたのは親友であるセオドア・フォン・カルマンがドイツでの研究活動に対する「アメリカの家宅捜査」に激しく抗議してからのことであった．アッケレートは1967年に名誉教授として退職した．その頃には，ニューヨークの航空科学協会名誉会員およびロンドンの王立航空協会名誉会員になっていた．そして1981年3月26日，スイスのクスノルトにて長い闘病生活の末に83歳で亡くなった．

　アッケレートは優れた教師でもあり，いつも自分の学生のことを気にかけていた．彼が科学史に対して本気で興味を示していたことは興味深い側面である．晩年には流体力学の歴史での権威になっていた．彼の蔵書は，日付が1850年から1940年の間のものだけで2,500冊を優に超え，第二次世界大戦の後に出版された書物がさらに500冊もあった．そして，その多くに著者のサインがされていた．これらは同時に，19世紀後半と20世紀前半における数学と物理学の歴史的発展に関する貴重な情報資源でもあった．アッケレートはこれらの本を集めることに加えて，ページの間に挟み込んだメモ用紙に注意書きと計算を書き込みながら読んでいた．

　超音速流れの理論に関して1920年代の中頃にアッケレートが先駆的に行った研

究が，本節に関連するところでのアッケレートの貢献になる．彼はゲッティンゲンにいた頃に超音速流れの線形理論で核心部分を展開していた．一様な超音速流れの中に翼型を置く場合に，アッケレートはこの翼型によって生成される擾乱が微小であるという仮定を置くことにより，非粘性流れを表す非線形のシステムの支配方程式であるオイラー方程式を，はるかに簡単で容易に解くことができる線形方程式に変形できた．小さな迎え角での薄翼に限定されるが，アッケレートの計算によると超音速流れでの揚力係数と抗力係数はそれぞれ次式により表される．

$$C_l = \frac{4\alpha}{(M_\infty^2 - 1)^{1/2}}$$

および

$$C_d = \frac{f(\alpha, t)}{(M_\infty^2 - 1)^{1/2}}$$

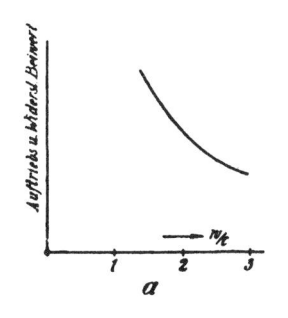

図9.34 薄翼の超音速造波抗力係数とマッハ数の関係の計算結果（アッケレート[150]より）

ここで α は迎え角，$f(\alpha, t)$ は迎え角と物体厚みの何らかの関数であり，物体の形状に依存する．マッハ数の増加に伴って超音速造波抗力は減少することに注目してほしい．図9.24の右側に描かれた傾向と同じである．アッケレートの1925年理論[150]は，図9.34に示されているようにこの傾向を予測していた．アッケレートの研究は，小さな迎え角で置かれた細長い物体の超音速造波抗力と揚力の予測のための多種多様な超音速流れ線形理論にとって先駆けになり，そして今日でもなお探求の対象になっている．

　超音速理論の開発において1930年代に重要な役割を果たした2人目の研究者は，ハンガリー生まれでアメリカに移住したセオドア・フォン・カルマンである．アメリカでの空気力学の歴史においてフォン・カルマンの名はほとんど神格化されているほど重要になっている．しかもその崇高さは，空気力学の研究開発に対して彼が行った多大な貢献と支援運動により，1963年に彼が亡くなるそのはるか以前から存在し，今日まで続いている．さらに彼の学生達の多くがこの分野での指導的役割に就いており，今日ではその学生達による貢献の中にも彼の影響が見られる．彼の人生について書かれている3冊ほどの本に目を通しておけば，フォン・カルマンが特別な人物であったことに気づくだろう．ポール・ハンル[156]は，フォン・カルマンがドイツのアーヘンからカリフォルニア工科大学へ移動し

たことにより，ゲッティンゲンでのプラントルの研究活動の伝統に育まれて成熟した空気力学的思考と洗練された空気力学理論がアメリカに大量に注入されることになったと主張している．マイケル・ゴーン[157]は，1940年代と1950年代のアメリカの研究開発政策において，フォン・カルマンは非常に大きな影響力を持っていたと述べている．今日，私達の周りの確立した研究文化に見られる多くの特徴は，フォン・カルマンの先見の明が直接的に花開いた結果である．フォン・カルマンはアメリカからヨーロッパへ，時にはアジア諸国へも自由に巡回していた，ちょっとした世界人であった．彼は多彩な人物であったが，彼の死後に出版された自叙伝 *The Wind and Beyond*[67]（訳者注：邦題『大空への挑戦 航空学の父カルマン自伝』として日本語訳が出版されている）が好評であったのは，この多彩さのおかげであろう．この自叙伝は彼の活力に満ちた知性と個性を最も良く表している．私が知る限りでは，2編の伝記と1編の自叙伝が出版された人物は空気力学の歴史では他にはいない．フォン・カルマンに関しては数多くの文献があるので，ここでは略歴のみを短く記す．

　セオドア・フォン・カルマンは1881年5月11日にハンガリーのブダペストで中産階級のユダヤ人家庭に生まれた．彼の父親モーリスは低い地位から出世していき，やがてブダペストのパズマニー・ピーター大学で著名な教育学の教授になった．母親のヘレン・コンは，16世紀にプラハの「ゴーレム」と呼ばれた世界初の機械式ロボットを発明したプラハ宮廷のユダヤ教指導者であり数学者でもあった人物から始まる，代々著名な学者を輩出してきた歴史ある家系の出身であった．フォン・カルマンは自叙伝の中で「このすごい2人が私の両親として一緒になっていたことを振り返ると，私が科学を職業にするように初めから導かれていたはずだと考えるのは，全くもって論理的なことである (p.15)[67]」と書いている．セオドアは神童であった．彼は，父が設立して，「エリートのための育児室」として知られていたミンタ（「模範ギムナジウム」）と呼ばれる公開教育研究機関に9歳の時に入学した．その卒業生には，エドワード・テラー，レオ・シラード，ジョン・フォン・ノイマンがいる（訳者注：それぞれ順に「水爆の父」と呼ばれたアメリカの核物理学者，初めて核分裂連鎖反応を発想したアメリカの物理学者，「コンピューターの父」とも呼ばれ，原子爆弾の開発にも関与したアメリカの数学者）．フォン・カルマンは22歳でブダペストの王立ジョゼフ工科経済大学を首席で卒業し，機械工学の学士号を取得した．短い期間だが徴兵制による軍務に就き，さらに産業界で働いた後，1906年に上級学生としてゲッティンゲンに入学してプラントルの下で博士号を取得した．その後，私講師（ドイツ大学職制における最下層）として4年間をプラントルの

研究室で過ごした．ゲッティンゲンにいた時代には境界層理論を発展させ，さらに翼型と翼の理論を開発する中心にいた．1913年，プラントルの圧倒的な存在から離れたいとの思いから，ベルギーとの国境に近いドイツのアーヘン工科大学で航空工学と機械工学の教授職を受けることにした．（自叙伝の中でも明らかにされているが，フォン・カルマンは人としてプラントルがあまり好きではなかった．実際，フォン・カルマンにアーヘン大学の地位を見つけてくれたのもゲッティンゲン大学学長のフェリクス・クラインであり，プラントルではなかった．プラントルはカルマンのために良職を見つけるようなことをほとんどしなかった．）アーヘンでは，フォン・カルマンはアーヘン空気力学研究所の所長も任されていた．31歳という若さの人物にとって重大な肩書きと責任であった．産業経営者であり，アーヘン大学の原動機の教授であったフーゴー・ユンカースと出会ったのもアーヘンでのことだった．そして，1915年に2人は共同でユンカース J-1 輸送機の空気力学設計を行った．この飛行機は，初めて完全片持ち式主翼を採用した全金属飛行機であった．フォン・カルマンは，アーヘンでは教師としても成長して，学生から人気の活気のある授業を行っていた．「それゆえにアーヘン空気力学研究所は第一次世界大戦後に傑出した存在になったが，それはカルマンの科学的業績と国際人としての行動からだけではなく，彼の教育的才能も大きく寄与していた．[157]」

1926年，ノーベル賞を受賞した実験物理学者でパサデナのカリフォルニア工科大学（カル・テック）学長であったロバート・ミリカンはフォン・カルマンを講演のために（同時にグッゲンハイム財団の資金援助によってカル・テックに新設した空気力学研究所に彼を招聘するために）アメリカに招待した．しかし，フォン・カルマンにとってはヨーロッパでの知識人との交流の方が好きであったことから，パサデナに移ってカリフォルニア工科大学グッゲンハイム航空研究所（GALCIT）の所長になるのは1930年になってからである．アメリカへ移るというフォン・カルマンの決断は，ドイツでナチスの影響力が台頭してきていることを警戒したこともあったのだろうが，おそらくそれよりもプラントルの影響力から逃れることを望んだからだと思われる．そして彼は「空気力学をアメリカにもたらす[156]」という挑戦を楽しんでもいた．

図9.35 セオドア・フォン・カルマン

フォン・カルマンは理論空気力学への新しい取り組み方と，それを実用的な飛行機設計に繋げることをカル・テックに持ち込んだ．とは言え，アメリカの航空学カリキュラムに空気力学理論を最初に導入した人物ではない．マックス・ムンクはいささか失敗に終わってしまったが，セオドア・テオドルセンも既に多くの理論を持ち込んでいた．しかし，フォン・カルマンのカリスマ的個性と航空学の将来に対する先見性のおかげで，グッゲンハイム航空研究所はすぐにアメリカでの空気力学における知的思考の中心地になった．図9.35には1930年にグッゲンハイム航空研究所所長になった頃のフォン・カルマンが写っている．

第二次世界大戦では，フォン・カルマンはヘンリー・H（「ハップ」）・アーノルド大将の最も信頼される科学アドバイザーとして国家的場面にも登場し，航空での研究開発の道筋に強い影響力を発揮することになった．大戦中，アーノルドはアメリカ陸軍航空軍の総司令官の任にあり，フォン・カルマンとの友好的な職務関係は現代まで続くアメリカ航空学における協調的活動の模範になった．例えば，フォン・カルマンは学術界，政府，産業界の技術者・科学者からなる空軍科学諮問委員会を創設しており，今日でもアメリカ空軍の研究開発方針を決定するうえで大きな影響力を持って存続している．大戦後は，北大西洋条約機構（NATO）の一部門として航空研究開発顧問グループ（AGARD）を設立することに貢献した．それ以来，AGARDはNATOの国々で技術面での航空発展に大きな役割を果たしている．フォン・カルマンは，AGARDの一部としてベルギーに教育研究機関を創設する際には立役者となって働いた．今日，その教育研究機関がフォン・カルマン流体力学研究所であり，世界を代表する空気力学研究所として著名な卒業生を多数輩出している．

第二次世界大戦後，フォン・カルマンは長老としての役割を担っていた．アメリカ空軍との間に親密な政策立案関係を維持し続け，世界中を飛び回って講演旅行を行った．カリフォルニア工科大学グッゲンハイム航空研究所の所長を続けていたが，運営を卒業生と同僚に任せて，教室と実験室からはさらに遠退いた．1950年代の中頃にはパリを本拠地として大半の時間をヨーロッパで過ごすようになった．しかし，その頃から彼の健康は悪化し始め，次第に体力が弱まっていった．1963年5月6日，フォン・カルマンはアーヘンの病院で息を引き取った．遺体はパサデナに戻り，ハリウッド墓地に埋葬された．彼の葬儀ではジョン・ケネディ大統領から寄せられた以下の追悼の辞が牧師によって読み上げられた．

この2月に初めてのアメリカ国家科学賞を贈ったばかりのセオドア・フォン・カル

マン博士が亡くなられたとの報を受け，私は残念でなりません．博士は自ら10年前に組織したNATO航空研究開発グループの議長として世界の科学界にその名を知られていました．博士の友人と同僚は博士が亡くなったことを深く嘆き，偉大な科学者であり人道主義者に対して，私と共に追悼の意を表していることでしょう．

アメリカ合衆国大統領から空気力学分野の偉大な人物に対して贈られた，実に高い賛辞であった．
　さて，本節での話題に関連するのは，超音速空気力学でのフォン・カルマンの研究業績であった．この分野での彼の最初の貢献は，回転物体の造波抗力計算における1932年の成果である．2次元翼型に対してアッケレートの理論が行っていたことを，フォン・カルマンは飛翔体に対して行った．つまり，アッケレートの研究と同じ仮定を用いて（例えば，流れに対して微小擾乱のみを発生させる細長い物体を仮定），軸対称超音速流れの支配方程式群を古典物理学の波動方程式の形を持つ単一の線形方程式にまで簡略化した．そして，この方程式に対する新しい奇抜な解法を提案した．すなわち，中心線に沿って連続した吹き出しを与えることによって飛翔体周りの流れを表現した．物体周りの非圧縮性流れを構成するために一様な流れに吹き出しと吸い込みの分布を与える方法は，19世紀のスコットランド人技術者W・J・M・ランキンが考えた発想であり，今日でも非揚力体周りの非圧縮性流れ計算を対象にした標準解析手法として使用されている．フォン・カルマンの研究はこの手法を超音速領域に拡張した．飛翔体の中心線に沿って連続した吹き出し分布を与えることによって支配波動方程式を満足させることができた．この問題の解法は，超音速の自由流に対して加えたときに超音速飛翔体周りの正しい流れが得られる正確な吹き出しの分布を見つけるところにあった．このカルマン−ムーア理論[158]から，細長い物体や翼の周りの超音速流れを求めるために用いられる線形パネル法の解法において今日でも使用されている超音速空気力学理論の新たな一分野が始まった．
　フォン・カルマンには，複雑な技術的題材を他人が理解できるようにうまく整理して説明できる能力があった．そのため，空気力学界にとって素晴らしいスポークスマンになっていた．1946年の航空科学協会での第10回ライト兄弟記念講演がその最も良い例である．それは初期の超音速空気力学の発展を効果的にまとめた，区切りになる講演であった．フォン・カルマンが講演の中で展開したことは，超音速流れの基本に関する明快かつ鮮やかな一覧であり，同時に後退翼を含む物体と翼を対象にした超音速空気力学特性の様々な計算方法であった．初めて

X-1が超音速飛行を行うほぼ10ヶ月前の時期であったにもかかわらず，聴衆には超音速空気力学の最先端技術はかなり成熟段階にあったことが明らかであった．フォン・カルマンがこの講演を行う11年前，スタンフォード大学のウィリアム・F・デュランドが編集した6巻からなる空気力学概観の決定版『空気力学理論：発展の一般概論』の一部として，テイラーとマッコール[160]によって超音速流れの最先端技術が整理されていた．デュランドの本は今日でも1930年代中頃の空気力学最先端技術に関する古典的記録であり続けている．1935年には圧縮性流体，特に超音速流れに関する知識が欠如していたことが，このテーマに割かれたページ数に表れている．つまり，シリーズ全巻でほぼ2,000ページある中の40ページをこのテーマが占めていた．テイラーとマッコール[160]は衝撃波と膨張波の理論，亜音速‐超音速ノズル流れ，波動の基本的特徴について取り上げたが，ただそれだけであった．対照的に，1946年のフォン・カルマンは超音速造波抗力およびその計算の物理的特徴と解析的特徴を網羅していた．有限翼に大きく注目し，その中でも後退翼に重点を置いていた．1935年のテイラーとマッコールによる記事では，先に発表されていた参考文献は12件だけであった．11年後，フォン・カルマンは参考文献に186件の項目を記しており，1935年から1946年の間に圧縮性流れに関する研究が爆発的な勢いで拡大したことが反映されている．1947年には超音速空気力学理論の最先端技術は揺るぎない基盤の上に成立していたので，彼のライト兄弟記念講演は価値のある区切りになった．もちろん，20世紀の後半も成熟を続けることになるが，1947年以前の際立った業績と比較すると，それ以後の成長は付加的である．空気力学の歴史では，1947年はある時代の終わりを表している．それは超音速空気力学の初期の時代であり，フォン・カルマンのライト兄弟記念講演はその時代を代表するにふさわしい仕上げになる内容であった．

●後退翼：高速飛行における空気力学の飛躍的進歩

　高速飛行での効率を良くするために後退翼を用いるという奇抜な発想は初期の超音速理論の時代に誕生していたが，後退翼理論を先の本論とは別にして説明した方が，この理論の特殊な性質を際立たせるためには好都合である．

　高速飛行を目的とした後退翼の概念は，1935年のボルタ会議で世界中の主要な高速空気力学者を前にしてアドルフ・ブーゼマンによって紹介された．そして，会議に出席していた代表者達に対して電気ショックのような衝撃を与えるはずであった．しかし，聴衆から事実上無視されて終わってしまった．フォン・カルマ

ンとイーストマン・ジェイコブズでさえ，アメリカへの帰路ではこのアイデアについて何も言及していなかった．事実，その10年後，つまり第二次世界大戦も終結が見え始めてジェット機が航空を根本的に変え始めた頃，後退翼の概念がブーゼマンとは無関係にNACAラングレー記念研究所の独創的空気力学者，ロバート・T・ジョーンズによって提案された．ジョーンズが1945年にジェイコブズとフォン・カルマンに対して自分の考えを提案した時には，2人ともボルタ会議でのブーゼマンの構想を覚えていなかった．フォン・カルマンは自叙伝の中で次のように書いて，これを見過ごしていたことについて述べている．「何年も後まで，私はこの提案にあまり注意を払っていなかったと認めざるを得ない．(p.219)[67]」彼も人間である．次のように言い訳をしていた．「この時点での私の研究は設計ではなく超音速理論の開発に向かっていた．(p.219)[67]」しかし，このブーゼマンの構想はドイツ空軍では無駄にされなかった．ドイツ空軍は軍事的な重要性を認識して，発表の翌年である1936年にはこの概念を機密扱いにした．そして，終戦までの間におびただしい技術データを集めたドイツの後退翼研究計画が開始された．それは，1945年の前半にペーネミュンデとブラウンシュバイクにあったドイツ研究所を急襲した連合国側技術団にとって思いもかけない驚きと関心の的であった．

　アドルフ・ブーゼマンはボルタ会議の時点では比較的若かった（34歳）が，優れた空気力学者であった．1901年にドイツのリューベックで生まれ，地元の高校を卒業した後にブラウンシュバイク工科大学から工学の学士号と博士号を1924年と1925年にそれぞれ取得した．ブーゼマンはその時代の重要なドイツ人空気力学者としては珍しく，プラントルの学生として経歴が始まったわけではなかった．しかし，1925年にはゲッティンゲンのカイザー・ヴィルヘルム研究所で職歴を始めることになり，すぐにプラントルの影響下に入った．1931年から1935年までドレスデン工科大学の原動機研究所で教えることになってその影響力から独立し，そして1935年には航空研究施設の航空気体力学部部門長としてブラウンシュバイクに赴いた．終戦時に連合国側技術団がドイツに入ってきた時には，その技術団は空気力学の技術データを大量に掻き集めるだけでなく，ブーゼマンも連れ出すという効率的な方法をとった．つまり，ブーゼマンは1947年にペーパークリップ作戦の下でNACAラングレー記念研究所に参加する誘いを承諾して，ラングレーに加わった後はNACAのために高速空気力学に関する研究を継続した．その後はラングレーの高度研究委員会議長になり，他の権威者と共に有人宇宙探査計画で宇宙飛行士達への初期訓練に使用される科学講義の準備を監修した．後にコロ

ラド大学ボルダー校の宇宙エンジニアリング科学科教授になっている．引退後は1986年に亡くなるまでボルダーにとどまり，活動的な生活を送っていた．

　1935年のボルタ会議でのブーゼマンの論文は，翼の空気力学特性は主に前縁に対する流速の垂直成分によって支配されるという単純な発想に基づいていた．図9.21には，その流速の垂直成分を説明するためにブーゼマンが使用した概略図が示されている．角度φが後退角である．同じ自由流速度に対して翼の後退角が増加すると（角度φが増加すると），前縁に垂直な速度成分は減少する．翼は自由流の速度を全て「見て」いるのではなく，基本的には垂直成分を「見て」いるので，高速での圧縮性の影響が翼に現れ始める自由流マッハ数はより高い側へと遅れることになる．遷音速飛行にとってその意味は，翼が後退するとその翼の臨界マッハ数が増加し，その結果として大きな抗力増加に遭遇することになる自由流のマッハ数も増加するということになる．超音速飛行にとっての意味は，造波抗力が現れ始めるのが遅れ，その大きさも減少するということになる．ブーゼマンは超音速飛行にとっての意味に気づいていなかったが，マックス・ムンクは1924年に低速非圧縮性流れでの翼に関して速度の垂直成分の影響について述べていた．ムンクの研究は高速流れとは無関係であったが，飛行機の安定性に対する後退角と上反角の影響を調べている際に，前縁に対する垂直な流速の成分のみが「揚力の生成に有効である」と指摘していた[161]．それからかなりの月日を経て，ムンクの学生であったロバート・T・ジョーンズはムンクの研究をよく覚えていた．この土台があったおかげで，ジョーンズは遷音速飛行と超音速飛行にとって後退翼が有利であることをブーゼマンとは別に1945年に発見することになった．

　ブーゼマンの1935年ボルタ会議論文に述べられていた後退翼の概念は，ドイツ国外では誰にとっても時代に先行する発想であった．フォン・カルマンと他の出席者はどうしてブーゼマンの発想の重要性を理解し損ねて，しかも完全に思い出せなくなっていたのか，これには理解しがたいものがある．まさにその日の晩，フォン・カルマン，ドライデン，会議主催者のアルトゥーロ・クロッコ司令官と共にブーゼマンも夕食会に参加していたのだから．その夕食会では，クロッコが献立表の裏に後退翼，後退尾翼，後退プロペラを持つ飛行機の絵を描いて，「未来のブーゼマン飛行機」と言って戯れてもいた[162,163]．

　ところが，ドイツでは戯れではなかった．ナチス政府の下で，空軍は急速に拡大していった．ブーゼマンはブラウンシュバイクの空気力学研究担当に任じられ，後退翼の高速風洞試験が開始された．1939年までには，元々ブーゼマンが理論づけていたように後退翼が空気力学的に有利であることを裏づけるデータが得

られていた．ドイツの後退翼実験データの例については，ブレアの論文[164]を参照してほしい．1942年，メッサーシュミット社の上級設計士であるボルデマー・ボイトは先進実験ジェット戦闘機の紙面設計の段階でブーゼマンの構想を採用した．Projekt 1101と名付けられたその飛行機には，同じくボイトが設計していたMe-262双発ジェット戦闘機の緩やかな後退翼とは対照的に，大きく後退した翼が備わっていた．しかしMe-262が優先されていたために，ボイトはProjekt 1101に対して十分な時間を割くことができなかった．終戦までの間に，高後退翼ジェット機の模型での風洞試験が行われただけであった．しかし，そのデータは非常に有望であった[163]．

　1945年5月，フォン・カルマンはドイツの研究開発に関する情報を求めて，崩壊しつつあるドイツに侵入したアメリカの科学者と技術者からなる一団を率いていた．彼はドイツで教育を受け，指導的ドイツ人科学者とも親しい間柄にあったので，その技術団の中では特に有能なメンバーであった．降伏文書が調印される前日の5月7日，その技術団はブラウンシュバイクに到着して多数の後退翼風洞試験模型とおびただしい後退翼データを発見し，驚嘆した．

　現在はボーイング社の副社長を退いたが，当時は新世代ジェット爆撃機の初期設計に従事していたボーイング社の若い航空技師ジョージ・シャイラーがその一員として参加していた．シャイラーは，後退翼に関するドイツのデータを調査すると直ちにボーイング社の同僚であるベン・コーンに宛てて，その興味深い特徴を持つ翼に対して設計陣が注意を払うように促す手紙を書いた．さらにシャイラーは，全航空界が高速飛行機にとっての後退翼の利点を認識できるように，全主要航空機製造会社にこの手紙の写しを配布することをコーンに依頼していた[165]．差し当たり，ボーイングとノースアメリカンの2社だけがその情報を活用することになる．

　しかし，もしNACAラングレー記念研究所のロバート・T・ジョーンズがドイツのデータとは無関係に後退翼の利点を発見していなかったならば，大戦後にこれほどまで早期に飛行機の設計に大変革がもたらされることはなかっただろう．ジョーンズはケイリー，ウェナム，フィリップスのような19世紀の空気力学者と全く同じタイプの，独自の努力で成功を勝ちとってきた叩き上げの人物であった．1910年にミズーリ州のメーコンで生まれ，若いうちに航空学に完全に魅了されていた．

　20年代の後半を通して，私の故郷であるミズーリ州メーコンの雑誌売り場には週刊

雑誌 aviation が置かれていた．aviation 誌には，B・V・コルビン－クロブコフスキーやアレクサンダー・クレミンなど他にも著名な航空技術者から寄せられた技術情報記事が掲載されていた．近々発刊予定の NACA 技術報告と技術資料の予告がエアロ・ダイジェストと aviation の両方に掲載されていた．これらを政府印刷局から通常10セントで入手できたし，さらにワシントンの NACA 本部に手紙を書きさえすれば無料で入手できる時もあった．私にはこれらの報告書に書かれている内容が普通の高校や大学の履修課程よりもはるかにおもしろく思えたし，国語の先生は航空を題材にして私が書いた作文にかなり困っていたのではないだろうか．[117]

ジョーンズは 1 年間ミズーリ大学に通ったが，航空関連の仕事に就くために退学した．最初はマリー・マイヤー航空サーカスで，次にミズーリ州マーシャルのニコラス－ビーズリー飛行機会社でいずれも乗組員として働いた．当時，ニコラス－ビーズリー社は有名なイギリス人航空技師ウォルター・H・バーリングが設計した単発低翼単葉機の生産を開始したばかりであった．そして，一頃にはそうした航空機を毎日 1 機の割合で生産，販売していた．ところが，ニコラス－ビーズリー社は大恐慌の犠牲になって倒産してしまった．1933年，ジョーンズは気づくとワシントン DC でエレベーター係として働き，夜間はカトリック大学で航空学の授業を取っていた．そして，教えていたのがマックス・ムンクだった．この接点をきっかけにして，ジョーンズとムンクの終生変わらぬ友情が始まった．1934年，公共事業局は連邦政府内に多くの科学職を一時的に創設した．そこでジョーンズは，故郷から選出のデビド・J・ルイス下院議員の推薦により，NACA ラングレー記念研究所での 9 ヶ月間の有期契約をもらうことができた．これが，ジョーンズが NACA/NASA に生涯勤務することになったきっかけであった．ジョーンズはそれまでの航空学への情熱的興味と独学を通じて，空気力学理論には人並み外れて詳しくなっていた．そしてラングレーではその才能を認められ，2 年間にわたって一時的および緊急的な再契約を繰り返して研究所での勤務を続けていた．しかし大学卒の資格を必要とする公務員規定のために，ジョーンズは最下位の専門技術職等級にも昇進できなかった．やっと1936年に研究所の運営管理者が法律の抜け穴を通って，ジョーンズを正式に雇用することができた．というのも，最下位等級から一つ上の等級でジョーンズを採用したわけだが，その等級には大学卒の資格は明示されていなかった（ただし，必要だと推測される表現であった）．

1944年には，ジョーンズは NACA で最も尊敬を集める空気力学者に数えられ

第 9 章　ジェット推進飛行機の時代の空気力学　551

るようになっていた．当時，陸軍航空隊のための空対空ミサイル実験機の設計に従事しており，さらに低アスペクト比三角翼を備えた滑空爆弾案について空気力学の研究も行っていた[84]．コネチカット州セイブルックのラディントン－グリズウォルド社は自分達で設計したダーツ形ミサイルの風洞試験を実施してお

図9.36　ロバート・T・ジョーンズ

り，社長のロジャー・グリズウォルドは1944年にそのデータをジョーンズに示した．グリズウォルドはそのミサイルの低アスペクト比三角翼に関する揚力データと，有効性が実証されているプラントルの揚力線理論を用いた計算とを比較していた．ジョーンズは低アスペクト比翼にはプラントルの揚力線理論が有効でないことに気づき，三角翼平面形状に対してより適切な理論の開発を始めた．そして，三角翼周りの低速非圧縮性流れについてかなり簡易な解析方程式を得ていたが，この理論は「あまりにも荒っぽい」ので「誰も興味を示さないだろう」と考えた．こうして彼はこの解析を引き出しの中にしまったまま，他の問題に取りかかってしまった．

　1945年の前半，ジョーンズ（図9.36）は超音速ポテンシャル（渦なし）流れの数学理論について思案していた．そしてこの理論を三角翼に適用した時，今は引き出しの中に埋もれているあの荒っぽい理論を用いて非圧縮性流れを対象に自分が見つけ出していた方程式と同じような式が得られたことに気づいた．そしてその理由を考えていた時に，1924年にマックス・ムンクが示した翼の空気力学特性は主に前縁に垂直な自由流の速度成分によって支配されているという記述を思い出した[161]．にわかに答えは単純そのものになった．三角翼に関して彼の超音速での発見が以前の低速での発見と同じであった理由は，三角翼の前縁が大きく後退していたので超音速自由流の前縁に対して垂直なマッハ数成分は亜音速になっており，したがって超音速の後退翼は亜音速流れの中にあるかのように振る舞っているからであった．この意外な事実に気づいたことで，ボルタ会議でのブーゼマン

の論文から10年が経っていたが，ジョーンズは高速空気力学の観点から後退翼の利点を独自に発見した．

ジョーンズはNACAラングレーの同僚達と，自分の後退翼理論に関する議論を始めた．1945年2月中旬にはライト・フィールド陸軍航空隊のジーン・ロッチェとエズラ・コッチャーに自分の考えの概要を説明した．そして，1945年3月5日にはラングレーの研究部長ガス・クローリーに宛てて，「最近になって理論解析を実施したところ，V字中央の点を先頭に飛行するV字型翼は他の平面形状よりも圧縮性の影響をあまり受けないことが示唆された．実際，V字角度がマッハ角に対して小さくなっているならば，音速以上および音速以下の両速度で揚力と圧力中心は同じ状態を維持する」と書いた報告文書を送付した．さらに同じ報告文書内で後退翼に関する実験の承認をクローリーに願い出た．その実験はすぐにラングレーの飛行研究部でロバート・ギルラス部長の指揮の下で，最初は後退翼を持つ物体を高々度から落下させる自由飛行試験から開始された．

ジョーンズは自分が考えた低アスペクト比翼理論に関する正式報告書を1945年の4月に書き終えた．この報告書には圧縮性の影響と後退翼の概念も書かれていた．しかし，その報告書の内部査読の過程でセオドア・テオドルセンが強い異議を唱えた．テオドルセンはジョーンズの理論が極めて直感的な性質を帯びていたことが気に入らず，ジョーンズに対して何かしら「真の数学」を用いて「ごまかし」の部分を具体的に説明するように要求した．そのうえ，超音速流れは亜音速流れとは物理的にも数学的にも大きく異なっていることから，テオドルセンは超音速で飛行するジョーンズの大きく後退した翼が「亜音速の」振る舞いをすることを受け入れられなかった．そして，ジョーンズの後退翼の概念を完全に批判して「人を陥れる妄想」と呼び，後退翼に関する部分を削除するように主張した[84]．

テオドルセンの強い主張が勝り，ジョーンズの報告書の発行は遅れた．しかし，1945年5月の下旬になるとギルラスの自由飛行試験では翼を後退させることにより抗力が1/4に減少することが示されて，ジョーンズの予測が劇的に証明された．そのデータに従って直ちにラングレーの小型超音速風洞で風洞試験が実施された．その結果，流れに対して大きな後退角で測定部内部に金属線を張ると，その金属線部分に作用する抗力は大きく低減されることが示された[84]．後退翼の概念の妥当性が実験的に証明されたことで，ラングレー研究所はジョーンズの報告書を発刊のためにワシントンのNACA本部へ送付した．しかし，テオドルセンは諦めようとはしなかった．NACA本部に宛てた送達状には，「セオドア・テオドルセン博士は（今もなお）提出された論拠と到達した結論には同意し

ておらず，それゆえに本報告書の編集に参加することを辞退されました」という記述が見られる．テオドルセンの側のこのような強情さを見ると，翼型周りの遷音速流れを撮影したジョン・スタックのシュリーレン写真に写っていた衝撃波が本物であることを信じようとしなかった，あの11年前のことが思い出される．テオドルセンは1930年代には確かに翼理論に対して重要な貢献をしたが，判断を誤ることもあった（つまり，彼も人間であった）．

　1945年6月21日，NACAは主に陸軍と海軍に宛てて秘密覚書としてジョーンズの報告書を発行した．3週間後には秘密速報として再発行されて，産業界の人々に宛てて「必知事項」と書かれて書留で送られた．「高速飛行のための翼平面形状」と題されたジョーンズの報告書により，アメリカ航空界の限定された人々の間には急速に後退翼の考え方が広まった．ところが，その頃にはドイツ後退翼研究の情報が同じ航空界の人々に届き始めていた．ジョーンズの研究は約1年後にNACA TR863として公の印刷物になった．わずか5ページの技術報告書だが，後退翼が空気力学的にどのように機能するかを説明した古典的資料になっている．

　高速飛行のために後退翼を考え出した功績はブーゼマンとジョーンズの両者にある．10年という年月を隔て，そしてドイツとアメリカの両国で軍事的安全保障という情報管理の下で，互いに他方の研究を知ることもなくそれぞれが独自にこの概念を生み出した．航空産業に対する後退翼概念の影響は，第二次世界大戦の直後に全面的に表れてきた．大西洋を挟んだ両側からほぼ同時に同じ情報が開示されてきたことから，この概念の妥当性に対する信頼性が増したからであった．

● 後退翼：飛行機への影響

　ボーイングのジョージ・シャイラーは，フォン・カルマンによって率いられた情報活動チームが1945年4月にヨーロッパへ向けて飛び立つ前からジョーンズの後退翼概念のことを知っていた．さらに，ジョーンズの報告書が編集の段階で滞っていることも知っていた．事実，情報活動チームが陸軍C-54（DC-4の軍用機版）に搭乗して，ワシントンからパリへ26時間をかけて飛行して大西洋を横断していた時の主な話題が，この後退翼であったことをシャイラーは報告している．彼は次のように述べている．「この飛行の間に後退は確かな概念だと私は判断した．[162]」5月7日にチームの一団がブラウンシュバイクでドイツの後退翼データを見た時，シャイラーにはこの価値を新たに納得する必要性はなかった．そし

て，彼が5月10日にボーイングに送った手紙は高速飛行機の設計に革命を起こした．今日，ほとんど全ての商業用および軍事用のジェット飛行機にこの革命が反映されている姿を私達は目にしている．

その当時，ボーイングは従来型の直線翼を持つジェット爆撃機の設計に取り組んでいた．どの機体設計もジェットエンジンによって潜在的に可能であるはずの高マッハ数を紙上検討で達成できそうになかったために，設計陣は行き詰まっていた．1941年からボーイングに勤めていたマサチューセッツ工科大学卒の技術者ジョン・スタイナーは次のように述べている．「シアトルのボーイング爆撃機開発チームは1945年5月10日付のジョージの手紙を読んで方針を変更することになった．この手紙には後退について詳しく調べるように書かれていた．組織内か

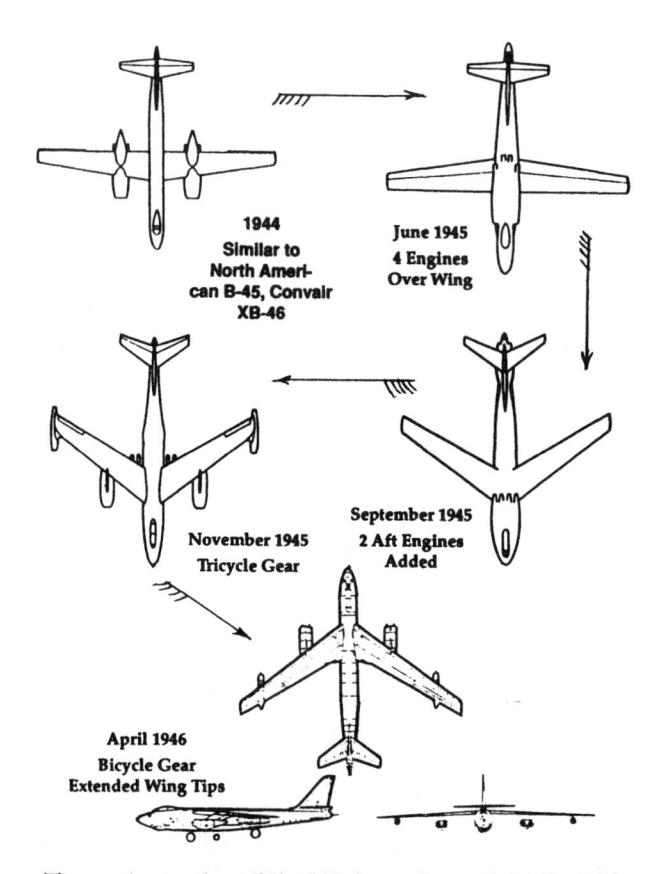

図9.37　ボーイングB-47設計の変遷（クック[168]より，許可を得て掲載）

ら通常あるような抵抗がないわけではなかったが，我々は詳しく調べていった．[167]」ボーイングは1944年に（2.4×3.7mの測定部とマッハ0.975まで可能な気流速度を備える）高速風洞を建設していた．方針が変更された後，基本的にその風洞は後退翼を備えた新型爆撃機設計の試験に使用された．その成果が実戦配備された最初の後退翼航空機 B-47 であった[168]．図9.37にはB-47の設計での変遷が示されており，最終形状が一番下にある．B-47は大成功を納めた最初のジェット輸送機である有名なボーイング707の原型であり，ほぼ全ての現代民間ジェット輸送機から見て直接の先祖に相当する．シャイラーは後退翼の功績に関する質問に対して，その功績は1935年ボルタ会議でのブーゼマンの論文にあると認めていたが，続けて「ジョーンズは別個に後退翼を発明して，最初にアメリカの空気力学者達の関心を後退翼に引き付けた．私は製造中の後退翼付き XB-47 の功績は完全にジョーンズにあると考えている」と言っていた[162]．

シアトルの約1,600km南では，同じような状況がロサンゼルスのノースアメリカン工場で見られた．1944年，ノースアメリカン社の秘密設計チームが大成功を収めた自社製 P-51ムスタングのジェット機版を含む一連のジェット推進戦闘機の設計に取り組んでいた．その一つが海軍向けの直線翼ジェット戦闘機であり，XFJ-1 と名付けられた．空軍向けにも非常によく似た設計の機体が用意されて，XP-86と名付けられた（図9.38）．フォン・カルマンによって率いられたチームが後退翼の空気力学に関するドイツの技術報告書を持ち帰ると，ノースアメリカン社の設計空気力学の責任者であるラリー・グリーンは，技術に関する内容ならドイツ語を読むことができたので慎重にその報告書を調べた．彼は，直線翼設計の XP-86 は既に陸軍航空隊から発注されている既存のロッキード P-80 シューティングスターやリパブリック P-84 と比較して著しく性能が向上しているわけではないが，もし XP-86 を再度設計して後退翼を備えることになれ

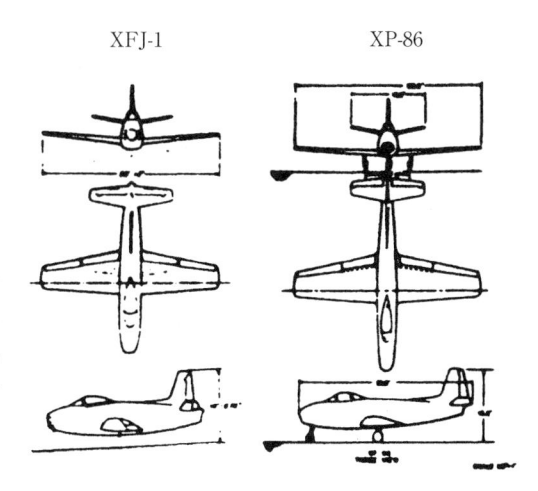

図9.38 ノースアメリカン XFJ-1 と XP-86の最初の直線翼設計（ブレア[164]より，著作権©1980 AIAA，許可を得て掲載）

ば，最高速度は競合機よりも少なくとも10％は速くなる見込みがあることに気づいた．ノースアメリカン社の空気力学部はすぐに後退翼設計へと考え方を切り替え，1945年8月には上層部もXP-86の後退翼設計を承認した．ブレアは，後退翼へ変更しようとする社内の提案は「我々の設計のドイツ化だ[164]」と主張する内部の抵抗に遭ったが，最終的には大きな論争はなかったと述べている．ノースアメリカン社は後退翼に関する一連の風洞実験を開始した．その結果，XP-86は後退角35°，アスペクト比4.8，テーパー比0.51（翼根元での翼弦長に対する翼端での翼弦長の比）の翼を持つ設計になった．翼型は非常に保守的なNACA 0009という9％厚さの対称翼型であった（飛行機の翼型に対称翼型を用いることは前代未聞というわけではないが，普通でないことは確かである）．図9.39には様々な翼に対する抗力発散について調べたノースアメリカン社のデータが示されている．直線翼のXP-86はP-51ムスタングからあまり改善されていないが，後退翼のF-86では抗力発散マッハ数がはるかに大きくなっている．(1948年，アメリカ空軍は追撃機（pursuit）を意味した記号「P」を，戦闘機（fighter）を意味する記号「F」に変更した．)

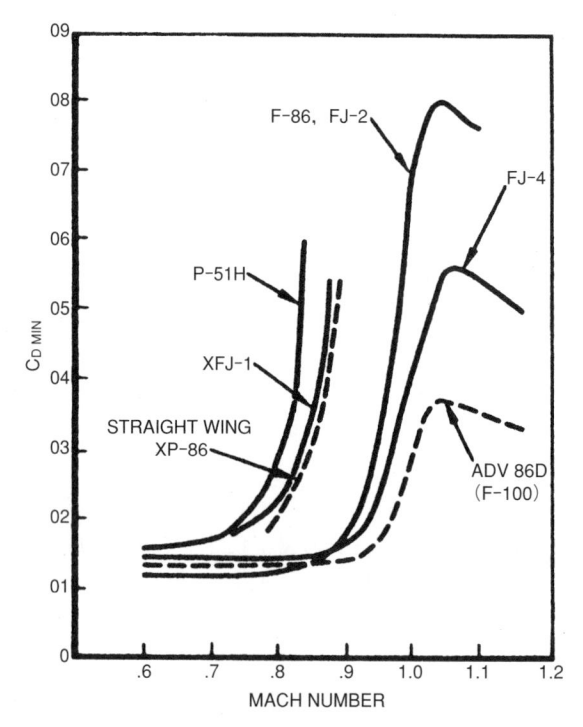

図9.39 航空機の直線翼と後退翼での抗力発散特性（ブレア[164]より，著作権 ©1980, 許可を得て掲載）

チャック・イェーガーがX-1で音の壁を破るちょうど2週間前の1947年10月1日，XP-86はノースアメリカン社のテストパイロットであるジョージ・ウェルチの操縦の下，カリフォルニア州マロックで初飛行を行った．それから1年もしない1948年4月26日，ウェルチはXP-86を緩やかな降下に入れて，超音速に到達

した．戦闘を目的に設計された飛行機が音速を超えたのは，この時が最初であった．F-86 の 3 面図が図9.40に示されている．

　1948年には，後退翼は設計上の特徴として広く受け入れられるようになっていた．この設計的特徴は，ちょうど1930年代に高度なプロペラ推進飛行機に対して流線型化が果たした役割と同じ役割を，高速ジェット飛行機に対して果たしていた．すなわち，空気力学から見て，求められた飛行領域で効率の良い飛行を可能にする手段を提供してくれた．今日，ほとんど全ての高速ジェット推進飛行機に大きく後退した前縁を持つ翼が取り付けられている．こうした現代航空機の系統を遡っていくと，そのまま B-47 と F-86，さらにはアドルフ・ブーゼマンとロバート・ジョーンズの革新的な発想と非凡な才能にたどり着くことができる．

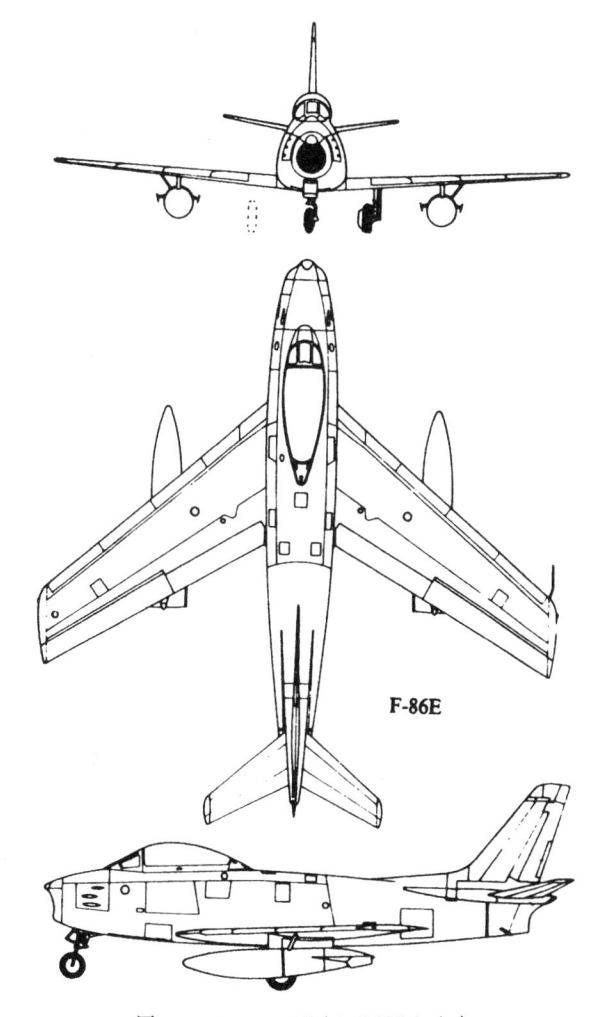

図9.40　ノースアメリカンF-86E セイバー

エンジニアリング科学と航空機設計：ジェット時代の技術移転

　ここで少し休憩して，新しい空気力学知識が飛行機設計という実務世界へ移転する速さと手段に関して，高度なプロペラ推進飛行機の時代の終わりとジェット推進飛行機の時代の初めに起こった劇的なパラダイム変化について考えてみる．ちょうど今が良いタイミングだろう．19世紀には，主にイギリス，フランス，ドイツの大学で高度な教育を受けた科学者達によって，基礎流体力学が数学的にも実験的にも発展した．いくつか例を挙げると，ナビエ，ストークス，ヘルムホルツ，レイノルズ，ケルビン，レイリーの研究は19世紀の末までに流体力学の最先端技術を目覚ましいほど発展させた．しかし，彼らのようなとても尊敬されていた学者達と，空気よりも重い機体での飛行という力学問題の解法に苦しんでいた独学の技術者階級との間には大きな隔たりがあった．流体力学での学術的な知識基盤から，ケイリー，ウェナム，フィリップス，リリエンタール，そしてライト兄弟さえも含めて，彼らが行った工学的設計への技術移転は実質的になかった．

　この状況は20世紀の初頭に変化し始めた．この頃，ゲッティンゲンのプラントルらのグループが，学術研究と飛行機設計者の間に横たわる溝の橋渡しを始めた．飛行機設計という実務世界で仕事をしている人々が，19世紀に蓄積されて，プラントルによる拡張と応用によってさらに強化された基礎流体力学での多数の知識を容易に利用できるようになり始めたのは，プラントルらが繋ぎのパイプを初めて提供したからであった．しかし，最初はその情報の流れはゆっくりしていた．事実，プラントルの境界層理論が航空機設計者達の間に広く知れ渡り，理解されるまでには20年を要していた．そして最終的には，1920年代から1930年代に行われた空気力学的流線型化を目的にした大規模な取り組みでは，境界層，表面摩擦抗力と境界層との関連，流れの剥離と境界層との関連といったことについて幅広い理解が得られていたことが成功の下地になった．設計者達が有限翼に対するプラントルの揚力線理論の価値を認め，さらに誘導抗力と高アスペクト比翼の優位性を理解するうえでこの揚力線理論が重要であることを正しく認識するために要した時間は，もっと短い期間であった．しかし，それでもプラントルが研究を始めてからその効果が飛行機に表れるまで10年の時間差があった．1920年代のムンクの薄翼理論と，より一般化された1930年代初頭のテオドルセンの翼解析はもっと速やかに航空機設計者に届いたが，それは主にNACA技術報告書が広く配布されていたことと，この報告書が航空産業界から敬意をもって受け入れられていたからであった．しかし，その場合でもいくらかの時間差が存在していた．

これは，典型的な飛行機設計者はその理論を完全に理解できるだけの知識を持ち合わせていなかったことに代表される，一種の知的分断であった．ただし数学的知識がなくても，複雑な理論から得られた重要な実用的発見やデータを使用することはできた．

　プラントル，ムンク，テオドルセンが行った研究活動の様式は，科学知識を用いて工学的予測技術の類を総合的に扱うことが目的であったことから，エンジニアリング科学に分類される．最終的には1920年代と1930年代に空気力学の歴史上初めて，飛行機の設計へ学問としての科学の技術移転が実際に始まったことを見てきた．

　その技術移転の早さはジェット推進飛行機の時代に大きな飛躍を遂げた．1920年代と1930年代の初頭にはブリッグス，ドライデン，スタック，ジェイコブズの功績により，音速付近での翼型周りと翼周りの空気流れ，およびそれに付随して遷音速流れの中で発生する衝撃波の物理に対する理解が次第に深まってきた．これらの研究活動が直ちに予測技術へそのまま繋がっていくことにはならなかったが，それでも高速航空機の設計を強化するために設計者達が定性的に応用した新しい科学知識であったことから，エンジニアリング科学に分類される．私は，エンジニアリング科学の定義は次のいずれか，または両方であると確信している．すなわち，科学知識を利用して工学的予測技術を獲得すること，また工学設計に対して定性的かつ直感的に影響を及ぼすことができる基礎物理の理解を獲得することである．その意味で，初期の圧縮性効果に関する研究はエンジニアリング科学であり，ここでは素早く設計者への技術移転が行われていた．

　エンジニアリング科学から飛行機設計者へ技術が移転する速度は，かなりの割合で設計者側の必要性によって決まってしまうことは明らかである．設計者にとって決められた設計仕様を満足させる唯一の方法が最新の科学研究成果を丹念に調べることである場合に，技術移転が速やかに行われるようになる．それが20世紀の発展である．19世紀には飛行機の設計者は確かに流体力学における学術研究の成果を必要としていたが，要するに2つの文化，つまり大学教育を受けた学者と独学で学んできた技術者との間には非常に大きな溝があり，この溝を橋渡しして技術移転をもたらす人物がどこにもいなかった．1866年の英国航空協会の創設でさえ，規定された創設目的に技術移転が挙げられていたものの，効果的にこの溝を埋めることはできなかった．20世紀になって必要な橋はほとんど架けられるようになったが，それらの橋を渡る情報量と渡る流れの速さは設計者がどれほど必要としているか，つまり必要性に依存している．

まさにその一例が1930年代の圧縮性研究に関連して起こっていた．ロッキードP-38が急降下時のタック・アンダー問題に苦しむようになり，この問題の原因が翼面の遷音速流れであると判明した時に，問題（設計）の解決に向けて1930年代の研究（エンジニアリング科学）から定性的な知識が急速に技術移転された．この場合，設計者の必要性は決定的であった．必要な橋は既に架かっており（ある部分はジョン・スタックと彼の同僚達，および蓄積されていた知識基盤のおかげであった），設計者の必要性が橋を超えた情報の流れを誘い出していた．

ベル X-1 の設計も技術移転が急速に行われた例と言える．ベル X-1 は，高速飛行の空気力学について新たな知見を得ること（すなわち，新たなエンジニアリング科学を生み出すこと）が目的の研究飛行機であったが，その設計過程では遷音速流れに関する既存のエンジニアリング科学知識を用いることが必要であった．ベル社の X-1 設計陣は見つけ出した技術移転ルートをことごとく探っていた．

後退翼概念の適用は，エンジニアリング科学から空気力学の設計工程への技術移転をより如実に表した例である．ブーゼマンと彼のドイツ人同僚達，およびロバート・ジョーンズがこのエンジニアリング科学を仕上げていった．ジェットエンジンが開発されたことで遷音速飛行機と超音速飛行機が実現可能になると，次なる問題は造波抗力の低減になった．ドイツが行っていた後退翼研究とロバート・ジョーンズが1945年に同じ概念を独自に作り上げたことが同時に明らかになったことで，産業界はその答えを手中にしていたも同然であった．そして，ほとんど即座に技術移転がなされた．

したがって，ジェット推進飛行機の時代が始まった頃に，飛行機の設計における最先端研究成果の活用では，パラダイム変化が確実に起こっていたと考えることが重要である．19世紀には，空気力学の最先端技術は飛行機に反映されていなかった．こうした状況は1940年代までに完全に覆されるようになった．この頃には新型ジェット航空機の設計過程で最新の空気力学知識が使用されるようになっており，実際にそうした知識が必要になっていた．そしてこの状況は現在まで続いている．事実，ある意味では新型のステルス飛行機の設計は空気力学の最先端を超えている．すなわち，F-117ステルス戦闘機と B-2 ステルス爆撃機の形状は，空気力学の最先端技術よりも電気工学の最先端技術からの影響の方を強く受けている．

超音速風洞：初期の発展

20世紀には，空気力学試験のための主要な実験装置は風洞になった．本書では，ウェナム，フィリップス，ライト兄弟，エッフェル，プラントルの低速風洞から1920年代と1930年代の圧縮性研究で使用された初期の高速亜音速・遷音速風洞まで，空気力学の歴史における様々な時代での風洞の開発について述べてきた．そこで，超音速空気力学の発展に関する話題と足並みを揃えるために，ここで初期の超音速風洞の開発について簡単に考察しておこう．

最初の超音速ノズルは，19世紀後半にド・ラバルが蒸気タービンに使用するために製作し，ストドラが19世紀から20世紀へ世紀が変わる頃に超音速ノズル内流れの物理を研究した．1905年，プラントルは蒸気タービン流れと製材工場でのおがくずの動きを研究するためにマッハ1.5の小型風洞をゲッティンゲンに製作した．空気力学試験のための最初の実用的超音速風洞は1930年代中頃にブーゼマンによってブラウンシュバイクで製作された．彼自身が1929年に開発した特性曲線法という手法を用いて，衝撃波のない流れを作り出す滑らかな超音速ノズルの輪郭を設計した（図9.41）．その風洞は，下流の流れを減速して風洞を効率良く運転するために，下流側にはセカンドスロートと共にディフューザーを備えていた．今日の全ての超音速風洞は基本的にこれと同じ形になっている．同じ時期，アッケレートはヨーロッパの各地で超音速風洞の設計と製作を支援していた．最も際立っていたのがイタリアのグイドニアであった．

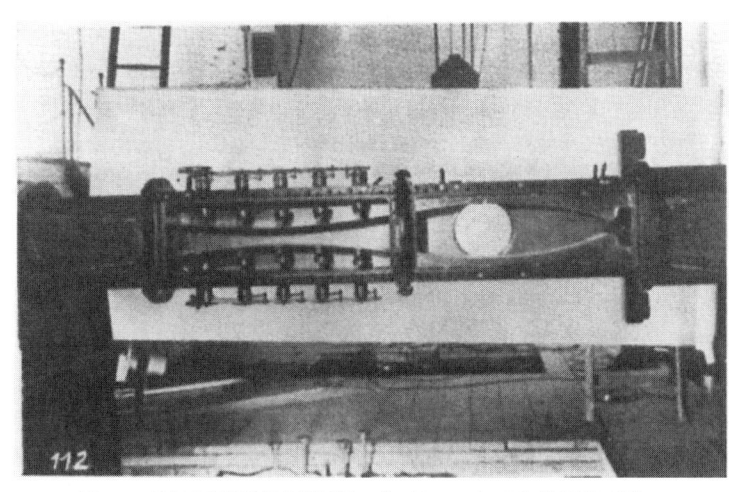

図9.41　最初の実用的超音速風洞．ブーゼマンが1930年代中頃に製作．

1935年のボルタ会議の参加者は，グイドニア空気力学研究所を見学して，アッケレートが設計した超音速風洞を目にしている．そして，フォン・カルマンはアメリカに帰国するとすぐに大型超音速風洞をNACAに建設するように提案した．

> NACAの空気力学者達は1,050km/hまでの風の中で模型試験を行うために小型高速風洞を数年前に製作しており，私はこの風洞を強化するために大型の最新超音速風洞を提案した．もし我々が世界中の他の国々から遅れずに追随して行くつもりならば，まず初めに超音速研究への取り組みを強化すべきであると感じていた．NACAの部長であるジョージ・ルイス博士は，プロペラ先端の速度よりも速い速度，つまりプロペラ効率が最高点になる約800〜1000km/hよりも速い速度が可能な大型風洞を必要とする理由を見いだせないと私に語り，私の提案を却下した．ジェット推進方式が開発されたようにその後の出来事を考慮すると，これは全く先見の明のない判断だったと思われる．その時，私は失望してパサデナへ戻ったが，私の脳裏に浮かんだのは次の古い格言，ただそれだけであった．良き判断は経験から生まれ，経験は誤った判断から生まれる．[p.224][67]

1937年，フォン・カルマンは別のヨーロッパへの旅の後にもう一度提案を試みた．

> 私は最新超音速風洞を建設するように再度アメリカ政府を強く説得しようと試みた．その時には，私の提案が再度却下されただけでなく，数年後にはミサイル研究のために超音速データの必要性が増してきたにもかかわらず，予算局は全ての新規研究設備の建設を制限して「設備重複を避ける」考えの下で公聴会の開催を命じることまで行った．私が思うに，全ての風洞は同じように思われていたのであろう．[pp. 224〜225][67]

　しかし，フォン・カルマンや他の人々も全く知らなかったが，イーストマン・ジェイコブズも超音速流れの研究がNACAには必要だと確信してボルタ会議から戻ってきた．そして，コロンビア大学を修士で卒業したばかりの若者であったアーサー・カントロウィッツに超音速流れの本質を調べるように命じた．つまり，「超音速に対するNACAの慎重な運営姿勢を無視して，ジェイコブズは独断でこの決定を下した．[84]」1939年，ジェイコブズもカントロウィッツも超音速飛行の時代は必ず来ると確信するようになっていた．そこでジェイコブズは，カント

ロウィッツに超音速風洞を自由に設計できる裁量権を与えた．その風洞は1942年7月に運転を開始した．230×230mm の測定部を持ち，マッハ数は2.5であった．アメリカでの最初の有意義な超音速風洞であり，イーストマン・ジェイコブズによる先見の明ある独断命令の成果であった．水分が凝縮する問題があったが（超音速の膨張過程で気流の温度が低下するに従って，気流に含まれる水蒸気が凝縮していた），その風洞は以下の2つの理由から重要であった．(1)この風洞から NACA の空気力学者は超音速流れの基本を開拓しながら学んでいくという経験を積むことができた．(2)この風洞は，ちょうど NACA 本部がサンフランシスコからほど近いカリフォルニア州マウンテンビューに新設された NACA エームズ研究所の地に建設の許可を与えたばかりの大型超音速風洞のモデルになった．このように後から振り返ってみると，結果的にラングレーのモデル超音速風洞は公式に祝福される恩恵に与ることができた．

しかしその当時，超音速風洞の活用ではアメリカはまだドイツに後れを取っていた．1936年には，アーヘン工科大学ではルドルフ・ヘルマン博士が空軍からの資金援助の下で10×10cm の正方形測定部を持つマッハ3.3風洞を製作していた．後にヘルマンはペーネミュンデの V-2 ロケット開発センターに参加して，そこでも数機の超音速風洞を運転していた．ニューフェルドは V-2 ロケット開発の支援におけるドイツの超音速空気力学研究計画に関して，最も信頼される研究を行っている[169]．

1942年にアメリカ陸軍がにわかに超音速風洞の必要性に気づくと，フォン・カルマンはついにその風洞を建設する機会を得ることができた．軍需研究および軍需工学の責任者であった G・M・バーンズ司令官はイギリスを旅して，そこでイギリスが誘導ミサイル研究のために製作中であった超音速風洞の小型模型を見せられた．そして彼がイギリスの旅から戻ると，フォン・カルマンは予備設計の準備をするように依頼された．フォン・カルマンは，自分が受け持つカル・テックの大学院生アレン・パケットの協力を得て，陸軍初の超音速風洞の設計と建設の指導を行った．その風洞は1944年にメリーランド州アバディーン性能試験場で運転を開始した．断面が380×510mm の測定部を持ち，運転に必要な動力は13,000馬力（9.7MW）であった．それはアメリカ初の大型超音速風洞であり，超音速物体の実地試験に使用された風洞としても初めてであった．

超音速風洞への入門として，この風洞によりアメリカの空気力学者達は超音速流れの現象と超音速形態の空気力学的な特性を扱ううえで大いに必要とされる経験を積むことができ，ますます成熟したその結果が1945年に始まる NACA エー

564 第4部 20世紀の空気力学

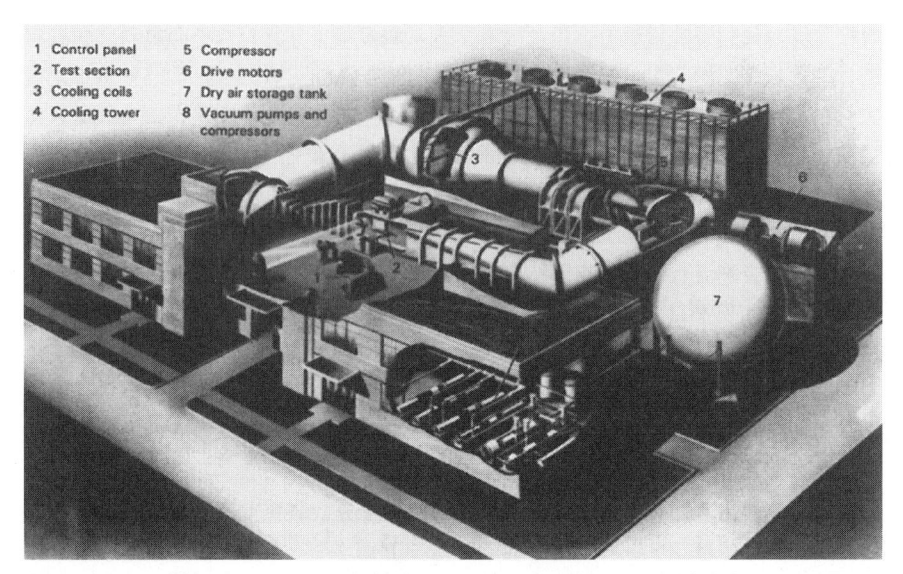

```
1 Control panel      5 Compressor
2 Test section       6 Drive motors
3 Cooling coils      7 Dry air storage tank
4 Cooling tower      8 Vacuum pumps and
                       compressors
```

図9.42 1.8×1.8m 超音速風洞とそのための NACA エームズ総合施設

ムズ研究所超大型超音速風洞（1.8×1.8m）の素早い建設に反映された．建設工事が完成した時，その風洞はエームズの建物一棟全体を占有していた（図9.42）．

チャック・イェーガーが音の壁が壁ではないことを証明した1947年に，NACAと陸軍の空気力学者によるこれら超音速風洞を用いた試験がついに本格的に始まった．初期の超音速風洞の開発は，後退翼の開発と同じ道をたどっていた．すなわち，超音速風洞は（後退翼と同様に）ドイツで最初に開発されて育まれたが，（後退翼と同様に）アメリカで頂点に達した．第二次世界大戦中のドイツでの高度な空気力学研究の多くは大戦中にドイツのために果たした貢献以上に，大戦後に戦勝国のために役立つことになってしまったことが，またしても思い出される．

本節に関連して最後に次のことを記しておく．アメリカでは超音速風洞の設計および活用の計画を加速させた結果，超音速領域をはるかに超えた空気力学の最先端に到達した．ベル X-1 が音の壁を破ったそのわずか1ヶ月後の1947年11月，NACA ラングレーの空気力学者達は280mm 風洞をマッハ6.9で運転させることに成功した．アメリカで最初に運転された極超音速風洞であった．しかし，世界初の極超音速風洞ではなかった．連合国がペーネミュンデでドイツの V-2 ロケット試験設備を占領した時に，極超音速領域との境目であるマッハ5での運転が可能な360mm 風洞を発見していた．

空気力学における現代の発展：極超音速と計算流体力学

　ジェット推進飛行機の時代における空気力学分野は依然として進化を続けている．この時代の初期における空気力学の理論と経験的知識の発展について取り上げてきたが，この時代の現代までの期間，つまり1950年から現在までの期間について話を進める時が来た．本書にて空気力学の歴史を説明する際に起点とした古代ギリシャの科学まで振り返り，そしてこの数世紀にわたる空気力学の進歩を考えると，そうした時代と比較して1950年から現在までの短い期間は明らかに「現代」に相当する．この現代の期間に空気力学ではほとんど爆発的な勢いで研究開発が進められてきたが，この部分の話題は別の本に譲ることにする．また，現代の期間での出来事は依然として進行している．それゆえに，本書は幅広い調査と非常に長い期間の歴史を扱ってきた点を考慮すると，同じ視点を通して同じ観点から現代という期間を見るには，まだ機が熟していないだろう．しかし，この期間の空気力学には既に他の何よりも抜きんでて傑出している進歩が2つある．それは，(1)20世紀後半の弾道ミサイルと宇宙計画の進歩が推進力になった極超音速空気力学と，(2)高速デジタルコンピューターの開発によって可能になった計算流体力学である．未来の歴史家は必ずこの2つを現代空気力学の機軸的な進歩として位置づけるであろう．

極超音速飛行

　1949年2月24日，サウス・ステーションに備えられた自動記録計のペンが，5km離れたホワイト・サンズ性能試験場の敷地内に立つ発射場から発射されたばかりのロケットの高度と針路をせわしなく追跡していた．そのロケットはV-2ロケットであった．第二次世界大戦後にドイツからアメリカに運ばれてきた多数のV-2ロケットのうちの1機であった．その頃にはホワイト・サンズの作業員達にとってV-2の打ち上げはほとんど日常的になっていたが，その日は打ち上げも，ロケットも，それまでの日常業務とは異なっていた．そのV-2の上にはWACコーポラルと呼ばれる細い針状のロケットが取り付けられていた．そしてV-2が燃料を使い切ると，それに続いてWACコーポラルが第2段ロケットとして機能することになっていた．V-2とWACコーポラルを組み合わせた試験発射は，アメリカ陸軍が「バンパー」と名付けた大型の計画の一部として，高速と高々度の達成に向けた多段ロケットを初めて実行したことで意味のある挑戦であった．それまでにアメリカとヨーロッパの両方で先行して行われてきた重要な

ロケット発射では，いずれも単段の V-2 だけが使用されていた．図9.43にはニューメキシコ砂漠から打ち上げられた「バンパー」ロケットが示されている．記録計のペンは高度160km，速度5,800km/hまで V-2 を追跡し，そこで WAC コーポラルが点火された．その細い上段ロケットは最高速度8,290km/h まで加速し，単段の V-2 による高度記録を順調に209km 上回る高度393km まで到達した．WAC コーポラルは最高点に到達した後，機種を下に向け，8,000km/h を超える速度で大気圏へ戻った．この結果，人類が発明して極超音速飛行を達成した最初の物体になった．どのような機体でも音速の5倍以上の速さで飛行したのは，これが初めてである．しかし，記録計のペンが WAC コーポラルの針路を図に示していたにもかかわ

図9.43 人類の発明により最初に極超音速飛行を達成した飛行物体となった V-2/WAC コーポラル．1949年2月24日に打ち上げられた．

らず，試験後に砂漠の中で見つけ出すことはできなかった．後になって唯一回収できた部分が，1950年4月に黒焦げになって発見された電気スイッチと尾部の一部であった．

1961年4月12日（モスクワ時間）午前10時55分，ロシアのサラトフ地方テルノフ地区スメルーカの小さな村の近くに奇妙な球状の物体がパラシュートの傘の下にぶら下がって着地した．表面は黒焦げであったが，耐熱ガラスで覆われたのぞき窓が3ヶ所あり，その中にはユーリ・ガガーリン空軍少佐がいた．しかし，その

わずか108分前にはアラル海に近いバイコヌールにあるソ連のコスモドロームでロケットの上部に座っていた．その108分の間に起こっていたことについては，ソ連のタス通信社から世界向けて次のように発表された．

世界で初めて人間が乗り込んだ宇宙船ボストークは，1961年4月12日にソビエト連邦から軌道へと打ち上げられた．宇宙船ボストークの宇宙飛行士はソ連市民ユーリ・ガガーリン空軍少佐である．

図9.44 ソビエトのユーリ・ガガーリン少佐が乗り込んだボストーク1号．1961年4月12日の世界初有人軌道周回飛行の間に，人類として最初に極超音速で飛行した．

多段宇宙ロケットの打ち上げは成功し，第一脱出速度に到達して搬送ロケット最終段を切り離した後，宇宙船は地球周回軌道を回る自由飛行に移行した．暫定データによると，地球を周回する宇宙船の公転周期は89.1分である．近地点での地球からの最小距離は175km，遠地点での最大距離は302km，赤道に対する軌道平面の傾斜角は65°4′である．搬送ロケット最終段の重さを除いて，操縦士を含む宇宙船の重さは4,725kgである．［ニューヨーク・タイムズ，1961年4月12日］

この発表がなされた後，午前10時25分にボストーク1号（図9.44）と呼ばれるガガーリンの軌道船は逆推進ロケットを点火させて減速し，音速の25倍を超える速度で地球の大気圏に突入した．そして30分後，ガガーリンは宇宙を飛行し，地球の周回軌道を回り，そして無事に帰還した最初の人になった．彼はまた極超音速飛行を経験した最初の人にもなった．

その年は有人の極超音速飛行にとって大豊作の年になっていく．5月4日，アラン・B・シェパードは大西洋上を軌道に乗らない弾道飛行によって高度186.2kmに達し，そしてマッハ5を超える速度で大気圏に再突入したことで，2番目に宇宙を旅した人になった．6月23日，アメリカ空軍テストパイロットのロバート・ホワイト少佐がX-15に搭乗してマッハ5.3で飛行した．X-15でマッハ5を超えた初めての飛行であった（その際に最高速度が1.61km/sに達したことから，ホワイトは初めて飛行機でマイル毎秒飛行を達成した）．11月9日にホワイト自身がX-15をマッハ6で飛行させたことで，その記録はさらに延びた．

このようにして，無人にせよ有人にせよ，誰も十分に準備することもないまま極超音速飛行は20世紀の中頃に突如として舞台に登場してきた．超音速空気力学は1930年代には多かれ少なかれ理解されるようになり，大戦後になって登場する新型の超音速飛行機に活用できるように準備が整っていたが，極超音速空気力学の研究は最初からやや後追い型で進められていた．極超音速飛行体は強力なロケットエンジンがすぐに利用できるようになったことで急速に増加し，その当時は極めて大きなマッハ数での空気力学的な流れに関する知識が不足していたにもかかわらず，ほとんどためらいもなくそうした極超音速飛行体を信じられないほどの高速で送り出していた．

極超音速流れの様式は，高マッハ数で重要になる新しい物理現象として特徴づけられているが，超音速でも低マッハ数ではそれほど重要にならない．例えば，極超音速流れでは表面が受ける非常に大きな空力加熱（高速流れによる表面上の摩擦の影響に加えて，強い衝撃波の背後に現れる高いガス温度が原因になっている）が最重要課題になる．実際，極超音速飛行体の空気力学設計ではこの課題が制限要因になっている．極超音速飛行体周りの流れ場は，空気中の窒素と酸素の分子が解離する，つまり分子がバラバラに引き裂かれるのに十分なほど高温になっており，そのために様々な化学反応が生じている．極超音速流れでのそのような大規模空力加熱とそれに伴う高温化学反応は，新しい極超音速領域の調査を担当する空気力学者達にとって未知の領域であった．極超音速飛行体は突如として現れ，気づいた時には極超音速飛行が始まっていたが，空気力学の分野ではそれ以前の段階でこのような現象をほとんど調査していなかった．予想もせずに極超音速飛行体が空を飛ぶという現実に直面して，空気力学の世界にとっては全く新しい挑戦が出現した．1950年代には人々が躍起になって取り組んだ挑戦であった．

超音速空気力学と極超音速空気力学の差を最もドラマチックに説明できる例として，極超音速飛行体の形状設計を通常の超音速物体から完全に変えてしまった発見がある．すなわち，鈍頭極超音速物体が受ける空力加熱は尖頭物体が受ける空力加熱よりもはるかに少ないことが発見されたのである．しかし，これは超音速の経験に基づく通常の知識と直感に反しているように思われた．この鈍頭形状効果の発見は極超音速空気力学での最も重要な研究的躍進として数えられているが，この躍進をもたらした鈍頭物体流れの本質とはいったい何だったのだろうか．

超音速での高速飛行は，第二次世界大戦が終わる頃には空気力学では誰もが口にする話題になっていた．その頃には空気力学者達は超音速飛行体に作用する抗力を低減するために，細長い尖頭物体形状を使用することの利点を認めていた．

その物体がより細くより先鋭であるほど，機種に付着する衝撃波は弱くなり，その結果として造波抗力も弱くなった．第二次世界大戦の最終段階で使用されたドイツの V-2 ロケットは先の尖った形状をしていたし，その後10年間に飛ばされた短距離ロケットは，全てその先例にならっていた．そして1953年，アメリカは最初の水素爆弾実験を行った．このことが直ちに核爆弾を送り込むための長距離大陸間弾道ミサイル（ICBM）の開発競争に拍車をかけることになった．この飛行体は地球の大気圏外を8,000km またはそれ以上飛行して，8,900〜9,800m/s の弾道速度で大気圏に再突入するように設計されていた．そのような高速では再突入する飛行体への空力加熱が深刻な問題になり，加熱問題が高速空気力学での思考を支配することになった．まず最初に思いつく論理的手法が，従来通りのまま変更しないことであった．つまり，再突入に対しても細い尖鋭物体を設計することであった．そして空力加熱を最小にするための取り組みは，飛行体表面で層流境界層流れを維持することが中心になっていた．つまり，層流であれば乱流よりもはるかに加熱が少なくて済む．しかし，自然はとりわけ乱流の方を好む．そして再突入飛行体も例外ではない．したがって，尖頭再突入物体は地表に到達する前に大気圏で燃え尽きることになり，失敗する運命にあった．

しかし1951年，工学では非常にまれにしか起こらない大きな飛躍が NACA エームズ航空研究所の H・ジュリアン（「ハービー」）・アレンによってなされた．彼は鈍頭再突入物体に気づいた．彼の考えは次のような概念から形成されていた．大気圏の外縁近くから再突入を開始する時点では，飛行体は高速で飛行していることから大量の運動エネルギーを持ち，高々度を飛行していることから大量の位置エネルギーを持っている．しかし，その飛行体が地表に到達する時にはその速度は比較的低速になり，高度はゼロになる．したがって，その運動エネ

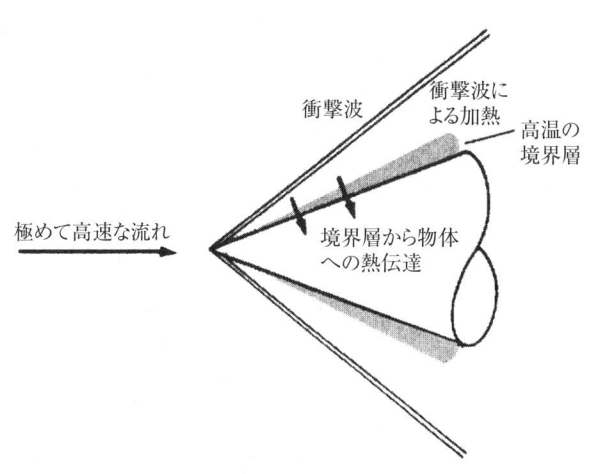

図9.45 物体と物体周り気流の両方への加熱に消費される再突入のエネルギー

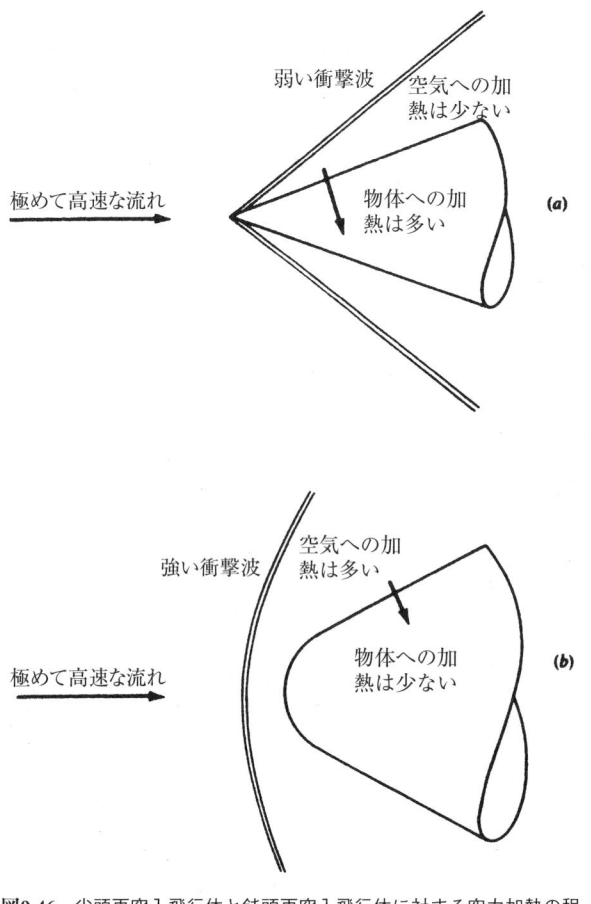

図9.46 尖頭再突入飛行体と鈍頭再突入飛行体に対する空力加熱の程度の対比 (a) 尖頭再突入物体, (b) 鈍頭再突入物体

ルギーと位置エネルギーのほとんど全てを失ってしまったことになる．では，そのエネルギーはいったいどこへ行ってしまったのか．その答えは，図9.45に図解されているように，(1)物体の加熱と，(2)物体周りの気流の加熱に使われていたことになる．飛行体の機首から発生した衝撃波は飛行体周りの気流を加熱する．同時に，飛行体は表面の境界層内で起こっている激しい摩擦によるエネルギー消費によって加熱される．アレンは，論理的にみて全再突入エネルギーのうちのもっと多くを気流の中に捨てることができるなら，加熱という形で飛行体へ伝わることができるエネルギーは少なくなるだろうと考えた．気流への加熱を増加させる方法は，機首に強い衝撃波を作り出すこと（すなわち，鈍頭物体を使用すること）であった．尖頭再突入物体と鈍頭再突入物体の対比が図9.46に示されている．空力加熱を最小にするために尖頭物体ではなく，むしろ鈍頭物体を使用するとは，驚くべき結論であった．この発見は非常に重要であった．そのために秘密政府文書として封印された．しかし鈍頭物体の概念は，当時の感覚からなじむことができない異質なものであったために，すぐには技術界に受け入れられなかった．それから数年にわたって空気力学の追加解析と追加実験が行われて，

鈍頭再突入物体の優位性が確認された．1955年にはアレンは公的にその業績を認められ，航空科学協会（現在のアメリカ航空宇宙協会 AIAA）からシルバヌス・アルバート・リード賞を授与されている．最終的に1958年になって NACA 報告書1381「A Study of the Motion and Aerodynamic Heating of Ballistic Missiles Entering the Earth's Atmosphere at High Supersonic Speeds（高超音速で地球の大気圏に突入する弾道ミサイルの運動と空力加熱の研究）」によって彼の研究は一般に公開された．ハービー・アレンの初期の研究以来，最初の ICBM アトラスから有人のアポロ月宇宙船まで，これまで成功した再突入物体は全て鈍頭形状になっている．アレンは他にも多くの分野で目覚ましい働きをした．そして1965年に NASA エームズ研究センターのセンター長に就任し，1970年に引退した．彼の鈍頭再突入物体に関する研究は特に重要であり，同時にいささか異なる極超音速空気力学の振る舞いを見事に物語る好例でもある．そして，この研究分野は飛行空気力学という領域において独立した学問領域になっている．

今日，極超音速空気力学はこれから先も数多くの応用が予想される非常に重要な分野であり続けている．1980年代と1990年代には極超音速空気力学での進歩はもう一つ別の学問領域での進歩と密接に絡み合うようになった．それが計算流体力学である．

計算流体力学

空気力学の世界には1970年代までに革命が起こっていた．その革命により空気力学予測の本質が永久に変わってしまう程の基本的な影響を与える革命であった．それが計算流体力学（CFD）の発展である．非粘性流体を表すオイラー方程式（巻末添付資料 A）と粘性流体を表すナビエ・ストークス方程式（巻末添付資料 B）といった運動の基礎方程式は，19世紀の中頃には知られており，十分に証明されていた．しかし，それらの方程式の解法がないということが，空気力学の歴史における過去 2 世紀間の一貫した主題であった．それらは既知の一般解析解がないシステムの非線形偏微分方程式になっている．したがって空気力学者達は，過去150年以上にわたって興味の対象になっている流れ場に対してある近似を行うことにより，方程式の簡略化を行ってきた．こうすることで物理的な厳密性がいくらか無視されるという犠牲を払っていたが，簡略化された解析解をいくつか得ることができた．実際，空気力学理論が機能した世界とはこのような世界であった．しかし，過去半世紀の間に高速デジタルコンピューターが発展してきたために，今では巻末添付資料 A と B に示されている完全非線形方程式の数値解を得

ることが可能になっている．つまり，現在ではほぼ全ての空気力学形状に対してそれらの方程式の「厳密」解を得ることができる（「厳密」とは，方程式自体は簡略化されておらず，完全な形のまま解かれていることを意味している）．しかし，数値で表されたその答えは「厳密」という用語が持つ純粋な意味からすると「厳密」ではない．数値上の丸め誤差と打ち切り誤差によって精度が損なわれており，時には数値アルゴリズムが計算途上の解を「吹っ飛ばして」しまう数値的不安定性の問題を抱えることもある．そうした問題にもかかわらず，CFD は複雑な流れの問題に対してもかなり正確な予測解が得られる程度に成熟してきた．他のいかなる方法でも，このような正確な予測を得ることは不可能であっただろう．

　CFD を次のように定義することができる．ただし，ここでは巻末添付資料 A と B に示されている連続，運動量，エネルギーの偏微分方程式を引用している．

　　計算流体力学はこれらの方程式に含まれる……偏微分……を離散化代数式で置き換える技術である．そして，時間および空間の両方または一方に離散化された点での流れ場の値を表す数値を得るために，この離散化代数式が解かれる．CFD から最終的に得られる答えは，閉じた式の解析解とは対照的に全くの数字からなる集合である．しかし結局のところ，閉じた式にせよそうでないにせよ，ほとんどの工学解析での目的は問題を定量的に説明することである．つまり，その説明とは数値である．[pp.24～25][171]

　現代技術である CFD は，1856年にジェームズ・クラーク・マクスウェルが唱えた次のような哲学と完全に一致している．「全ての数学科学は物理法則と数の法則との関係のうえに成立している．それゆえ，数字の演算によって自然の問題を量として決定するところまで軽減することが精密科学の目的である．」

　偏微分方程式の数値解を得る数学手法は19世紀から20世紀へ世紀が変わる頃に登場し始めた．信頼できる最初の取り組みはリチャードソンによってなされた[172]．彼は1910年にロンドンの王立協会に提出した論文の中でラプラス方程式の数値解を得るために有限差分法を導入した．「緩和法」と呼ばれるその手法は，今日でもいわゆる楕円型偏微分方程式（非粘性亜音速流れを支配する方程式はこの種の方程式である）の数値解を得る時に用いられている．しかし，通例では現代数値解析は1928年に始まったと考えられている．この年，クーラン，フリードリックス，レヴィ[173]はいわゆる双曲型偏微分方程式（非粘性圧縮性流れを支配する方程式はこの種の方程式である）の数値解法に関する決定的な論文を発表した．

こうした初期の研究者達は，1970年代に起こった空気力学予測革命のための基礎作りに自分達が一役買っているとは考えもしなかった．彼らは，20世紀の前半には主に学究的関心の対象であった数値計算手法に知的興味を覚えて，これを発展させた数学者達であった．実際の流れ場に対しては，そのような数値解法に必要な四則演算は非常に膨大であり，手作業で実行する（もっともそれは，当時可能な唯一の手段だったが）など論外でしかなかった．しかし，1950年代になるとIBMが初めての実用的高速デジタルコンピューターIBM 650とIBM 704を発表した．1960年代には大型汎用コンピューターIBM 7090とIBM 7094，およびコンピューターCDC 6400とCDC 6600が続いた．こうしてコンピューター時代が始まった．すぐに空気力学者達もコンピューターによって流れの支配方程式の数値解法が実行可能になることに気づいた．そしてCFDが誕生した．

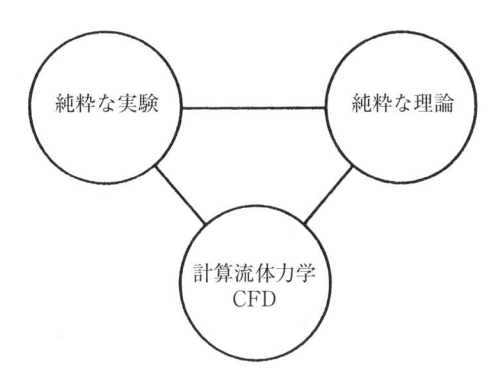

図9.47 現代流体力学における3つの観点

CFDは流体力学の全学問領域での研究開発に対して新たな観点を提供している．流体力学における実験的伝統は17世紀の中頃にフランスで始まった．そして，論理的な理論解析は17世紀の終わりにニュートンによって始められた．その後250年間，流体力学の研究は，片方は純粋に実験的であり，もう片方は純粋に理論的である二元世界で行われてきた．1960年までに流体力学を学んだ人々は，誰もがこの二元世界の中で活動していた．どことなく理論と実験という2つの世界を顔に持つヤヌス神のようである．しかし，CFDは流体力学の研究と実践おいて新たな観点となる第3の手段になった．図9.47に描かれているように，今日ではCFDは純粋な理論と純粋な実験に対して対等なパートナーになっている．さらに，CFDは一時的な成功ではない．私達の文明社会が続いている限り，ずっとCFDはその役割を果たし続けることだろう．

CFDの威力を物語る例が図9.48に示されている．この図には，非粘性流れを表すオイラー方程式のCFDによる解から得られた現代の一般的戦闘機での表面圧力3次元分布が示されている[174]．ここでは飛行機の表面上の圧力等高線が線で描かれている（圧力等高線に沿って圧力は一定であり，異なる等高線は異なる圧力に相当す

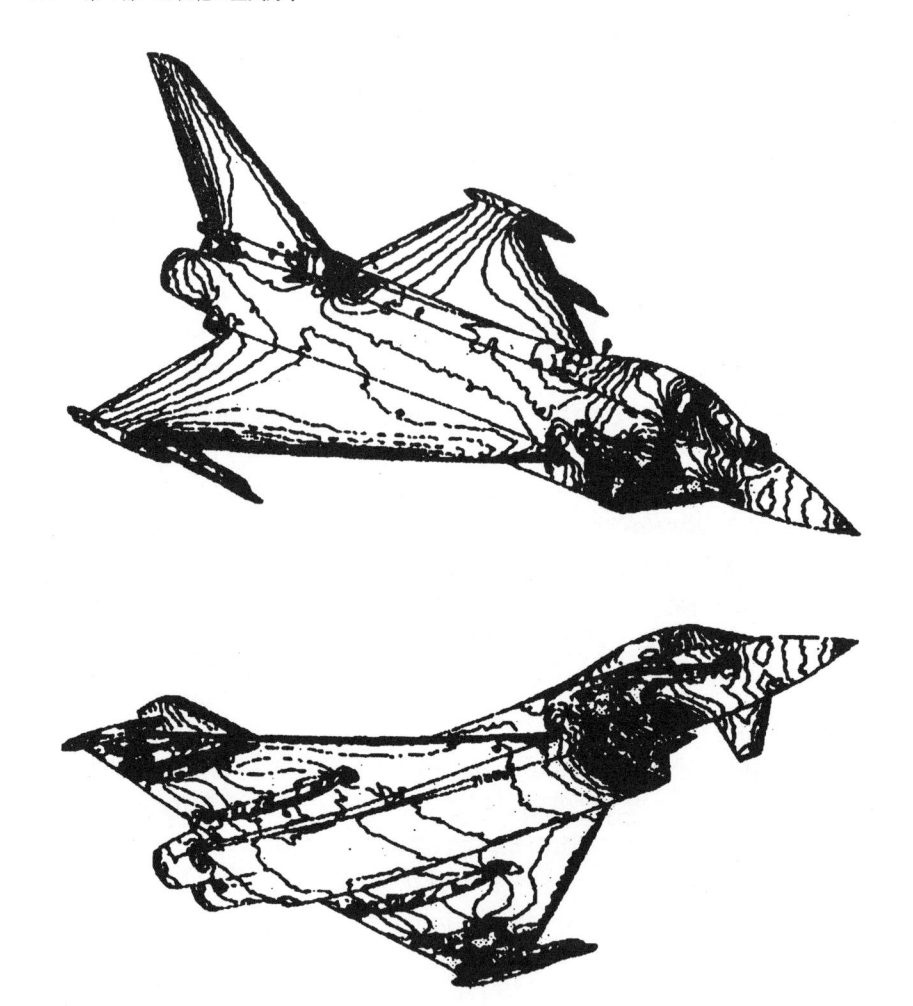

図9.48 一般的な戦闘機の表面3次元圧力係数等高線：$M_\infty=0.85$，迎え角10°，片揺れ角30°（セルミンら[174]より，オランダ，アムステルダムのエルゼビア・サイエンス社のご厚意により）

る）．これは自由流マッハ数が0.85の遷音速流れであり，飛行機は迎え角10°，片揺れ角30°の状態になっている．私達が学んできた高速圧縮性流れの空気力学の発展に関する話題を締めくくるには，この複雑な図はふさわしい題材である．1920年代と30年代にNACAとイギリス王立航空研究所で先駆的な取り組みが行われて以来，私達は大きな発展を遂げてきた．図9.48を見て，きっとジョン・スタックは喜んでいることだろう．

結びの言葉

　私達は今，20世紀も終わろうとする時代にいる．そして，空気力学の歴史と空気力学が飛行機の開発に与えた影響に関する話題もいよいよ終わりに近づいている．最後になったが，この歴史に対する考え方にいくつかコメントを付け加えることにする．

　この空気力学の歴史の中で取り上げた内容には3つの主題がある．第一には，空気力学という学問領域の発展，つまり空気力学での流れの物理的本質を基本的に理解し，徐々に基礎支配方程式を進化させていった状況は，飛行機などへの実用的応用を志向することなく，それとは全く無関係になされていたことが挙げられる．古代ギリシャから中世までの時代の科学より基本的な考えが誕生した．それらは，例えば連続体の概念が形成され，空中を移動している物体にはある種の空気力学的な「抵抗」が作用することが認識され，ダ・ビンチによって連続の式が定量的に理解されるようになり，そして同じくダ・ビンチによって水の流れでの剥離した流れの模様が注意深く観察されていたようなことであった．大きな進展は，西ヨーロッパで本格的な実験的取り組みが台頭し，特にニュートンが論理的に力学を展開した17世紀に訪れた．そして，物理科学に対する人々の理解が開花し始め，同様に空気力学についても理解されるようになってきた．ニュートン力学を跳躍台にして，ベルヌーイ，オイラー，ダランベール，ラグランジュ，ラプラス，ヘルムホルツといった18・19世紀の知の巨人達は，定量化という点では驚くほどの躍進に繋がる空気力学の知的骨格を作り上げた．非粘性流れを表すオイラー方程式と粘性流れを表すナビエ・ストークス方程式はその典型的な例である．19世紀の中頃には，それらの方程式により空気力学流れの基礎的な物理が完全かつ論理的に理解されるようになった．唯一の問題は，それらの方程式が非常に複雑な式であるために，解くことができないことであった．ところが，こうした知的進歩の全てが飛行機を設計したいという要望とは全く関係なく起こっていた．こうした進歩に関わっていた大多数の人は，単に物事の本質を基本的に理解することを追い求めていた知識人達であった．18・19世紀にはそうした人々の大半は，大学で教育を受け，空を飛ぶ機械について考えることに対して軽蔑の念しか持っていなかった科学者達であった．この時代に関する副題は，物体に作用す

る空気力と速度，密度，物体面積の関係についての理解が進展したことである．ダ・ビンチはその力が物体面積に正比例していることに気づき，ガリレオは密度に比例していることに気づき，そして最も重要なことだが，マリオットとホイヘンスはそれ以前に考えられていたように流速の1乗に比例して変化するのではなく，むしろ流速の2乗に比例して変化することを証明した．これらを理解することは飛行機の設計に重大な意味を持つが，それは1世紀も後になってからのことであった．

第二には，飛行機を設計し，それを組み立て，しかも乗り込んで飛ばそうとしていた熱心な発明者集団は応用空気力学を初めて実践した人々であった．彼らの大部分は工学という職業の幕開けに際してその基礎を築き上げた，独学かつ博識な発明家達であった．ケイリー，ウェナム，フィリップス，リリエンタール（もっとも彼は工学学士号を持っていたが），ラングレー，そして最も重要なライト兄弟といった人々は，19世紀から20世紀の初頭には応用空気力学を進める上で欠かせないデータを集める調査を実施した．このような応用空気力学での調査研究の成果は，飛行機の設計に使用された．20世紀の初めになっても，飛行機が学術の世界には存在していた理論空気力学の成果に直接的に頼ることなく，発展と進歩を遂げたことは注目に値する．

第三には，そうしたことが全て1910年代に変わった．にわかに飛行機が現実のものになったことで，学術界の科学者達は喜んでこの新しい研究動機を受け入れた．飛行機の飛行を理解する目的のために基本空気力学の研究を行うことが流行になった．事実，ドイツのプラントルが実施した重要な研究が物語っているように，飛行機は空気力学の基礎研究にとって最も重要な動機になった．それ以来，航空学からの必要性と，近年では宇宙航行学からの必要性が原動力になって，工学的設計のために現象の本質を理解して予測技術を開発するエンジニアリング科学が爆発的に拡大してきた．今日，飛行機の設計者は最先端の空気力学データを即座に利用することが可能であり，そのデータの意味も理解できる．かつて学術界の研究者と航空技術者との間に存在していた溝は，今日では事実上存在していない．

では，いったい空気力学はどこへ向かっているのだろうか．極超音速飛行と計算流体力学に新たな開拓地が開けたことから，空気力学は引き続き重要な学問領域であり続けている．遠い将来，本書で取り上げた開発の歴史が古代史になってしまった頃に空気力学についてどのような物語が語られることになるのか知りたいと思われるだろう．人類のこれまで経験から考えると，その質問に対して正確

に答えることは不可能であろう．しかし夢を見ることならできる．本書がそうした夢のためにより多くの内容を読者に提供できることを願っている．

巻末添付資料A

オイラー方程式

　例えば $x-y-z$ で表されるデカルト座標系空間のような3次元空間における任意の流れについて考える．その流れの性質は3つの基本物理原則によって支配されている．

(1)　質量は保存される．質量は生成も消滅もしない．これは古典力学の基本原則である．この原則から空気力学での連続の式が生まれる．
(2)　移動物体に作用する力はその質量と加速度の積に等しくなる．ニュートンの第二法則 $F = ma$ は，このことを述べている．この原則を運動している流体に適用すると，運動量方程式が生まれる．
(3)　エネルギーは保存される．エネルギーには多様な形態があり（運動エネルギー，位置エネルギー，内部エネルギーなど），ある形態のエネルギーが減少すると，他の形態のエネルギーが増加するように見える．また熱力学の第一法則は，系に加えられた熱と系に対して行った仕事は両方ともその系のエネルギー増加に寄与することを述べている．この概念を運動している流体に適用すると，エネルギー方程式が生まれる．

　非定常の3次元流れに対してこれらの連続の式，運動量方程式，エネルギー方程式を導くと，偏微分方程式と呼ばれる数式の形で表現される．流れが非粘性である場合には，その偏微分方程式はオイラー方程式と呼ばれる式になる．こうした数学用語体系に詳しい読者は，これらの方程式が適切であると思われるだろう．あまり詳しくない読者の方は，単に空気力学に対して理論的に取り組む際に必要になる数学の一例として眺めておこう．

連続の式

$$\frac{\partial \rho}{\partial t} + \nabla \cdot (\rho V) = 0$$

運動量方程式

$$\rho \frac{Du}{Dt} = -\frac{\partial p}{\partial x}$$

$$\rho \frac{Dv}{Dt} = -\frac{\partial p}{\partial y}$$

$$\rho \frac{Dw}{Dt} = -\frac{\partial p}{\partial z}$$

エネルギー方程式

$$\rho \frac{D(e + V^2/2)}{Dt} = \rho \dot{q} - \nabla \cdot (p\boldsymbol{V})$$

ここで

$$\frac{D}{Dt} \equiv \underbrace{\frac{\partial}{\partial t}}_{\text{局所微分}} + \underbrace{(\boldsymbol{V} \cdot \nabla)}_{\text{対流微分}}$$

巻末添付資料B

ナビエ・ストークス方程式

　例えば巻末添付資料Aで導入したような任意の一般的な流れを考える．ただし，今度は流れが粘性を持つと仮定する（摩擦と熱伝導の影響を受ける）．巻末添付資料Aで取り上げた3つの基本物理原理はここでも適用されるが，物理現象に摩擦と熱伝導が加わるので，運動量方程式とエネルギー方程式はより複雑になる．粘性流れの支配方程式はナビエ・ストークス方程式と呼ばれており，巻末添付資料Aに示されている簡潔なオイラー方程式よりも式は長く，より多くの状態量を含んでいる．以下にナビエ・ストークス方程式を示す．巻末添付資料Aで数学に対するなじみの深さに応じて述べた内容は，ここでも同様だと思ってほしい．

連続の式

$$\frac{\partial \rho}{\partial t} + \nabla \cdot (\rho \mathbf{V}) = 0$$

x - 運動量方程式

$$\rho \frac{Du}{Dt} = -\frac{\partial p}{\partial x} + \frac{\partial \tau_{xx}}{\partial x} + \frac{\partial \tau_{yx}}{\partial y} + \frac{\partial \tau_{zx}}{\partial z}$$

y - 運動量方程式

$$\rho \frac{Dv}{Dt} = -\frac{\partial p}{\partial y} + \frac{\partial \tau_{xy}}{\partial x} + \frac{\partial \tau_{yy}}{\partial y} + \frac{\partial \tau_{zy}}{\partial z}$$

z - 運動量方程式

$$\rho \frac{Dw}{Dt} = -\frac{\partial p}{\partial z} + \frac{\partial \tau_{xz}}{\partial x} + \frac{\partial \tau_{yz}}{\partial y} + \frac{\partial \tau_{zz}}{\partial z}$$

エネルギー方程式

$$\rho \frac{D(e + V^2/2)}{Dt} = \rho \dot{q} + \frac{\partial}{\partial x}\left(k\frac{\partial T}{\partial x}\right) + \frac{\partial}{\partial y}\left(k\frac{\partial T}{\partial y}\right) + \frac{\partial}{\partial z}\left(k\frac{\partial T}{\partial z}\right) - \nabla \cdot pV$$
$$+ \frac{\partial(u\tau_{xx})}{\partial x} + \frac{\partial(u\tau_{yx})}{\partial y} + \frac{\partial(u\tau_{zx})}{\partial z} + \frac{\partial(v\tau_{xy})}{\partial x} + \frac{\partial(v\tau_{yy})}{\partial y}$$
$$+ \frac{\partial(v\tau_{zy})}{\partial z} + \frac{\partial(w\tau_{xz})}{\partial x} + \frac{\partial(w\tau_{yz})}{\partial y} + \frac{\partial(w\tau_{zz})}{\partial z}$$

ここで

$$\tau_{xy} = \tau_{yx} = \mu\left(\frac{\partial v}{\partial x} + \frac{\partial u}{\partial y}\right)$$

$$\tau_{yz} = \tau_{zy} = \mu\left(\frac{\partial w}{\partial y} + \frac{\partial v}{\partial z}\right)$$

$$\tau_{zx} = \tau_{xz} = \mu\left(\frac{\partial u}{\partial z} + \frac{\partial w}{\partial x}\right)$$

$$\tau_{xx} = \lambda(\nabla \cdot V) + 2\mu\frac{\partial u}{\partial x}$$

$$\tau_{yy} = \lambda(\nabla \cdot V) + 2\mu\frac{\partial v}{\partial y}$$

$$\tau_{zz} = \lambda(\nabla \cdot V) + 2\mu\frac{\partial w}{\partial z}$$

巻末添付資料C

大半径アームの利点を示す回転アーム計算

図4.48を参照してほしい．ここでは，

$$V_1^2 = R_1^2 \omega^2 \tag{C.1}$$

と

$$V_2^2 = R_2^2 \omega^2 \tag{C.2}$$

が成り立っている．低速の非圧縮性流れを仮定することにより，ベルヌーイの式から外側端と内側端での淀み点圧力の差は次のようになる．

$$p_{0_2} - p_{0_1} = \frac{1}{2}\rho \left[V_2^2 - V_1^2\right] \tag{C.3}$$

$p_{0_2} - p_{0_1}$ を Δp_0 で表し，式（C.1）と式（C.2）を式（C.3）へ代入することにより，次式が得られる．

$$\Delta p_0 = \frac{1}{2}\rho \left[R_2^2 - R_1^2\right] \omega^2 \tag{C.4}$$

定義から内側端での動圧は次式のようになる．

$$q_1 = \frac{1}{2}\rho V_1^2 = \frac{1}{2}\rho R_1^2 \omega^2 \tag{C.5}$$

式（C.4）を式（C.5）で割ることにより次式が得られる．

$$\Delta \frac{p_0}{q_1} = \left[\frac{R_2}{R_1}\right]^2 - 1 \tag{C.6}$$

式（C.6）において R_1 と R_2 が両方共に極めて大きな値をとると

$$\frac{R_2}{R_1} \to 1$$

になり，その結果式（C.6）から

$$\Delta \frac{p_0}{q_1} \to 0 \tag{C.7}$$

が成り立つ．したがって回転アームの R の値が大きければ大きいほど，揚力面内での全圧差は動圧と比較して小さくなり，それゆえに回転アーム試験装置から得られた空気力学計測結果に対するそのような不均一性の影響も小さくなる．

巻末添付資料D

迎え角ゼロでのラングレーの平板抗力計算

　図4.52にはサミュエル・ラングレーの滑空実験から得られた平板の抗力データが示されている．ここでは現代空気力学の手段を用いて，迎え角ゼロでのラングレーの平板模型に作用する抗力を計算する．

　低速の非圧縮性流れに対する平板の層流摩擦抗力係数は，平板の両面ともに

$$C_{Df} = \frac{2.656}{\sqrt{Re}} \tag{D.1}$$

で表される．ここで，レイノルズ数は以下のように定義される．

$$Re = \frac{\rho_\infty V_\infty c}{\mu_\infty} \tag{D.2}$$

ラングレーの実験条件（図4.52）に対しては，海面密度と粘性係数は $\rho_\infty = 1.23$ kg/m^3，$\mu_\infty = 1.7894 \times 10^{-5}$ kg/ms になる．平板の翼弦長は $c = 0.1219$m である．したがって，式（D.1）と式（D.2）から，次式が得られる．

$$C_{Df} = \frac{2.656}{\left(\frac{(1.23)(0.1219)V_\infty}{1.7894 \times 10^{-5}}\right)^{1/2}} = \frac{0.029}{\sqrt{V_\infty}} \tag{D.3}$$

式（D.3）において V_∞ の単位は m/s である．図4.52の実験条件では，ラングレーは小さな迎え角での（つまり，$\alpha = 2°$ での）滑空速度を20m/sとして計測した．その速度に対しては，式（D.3）から得られる C_{Df} の値は

$$C_{Df} = \frac{0.029}{\sqrt{20}} = 0.00648 \tag{D.4}$$

になる．表面摩擦による抗力は次式により与えられる．

$$D_f = \frac{1}{2} \rho_\infty V_\infty^2 S C_{Df} \tag{D.5}$$

式（D.5）で S は平板の平面面積であり，ここでは0.929m^{2}になる．以上のことから，式（D.5）より次式のように求まる．

$$D_f = 0.148\text{N} = \boxed{15\text{g（グラム重）}}$$

[これらの条件に対するレイノルズ数は167,580であり，確かに層流の仮定が正しかったと言えるほど十分に小さな値になっている．それゆえに，式（D.1）を用いることができる．]

その平板を正面から見た断面の寸法は0.762m×0.003175mであり，断面積は$2.4384×10^{-3}m^2$になる．垂直平板の抗力係数を1.0と仮定することにより，流れに対して垂直な平板の先端と後端を合わせた圧力抗力は次式で表される．

$$D_p = \frac{1}{2}\rho_\infty V_\infty^2 S C_D$$

$$= \frac{1}{2}(1.23)(20)^2(2.4384×10^{-3})(1)$$

$$= 0.6N = \boxed{61g（グラム重）}$$

以上のことから，その平板に作用する迎え角ゼロでの正味の抗力の予測値は

$$D = D_f + D_p = 15 + 61 = \boxed{76g（グラム重）}$$

になる．図4.52に黒い四角のシンボルで示されている値はこの予測値である．

巻末添付資料 E

ラングレーの平板模型に対する所要動力曲線の計算

本巻末添付資料では，図4.54に示されている所要動力曲線の計算を示す．

速度が10～20m/sの範囲にあるラングレーの0.76×0.12m平板（翼弦長=0.12m）は，レイノルズ数では84,000～168,000の範囲にあるが，これはラングレーのデータは層流流れに対して得られたデータであると仮定しても問題ないほど十分に小さなレイノルズ数である．層流流れに対しては，平板の両面に作用する表面摩擦を考慮すると，平板の表面摩擦係数は巻末添付資料Dの式（D.3）によって与えられる．しかし，小さな迎え角でも平板周りの流れは上面からすぐに剥離して，上面にエネルギーの低い死水領域を生成する．したがって，迎え角をとると下面のみが付着流れになり，表面摩擦の影響が大きいのはこの部分になる．そこで，今回の計算では表面摩擦抗力係数に式（D.3）から得られた値の半分を使用する．つまり，

$$C_{Df} = \frac{0.0145}{\sqrt{V_\infty}} \tag{E.1}$$

になる．圧力は平板面に対して垂直方向に作用する．平板の厚みを無視する（つまり，平面面積と比較すると面積が非常に小さい先端と後端に作用する圧力を無視する）と，ある迎え角での圧力による力の合力は基本的に平板に対して垂直な方向になる．したがって，図4.53aの幾何形状から圧力抗力は次式によって揚力と関連づけられる．

$$D_p = L \tan \alpha \tag{E.2}$$

係数で表すと，次式のようになる．

$$C_{Dp} = C_L \tan \alpha \tag{E.3}$$

平板に作用するせん断応力分布と圧力分布の両者による全抗力係数は式（E.1）と式（E.3）の合計として次のように与えられる．

$$C_D = \frac{0.0145}{\sqrt{V_\infty}} + C_L \tan \alpha \tag{E.4}$$

これがラングレーの平板模型に対する抵抗極線になる．抵抗極線が与えられた時

に，定常水平飛行に必要な所要動力の計算手順は他の文献[17]に述べられている．今回の計算では，次のようになる．

(1) V_∞ を定める．
(2) C_L を次式から計算する．

$$L = W = \frac{1}{2}\rho_\infty V_\infty^2 S C_L$$

または

$$C_L = \frac{2W}{\rho_\infty V_\infty^2 S} = \frac{(2)(0.5)(9.8)}{(1.23)(0.0929)V_\infty^2} = \frac{85.76}{V_\infty^2} \tag{E.5}$$

式（E.5）において平板の質量は0.5kg，標準密度は1.23kg/m³，平面面積は0.0929m²，キログラムの単位で表された質量をニュートンの単位で表された重さに変換する際に必要な重力加速度は9.8m/s²である．

(3) 計算された C_L の値に対して，揚力曲線の勾配に対するアスペクト比の補正を行って図3.24の平板データから対応する迎え角 α を求める．揚力曲線の勾配に対する有限アスペクト比による標準補正を用いると，プラントルの揚力線理論から次式が成り立つ．

$$\frac{dC_L}{d\alpha} \equiv a = \frac{a_0}{1+(57.3a_0/\pi e \mathrm{AR})} \tag{E.6}$$

ここで a は有限翼の揚力勾配，a_0 はここでは0.1/°の値をとる無限翼の揚力勾配，e はここでは0.943の値をとるスパン効率係数，AR はここでは6.25で与えられるアスペクト比である．この結果，式（E.6）から $a = 0.076$/° が得られ，上記(2)項で計算された揚力係数に対応する迎え角は次式のようになる．

$$\alpha = \frac{C_L}{a} = \frac{C_L}{0.076} \quad \text{（単位は °）} \tag{E.7}$$

(4) 式（E.4）から C_D を計算する．
(5) 所要動力を次式から計算する．

$$P_R = D V_\infty = \frac{1}{2}\rho_\infty V_\infty^2 S C_D V_\infty \tag{E.8}$$

この流れ場での ρ_∞（1.23kg/m³）と S（0.0929m²）の値を用いると，式（E.8）は

$$P_R = 0.057 V_\infty^3 C_D \tag{E.9}$$

のように書き換えられる．ここで P_R の単位はワット（W）である．

この方法による計算結果が以下のように表にまとめられている．

V_∞ (m/s)	C_L [式(E.5)]	α (°) [式(E.7)]	C_D [式(E.4)]	P_R (W) [式(E.9)]
12	0.596	7.84	0.0863	8.5
14	0.4376	5.76	0.0480	7.5
16	0.335	4.41	0.0295	6.89
18	0.265	3.49	0.0194	6.45
20	0.2144	2.82	0.0138	6.29
22	0.177	2.33	0.0103	6.25
24	0.149	1.96	0.00806	6.35
26	0.127	1.67	0.0065	6.51
28	0.109	1.43	0.00546	6.83
30	0.095	1.25	0.00472	7.26

この表から得られた所要動力（P_R）とV_∞の関係が図4.54に示されており，ラングレーの平板模型に対する所要動力曲線になっている．

巻末添付資料F

凧のように飛ぶグライダーの揚力と抗力の計算

　図F.1を参照しながら，糸Bで地上に繋がれた揚力面Aを考える．揚力面の重さをWとする．揚力面に作用する鉛直方向の正味の力は，揚力をLとして$L-W$で表される．糸に作用する引っ張り力R'は，抗力（風に対して平行な力の成分）と鉛直方向の正味の力$L-W$の合力になる．図F.1bに描かれた力の線図から以下の式が得られる．

$$D = R' \cos\theta \quad (\text{F.1})$$

および

$$L - W = R' \sin\theta \quad (\text{F.2})$$

式（F.2）より次の式が得られる．

$$L = R' \sin\theta + W \quad (\text{F.3})$$

R'（糸の引っ張り力）と角度θを計測することで，既知の重さWに対応して抗力と揚力の計測値が式（F.1）と式（F.3）から得られる．

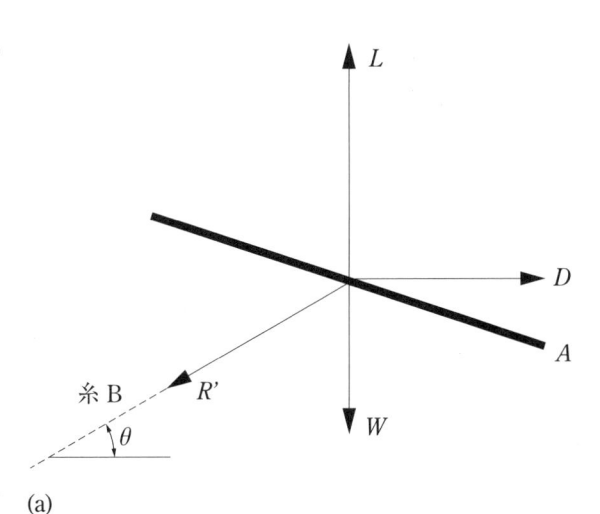

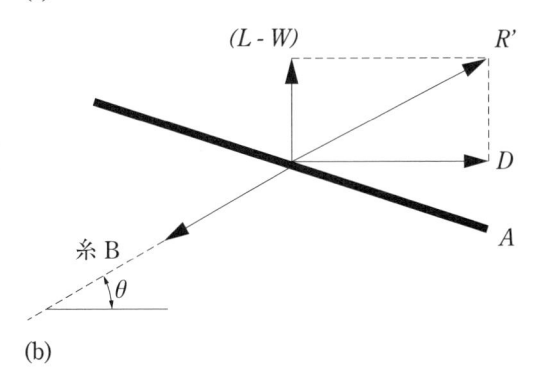

図F.1　凧に作用する空気力の分解：(a) 重さWの凧に作用する力，(b) 力の分解

巻末添付資料G

ライトの1900年グライダーにおけるアスペクト比効果

ライトの1900年グライダーではアスペクト比が $AR_1 = 3.5$ であった．他方，リリエンタールの翼ではアスペクト比は $AR_2 = 6.48$ であった．プラントルの揚力線理論より，有限翼の揚力曲線勾配 $dC_L/d\alpha \equiv a$ は無限翼の揚力曲線勾配 a_0 を用いて次式により与えられる．

$$a = \frac{a_0}{1 + (a_0/\pi e AR)} \tag{G.1}$$

ここで e はスパン効率係数である．ライトの矩形翼とリリエンタールの先端の尖った翼の両方に対して，$e = 0.84$ になる．したがって，式（G.1）から揚力曲線勾配に関するライトの翼 a_1 とリリエンタールの翼 a_2 の比が次式のように得られる．

$$\frac{a_1}{a_2} = \frac{1 + (a_0/\pi e AR_2)}{1 + (a_0/\pi e AR_1)} \tag{G.2}$$

無限翼の揚力曲線勾配は $2\pi/\text{rad}$（つまり，$a_0 = 2\pi$）になる薄翼理論の研究成果を用いると，式（G.2）は次のように変形される．

$$\frac{a_1}{a_2} = \frac{1 + \{2\pi/[\pi(0.84)(6.48)]\}}{1 + \{2\pi/[\pi(0.84)(3.5)]\}} = 0.814$$

以上のことから，リリエンタールの表から得られた揚力係数はライトの条件ではアスペクト比効果によって 0.814 倍に低下する．言い換えると19%減少する宿命にあった．

巻末添付資料 H

クッタによる揚力係数

1902年，ウィルヘルム・クッタは迎え角ゼロでの円弧翼型の揚力を表す次の式を発表した．

$$L = 4\pi a\rho V^2 \sin^2(\theta/2) \tag{H.1}$$

ここで a は円弧の半径，2θ は円弧が含まれるように範囲が決められた円の中心角である．図 H.1 にはこの形状に関する幾何的な作図が示されている．翼型の揚力係数 c_l は次の式

$$c_l = \frac{L}{\frac{1}{2}\rho V^2 c}$$

によって定義される．ここで c は翼型の翼弦長である．クッタの式を用いると式（H.1）は次式のようになる．

$$c_l = \frac{8\pi a \sin^2(\theta/2)}{c} \tag{H.2}$$

式（H.2）をキャンバー比 1/12 のリリエンタールの円弧翼に適用する．図 H.1 を参照して，半径 a は円の方程式から次式により求まる．

$$x^2 + y^2 = a^2$$

図 H.1 の点 A において上式を適用すると，次式が得られる．

$$(a-1)^2 + 6^2 = a^2 \tag{H.3}$$

式（H.3）を a について解くことにより，$a = 18.5$ が得られる．

θ を求めるために，図 H.1 において

$$\tan\theta = \frac{6}{17.5} = 0.3428$$

という関係が成り立っていることに

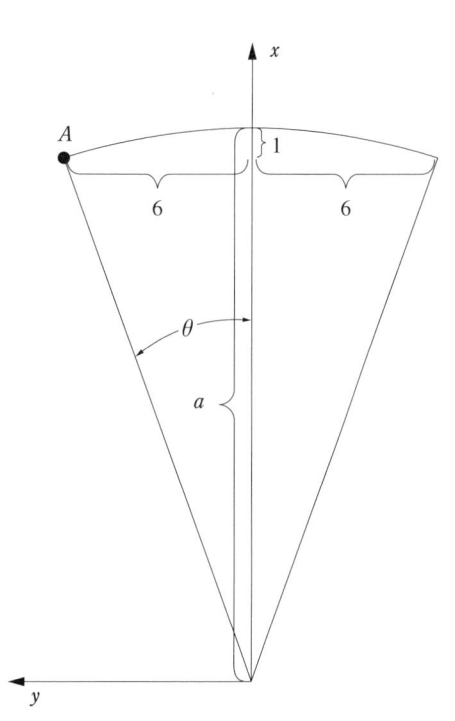

図 H.1 与えられた円弧翼型のキャンバー比（この場合は 1/12）から半径と中心角を計算するための幾何形状

注目する．この関係から，$\theta = 18.92°$ が得られる．そして，この値から

$$\sin^2(\theta/2) = \sin^2(9.46°) = 0.027$$

が得られる．これで式（H.2）に戻って，揚力係数

$$c_l = \frac{8\pi(18.5)(0.027)}{12} = 1.047$$

を求めることができる．以上のことから，1902年にクッタはリリエンタールの円弧翼について，その揚力係数の値は1.047であると予測した．これが翼型の揚力について最初に有意義な理論的予測が行われた例である．

巻末添付資料 I

コールドウェルとファルスがデータ整理で誤った圧縮性の取り扱い（1920年）

　第9章では翼型に及ぼす圧縮性の影響を扱ったコールドウェルとファルスによる初期のデータの重要性を話題に取り上げたが，そこで彼らがデータを整理する過程において誤った計算をしていたことについて言及した．本巻末添付資料では，その誤りの本質と程度について説明する．

　コールドウェルとファルスのデータ整理法を詳細に調査していくと，彼らは風洞内部の気流密度は速度が速くなると変化することに気づいていたが，計測した揚力と抗力から揚力係数と抗力係数を計算する際にその密度変化を考慮しようとして誤った扱いをしていたことに，私は気づいた．彼らはその計算に密度が入らないようにデータを整理できていると考えていた．それどころか，衝突圧力，つまり全圧と静圧の差を用いて揚力係数と抗力係数を表現できたと考えていた．だからこそ彼らは，「計算に密度は入ってこない」と述べていた．しかし，彼らは揚力係数の定義式に含まれる速度の2乗の項を衝突圧力で置き換える際に非圧縮性のベルヌーイの式を間違って，いやむしろ何も深く考えることなく用いてしまった．その結果，報告された高速での揚力係数と抗力係数の値には約10%の誤差が生じてしまった．

　コールドウェルとファルスは，第8章で取り上げたように今日一般的に用いられている値の1/2である

$$K_y = \frac{L}{\rho A V^2} \tag{I.1}$$

を揚力係数として定義していた．（したがって，図9.11での $K_y = 0.5$ の値は今日使用されている $C_L = 1.0$ の値と同等である．）そして，非圧縮性のベルヌーイの式

$$p_0 - p = \tfrac{1}{2}\rho V^2 \tag{I.2}$$

を使用して式（I.1）を

$$K_y = \frac{L}{2A(p_0 - p)} \tag{I.3}$$

と書いたところが誤りであった．圧力差 $p_0 - p$ は衝突圧力であり，風洞で計測

された．方程式（I.3）には密度が表面的に現れていないことから，彼らは計算に密度は入ってきておらず，それゆえに圧縮性の影響を考慮できているという結論を下した．コールドウェルとファルスが報告[128]して，図9.11に示したK_yの値はこの式（I.3）から得られている．

圧縮性を適切に考慮して式（I.1）に衝突圧力を導入するためには，非圧縮性を仮定している式（I.2）の代わりに圧力差$p_0 - p$を圧縮性流れに対する式

$$p_0 - p = \frac{1}{2}\rho V^2 \left[1 + \frac{1}{4}M^2 + \frac{1}{40}M^4 + \frac{1}{1,600}M^6 + \cdots \right] \tag{I.4}$$

として与えるか，または次式を用いてρV^2について解く方法がある．

$$\rho V^2 = \frac{2(p_0 - p)}{1 + \frac{1}{4}M^2 + \frac{1}{40}M^4 + \frac{1}{1,600}M^6 + \cdots} \tag{I.5}$$

したがって，式（I.1）を式（I.6）のように書くことができる．

$$(K_y)_{\text{true}} = \frac{L}{2A(p_0 - p)} \left[1 + \frac{1}{4}M^2 + \frac{1}{40}M^4 + \frac{1}{1,600}M^6 + \cdots \right] \tag{I.6}$$

式（I.6）から導かれたK_yの値が，衝突圧力$p_0 - p$によって表現された亜音速圧縮性流れのための真の揚力係数値である．式（I.3）を（I.6）に代入して，

$$(K_y)_{\text{true}} = K_y \left[1 + \frac{1}{4}M^2 + \frac{1}{40}M^4 + \frac{1}{1,600}M^6 + \cdots \right] \tag{I.7}$$

が得られる．ここで，式（I.7）のK_yはコールドウェルとファルスの値である．

誤差の程度を見積もるために，自由流マッハ数を0.63と仮定する．式（I.7）より，

$$(K_y)_{\text{true}} = K_y(1.103)$$

したがって，正しい揚力係数はコールドウェルとファルスが報告した値よりも約10%大きくなっている．低いマッハ数ではこの誤差は小さくなる．そして高いマッハ数では誤差も大きくなる．もしコールドウェルとファルスが適切に計算を行っていたならば，図9.11の中央部に示されている中間速度領域での揚力係数の値は，図に示されているようにわずかに減少するのではなく，わずかに増加していた（妥当な傾向）であろう．

訳者による巻末添付資料

ナビエ・ストークス方程式の無次元化

　次元解析の手法を用いることで，温度，圧力，速度，大きさ，流体の希少価値などの理由から容易に実験できない条件の流れも，容易に実験できる空気や水を常温大気圧下で用いた模型実験で再現できることがある．粘性流体である限り，厳密に相似性を満足させるためにはレイノルズ数を一致させる必要がある．逆に考えると，そのような流れではレイノルズ数さえ一致させれば，流体が水であれ，油であれ，構わないことになる．それはなぜだろうか．

　図4.18に示したレイノルズの実験はあまりにも有名であり，大学の流体力学授業でも必ず教わるため，レイノルズ数＝乱流遷移の評価パラメーターという図式ができあがっているような印象を受けるが，これはレイノルズ数が持つ役割の一部でしかない．他にどんな役割があるのだろうか．

　巻末添付資料 B に示したナビエ・ストークス方程式を無次元化することで，この答えを理解できる．まず以下の無次元量を定義して，連続の式と運動量方程式について考える．

$$\rho' = \frac{\rho}{\rho_\infty}, \quad x' = \frac{x}{c}, \quad y' = \frac{y}{c}, \quad z' = \frac{z}{c}, \quad u' = \frac{u}{V_\infty}, \quad v' = \frac{v}{V_\infty}, \quad w' = \frac{w}{V_\infty},$$

$$t' = \frac{tV_\infty}{c}, \quad p' = \frac{p}{\rho_\infty V_\infty^2}, \quad \mu' = \frac{\mu}{\mu_\infty}, \quad \lambda' = \frac{\lambda}{\mu_\infty} \tag{J.1}$$

ここで ρ_∞ は基準密度，c は翼弦長や管直径などをとった代表長さ，V_∞ は自由流流速や管内平均流速などをとった代表速度，μ_∞ は基準粘性係数であり，それぞれに実機条件または模型条件から流体の物性値または流れの条件を選ぶ．密度と粘性係数が一定ならば常に $\rho' = \mu' = 1$ になる．次に巻末添付資料 B にある連続の式と運動量方程式に含まれる $\rho, x, y, z, u, v, w, t, p, \mu, \lambda$ を式（J.1）を用いて消去する．

連続の式

$$\frac{\partial \rho}{\partial t} + \nabla \cdot (\rho \boldsymbol{V}) = 0$$

$$\frac{\partial \rho' \rho_\infty}{\partial t' c/V_\infty} + \frac{\nabla'}{c} \cdot (\rho' \rho_\infty \boldsymbol{V}' V_\infty) = 0$$

$$\frac{\partial \rho'}{\partial t'} + \nabla' \cdot (\rho' \boldsymbol{V}') = 0 \tag{J.2}$$

ここで

$$\nabla' = \left(\frac{\partial}{\partial x'}, \frac{\partial}{\partial y'}, \frac{\partial}{\partial z'}\right)$$

$$\boldsymbol{V}' = (u', v', w')$$

x - 運動量方程式

$$\rho \frac{Du}{Dt} = -\frac{\partial p}{\partial x} + \frac{\partial \tau_{xx}}{\partial x} + \frac{\partial \tau_{yx}}{\partial y} + \frac{\partial \tau_{zx}}{\partial z}$$

$$\rho' \rho_\infty \frac{Du' V_\infty}{Dt' c/V_\infty} = -\frac{\partial p' \rho_\infty V_\infty^2}{\partial x' c} + \frac{\partial \tau'_{xx} \mu_\infty V_\infty/c}{\partial x' c} + \frac{\partial \tau_{yx} \mu_\infty V_\infty/c}{\partial y' c} + \frac{\partial \tau_{zx} \mu_\infty V_\infty/c}{\partial z' c}$$

$$\rho' \frac{Du'}{Dt'} = -\frac{\partial p'}{\partial x'} + \frac{1}{\mathrm{Re}} \left(\frac{\partial \tau'_{xx}}{\partial x'} + \frac{\partial \tau'_{yx}}{\partial y'} + \frac{\partial \tau'_{zx}}{\partial z'}\right) \tag{J.3}$$

y - 運動量方程式

$$\rho' \frac{Dv'}{Dt'} = -\frac{\partial p'}{\partial y'} + \frac{1}{\mathrm{Re}} \left(\frac{\partial \tau'_{xy}}{\partial x'} + \frac{\partial \tau'_{yy}}{\partial y'} + \frac{\partial \tau'_{zy}}{\partial z'}\right) \tag{J.4}$$

z - 運動量方程式

$$\rho' \frac{Dw'}{Dt'} = -\frac{\partial p'}{\partial z'} + \frac{1}{\mathrm{Re}} \left(\frac{\partial \tau'_{xz}}{\partial x'} + \frac{\partial \tau'_{yz}}{\partial y'} + \frac{\partial \tau'_{zz}}{\partial z'}\right) \tag{J.5}$$

ここで

$$\mathrm{Re} = \frac{\rho_\infty V_\infty c}{\mu_\infty} \tag{J.6}$$

$$\tau'_{xy} = \tau'_{yx} = \mu' \left(\frac{\partial v'}{\partial x'} + \frac{\partial u'}{\partial y'}\right)$$

$$\tau'_{yz} = \tau'_{zy} = \mu' \left(\frac{\partial w'}{\partial y'} + \frac{\partial v'}{\partial z'}\right)$$

$$\tau'_{zx} = \tau'_{xz} = \mu' \left(\frac{\partial u'}{\partial z'} + \frac{\partial w'}{\partial x'}\right)$$

$$\tau'_{xy} = \lambda'(\nabla' \cdot V') + 2\mu' \frac{\partial u'}{\partial x'}$$

$$\tau'_{yy} = \lambda'(\nabla' \cdot V') + 2\mu' \frac{\partial v'}{\partial y'}$$

$$\tau'_{zz} = \lambda'(\nabla' \cdot V') + 2\mu' \frac{\partial w'}{\partial z'}$$

もし実機条件と模型条件の両方で式（J.6）により与えられるレイノルズ数 Re が等しいならば，両条件での流れ場をそれぞれ式（J.1）で無次元化した状態量は，どちらも同じ運動量方程式（J.3）〜（J.5）と，当然レイノルズ数 Re に依存しない連続の式（J.2）とを同時に満足する同一の値になる．したがって両者の流れ場は完全に相似になる．つまり，一致しているのは層流から乱流への遷移だけでなく，境界層の厚さや渦の発生を含む流れのパターン全てが相似になるように一致する．

同様に以下の無次元量を追加して，エネルギー方程式の無次元化を行う．

$$e' = \frac{e}{V_\infty^2}, \quad \dot{q}' = \frac{\dot{q}c}{V_\infty^3}, \quad k' = \frac{k}{k_\infty}, \quad C_p' = \frac{C_p}{C_{p\infty}}, \quad T' = \frac{C_{p\infty}T}{V_\infty^2} \tag{J.7}$$

ここで k_∞ は基準熱伝導率，$C_{p\infty}$ は基準定圧比熱である．ここでも熱伝導率と定圧比熱が一定ならば常に $k' = C_p' = 1$ になる．

エネルギー方程式

$$\begin{aligned}
\rho' \frac{D(e' + V'^2/2)}{Dt'} &= \rho' \dot{q}' - \nabla' \cdot p'V' \\
&+ \frac{1}{\mathrm{Re}} \Bigg[\frac{1}{\mathrm{Pr}C_p'} \left\{ \frac{\partial}{\partial x'}\left(k'\frac{\partial T'}{\partial x'}\right) + \frac{\partial}{\partial y'}\left(k'\frac{\partial T'}{\partial y'}\right) + \frac{\partial}{\partial z'}\left(k'\frac{\partial T'}{\partial z'}\right) \right\} \\
&+ \frac{\partial(u'\tau'_{xx})}{\partial x'} + \frac{\partial(u'\tau'_{yx})}{\partial y'} + \frac{\partial(u'\tau'_{zx})}{\partial z'} + \frac{\partial(v'\tau'_{xy})}{\partial x'} + \frac{\partial(v'\tau'_{yy})}{\partial y'} \\
&+ \frac{\partial(v'\tau'_{zy})}{\partial z'} + \frac{\partial(w'\tau'_{xz})}{\partial x'} + \frac{\partial(w'\tau'_{yz})}{\partial y'} + \frac{\partial(w'\tau'_{zz})}{\partial z'} \Bigg]
\end{aligned} \tag{J.8}$$

ここで

$$\mathrm{Pr} = \frac{\mu_\infty C_{p\infty}}{k_\infty}$$

エネルギー方程式が相似になるためには，レイノルズ数 Re に加えてプラントル数 Pr も一致させる必要がある．プラントル数 Pr はプラントルが熱伝達と圧力損失の関係を調べて発表した1910年の論文[176]の中で初めて定義された無次元数かつ

物性値である．

　前述の式は流体が圧縮性・非圧縮性の両方で成立するが，最後に圧縮性流体の場合に考慮しておくべき方程式について述べておく．流れが音速に近づくと温度も変数になるので，圧縮性流体の支配方程式には常にエネルギー方程式が加わるが，さらに密度が変数になるので，もう一つ支配方程式が必要になる．それが状態方程式である．理想気体の状態方程式を例にとって無次元化する．ただし，圧縮性流体の場合には基準温度 T_∞ を導入する方が一般的なので，エネルギー方程式も基準温度で無次元化した式に変更しておく．

状態方程式

$$p = \rho RT$$

$$p' = \frac{1}{\gamma M^2} \rho' T'' \tag{J.9}$$

エネルギー方程式

$$\rho' \frac{D(e' + V'^2/2)}{Dt'} = \rho' \dot{q}' - \nabla' \cdot p' \boldsymbol{V}'$$

$$+ \frac{1}{\text{Re}} \left[\frac{1}{(\gamma-1)M^2 \text{Pr} C'_p} \left\{ \frac{\partial}{\partial x'}\left(k' \frac{\partial T''}{\partial x'}\right) + \frac{\partial}{\partial y'}\left(k' \frac{\partial T''}{\partial y'}\right) + \frac{\partial}{\partial z'}\left(k' \frac{\partial T''}{\partial z'}\right) \right\} \right.$$

$$+ \frac{\partial(u'\tau'_{xx})}{\partial x'} + \frac{\partial(u'\tau'_{yx})}{\partial y'} + \frac{\partial(u'\tau'_{zx})}{\partial z'} + \frac{\partial(v'\tau'_{xy})}{\partial x'} + \frac{\partial(v'\tau'_{yy})}{\partial y'}$$

$$\left. + \frac{\partial(v'\tau'_{zy})}{\partial z'} + \frac{\partial(w'\tau'_{xz})}{\partial x'} + \frac{\partial(w'\tau'_{yz})}{\partial y'} + \frac{\partial(w'\tau'_{zz})}{\partial z'} \right] \tag{J.10}$$

ここで，

$$T'' = \frac{T}{T_\infty} = (\gamma - 1)M^2 T' \tag{J.11}$$

$$M = \frac{V_\infty}{\sqrt{\gamma R T_\infty}} \tag{J.12}$$

圧縮性流体が相似になるためには，レイノルズ数 Re とプラントル数 Pr に加えてマッハ数 M と比熱比 γ も一致させる必要がある．

参考文献

1. Anderson, John D., Jr. 1991. *Fundamentals of Aerodynamics*, 2nd ed. New York: McGraw-Hill.
2. Rouse, Hunter, and Ince, Simon. 1957. *History of Hydraulics*. Iowa City: Iowa Institute of Hydraulic Research.
3. Clagett, Marshall. 1978. *Archimedes in the Middle Ages. Vol. 3: The Fate of the Medieval Archimedes, 1300 to 1565*. Philadelphia: American Philosophical Society.
4. Hart, Ivor B. 1961. *The World of Leonardo da Vinci*. London: MacDonald.
5. Giacomelli, R. 1930. The Aerodynamics of Leonardo da Vinci. *Journal of the Royal Aeronautical Society* 34(240): 1016-38.
6. Gibbs-Smith, C. H. 1962. *Sir George Cayley's Aeronautics, 1796-1855*. London: HMSO.
7. Mach, Ernst. 1942. *The Science of Mechanics* (trans. T. J. McCormack). London: Open Court Publishing. (Originally Published 1893.)
8. Tokaty, G. A. 1971. *A History and Philosophy of Fluid Mechanics*. Henley-on-Thames: G. T. Foulis & Co.
9. Mahoney, Michael S. 1974. Edme Mariotte. In *Dictionary of Scientific Biography*, vol. 9, ed. C. C. Gillispie, pp. 114-22. New York: Scribner.
10. Giacomelli, R., and Pistolesi, E. 1934. Historical Sketch. In *Aerodynamic Theory*, vol. 1, ed. W. F. Durand. Berlin: Springer.
11. Bos, H. J. M. 1972. Christiaan Huygens. In *Dictionary of Scientific Biography*, vol. 6, ed. C. C. Gillispie, pp. 597-613. New York: Scribner.
12. Newton, Isaac. 1947. *Mathematical Principles of Natural Philosophy* (rev. trans. Florian Cajori). Berkeley: University of California Press.
13. Mason, Stephen F. 1962. *A History of the Sciences*. New York: Macmillan.
14. Bernoulli, Daniel. 1968. *Hydrodynamics* (trans. Thomas Carmody and Helmut Kobus). New York: Dover.
15. Salas, M. D. 1988. Leonhard Euler and His Contributions to Fluid Mechanics. American Institute of Aeronautics and Astronautics, AIAA paper 88-3566-CP.
16. Gillispie, Charles Coulston. 1978. Laplace. In *Dictionary of Scientific Biography*,

vol. 15, suppl. 1, ed. C. C. Gillispie, pp. 273-303. New York: Scribner.
17. Anderson, John D., Jr. 1989. *Introduction to Flight*, 3rd ed. New York: McGraw-Hill.
18. Airey, John. 1913. Notes on the Pitot Tube. *Engineering News* 69 (16): 783.
19. Mayr, Otto. 1975. Henri Pitot. In *Dictionary of Scientific Biography*, vol. 11, ed. C. C. Gillispie, pp. 4-5. New York: Scribner.
20. Pritchard, J. L. 1957. The Dawn of Aerodynamics. *Journal of the Royal Aeronautical Society* 61: 149-80.
21. Gillmor, C. S. 1970. Jean-Charles Borda. In *Dictinary of Scientific Biography*, vol. 2, ed. C. C. Gillispie, pp. 299-300. New York: Scribner.
22. Anderson, John D., Jr. 1987. Sir George Cayley. In *Great Lives from History: British and Commonwealth Series*. Englewood Cliffs, NJ: Salem Press.
23. Pritchard, J. Lawrence. 1961. *Sir George Cayley: The Inventor of the Aeroplane*. London: Max Parrish & Co.
24. Jakab, Peter L. 1990. *Visions of a Flying Machine*. Washington, DC: Smithsonian Institution Press.
25. Gibbs-Smith, Charles H. 1970. *Aviation, An Historical Survey*. London: HMSO.
26. Navier, L. M. H. 1822. Mémoire sur les lois du mouvement des fluides. *Mémoires de l'Académie Royale des Sciences*. 6: 389.
27. Saint-Venant, B. 1843. Note à joindre au mémoire sur la dynamique des fluides. *Comptes Rendus des Seances de l'Académie des Sciences* 17: 1240.
28. Stokes. G. G. 1845. On the Theories of the Internal Friction of Fluids in Motion, and of the Equilibrium and Motion of Elastic Solids. *Transactions of the Cambridge Philosophical Society* 8: 287.
29. Cauchy, A. L. 1827. Mémoire sur la theorie des ondes. *Mémoires de l'Académie Royale des Sciences* 11.
30. Helmholtz, Hermann L. 1858. On the Integrals of the Hydrodynamical Equations Corresponding to Vortex Motions. *Crelles Journal für die reine und angewandte Mathematik* 60: 23-55.
31. Helmholtz, Hermann L. 1868. On the Discontinuous Motions of a Fluid. *Monatsberichte d. Kon. Akademie der Wissenschaften zu Berlin*, pp. 215-28.
32. Randers-Pehrson, N, H. 1935. Pioneer Wind Tunnels. *Smithsonian Miscellaneous Collections* 93(4).
33. Marey, Etienne. 1900. *Comptes Rendus des Séances de l'Académie des Sciences*

131:160-3.
34. Kirchhoff, G. R. 1869. Zur Theorie freier Flüssigkeitsstrahlen. *Crelles Journal Für die reine und angewandte Mathematik* 70: 289.
35. Strutt, J. W. (Lord Rayleigh). 1876. On the Resistance of Fluids. *Philosophical Magazine*. ser. 5 2:430-41.
36. Vincenti, Walter G. 1990. *What Engineers Know and How They Know It*. Baltimore: Johns Hopkins University Press.
37. Hoerner, S. F., and Borst, H. V. 1975. *Fluid-Dynamic Lift*. Brick Town, NJ: published by authors.
38. Hoerner, S. F. 1958. *Fluid-Dynamic Drag*. Brick Town, NJ: published by author.
39. Hagen, G. H. L. 1839. Ueber die Bewegung des Wassers in engen cylindrischen Röhren. *Poggendorfs Annalen der Physik und Chemie* 16.
40. Hagen, G. H. L. 1855. Ueber den Einfluss der Temperatur auf die Bewegung des Wasser in Röhren. *Mathematisch Abhandlungen der Akademie der Wissenschaften zu Berlin*.
41. Reynolds, Osborne. 1883. An Experimental Investigation of the Circumstances which Determine whether the Motion of Water in Parallel Channels Shall be Direct or Sinuous, and of the Law of Resistance in Parallel Channels. *Philosophical Transactions of the Royal Society* 174.
42. Reynolds, Osborne. 1894. On the Dynamical Theory of Incompressible Fluids and the Determination of the Criterion. *Philosophical Transactions of the Royal Society* 186.
43. Reynolds, Osborne. 1874-5. On the Extent and Action of the Heating of Steam Boilers. *Proceedings of the Manchester Literary and Philosophical Society* 14: 8.
44. Pritchard, J. Laurence. 1958. Francis Herbert Wenham, Honorary Member, 1824-1908; An Appreciation of the First Lecturer to the Aeronautical Society. *Journal of the Royal Aeronautical Society* 62: 571-96.
45. Chanute, Octave. 1976. *Progress in Flying Machines*. Long Beach, CA: Lorenz & Herweg. (Originally published 1894.)
46. Lilienthal, Otto. 1889. *Der Vogelfiug als Grundlage der Fliegekunst*. Berlin: R. Gaertners Verlagsbuchhandlung. (Translated by I. W. Isenthal and published in 1911 as *Birdflight as the Basis of Aviation*, London: Longmans, Green.)
47. Moedebeck, Hermann W. L. 1895. *Taschenbuch zum prakischen Gebrauch für*

Flugtechniker und Liftschiffer. Berlin: Verlag von W. H. Kuhl.
48. Schwipps, Werner. 1979. *Lilienthal; Die Biographie des ersten Fliegers*. Grafelling, Germany: Aviatic Verlag. (English translation available in the library of the National Air and Space Museum, Smithsonian Institution.)
49. Langley, S. P. 1891, *Experiments in Aerodynamics*. Smithsonian Contributions to Knowledge no. 801. Washington, DC: Smithsonian Institution.
50. Langley, S. P., and Manly, C. M. 1911. *Langley Memoir on Mechanical Flight*. Smithsonian Contributions to Knowledge, vol. 27, no. 3. Washington, DC: Smithsonian Institution.
51. Crouch, Tom D. 1981. *A Dream of Wings*. New York: Norton.
52. Biddle, Wayne. 1991. *Barons of the Sky*. New York: Simon & Schuster.
53. Crouch, Tom. 1989. *The Bishop's Boys*. New York: Norton.
54. Lamb, H. 1924. *Hydrodynamics*, 5th ed. Cambridge University Press.
55. McFarland, Marvin W. (ed.) 1953. *The Papers of Wilbur and Orville Wright*. New York: McGraw-Hill.
56. Wright, Wilbur. 1901. Some Aeronautical Experiments. *Journal of the Western Society of Engineers* 6: 489-510.
57. Culick, F. E. C., and Jex, H. R. 1987. Aerodynamics, Stability, and Control of the 1903 Wright Flyer. In *The Wright Flyer: An Engineering Perspective*, ed. Howard Wolko. Washigton, DC: Smithsonian Insititution.
58. Jacobs, Eastman N., Ward, Kenneth E., and Pinkerton, Robert. 1933. *The Characterisitics of 78 Related Airfoil Sections from Tests in the Variable-Density Wind Tunnel*. NACA TR 460.
59. Lanchester, F. W. 1926. Sustentation in Flight. *Journal of the Royal Aeronautical Society* 30: 587-606.
60. Lanchester, F. W. 1907. *Aerodynamics*. London: A. Constable & Co.
61. Prandtl, L. 1905. Ueber Flüssigkeitsbewegung bei sehr kleiner Reibung. In *Proceedings of the 3rd International Mathematical Congress, Heidelberg, 1904*. Leipzig.
62. Goldstein, Sydney. 1969. Fluid Mechanics in the First Half of This Century. In *Annual Review of Fluid Mechanics*, vol. 1, ed. W.R. Sears and M. Van Dyke, pp. 1-28. Palo Alto, CA: Annual Reviews, Inc.
63. Blasius, H. 1908. Boundary Layers in Fluids with Small Friction. *Zeitschrift für*

Mathematik und Physik 56: 1.
64. Schlichting, Hermann. 1979. *Boundary-Layer Theory*, 7th ed, New York: McGraw-Hill.
65. Oswatitsch, Klaus, and Wieghardt, K. 1987. Ludwig Prandtl and His Kaiser-Wilhelm-Institut. In *Annual Review of Fluid Mechanics*, vol. 19, ed. J. L. Lumley, M. Van Dyke, and H. L. Reed, pp. 1-25. Palo Alto, CA: Annual Reviews Inc.
66. Flügge-Lotz, Irmgard, and Flügge, Wilhelm. 1973. Ludwig Prandtl in the Nineteen-Thirties: Reminiscences. In *Annual Review of Fluid Mechanics*, vol. 5, ed. M. Van Dyke, W. G. Vincenti, and J. V. Wehausen, pp. 1-8. Palo Alto, CA: Annual Reviews, Inc.
67. von Kármán, Theodore (with Lee Edson). 1967. *The Wind and Beyond*. Boston: Little, Brown.
68. von Kármán, Theodore 1954. *Aerodynamics*. Ithaca, NY: Cornell University Press.
69. Loftin, Laurence K. 1985. *Quest for Performance: The Evolution of Modern Aircraft*. NASA SP-468. Washington, DC: National Aeronautics and Space Administration.
70. Eiffel, Gustave. 1907. *Recherches expérimentales sur la résistance de l'air exécutées à la tour*. Paris: Maretheux.
71. Eiffel, Gustave. 1910. *The Resistance of the Air and Aviation: Experiments Conducted at the Champ-de-Mars Laboratory*. Paris: Dunot & Pinat. (English trans., Jerome C. Hunsaker, Houghton Mifflin, Boston, 1913.)
72. Black, Joseph. 1990. Gustave Eiffel-Pioneer of Experimental Aerodynamics. *Aeronautical Journal* 94: 231-44.
73. Rotta, Julius C. 1990. *Die aerodynamische Versuchsanstalt in Göttingen, ein Werk Ludwing Prandtls*, Göttingen: Vandeuhoeck & Ruprecht.
74. Prandtl, Ludwig. 1913. Flüssigkeitsbewegung. In *Handworterbuch der Naturwissenschaften*. Jena: Verlag von Gustav Fischer.
75. Prandtl, Ludwig. 1927. The Generation of Vortices in Fluids of Small Viscosity. *Journal of the Royal Aeronautical Society* 31: 720-41.
76. Betz, A. 1914. Untersuchungen von Tragflächen mit Verwundenen und nach Ruchwarts gerichteten Enden. *Zeitschrift für Flugtechnik und Motorluftschiffahrt* 16-17.
77. Prandtl, Ludwig. 1918. *Tragflächentheorie. I.* Mitteilung, Nachrichten der K. Ges-

ellschaft der Wissenschaften zu Göttingen, Math-phys. Klasse.
78. Prandtl, Ludwig. 1919. *Tragflächentheorie. II.* Mitteilung, Nachrichten der K. Gesellschaft der Wissenschaften zu Göttingen, Math-phys. Klasse.
79. Prandtl, Ludwig. 1921. *Applications of Modern Hydrodynamics to Aeronautics.* NACA technical report 116.
80. Glauert, Hermann. 1926. *The Elements of Aerofoil and Airscrew Theory.* Cambridge University Press.
81. Houghton, E. L., and Carruthers, N. B. 1982. *Aerodynamics for Engineering Students*, 3rd ed. London: Edward Arnold.
82. Betz, A. 1913. Auftried und Widerstand eines Doppeldeckers, *Zeitschrift für Flugtechnik und Motorluftschiffahrt* 1.
83. Theodorsen, Theodore. 1931. *Theory of Wing Sections of Arbitrary Shape.* NACA report 411.
84. Hansen, James R. 1987. *Engineer in Charge.* NASA SP-4305.
85. Munk, Max. 1922. *General Theory of Thin Wing Sections.* NACA report 142.
86. Glauert, H. 1925-4. Experimental Tests of the Vortex Theory of Aerofoils. In *Technical Report of the Aeronautical Research Committee. Vol. I. Reports and Memoranda*, no. 889. London: HMSO.
87. Fage, A., and Nixon, H. L. 1923-4. The Prediction on the Prandtl Theory of the Lift and Drag for Infinite Span from Measurements on Aerofoils on Finite Span. In *Technical Report of the Aeronautical Research Committee. Vol. I. Reports and Memoranda*, no. 903. London: HMSO.
88. Bairstow, Leonard. 1920. *Applied Aerodynamics.* London: Longmans, Green & Co.
89. Diehl, Walter S. 1928. *Engineering Aerodynamics.* New York: Ronald Press.
90. Millikan, Clark B. 1941. *Aerodynamics of the Airplane.* New York: Wiley.
91. Vander Meulen, Jacob. 1991. *The Politics of Aircraft.* Lawrence: University Press of Kansas.
92. Roseberry, C. R. 1972. *Glenn Curtiss: Pioneer of Flight.* New York: Doubleday.
93. Baals, Donald D., and Corliss, William R. 1981. *Wind Tunnels of NASA.* NASA SP-440. Washington, DC: National Aeronautics and Space Administration.
94. Hunsaker, Jerome C. 1956. *Forty Years of Aeronautical Research.* Smithsonian Institution publication 4247. Washington, DC: Smithsonian Institution Press.
95. Gorrell, Edgar S., and Martin, H. S. 1918. *Aerofoils and Aerofoil Structural Combi-*

nations. NACA report 18.
96. Munk, Max M., and Miller, Elton W. 1925. *Model Tests with a Systematic Series of 27 Wing Sections at Full Reynolds Number*. NACA report 221.
97. Carter, C. C. 1929. *Simple Aerodynamics and the Airplane*. New York: Ronald Press.
98. Higgins, George J., Diehl, Walter S., and DeFoe, George L. 1927. *Tests on Models of Three British Airplanes in the Variable Density Wind Tunnel*. NACA report 279.
99. Breguet, Louis. 1922. Aerodynamical Efficiency and the Reduction of Air Transport Costs. *Aeronautical Journal* 26: 307-13.
100. Jones, B. Melvill. 1929. The Streamline Airplane. *Aeronautical Journal* 33(221): 358-85.
101. Miller, Ronald, and Sawers, David. 1970. *The Technical Development of Modern Aviation*. New York: Praeger.
102. Binnie, A. M. 1978. Some Notes on the Study of Fluid Mechanics in Cambridge, England. In *Annual Review of Fluid Mechanics*, vol. 10, ed. M. Van Dyke, J. V. Wehausen, and J. L. Lumley, pp. 1-10. Palo Alto, CA: Annual Reviews, Inc.
103. Weick, Fred E., and Hansen, James R. 1988. *From the Ground Up: The Autobiography of an Aeronautical Engineer*. Washington, DC: Smithsonian Institution Press.
104. Weick, Fred E. 1929. *Drag and Cooling with Various Forms of Cowling for a "Whirtwind" Radial Air-Cooled Engine-1*. NACA TR 313.
105. Weick, Fred E. 1928. The New NACA Low Drag Cowling. *Aviation* 25: 1556-7, 1586-90.
106. Townend, H. C. H. 1929. *Reduction of Drag of Radial Engines by the Attachment of Rings of Airfoil Section, Including Interference Experiments of an Allied Nature, with Some Further Applications*. R&M no. 1267. British A. R. C.
107. Wood, Donald H. 1932. *Tests of Nacelle-Propeller Combinations in Various Positions With Reference to Wings. II. Thick Wing-Various Radial-Engine Cowlings -Tractor Propeller*. NACA TR 436.
108. Wood, Donald H. 1932. *Tests of Nacelle-Propeller Combinations in Various Positions with Reference to Wings. I. Thick-NACA Cowled Nacelle-Tractor Propeller*. NACA TR 415.
109. Garrick, I. E. 1992. Sharing His Insights and Innovations. In *A Modern View of Theodore Theodorsen*, ed. E. H. Dowell, pp. 21-6. Washington, DC: American Institute of Aeronautics and Astronautics.

110. Theodorsen, Theodore. 1938. The Fundamental Principles of the NACA Cowling. *Journal of the Aeronautical Sciences* 5(3).

111. Theodorsen, Theodore, Brevoort, M. J., and Stickle, George W. 1937. *Full Scale Tests of N. A. C. A. Cowlings*. NACA TR 592.

112. Stickle, George. 1939. *Design of N. A. C. A. Cowllings for Radial Air-cooled Engines*. NACA TR 662.

113. Theodorsen, Theodore, and Garrick, I. E. 1933. *General Potential Theory of Arbitrary Wing Sections*. NACA TR 452.

114. Garrick, I. E. 1933. *Determination of the Theoretical Pressure Distribution for Twenty Airfoils*. NACA TR 465.

115. Jacobs, Eastman N., and Pinkerton, Robert M. 1935. *Tests in the Variable-Density Wind Tunnel of Related Airfoils Having the Maximum Camber Unusually For Forward*, NACA TR 537.

116. Jacobs, Eastman N., Pinkerton, Robert M., and Greenberg, Harry. 1937. *Tests of Related Forward-Camber Airfoils in the Variable-Density Wind Tunnel*. NACA TR 610.

117. Jones, R. T. 1977. Recollections from an Earlier Period in American Aeronautics. In *Annual Review of Fluid Mechanics*, vol. 9, ed. M. Van Dyke, J. V. Wehausen, and J. L. Lumley, pp. 1-11. Palo Alto, CA: Annual Reviews, Inc.

118. Abbott, Ira H. 1980. Airfoils: Significance and Early Development, In *The Evolution of Aircraft Wing Design* (AIAA Symposium), pp. 21-48. Washington, DC: American Institute of Aeronautics and Astronautics.

119. Jones, B. Melvill. 1938. Flight Experiments on the Boundary Layer. *Journal of the Aeronautical Sciences* 5(3): 81-101.

120. Farren, W. S. 1944. Research for Aeronautics-Its Planning and Applications. *Journal of the Aeronautical Sciences* 11(2): 95-105.

121. van der Linden, F. Robert. 1991. *The Boeing 247: The First Modern Airliner*. Seattle: University of Washington Press.

122. Kindleburger, J. H. 1953. The Design of Military Aircraft. *Aeronautical Engineering Review* 12: 44.

123. Minutes of a meeting of the Committee on Aerodynamics, October 12. 1943, p. 9, John Stack files, NASA Langley Research Center archives.

124. Stodola, A. B. 1905. *Steam Turbines*. Trans. L. C. Loewenstein. New York: Van Nos-

trand. (Originally published 1904 as *Die Dampfturbinen.* Berlin: Verlag von Julius Springer.)

125. Meyer, T. 1908. Ueber zweidimensionale Bewegungsvorgange in einen Gas, Das mit Ueberschallgeschwindigkeit Strömt. Ph. D. dissertation, Göttingen University.

126. Bryan, G. H. 1918. *The Effect of Compressibility on Streamline Motions.* R&M no. 555, vol. 1. London: Advisory Committee for Aeronautics.

127. Bryan, G. H. 1919. *The Effect of Compressibility on Streamline Motions, Part II.* R&M no. 640. London: Advisory Committee for Aeronautics.

128. Caldwell, F. W., and Fales, F. M. 1920. *Wind Tunnel Studies in Aerodynamic Phenomena at High Speed.* NACA TR 83.

129. Douglas, G. P., and Wood, R. M. 1923. *The Effects of Tip Speed on Airscrew Performance. An Experimental Investigation of the Performance of an Airscrew Over a Range of Speeds of Revolution from "Model" Speeds up to Tip Speeds in Excess of the Velocity of Sound in Air.* R&M no. 884. London: Advisory Committee for Aeronautics.

130. Bensberg, H., and Cranz, C. 1910. Ueber eine photographische Methode zur Messung von Geschwindigkeiten und Geschwindigkeitsverlusten bei Infanteriegeschossen. *Artillerische Monatshefte (Berlin)*, no. 41.

131. Briggs, L. J., Hull, G. F., and Dryden, H. L. 1924. *Aerodynamic Characteristics of Airfoils at High Speeds.* NACA TR 207.

132. Liepmann, Hans W., and Puckett, Allen E. 1947. *Introduction to Aerodynamics of a Compressible Fluid.* New York: Wiley.

133. Briggs, L. J., and Dryden, H. L. 1926. *Pressure Distribution Over Airfoils at High Speeds.* NACA TR 255.

134. Briggs, L. J., and Dryden, H. L. 1929. *Aerodynamic Characteristics of Twenty-Four Airfoils at High Speeds.* NACA TR 319.

135. Glauert, H. 1927. The Effect of Compressibility on the Lift of an Airfoil. R&M no. 1135. London: Advisory Committee for Aeronautics. Reprinted 1928 in *Proceedings of the Royal Society* 118: 113.

136. Douglas, G. P., and Perring, W. G. A. 1927. *Wind Tunnel Tests with High Tip Speed Airscrews. The Characteristics of the Aerofoil Section R. A. F. 31a at High Speeds.* R&M no. 1086. London: Advisory Committee for Aeronautics.

137. Douglas, G. P., and Perring, W. G. A. 1927. *Wind Tunnel Tests with High Speed Air-*

screws. The Characteristics of Bi-Convex Aerofoil at High Speeds. R&M no. 1091. London: Advisory Committee for Aeronautics.
138. Douglas, G. P., and Perring, W. G. A. 1927. *Wind Tunnel Tests with High Speed Airscrews. The Characteristics of Bi-Convex No. 2 Aerofoil Section at High Speeds.* R&M no. 1123. London: Advisory Committee for Aeronautics.
139. Taylor, G. I., and Sharman, C. F. 1928. *A Mechanical Method for Solving Problems of Flow in Compressible Fluids.* R&M no. 1195. London: Advisory Committee for Aeronautics. *Proceedings of the Royal Society, A* 121: 194.
140. Davis, Lou. 1963. No Time for Soft Talk. *National Aeronautics* (January), pp. 9-12.
141. Stack, John. 1933. *The N. A. C. A. High-Speed Wind Tunnel and Tests of Six Propeller Sections.* NACA TR 463.
142. Stack, John. 1934. Effects of Compressibility on High Speed Flight. *Journal of the Aeronautical Sciences* 1(1): 40-3.
143. John Stack Files, NASA Langley Research Center historical archives, Hampton, VA.
144. Becker, John V. 1980. *The High-Speed Frontier.* NASA SP-445. Washington, DC: National Aeronautics and Space Administration.
145. Ferri, Antonio. 1949. *Elements of Aerodynamics of Supersonic Flows.* New York: Macmillan.
146. Jacobs, Eastman. 1936. *Methods Employed in America for the Experimental Investigation of Aerodynamic Phenomena at High Speeds.* NACA miscellancous paper 42.
147. Tsien, H. S. 1939. Two-Dimensional Subsonic Flow of Compressible Fluids. *Journal of the Aeronautical Sciences* 6(10): 399.
148. von Kármán, T. H. 1941. Compressibility Effects in Aerodynamics. *Journal of the Aeronautical Sciences* 8(9): 337.
149. Stack, John, Lindsey, W. F., and Littell, Robert E. 1938. *The Compressibility Burble and the Effect of Compressibility on Pressures and Forces Acting on an Airfoil.* NACA TR 646.
150. Ackeret, Von J. 1925. Luftkrafte auf Flugel, die mit Grosserer als Schallgeschwindigkeit Bewegt werden. *Zeitschrift für Flugtechnik und Motorluftschiffahrt* 16: 72-4.
151. Foss, R. L. 1978. From Propellers to Jets in Fighter Aircraft Design. *Diamond Jubilee of Powered Flight: The Evolution of Aircraft Design*, ed. J. D. Pinson. pp.

51-64. Washington, DC: American Institute of Aeronautics and Astronautics.
152. Hallion, Richard P. 1972. *Supersonic Flight*. New York: Macmillan.
153. Hilton, W. F. 1966. British Aeronautical Research Facilities. *Journal of the Royal Aeronautical Society* 70: 103-4.
154. Young, James O. 1990. *Supersonic Symposium: The Men of Mach 1*. Air Force Flight Test Center History Office.
155. Whitcomb, R. T., and Clark, L. R. 1965. *An Airfoil Shape for Efficient Flight at Supercritical Mach Numbers*. NASA TMX-1109.
156. Hanle, Paul A. 1982. *Bringing Aerodynamics to America*. Cambridge, MA:M. I. T. Press.
157. Gorn, Michael H. 1992. *The Universal Man: Theodore von Kármán's Life in Aeronautics*. Washington, DC: Smithsonian Institution Press.
158. von Kármán, Theodore, and Moore, Norton B. 1932. Resistance of Slender Bodies Moving with Supersonic Velocities, with Special Reference to Projectiles. *Transactions of the American Society of Mechanical Engineers* 34: 303-10.
159. von Kármán, Theodore. 1947. Supersonic Aerodynamics-Principles and Applications. *Journal of the Aeronautical Sciences* 14(7): 373-402.
160. Taylor, S. I., and Maccoll, J. W. 1935. The Mechanics of Compressible Fluids. In *Aerodynamic Theory*, vol. 3, ed. W. F. Durand, pp. 209-49. Berlin: Springer.
161. Munk, Max M. 1924. *Note on the Relative Effect of Dihedral and the Sweep Back of Airplane Wings*. NACA technical note 177.
162. Schairer, George S. 1980. Evolution of Modern Air Transport Wings. In *Evolution of Wing Design*, pp. 61-5. Washington, DC: American Institute of Aeronautics and Astronautics.
163. Hallion, Richard P. 1983. *Designers and Test Pilots*. Alexandria, VA: Time-Life Books.
164. Blair, Morgan W. 1980. Evolution of the F-86. In *Evolution of Aircraft Wing Design*, pp. 75-89. Washington, DC: American Institute of Aeronautics and Astronautics.
165. Copley, Steve. 1995. A Look Back at Swept-Back Wings. *AIAA Student Journal*, 33(3): 2-3.
166. Matthews, C. W., and Thompson, J. R. 1945. *Comparative Drag Measurements at Transonic Speeds of Straight and Sweptback NACA 65-009 Airfoils Mounted on a Freely-Falling Body*. NACA memorandum report L5G23a. Released in 1949 as TR 988.

167. Steiner, John E. 1979. Jet Aviation Development: A Company Perspective. In *The Jet Age*, ed. W. Boyne and D. Lopez, pp. 140-83. Washington, DC: Smithsonian Institution Press.
168. Cook, William H. 1991. *The Road to the 707*. Bellevue, WA: TYC Publishing.
169. Neufeld, Michael J. 1995. *The Rocket and the Reich*. New York: Free Press.
170. Anderson, John D., Jr. 1989. *Hypersonic and High-Temperature Gas Dynamics*. New York: McGraw-Hill.
171. Anderson, John D., Jr. 1995. *Computational Fluid Dynamics: The Basics with Applications*. New York: McGraw-Hill.
172. Richardson, L. F. 1910. The Approximate Arithmetical Solution of Finite Differences of Physical Problems Involving Differential Equations, with an Application to the Stresses in a Masonry Dam. *Philosophical Transactions of the Royal Society, A* 210: 304-57.
173. Courant, R., Friedrichs, K. O., and Lewy, H. 1928. Ueber die partiellen Differenzengleichungen der mathematischen physik. *Mathematische Annalen* 100: 32-74.
174. Selmin, V., Hettena. E., and Formaggia, L. 1992. An Unstructured Node Centered Scheme for the Simulation of 3-D Inviscid Flows. In *Computational Fluid Dynamics '92*, vol. 2, ed. C. Hirsch. J. Periaux, and W. Kordulla, pp. 823-8. Amsterdam: Elsevier.
175. Angelucci, Enzo. 1973. *Airplanes*. New York: McGraw-Hill.
176. Prandtl, Ludwig. 1910, Eine Beziehung zwischen, Wärmeaustausch und Strömungswiderstand der Flüssigkeiten, *Physikalische Zeitschrift*, Vol. 11 pp. 1072-8.

索 引

A-Z

NACA →国家航空諮問委員会
NACA カウリング 426, 428-442, 461, 464
S. E. 5 15, 459, 460
SPAD 341, 342, 343, 344, 403, 467

あ行

アーノルド, ヘンリー（ハップ） 525, 544
アームストロング-ウィットワース・アルゴ
　シー 422-423
亜音速の定義 479
アスペクト比
　定義 90
　ラングレーの研究 220-222, 295
　ウェナムの研究 149
　ライト兄弟に関する解説 308-309
　ライト兄弟の誤用 270-271, 590
　ライト兄弟が使用した値 305, 342
アッケレート, ヤコブ 338, 486, 516, 522, 539-541, 545, 561-562
圧縮性効果 413, 493-515
圧縮性剝離泡 500, 505, 512-515, 523-525
圧力 9-10, 25, 61, 414-415, 421
圧力勾配 25, 401, 451-452, 454
圧力中心 275, 279
アボット, イラ 452
アメリカ飛行クラブ 210
アメリカ海軍航空局 385, 428, 448
アメリカ規格基準局 388, 481, 498, 503, 513
アリストテレス 6, 16, 25
アルキメデス 23-25
アレン, H. ジュリアン 569
イェーガー, チャールズ（チャック） 478, 528, 529
イルミンガー, ヨハン 354, 357
ウィットコム, リチャード 532, 534, 537
ウイング・フロー法 528
ウェイク, フレッド 429-433, 434, 435, 437, 438, 440, 461
ウェナム, フランシス・H 73, 148-150, 151, 153-162, 163, 166, 177, 210, 213, 221, 247, 360, 362, 390, 549, 558
　アスペクト比の研究 149
　歴史上初の風洞, 156-160, 353
ウォルコット, チャールズ 388
渦あり流れ 122, 126, 127, 369
渦糸 120-125, 126, 127, 319, 326, 370
渦層 121-125, 126, 127, 128, 328, 332, 370, 381
渦度 120, 122-124, 126, 127
渦なし流れ 122, 127
薄翼理論 17, 230, 323, 335, 380-381, 384, 409, 445, 558, 590
ウッド, R・M 496, 502, 503
ウッド, ドナルド・H 435-436, 437-438
運動の媒質説 25, 34
エアハート, アメリア 434
エアロドローム →ラングレー, サミュエル・ピエールポント
英国航空協会 7, 147-153, 155, 250, 261, 280, 382, 559
英国航空諮問委員会 138, 388, 493
エームズ, ジョセフ 380, 407, 508
エッフェル, ギュスターヴ 349-368, 369, 380, 387, 393, 398-399, 407
　抵抗極線 360-361, 363
　圧力分布 354-357, 363-364
　プロペラ試験 360, 364-366
　球の抗力計測 367-368
　風洞 350-353
　ライト兄弟の翼型 363-364
エリアルール 17, 532-538
エンジニアリング科学 559
オイラー, レオンハルト 16-17, 60-63, 64, 70, 74, 339
オイラー法 64-65
オイラー方程式 13, 17, 53, 60, 63-67, 122-123, 127, 571, 579-580
王立協会 47-48, 75, 137, 234, 320

王立航空機工廠　341, 343, 387, 398, 470
王立航空協会　78, 86, 138, 320, 416, 418, 419, 457
王立航空研究所　384, 387, 461, 493, 496, 500-501, 502, 503, 506, 574
オスヴァティッチュ，クラウス　337, 339, 375
音の壁　527, 528, 556, 564
音速　479-481

か行

カーチス，グレン　349
カーチス
　　AT-5A　433, 438
　　IN-4ジェニー　393, 410
開口スロート遷音速風洞　529, 531, 534
カイザー・ウィルヘルム研究所　336-337, 539
回転アーム
　　過去の遺物になる──　389
　　ボルダ　17, 79-80, 81, 82
　　ケイリー，86
　　ラングレー，211-212
　　リリエンタール，179
　　スミートン，75-76
　　内外流速差，214, 583
カウリング　→NACAカウリング
ガガーリン，ユーリ　566-567
可変密度風洞（VDT）→風洞
カステリ，ベネデット　42
活力（vis viva）　54-55, 75, 80
ガリック，エドワード　440, 447-448
ガリレオ　16, 39-41, 81, 254, 339
カルマン―ムーア理論　545
カントロウィッツ，アーサー　562
規格基準局　→アメリカ規格基準局
キャロル，トーマス　433
キャンバー
　　ケイリーによる記述　91-93
　　揚力への影響　91
　　ハフェイカーとラングレーの実験　243-247, 310
　　フィリップスの実験　163-165, 390
　　スミートンによる観察　100
境界層
　　定義　123-124
　　境界層方程式　333-334

プラントルの理論　327-334, 341, 413
キルヒホフ，グスターブ・ロバート　130-131, 327-328
ギルラス，ロバート　528, 552
キンデルバーガー，J・H・ダッチ　474
空気力学
　　定義，3, 6
　　流動様式，12
空気力　7-10　→抗力と揚力も見よ
　　迎え角の影響　50-52, 79
　　面積の影響，ダ・ビンチより　34, 41
　　密度の影響，ガリレオより　41
　　速度の影響，多数が考察　32, 41
　　ラングレーの直接計測　217-219
　　垂直力　192
　　接線力　192
空力干渉　80, 82
クチノ　325, 391
クッタ，ウィルヘルム　126, 128, 321-325, 340, 378, 591
クッタ・ジューコフスキーの定理　325-326, 369, 372
クリスタル・パレス　150, 250
クロッコ，アルトゥーロ　391, 516, 548
グロワート，ハーマン　376, 378, 381, 384-385, 500-502
計算流体力学　17, 293, 356, 512, 532, 571-574
ケイリー，ジョージ　17, 76, 80, 83-103
　　迎え角の影響の観察　88, 98
　　キャンバー翼型　91-92
　　1804年グライダー　37, 83, 102
　　揚力の説明　92
　　平板の揚力　87-88
　　揚力係数　90
　　銀盤　17, 38, 95
　　流線型化　101
　　3部からなる論文　17, 83-84, 87, 95-97, 100, 102, 161
　　回転アーム　83, 86
煙による流れの可視化　8, 129
ケルビン卿　138, 231
航空科学協会　440, 441, 457, 460, 512, 540, 545, 571
後退翼　517-519, 546-557
抗力　10, 23, 328
　　迎え角による変化　97, 101

抗力クリーンアップ 455-457
抗力係数 14, 151, 169, 406-408, 449-450, 456-457, 467
抵抗極線 180-185, 188, 192, 360-361, 412, 436
形状抗力 94-95, 341, 414-415, 417, 419-421, 425
ガリレオの概念 41
前面抵抗 362, 420
誘導抗力 94, 101, 149, 162, 174, 279, 305, 321, 335, 368-372, 375, 376-377, 379, 409, 414-416, 420-421
ラングレーの計測 222-228
リリエンタールの計測 178-188
有害抗力 94-95
圧力抗力 81
レイリーの計算 131-135
ロビンスの計測 72-73
表面摩擦抗力 81, 151, 215, 333, 414, 415, 418-419, 420, 451-452, 586
球の抗力 367-368
遷音速抗力増大 73-74, 82, 495-497
造波抗力 538-539, 541, 569
抗力係数 →抗力
抗力発散 495-497
コーシー, オーギュスタン=ルイ 115
コーラの瓶のような胴体形状 →エリアルール
コールドウェル, フランク 494-496, 498, 502-503, 594-595
ゴールドスティン, シドニー 329, 333
ゴーレ, エドガー・S 399-401, 407
コーン, ベン 549
極超音速 12-13, 17, 137, 146, 564-571
国立物理研究所 (NPL) 387, 390, 395, 398-399, 435, 472, 496, 527
国家航空諮問委員会 (NACA) 380-381, 383, 384, 386-389, 393-396, 398-399
コディー, サミュエル・F 387
コリアー・トロフィー 308, 434, 529, 531
コンソリデーテッド B-24 438

さ行

ザーム, アルバート 153, 240, 386, 387, 389, 390, 392
先細末広ノズル →超音速ノズル

サン・ブナン, ジャン=クロード 116-117
サンクトペテルブルク・アカデミー 54, 61, 62
サントス=デュモン, アルベルト 349
ジェイコブズ, イーストマン 442-444, 447-448, 449-454, 513-514, 517, 547, 562-563
ジェビエツキ, M 364-365
次元解析 168, 359-360, 364, 595
シャイラー, ジョージ 549, 553-554, 555
シャヌート, オクターブ 165, 168, 174, 174-176, 178, 191-192, 207, 209, 210, 251-254, 266, 268-269, 275, 282-287, 290-292, 299, 302, 303-304, 312-313
ジューコフスキー, ニコライ 126, 128, 207-208, 317, 321, 324-327, 339-340, 341, 379, 383, 445
シュナイダー・トロフィー競技 460, 476, 510, 512
シュリーレン 492, 513-514, 515, 516, 517, 519, 553
シュリヒティング, ヘルマン 334
循環 317, 325
衝撃波 482-486, 490-491, 492, 513-514, 530, 536, 569-570
ジョーンズ, B・メルビル 419-425, 451, 457, 460
ジョーンズ, ロバート・T 451, 547-549, 550-553, 555, 557, 560
垂直力係数 →空気力
スーパークリティカル翼型 17, 532, 533-534, 536-537
スーパーマリン
  スピットファイヤー 458, 460, 476
  S.6B 510
スタック, ジョン 481, 507-515, 519-526, 528-530, 531
スタントン, トーマス 356-357, 360, 387, 390
ストークス, ジョージ 114, 117-119, 177
ストドラ, オーレル・ボレスラブ 488-491, 539, 561
ストラット, ジョン・ウィリアム →レイリー卿
ストラットン, サミュエル 388
ストリングフェロー, ジョン 150, 151, 250
スピリット・オブ・セントルイス号 424
スプラット, ジョージ 304, 306, 308, 309
滑りなし条件 114, 215, 329-330
スミートン, ジョン 17, 71, 74-79, 87, 98, 100-

101
スミートン係数　17, 76-78, 98, 101, 183-184, 187, 192, 216, 269-270, 275-276, 278, 284, 285, 287, 289, 301, 406-407
正弦二乗法則　50-53, 60, 80, 81, 87, 132-134, 213
接線力係数 →空気力
セバスキー P-35　464-465, 467
全圧 →淀み点圧力
遷音速抗力増加 →抗力
遷音速の定義　479
せん断応力　9-11, 49-50, 113, 122, 123-124, 139, 148, 415, 586
せん断層　123-124, 125
前面抵抗 →抗力
層流　139, 141, 142-144, 177, 197, 277, 360, 368, 418-419
速度ポテンシャル　17, 65, 67, 122, 126-127, 494
ソッピースキャメル　341-342, 343, 344, 403

た行

ダグラス
　A-26　473
　DC-1　473
　DC-3　15, 18, 418, 438, 461, 463, 467-468, 473
　DC-6　473
ダ・ビンチ, レオナルド　6, 9, 16, 26-36, 80, 95, 100-101, 128, 161, 292-293, 308, 353, 396, 417, 575-576
　揚力の説明　31-34
　流体要素モデル　62
　パラシュート　36
　風洞原則　16, 33, 353
ダ・ビンチが考案したパラシュート　36
タウンエンド, ヒューバート・C　435
タウンエンド・リング　435, 436, 437
ダグラス, G・P　496, 502, 505
凧
　最初の凧　36
　揚力と抗力　589
タック・アンダー問題　524, 560
ダランベール, ジャン・ル・ロン　56-60, 63, 80, 82, 129, 327, 339
ダランベールの背理　16, 58-59, 67, 94, 96, 129-130, 322
タワージャンパー　36, 103
たわみ翼　265, 267, 315, 349, 470
弾道振り子試験器　16, 72-73, 82, 496
超音速造波抗力　538, 541, 546
超音速ノズル　335, 486-487, 487-488, 489-491, 491-492, 561
超音速の定義　479
チョーク現象　488, 530
ツィオルコフスキー, コンスタンティン　391
ディール, ウォルター　385
抵抗極線 →抗力
テイラー, ジェフリー・イングラム　451, 483, 484, 492, 505-507, 516, 538
テイラー, チャールズ (チャーリー)　306
テイラー, デビット・W　388
テイラーとマッコール　546
テオドルセン, セオドア　379, 439-441, 442, 444-448, 451-452, 515, 544, 552-553, 558, 559
デュ・テンプル, フェリクス　248, 249
デュシュマンの式　252
デュペルドサン競技用飛行機　428
デュランド, ウィリアム　387, 392, 426, 546
ド・バックビル侯爵　103-104
ド・ラナ, フランチェスコ　104
ド・ラバル, カール・G・P　487-488, 561
動圧　408, 467, 583
特性曲線法　335, 561
ドライデン, ヒュー・L　477, 481, 498-500
トリチェリ, エヴァンジェリスタ　42
ドリフト　252-253, 303, 408
トレフツ, エリッヒ　377
鈍頭物体の概念　568-570

な行

流れ
　圧縮性——　12-13
　連続体——　12
　流体要素—— →流体要素モデル
　極超音速——　12-13
　非圧縮性——　12-13, 63
　非粘性——　12-13, 63, 122, 125, 421
　亜音速——　12-13
　超音速——　12-13
　遷音速——　12-13

粘性—— 12-13
流れ関数, 17, 65, 66, 324, 378
流れの相似性 →力学的に相似な流れ
流れの剥離 59, 88, 94, 95, 135, 330-331, 341,
  363, 415, 419, 499, 514
  　ボルダの業績, 80
  　ダ・ビンチのスケッチ, 30
ナビエ, クロード＝ルイ 114-116, 177
ナビエ・ストークス方程式 13, 17, 114, 116,
  118-120, 144-145, 333, 571
ニクラーゼ, J 337
ニュートン, アイザック 10, 16, 39, 43, 46-53,
  106, 339
  　ニュートン流体 50
  　正弦二乗法則 51-53, 60, 71, 80, 81-82, 87,
    102, 134, 161, 174, 213, 217, 228
  　音速の計算 67-68, 480
  　流速二乗則 46
ニュートンの正弦二乗法則 →ニュートン, ア
  イザック
ノースアメリカン
  　P-51 342, 454, 478, 528, 555-556
  　X-15 567
  　XP-86 555-557
ノースロップ・ガンマ 473
ノートン, フレデリック 395, 426

は行

ハーゲン, ゴットヒルフ・H・L 141-142
パスカル, ブレーズ 42
馬蹄渦 370
羽ばたき機 19-21, 33-35, 37-38, 106, 204-205,
  207, 209, 250, 377, 396
ハフェイカー, エドワード・チャーマーズ
  243-247, 265, 279-280, 295
パリ科学アカデミー 43, 44, 45, 54, 57, 66, 68,
  70, 79, 114, 117, 242
ハンドレー・ページ 0/400 459-460, 467
バンパーロケット 565-566
ビーチクラフト D-17 465-466
引き込み脚 417, 461, 464, 465
ピトー, アンリ 16, 68-71
ピトー管 16, 68-70, 82, 390
非粘性流れ →流れ
ヒルトン, W・F 527

ファウラー, ハーラン・D 472
ファルス, エリシア 494-496, 502-503
ファルマン, ヘンリー 469-470
ファレン, ウィリアム・S 460
フィリップス, ホレイショー 162-176, 186,
  199, 210, 213, 357, 360, 390, 397
フィレット構造 461, 464, 466
風洞
  　クロッコ 391
  　デュランド 392
  　エッフェル 351-352, 353, 392
  　最初の風洞 156-157
  　NACA 実物大風洞 396, 425, 427, 455, 456
  　NACA 高速風洞 508-509
  　NACA プロペラ研究風洞 425, 426, 428,
    429, 436, 437, 441
  　NACA 可変密度風洞 293-294, 380, 394-
    396, 401, 405, 409, 410-412, 419, 425-426,
    442, 443, 444, 447, 449, 508, 520
  　規格基準局 392
  　国立物理学研究所 391
  　プラントル 350, 391, 392
  　リアボウチンスキー 391
  　2番目の風洞 162-163
  　ライト兄弟 284-290, 389
フェップル, オットー 372
フォークト, H・C 354, 357
フォッカー, アンソニー 402, 403, 409
フォッカー
  　D-VII 341, 343, 344, 403, 409
  　Dr-1 343-344, 402-403, 409
  　トリモーター 438
フォン・カルマン, セオドア 320, 334, 338-
  339, 371, 373, 461, 477, 481, 516, 519, 540, 541-
  546, 547-548, 549, 562-563
吹き下ろし 372, 524
フック, ロバート 106
ブライアン, G・H 493-494, 501
ブラジウス, H. 333-334, 418
フラップ
  　ファウラー 471-473
  　翼前縁 468
  　単純フラップ 468-469
  　隙間フラップ 468, 470-473
  　スプリット・フラップ 467, 468, 472-473
プラントル, ルートヴィヒ

境界層の概念　17, 327-334
プラントルの人生　335-339
揚力線理論　17, 335, 369-377
衝撃波と膨張波の理論　17, 490-493
超音速ノズル　492
不健全な流れ　197
プラントル－グロワートの圧縮性補正　17, 500-502
ブリストル戦闘機　410-412
ブリッグス，ライマン・J　498-500
ブリュースター・バッファロー XF2A　455-456
プリンキピア（ニュートン著）　47-48, 49-50, 50-51
フルード，ウィリアム　359
ブレゲ，ルイ＝チャールズ　416-418, 461
ブレリオ，ルイ　342, 349
プロペラ
　デュランドのプロペラ研究　386, 392, 426
　エッフェルの試験　364-366
　ラングレーの試験　228, 307
　ライト兄弟の設計　306-308
ベアストウ，レナード　385-386
ベーコン，デビット　395
ページ，ハンドレー　472
ベッカー，ジョン　515
ベッツ，アルバート　337, 369, 375-378, 539
ペノー，アルフォンス　249-250, 313, 417
ペリング，W・G・A　505
ベル X-1　478-479, 526-531
ベル，アレキサンダー・グラハム　240, 242, 368
ベル，ローレンス・D　526, 529
ベルヌーイ，ダニエル　16, 25, 53-56, 61-63, 125
ベルヌーイ，ヨハン　61
ベルヌーイの式　17, 54-56, 61, 65, 69-70, 77-78, 182, 324, 441, 583, 593
ベルヌーイの法則　54-56, 319
ヘルムホルツ，ヘルマン　120, 125-128, 129, 200
ヘルムホルツの渦定理　127, 332
ベルリン科学アカデミー　61-62
ヘンソン，ウィリアム・サミュエル　250
ホイヘンス，クリスチャン　16, 45-46, 106, 186, 213, 576

ボーイング
　B-9　437
　B-17　438, 461, 464, 467
　B-47　554-555, 557
　P-26　435-436
　247D　461-462, 467, 468
　707　18
　727　473
ホーカー・ハート　457
補助翼　469-470
ポスト，ウィリー　434
ボストーク　567
ボルダ，ジャン＝シャルル　17, 60, 79-82
ボルタ会議　451, 515-519, 540, 546, 547, 548, 555, 562
ボレリ，ギオバーニ・アルフォンソ　103
ホワイト，ロバート　567

ま行

マーチン B-10　436-437
マーチン，H・S　398-401, 407
マーチン，グレン・L　437, 473
マイヤー，テオドール　335, 492
マグナス効果　73
マッハ，エルンスト　42, 484-487
マッハ数　486
マリオット，エドム　16, 43-44, 45-46, 68, 73, 79, 81, 106, 213
マレー，エティエンヌ＝ジュール　129, 308, 328
マンリー，チャールズ　240, 242, 310-311
ミリカン，クラーク　385, 386
ミリカン，ロバート　386, 543
迎え角
　空気力への影響　50-52, 79, 87-89, 96-99, 101
　圧力中心への影響　159
　ライト兄弟の考え方　280-281
　ゼロ揚力　272
ムンク，マックス　17, 369, 376, 378, 379-382, 383-384, 385, 393-395, 405, 419, 439-440, 442, 445, 461, 548, 550-551, 558-559
メーデベックの便覧　191, 266, 290-292, 297
モズハイスキー，アレキサンダー　248-249

や行

誘導抗力 →抗力
ユゴニオ，ピエール・アンリ 483-484, 490, 538
ユンカース，フーゴー 475, 543
揚抗比 52, 98-99, 151, 157, 159, 161, 169-176, 182, 359, 467
揚力 9-10, 467
 ケイリーによる説明 92-93, 100
 揚力係数 14, 168-174, 293-294, 296-297, 406-408, 411-412, 449-450, 467-469
揚力係数 →揚力
揚力線理論 17, 335, 369-377, 414, 416, 444, 558, 587, 590
揚力の循環理論 17, 318-327, 341, 368-369
翼型
 複葉機の時代 397
 クラークY翼型 404, 443, 445-446, 499, 511-512
 初期の薄翼 343, 344
 エッフェルの計測 354
 ゴーレルとマーチン 398-401, 407
 ゲッティンゲン翼型 343-344, 402-404, 410, 443, 448
 ジューコフスキー翼型 326, 379, 445
 層流翼型 449-454
 ランチェスター 318
 ラングレー／ハフェイカー 243-247, 303-304
 リリエンタールの翼型 184-197, 322-323, 397
 ムンクの翼型 380-381, 405, 442, 447
 NACA4桁系列翼型 442-444 , 448-449
 NACA5桁系列翼型 449-450
 フィリップスの翼型 162-166, 397
 RAF系翼型 398, 410, 499
 レイノルズ数の影響 400-401
 語源 377-378
 厚翼 343-344, 403-405
 USA翼型系統 399, 401, 407, 448
 ライト兄弟の翼型 266-295, 396
翼面荷重 237, 421, 467, 468, 470, 473
有限翼理論 342, 384
翼幅荷重 421
淀み点圧力 33, 69-70, 76-77, 182, 583

ら行

ライト兄弟 17, 76, 78, 191, 208, 257-315, 340, 343
 翼型形状 266
 自転車店 260-262, 288, 306
 計算における過ち 269-277
 揚力係数の直接計測 288-289
 ライトフライヤー →ライトフライヤー
 フランス 349-350
 グライダー 265, 304-310
 プロペラ 306-308
 流れ場の概略図 309
 西部技術者協会 267, 270, 282-283, 299
 風洞天秤 288, 289
 風洞実験 285-290, 303-304
 風洞翼模型 289
ライト，キャサリン 259-260, 290
ライト，スーザン・ケルナー 259-260
ライト，レイ・H 531
ライトフライヤー 18, 258, 310, 311-312, 314-315
ラグランジュ，ジョゼフ＝ルイ 17, 56, 64-65, 87, 102, 122, 126-127, 324
ラグランジュ法 64-65
落下試験の概念 528
ラハマン，G・V 470, 472
ラバルノズル →超音速ノズル
ラプラス，ピエール＝シモン 17, 65-68, 87, 102
 ラプラス方程式 66-67
 音速の研究 67-68
ラム，ホラス 140-141, 334, 445
ランキン，ジョン・マクォーン 482-483, 484, 490, 538, 545
ラングレー，サミュエル・ピエールポント 78, 111-113, 207-208, 210-247, 257, 263, 264-265, 271, 277, 295
 エアロドローム 112-113, 233-238, 239, 241-242, 247-248
 空気力学実験 210-233
 アスペクト比実験 219-221, 295
 キャンバー翼型 243-247, 303-304
 平板の抗力 222-226, 584-585
 飛行試験の失敗 311
 ライト兄弟との関係 303-304
 ラングレーの法則 230-233, 281-282, 586-

588
プロペラ 228-229, 307
表面摩擦抗力の計算 215
スミートン係数の計測 216
ラングレー記念研究所 389, 428
ランチェスター, フレデリック 317-321, 324, 356, 370, 371-374, 414, 475
ランチェスター–プラントル理論 →揚力線理論
乱流 138-139, 141-145, 197, 337, 344, 360, 368, 418-419, 451, 452, 454, 457, 485, 505, 569
乱流のモデル化 144-145
リアボウチンスキー, ディミトリ・パブロビッチ 391
リード, ヘンリー 439
リーマン, G・F・B 482, 490, 538
力学的に相似な流れ 308, 359-360, 364, 595-598
リドレイ, ジャック 478
リパブリック XP-41 456
リヒトホーフェン, マンフレート・フォン 402
流線 8-9, 58-59, 88, 92, 113-114, 121, 129, 139, 196, 245, 308, 318, 324, 352, 354, 493-494, 506
流線型化 34-35, 101, 413, 416-425, 458-460, 467, 473-474
流速二乗則 16, 43-46, 49, 50, 68, 79, 81, 186, 213, 228
流体要素モデル 62, 64, 113-114
リリエンタール, グスタフ 178, 198-199, 205
リリエンタール, オットー 78, 111-112, 178-210, 238-239, 246
空気力学実験 178-197
抵抗極線 180
グライダー 111-112, 198-210, 247
記念碑 202-204
流線の模様 196-197
流速二乗則の確認 186
リリエンタールの表 189-191, 266, 271, 276, 284, 287, 291, 296-303
臨界マッハ数 454, 495, 506-507, 523-524
ルイス, ジョージ 380, 394, 426, 436, 448, 515, 525, 562
ルンゲ, カール 373, 377
レイノルズ, オズボーン 138-146, 277
レイノルズアナロジー 146
レイノルズ数効果 78, 89-90, 144, 151, 277, 323, 344, 359-360, 364
レイリー卿 130, 131-138, 146, 231, 235, 327-328, 360, 387, 483-484, 492, 493, 538, 558
抗力の計算 131-136
レビ=チビタ, T 328
連続体 11, 16, 23
連続の式 30, 58, 63, 80, 441, 579
ロケット模型試験 528
ロッキード
オリオン 473
P-38 523-524, 560
ベガ 434
ロビンス, ベンジャミン 16, 37, 71-74, 75, 86-87, 101, 186, 496

著者紹介

ジョン・D・アンダーソン Jr.（John D・Anderson Jr.）

1937年アメリカ・ペンシルヴァニア州生まれ．フロリダ大学航空工学学士卒業，オハイオ州立大学 Ph.D（航空工学）．本書の執筆時点でメリーランド大学航空工学科教授、メリーランド大学の科学に関する歴史哲学委員会教授、スミソニアン協会国立航空宇宙博物館空気力学特別教員．現在、メリーランド大学名誉教授、スミソニアン協会国立航空宇宙博物館空気力学専門学芸員．他にも *The Airplane: A History of Its Technology* (AIAA), *Modern Compressible Flow* (McGraw Hill) など多数の著作がある．

訳者紹介

織田　剛（おだ　つよし）

1967年北海道生まれ．1990年京都大学工学部機械工学科卒業、1992年京都大学大学院工学研究科修士、1992年より（株）神戸製鋼所 技術開発本部 機械研究所勤務、2003年京都工芸繊維大学博士（工学）．現在、（株）神戸製鋼所 技術開発本部 機械研究所 流熱技術研究室 主任研究員．他にもアンダーソン氏著作の翻訳『飛行機技術の歴史』（京都大学学術出版会）がある．

空気力学の歴史

平成21（2009）年10月23日　初版第一刷発行
平成26（2014）年 5月26日　〃　第二刷発行

著　者	ジョン・D・アンダーソン Jr.
訳　者	織　田　　　剛
発行者	檜　山　爲次郎
発行所	京都大学学術出版会

京都市左京区吉田近衛町69
京都大学吉田南構内（606-8315）
電話　075（761）6182
FAX　075（761）6190
http://www.kyoto-up.or.jp/

印刷・製本　亜細亜印刷株式会社

Ⓒ T. Oda 2009　　　　　　　　　　Printed in Japan
ISBN978-4-87698-921-8　　定価はカバーに表示してあります